大气非平衡辐射学

Non-LTE Radiative Transfer in the Atmosphere

〔西〕洛佩斯-普埃尔托斯 M.（M. López-Puertas）
〔英〕泰勒 F. W.（F. W. Taylor）著
李帅辉 曾丹丹 译

科学出版社
北京

图字：01-2023-2403 号

内 容 简 介

本书从辐射基本理论出发，系统地介绍了非平衡辐射模型、非平衡辐射传输问题求解方法及其在行星大气中的应用。第 1 章介绍了地球大气基本热力学结构，主要红外辐射分子，以及非平衡辐射的基本概念等。第 2 章讨论了中高层大气条件下红外辐射涉及的大气分子能级及跃迁。第 3 章介绍了辐射传输的基础知识。第 4 章和第 5 章分别是局地热平衡和非平衡条件下的辐射问题求解方法。第 6 章求解了 CO_2 的非平衡辐射问题。第 7 章求解了大气研究中其他组分的非平衡辐射问题。第 8 章是非平衡辐射模型在大气遥感中的应用。第 9 章为非平衡辐射模型在大气加热及冷却中的应用。第 10 章简要介绍了其他行星大气中的非平衡辐射现象以及非平衡辐射模型的应用。

本书可作为大气辐射、大气物理、大气遥感领域的高年级本科生、研究生的教学用书，也可作为相关领域科研工作者的参考书。

图书在版编目（CIP）数据

大气非平衡辐射学 / (西) 洛佩斯-普埃尔托斯 M. (M. López-Puertas) , (英) 泰勒 F. W. (F. W. Taylor) 著 ; 李帅辉, 曾丹丹译. -- 北京 : 科学出版社, 2025.2

书名原文: Non-LTE Radiative Transfer in the Atmosphere

ISBN 978-7-03-075605-3

Ⅰ. ①大… Ⅱ. ①洛… ②泰… ③李… ④曾… Ⅲ. ①大气辐射-辐射平衡-研究 Ⅳ. ①P422.4

中国国家版本馆 CIP 数据核字(2023)第 091640 号

责任编辑：刘凤娟 孔晓慧 / 责任校对：高辰雷

责任印制：张 伟 / 封面设计：无极书装

科学出版社出版

北京东黄城根北街 16 号

邮政编码：100717

http:// www.sciencep.com

三河市春园印刷有限公司印刷

科学出版社发行 各地新华书店经销

*

2025 年 2 月第 一 版 开本：720×1000 1/16

2025 年 2 月第一次印刷 印张：27 1/2

字数：539 000

定价：228.00 元

（如有印装质量问题，我社负责调换）

作 者 简 介

M. López-Puertas（洛佩斯-普埃尔托斯 M.）是西班牙科学研究高级委员会（CSIC）安达卢西亚（Andalucía）天体物理研究所的高级研究员，该研究所位于西班牙格拉纳达（Granada）。他于1978年毕业于西班牙格拉纳达大学基础物理学专业，并于1982年获得大气物理学博士学位。他曾在格拉纳达大学担任助理教授（1979～1982年）、副教授（1983～1986年），在牛津大学担任欧洲航天局（ESA）的博士后研究员（1983～1984年），并于1986年加入西班牙科学研究高级委员会。他开发了类地行星大气非平衡辐射传输模型，并开展了大量星载非平衡红外测量结果的分析和研究，包括SAMS、ISAMS、ATMOS、CLAES和CRISTA等。他是欧洲航天局MIPAS/Envisat任务科学顾问组成员，美国航空航天局（NASA）TIMED任务SABER仪器的联合研究员。

F. W. Taylor（泰勒 F. W.）是牛津大学物理学教授。在1980～2001年期间，他一直是大气、海洋和行星物理系的负责人。1986～2001年期间，他在加利福尼亚州帕萨迪纳任NASA/加州理工学院（Caltech）喷气推进实验室杰出访问科学家。他曾多次承担地球轨道和行星空间任务，开展地球与其他行星大气遥感和辐射传输理论研究。

译 者 简 介

李帅辉，中国科学院力学研究所研究员，博士生导师，卓越青年科学基金获得者，国家级科技人才。1999 年本科毕业于北京理工大学，2007 于中国科学院大学获得理学博士学位。博士毕业后进入力学研究所工作，历任助理研究员、副研究员和研究员。长期从事稀薄气体动力学、大气非平衡辐射学、空天过渡区飞行关键问题等研究工作。兼任中国空气动力学会理事，天行一号试验卫星技术负责人。作为主要完成人获得中国科学院改革开放四十年 40 项标志性重大科技成果奖（2018 年）、中国科学院-中国航天科工集团“协同创新、联合攻关优秀团队”奖（2019 年）。2021 年，荣获中国科学院杰出科技成就奖（突出贡献者）。

曾丹丹，中国科学院力学研究所助理研究员。2011 年于北京理工大学获学士学位，2018 年于中国科学院大学获博士学位。2018 年 3 月进入中国科学院空天信息创新研究院做博士后研究，2021 年 3 月进入中国科学院力学研究所工作。长期从事气-固表面作用机理、稀薄气体动力学、空间环境特性研究，发表学术论文 16 篇。天行一号试验卫星主任设计师，临边大气探测主要负责人。

前　言

大气科学包含三个主要的分支学科：辐射、化学和动力学。有许多专著分别论述过这三个分支学科，其中非平衡（non-LTE，我们马上就会明白它的确切含义）大多扮演着重要的角色。但是，尚无一本专门描写非平衡的书籍，这是一个严重的缺失。人们已经逐渐意识到，高层大气及其中复杂而有趣的物理过程，是整个系统的重要组成部分。同样明确的是，如果不详细考虑非平衡过程，就无法通过卫星遥感对中高层大气进行测量，也无法提出有效的计算模型。因此，需要一本基础书籍来阐述这一现象及其相关过程。

非平衡是局地热力学非平衡的简称，通常也被称为非局地热平衡（NLTE），但这可能会引起误解，非平衡指的是局地热力学处于非平衡，而不是非局地的热力学平衡。当分子的“内部”温度（由振动能级和转动能级的相对布居数决定）与“外部”温度（由组成一团气体的许多分子的平动速度分布决定）不同时，就会出现这种现象。这两个“温度”是否相同，主要取决于分子碰撞发生的频率，而碰撞频率又主要取决于分子的数密度，也就是取决于气团的压强和温度。由于主要依赖于压强，因此大气非平衡效应主要在较高海拔，例如地球大气的平流层及以上区域变得重要。

平衡态的基本概念及其失效，往往会使大气领域的初学者十分费解。我们希望本书对初学者有一定价值，同时有助于学识经验丰富的科学家了解到最新情况，因此在第 1 章花了大量篇幅来讨论它的确切含义。总体来说，它针对的是分子内能（由激发态能级表示）不能与外能或者说平动能达到平衡的状态。平动能是分子平动速度的函数，而平动速度符合与温度相关的麦克斯韦分布。内能和平动能产生差异的原因有很多，但在大气中最常见的原因是，缺乏足够的分子碰撞来保持两种能量相互平衡。换句话说，在气压相对较低的中高层大气中，非平衡现象很常见。一旦存在非平衡效应，温度的定义也变得复杂起来，因为可以存在多种定义，而且不同定义下的温度值不同。在非平衡情况下，计算大气的辐射吸收和发射也变得更加困难，需要大型计算机来编写难度更大和更加复杂的数值模型。本书目标之一即是解释这种模型是如何构建和使用的。

非平衡辐射涉及许多计算量很大的数值模型，因为有诸多物理过程同时对大气分子与光子间相互作用产生影响。与光子作用的大气分子有很多种，包括著名的重要“温室”气体，如CO_2。光子在波长上可跨越几个数量级，从紫外光、可见光和近红外（主要源自太阳），到大气和地球表面连续发射的中红外和远红外波段。大多数情况下，我们关心的是以转动和振动形式储存的分子内能。非平衡辐射不仅涉及许多复杂的物理过程，而且通常需要求解至少两个维度（通常是高度和纬度或太阳天顶角）的方程组。这就容易理解为什么非平衡模型很重要却被忽视了。

一旦这个问题得到解决，我们不仅能洞察大气的物理性质，还能掌握模拟大气演化的基本工具。高层大气主要受到辐射加热和冷却的驱动作用，如果不能真实地计算辐射中的非平衡效应，高层大气动力学模型将有很大的局限性。目前，除了地表附近，我们对大气的大部分测量都是通过卫星遥感进行的。卫星上的仪器测量大气气体的辐射发射或吸收，以确定它们的温度或浓度。只有利用非平衡辐射模型计算得到分子发射率时，才能反演得到这些物理量。我们将在本书后面的章节中讨论这些应用。

基本非平衡模型主要处理固定组分、不考虑流体动力学效应的大气辐射（主要是红外）能量传输过程。在某些情况下，我们会讨论到基础光化学建模，所谓光化学即光子与分子碰撞，导致分子分裂并生成其他稳态或准稳态分子。这是非平衡过程的另一个例子，由于它与光子场有关（通常也与分子的内能能态有关），也是本书的一部分。此外，了解大气的组成，包括臭氧或一氧化碳等关键光化学产物，对成功构建非平衡辐射传输模型至关重要。如前所述，大气动力学模型需要好的辐射算法，反之则不然，因此我们不考虑大气运动，读者可参考其他诸多相关资料。

总的来说，本书目标包含三个方面：一是为研究生水平的读者介绍该课题；二是详细论述如何进行非平衡计算，通过参照该“手册”建立合适的模型；三是在模型的帮助下，描述大气中发生的实际过程。最后一个目标主要涉及加热率和冷却率的计算，即高层大气的能量平衡，以及对精密卫星测量结果的解释。最后需要说明的是，物理学是普适的，尽管我们对自己星球的行为和演化更有兴趣，我们也考虑太阳系其他同类行星大气中已知的或可预期的非平衡行为。

由于本书涉及范围较广、复杂性较高，文献引用可能会很烦冗。为避免正文杂乱，并为希望参考原著或深入研究该课题的读者提供方便的资料来源，我们将它们都收集到每一章末尾的“参考文献和拓展阅读”部分。本书末尾给出了完整的参考文献和书目。

感谢格拉纳达、牛津和其他地方的许多同仁，他们多年来与我们一起研究非平衡问题，并直接或间接地为本书的创作做出了贡献。我们特别要感谢 Gail Anderson 和 Anu Dudhia，他们分别对紫外/可见光和红外的传输进行了计算；感谢 David Edwards 提供的第 8 章素材；感谢 Jean-Marie Flaud 分享的尚未发表的 O_3 和 NO_2 光谱数据；感谢 Bernd Funke 提供的 NO 非平衡模型；感谢 Francisco J. Martin Torres 提供的 O_3、CH_4 和 N_2O 非平衡模型；感谢 Guillermo Zaragoza 计算了 N_2O 冷却率。我们感谢上述同事，他们详细阅读全部或部分手稿并提供了非常有用的评论和修正。另外，还要感谢 Maia Garcia Comas，他编写了附录 B、D 和 E；感谢 Miguel A . Lopez Valverde 就一系列话题进行了长期讨论；感谢 Chris Mertens，他敏锐地指出了数学公式中的错误；感谢 Richard Picard、Jeremy Winick、Peter Wintersteiner 和 Clive Rodgers 的重要更正和建设性意见。最后，我们感谢 Gustav Shved 对全书非常认真和仔细的审阅。

M. López-Puertas
F. W. Taylor
2001 年 9 月

目　录

第 1 章　绪论与概述 …… 1
1.1　概述 …… 1
1.2　地球大气层的基本性质 …… 2
1.2.1　热结构 …… 2
1.2.2　组分 …… 6
1.2.3　能量平衡 …… 9
1.3　什么是局地热力学平衡? …… 11
1.4　局地热力学非平衡的情形 …… 12
1.5　非平衡的重要性 …… 14
1.6　一些历史背景 …… 15
1.7　非平衡模型 …… 16
1.8　非平衡实验研究 …… 18
1.9　行星大气中的非平衡问题 …… 18
1.10　参考文献和拓展阅读 …… 19

第 2 章　分子光谱 …… 21
2.1　引言 …… 21
2.2　双原子分子的能级 …… 21
2.2.1　Born-Oppenheimer 近似 …… 22

2.2.2 双原子分子的转动 …… 22
2.2.3 双原子分子的振动 …… 25
2.2.4 Born-Oppenheimer 近似的失效 …… 28
2.3 多原子分子的能级 …… 29
2.3.1 一般情况 …… 29
2.3.2 多原子分子的转动 …… 30
2.3.3 多原子分子的振动 …… 32
2.4 跃迁和光谱带 …… 34
2.4.1 振动-转动谱带 …… 34
2.4.2 热谱带 …… 35
2.4.3 泛频带 …… 36
2.4.4 同位素谱带 …… 37
2.4.5 组合谱带 …… 37
2.5 单个振动-转动谱线的性质 …… 38
2.5.1 谱线强度 …… 39
2.5.2 谱线宽度和线形 …… 41
2.6 能级间的相互作用 …… 44
2.6.1 Fermi 共振 …… 44
2.6.2 Coriolis 相互作用 …… 44
2.6.3 振动-振动跃迁 …… 45
2.7 参考文献和拓展阅读 …… 45

第 3 章 大气辐射传输基础 …… 47
3.1 引言 …… 47
3.2 辐射的性质 …… 47
3.3 辐射传输方程 …… 49
3.4 辐射传输方程的通解 …… 51

3.5 热力学平衡和局地热力学平衡 …… 53
3.6 非平衡中的源函数 …… 55
3.6.1 二能级方法 …… 57
3.6.2 爱因斯坦关系 …… 57
3.6.3 辐射过程 …… 59
3.6.4 热碰撞过程：统计平衡方程 …… 63
3.6.5 非热过程 …… 65
3.6.6 多能级情况 …… 69
3.7 非平衡态情况 …… 71
3.7.1 非平衡的经典案例 …… 72
3.7.2 非经典的非平衡情况 …… 73
3.8 参考文献和拓展阅读 …… 69

第 4 章 平衡态辐射传输方程的求解 …… 75
4.1 引言 …… 75
4.2 辐射传输方程在高度上的积分 …… 75
4.2.1 平行平面的辐射传输方程 …… 75
4.2.2 太阳辐射 …… 78
4.2.3 大气球形特征 …… 79
4.2.4 辐射平衡下的温度分布 …… 81
4.2.5 加热率和冷却率 …… 86
4.2.6 “空间冷却”近似 …… 89
4.2.7 不透明近似 …… 90
4.3 辐射传输方程的频率积分 …… 91
4.3.1 逐线积分法 …… 92
4.3.2 光谱带模式 …… 94
4.3.3 独立线和单线模式 …… 94

4.3.4 谱线重叠的带模式 …… 96
4.3.5 常规模式或 Elsasser 模式 …… 96
4.3.6 随机带模式 …… 97
4.3.7 经验模式 …… 101
4.3.8 “指数求和”法 …… 101
4.3.9 非均匀辐射路径 …… 102
4.4 辐射传输方程在空间角上的积分 …… 102
4.5 参考文献和拓展阅读 …… 104

第 5 章 非平衡辐射传输方程的求解 …… 106
5.1 引言 …… 106
5.2 非平衡条件下辐射传输的简单解 …… 106
5.2.1 弱辐射场 …… 106
5.2.2 强外部辐射源 …… 112
5.2.3 非热碰撞和化学过程 …… 115
5.3 非平衡辐射传输方程的完整解 …… 117
5.4 非平衡辐射传输方程的积分 …… 117
5.4.1 频率积分与空间角积分 …… 118
5.4.2 高度积分 …… 118
5.4.3 具体的非平衡算法 …… 119
5.5 非平衡态算法的比较 …… 122
5.6 非平衡冷却率的参数化 …… 122
5.7 柯蒂斯矩阵法 …… 123
5.8 参考文献和拓展阅读 …… 129

第 6 章 地球大气的非平衡模型 I：CO_2 …… 131
6.1 引言 …… 131

6.2 有用的近似 …… 133
6.2.1 诱导发射 …… 133
6.2.2 转动平衡 …… 134
6.2.3 共振能级 …… 134
6.2.4 谱线重叠 …… 134
6.3 二氧化碳（CO_2） …… 135
6.3.1 采用参考大气 …… 136
6.3.2 边界层 …… 138
6.3.3 辐射过程 …… 138
6.3.4 碰撞过程 …… 141
6.3.5 多能级系统的解 …… 146
6.3.6 非平衡布居数 …… 148
6.4 参考文献和拓展阅读 …… 162

第 7 章 地球大气的非平衡模型II：其他红外辐射分子 …… 163
7.1 引言 …… 163
7.2 一氧化碳（CO） …… 163
7.2.1 辐射过程 …… 164
7.2.2 碰撞过程 …… 165
7.2.3 非平衡布居数 …… 166
7.2.4 CO(1)布居数的不确定性 …… 168
7.3 臭氧（O_3） …… 169
7.3.1 非平衡模型 …… 170
7.3.2 化合反应 …… 172
7.3.3 碰撞弛豫 …… 175
7.3.4 其他激发过程 …… 177
7.3.5 系统求解 …… 177

7.3.6 非平衡布居数 …… 178
7.4 水蒸气（H_2O） …… 181
7.4.1 辐射过程 …… 182
7.4.2 碰撞过程 …… 183
7.4.3 非平衡布居数 …… 186
7.4.4 H_2O 布居数的不确定性 …… 189
7.5 甲烷（CH_4） …… 191
7.5.1 辐射过程 …… 193
7.5.2 碰撞过程 …… 193
7.5.3 非平衡布居数 …… 194
7.5.4 CH_4 布居数的不确定性 …… 196
7.6 一氧化氮（NO） …… 196
7.6.1 辐射过程 …… 196
7.6.2 转动态和自旋态的碰撞弛豫 …… 197
7.6.3 振动-平动碰撞和化学生成 …… 197
7.6.4 非平衡布居数 …… 199
7.7 二氧化氮（NO_2） …… 202
7.7.1 激发和弛豫过程 …… 204
7.7.2 非平衡布居数 …… 205
7.7.3 NO_2 布居数的不确定性 …… 207
7.8 一氧化二氮（N_2O） …… 208
7.8.1 碰撞过程 …… 210
7.8.2 非平衡布居数 …… 210
7.8.3 N_2O 布居数的不确定性 …… 212
7.9 硝酸（HNO_3） …… 212
7.10 羟基（OH） …… 215

7.11　分子氧 O_2 大气红外谱带……217
7.12　氯化氢（HCl）、氟化氢（HF）……217
7.13　NO^+……218
7.14　原子氧 $O(^3P)$ 的 63 μm 带……219
7.15　参考文献和拓展阅读……220

第 8 章　非平衡大气遥感……223
8.1　引言……223
8.2　辐射测量分析……225
8.2.1　临边观测……225
8.2.2　光学薄条件下的临边辐亮度……227
8.2.3　探测实验小结……228
8.3　CO_2 辐射探测……232
8.3.1　CO_2 15 μm 辐射探测……232
8.3.2　CO_2 10 μm 辐射探测……236
8.3.3　CO_2 4.3 μm 辐射探空火箭探测……238
8.3.4　CO_2 4.3 μm 辐射的雨云 7 号卫星（Nimbus 7）SAMS 探测……241
8.3.5　CO_2 4.3 μm 辐射的高层大气研究卫星（UARS）ISAMS 探测……245
8.4　O_3 辐射的探测……249
8.5　H_2O 辐射的探测……252
8.6　CO 辐射的探测……255
8.7　NO 辐射的探测……258
8.8　其他红外辐射的探测……261
8.9　转动非平衡……262
8.10　辐射吸收探测……264
8.10.1　ATMOS 实验……265
8.10.2　CO_2 v_2 振动温度……265

8.10.3 CO_2 丰度……267
8.11 高分辨率临边辐射光谱模拟……269
8.12 高分辨率天底发射光谱模拟……277
8.13 非平衡反演算法……279
8.14 参考文献和拓展阅读……281

第 9 章 冷却与加热率……284
9.1 引言……284
9.2 CO_2 15 μm冷却……285
9.2.1 冷却率剖面……288
9.2.2 全球分布……292
9.3 O_3 9.6 μm冷却……293
9.4 水蒸气6.3 μm冷却……296
9.5 NO 5.3 μm冷却……297
9.6 $O(^3P)$ 63 μm冷却……299
9.7 冷却率总结……301
9.8 CO_2太阳加热……301
9.8.1 $O(^1D)$转化为热能……306
9.8.2 加热率的不确定性……307
9.8.3 全球分布……309
9.9 参考文献和拓展阅读……311

第 10 章 行星大气中的非平衡……313
10.1 引言……313
10.2 类地行星：火星和金星……314
10.3 火星和金星大气层的非平衡模型……315
10.3.1 辐射过程……316

10.3.2　碰撞过程 ······ 316
10.4　火星 ······ 321
10.4.1　参考大气 ······ 321
10.4.2　CO_2 和 CO 的夜间布居数 ······ 322
10.4.3　白天布居数 ······ 325
10.4.4　CO_2 布居数的变化和不确定性 ······ 329
10.4.5　冷却率 ······ 331
10.4.6　冷却率的变化和不确定性 ······ 332
10.4.7　加热率 ······ 334
10.4.8　加热率的变化和不确定性 ······ 337
10.4.9　辐射平衡温度 ······ 338
10.5　金星 ······ 339
10.5.1　参考大气 ······ 342
10.5.2　夜间 CO_2 布居数 ······ 343
10.5.3　白天 CO_2 布居数 ······ 344
10.5.4　冷却率 ······ 346
10.5.5　加热率 ······ 347
10.5.6　辐射平衡温度 ······ 348
10.5.7　变化性和不确定性 ······ 349
10.6　外行星 ······ 351
10.7　土卫六 ······ 354
10.8　彗星 ······ 357
10.9　参考文献和拓展阅读 ······ 359

附录 A　符号、缩写和首字母缩写词列表 ······ 362
A.1　符号列表 ······ 362
A.2　缩写和首字母缩写词列表 ······ 365

A.3　化学种类表 …… 367

附录 B　物理常量与有用的数值 …… 369

B.1　一般和通用常量 …… 369

B.2　行星的特征 …… 370

附录 C　专业术语和单位 …… 373

附录 D　普朗克函数 …… 375

附录 E　转换因子和公式 …… 377

附录 F　CO_2 红外波段 …… 379

附录 G　O_3 红外波段 …… 384

图片来源 …… 395

参考文献 …… 397

第1章　绪论与概述

1.1　概述

大气中不存在真正的热力学平衡态。空气微团时刻与周围环境发生粒子和光子交换、分子间碰撞以及化学反应，从而处于变化中。不过，它可以达到局地热力学平衡（或局地热平衡）的状态，在该状态下，大气状态及其能量交换（包括内部和上下边界）的计算会相对简单。一般来说，当分子内能的能级布居数与真正的热力学平衡条件下相同或几乎相同时，则处于局地热平衡态。当碰撞非常频繁，以至于其他物理过程的影响可以忽略不计，能级布居数主要取决于热力学温度（根据分子运动的麦克斯韦（Maxwell）统计量定义）时，就会达到局地热平衡。

显然，大气科学家有必要了解局地热平衡何时适用，何时不适用。正如将在本书中看到的，有许多重要的情况不适用局地热平衡，特别是在高层大气中。因此，有必要建立一种计算能量传递的方法，使包含的物理过程得到适当处理。如果没有这一算法，除了在局地热平衡假设通常适用的高压地区，大气数值模拟以及卫星遥感（主要是红外遥感）中的重要技术都将无效。在地球上，这相当于 30 km 以下的高度范围，那里压强很高，分子间碰撞频繁。在中高层大气中应至少考虑非平衡是否重要，否则就很难进行研究。这些区域的结构、动力学过程，甚至气体组分将与在平衡态中观察到的情况非常不同。

本书的目的是描述在行星大气中发生的各种非平衡过程，并为确定非平衡大气中的温度剖面、加热/冷却率和向外的辐射场，提供详细的数学和计算公式。所有这些将通过实例来说明，重点以地球大气层为例，也将扩展到其他行星的大气层和彗星。

本书讨论的非平衡情况主要涉及与大气红外辐射场相互作用的大气分子的振动激发态。第 2 章讨论中高层大气条件下涉及的大气分子能级、容许的态态跃迁，以及局地热平衡条件下的能级布居数。辐射激发或去激发是分子偏离局地热平衡最常见但不唯一的原因，导致它们的能级布居数超过或低于热碰撞引起的能级布居数。由于辐射源可能与被激发的分子距离很远，而且通常包含多个辐射源，当辐射过程是一个重要因素时，非平衡问题的求解会特别复杂。由于以上原因，本书中的一个重要部分是介绍辐射传输理论，从第 3 章基础知识开始，第 4 章和第 5 章是具体处理方法，包括局地热平衡条件下的处理方法。

非平衡条件下的辐射传输理论自提出以来没有发生本质改变（见 1.6 节和 1.10 节），但高速计算机出现后，通过复杂模型计算振动激发态的布居数及其跃迁导致的冷却率才成为现实。过去几年，一些实用的计算方法被提出。第 5 章回顾了实际应用中最重要的非平衡公式，并详细描述了柯蒂斯（Curtis）矩阵方法。第 6 章介绍了它在重要算例即二氧化碳中的应用。第 7 章描述了大气研究中其他分子及跃迁计算结果。

第 8 章和第 9 章是非平衡模型的应用。首先，我们讨论了非平衡效应对大气辐射发射和传输的影响，以及对从红外辐射的天基测量结果到大气参数（如热力学温度、物质浓度和激发/弛豫率）的反演的后续影响。然后，通过研究红外波段的冷却率和加热率的变化，提出了非平衡效应对辐射平衡的影响。除了一些特殊情况，如 NO 的辐射可达 200 km 或更高区域，研究重点为上平流层、中间层和低热层，即 40～120 km 区域。在第 10 章中，我们把研究扩展到其他行星大气中，在这些天体中，尽管压强、温度、成分和太阳光照条件不同，但起决定作用的物理过程却是一样的，最后，进一步扩展到卫星土卫六和彗星彗发区。

1.2 地球大气层的基本性质

1.2.1 热结构

大气的各个区域常通过温度结构命名（图 1.1）。不过，研究人员经常将不同区域分别称为低层大气（对流层）、中层大气（平流层和中间层）和高层大气（约 100 km 以上）。

下面将简要分析大气分层的机制。大部分由太阳发出并到达地球的电磁辐射，其波长位于可见光及其附近（见图 1.5（a））。这些能量不会被大气强烈吸收，除非有云层将光子散射，并将一部分辐射反射回太空，否则大部分能量会到达地面并被吸收（见图 1.5（c））。低层大气会被地面加热并高于其上层大气温度，当温度高到足够克服压强梯度，使下层大气密度低于上层大气密度时，就会失稳产生对流。失稳的对流区位于大气底层约 10 km 范围内，被称为对流层（“转折区”）。对流层的上边界所在高度密度很低，以致光谱热红外区域向深空辐射产生可观的辐射冷却，这个高度被称为对流层顶。在此高度上，上升的热空气受到辐射冷却作用，使温度几乎不随高度变化，对流停止。图 1.2 和图 1.3 显示，对流层顶高度随纬度变化相差超过 6 km，在热带地区太阳热力最大，对流层最高可达约 16 km，这是温度剖面中一个相当明显的特征。

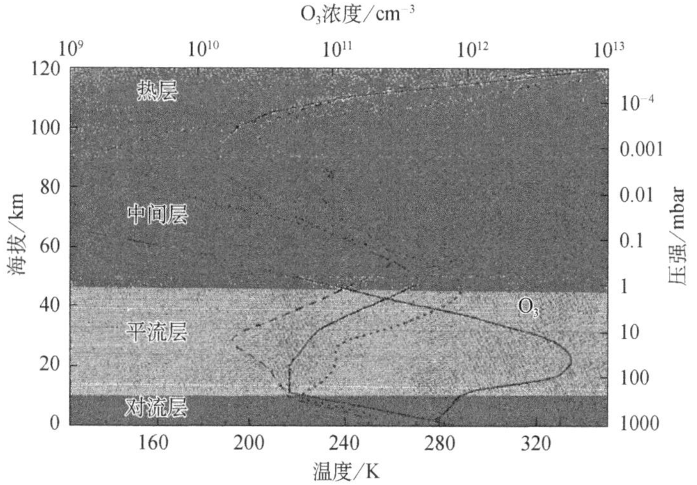

图 1.1　中纬度地区（实线）、极地夏季（点线）和极地冬季（短横虚线）的典型大气温度剖面。图中还显示了各地区的名称，以及全球“平均臭氧剖面”。1 mbar=10^2 Pa

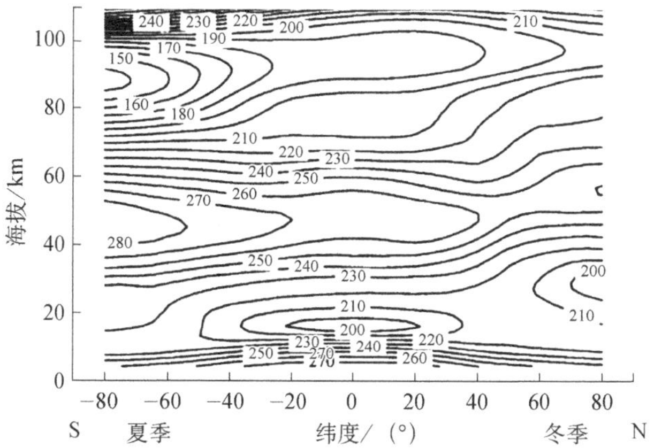

图 1.2　冬至（12 月）条件下大气的纬度（高度）温度结构。引自 CIRA 1986 参考大气

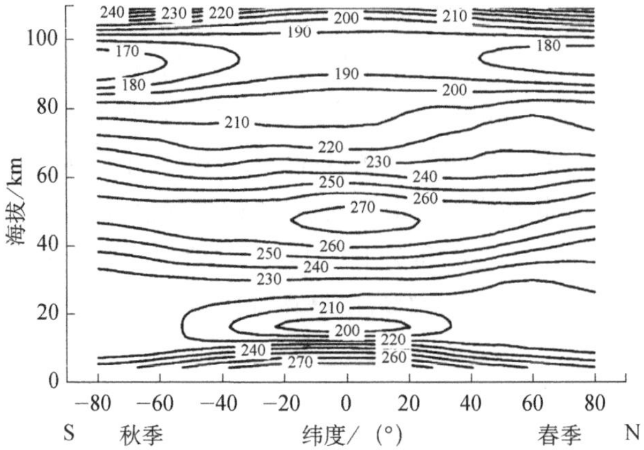

图 1.3　春分（3 月）条件下大气的纬度（高度）温度结构。引自 CIRA 1986 参考大气

假设流体静力平衡，那么

$$dp = -g\rho dz \tag{1.1}$$

其中 p 是压强，g 是地球重力加速度常数，ρ 是密度，z 是高度。

进一步，假设空气微团在垂直运动过程中，与周围环境之间不存在净能量交换。利用定压比热 c_p、温度 T、压强 p 和密度 ρ，通过热力学第一定律可得

$$c_p dT + \frac{dp}{\rho} = 0 \tag{1.2}$$

从方程式（1.1）和（1.2），可发现高度的温度梯度 dT/dz 满足

$$-\frac{dT}{dz} = \frac{g}{c_p} \tag{1.3}$$

g/c_p 称为绝热温度递减率。g/c_p 是一个常数，对于干空气，c_p 约为 1000 $J \cdot kg^{-1} \cdot K^{-1}$，因此，$g/c_p$ 约等于 $10\,K \cdot km^{-1}$。对于潮湿空气，$-dT/dz$ 较小，可小至 $3\ K \cdot km^{-1}$。对于地球对流层，平均值很有用，为 $8\ K \cdot km^{-1}$。此外，如图 1.1 所示，极地地区由于单位面积从太阳吸收的能量更少，地表更冷，温度梯度更小。

在对流层顶上方，温度递减率趋于零，即温度不随高度变化，因为在该区域，大多数波长上的吸收不足以阻止发射的光子逃逸至外太空。每一层被下面光学厚大气的辐射加热，同时因辐射到太空中冷却；在一阶精度上，高度不再重要。这个区域被称为平流层，由于密度随高度单调下降，因此它是分层的，各层不会像对流层那样向上或向下移动。如果将平流层比拟为发射率为 ε 的光学薄的层板，那么它的温度 T_{strat} 与地球的有效辐射或等效黑体温度 T_{Earth} 有关。平流层因吸收来自下方的红外通量（与 εT_{Earth}^4 成正比）而加热，向上和向下发射相等的辐射通量（与 εT_{strat}^4 成正比）而冷却。因此，一定存在关系式 $\varepsilon T_{Earth}^4 = 2\varepsilon T_{strat}^4$，有

$$T_{\text{strat}} = \frac{T_{\text{Earth}}}{\sqrt[4]{2}} \approx \frac{250}{\sqrt[4]{2}} \approx 210(\text{K}) \tag{1.4}$$

虽然这些简单的论据证明平流层温度在一个很高的高度上是恒定的，但根据实际观察，20 km 以上的平流层中，经光化学反应产生的臭氧吸收了太阳紫外线（UV）辐射，使得平流层温度升高。臭氧在 Hartley 波段，形成 0.2～0.3 μm 的连续吸收区（见图 1.5（c））。在 70 km 以下，几乎所有吸收的能量都转化为热能。

平流层的臭氧浓度在 25 km 附近达到峰值。高度 z 处的加热率的计算表达式为

$$c_p\rho(z)\frac{\mathrm{d}T(z)}{\mathrm{d}t} = \int_{0.2}^{0.3}\frac{\mathrm{d}F_\lambda(z,\chi)}{\mathrm{d}z}\mathrm{d}\lambda \tag{1.5}$$

其中 $F_\lambda(z,\chi) = F_\lambda(\infty)\exp\left[-\int_z^\infty k_\lambda n_{\mathrm{O_3}}(z)\mathrm{d}z\right]$ 即辐射能通量光谱，$n_{\mathrm{O_3}}(z)$ 为 O_3 数密度，χ 为太阳天顶角（SZA），k_λ 为 O_3 在波长 λ 的吸收系数。通过上式可发现，最大加热率位于约 50 km 高度。温度也在这个高度达到峰值，这个高度被称为平流层顶。在平流层顶以上，温度再次下降，在近 90 km 的中间层顶达到最低，这里的压强只有几 μbar。由于上面的气体密度很低，极紫外线中的高能太阳光子以及粒子渗透到该区域，造成电离和解离，并转化为热能。由此产生的加热作用使温度随高度迅速升高，因此得名“热层”。

将理想气体方程代入式（1.1）中，积分可得等价关系

$$p(z) = p_0\exp\left(-\int_0^z\frac{\mathrm{d}z}{H}\right) \tag{1.6}$$

其中 p_0 为零点高度上的压强，这里引入了标称高度 $H = kT/mg$，m 为空气的平均分子质量。这个公式常用于上中间层和热层的研究。H 是压强降至 p_0 的 1/e 对应的高度增量。因此，这个厚度有一个特别有用的含义，即把 z 处上方所有大气转化成 z 处的压强和温度状态时对应的厚度。在研究大气平流层和中间层时，有时用无量纲高度来表示 $-\ln(p/p_0)$，根据公式（1.6），相当于 $\int_0^z(\mathrm{d}z/H)$。

在大尺度垂直对流逐渐消失的对流层顶和中间层顶之间，由波动运动、平均流动的各种不稳定性而产生的湍流，仍然使大气相当好地混合在一起。在热层底部附近，扩散开始成为主导过程，大气层中较轻和较重的组分开始分离。从公式（1.6）可以清楚地看到这一点，在这些区域中，公式（1.6）只有独立应用于每个单独组分时才有意义。每种组分具有自己的标称高度 $H_i = kT/m_i g$，根据其分子或原子质量 m_i，较重的组分分压随着高度下降得更快。二氧化碳是高层大气中最重的化合物，在 80～90 km 的低空开始偏离均匀混合。一些组分在约 500 km 或更高的高度，即逃逸层的底部开始偏离均匀混合。在这个高度上，只有氢和氦仍然大量存在，分子碰撞的平均自由程开始大于大气标高，存在分子逃逸到太空的可能性。

图 1.2 及图 1.3 给出了 CIRA 1986 参考大气编制的 12 月及 3 月纬向平均气温。

可以看出，对流层顶在极地地区的海拔较低，而在热带地区的海拔较高，所有季节都是如此。平流层顶夏季明显比冬季暖，这主要是由于太阳光照时间较长和臭氧吸收太阳辐射所致。然而，在中间层顶区域，情况则相反，夏季极地中间层顶是大气中最冷的地方，温度很低（低于 135 K），水蒸气凝结成晶体，形成所谓的夜光云（NLC），注意别与极地冬季平流层发生的极地平流层云（PSC）混淆。由于对太阳辐射的吸收比冬季强，夏季中间层顶低温的原因不是原位辐射，而是动力过程，特别是经向环流。这个从夏季极区到冬季极区的流动，伴随着几乎为绝热膨胀的上涌运动，最终导致在夏季极区产生净冷却，而在冬季极区则相反。因此，动力学在解释观测到的大气温度结构方面起着至关重要的作用。另一个动力冷却的例子是热带对流层顶，由于热带对流层上涌的空气，它比中高纬度甚至冬季纬度的对流层顶要冷得多。

1.2.2 组分

大气由多种化学成分组成，包括一些对辐射传输和光化学很重要的成分，尽管它们含量极低。表 1.1 给出了近地面干燥空气的主要组成。除了这些不可凝结的组分外，水蒸气的含量变化较大但含量较高，可达百分之几。其他一些组分，特别是臭氧，也变化较大，尤其在污染大气环境中。图 1.4 给出了中纬度白天条件下，大气化学组分混合比例的典型垂直剖面。其中许多组分随纬度和季节变化，受光化学和光吸收过程影响多的组分，表现出明显的昼夜变化特征，如 80 km 以下 $O(^3P)$ 、60 km 以下 NO 和 $O(^1D)$ 含量等。

表 1.1　地面附近清洁干燥大气的组分

组分	体积混合比（VMR）
氮气，N_2	0.78084
氧气，O_2	0.20948
氩气，Ar	0.00934
二氧化碳，CO_2	0.00037 *
氖气，Ne	1.82×10^{-5}
氦气，He	5.2×10^{-6}
氪气，Kr	1.1×10^{-6}
氙气，Xe	0.1×10^{-6}
臭氧，O_3	$(0.01\sim0.5)\times10^{-6}$

续表

组分	体积混合比（VMR）
氢气，H_2	0.55×10^{-6}
甲烷，CH_4	1.7×10^{-6}
一氧化二氮，N_2O	0.3×10^{-6}
一氧化碳，CO	$(0.05\sim0.2)\times10^{-6}$

注：*在 2000 年（见“参考文献和拓展阅读”部分）。

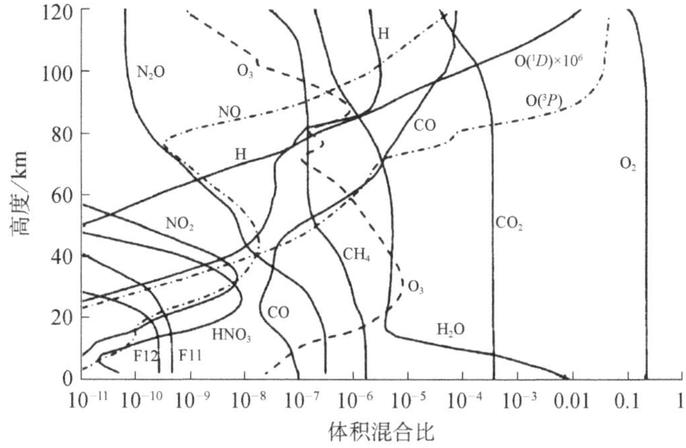

图 1.4　在中纬度白天条件下，大气化学组分的典型混合比例分布，图中 $O(^1D)$ 激发态的混合比乘以 10^6 。F11=$CFCl_3$，F12=CF_2Cl_2 。引自美国标准大气（1976），Clarmann 等（1998），以及 Garcia 和 Solomon（1983，1994）

N_2 和 O_2 是含量最高的组分。它们跟惰性气体一样，化学寿命很长，在低层和中层大气中，风、波和湍流可使它们充分混合。O_2 在大约 90 km 以上高度被部分光解离成原子和离子，N_2 在更高高度上被光解离。水蒸气在对流层中变化很大，在对流层顶附近迅速下降，平流层中只有百万分之几的含量。它在中间层顶以上被光解离，在低热层下降到可以忽略不计的数量。

O_3 是最重要的次要组分，尽管它们的含量很低，但在决定大气热结构、能量平衡和地表条件上发挥关键作用。分子氧光解离产生原子氧，随后与分子氧复合产生 O_3。在 30 km 以下，O_3 主要由动力过程控制，且变化很大。最大含量通常发生在约 25 km 处（见图 1.1）。在平流层上部和中间层下部，由于光解离迅速，臭氧的寿命短暂，因此近似处于光化学平衡。在中间层上部和低层热层之间，臭氧的寿命也很短暂，但受 $O(^3P)$ 浓度的影响较大。更高高度上分子氧光解离产生的 $O(^3P)$ 向下输运，使上中间层大气存在大量 $O(^3P)$，导致该区域臭氧出现第二个峰值。

CO_2 在 130 km 以下几乎所有高度的红外辐射场中都起着重要作用。它不会发生化学反应。在大气、海洋和地球表面都有大量的 CO_2， CO_2 可在不同区域间交换，而且几乎是平衡的。因此，与储存量相比，大气与海洋和生物圈之间的 CO_2 净交换很小，很难测量。尽管如此，人类向大气中释放的 CO_2 对自然碳循环产生了较大干扰。由于化石燃料和生物质的燃烧，CO_2 在大气中的混合比近年来以大约1.5~2ppmv/ 年（$1ppmv=10^{-6}$）的速度缓慢增加。这种增加会向上传播，也可向对流层极区传播，大约需要 5～6 年的时间到达平流层和中间层。它到中间层上部及低热层均能充分混合，在那里，由于分子扩散和紫外线太阳辐射的破坏，CO_2 含量开始减少。

CH_4 和 N_2O 是对流层中含量仅次于水蒸气和 CO_2 的温室气体。它们由自然和人为原因在地表产生，并在平流层中通过光化学过程消除。观测显示，它们在对流层的浓度随时间缓慢增加。

虽然 CO 不是主要的温室气体，但它因与 OH 基反应而在对流层化学反应中起着重要作用，而 OH 基在对流层和平流层的化学反应中起着核心作用。地表空气中的 CO 主要产生于生物质和化石燃料的燃烧，具有很强的时空变化特性；它在北半球对流层的含量约是南半球的两倍。尽管有些证据表明在 20 世纪末 CO 含量有所减少，但在 20 世纪前中期里，它在北半球的浓度可能翻了一番。在平流层和中间层下部，CO 由甲烷氧化产生，并与 OH 基发生化学反应而消失。低热层的 CO_2 光解作用是上层大气 CO 的主要来源，并向下输运到中层大气，这意味着在中层大气中 CO 一般随着高度的增加而增加。由于 CO 在低层、中层和高层等三个主要大气区域都有重要来源，并且具有几个月的中等化学寿命长度，所以 CO 的四维时空分布可能相当复杂。

原子氧通过将动能转化为 CO_2 和 NO 等红外活跃大气分子的内能，在热层的辐射冷却中起着重要作用。它主要来源于分子氧和臭氧的光解离，但在中间层顶以上区域，它的分布主要取决于动力学过程，没有太大的周日变化。在此高度以下，日落后它迅速消失，与分子氧重新结合形成臭氧。原子氧亚稳电子激发态 $O\left(^1D\right)$ 含量很低，但仍然是大气中层和低热层其他含量较高组分的重要振动激发源。

电子激发态的 $O\left(^1D\right)$ 也具有很高的活性，是整个大气（特别是对流层和平流层）OH 基，以及平流层中具有化学活性的含氮化合物的主要来源。其中最重要的两种含氮化合物是一氧化氮（NO）和二氧化氮（NO_2），在较低的对流层和平流层中，这两种物质通过光解作用和化学交换而密切相关。正因为如此，这两种成分通常被归为 NO_x。这些“活性氮”组分主要负责对流层臭氧和烟雾的光化学生成。它们还对平流层臭氧的催化破坏起着至关重要的作用。由于人类活动（化石燃料燃烧和生物质燃烧）和土壤中的自然过程，NO_x 在地表以 NO 的形式释放到对流层。它也在闪电放电中产生，还有一小部分由亚声速飞机产生。在平流层中，NO 由 N_2O 氧化产生，通过与臭氧反应生成 NO_2 而消失。在白天，NO_2 与原子氧发生快速反应，也可通过光化学而消失，这两个过程都产生 NO。这种催化循环是平流层中奇异氧（O_3 和 O）的主要消除机制。在热层，NO 也是主要的红外冷却源，它通过氮原子与氧分子的反应和极光过程生成，在丰度上变化很大。

含氯氟烃（CFCs），主要是 $CFCl_3$（F11）和 CF_2Cl_2（F12），基本来源于工业活动，最初存在于对流层。由于它们的化学寿命很长，溶解度很低，大多数能存留下来，最终到达平流层，在那里它们被短波紫外线辐射分解并释放出破坏臭氧的氯原子。在 20 世纪的后几十年里，它们的含量随着时间的推移稳步增加，但由于国际规则限制其生产使用，它们逐渐趋于平稳并最终耗尽。

1.2.3　能量平衡

事实上，由于地球的平均温度几乎不随时间变化，地球接收到的所有来自太阳的辐射能量，基本上都以辐射的形式返回到太空。太阳大致以黑体的形式发出辐射，最大的辐射落在可见光区域（见图 1.5（a））。在较短波长上，如 200～250 nm 范围内，太阳辐射接近 5100 K 温度的黑体，130～170 nm 范围内接近温度为 4600 K 的黑体。在光谱的红外部分，太阳辐射可近似为 5770 K 的黑体辐射。

太阳紫外线及波长更短的高能光子在不同高度大气，主要是高层大气中，因参与氧气、氧、臭氧和氮气分子的解离和电离而被吸收。O_2、$O\left({}^3P\right)$ 和 N_2 吸收小于 100 nm 的波段，O_2 吸收 Schumann-Runge 连续带（100～175 nm）和 Schumann-Runge 带（175～205 nm），以及相对较弱地吸收 Herzberg 连续带（200～245 nm）。臭氧是 Hartley 波段（210～300 nm）太阳辐射的主要吸收组分。在波长大于约 290 nm 时，太阳辐射穿透到地球表面，Huggins（310～400 nm）和 Chappuis（400～850 nm）波段部分被臭氧吸收（见图 1.5）。

来自太阳的较长红外波段（1～5 μm），在近红外（NIR）光谱的不同区域被分子特别是水汽和二氧化碳的振动-转动带吸收（图 1.6）。这些波段的发射在中高层大气中通常处于非平衡条件下，这将是第 6 章至第 9 章的主要内容。在波长小于 4 μm 时，大气分子吸收的太阳辐射（见图 1.5）中一部分通过与其他大气分子的碰撞重新分配到较低的能级，并以较长波长发射回太空。

除非被云或气溶胶阻挡，波长在可见光及附近的太阳辐射中的大部分可到达地面。从全球平均水平来看，来自太阳的大约 30%的能量被反射回太空（绝大部分，约 21%，通过云层反射），21%在到达地面之前被大气吸收，49%被地表吸收。地表主要通过红外辐射和潜热转移的方式，将能量传输回大气。这些潜热在低层大气中被吸收并最终释放到太空中，同时大气的反向散射作用也可直接反射一部分能量至太空。

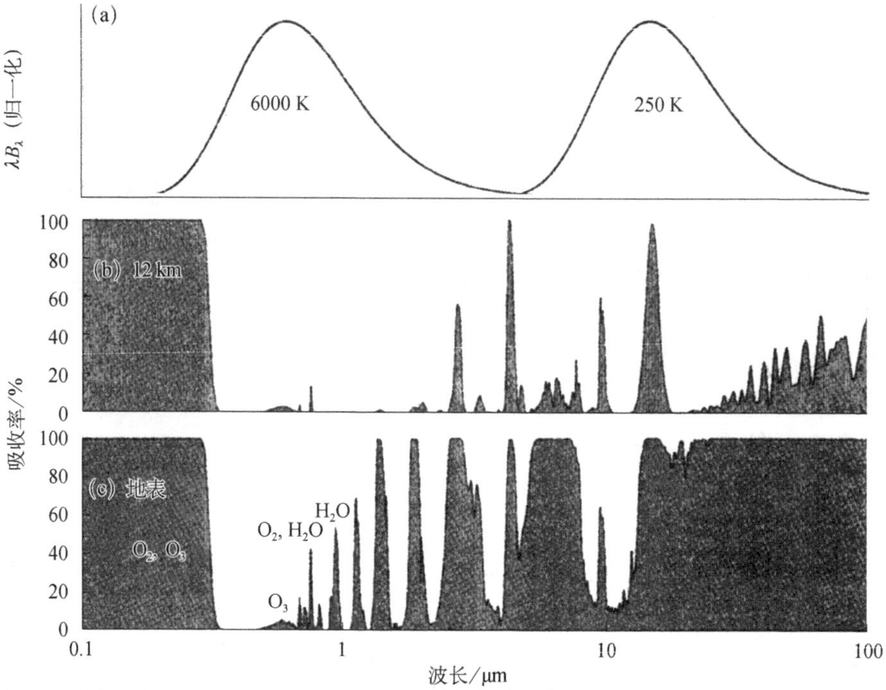

图 1.5　大气吸收。(a) 6000 K 和 250 K 归一化发射能量的黑体曲线；(b) 12 km 到大气顶部的吸收光谱；(c) 地球表面的大气吸收光谱。图 1.6 给出了大气化合物在 $\lambda>1\mu m$ 的吸收特征，使用的是美国标准大气（1976）。G. Anderson 计算了 $\lambda<1$ μm 的光谱。A. Dudhia 计算了 $\lambda>1$ μm 的光谱

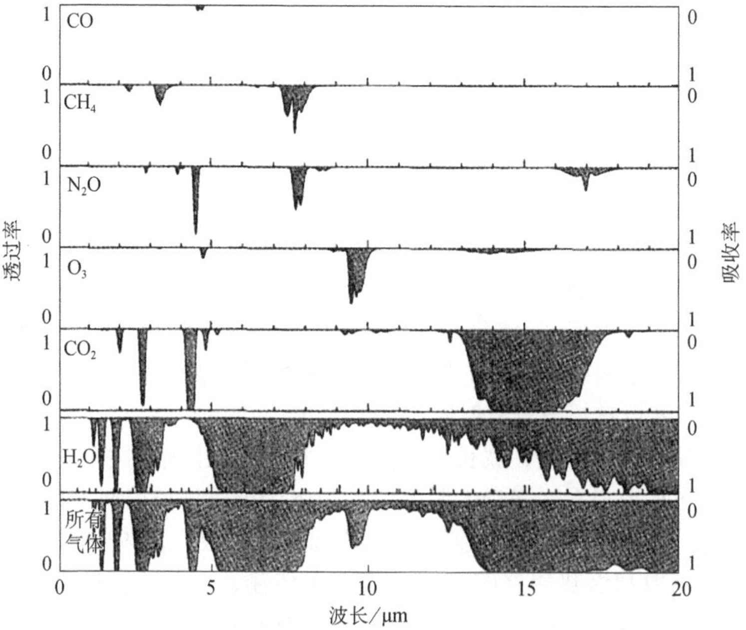

图 1.6　主要红外活性大气成分和所有组分从大气顶部到地球表面的光谱透过率/吸收率。A. Dudhia 根据美国标准大气（1976）计算

由于地球表面的温度相对太阳较低，因此它发射能量的波长要比接收能量的波长长得多。一些热红外辐射直接传输到太空，但对大多数长于可见光的波长来说，大气是非常不透明的。有趣的是，这种不透明在很大程度上并非源于主要成分氮气和氧气，而是源于水蒸气、二氧化碳、臭氧、甲烷和一氧化二氮等次要和微量成分（见图 1.6）。其原因是非极性分子 N_2 和 O_2 没有永久偶极矩，所以在红外波段没有强的振动-转动带。而极性分子具有非常丰富的红外光谱，能吸收除少数小的“窗口”（如 3.7 μm 和 12 μm 区域）以外的所有波长的光子。

1.3　什么是局地热力学平衡?

1906 年，Schwarzschild 在研究恒星大气时提出局地热平衡这一概念。他意识到，与行星大气层中一样，恒星中任何气体微团都不是孤立的，原则上不存在平衡态。然而，平衡态概念在实际中很有用，所以有必要研究哪些情况可近似为平衡态。

考虑一个气体微团，组成它的原子和分子具有与辐射相互作用的受激电子、振动和转动能级。如果气体微团是完全封闭的，并与大气的其余部分隔离，它将最终达到热力学平衡，由此可以定义一个单一的温度 T。此条件下，几乎所有的气体性质都能用这个温度来描述，即分子速度的分布由温度 T 下的麦克斯韦分布给出，激发态服从相同温度下的玻尔兹曼（Boltzmann）分布。此外，物质的辐射性质仅取决于温度，众所周知，微团内的辐射场以普朗克（Planck）黑体辐射函数表征。

大气条件下任何气体分子，其动能都比内能对外部变化的响应要快，因此，其他形式的能量与平动能的交换并不足以使其偏离麦克斯韦分布。例如，太阳照度的变化可能造成不同区域温度不同，但总能达到局地平衡分布。因此，在整个大气层范围内，可以假定分子平动速度满足局地平动温度的麦克斯韦分布。换句话说，我们可以假设在每个大气高度 z 的局地热力学温度为 $T(z)$。在给定的大气高度 z，如果给定激发态（电子、振动或旋转）的分布，满足局地热力学温度下的玻尔兹曼定律，那么该激发态就被称为处于局地热平衡。局地热平衡的一个最重要的结果是，在该激发态和基态，或其他平衡态之间的跃迁及其辐射性质可以仅用温度来描述，具体而言，跃迁的源函数等于该温度下的普朗克函数。

虽然局地热平衡的定义相当简单，其背后却隐含着一些并非显而易见的结果。例如，与完全热力学平衡不同，局地热平衡条件不会对所涉及的发射辐射场施加限制。也就是说，在热力学平衡状态下，气体微团的辐射符合黑体函数，而在局地热平衡中，即使源函数为普朗克函数，局地辐射场却不一定为普朗克函数描述。因此，只要碰撞足够快，使跃迁导致的辐射能量的损失或增加可及时通过平动能获得补充，并保持激发态的布居数与平动能耦合，则可视为局地热平衡。这是大气辐射中最重要的情况，如平流层中CO_2的 15 μm 谱带、H_2O的 6.3 μm 谱带、O_3的 9.6 μm 谱带，均可视为局地热平衡。在更高高度上，这些分子的能级则明显偏离局地热平衡。

另一个重点是，在一个大气微团中，一些组分可处于局地热平衡中，另一些则偏离局地热平衡。事实上，在同一个分子中，一个内能态可能处于局地热平衡，而另一个内能态则不处于，这是很常见的。例如，二氧化碳是大气辐射传输中最重要的组分之一，它有两种基本振动模态ν_2和ν_3（这个术语将在第 2 章解释），可与光子相互作用。这两个模态在低空都处于局地热平衡中，但是在 40 km 以上，ν_3模态便偏离平衡态，在 100 km 以上ν_2也偏离平衡态。局地热平衡依赖于高度的原因，是碰撞频率取决于压强，以及碰撞过程中将能量传递到不同振动模态的效率不同，下面将进一步讨论。

1.4 局地热力学非平衡的情形

本书主要关注非平衡的物理基础，区分非平衡中不同物理过程，以及行星大气中非平衡辐射发生的条件。要了解局地热平衡在什么条件下成立，我们必须考虑所有影响激发态能级布居的微观过程。第 3 章介绍一般情况，第 6 章和第 7 章描述具体案例。此处将考虑各种非平衡情况的总体思想，以及特定跃迁何时偏离局地热平衡。

气体微团中分子的内能态有两种基础过程：一种是碰撞，另一种是交换光子。简单地说，如果分子内能的能级分布主要由碰撞决定，那么该内能能态就是局地热平衡。另一方面，如果以辐射过程即光子的吸收和发射为主，那么一般来讲它处于非平衡中，因为辐射场在本质上是非局域的，其强度、方向性分布和频谱分布通常与局域热力学温度下的普朗克函数关系很小，或没有关系。在大气中，压强和碰撞的频率随着高度增加而下降。因此，我们推测在高层大气中，非平衡状态更有可能出现。在估计非平衡发生高度时，另一个重要参数是跃迁能量。对于能量跃迁小的能态，保持能级平衡所需的平均碰撞次数更少，因此可以在更高高度上处于局地热平衡。例如，CO_2 4.3 μm 波段在约 40 km 处开始偏离局地热平衡；而 $O(^3P)$ 63 μm 带的能级，以及几乎所有大气分子的转动能级直到高热层均处于局地热平衡。另一种考虑维持局地热平衡的方法，是将光子的平均自由程与温度变化的典型距离进行比较。例如，如果光子的平均自由程远小于这个距离，或者 $dT/dz \simeq 0$，则几乎不需要碰撞来维持局地热平衡，因为局域的光子几乎都来自源函数及特征温度相同的区域。

没那么常见的情况是，分子的内能激发态处于非平衡时，有时会通过碰撞导致相同或不同分子的其他能态脱离局地热平衡。第 3 章列举了一些例子，第 6 章和第 7 章进行了详细描述。也有一些情况，如在光学非常厚的条件下，辐射场非常强，很少的热碰撞就足以使激态维持局地热平衡的数量。针对这些情况，一些学者认为局地热平衡状态是靠辐射维持的。更准确地说，少量的热碰撞足以维持局地热平衡，如果没有碰撞，局地热平衡将不会正常存在。这可由金星和火星部分中层大气的 CO_2 15 μm 基频带（见第 10 章）的例子予以说明。

因此，根据起决定作用的物理过程，我们可以大致区分以下非平衡情况：

（1）经典的非平衡情况，没有强辐射源，热碰撞速率不足以弥补自发发射损失的能量。在此条件下，激发态的布居数比局地热平衡对应的小。估计在碰撞弛豫时间与自发辐射寿命量级相同的高度，跃迁偏离局地热平衡。局地热平衡的失效高度随跃迁光学厚度的增大而增大。对于光学厚条件，一个更好的估计是，在该高度上，由碰撞激发的速率与自发发射速率和光子逃逸到空间的概率之积相当。第 3 章将介绍一些例子。

（2）当内部大气辐射场（地球光照）造成多于玻尔兹曼分布的能级布居数时，会导致局地热平衡失效。在寒冷的上中间层中，产生弱红外波段的分子态常出现这种情况，因为它们的布居数对来自温暖低层大气的红外光子的上涌通量很敏感。

（3）当吸收强太阳辐射成为能级激发的主要机制时，局地热平衡失效。这主要发生在光谱的近红外部分。

（4）还有一些情况，分子在光化学反应、化学结合、电子-振动、振动-振动能量转移、解离性重组，以及带电粒子碰撞等过程中激发和去激发。第 3 章给出了这些过程导致非平衡的一些例子。它们是大气发光现象的主要机制，并造成了地面的白光、夜光和极光光谱，这些在过去不被称为非平衡辐射；然而，由于产生这些现象的激发态的布居数远不是局地热力学温度下的玻尔兹曼分布，因此它们应归入这一范畴。有大量关于气辉和极光的文献，本书的目标不是研究它们，我们主要关注光谱红外部分和那些需要详细处理的辐射跃迁中的非平衡辐射。

1.5 非平衡的重要性

激发能级是否偏离玻尔兹曼分布，对激发能级产生的辐射冷却有重要影响。这里给出两个主要例子，一是在 15 μm 附近，由二氧化碳 ν_2 弯曲模态产生的辐射，它在上中间层和低热层的所有冷却源中占主导地位；二是在 5.3 μm 附近由一氧化氮产生的非平衡辐射，它在热层的辐射冷却中占主导地位。如果这些波段的高能态在热层中处于局地热平衡中，其冷却率将比实际的要大得多。

加热和冷却过程都受到非平衡的影响。例如，CO_2 4.3 μm 和 2.7 μm 等波段的加热率（将太阳辐射能转化为大气分子的动能）比这些跃迁高能态完全热化处于局地热平衡时要小得多。局地热平衡下，太阳泵浦波段的净吸收要小得多。此外，再发射可能是荧光而不是共振，这有助于获得比局地热平衡预期值更小的加热，通过碰撞转移可以进一步降低加热率。总的来说，导致能量转化成热的碰撞过程是相当复杂的。例如，O_2 和 O_3 等分子吸收可见光和 UV 后，可以经中间态 $N_2(1)$ 将能量转移到 $CO_2(\upsilon_3)$，随后再发射到太空。

这些冷却和加热过程，对于确定大气中的平衡温度分布，以及产生驱动大气水平运动的压强梯度都十分重要。因此，辐射传输（CO_2 辐射尤为如此）日益复杂的参数化模型，是目前大多数二维（2D）和三维（3D）动力学模型的必要组成部分。

随着卫星平台上可安装高分辨率、高灵敏度的仪器，大气遥感已成为气象学和其他应用科学日益重要的工具。例如，临边探测技术有力地推动了温度结构和中高层大气的次要组分浓度的获取。非平衡效应在上述区域的遥感中发挥着重要作用，在这些区域中，产生红外发射的激发态偏离它们的玻尔兹曼分布。通过抑制或提高信号强度，非平衡效应通常决定了遥感能达到的最高高度。在此之下，需要使用非平衡模型来正确反推大气温度和物质浓度。例如，最常用技术之一，通过 15 μm 临边辐亮度的测量数据来推导 70 km 以上热力学温度，需要利用非平衡校正。从 9.6 μm 临边辐亮度的测量得到臭氧浓度，需要校正 50～60 km 以上的 O_3 和光谱重叠物质（尤其是 CO_2）中的非平衡效应。同样，要得到 60 km 以上的水汽浓度，需要修正 H_2O 以及可能还有 NO_2 中的非平衡。从 4.6 μm 附近的临边辐射测量得到 CO，必须考虑平流层顶以上的非平衡能级分布。从 5.3 μm 的临边辐射测量得到平流层和中间层的 NO 浓度，需要了解这些区域和热层中 NO(1) 非平衡布居。类似的考虑也适用于解释地球以外的行星和彗星的大气光谱数据。

1.6　一些历史背景

在定义了非平衡并讨论了其重要性之后，现在简要回顾一下它的近代发展脉络。

图 1.7　首次提出非平衡辐射概念的 Edward Arthur Milne

历史上，非平衡问题的解决一直与辐射传输理论的发展和对物质辐射特性的描述有关。1930 年，米尔恩（Milne，图 1.7）在研究恒星大气时首次提出了非平衡概念。在此之后，这一课题在天体物理学中得到了广泛的研究，主要是解释恒星光谱和热恒星中的谱线形成（参见“参考文献和拓展阅读”部分）。

1949 年，Spitzer 首次指出，在高层大气中的低气压下，辐射场可能会对局地热平衡态产生扰动，但是没有给出定量的处理方法。1956 年，Curtis 和 Goody 在对中间层 CO_2 15 μm 冷却率的研究中，首次应用了非平衡公式。他们解释了两能级跃迁的最简单情况，其中只包括热碰撞和辐射过程。与此同时，随着第一台电子计算机的发展，Curtis 设计了辐射传输方程（RTE）的线性参数化方法，以计算 CO_2 15 μm 波段的冷却率。虽然这是为局地热平衡条件设计的，但它也可以适用于非平衡情况，只需用源函数取代普朗克函数。这就是现在称为柯蒂斯（Curtis）矩阵方法的来源，该方法被广泛用于非平衡下的大气红外波段的研究，5.7 节中将详细描述。

求解耦合方程组的基本原理，自这个公式提出以来基本上没有改变。由于计算机功能越来越强大，尽管还不够强大，它们在大气红外波段辐射传输问题上有很多应用。大多数研究人员比较关注能量传输路径，以期提高计算效率和深入了解相关的分子过程。这些学者有 Houghton、Kuhn 和 London，他们的工作均完成于 1969 年，以及 Dickinson，他发现了大气辐射冷却中弱带的重要性，并对金星和火星大气开发了非常全面的二氧化碳能级和谱带模型。1975 年，Shved 成为该领域的另一位先驱，他开发了一种针对行星和冷恒星高层大气中线性分子的通用处理方法。他和同事们后来对所有主要的红外活跃大气分子进行了同样的处理，其研究团队成为非平衡领域的主要中心之一。

20 世纪 70 年代，Kumer 和合作者在对 CO_2 4.3 μm 波段的研究中取得了重大进展，包括相关能级的激发机制和火箭测量（包括极光条件下的观测）数据的分析。这项工作于 80 年代和 90 年代在美国空军研究实验室得以延续，他们进行了进一步建模，并仔细分析了探空火箭及航天器获得的 CO_2 15 μm、4.3 μm 和 2.7 μm 测量数据。

长期以来，非平衡的主要研究目的之一在于开发出精确且高效的算法，用于计算全球大气模型中的冷却率（尤其是CO_2 15 μm）。许多研究人员致力于采用不同的技术和参数化模型（参见第 5 章以了解更多细节）来研究这个问题。随着高速计算机的持续发展，模型取得了良好进展和不断更新。

20 世纪 70 年代末到 80 年代，非平衡效应的理论取得了重要进展，可以处理振动–平动（热）和振动–振动碰撞同等重要的情形。引入振动–振动碰撞后，可以考虑白天条件下，太阳辐射、光化学过程、激发态分子的碰撞作用等产生的激发态的振动弛豫过程。最初只考虑了两种极端情况：①只有热碰撞和辐射损耗起作用，例如 Curtis 和 Goody 研究的经典非平衡案例；②白天条件下，直接太阳辐射是唯一激发源。在白天条件下，CO_2 15 μm 带存在额外的复杂性：吸收 4.3 μm 和 2.7 μm 的近红外波段的太阳辐射，以及随后的振动弛豫，对 ν_2 能级的布居数有重要的影响。这一问题首先由 Kumer（1977）提出，他使用了迭代格式，随后 López-Puertas 等（1986）求解了 2.7 μm、4.3 μm 和 15 μm CO_2 能级和谱带的辐射传输和统计平衡方程（SEE）的耦合问题。此后有其他几个团队处理了这个问题。例如，Solomon 等（1986）引入振动–振动碰撞拓展了非平衡公式，以研究 LIMS 卫星测量的 O_3 10 μm 带的发射。

20 世纪 90 年代早期，三组研究人员使用不同的测量来源取得了一个重大进展，证实了与原子氧碰撞能对二氧化碳弯曲模态有效地激发和去激发。事实上，Crutzen 早在 1970 年就预测过这种效应，这一发现极大地改变了我们对地球、火星和金星上层大气能量平衡的理解。

第 8 章回顾了近期其他非平衡辐射研究，重点关注非平衡布居数对临边辐射的影响，以及通过实验测量来揭示非平衡物理机制。与发射相对，基于高光谱的太阳掩星辐射的透过率的实验测量，对理解非平衡辐射过程也非常有用。辐射发射和透过率实验测量，都要用到非平衡效应来反演大气浓度。未来还将把非平衡理论直接应用到星载红外仪器测量的反演算法中，以开展中间层、低热层的温度和组分的精确测量。另一个持续关注的方向是发展精确的冷却/加热算法，以便应用在类地行星和巨行星的高层大气全球模型中。

1.7 非平衡模型

本书目的之一是描述如何在复杂的非平衡辐射效应下，计算中层和高层大气中的辐射传输。如前所述，当分子间的碰撞不够频繁，以至于分子重要振动能态的辐射寿命变得与碰撞之间的平均自由时间相当时，局地热平衡就会失效。进而，能级布居数不再由简单的玻尔兹曼分布决定，而是由碰撞相互作用和量子态的跃迁同时决定。前者既包括振动-平动（V-T）碰撞，也包括振动-振动（V-V）碰撞，这些碰撞均可涉及多个能级和碰撞对象。当考虑所有这些因素时，对中层大气温度结构进行可靠的计算不是易事，因为需要将非平衡能量交换纳入该区域的动力学模型。同样不容易的是计算激发态的布居数，以便从临边辐射实验测量中反推温度或大气组分。

第 6 章根据作者及共同研究者在 1986 年发表的模型，对 CO_2 非平衡模型进行了阐述。它包括单个或不同分子、不同能态之间的振动-振动能量交换，并使用原始柯蒂斯矩阵方法的改进版本来处理辐射传输，该方法允许包含 V-V 碰撞过程。模型包括 CO_2 最重要的 15 μm、4.3 μm 和 2.7 μm 带，以及 υ_2（弯曲量子态）和 υ_3（不对称伸缩量子态）之间的能量交换，因此可以处理白天的情况。模型输出中除了不同量子态的布居数，包括高层大气温度探测中感兴趣的布居数，还包括研究二氧化碳能量研究所需的冷却率和加热率。该模型包含了 CO 4.7 μm 态、H_2O 6.3 μm 和 2.7 μm 态，以及 H_2O 振动能级与振动激发态氧气之间的振动能交换。$O_2(1)$ 浓度较高，是 H_2O、CO_2、CH_4 和态之间传递能量的有效中间体。

后面章节中讨论的研究结果，包括 $CO(1)$ 态的布居数，以及 H_2O 的弯曲、对称和不对称伸缩模态。这些结果还包括 N_2 和 O_2 第一振动能级的布居数，它们分别是 CO_2 υ_3 和 H_2O υ_2 能级的储能分子。除了这些分子外，该模型还应用于其他红外辐射组分，包括：① O_3，其生成时的振动分布和随后的碰撞弛豫是关键过程；② CH_4 和 N_2O，类似于 H_2O，与 $O_2(1)$ 的碰撞同样发挥重要作用，但对其非平衡振动能级布居数仍知之甚少；③ NO_2，其非平衡过程也鲜为人知，与臭氧分子有一些相似之处；④NO，其辐射传输不是很重要，但在热层中表现出转动非平衡，其辐射发射是主要的能量汇之一。对于平流层化学，其他重要的含氮化合物中，硝酸并没有表现出明显的非平衡效应，因为它的浓度只在平流层顶以下较高，在此高度范围内碰撞速率一般都较快。

目前非平衡模型的主要缺陷包括：①计算复杂，限制了其在大气反演和二维、三维动力学模型中的应用；②阐明大气过程的实验数据有限；③振动-平动、振动-振动碰撞过程中能量转移速率的不确定性；④光谱参数数据库（如线强度）的不完整，特别是某些组分，如振动激发模式下的 O_3 和 NO_2。这四个缺陷都在通过更快的计算机、新的卫星项目，以及实验室研究逐步得到改善。然而，最重要的进展可能来自于通过红外仪器测量非平衡辐射，并通过其他不受限于非平衡辐射的测量手段（例如使用掩星或微波技术）在同时同地开展热力学温度和组分浓度的测量。

1.8 非平衡实验研究

在非平衡辐射传输模型中，实验确定各种速率系数和其他分子参数是一个复杂的领域，在很大程度上超出了本书的范围。我们将使用当前掌握的最佳值，并为希望深入研究如何获得这些值的读者提供参考文献。

然而，应当注意，由于在适当的温度和压强下，复现所需路径长度以及引入适当太阳辐照存在难度，在实验室中模拟大气的非平衡行为相当困难。因此，在实践中，大气模式中使用的系数，往往是从远远超出实际应用参数范围的条件中推断出来的。此外，外推通常是建立在理论假设的基础上，而理论假设往往是相当原始的。这是目前所能采取的最佳方式，需要时刻留意，误差和不确定性可能是相当大的。

在真实大气中进行非平衡的实验研究，是从探空火箭有效载荷红外辐射测量开始的，但现在它更多地涉及星载仪器。这些数据可用于改进非平衡模型，明晰所涉及的过程，并减少前文所述的不确定性。接下来的章节，特别是第 6 章和第 7 章有许多这样的例子。第 8 章的重点是假定非平衡模型是可靠的，并根据基本的大气属性（如温度或成分）解释测量的辐射量。显然，这两者相互制约，并且可能会出现这样的情况：很难判断造成模型和测量之间差异的真正原因，是不寻常的（而且可能是有趣的）大气条件，还是更常见的模型及其输入参数的局限性。

为了在实验室和野外获得更好的分子常数，人们不断改进实验设计。因此，模型及其作为探测大规模大气行为的工具的价值正在逐步提高。

1.9 行星大气中的非平衡问题

非平衡的情况不仅限于地球大气层。事实上，其他类地行星，如火星和金星的大气层几乎是由纯二氧化碳组成的，这使得研究这种分子的非平衡过程，对于理解它们上层大气的热结构至关重要。此外，这些大气不同于地球的物理化学条件，也使得起作用的过程不同，与地球情况对比，可以提供对非平衡问题更深入的认识。例如，在金星大气中，二氧化碳的弱热普带和同位素带对辐射冷却的作用，要比在地球上重要得多。在 15 μm 带，局地热平衡适用于比在地球上低得多的压强（高海拔）。更高的二氧化碳浓度意味着在相同压强下，这些波段在光学上更厚，辐射能量损失更少，更慢的热碰撞率足以使它们保持局地热平衡中的能级布居数。

类地行星大气组成的差异在其他方面也很重要。地球大气中的主要大气成分，N_2，作为一种中间物，通过其第一振动激发态，重新分配由于吸收太阳辐射而激发的 CO_2 υ_3 能级的振动能。第二丰富的组分，O_2，在分配水蒸气和甲烷的振动能方面起着类似的作用。在火星和金星上，二氧化碳通过更快的自身近共振振动-振动能量交换，将吸收的太阳能在内部分配，并使 15 μm 的高效热冷却成为可能。

巨行星的大气层，以及它们的一些卫星，尤其是土卫六，都含有像甲烷和其他碳氢化合物这样的辐射活跃气体。地球的研究经验表明，这些气体应该在其上层大气的热平衡中发挥重要作用，但非平衡方法在这些情况中的应用仍处于初级阶段。此外，相对较少的测量数据，可用于比较测试现存的初步模型，或得出活性气体的准确浓度。在研究彗星彗形稀薄大气中的水蒸气、一氧化碳、甲烷和其他气体的行为和浓度时，也存在类似情况。第 10 章将讨论这些环境下的非平衡辐射。

1.10　参考文献和拓展阅读

有关大气基本特性和大气过程（动力学、化学和辐射）的更多背景知识，请参阅 Houghton（1986）、Brasseur 和 Solomon（1986）、Andrews 等（1987）、Chamberlain 和 Hunten（1987）、Rees（1989）、Goody（1995）、Salby（1996），以及 Andrews（2000）等。Wayne（1985）对行星和卫星的化学成分，以及地球的化学成分进行了详细的研究。Brasseur 等（1999）描述了对低层和中层大气的化学性质及其与全球变化的可能相关性的认识。Mauna Loa 火山 CO_2 测量的趋势（Keeling and Whorf，2000）可以在下面网站中查找：http：//cdiac.esd.ornl.gov/trends/co2/-nmc-ml.htm①。

Houghton 等（1984）和 Rodgers（2000）对大气遥感进行了研究。Hanel 等（1992）在介绍这一主题时，着重介绍了行星大气的红外光谱，并对辐射传输进行了很好的处理。Brasseur 和 Solomon（1986）著作的第 4 章、Andrews 等（1987）著作的第 2 章也对大气辐射做了简要介绍。

关于大气辐射的更全面的著作有 Kondratiev（1969）、Coulson（1975）和 Liou（1980）的文章。关于这个主题，Goody 和 Yung（1987）的著作最为完整，至少对于光谱的红外部分。Liou（1992）对辐射进行了详细的处理，重点是辐射和云。

非平衡研究的历史发展可以通过一系列开创性的论文来追溯，如 Milne（1930）、Curtis 和 Goody（1956）、Houghton（1969）、Kuhn 和 London（1969）、Williams（1971）、Dickinson（1972，1984）、Kumer 和 James（1974）、Shved（1975）、López-Puertas 等

① 更新网址：https://gml.noaa.gov/vvgg/trends/history.html。

（1986a，b），以及 Wintersteiner 等（1992）的著作。关于非平衡的章节可以在 Goody 和 Yung（1989）的一般大气物理书中找到，第 5、4、2 和 13 章分别可以参考如下文献：Houghton（1986）、Brasseur 和 Solomon（1986）、Andrews 等（1987）、Thome（1988）。

现有的关于非平衡的文献大多涉及恒星大气层，如 Chandrasekhar（1960）、Feautrier（1964）、Rybicki（1971）、Athay（1972）、Mihalas（1978），以及 Simonneau 和 Crivellari（1993）。当然，我们所关心的分子和物理条件，与地球和行星大气科学家是完全不同的，但是我们可以进行有趣的比较，特别是在数学和计算技术以及所采用的近似上，具体可参考 Mihalas（1978）、Rybicki 和 Lightmann（1979）。

第2章 分子光谱

2.1 引言

在本章中，我们考虑单个分子的能级，以及在平衡态和非平衡态下，分子之间碰撞和分子-光子相互作用如何影响这些能级的布居数。

如第1章所述，平衡态中，能级布居是分子的振动和转动能与气体的平动能达到动态平衡的结果，所以能级布居的统计平均仅仅是气体热力学温度的函数。在非平衡情况下，分子在碰撞过程中的振动量子交换、化学反应，以及从（向）非等温邻域分子团吸收（或发射）光子发挥重要作用。接下来的章节将讨论这些影响。首先，需要阐明单个分子的能级及其与单个光子相互作用的方式，以及导致的跃迁。

为此，选用典型分子模型，并使用基础量子理论计算它们的能量。我们使用尽量简单同时足以说明分子红外光谱特征的模型。一开始，计算尽可能简单且有意义的分子和模型，如CO的半经典双原子“刚性转子”模型，然后逐渐扩展到更复杂的模型和分子。

大气主要由N_2和O_2分子组成。然而，它们是同核分子，缺乏永久偶极矩，不能像极性分子那样与光子相互作用。事实上，大气辐射中感兴趣的分子多数是三原子分子，红外辐射传输中最重要的是CO_2、H_2O、O_3。除了这三种气体，大气辐射传输中重要的气体有双原子分子CO和NO，以及五原子分子CH_4。

2.2 双原子分子的能级

一个分子如果包含两个或两个以上的原子，可以通过围绕质心的转动和振动来储存内能。与原子或分子的电子态一样，分子的振动能级和转动能级是量子化的。振动能级之间的能量间隔远小于电子态，转动能级之间的能量间隔远小于振动能级

（图 2.1）。处于激发态的振动态或转动态的分子，通过发射光子可以弛豫到一个较低的能态，光子能量通常对应红外光谱区域。相反地，波长与容许跃迁相匹配的红外光子，可以通过激发一个或多个振动态或转动态而被分子吸收。

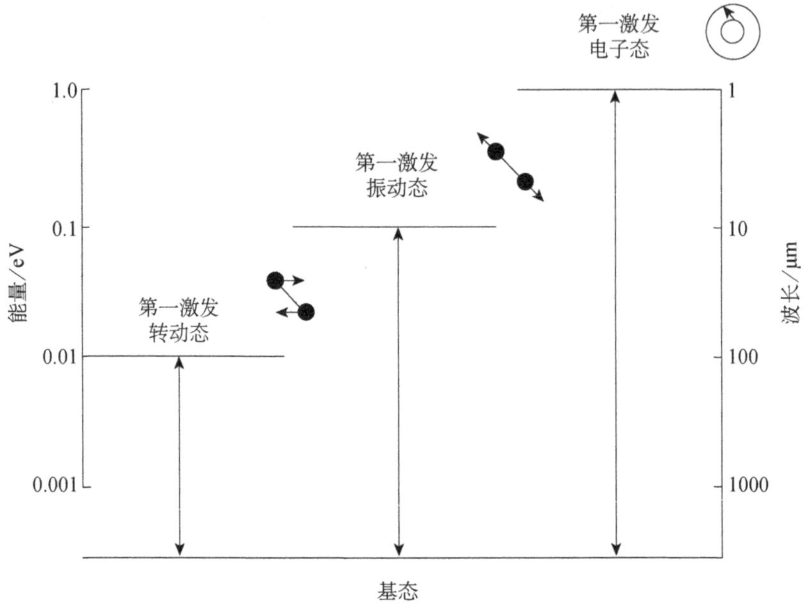

图 2.1　双原子分子的能级图，说明了三种类型的跃迁及其相对大小

2.2.1　Born-Oppenheimer 近似

上述三种内能的第一激发态到基态的跃迁中，纯振动跃迁的能量通常比纯转动跃迁的能量至少高一个数量级（见图 2.1），电子跃迁的能量比振动跃迁高一个或多个数量级。就波长而言，电子跃迁产生（或吸收）可见光或紫外光子，而振动跃迁和转动跃迁分别涉及电磁波谱中近红外和远红外到微波部分的光子。

在一阶精度上，分子不同种类的内能可以分开处理，就好像它们相互之间不发生作用一样（Born-Oppenheimer 近似）。例如，第一振动激发态的能量将独立于分子的转动激发态，以此类推。在这种简化下，可以从最简单的半经典模型出发，研究分子与这些能级发射的光子之间的相互作用。之后会研究 Born-Oppenheimer 近似失效时的情况，这种情况在涉及较大量子数如高激发态时最重要。

2.2.2　双原子分子的转动

双原子分子绕其质心转动。在最简单的模型中，连接两个原子的键是刚性的。

这是一个很好的近似，尽管在快速转动时，分子键会拉伸，导致转动惯量及转动能级的能量发生变化。优化模型中，将分子键假设为线性弹簧（满足胡克定律），可以得到更好的结果，但仍不能精确地逼近真实情况。

1. 刚性转子模型

在这个模型中，假设一个分子由质量为 m_1、m_2 的两个质点组成，两个质点由长度为 r 的刚性键连接（图 2.2）。

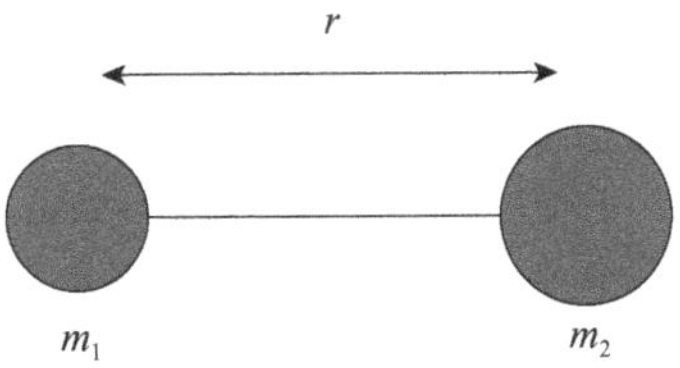

图 2.2　双原子分子的刚性转子模型

由于分子绕质心转动，系统的能量为 $E = I\omega^2/2$，角动量为 $I\omega$，其中转动惯量为 $I = mr^2$，$m = m_1 m_2/(m_1 + m_2)$ 为约化质量，ω 为转动角速度。该系统的定态薛定谔方程是

$$\frac{h^2}{8\pi^2}\left(\frac{1}{m_1}\nabla_1^2 + \frac{1}{m_2}\nabla_2^2\right)\psi + E\psi = 0$$

其解为

$$\psi_{J,M} = \sqrt{\frac{(2J+1)(J-|M|)!}{4\pi(J+|M|)!}}\mathrm{e}^{\mathrm{i}m\phi}\mathrm{P}_J^{|M|}(\cos\theta) \tag{2.1}$$

其中 J 和 M 为整量子数，分别表示总角动量及其沿极轴的分量 $(|M| \leqslant J)$。项 $\mathrm{P}_J^{|M|}(\cos\theta)$ 是连带勒让德多项式。分子对应的转动能量为

$$E_J = BJ(J+1),\quad J = 0,1,2,3,\cdots \tag{2.2}$$

其中 $B = \hbar^2/(2I)$ 为转动常数，$\hbar = h/(2\pi)$，h 为普朗克常数。由于系统的能量 $E = I\omega^2/2$，因此角动量

$$I\omega = \hbar\sqrt{J(J+1)} \tag{2.3}$$

J 很大时，$I\omega \approx \hbar J$，即系统的角动量与 J 近似成正比，而能级的能量间隔随 J 线性增加（图 2.3）。

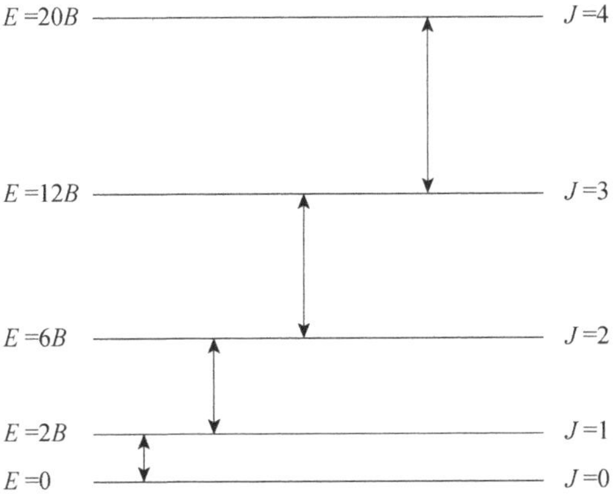

图 2.3　刚性转子的能级图，显示转动能级之间允许的跃迁

只有特定能态之间的跃迁是被容许的。能态 J'' 和 J' 之间跃迁的选择规则，可由上述波函数得到。两态之间的相互作用能与电偶极矩矩阵的相应元素成正比，即

$$\mu_{J'M'J''M''}=\int\psi^*_{J'M'}\mu\psi_{J''M''}\mathrm{d}\varphi$$

此处 φ 是立体角，只有当 $\Delta J=J'-J''=\pm 1$ 时，以上积分非零。

因此，从一个能级到另一个能级的跃迁能量为

$$E_{J+1}-E_J=2B(J+1) \tag{2.4}$$

由此可以得出，光谱中的谱线间距等于 $2B$ 对应的波数。

2. 非刚性转子模型

如果列出一个原子间距 r 的表格，其中 r 由相邻谱线的间距得到，就会发现简单刚性转子模型的不足。以双原子分子氟化氢(HF)为例，表 2.1 列出了原子间距。按惯例，描述转动态之间的跃迁时，J'' 表示低能态的转动量子数，J' 表示高能态的转动量子数。

表 2.1　HF 中的原子间距

对应的谱线 $(J''-J')$	原子间距* / Å
0-1 和 1-2	0.929
1-2 和 2-3	0.931
2-3 和 3-4	0.932
…	…
…	…
10-11 和 11-12	0.969

注：*通过几个不同跃迁带的间距计算得到。

可以看出，r 的推导值随着 J 的增加而有规律地增加。对该行为的经典解释为，原子间的作用键实际上不是刚性的，在分子转动离心力作用下会发生拉伸。随着 J 的增加，分子转动变快，拉伸作用变强，储存的能量更多。

根据这一发现，我们采用一个更复杂的模型，其中刚性键被弹性系数为 k 的线性弹簧所取代（图 2.4）。

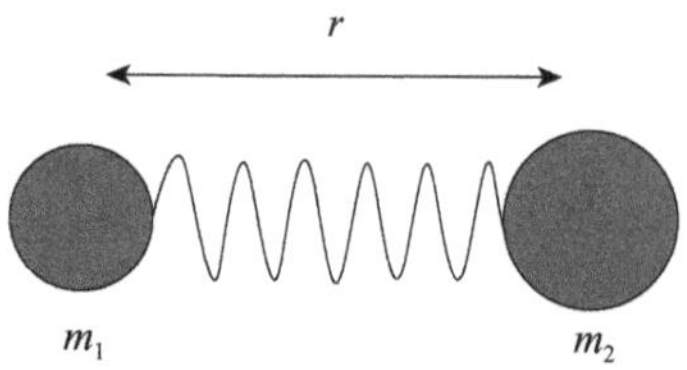

图 2.4　双原子分子的非刚性转子模型

键拉伸产生的恢复力等于转动产生的离心力，即

$$k\left(r-r_0\right)=mr\omega^2 \tag{2.5}$$

可以看出，拉伸后的键长为

$$r=\frac{k}{k-m\omega^2}r_0 \tag{2.6}$$

系统的能量是转动产生的能量及储存在弹簧中的能量之和，即

$$E=\frac{1}{2}I\omega^2+\frac{1}{2}k\left(r-r_0\right)^2=\frac{\left(I\omega\right)^2}{2I}+\frac{\left(I\omega\right)^4}{2kr^2I^2} \tag{2.7}$$

由于

$$\frac{1}{2I}=\frac{1}{2mr^2}\approx\frac{1}{2mr_0^2}-\frac{2\left(I\omega\right)^2}{2kr_0^2I^2}$$

如上所述，角动量 $I\omega=\hbar\sqrt{J\left(J+1\right)}$ ，可以得到

$$E\approx\frac{\hbar^2J\left(J+1\right)}{2mr_0^2}-\frac{\hbar^4J^2\left(J+1\right)^2}{2km^2r_0^6} \tag{2.8}$$

进一步整理可得

$$E=BJ\left(J+1\right)-DJ^2\left(J+1\right)^2 \tag{2.9}$$

其中 B 与之前相同，D 为离心畸变常数。B 通常为 10 cm^{-1} 量级，D 要小得多，在 10^{-3} cm^{-1} 左右。当 J 小于 100 时，第二项与第一项不具有可比性，因此在接近基态的跃迁中经常可以忽略。这解释了为什么利用低量子数 J 的谱线，通过刚性转子模型可以获得一个相当准确的 r 值。

式（2.8）可以重新写为

$$E=\frac{J\left(J+1\right)}{2I_0}\left(1-\frac{\omega_r^2}{\omega_\upsilon^2}\right) \tag{2.10}$$

其中 $\omega_r=\left(\hbar/I\right)\sqrt{J\left(J+1\right)}$ 为转动频率，$\omega_\upsilon=\sqrt{k/m}$ 为模型中谐振子的经典振动频率。比率 $\omega_r^2/\omega_\upsilon^2$ 通常为 10^{-2} 量级或更小。通过上式，可以从纯转动谱中高 J 谱线的位置得到振动频率 ω 。

2.2.3　双原子分子的振动

由于双原子分子中的作用键可以伸缩，因此能量也能以振动形式储存。显然，可以很容易地计算如图 2.4 所示简单系统的振动能。然而，该模型虽然对纯粹转动和伸缩的分子很有效，但我们将在下文发现，它不足以代表真实分子的振动，因为振动时伸缩的振幅通常更大，弹簧的非线性特征不能再忽略。

1. 相互作用能

把系统的势能看作是两个原子间距的函数。图 2.5 中所示是相互作用能 $V(r)$，定义为原子由于被束缚而拥有的势能 (E_p)，即总的 E_p 减去间距无穷远时两个原子的 E_p。

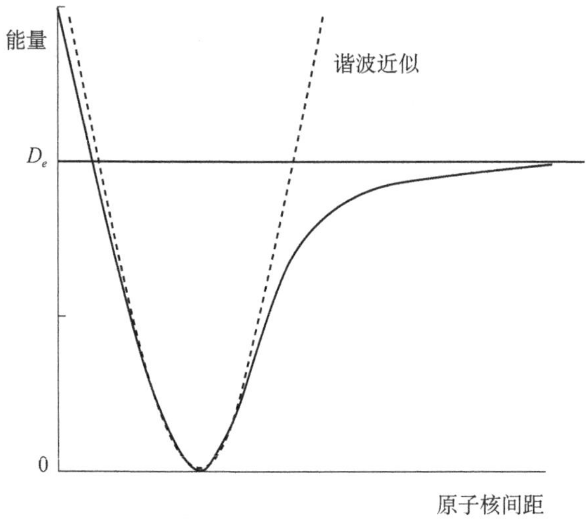

图 2.5　HCl 分子的势能 V 随核间距 r 的函数关系。虚线表示 $V(r)$ 的简谐近似。引自 Herzberg

当然，对于不同分子或同一分子的不同电子和振动能级，图 2.5 中曲线细节是不同的，但其总体外观可以通过以下特点来估计：

（1）当 r 趋于 0 时，$V(r)$ 必然趋于无穷，因为原子不能无限靠近。曲线的平滑性表明，原子不是刚性球，但可以推断，当 r 很小时，两个原子靠近的阻力会迅速增加。

（2）根据 $V(r)$ 的定义，r 趋于无穷时，$V(r)$ 必然趋向于恒定值零。

（3）$V(r)$ 一定在某个 r 值处有最小值，否则分子不能稳定存在。为方便应用，将这个最小值重新定义为 $V(r)$ 的零点；在 $r=\infty$ 处，$V(r)$ 的值就变成了解离能 D_e。

为计算振动能，需要 $V(r)$ 的表达式。其中一种方法是模拟核子间的真实相互作用，从而推导出 $V(r)$ 的表达式。或者，找到近似符合分子势能曲线形状的解析函数，如莫尔斯函数

$$V(r)=D_e\left\{1-\exp\left[-\beta\left(r-r_0\right)\right]\right\}^2$$

其中常数 D_e 是势阱的深度（即分子的解离能），常数 $\beta=\sqrt{k/(2D_e)}$。当使用莫尔斯函数时，薛定谔波动方程具有以下形式的显式解：

$$E=\left(\upsilon+\frac{1}{2}\right)\nu_{\upsilon}-\left(\upsilon+\frac{1}{2}\right)^{2}\nu_{\upsilon}\chi \tag{2.11}$$

选择定则为 $\Delta\upsilon=\pm1$ ，±2 。常数 $\nu_{\upsilon}=\hbar\sqrt{k/m}$ 为基频，$\chi=\nu_{\upsilon}/(4D_{e})$ 称为非简谐常数。

2. 谐振子模型

一种物理上更直观的方法是将相互作用能写成麦克劳林级数的形式，即

$$V(r-r_0)=V(0)+\left[\frac{\mathrm{d}V}{\mathrm{d}r}\right]_{r=r_0}(r-r_0)+\frac{1}{2}\left[\frac{\mathrm{d}^2V}{\mathrm{d}r^2}\right]_{r=r_0}(r-r_0)^2+\cdots \tag{2.12}$$

重新定义势能的零点为作用力零点 $r=r_0$（该处 $\mathrm{d}V/\mathrm{d}r=0$ ），即 $V(r_0)=0$ ，那么

$$V(r-r_0)=\frac{1}{2}k(r-r_0)^2+\text{更高阶项} \tag{2.13}$$

只保留第一个非零项，假设势能曲线可以近似为抛物线函数（图 2.5 中的虚线曲线），即弹簧恢复力作为位移的函数是线性的。这就是所谓的谐振子近似。

在谐振子波动方程的解中，量子化能量的表达式为

$$E=\left(\upsilon+\frac{1}{2}\right)\hbar\sqrt{\frac{k}{m}}=\left(\upsilon+\frac{1}{2}\right)\nu_{\upsilon} \tag{2.14}$$

注意，即使振动量子数 υ 为零，系统也具有基态能量。跃迁选择定则为 $\Delta\upsilon=\pm1$ ，由此可得跃迁能量为

$$E'-E''=\left[\left(\upsilon'+\frac{1}{2}\right)-\left(\upsilon''+\frac{1}{2}\right)\right]\nu_{\upsilon}=\Delta\upsilon\nu_{\upsilon}=\nu_{\upsilon} \tag{2.15}$$

因此，所有的谱线都落在一个叫做基频（也称作谐波频率）的单一频率 ν_{υ} 上。如前所述，振动跃迁在能量上与波数为 1000 cm^{-1} 量级的光子对应。因此，应该期待光谱由中波红外波段的单一强线组成。

事实上，振动和转动的跃迁可以且通常会同时发生，并产生一个谱线带。谱带中的任何一条谱线都是由吸收相应波长的光子产生的，光子的能量对应振动-转动能级的能量差。由于转动能量相对较小，这些谱线分布在基频附近，基频位于谱带的中心，基频位置可以从表达式（2.10）和即将讨论的更精确的表达式中确定。2.4 节将讨论同时发生振动和转动跃迁（振动-转动带）的问题。目前，为简单起见，将继续处理单独的振动跃迁。

对于氯化氢（HCl），基频为 2886 cm^{-1}。由式（2.15）可知，该分子的键强对应于弹性系数 $k=m\nu_{\upsilon}^{2}/\hbar^{2}$ ，即 480 $\mathrm{N\cdot m^{-1}}$。这是一个非常强的弹簧振子。接下来考虑第一激发态的振幅 $(\upsilon=1)$。设 $(r-r_0)$ 的最大值为 x ，则在简谐近似下，弹簧完全拉伸时储存的势能与弹簧无拉伸时的动能相等，即

$$\frac{1}{2}kx^2=\frac{3}{2}\hbar\sqrt{\frac{k}{m}} \tag{2.16}$$

给定k和m，可以解出x。或者，由于

$$\omega_r=\frac{\hbar\sqrt{J(J+1)}}{I}=\frac{\hbar\sqrt{2}}{mr^2}\text{，以及}\omega_\upsilon=\sqrt{\frac{k}{m}}$$

当$J=1$时，可以写作

$$\frac{x}{r}\approx\sqrt{\frac{3}{\sqrt{2}}\frac{\omega_r}{\omega_\upsilon}}$$

对于一个典型的双原子分子，它约为 0.1 量级。

3. 非简谐振子

光谱实验测量表明，谐振子模型所禁止的跃迁，即$\Delta\upsilon=\pm2$，$\Delta\upsilon=\pm3$等对应的跃迁，确实以不可忽略的概率发生。这是由于连接原子的弹簧是非线性的，因此，需要一个非简谐振子模型。

为了得到非简谐振子能级的表达式，需要一个更准确的相互作用能的表达式。此时，可以看到将$V(r)$的表达式写成一个级数的优点。可以简单地在式（2.13）中增加高阶项，直到得到满意的拟合结果。保留前两个非零项可以得到

$$V(r-r_0)=\frac{1}{2}k(r-r_0)^2+\frac{1}{6}k'(r-r_0)^3$$

由此

$$E=\left(\upsilon+\frac{1}{2}\right)\nu_\upsilon-\left(\upsilon+\frac{1}{2}\right)^2\chi\nu_\upsilon \tag{2.17}$$

选择定则为$\Delta\upsilon=\pm1$，±2。基频值与之前相同，即$\nu_\upsilon=\hbar\sqrt{k/m}$，非简谐常数$\chi$可以用$k'$、$m$和基频常数来表示。第一项后面的项通常写成乘积形式，这样基频就可以从级数中提取出来，从而更容易看出高阶项的相对大小。例如，对于 HCl

$$E=\left(\upsilon+\frac{1}{2}\right)\nu_\upsilon\left[1-0.0179\left(\upsilon+\frac{1}{2}\right)+\cdots\right]$$

可以看到，跟转动一样，谐振子近似对于发生在基态附近的跃迁很有用，但随着v的增加，偏差增大。注意，添加的非简谐项是负的；正如经典力学中的那样，较高的拉伸幅度下，弹簧会成比例地变弱。保留更高阶项会容许渐弱的跃迁$\Delta\upsilon=\pm3$，±4等。泛频带和之前描述过的热谱带的存在（也可参见 2.4.2 节）表明，与转动能级不同，任何一对振动能级之间的跃迁通常是容许的。

2.2.4 Born-Oppenheimer 近似的失效

非简谐振荡分子振动和转动不是独立的。在经典理论中，转动速率增加，导致

代表原子间作用键的非线性弹簧被拉伸到不同的 k 值，非简谐振动则改变 r 的平均值，从而改变转动速率。因此，振动能级的能量取决于 J 和 υ，反之亦然。在全量子力学推导中，最终的结果是在能级表达式中再引入一项，它与两个量子数有关，并且与它们分别是简单的线性关系。该相互作用项可写成 $a_r(\upsilon+1/2)J(J+1)$ 的形式，其中 a_r 称为相互作用常数。对于转动能级，有以下公式：

$$E_r = BJ(J+1) - DJ^2(J+1)^2 - a_r\left(\upsilon+\frac{1}{2}\right)J(J+1) \tag{2.18}$$

相互作用常数一般很小，小于 1 cm^{-1}，但在精度要求较高时不可忽略，特别是当 J 或 υ 较大时。在以上表达式中，a_r 前面的负号是为了使常数本身成为正数，表明振动和转动的相互作用降低了能级的能量。经典解释是，增加 υ 会增加分子的平均转动惯量，从而减小 B。

前文提到，振动跃迁和转动跃迁可以同时发生，并且得到了实验验证。因此，双原子分子（电子态为基态时）的所有能级的一般表达式可以写作

$$E_{\upsilon r} = \left(\upsilon+\frac{1}{2}\right)\nu_\upsilon - \left(\upsilon+\frac{1}{2}\right)^2 \nu_\upsilon\chi + BJ(J+1) - DJ^2(J+1)^2 - a_r\left(\upsilon+\frac{1}{2}\right)J(J+1) \tag{2.19}$$

再次以 HCl 为例，常数 $\nu_\upsilon = 2886\ cm^{-1}$，$\nu_\upsilon\chi = 52.02\ cm^{-1}$，$B = 10.59\ cm^{-1}$，$D = 0.004\ cm^{-1}$，$a_r = 0.3019\ cm^{-1}$。

此外，还可以根据需要添加更高阶的项，以达到更高的精度。实际上，更高阶项的影响很小，必须通过特殊的测量技术才能观测到。式（2.19）给出了振动和转动分子能级的完整表达式。

2.3　多原子分子的能级

2.3.1　一般情况

多原子分子的振动和转动可能非常复杂，特别是对于大分子。我们将考虑一些相对简单的情况，每一种情况都用一个常见的示例加以说明。用到的基础方法是对双原子分子中所用方法的扩展，并介绍了复杂分子的处理方法，这些方法可参考专业教材。

2.3.2 多原子分子的转动

分析复杂多原子分子的转动，首先要选择一个由三个垂直轴组成的坐标系，以此来确定转动惯量。一般来说，I_A、I_B和I_C这三个值并不相同，这样的分子可视为不对称陀螺，如水分子H_2O。对于具有对称性的分子类型，可以选择一个轴使一个转动惯量为零，或使三个转动惯量中的多个相等。有一个零转动惯量的分子显然是线性的，如CO_2。金字塔形分子，如NH_3，有两个相同的非零矩（即$I_A = I_B \neq I_C$），被称为对称陀螺。如果所有三个惯性矩都相同，则称为球对称陀螺，如CH_4。

1. 线性分子——CO_2

最常见的三原子分子之一CO_2是对称的（图2.6），因此没有永久偶极矩和纯转动光谱。而一氧化二氮N_2O是不对称的（图2.6），因此有转动光谱。对于以上两种情况，转动能量的表达式与双原子分子完全相同，即在刚性转子近似中

$$E_J = \frac{\hbar^2}{2I}J(J+1) = BJ(J+1) \tag{2.20}$$

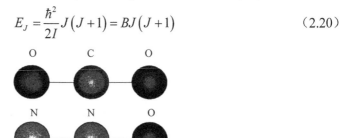

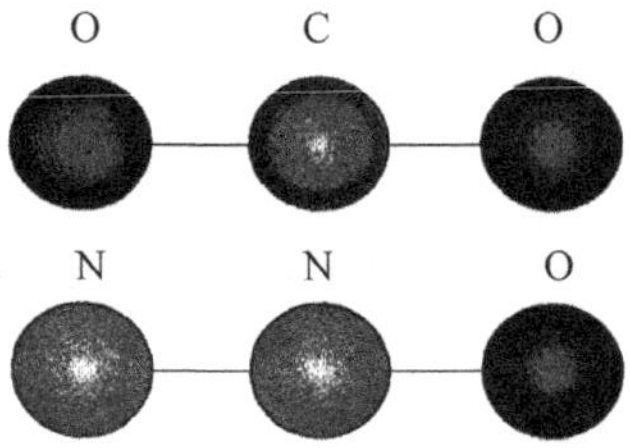

图2.6　两个线性三原子分子——二氧化碳和一氧化二氮

转动惯量$I = mr^2$，式中约化质量m通过下式计算给出：

$$m^{-1} = m_1^{-1} + m_2^{-1} + m_3^{-1} \tag{2.21}$$

显然，对于三原子分子，I要比双原子分子大，所以转动常数B更小。例如，羰基硫(OCS)的$B = 0.2\,\mathrm{cm}^{-1}$，比CO的值小一个数量级。

2. 对称陀螺分子——NH_3

对称陀螺分子，如氨气分子（NH_3），形状像一个低矮的金字塔，N原子在三个H原子的上方，三个H原子在平面上形成一个三角形（图2.7）。可以建立合适的坐标系，使得该分子结构有两个相等的转动惯量$I_B = I_C$，以及第三个不同的转动惯量I_A。角动量绕各轴的分量为$p_A = I_A\omega_A$等，对总角动量进行量子化，使

$$p_A^2 + p_B^2 + p_C^2 = J(J+1)\hbar^2 \tag{2.22}$$

能量为

$$E = \frac{p_A^2}{2I_A} + \frac{p_B^2}{2I_B} + \frac{p_C^2}{2I_C} \tag{2.23}$$

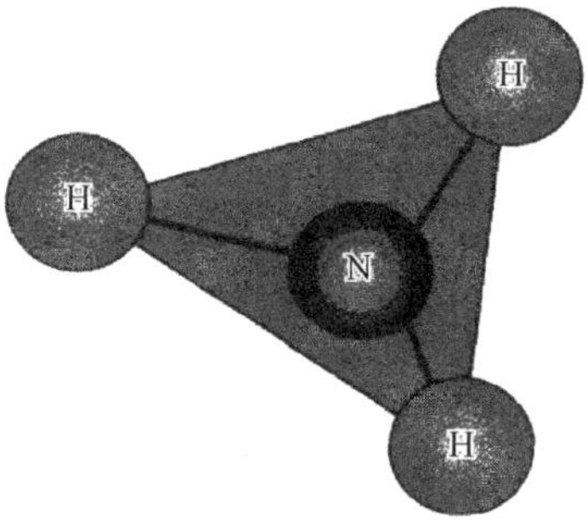

图 2.7　对称陀螺分子 NH_3

沿着对称轴的角动量也是量子化的，量子数为 K 时，

$$p_A = K\hbar, \quad K = 0, \pm 1, \cdots, \pm J \tag{2.24}$$

在刚性分子条件下，可以得到

$$E_J = \frac{\hbar^2 J(J+1)}{2I_B} + K^2\hbar^2\left(\frac{1}{2I_A} - \frac{1}{2I_B}\right) \tag{2.25}$$

或

$$E_J = BJ(J+1) + (A-B)K^2 \tag{2.26}$$

其中

$$B = \frac{h}{8\pi c I_B}, \quad A = \frac{h}{8\pi c I_A} \ [\text{cm}^{-1}]$$

选择定则（偶极矩沿图轴）

$$\Delta J = 0, \pm 1; \ \Delta K = 0, K \neq 0$$
$$\Delta J = \pm 1; \ \Delta K = 0, K = 0$$

因此这些谱线的波数为

$$\nu = 2B(J+1) \ [\text{cm}^{-1}] \tag{2.27}$$

也就是说，它们与 K 无关。经典理论认为，这是因为绕唯一轴转动不会引起角动量的变化。因此，在不同 K 能级之间的跃迁是不容许的。K 可以取 $J, J-1, J-2, \cdots, 0, \cdots, 2-J, 1-J, -J$，但 $E(K) = E(-K)$，因此可以得到 $J+1$ 个能级，除 0 能级以外都有二重简并度。

更严格地，如果分子被视为非刚性分子，可推导得到相应的公式为

$$\nu = 2B(J+1) - 2D_{JK}K^2(J+1) - 4D_J(J+1)^2 \quad [\text{cm}^{-1}] \tag{2.28}$$

此式表明对 K 存在较弱的依赖。

3. 不对称陀螺分子——水蒸气和臭氧

不对称陀螺代表了分子的一般情况，具有三个互不相等的转动惯量$(I_A \neq I_B \neq I_C)$。最重要的例子为水蒸气（H_2O，图 2.8）和臭氧（O_3）。在此情况下，J 是唯一起作

用的量子数，但这些线有（ $2J+1$ ）重简并度，对应具有相同能量的不同 K 。

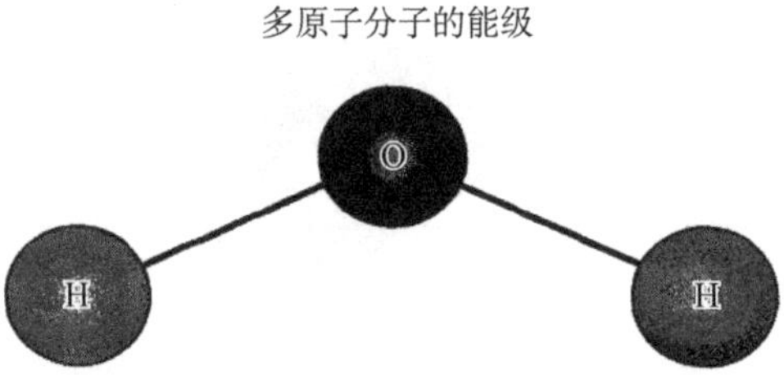

图 2.8　不对称陀螺分子 H_2O 的结构

这些分子的数学处理极其复杂，本书不计划进一步讨论，更深入的介绍可参考 Herzberg 等的著作。

4. 球对称陀螺分子——甲烷

这类简单分子有三个相等的转动惯量，即 $I_A=I_B=I_C$ ；甲烷（ CH_4 ）是一个例子（图 2.9）。在入射光子作用下，分子偶极矩不随转动而变化，因此在正常情况下没有转动谱。除非在高压条件下，如外行星的大气中，分子由于碰撞发生足够大扭曲，使甲烷和其他分子也具有可观察得到的转动光谱。

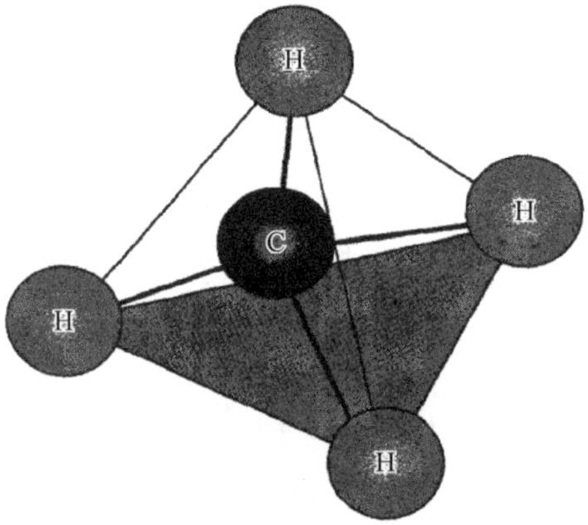

图 2.9　球对称陀螺分子 CH_4 的结构

2.3.3　多原子分子的振动

我们再次选择合适的对称轴，将分子分成不同种类。任何振动模式都可以被视作简正振动之和，即

$$E_p=\frac{1}{2}\sum_i f_i Q_i^2 \text{；}\quad E_k=\frac{1}{2}\sum_i\left(\frac{\mathrm{d}Q_i}{\mathrm{d}t}\right)^2 \tag{2.29}$$

式中，E_p 和 E_k 分别是势能和动能，Q_i 是第 i 个简正坐标。对于由 $N(>2)$ 个原子组成

的分子，内部自由度为（$3N-6$），简正坐标可以定义为（$3N-6$）维笛卡儿坐标的线性组合，因为这是由 N 个原子组成的分子的内部自由度的数量（在原子各自拥有总计为$3N$ 的自由度中，3 个代表位置，3 个代表空间中的方向，（$3N-6$）个用于表示内部模态）。

f_i 为第 i 个力常数，是特征方程的根。系统的能量为

$$E=\sum_i\left(\upsilon+\frac{1}{2}\right)h\nu_i\text{，}\quad \nu_i=\frac{\sqrt{f_i}}{2p_i} \tag{2.30}$$

ν_i 是第 i 个简正振动态，总计（$3N-6$）个简正振动态，分子的任何振动都可以视作这些振动态的组合。即使是在一个简单分子中，也很难确定存在哪些模态，在考察二氧化碳分子的所有三种基本模态时，即可看出这点。在这个简单的例子中，至少对称轴是现成的，运动可以分解为垂直于每个对称轴的振动及其振幅。在更复杂的分子中，不容易分辨出哪些运动构成简正模态。对称性和群论有助于确定这些。根据复杂分子的对称性，将它们分配到点群中，研究复杂分子的振动-转动行为。对称元素是分子中某个可定义的点、轴或平面（如双原子核的连接轴），可以定义其对称操作，如镜面对称或转动对称。例如，可以在 NH_3 中定义 C_3 轴，其中 C_p 表示振动对 360/p 度转动是不变的。NH_3 也有三个对称镜面。一个特定分子所有对称元素的总和决定了它属于哪个点群。同一个点群的所有成员都有相同的简正振动。

1. CO_2 的基本振动

线性三原子分子的振动，有三种基本模态，如图 2.10 所示。该类分子的任何振动都可以被认为是这三种模态的线性组合。振动的基本模态被指定为 ν_1 到 ν_n，其中 ν 的下标被用来代表一种特定类型的运动，例如，ν_1 是对称伸缩模态。我们也把由 ν 的这些振动模态所产生的带称为 ν_2 或 ν_3 谱带。对于在振动模态 ν_1、ν_2 和 ν_3 中被激发的能级，即振动能级，用 υ 表示，如 $(\upsilon_1,\upsilon_2,\upsilon_3)$，关于这个术语的更多细节，请参阅附录 C。

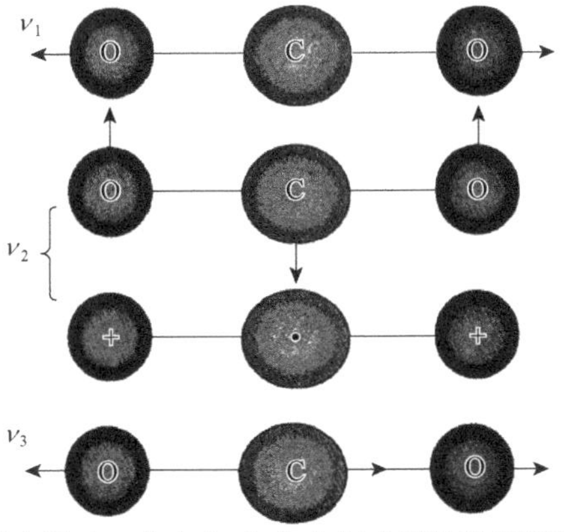

图 2.10　CO_2 分子的基本振动。实点和“+”分别表示垂直于纸平面向外和向内的运动

在CO_2中，ν_1振动就像纯转动一样，对辐射的吸收和发射是不活跃的，因为该运动不会导致偶极矩发生变化。对于其他两个基本模态，ν_2谱带的选择定则为$\Delta J = 0, \pm 1$，ν_3谱带的选择定则为$\Delta J = \pm 1$。不对称模态ν_3也被称为平行模态，因为在垂直于核间轴方向上的偶极矩没有变化。该模态的纯振动跃迁（即没有伴随转动跃迁）是禁止的。弯曲模态ν_2（一个垂直带）没有这样的限制。由于弯曲可以发生在两个垂直方向中的任意一个方向上，该模态是双重简并的。分子转动消除简并性，产生l型倍增；光谱中的每条振动谱线都由两条间隔很近的谱线组成。

2. 水和臭氧的振动模式

非线性三原子分子如水和臭氧，它们的三种基本振动模态如图 2.11 所示。在这种情况下，没有一个模态是简并的。在模态之间没有耦合的简谐近似下，每个原子做简单的简谐运动，能级如上所述。更真实的非简谐情况，可参考专门的教科书。

分子光谱

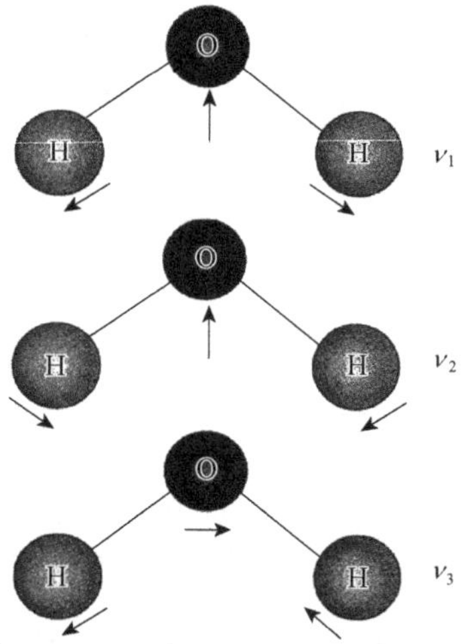

图 2.11　水分子的基本振动

2.4　跃迁和光谱带

2.4.1　振动-转动谱带

我们已经看到，入射到双原子分子上的光子，当其能量E与由式（2.9）定义的任何能级间隔匹配，且J''和J'相差± 1时，就可以被吸收。可以从真实分子中观察到严谨的转动跃迁选择定则，并不受非简谐性的影响；另一方面，对于振动跃迁，在简谐近似中出现的选择定则 $\Delta\upsilon=\pm1$ 不成立，υ 的任何变化都是可能的。如上所述，在常温下，基态占据了大多数的布居数，$\upsilon=0$ 到 $\upsilon'=1,2,3,\cdots$ 是平衡态条件下最重要的跃迁（见 2.5.1 节）。在这个例中子，系统能级和容许的跃迁如图 2.12 所示。图底部的竖线显示了从左到右谱线波数递增的相对位置。在谐振子模型中，谱线位置为

$$\nu_R=\nu_0+2B(J+1)，对于 \Delta J=+1 的谱线（R 支） \tag{2.31}$$

$$\nu_P=\nu_0-2BJ，对于 \Delta J=-1 的谱线（P 支） \tag{2.32}$$

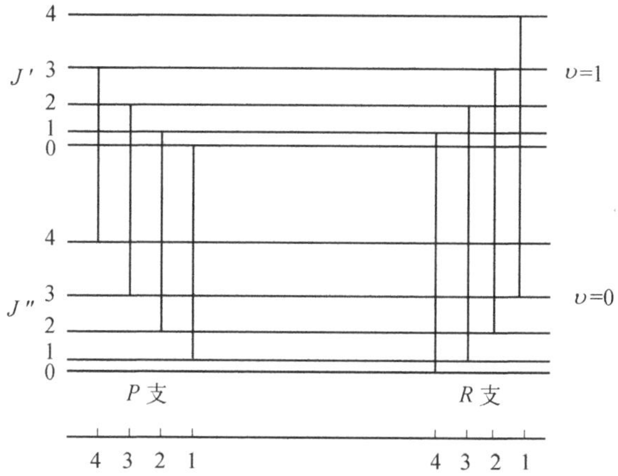

图 2.12　典型双原子分子 1-0 跃迁带的能级图

分支名称 P 和 R 具有历史渊源，至今仍然普遍使用。在多原子分子和一些独特的双原子中，以最常见的一氧化氮（NO）为例，我们会遇到 $\Delta J=0$ 的 Q 分支，但在大多数双原子分子中，这种跃迁是不容许的。因此，上面关于转动和振动跃迁可以同时发生的说法，对大多数双原子分子来说不太严谨；如果发生振动跃迁，必同时发生转动跃迁。

决定 Q 支是否发生（即振动跃迁是否可以独立发生）的因素是，当振动态发生变化时，沿对称轴的偶极矩分量是否发生变化。这解释了为什么双原子分子通常不展现 Q 分支。对于 CO_2，由弯曲模式产生的 ν_2 带有 Q 支，而由沿主轴的不对称伸缩模态产生的 ν_3 带则没有。

2.4.2　热谱带

谐振子中，选择定则 $\Delta\upsilon=\pm1$，意味着容许图 2.13 所示的跃迁。在实验室中人们发现，尽管所有这些跃迁都可以发生，但它们的强度相差很大。从 $\upsilon=0$ 到 $\upsilon=1$（或反之）的跃迁，有时写为 0-1 或 1-0，称为基频带，强度最强。原因很简单，在标准

温度和压强（STP）下，气体中的大多数分子都处于振动基态，因此，从统计上讲，该能态产生的跃迁更容易被观察到。即将在后文（2.5.1 节）看到，在标准温度和压强下的热力学平衡态时，气体如 CO 只有大约 10^{-5} 的分子处于 $\upsilon=1$ 能态，在更高振动激发态下，分子数量更少。因此 2-1、3-2 跃迁初始态的分子数量很少。在高温或低压大气中情况会有所不同。即将看到，在较高温度下处于平衡态的气体有更多分子处于振动激发态，因为高温气体在碰撞过程中有更多动能去激发振动态。$\upsilon''>0$ 的谱带更多地出现在高温气体中（例如，在太阳的大气中），它们通常被称为热谱带。下面将进一步讨论，在低压（且常温）气体中，非平衡态过程可以使较高振动态的分子数增加，因此热谱带的重要性增加。

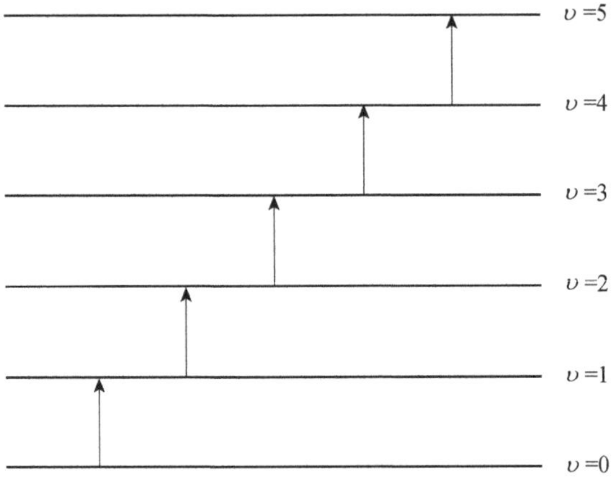

图 2.13　能级图，显示允许的振动能级之间的跃迁

2.4.3　泛频带

光谱的实验测量结果表明，谐振子模型对应于 $\Delta\upsilon=\pm2$ ，±3 等的跃迁禁带，确实以重要的概率发生。这些带称为泛频带。就像热谱带一样，它们的强度通常比基频带小很多。泛频带之所以能够存在，经典力学的解释是分子作用键实际上不是一个线性弹簧，比单一简振振子复杂得多。这相当于说，势能是原子间距离的高阶函数，而不是抛物线函数。表 2.2 总结了观测到的各种振动带的术语。

表 2.2　振动带的术语

高能态	低能态	$\Delta\upsilon$	名称
$\upsilon'=1$	$\upsilon''=0$	1	1-0 或基频带
$\upsilon'=2$	$\upsilon''=1$	1	2-1 或第 1 热谱带
$\upsilon'=3$	$\upsilon''=2$	1	3-2 或第 2 热谱带等

续表

高能态	低能态	$\Delta\upsilon$	名称
$\upsilon'=2$	$\upsilon''=0$	2	2-0 或第一泛频或第二谐波等
$\upsilon'=3$	$\upsilon''=0$	3	3-0 或者第二泛频或第三谐波等
$\upsilon'=3$	$\upsilon''=1$	2	3-1 或者第一热谱带的第二谐波等

2.4.4　同位素谱带

从式（2.3）中，我们看到，在分子转动过程中，量子化的量是角动量 $I\omega$。这意味着较重的同位素比较轻的同位素的转速更慢，B 值更低。因此，较重同位素的谱线间距会更小，并落在较轻同位素的长波段一侧。这种效应可以在图 2.14 CO 的光谱中看到，除了主同位素 $C^{12}O^{16}$ 外，还出现了 $C^{13}O^{16}$ 和 $C^{12}O^{18}$ 的谱线（由于测量所采用的光谱仪分辨率不足而混在一起）。

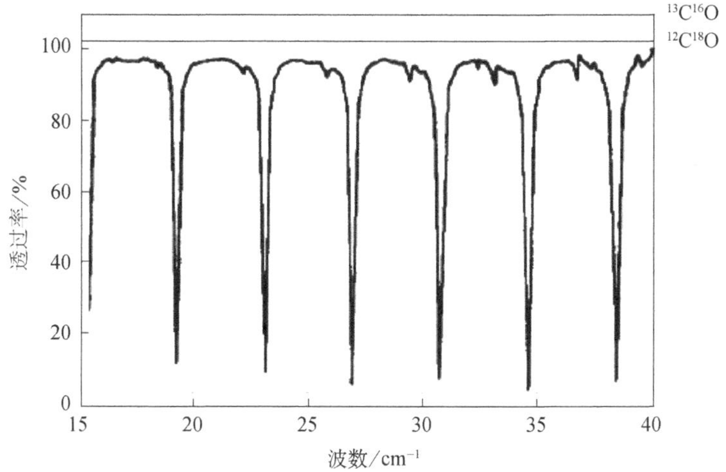

图 2.14　CO 光谱

由于 $I'\omega'=I\omega$ 和 $k'/m'=k/m$，所以振动频率与 $1/\sqrt{m}$ 成正比，转动频率与 $1/m^2$ 成正比。

图 2.14 中谱线强度的较大差异反映了不同同位素的相对浓度，而不是不同同位素中同一谱线强度的真实差异。

2.4.5　组合谱带

二氧化碳激光器为组合谱带概念提供了一个有用的例证。这涉及由于吸收或发射单个光子而导致多个振动模态发生变化。

二氧化碳激光器是一种大功率设备，每 2 ns 产生 1GW 或连续产生数千瓦的功率。它的工作原理与分子中不同振动模态的能级跃迁有关，如图 2.15 所示。

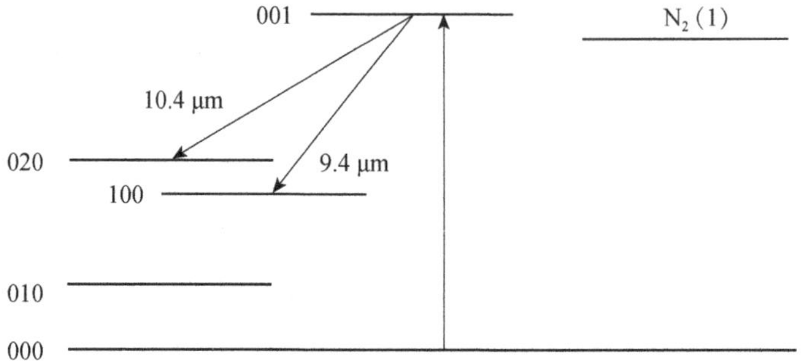

图 2.15　CO_2 激光带

谱带的高能级是量子数为 1 的非对称伸缩模态 ν_3，该能级通过气体放电作用激发。研究发现添加 N_2 可以提高激光器输出功率，因为它的基频带与 CO_2 的 ν_3 模态接近共振，且其第一激发态不能辐射弛豫，只能通过与 CO_2 作用而弛豫到基态（这是振动-振动能量传输的一个实例）。导致能级布居数发生反转，即相对低能态（$1, 0^0, 0$）或（$0,2^0,0$），有更多的分子处于跃迁高能态（$0,0^0,1$）（见图 2.15）。这种情况也有利于（$0,0^0,1$）的诱导发射，并使辐射发射放大。这就是为什么这些谱带被称为激光带。激光谱线本身的波长为 9.4 μm 和 10.4 μm，$J \approx 18$ 时跃迁谱线最强。这些振动能级的寿命足够长，以至于它们更倾向于主要通过碰撞弛豫到基态，在碰撞中，它们的振动能量转化为碰撞分子动能，即加热气体。在自然界中，这些激光带出现在火星和金星的大气中（见 10.4.3 节第 3 部分）。

2.5　单个振动–转动谱线的性质

正如前面几节的讨论所假设的那样，光谱中的单条谱线并不呈现完美锐利的形状。事实上，由于不确定性原理的影响，一个具有名义能量 E 的给定能态下的分子，其能量可能是 $E + \Delta E$ 范围内的任意值。此外，并不是所有的跃迁发生的概率都相同。这些概念共同决定着被测光谱线具有强度（对于给定跃迁，与单个光子-分子作用时光子被吸收或发射的概率成正比）和宽度或形状（透过率或辐射发射率随频率的分布）的属性，其取决于分子的特性及其物理状态（温度、压强和碰撞对象）。

当然，在吸收或发射过程中都可以观察到光谱线，这取决于与跃迁过程对应的能量是增加还是减小。谱线可通过发射或者吸收光谱定义，取决于观察实验中它们比背景（或光谱中通常已知的连续光谱）亮还是暗。在吸收光谱中，光谱线以外波长处，辐射等于源辐射。在发射中，它取决于背景的性质。当然，这些讨论都是相对的，因为在任何分子团中，吸收和发射都是同时进行的，观察者看到的谱线的外观取决于背景辐射比气体辐射强还是弱。如果两者处于相同的温度，尽管跃迁仍在发生，却完全看不见这些谱线。

2.5.1 谱线强度

考虑一条长度为 l，温度为 T 的气体路径，观察对温度为 T_s 的辐射源的辐射吸收，其中 $T_s \gg T$，这是实验室测量吸收光谱的常规设计。设进入气体样品的辐亮度为 $L_0(\nu)$，离开的辐亮度 $L(\nu)$。那么，吸收系数 $k(\nu)$ 可通过下式定义：

$$L(\nu)=L_0(\nu)\exp\left[-k(\nu)m\right] \tag{2.33}$$

其中 m 为吸收物总量，$m=lp$，l 为物理路径长度，p 为单一气体组分的压强

$$S=\int_0^\infty k(\nu)\mathrm{d}\nu \tag{2.34}$$

上式定义了谱线强度 S，如果对这一谱带的所有谱线进行积分，那么积分结果即为谱带强度（见 3.6.3 节）。

决定谱线或谱带强度的主要因素是低能级的布居数，即可用于实施特定跃迁的分子数量。间隔为 E_υ 的两个振动能级的相对布居数由玻尔兹曼统计量确定，即与 $\exp\left[-E_\upsilon/(kT)\right]$ 成正比。对于 HCl，$E_1-E_0=2143\ \mathrm{cm}^{-1}$，可以得到

$$\frac{n(\upsilon=1)}{n(\upsilon=0)}\approx 3.4\times10^{-5},\quad T=296\ \mathrm{K}$$

由于布居数对能级能量呈指数依赖，并且大多数第一振动激发态的能量是 kT 的好几倍，因此像 2-1（$\upsilon'=2\rightarrow\upsilon''=1$）这样的“热谱带”，在室温下很弱。在任何时刻，几乎所有的分子都处于基态。对于大多数物质，只有大约百万分之一的分子可以参与从第一激发态开始的向上跃迁。

对转动能级进行类似推导，能级 J 的分子数量为

$$n(J)=\frac{n_a}{Q_r}(2J+1)\exp\left(-\frac{BJ(J+1)hc}{kT}\right) \tag{2.35}$$

其中 n_a 是样品中分子的总数，Q_r 是归一化因子，称为配分函数（或转动态之和），Q_r 的定义为

$$Q_r = \sum_J (2J+1)\exp\left(-\frac{BJ(J+1)hc}{kT}\right) \tag{2.36}$$

将 J 作为连续变量，对式（2.36）进行积分，可以得到 $Q_r \approx kT/(hcB)$，这只对线性分子有效。（$2J+1$）是统计权重，源于能级的（$2J+1$）重简并度，因为不但总角动量 J 是量子化的，而且角动量极向分量 M 也是量子化的。总量子数为 J 的量子态有（$2J+1$）种指向，或者说可对应（$2J+1$）个量子数 M。这些 M 量子数分别为 J，$J-1$，…，0，…，$1-J$，$-J$。

表达式（2.35）解释了转动-振动带中 P 或 R 分支的特征形状（图 2.16）。由于指数项的存在，谱线强度随 J 的增加而减小，较高的能级总是具有较小的玻尔兹曼因子。相反，高 J 能级有更大的多重简并度，能态不是很高时可增加分子数量，从而增加跃迁的可能性。因此，随着 J 的增大，谱线的强度先增大后减小（见图 2.16）。通过如式（2.35）的微分式，可以发现，对于给定组分，峰值只依赖于 T，位于

$$J = 0.589\sqrt{\frac{T}{B}} - \frac{1}{2} \tag{2.37}$$

这个表达式有一些实际用途。例如，在天文学中，只能用低光谱分辨率来观测来自恒星或行星的辐射波段时，可以通过找到 P 或 R 分支具有最大强度的波数来确定温度。只要转动常数 B 已知，就不需要分辨单个谱线。

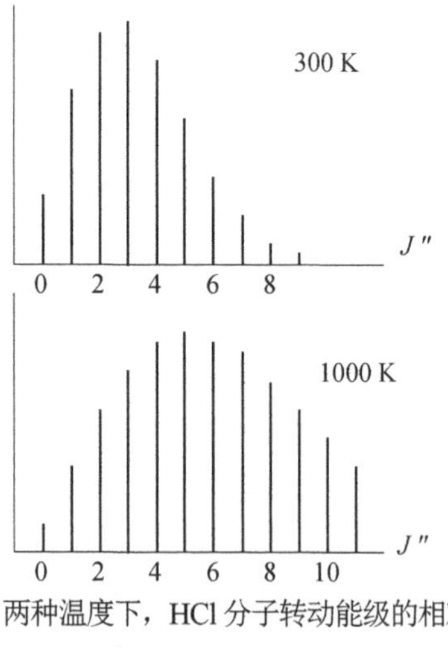

图2.16　在 300 K 和 1000 K 两种温度下，HCl 分子转动能级的相对布居数随量子数 J 的变化

对于大气辐射转输的理论工作，如本书大部分内容所涉及的，有必要知道谱线强度的绝对值，而不仅是相对值。理论上可以通过跃迁概率计算得到谱线强度，但实际上通常是通过测量得到的。最简单的方法是，在已知温度、压强和路径长度的气体中，获得感兴趣谱带的光谱，然后用理论相对线强乘以相同的未知因子来计算光谱并拟合测量结果，来确定这个因子（谱带强度）的具体值。注意，不需要分辨

单条谱线，另一个同样有效（虽然通常不太准确）的方法是在谱线非饱和的情况下，通过低分辨率下观测到的谱带包络下的积分面积，可以直接决定谱带的强度。

2.5.2 谱线宽度和线形

事实上，谱线并不是无限狭窄的，而是有一个特定的形状，这意味着，在上述计算的特定能量值附近，光子能量具有小范围的变化，尽管概率较小，也可与分子作用并交换能量。观察这个现象的一种方法是，把能态本身描绘成具有一定范围而非无限狭窄的能级。这种能量范围上的增宽来自几种不同的机制，其中两种在大气中很重要，但考虑三种有指导意义。

1. 自然增宽

谱线的自然增宽源自不确定性原理，形式如下：

$$\Delta E \Delta t \sim \frac{h}{2\pi} \tag{2.38}$$

其中 Δt 为基态与能量为 E 的能态之间的跃迁时间，ΔE 为 E 的不确定度。相应的激发跃迁所需光子的频率不确定度为

$$\alpha_N = \frac{1}{2\pi c \Delta t} \tag{2.39}$$

线宽 α_N 是 k 取最大值一半处的半宽，如前所述，通常用波数单位表示。

与大多数大气条件下分子碰撞的平均时间相比，振动或转动态的寿命 Δt 通常很长。此外，α_N 与分子热扰动引起的增宽相比，通常可以忽略不计。在实际情况中，自然增宽通常被伴随的多普勒（Doppler）增宽或压力增宽掩盖。只有在特殊的观测条件下（如极低的温度和压强）才能观测到谱线的自然增宽。

2. Doppler 增宽

在通过气体的观测路径上，存在一系列的分子速度，从而产生一系列的 Doppler 频移并使谱线变宽。分子运动遵循麦克斯韦-玻尔兹曼统计，因此具有视线方向速度 υ 和质量 m 的分子数量为

$$n(\upsilon)\mathrm{d}\upsilon = N\sqrt{\frac{m}{2\pi kT}}\exp\left[-\frac{m\upsilon^2}{2kT}\right]\mathrm{d}\upsilon \tag{2.40}$$

以速度 υ 运动的分子所发射或吸收的光，其被观测到的频率变化因子为（$1-\upsilon/c$），因此可以得到

$$k(\nu) = \frac{S}{\alpha_D\sqrt{\pi}}\exp\left[-\frac{(\nu-\nu_0)^2}{\alpha_D^2}\right] \tag{2.41}$$

此处，Doppler 宽度 α_D 为

$$\alpha_D = \frac{\nu_0}{c}\sqrt{\frac{2RT}{M}} \tag{2.42}$$

R 为普适气体常数，M 为分子量，T 为温度。$f(\nu)=k(\nu)/S$ 叫做归一化线形，或者就叫线形。注意，α_D 还依赖于谱线的中心频率 ν_0；对于较短的波长，Doppler 半宽更为重要。符号 α_D 有时用来表示一个略微不同的量，即半高对应的半宽（或一半最大值）（HWHM），与 Doppler 宽度相差因子 $\sqrt{\ln 2}$，$\alpha_{\text{HWHM}}=\sqrt{\ln 2}\alpha_D$。Doppler 线形的一个实例如图 2.17 所示。

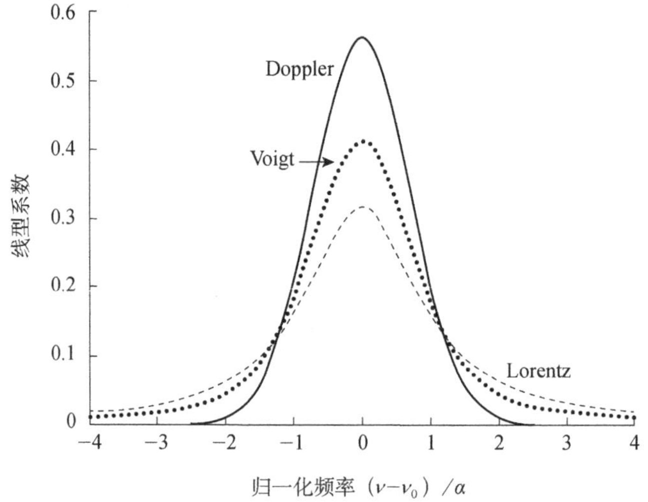

图 2.17　相同强度和线宽的 Doppler、Lorentz 和 Voigt 线形，相同强度和半线宽对应的 Voigt 线形

3. 压力增宽

气体分子的碰撞作用缩短了激发态的寿命，在标准温度和压强（STP）条件下，碰撞间隔的平均时间 t_0 取代了 ΔE 表达式（2.38）中的自然寿命，即

$$\alpha_L(\text{STP}) = \frac{1}{2\pi c t_0} \tag{2.43}$$

由于这两种机制具有相同的作用，都是限制激发态寿命，所以增宽谱线的线形与自然增宽相同。频率中心为 ν_0 的跃迁产生的吸收系数 k_ν，具有特征宽度为 α_L 的频率分布（线形）。通过对有限持续时间 t_0 的光谱信号进行正弦傅里叶变换，将其（平方，给出强度而不是振幅）乘以给定 t_0 时的谱线概率（见式（2.43）），并进行积分，即可得到线形。结果是标准的"色散"形状

$$k(\nu)=\frac{S}{\pi}\frac{\alpha_L}{(\nu-\nu_0)^2+\alpha_L^2} \tag{2.44}$$

其中 k 为吸收系数，S 为谱线强度；根据定义，k 的积分必须等于 S，因此这里引入了归一化因子 $1/\pi$。

根据简单的动理学理论，碰撞发生的速率与压强成正比，与温度的平方根成反比。因此，如果气体样品不处于STP 状态，则

$$\alpha_L(p,T)=\alpha_L(\mathrm{STP})\frac{p}{p_0}\sqrt{\frac{T_0}{T}} \tag{2.45}$$

实际上，碰撞增宽的过程非常复杂，这里描述的简单线形及温度依赖关系，并不适用于实际情况中所有分子或谱线。特别是，线宽对温度的依赖性很少遵循式（2.45）中预测的平方根定律，光谱数据库通常通过拟合测量结果，或通过分子势及其碰撞相互作用的复杂理论，提供不同的指数值。这些系数不仅随分子和谱带的变化而变化，而且随跃迁的变化而变化，例如，对转动量子数 J 有系统性依赖。

4. 不同增宽效应的结合

除了在压强极低的气体中，α_N 与 α_L 相比几乎总是可以忽略的，这是因为能态的自然寿命比碰撞之间的典型时间要长。此外，除非在极低的温度条件下，α_N 也比 α_D 小。因此，在大多数实际情况下，自然增宽可以忽略。

Doppler 增宽和压力增宽的相对重要性，取决于相关分子的质量、内部结构、温度和压强。根据经验，在 STP 条件下，普通气体的洛伦兹（ Lorentz ）线宽是 0.1 cm^{-1} 量级，而 Doppler 宽度约小 1 到 2 个数量级，因此后者可能经常被忽略，只留下相对简单的 Lorentz 线形状和宽度来计算谱线轮廓。

当需要很高的精度时，或者当 α_L 与 α_D 具有可比性时（对于气压较低的气体，如 30 km 以上的大气），则需要考虑 Doppler 和 Lorentz 增宽的综合效应。两种不同线形的卷积得到所谓的沃伊特（ Voigt ）线形，即

$$k(\nu-\nu_0)=\frac{S}{\alpha_D\sqrt{\pi}}\frac{y}{\pi}\int_{-\infty}^{\infty}\frac{\mathrm{e}^{-t^2}\mathrm{d}t}{y^2+(x-t)^2} \tag{2.46}$$

其中 $y=\alpha_L/\alpha_D$， $x=(\nu-\nu_0)/\alpha_D$。这个积分无法得到解析解，但是可采用程序进行计算。图 2.17 显示了 Doppler 、 Lorentz 和 Voigt 线形的比较。在大多数非平衡态研究范畴的大气压强条件下， Voigt 线形具有 Doppler 线核和 Lorentz 线翼。

2.6 能级间的相互作用

除了简单的辐射跃迁外，能级之间经常也以其他方式产生联系。例如，如果两个原本不相关的能级具有相同的能量，它们往往也会有相同的布居数，因为它们在碰撞中交换量子数比完全分离的能级更容易。能级以各种不同的方式耦合，其中一些对于后面章节开发的大气非平衡辐射模型十分重要。

2.6.1 Fermi 共振

在费米（Fermi）共振中，可能涉及两种几乎具有相同能量值的不同振动模态。Fermi 共振的效果是在频率上提高两个能级中能量较高的那个，而降低能量较低的那个。在谱线强度上则有一些均摊，即两个跃迁中较弱的一个变得更强，而另一个变弱。

一个例子是二氧化碳中，ν_1 谱线预计在 1330 cm^{-1} 处，$2\nu_2$ 的谱线预计在 1334 cm^{-1} 处。事实上，观察发现它们分别在 1285 cm^{-1} 和 1385 cm^{-1} 处。而且，还发现它们具有大致相同的强度（在拉曼光谱中，ν_1 吸收带不活跃），而在没有 Fermi 共振影响的情况下，基频带应该比泛频带强得多。这是一个极端的例子，通常情况下，线强度“借用”的量要少得多，有时甚至为零，即使对于能量非常接近的跃迁也是如此。一般来说，由于相关理论很复杂，线强变化和波数平移必须通过实验来确定。

2.6.2 Coriolis 相互作用

模态之间可以相互耦合，即一个模态可以激发另一个模态，特别是当它们的能量接近时。CO_2 就是科里奥利（Coriolis）相互作用的一个例子，图 2.18 给出了其作用过程。

如果分子也在转动，线性三原子分子中执行 ν_3 振动的原子，将在 ν_2 箭头所示的方向上受到 Coriolis 力。除非每个模态的能量量子相同或几乎相同，要不然几乎不可能发生跃迁，但这些力可产生诱导 ν_2 振动的净效应。

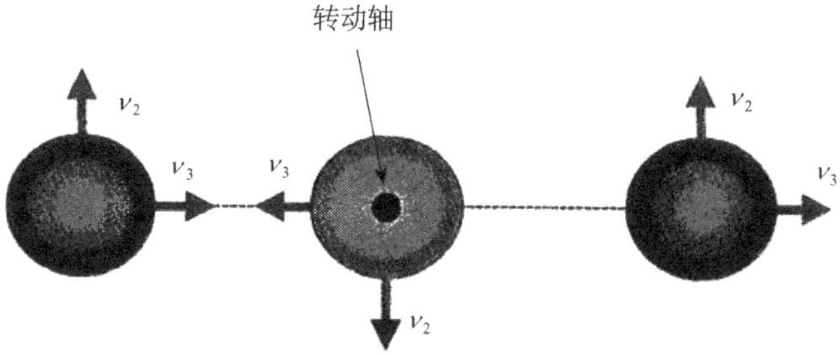

图 2.18　线性三原子分子中的 Coriolis 相互作用。假想分子在纸平面上转动，与 ν_2 振动相对应的运动产生的 Coriolis 力往往激发 ν_3 模态，反之亦然

2.6.3　振动-振动跃迁

这个过程涉及碰撞分子之间振动量子的交换，而不必通过平动能作为媒介。这种过程在大气中十分重要，特别是在非平衡情况下。例如，$CO_2(0,0,0)$ 对 $CO_2(0,2,0)$ 的碰撞去激发作用，使得两个分子最终处于（$0,1^1,0$）能态，在 90 km 以下高度这个作用占总弛豫的 25%。另一个例子是，对于 CO_2 次同位素的非对称（ν_3）模态，与主同位素的 V-V 碰撞跃迁，是其有效的激发机制，尽管这些过程的速率尚不清楚。

CO_2 所有同位素与 N_2 第一振动能级之间的近共振反应，对决定 $CO_2(0,0^0,1)$ 能态的布居数起着非常重要的作用。由于与 N_2 的碰撞作用频繁，尽管 N_2 分子本身在红外光谱中不活跃，但它有效地充当了 υ_3 量子的储能器，υ_3 量子可以来回交换。N_2 作为热源，由于不能通过辐射弛豫，只能通过 V-V 交换弛豫，从而提高了该作用的效率。从振动激发态和电子激发态的分子、自由基和原子，如 OH（$\upsilon \leqslant 9$）和 O（^1D），到 N_2 激发态的能量转移也很重要，这样能量通过 N_2 激发态最终传递到 CO_2 υ_3 振动态。最重要的一个不直接涉及 CO_2 的过程，是 H_2O（0, 1, 0）和 $O_2(1)$ 之间的近共振 V-V 能量交换。

2.7　参考文献和拓展阅读

有许多关于分子光谱学基础的书。最简单的介绍是 Banwell 和 McCash（1994），或 Schor 和 Teixeira（1994）的论文，其中涉及双原子光谱，而量子力学公式在大多数研究生水平的现代物理学课本中都进行了推导，如 Eisberg 和 Resnik（1985）。对于更复杂但仍然是基础的分子光谱，推荐 Penner（1959）、 Steinfeld（1985）、Atkins 和 Friedman（1996）、Bunke 和 Jensen（1998）等著作。

Herzberg 的巨著（1945，1950）虽然历史久远，但仍是这方面最完整的参考书籍。

第 3 章　大气辐射传输基础

3.1　引言

根据前面所阐述的基本物理过程，将列举一些简化的实例，以此建立辐射传输的基本原理，并在深入讨论非平衡辐射传输问题的全部复杂特性之前，对所涉及的物理量形成一定的认识。即使可以假定平衡态存在，计算能量在大气中的辐射传输也不是一项简单的任务。与物理学其他分支一样，辐射传输十分复杂，因此需要广泛采用模型进行描述。这些模型是简化过的，既可以准确地描述问题的重要特征，又忽略了不必要或不需要的细节。显然，模型的选择取决于计算或研究目的，并且必须仔细评估模型近似所带来的潜在误差。

在第 1 章中，讨论过本书将主要研究分子振动-转动能级上的非平衡，这些分子振动-转动能级的发射和吸收主要位于红外波段。因此，我们将专注于辐射传输方程的吸收和发射，而不处理散射过程。当云存在时，散射可能是重要的，特别是在近红外波长下，但通常不是在非平衡辐射中。因为云局限于低层大气中，此时基本上所有的跃迁过程都处于平衡态。不过，经过对流层云散射的辐射，在某些条件下可能到达中间层和低热层，并被部分吸收，而这两层是非平衡情况最经常出现的地方。对于这种情况，可以在它们的下边界添加一个额外的通量，这比在模型中增加复杂的散射计算要简单得多。

3.2　辐射的性质

考虑一般情况，在空间点 P，所有波长的光子向各个方向运动，即在 P 点存在一个辐射场。为了描述这个场，考虑在 P 处有一个无穷小的面元 $\mathrm{d}\sigma$，它的单位法向

量 $\boldsymbol{n}$ 朝向任意方向（图 3.1）。另外，考虑 P 处的任意单位向量 $\boldsymbol{s}$，它与 $\boldsymbol{n}$ 形成夹角 θ。点 P 处任意方向 $\boldsymbol{s}$ 的辐亮度（有时称为比辐射强度）$L_\nu(P,\boldsymbol{s})$ 定义为

$$\mathrm{d}E_\nu = L_\nu(P,\boldsymbol{s})\cos(\theta)\mathrm{d}\sigma\mathrm{d}\omega\mathrm{d}\nu\mathrm{d}t \tag{3.1}$$

其中 $\mathrm{d}E_\nu$ 为 $\mathrm{d}t$ 时间内，辐射场通过面元 $\mathrm{d}\sigma$，向立体角为 $\mathrm{d}\omega$ 的各个方向传输的能量。对 $L_\nu(P,\boldsymbol{s})$ 在频率区间 $(\nu,\nu+\mathrm{d}\nu)$ 进行积分，得到单位为 $\mathrm{W}\cdot\mathrm{m}^{-2}\cdot\mathrm{sr}^{-1}$ 的光谱积分亮度，因为 σ 的单位为 m^2，频率的单位为 Hz（见附录 C）。如果再对立体角积分，将得到通量，其单位为 $\mathrm{W}\cdot\mathrm{m}^{-2}$，这个量有时称为通量密度。

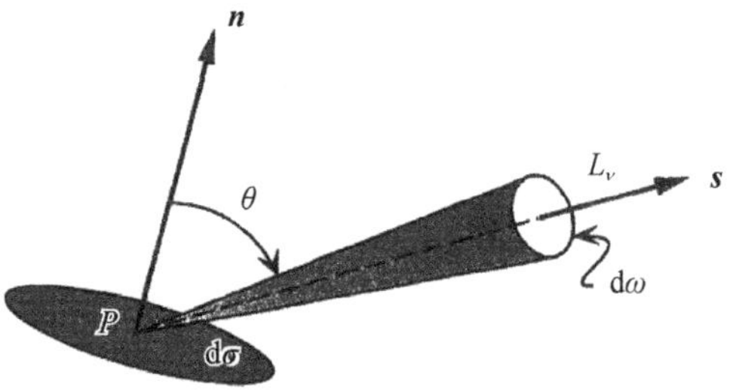

图 3.1　P 点的辐亮度或比辐射强度

从辐亮度的定义可以看出，辐射场所传输的能量不仅可以随位置变化，还可以随方向变化。因此，辐亮度取决于定义点 P 的三个笛卡儿坐标，以及描述 $\boldsymbol{s}$ 方向所需的两个方向余弦。为描述辐射场的偏振状态可能需要更多的参数，但这些参数在红外辐射中通常不重要，因此不予考虑（关于辐射传输中偏振效应的讨论，参见 Chandrasekhar（1960））。与方向无关的辐射场称为各向同性的，与空间位置无关则是均匀的。

式（3.1）给出了在区间 $(\nu,\nu+\mathrm{d}\nu)$ 中流经面元 $\mathrm{d}\sigma$、立体角 $\mathrm{d}\omega$ 的辐射能量，其方向与其向外法线的夹角为 θ。沿 $\boldsymbol{n}$ 方向的辐射通量 $F_{\nu,n}(P)$ 是将所有传输方向 $\boldsymbol{s}$ 上 $\mathrm{d}\omega$ 范围内的辐射通量进行积分

$$F_{\nu,n}(P) = \int_\omega L_\nu(P,\boldsymbol{s})\cos\theta\mathrm{d}\omega \tag{3.2}$$

对 ω 的积分可分为 $\mathrm{d}\sigma$ 上方和 $\mathrm{d}\sigma$ 下方的半球（2π 立体角），即通过 $\mathrm{d}\sigma$ 向外和向内流动（如果 $\mathrm{d}\sigma$ 是大气中的水平面，则可分别称为向上和向下传播）的辐射强度。因此，$F_{\nu,n}(P)$ 有时被称为净通量而非通量。从定义中可以清楚地看出，通量取决于所考虑的表面的方向 $\boldsymbol{n}$，即它本身是一个矢量。假设一个三维正交坐标系 (x,y,z)，对应的单位向量为 $\{\boldsymbol{i},\boldsymbol{j},\boldsymbol{k}\}$，则

$$\cos\theta = \boldsymbol{n}\cdot\boldsymbol{s} = (\boldsymbol{n}\cdot\boldsymbol{i})(\boldsymbol{s}\cdot\boldsymbol{i})+(\boldsymbol{n}\cdot\boldsymbol{j})(\boldsymbol{s}\cdot\boldsymbol{j})+(\boldsymbol{n}\cdot\boldsymbol{k})(\boldsymbol{s}\cdot\boldsymbol{k})$$

将此表达式包含在式（3.2）中，考虑到每个正交方向的通量定义，即

$$F_{\nu,x}(P) = \int_\omega L_\nu(P,\boldsymbol{s})(\boldsymbol{s}\cdot\boldsymbol{i})\mathrm{d}\omega$$

有

$$F_{\nu,n}(P)=F_{\nu,x}(P)(\boldsymbol{n}\cdot\boldsymbol{i})+F_{\nu,y}(P)(\boldsymbol{n}\cdot\boldsymbol{j})+F_{\nu,z}(P)(\boldsymbol{n}\cdot\boldsymbol{k}) \tag{3.3}$$

写作矢量形式

$$\boldsymbol{F}_\nu(P)=F_{\nu,x}(P)\boldsymbol{i}+F_{\nu,y}(P)\boldsymbol{j}+F_{\nu,z}(P)\boldsymbol{k} \tag{3.4}$$

辐射通量的散度给出了辐射场在单位体积内的能量增加率，它的相反数给出了单位体积内物质通过与辐射场相互作用所获得的能量净增加率。后者是一个标量 h_ν，定义为

$$h_\nu=-\nabla\cdot\boldsymbol{F}_\nu \tag{3.5}$$

辐射通量的散度 $-h_\nu$ 通常被称为冷却率或加热率（h_ν）。不过应该注意，这两个概念存在一定差异。冷却率或加热率定义为，热能即分子的平动能损失或获得能量的速率。如果涉及 V-V 跃迁，那么当辐射被吸收时，它可能不会全部以热的形式储存；有些将进入较高振动态。另一个例子，如果通量是来源于化学能时，那么可能所有的能量都不是来自热能。我们通常将 $-\nabla\cdot\boldsymbol{F}_\nu$ 称为加热率而不加区分，但在某些情况需要注意，它可能全部或部分是潜在加热，而不是实际的加热。

将通量的定义代入式（3.5）中，可以得到

$$h_\nu=-\left(\frac{\partial F_{\nu,x}}{\partial x}+\frac{\partial F_{\nu,y}}{\partial y}+\frac{\partial F_{\nu,z}}{\partial z}\right)=-\int_\omega\left[\frac{\partial L_\nu}{\partial x}\boldsymbol{s}\cdot\boldsymbol{i}+\frac{\partial L_\nu}{\partial y}\boldsymbol{s}\cdot\boldsymbol{j}+\frac{\partial L_\nu}{\partial z}\boldsymbol{s}\cdot\boldsymbol{k}\right]\mathrm{d}\omega=-\int_\omega\frac{\mathrm{d}L_\nu}{\mathrm{d}s}\mathrm{d}\omega \tag{3.6}$$

辐射场的平均辐亮度 $\overline{L}_\nu(P)$ 定义为所有立体角辐亮度的平均值

$$\overline{L}_\nu(P)=\frac{1}{4\pi}\int_\omega L_\nu(P,\boldsymbol{s})\mathrm{d}\omega \tag{3.7}$$

3.3 辐射传输方程

有了以上定义，我们将在本节继续讨论如何从辐射与物质相互作用过程中定义吸收系数和源函数，并将其引入辐射传输方程。

通常把辐射和物质之间的相互作用分为两种：使辐射场能量减少的为消光（散射或吸收）过程，使辐射场能量增加的则为发射过程。朗伯（Lambert）定律指出，辐射通过物质时的减少率与辐亮度 L_ν 和物质量成正比①。当穿过路径为 ds 的介质时，亮度的减少率为

① 在行星大气中，任何偏离这一基本定律的情况通常都可以忽略不计，除非发生诱导发射。在这种情况下，我们通常采用相同的方程，但在消光系数上增加一个负项，详见 3.6.2 节。关于 Lambert 定律适用性的讨论，见 Rybicki 和 Lightmann（1979）第 11 页。

$$\mathrm{d}L_\nu = -e_\nu n_a L_\nu \mathrm{d}s \tag{3.8}$$

其中，n_a 为吸收分子（或原子）的数密度，e_ν 为分子消光系数（包括吸收和散射），这是一个表征辐射-物质相互作用的常数。将同样的论点应用到发射上，当穿过路径 ds 时辐亮度的增加为

$$\mathrm{d}L_\nu = j_\nu n_a \mathrm{d}s \tag{3.9}$$

在此，比例系数 j_ν 为发射系数，表征了辐射路径上分子的发射（包括散射）特性。

正如将在 3.5 节中看到的，在热力学平衡条件下，根据基尔霍夫（Kirchhoff）定律，发射系数 j_ν 和吸收系数 e_ν 由一个普适性函数关联起来，该函数仅依赖于温度（后面会证明就是普朗克函数）：

$$\frac{j_\nu}{e_\nu} = f_\nu(T) \tag{3.10}$$

通过定义一般源函数，以上关系式可扩展到热力学平衡（甚至是局地热力学平衡）以外的情况，源函数为

$$J_\nu = \frac{j_\nu}{e_\nu}$$

因此，式（3.9）表示为

$$\mathrm{d}L_\nu = e_\nu n_a J_\nu \mathrm{d}s \tag{3.11}$$

如果没有其他形式的相互作用，结合吸收和发射作用，亮度变化的控制方程为

$$\frac{\mathrm{d}L_\nu(P,\boldsymbol{s})}{\mathrm{d}s} = -e_\nu n_a\left[L_\nu(P,\boldsymbol{s}) - J_\nu(P,\boldsymbol{s})\right] \tag{3.12}$$

这就是辐射传输方程，最初是由 Schwarzschild 和 Milne 在 20 世纪早期推导出来的。这个方程本身并没有透露太多有关的物理过程，这些都隐含在辐射场与物质之间相互作用的吸收系数和源函数中。为了便于后续使用，我们可以用这些新的物理量来表示加热率，对式（3.12）在立体角上积分，式（3.6）即可写作

$$h_\nu(P) = 4\pi e_\nu n_a\left[\bar{L}_\nu(P) - \bar{J}_\nu(P)\right] \tag{3.13}$$

其中平均发射 $\bar{J}_\nu(P)$ 的定义类似于式（3.7）中的平均辐亮度。至此，加热率可由平均辐亮度和物质的平均发射之差给出。在频率 ν 处，所有方向的平均辐亮度等于平均发射，即单色辐射平衡，定义为 $h_\nu(P)=0$。在真实世界中，必须考虑较宽的光谱范围，也许是从 0 到∞的整个光谱。

第 2 章讨论了辐射与分子之间的相互作用过程，这里的分子为行星大气条件下具有电子、振动和转动内能的化合物。我们感兴趣的是那些能改变内能模式，尤其是能改变振动和转动能级布居数的物理过程。

在吸收过程中，一个光子使物质到达某种内能激发态上，而在相反的过程中，物质通过发射光子去激发。吸收光子之后，往往是激发态内能在随后的物质-物质相

互作用中转移到平动能，但这不是必然发生的。光子的能量可能被发射出来，也可能转移到同一分子，或其碰撞对象的其他内能态。例如，在某些情况下，物质对光子的吸收和发射比任何其他物质-物质相互作用都要快得多，因此，实际上被吸收的光子中只有很少的能量转化为平动能或其他内能态。这种情况在概念上类似于“简单散射”过程，有时也被类比为“散射”。在“简单散射”过程中光子改变方向，而不改变分子的内能状态。然而，这两种类型的相互作用是不同的，因为真实散射由一个相位函数表征，相位函数与吸收和发射光子的方向有关，而“吸收紧接着再发射”的过程通常是各向同性的。这个过程通常称为共振荧光。

另一个有趣的过程是光子被吸收并激发到某个内能态，然后发射一个或多个光子，发射光子的总能量小于被吸收的光子。这个过程一般称为荧光。例如，CO_2 从太阳光吸收 2.7 μm 光子，激发（$\upsilon_1+\upsilon_3$）振动组合态。如果 CO_2 随后发射 ν_3 模态 4.3 μm 的光子（其余的能量可能通过碰撞弛豫），称之为 4.3 μm 的荧光发射。另一个荧光的例子是，一个 2.7 μm 光子被吸收，随后发射（$2\nu_2+\nu_3$）的光子（$2\nu_2$ 光子的能量近似等于 ν_1 光子），也有一些专著将这种荧光称为非相干散射。

如果忽略“简单散射”，则消光系数等于吸收系数，即

$$e_\nu = k_\nu \tag{3.14}$$

发射项为

$$e_\nu n_a J_\nu = k_\nu n_a J_\nu \tag{3.15}$$

其中 J_ν 不包括“简单散射”的贡献。k_ν 和 J_ν 不依赖于光子的角度分布，即假设吸收和发射均各向同性。在大多数情况下，对于行星大气红外部分的光谱，这是一个很好的假设。

3.4　辐射传输方程的通解

现在引入辐射传输方程的积分形式。虽然这只是一种纯粹的数学处理，但当源函数已知时，积分形式非常有用。这种情况很常见，例如，平衡态条件下辐亮度和冷却率的计算（其中源函数由普朗克函数给出）；任何仪器尤其是用于卫星遥感的仪器的大气辐射测量，包括平衡态和已知源函数的非平衡态辐射计算（源函数被先前计算）。

考虑图 3.2 中的光路，通过下式的定义，可以引入沿 $\boldsymbol{s}$ 方向 s' 和 s 两点之间的光学厚度 τ_ν ①：

① 这里我们保留符号 τ_ν 作为从 s 到 ∞ 的光学厚度，即 $\tau_\nu(s,\infty)$ 的定义（见 4.2.1 节式（4.11））。

$$\overline{\tau}_\nu(s',s)=\int_{s'}^{s}k_\nu(s'')n_a(s'')\mathrm{d}s'' \tag{3.16}$$

点 P'（距离 s'）处的辐射传输方程（3.12）可表示为

$$\frac{\mathrm{d}L_\nu(s',s)}{\mathrm{d}\overline{\tau}_\nu}=L_\nu(s',\boldsymbol{s})-J_\nu(s',\boldsymbol{s}) \tag{3.17}$$

注意，由于 $s>s'$，$\overline{\tau}_\nu$ 是一个正数。等式右边项从式（3.12）到式（3.17）的符号变化来自于 $\mathrm{d}\overline{\tau}_\nu/\mathrm{d}s'$ 的负号，这是定义 $\overline{\tau}_\nu$ 为正量，以及选择 $\overline{\tau}_\nu$ 的原点 P 在靠近大气顶部的结果①。

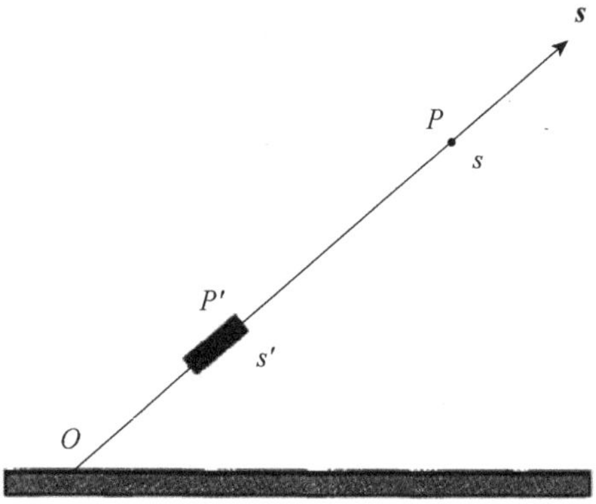

图 3.2　光路

传输方程（3.17）是一个常系数的一阶线性微分方程。将式（3.17）乘以因子 $\exp(-\overline{\tau}_\nu)$，可以得到

$$\frac{\mathrm{d}\left[L_\nu(s',\boldsymbol{s})\exp(-\overline{\tau}_\nu)\right]}{\mathrm{d}\overline{\tau}_\nu}=-\exp(-\overline{\tau}_\nu)J_\nu(s',\boldsymbol{s}) \tag{3.18}$$

从 $\overline{\tau}_\nu=0$ 的 s 点积分到原点 s_0

$$L_\nu(s,\boldsymbol{s})=L_\nu(s_0,\boldsymbol{s})\exp\left[-\overline{\tau}_\nu(s_0,s)\right]+\int_0^{\overline{\tau}_\nu(s_0,s)}J_\nu(s',\boldsymbol{s})\exp\left[-\overline{\tau}_\nu(s',s)\right]\mathrm{d}\overline{\tau}_\nu \tag{3.19}$$

如果我们把 $\overline{\tau}_\nu$ 的定义（3.16）代入式（3.19），就得到了另一种形式的解

$$\begin{aligned}L_\nu(s,\boldsymbol{s})=&L_\nu(s_0,\boldsymbol{s})\exp\left[-\int_{s_0}^{s}k_\nu(s')n_a(s')\mathrm{d}s'\right]\\&+\int_{s_0}^{s}k_\nu(s')n_a(s')J_\nu(s',\boldsymbol{s})\exp\left[-\int_{s'}^{s}k_\nu(s'')n_a(s'')\mathrm{d}s''\right]\mathrm{d}s'\end{aligned} \tag{3.20}$$

这个解的物理意义十分清楚，它表示给定点 $P(s)$ 在 $\boldsymbol{s}$ 方向上的辐亮度，等于边界辐亮度 $L_\nu(s_0,\boldsymbol{s})$ 被物质吸收衰减后到达 $P(s)$ 处的部分，加上路径上所有 s' 位置处的辐射发射 $k_\nu(s')n_a(s')J_\nu(s',\boldsymbol{s})$ 被 s' 到 s 之间的物质吸收衰减后到达 $P(s)$ 处的部分。

① 当考虑特定行星大气，且行星大气密度以至光学厚度变得越来越小时，选择上边界作为原点更有意义。

如果在点 P' 处方向 $\mathbf{s}$ 上的源函数 $J_\nu(P',\mathbf{s})$ 是已知的，式（3.19）或式（3.20）已解决了辐射传输问题，例如下一节所示平衡态条件，其中已知源函数为普朗克函数。非平衡辐射问题更复杂，因为源函数通常取决于其他点（P''）、方向（$\mathbf{s}'$）和频率 ν' 的辐亮度 $L_\nu(P'',\mathbf{s}',\nu')$，因此需要将辐射传输方程与给出源函数的方程（即统计平衡方程）一起求解。在下一节中，我们将解释局地热力学平衡（平衡态）的概念，这是一个非常重要的概念，在这种条件下，辐射传输方程的解得到了极大的简化。随后在 3.6 节中，推导非平衡条件下求解辐射传输方程所需的源函数的一般表达式。我们将在接下来的两章中讨论大气中辐射传输方程的实用解，首先是相对简单的平衡态情况（第 4 章），然后是复杂的非平衡情况（第 5 章）。

3.5　热力学平衡和局地热力学平衡

19 世纪末，基尔霍夫首次描述了温度为 T 的等温容器内，处于热力学平衡态的气体团的辐射特性：

（1）容器内部辐射均匀、无偏振、各向同性；

（2）源函数等于辐亮度；

（3）辐亮度是容器内温度的普适函数。

普朗克在寻找解析表达式的过程中，将容器内辐亮度的实验测量结果解释为温度和频率的函数，这促使他对辐射能的量化进行了假设，并提出了所谓普朗克函数的表达式：

$$B_\nu(T)=\frac{2h\nu^3}{c^2}\frac{1}{\exp(h\nu/kT)-1} \tag{3.21}$$

这里 h 为普朗克常数，k 为玻尔兹曼常数。该表达式不仅描述了热力学平衡下容器内的辐射，而且还描述了从容器的小孔中发射出的辐射。这里假设小孔很小，对容器内辐射平衡的影响可以忽略不计。上式给出了温度 T 和发射率为 1 的辐亮度。在现实世界中，内壁为高吸收率的大容器上的小孔，是最接近完美黑体概念的物体，它会吸收进入小孔的任何光子。可以通过考虑小孔作为吸收体的性质，来更好地理解小孔必定是一个完美的发射体。任何从外部进入小孔内的光子都必会被内壁吸收，无论是在第一次接触容器壁时，还是在其内部经过多次反射后。由于孔洞只占外壳表面积的极小部分，光子无法逃脱。根据基尔霍夫定律，一个完美的吸收体也必然是一个完美的发射体。涂成黑色的平面或尖锥表面一般被认为接近理想黑体，但不是完美的黑体。显然，$B_\nu(T)$ 也被称为黑体函数，而在腔内和离开小孔的辐射称为黑体辐射。目前为止，式（3.21）的重要性还在于给出了热力学平衡系统的源函数 $J_\nu(T)$ 的表达式。值得强调的是，在给定辐射频率下，如果气体处于热力学平衡，源函数只依赖于温度 T。不同气体和固体表面，在频率 ν 处的辐射发射和吸收特性包含在它们的吸收系数 k_ν 中。

在现实中，没有一个系统是完全封闭的，因此真正的热力学平衡永远都不适用。然而，热力学平衡条件下吸收系数以及（尤其是）源函数表达式的简单性，使我们可以在一些现实问题的情况下应用相关公式，在这些情况下尽管不是严格的热力学平衡，但不会产生重大偏差。在天体物理学界，从 1900 年普朗克提出黑体函数，到 1930 年 Milne 给出的非平衡分析表达式，普遍认为普朗克函数是物质在任何条件下的源函数。也就是说，人们认为它是物质的固有属性，没有意识到碰撞和吸收/发射过程也在维持普朗克函数的适用条件中发挥重要作用。

行星大气并不处于热力学平衡状态——例如有温度梯度，而在热力学平衡状态下，所有地方的温度应该是相同的——但是分子动能的重新分配发生得非常快，比辐射或内能等其他形式能量重新分配要快得多。平动与其他能量形式之间的交换，不足以迫使某一大气区域脱离平动平衡。也就是说，当发生这些能量交换时，平动温度可能发生变化（正如实际发生的那样，因为平动温度从一个区域到另一个区域是不同的），但平动平衡，即局地热力学温度的概念，在整个大气中都是成立的。事实上，这可以应用到行星大气的外逸层和彗星彗发的中间部分。

因此，高度 z 处、局地热力学温度为 $T(z)$ 的分子速度，从表面到外逸层的任何大气高度，极高精度地服从麦克斯韦分布。温度可被表示为 $T=2E_k/3k$，其中 k 为玻尔兹曼常数，E_k 为分子在高度 z 处的平均动能。在定义了局地热力学温度 $T(z)$ 之后，可以认为，当一个给定的态（电子态、振动态或旋转态）在该温度下的布居数由玻尔兹曼定律给出时，它处于局地热力学平衡（局地热平衡）。正如稍后将在 3.6.3 节和 3.6.4 节中所说明的，如果大气分子之间的热碰撞比任何其他碰撞或辐射过程都快，就会发生这种情况。对于局地热平衡中的一个给定激发态，可以得出，与该能态相关的跃迁辐射特性（源函数和吸收系数）只取决于热力学温度。具体来说，源函数为局地热力学温度 $T(z)$ 下的普朗克函数。

术语“局地”热力学平衡的起源现在应该很清楚了。在大气中，相邻的气体微团都被定义为似乎处于热力学平衡状态，这样每一个气体微团都可由局地热力学温度描述。因此：

（1）在局地热平衡中，首先假定可以定义一个热力学温度，其次，那些与辐射相互作用并发出辐射的内能激发态，通过碰撞作用与温度耦合。

（2）局地热平衡可以适用于内能的个别模态，而不是必须同时对所有内能模态都适用。举两个常见的例子，局地热平衡可能适用于转动而不适用于振动能级，或者适用于一种振动模态而不适用于另一种振动模态。

（3）在真正的热力学平衡中，辐射场为黑体辐射 $(L_\nu = B_\nu)$，源函数为普朗克函数 $(L_\nu = B_\nu)$。在局地热平衡中，源函数仍然由普朗克函数给出，$J_\nu = B_\nu(T)$，但亮度 L_ν 可以与 B_ν 不同。

（4）上述（3）和式（3.13）的一个直接结果是，局地热平衡与真正的热力学平衡不同，它与气体辐射能量的净增益或净损失是相容的。换句话说，它可以产生非零的升温速率。唯一的条件是碰撞要足够快，可以将吸收或释放的净辐射能转化为平动能。

术语“热力学平衡”或“局地热力学平衡”不应与“辐射平衡”（见 4.2.4 节）相混淆。热力学平衡意味着辐射平衡（净通量为零），反之则通常不成立。如果在某个振动带的光谱范围内辐射平衡，无论是在单一频率上（单色平衡，$h_\nu = 0$），还是在波段区间内 $h_{\Delta\nu} = 0$，那么当其他非热过程可以忽略时，可适用于局地热平衡。另一方面，正如上面所述，在辐射非平衡时，可以存在局地热力学平衡。

与完全非平衡的情况相比，由于局地热平衡的吸收系数特别是源函数的形式很简单，因此了解局地热平衡何时发生非常有用。一般来说，要知道在哪些条件下激发态的布居数，或由激发态产生的辐射发射与局地热平衡一致，我们需要知道能级布居数或波段的源函数。从统计平衡方程中可以得到能级布居数或源函数，该方程考虑了影响布居数的所有微观过程，下一节中将详细推导展开描述。随后在 3.7 节，将讨论局地热平衡何时何地出现的一般原则，以及能在大气中碰到的最常见非平衡现象。

3.6　非平衡中的源函数

前面已将辐射传输方程写作包含宏观量的形式，可以看到，在局地热平衡条件下，表示辐射-物质相互作用的量，特别是发射项（源函数），只依赖于温度。现在研究一般情况下的源函数，它通常表示为与跃迁高低能级数密度相关的函数。注意，这可能不会为解决特定问题提供很多有用信息，因为我们只是用另一个未知量高能级数密度，替换了原来的未知量源函数。为了解决这个问题，需要进一步给出一个方程，它控制着每个所关心的跃迁所涉及的能级布居数。如图 3.3 所示，上述方程用统计平衡方程表示，由影响这些能级布居数的所有微观过程所决定。此外，如 3.6.2 节所示，将吸收系数（在辐射传输方程中“临时”引入）与爱因斯坦关系中的微观参数联系起来，很有意义。

非平衡中的源函数

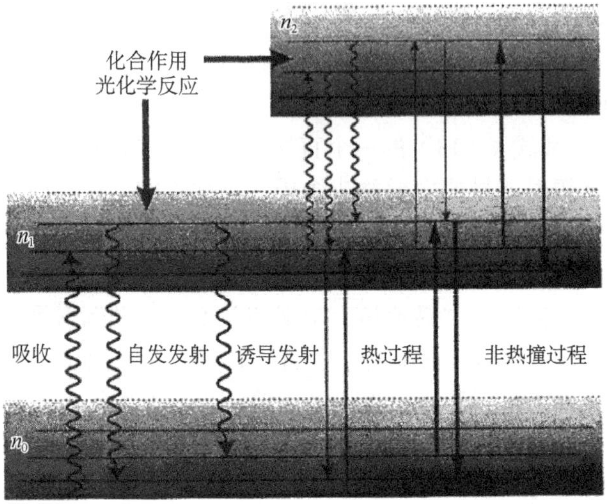

图 3.3　影响振动能级布居数的过程

必须认识到，在非平衡过程中，跃迁的高能级布居数依赖于分子所在的辐射场。这是因为分子因吸收光子而激发，从而影响其布居数。当然，这在平衡态中也会发生，但是碰撞频率足够高，足以使能级分布调整到与气体的热力学温度相对应的玻尔兹曼分布。在非平衡过程中，热碰撞不那么重要，也许完全可以忽略不计，因此激发态通过其他过程（或过程的组合，包括碰撞的一些贡献）弛豫。进一步，能级布居数与气体平动温度几乎没有关系，必须引入振动(T_υ)或转动(T_r)温度的概念来描述它们。通过引入玻尔兹曼指数因子，这些温度给出了能级布居数，例如，

$$\frac{n_{\upsilon,r}}{n_0}=\frac{g_{\upsilon,r}}{g_0}\exp\left(-\frac{E_{\upsilon,r}}{kT_{\upsilon,r}}\right) \tag{3.22}$$

其中 $n_{\upsilon,r}$ 为能量（振动或转动）激发态的数密度，$E_{\upsilon,r}$ 为其能量，n_0 为低能态的数密度，$g_{\upsilon,r}$ 和 g_0 为它们的简并度，k 为玻尔兹曼常数。由此可以得出，如果能级的振动或转动温度与局地热力学温度不同，则该能级处于振动或转动非平衡态。

原子的电子跃迁也存在非平衡情况。非平衡电子跃迁在天体物理中比大气更重要，实际上在大气研究的相关文献中，电子跃迁辐射不被称为非平衡辐射。在天体物理学中，有很多关于原子跃迁源函数的文献（见 Thomas（1965）和 Ivanov（1973））。

3.6.1　二能级方法

首先考虑一个只有两个振动能级的大气分子，激发能较高的能级称为“高”能

级，另一个称为“低”能级。在大气温度条件下大多数分子通常处于基态，因此后者（“低”能级）通常是基态，但也考虑它是激发态的一般情况。每个振动态都伴随转动态的精细结构，产生振-转带的典型线形（第 2 章）。这两个振动能级通过辐射和碰撞过程相互关联。可以区分两种明显不同的碰撞过程。热（或振动-平动）过程是指高能态的振动能被转换为碰撞对象的平动能，或低能态将从碰撞对象获取的平动能转化为振动能的过程。如果碰撞相互作用中的振动能量转化为非平动能（或从非平动能获得），就称分子经历了非热碰撞。热过程将导致布居数趋于平衡态，而非热过程，通常会使它们远离平衡态。非热过程的例子有振动-振动（V-V）和电子-振动能量传递过程。正如将在第 6 章和第 7 章中看到的，在大多数情况下，这些过程会产生非平衡辐射。不过，存在一些不太常见的情况，非热碰撞也会导致一些振动能级趋于平衡态布居数。例如，在火星大气中间层的 $CO_2\left(0,2,0\right)$ 和 $\left(0,3,0\right)$ 能级中（第 10 章）有此类现象。还将考虑如下所述的非平衡过程，即较低能态的分子并没有被激发，而是激发态中形成了新的分子，这类例子有化合作用和光化学反应。

在二能级系统中，引起振动-转动能级跃迁的辐射-物质相互作用可以用三个基本过程来描述：

（1）自发发射，即分子被去激发，产生与激发态能量相等的光子；

（2）诱导发射，即一个光子与一个激发态相互作用，从而诱导出与入射光子相位、偏振和方向相同的另一个光子；

（3）吸收，即基态分子在光子吸收后被激发。

因此，分子因自发的和诱导的发射去激发，因吸收光子激发。在每种情况下，都涉及光子的产生或消失。

3.6.2 爱因斯坦关系

考虑一个气体团，其与辐射场 L_v^* 相互作用的高、低振动态数密度分别为 n_2 和 n_1 ①。单位体积、单位频率范围内，分子通过自发发射从高能级到低能级去激发的速率，与高能级的分子数量成正比。考虑高振动能级的 J' 转动态与低能级 J'' 转动态之间的所有转动跃迁

$$\text{自发发射率} = \sum_{J'} n_{2,J'} A_{J'}$$

在此，对高能态的所有转动能级求和，$A_{J'}$ 包括从 J' 能级到所有 J'' 能级的容许跃迁的自发发射率，而 $n_{2,J'}$ 是高振动态中转动能级 J' 的分子数。

引入振-转带（2-1）的爱因斯坦系数 A_{21}，

① 这里不使用下标 0 表示较低的能级，因为它通常表示基态，较低能态不一定是基态。

$$A_{21}=\sum_{J'}n_{2,J'}A_{J'}\big/n_2 \tag{3.23}$$

以及转动态分布的归一化因子

$$q_{r,J'}=n_{2,J'}\big/n_2 \tag{3.24}$$

这里$n_2=\sum_{J'}n_{2,J'}$，那么单位体积单位频率范围内，分子从2能级到1能级自发发射或去激发的速率为

$$\text{自发发射率}=n_2A_{21}q_{r,s}\left(\nu-\nu_0\right) \tag{3.25}$$

在归一化因子$q_{r,s}$中，用$\left(\nu-\nu_0\right)$替换了下标J'，其中ν是吸收或发射光子的频率，ν_0是振动跃迁带的中心频率。如第2章所示，每条振-转谱线在其线中心附近随频率变化，即线形。这在$q_{r,s}\left(\nu-\nu_0\right)$中没有考虑到，但在以后需要时可以加入，例如，引入吸收系数的频率依赖性（式（3.34））。转动能级通常被认为处于给定温度T下的平衡态，因此$q_{r,s}\left(\nu-\nu_0\right)$在$T$处具有归一化玻尔兹曼指数的形式。除了在极其稀薄的大气区域外，转动平衡总体上是一个非常好的假设，因为转动平衡所需的碰撞比振动能级少得多。转动非平衡将在8.9节详细讨论。

采用类似的方法，假设因诱导发射去激发的分子数量，与n_2和从各个方向入射的平均辐亮度$\overline{L}_\nu$成正比；因吸收激发的速率与处于较低能态的分子数量n_1和平均辐亮度$\overline{L}_\nu$成正比，可以得到

$$\text{诱导发射率}=n_2B_{21}\overline{L}_\nu q_{r,i}\left(\nu-\nu_0\right) \tag{3.26}$$

$$\text{吸收率}=n_1B_{12}\overline{L}_\nu q_{r,a}\left(\nu-\nu_0\right) \tag{3.27}$$

需要注意的是，这里假设了高、低振动态有不同的转动态分布。

爱因斯坦系数只取决于分子和跃迁的量子力学性质，它们与辐射场和分子气体的热力学状态无关，但又相互联系。因此，可以通过假设热力学平衡推导出它们之间的相互关系，得到的关系式适用于任何热力学状态，包括非平衡态。

在热力学平衡中，根据玻尔兹曼定律，两个能级的布居数之比由温度T决定，即

$$\frac{\overline{n}_2}{\overline{n}_1}=\frac{g_2}{g_1}\exp\left(-\frac{h\nu_0}{kT}\right) \tag{3.28}$$

这里的上横线表示平衡态的值。平衡条件的另一个结果是，在ν到$\nu+\mathrm{d}\nu$的频率区间内，单位体积吸收光子的速率等于发射光子的速率，因此

$$\overline{n}_2A_{21}q_{r,s}\left(\nu-\nu_0\right)+\overline{n}_2B_{21}\overline{L}_\nu q_{r,i}\left(\nu-\nu_0\right)=\overline{n}_1B_{12}\overline{L}_\nu q_{r,a}\left(\nu-\nu_0\right) \tag{3.29}$$

最后，热力学平衡意味着平均辐亮度$\overline{L}_\nu$由普朗克函数B_ν决定。假设任意频率和温度都满足式（3.29）（所谓细致平衡原理），由式（3.21）、式（3.28）和式（3.29）可得

$$\frac{A_{21}q_{r,s}}{B_{21}q_{r,i}}=\frac{2h\nu^3}{c^2} \tag{3.30}$$

且

$$\frac{B_{12}q_{r,a}}{B_{21}q_{r,i}}=\frac{g_2}{g_1}\exp\left(\frac{h(\nu-\nu_0)}{kT}\right) \tag{3.31}$$

注意，假设不同转动跃迁的光子具有相同的能量 $\nu=\nu_0$，并且上下振动能级的转动态分布是相同的（$q_{r,s}=q_{r,a}$ 和 $q_{r,i}=q_{r,s}$），那么就可以得到爱因斯坦系数的一般关系①

$$\frac{A_{21}}{B_{21}}=\frac{2h\nu_0^3}{c^2}\text{和}\frac{B_{12}}{B_{21}}=\frac{g_2}{g_1} \tag{3.32}$$

上式为“二能级”近似，忽略了叠加在振动能级上的转动结构。在此极限条件下，爱因斯坦系数各项彼此之间是一个常数关系，且如前所述，与气体的物理状态无关。对于某些光谱区间不宽（～100 cm^{-1}）的谱带，这种近似是合理的。对于延伸数百 cm^{-1} 的 H_2O 的谱带，则不太适用。在更加精确的算例中，这些项没有被忽略，被吸收的光子激发了高能态的转动能级，在弛豫到振动基态之前可以通过碰撞作用达到平衡，也可以通过发射不同频率的光子弛豫。因此，尽管“细致平衡”是一个非常有用的近似，但实际上并不严格适用于振动-转动跃迁。

3.6.3　辐射过程

下面讨论一般情况下，当辐射与物质相互作用时，如何计算光子吸收和发射的平衡。光子的净发射（发射减去吸收）率与辐射场的辐亮度的变化成正比。在距离 $\mathrm{d}s$、立体角 $\mathrm{d}\omega$ 内的辐射微变化 $\left[\mathrm{d}L_\nu/\mathrm{d}s\right]\mathrm{d}\omega$，可由长 $\mathrm{d}s$、截面为 $\mathrm{d}\sigma$ 的圆柱体在立体角 $\mathrm{d}\omega$ 内的光子的净发射量给出，即

$$\frac{\mathrm{d}L_\nu}{\mathrm{d}s}\frac{\mathrm{d}\omega}{h\nu}=n_2A_{21}q_{r,s}\frac{\mathrm{d}\omega}{4\pi}+n_2B_{21}q_{r,i}L_\nu\frac{\mathrm{d}\omega}{4\pi}-n_1B_{12}q_{r,a}L_\nu\frac{\mathrm{d}\omega}{4\pi} \tag{3.33}$$

其中左端项引入了因子 $1/(h\nu)$，将 L_ν 的能量单位转换为光子数；同时右端引入因子 $\mathrm{d}\omega/(4\pi)$，表示 $\mathrm{d}\omega$ 内产生的光子数。根据爱因斯坦系数之间的关系（式（3.30）和式（3.31））和玻尔兹曼方程（3.28），重新整合方程（3.33）中的各项，并对比辐射传输方程（方程（3.12）、（3.14）和（3.15）），可以得到吸收系数 k_ν 和源函数 J_ν：

---

① 对于自发发射系数与诱导系数和吸收系数之间的关系，有不同的表达式，如 $A_{21}/B_{21}=8\pi\nu^2/c^3$（Goody and Yung，1989），$A_{21}/B_{21}=8\pi h\nu^2/c^3$（Lenoble，1993）。原因是不同的作者对诱导系数和吸收系数 B_{21} 和 B_{12} 的定义不同。例如，Goody 和 Yung 根据能量密度进行定义，辐射能量的单位则为 $h\nu$。本书采用了平均亮度 $\overline{L}_\nu$，能量密度 u_ν 与 $\overline{L}_\nu$ 的比值为 $u_\nu/\overline{L}_\nu=4\pi/c$；考虑到 u_ν 的单位为 $h\nu$，可以得到 Goody 和 Yung 给出的 A_{21}/B_{21} 与式（3.32）的比值为 $4\pi/(hc\nu)$。

$$k_\nu=\frac{h\nu}{4\pi}\frac{n_1}{n_a}B_{12}q_{r,a}\left[1-\frac{n_2}{n_1}\frac{\bar{n}_1}{\bar{n}_2}\exp\left(-\frac{h\nu}{kT}\right)\right] \tag{3.34}$$

$$J_\nu=\frac{2h\nu^3}{c^3}\left[\frac{n_1}{n_2}\frac{g_2}{g_1}\exp\left(\frac{h\left(\nu-\nu_0\right)}{kT}\right)-1\right]^{-1} \tag{3.35}$$

利用k_ν的表达式（方程（3.34））和B_ν的定义（方程（3.21）），J_ν也可以写作

$$J_\nu=B_\nu\frac{n_2}{\bar{n}_2}\frac{\bar{k}_\nu}{k_\nu} \tag{3.36}$$

在热力学平衡（或局地热力学平衡）条件下，源函数的表达式可简化为普朗克函数，吸收系数的表达式为

$$\bar{k}_\nu=\frac{h\nu}{4\pi}\frac{\bar{n}_1}{n_a}B_{12}q_{r,a}\left[1-\exp\left(-\frac{h\nu}{kT}\right)\right] \tag{3.37}$$

至此，我们已经得到了转动谱线在特定频率ν处的吸收系数。为了得到一个完整的振动-转动谱带的吸收系数，即所谓的线强S①，在谱带的扩频区间$\Delta\nu$上对方程（3.34）进行积分，可得

$$s=\int_{\Delta\nu}k_\nu\mathrm{d}\nu=\frac{B_{12}n_1}{4\pi n_a}\int_{\Delta\nu}h\nu q_{r,a}\left[1-\frac{n_2}{n_1}\frac{g_1}{g_2}\exp\left(-\frac{h\left(\nu-\nu_0\right)}{kT}\right)\right]\mathrm{d}\nu \tag{3.38}$$

对大多数大气分子谱带，这个表达式可以进一步简化。通常假设：由于振-转带中转动谱线延伸的光谱区间相当窄（通常是几十个波数，或者是带中心所在频率ν_0的百分之几，见第2章），$h\nu$和$\exp\left(-h\nu/kT\right)$在$\Delta\nu$中变化缓慢，可以用$\nu_0$代替$\nu$，以此可得到源函数和线强的表达式

$$J_\nu=\frac{2h\nu_0^3}{c^3}\left[\frac{n_1}{n_2}\frac{g_2}{g_1}-1\right]^{-1} \tag{3.39}$$

$$S=\frac{h\nu_0}{4\pi}\frac{n_1}{n_a}B_{12}\left[1-\frac{n_2}{n_1}\frac{g_1}{g_2}\right] \tag{3.40}$$

这里利用了$q_{r,a}$的归一化性质。这种近似不是对每个谱带都十分准确，例如水蒸气在6.3 μm附近大量的振动谱带。在相同假设下，局地热力学平衡中线强表达式为

$$\bar{S}=\frac{h\nu_0}{4\pi}\frac{\bar{n}_1}{n_a}B_{12}\left[1-\exp\left(-\frac{h\nu_0}{kT}\right)\right] \tag{3.41}$$

另一个常见的近似为去掉指数项$\exp\left(-h\nu_0/kT\right)$，从而得到

① 术语“线强”经常出现在光学和辐射传输教科书中，仅在平衡态条件下表示其值$\bar{S}$。该术语在本书中适用于任何条件，无论n_2和n_1是否在平衡态中，S有时也被称为谱带强度。

$$\bar{S} = \frac{h\nu_0}{4\pi}\frac{\bar{n}_1}{n_a}B_{21} \tag{3.42}$$

对大多数大气分子谱带来说，这个指数比 1 小得多，尽管它在波长较长和温度较高的情况下显得很重要。例如，在 15 μm 左右的 CO_2 波段，当平均大气温度为 220 K 时，该因子仅为 0.0083，但在 300 K 时，却高达 0.041。因此，如果热层中的振动温度或冷却率求解的精度要求优于 4%，则不应忽略该指数。此外，对于热层原子氧 63 μm 发射的研究也不应该被忽略，当温度为 500 K 时，其值为 0.63。这个指数因子也决定了热力学平衡中跃迁的高能态和低能态的数密度之比（方程（3.28））。因此，正如 2.5.1 节所述，这里的讨论只是强调：在平衡态条件下，相对于基态，高振动激发态的大气分子所占的比例通常可忽略不计。

值得注意的是，对于一些非平衡情况，当比值 n_2g_1/n_1g_2 与 1 相比能够忽略不计时，可以使用类似的线强近似，这要么是因为系统偏离局地热力学平衡不是很远，要么尽管偏离平衡态很远，高能态的数密度低于而非高于平衡态的数密度。在此条件下，带强为

$$S = \frac{h\nu_0}{4\pi}\frac{n_1}{n_a}B_{12} \tag{3.43}$$

事实上，这个表达式适用于大气中的大多数振动带，因为激发态的非平衡布居数比平衡态布居数大得多的情况并不常见。在高层大气非平衡条件下，碰撞速率不足以补偿自发发射，吸收也非常微弱，因此通常的结果是相对于平衡态，振动态布居数更小。然而，在有些情况下，这种假设并不成立。在类地行星（特别是金星和火星）中有一个很好的例子，对于白天高层大气中的 CO_2 10 μm 带，当 n_2 非常接近于 n_1 甚至更大时，布居数发生反转，以致诱导发射变得非常重要。（这些是在二氧化碳气体激光器中用到的波段，在大气应用中，也通常称为“激光”波段。）

如果我们考虑一个基频带跃迁，即较低能级为基态的跃迁，并且假设大多数分子处于基态，那么 $n_1 = n_0 \simeq n_a$，则

$$S = \frac{h\nu_0}{4\pi}B_{12} \tag{3.44}$$

在上述条件下，对这些谱带可以得出一个重要结论：谱带强度对平衡态和非平衡态具有相同的表达式。

在很多情况下，爱因斯坦自发发射系数 A_{21} 与吸收系数 k_ν 或带强度 S 之间的关系很有用。用式（3.30）和式（3.31）消去式（3.34）中的 B_{12}，可以得到

$$A_{21}q_{r,s} = \frac{8\pi\nu^2}{c^2}\frac{n_a}{n_1}\frac{g_1}{g_2}\exp\left[-\frac{h(\nu-\nu_0)}{kT}\right]\left[1-\frac{n_2}{n_1}\frac{g_1}{g_2}\exp\left(-\frac{h(\nu-\nu_0)}{kT}\right)\right]^{-1}k_\nu \tag{3.45}$$

在分子光谱带 $\Delta\nu$ 内积分，利用 $q_{r,s}(\nu-\nu_0)$ 的归一化性质，用 ν_0 替换 ν，可以得到

$$A_{21} = \frac{8\pi\nu_0^2}{c^2}\frac{n_a}{n_1}\frac{g_1}{g_2}\left[1-\frac{n_2}{n_1}\frac{g_1}{g_2}\right]^{-1} S \tag{3.46}$$

至此，引入振动配分函数 Q_{vib}，

$$n_0 = \frac{n_a f_{\text{iso}}}{Q_{\text{vib}}} \tag{3.47}$$

其中 n_0 为振动基态 $\upsilon = 0$ 的分子数密度，f_{iso} 为所关心同位素的同位素比率丰度①。将式（3.47）代入式（3.46），可得

$$A_{21} = \frac{8\pi\nu_0^2}{c^2}\frac{Q_{\text{vib}}}{f_{\text{iso}}}\frac{n_0}{n_1}\frac{g_1}{g_2}\left[1-\frac{n_2}{n_1}\frac{g_1}{g_2}\right]^{-1} S \tag{3.48}$$

用式（3.22）定义的振动温度代替高、低能态的数密度 n_2 和 n_1，则上述关系式可表示成更有用的形式②，即

$$A_{21} = \frac{8\pi\nu_0^2}{c^2}\frac{Q_{\text{vib}}}{f_{\text{iso}}}\frac{g_0}{g_2}\frac{\left[1-\exp\left(-\left(\frac{E_2}{kT_{\upsilon,2}}-\frac{E_1}{kT_{\upsilon,1}}\right)\right)\right]^{-1}}{\exp\left(-\frac{E_1}{kT_{\upsilon,1}}\right)} S \tag{3.49}$$

其中 E_2 和 E_1 分别是高、低能级相对基态的振动能量，$T_{\upsilon,2}$ 和 $T_{\upsilon,1}$ 是它们各自的振动温度（在平衡态中等于热力学温度）。

源函数可以通过上面线强中使用的近似来获得。具体地，假设：①ν 可以由 ν_0 代替；②指数项 $\exp(-h\nu_0/kT)$ 远小于 1；③系统偏离平衡态不远（或为非平衡状态，且高能态的布居数小于平衡态布居数）。则源函数可简化为

$$J_\nu = B_\nu \frac{n_2}{\overline{n}_2}\frac{\overline{n}_1}{n_1} \tag{3.50}$$

加上这些近似，最简单的非平衡情形是基态跃迁，此时，源函数可以简化为

$$J_\nu = B_\nu \frac{n_2}{\overline{n}_2} \tag{3.51}$$

如果带强表达式中 ν 可以用 ν_0 替换而不损失精度，我们也可以用 J_{ν_0} 和 B_{ν_0} 替换 J_ν 和 B_ν。

以上得到了吸收系数 k_ν 和源函数 J_ν 的一般表达式（适用于平衡态和非平衡态）。然而，它们仍与一些未知量有关，尤其是跃迁的高和低能量的数密度，n_2 和 n_1。k_ν 和

① 在 Q_{vib} 定义式中，f_{iso} 通常被视为 1。这里假设 n_a 是所考虑的分子种类的总数量密度，包括其同位素组分，具体详见 HITRAN 数据库。注意每个同位素的 Q_{vib} 不同。

② 在第 6 章和第 7 章讲到非平衡能级布居实际计算时，这一点将显得十分清楚。

J_ν 表达式中的其他量，例如 $\bar{n}_2$ 、$\bar{n}_1$ 和 B_ν ，都可以通过假定热力学温度已知而得到。能态的数密度由统计平衡方程决定，这些方程将在下文详论。

3.6.4 热碰撞过程：统计平衡方程

为了得到 n_2 和 n_1 ，或它们的比值，建立统计平衡方程，即碰撞中的细致平衡原理。这里高能级和低能级的布居数主要被辐射和碰撞过程所决定。前面已经讨论了辐射过程，现在考虑两种碰撞过程，即热碰撞和非热碰撞。在热碰撞中，跃迁的高能态通过从碰撞分子动能中获得能量而激发（或去激发）。在非热碰撞，例如振动-振动碰撞、电子-振动碰撞，以及化合作用中，大部分甚至全部的振动能量来自（或去向）碰撞对象的内能。

考虑振动-平动（V-T）过程

$$k_t : \mathrm{n}(2) + \mathrm{M} \rightleftharpoons \mathrm{n}(1) + \mathrm{M} + \Delta E \tag{3.52}$$

其中 M 代表任意空气分子，$\Delta E = E_2 - E_1 = h\nu_0$ 为高、低能级的能量差。就像辐射过程中那样，假设高能态分子的损失率与数密度 n_2 、碰撞对象的数密度 $[\mathrm{M}]$ 成正比。引入比例系数 k_t ，代表式（3.52）正向过程的速率系数（单位为 $\mathrm{cm}^3 \cdot \mathrm{mol}^{-1} \cdot \mathrm{s}^{-1}$），单位体积的分子损失率由 $k_t[\mathrm{M}]n_2$ 或 $l_t n_2$ 给出，其中 $l_t = k_t[\mathrm{M}]$ （单位为 s^{-1} ）是 n_2 的比损失率。类似地，n_2 的生成速率由 $P_t = p_t n_1$ 给出，其中 $p_t = k_t'[\mathrm{M}]$ ，k_t' 为式（3.52）反向过程的速率系数。稳定条件下，高能态的分子净生成量为

$$P_{\mathrm{net},2} = k_t'[\mathrm{M}]n_1 - k_t[\mathrm{M}]n_2 \tag{3.53}$$

对于辐射过程，k_t 和 k_t' 不是相互独立的。在热力学平衡下，两个方向跃迁的影响可以相互抵消，因此它们不产生高能级态的净激发。由式（3.53）可知

$$\frac{k_t'}{k_t} = \frac{\bar{n}_2}{\bar{n}_1} = \frac{g_2}{g_1}\exp\left(-\frac{h\nu_0}{kT}\right) \tag{3.54}$$

类似于爱因斯坦关系，我们得到了 k_t 和 k_t' 之间的关系，它只依赖于温度和能态的能量差，与碰撞类型或涉及的分子无关。因此，它是一个通用表达式，对平衡态和非平衡态都有效，其成立的唯一条件是温度 T 可以被定义。

考虑一个偏离热力学平衡的情况，其中仅由辐射（或碰撞）过程引起的激发和去激发并不平衡。假设数密度 n_2 和 n_1 稳定不变，辐射过程产生 n_2 的净速率必须被碰撞过程的净去除率所抵消。因此，对方程（3.25）～（3.27）的跃迁谱带进行积分，可以得到统计平衡方程（SEE）

$$n_1 B_{12}\bar{L}_{\Delta\nu} - n_2 A_{21} - n_2 B_{21}\bar{L}_{\Delta\nu} + k_t'[\mathrm{M}]n_1 - k_t[\mathrm{M}]n_2 = 0 \tag{3.55}$$

这里，假设诱导发射谱线和吸收谱线的线形相同，并引入了光谱带上的平均辐亮度$\overline{L}_{\Delta\nu}$，其定义为

$$\overline{L}_{\Delta\nu}=\int_{\Delta\nu}\overline{L}_{\nu}q_{r,a}(\nu)\mathrm{d}\nu=\frac{1}{4\pi}\int_{\omega}\int_{\Delta\nu}L_{\nu}q_{r,a}(\nu)\mathrm{d}\nu\mathrm{d}\omega$$

该定义等价于更常用的定义

$$\overline{L}_{\Delta\nu}=\frac{1}{4\pi S}\int_{\omega}\int_{\Delta\nu}L_{\nu}k_{\nu}\mathrm{d}\nu\mathrm{d}\omega \tag{3.56}$$

式（3.55）可表示为

$$\frac{n_2}{n_1}=\frac{B_{12}\overline{L}_{\Delta\nu}+k_t'[\mathrm{M}]}{A_{21}+B_{21}\overline{L}_{\Delta\nu}+k_t[\mathrm{M}]} \tag{3.57}$$

这样就得到了所预期的 n_2/n_1 表达式，它包含了对辐射场的依赖关系。将这个表达式代入源函数方程（3.36）中，利用爱因斯坦系数（式（3.30）和式（3.31））之间的关系，根据式（3.21）和式（3.54），并定义ϵ：

$$\epsilon=\frac{l_t}{A_{21}}\left[1-\exp\left(-h\nu_0/kT\right)\right] \tag{3.58}$$

可得到

$$J_{\nu_0}=\frac{\overline{L}_{\Delta\nu}+\epsilon B_{\nu_0}}{1+\epsilon} \tag{3.59}$$

上式中源函数表示为未知量$\overline{L}_{\Delta\nu}$和已知参数的函数，这种形式非常适合于积分之前引入辐射传输方程中。由于$\overline{L}_{\Delta\nu}$取决于J（式（3.20）），方程（3.59）通常被称为源函数的积分方程，特别是在天体物理学文献中。从式（3.59）和式（3.20）这两个方程的解，我们可以推导出两个未知量J和$\overline{L}_{\Delta\nu}$。

在辐射传输的某些表达式，如柯蒂斯矩阵法中，用加热率来表示源函数J，而不是采用平均积分辐亮度$\overline{L}_{\Delta\nu}$。对积分方程（3.13）在光谱带上进行积分，并利用式（3.14）和式（3.56），可以得到加热率h_{12}

$$h_{12}=4\pi Sn_a\left[\overline{L}_{\Delta\nu}-J_{\nu_0}\right] \tag{3.60}$$

通过式（3.59）和式（3.60）消掉$\overline{L}_{\Delta\nu}$，得

$$J_{\nu_0}=B_{\nu_0}+Dh_{12} \tag{3.61}$$

这里

$$D=\frac{1}{4\pi Sn_a\epsilon} \tag{3.62}$$

为了便于计算，通过定义替换ϵ，并利用A_{21}和S之间的关系（方程（3.46）），方程（3.62）可写作

$$D = \frac{2\nu_0^2}{c^2}\frac{g_1}{g_2}\frac{1}{l_t n_1}\left[1-\frac{n_2 g_1}{n_1 g_2}\right]^{-1}\left[1-\exp\left(-\frac{h\nu_0}{kT}\right)\right]^{-1} \tag{3.63}$$

这样便得到了如式（3.12）或式（3.13）所示的传输方程，而源函数由统计平衡方程方程（3.59）或（3.61）确定。

严格地说，我们还没有完全用源函数替换高能级的布居数，因为表达式 D 中的因子 $\left[1-n_2 g_1/n_1 g_2\right]$ 仍然依赖于 n_2。然而，不可忽视的是，对于行星大气中的大多数红外波段来说，当高能态偏离平衡态不远或当其布居数小于平衡态对应的布居数时，n_2/n_1 项要比 1 小得多。此外，对于这些波段，$\exp\left(-h\nu_0/kT\right)$ 项比 1 小得多。在这种情况下，ϵ 和 D 可以用简单的表达式近似表示：

$$\epsilon \simeq \frac{l_t}{A_{21}},\quad D \simeq \frac{2\nu_0^2}{c^2}\frac{g_1}{g_2}\frac{1}{l_t n_1} \tag{3.64}$$

当这些简化不够精确时，可以从这些近似方程中得到 n_2/n_1 的初始估算值，并使用精确表达式进行迭代。

3.6.5　非热过程

在 3.6.4 节中，我们看到了非平衡最常见的情况，也被称为经典情况，在这种情况下，由于热碰撞的缺乏，辐射过程导致布居数偏离玻尔兹曼分布，即不由局地热力学温度决定的分布，这种分布与平衡态相比，高能级态通常是较少的。实际上这种情况主要发生在夜间。在白天，高层大气中也会发生一些非热过程，这些过程会导致非平衡发生。此时，激发态数量通常比平衡态要大。以下总结了比较重要的非热过程。

（1）振动-振动（V-V）能量转移。在与一种或多种不同振动态发生碰撞时，交换某一能级的振动能。这些过程在重新分配从太阳辐射或其他非平衡辐射源吸收的能量方面起着重要作用。典型的例子包括地球大气中 CO_2 分子 υ_1 和 υ_3 量子之间的交换，地球大气中 $CO_2\left(\upsilon_1,\upsilon_2,\upsilon_3\right)$ υ_3 量子态和 $N_2\left(1\right)$ 之间的能量交换，以及大气中水蒸气 υ_2 量子态和 $O_2\left(1\right)$ 之间的能量交换。

（2）电子能到振动能的转移。如原子氧的激发态 $O\left({}^1D\right)$ 态对氮分子第一振动态的激发。

（3）化合作用或化学发光。即分子以振动激发态形成，非平衡激发来自分子的化学能。典型的例子有 O_3 红外波段在 10 μm 附近的激发，$O+O_2+M \rightarrow O_3^*\left(\upsilon_1,\upsilon_2,\upsilon_3\right)+M$；以及 NO_2 6.2 μm 附近的激发，$O_3+NO \rightarrow NO_2^*\left(\upsilon_1,\upsilon_2,\upsilon_3\right)+O_2$。

（4）光化学反应。如日间 O_2 的 1.27 μm 和 1.58 μm 谱带的激发态，主要是由臭氧在 Hartley 波段光解产生的。

（5）解离态重组。如高层大气中十分常见的 $O_2^+ + e^- \to O^* + O$，可以产生氧的红色多重态气辉。

（6）大气原子和分子与高速带电粒子的碰撞。例如，在极光和质子事件中，产生了许多激发态，这些激发态以远超过局地温度下的普朗克函数的速率发射辐射。

在接下来的两部分中，我们将讨论以下两个重要的非平衡源函数：非热碰撞过程和化合作用（有时也称为化学发光过程）。

1. 碰撞过程

除了式（3.52）中的热过程外，高能态 $\mathrm{n}(2)$（也写作 n_2）也可以由上述（1）和（2）中的非热碰撞过程所激发，速率分别为 $k_{\upsilon\upsilon}$ 和 $k_{e\upsilon}$。

$$k_{\upsilon\upsilon}: \mathrm{M}(\upsilon) + n(1) \rightleftharpoons n(2) + \mathrm{M}(\upsilon') + \Delta E_{\upsilon} \tag{3.65}$$

$$k_{e\upsilon}: \mathrm{N}^* + \mathrm{n}(1) \to \mathrm{n}(2) + \mathrm{N} + \Delta E_{e\upsilon} \tag{3.66}$$

注意，过程（3.66）并没有考虑逆反应，因为它可以忽略，即 $l_{e\upsilon} = 0$。上面表达式中 $\mathrm{M}(\upsilon)$ 为在碰撞前处于振动激发态 υ 的大气分子，在碰撞后处于振动激发态 $\upsilon'(E_{\upsilon'} < E_{\upsilon})$；$\mathrm{N}^*$ 是激发态的原子，或者是处于电子激发态或振动激发态的分子。通常情况下，$\mathrm{M}(\upsilon)$ 和 N^* 具有非平衡布居数。能量交换 $\Delta E_{\upsilon} = E_{\upsilon} - E_{\upsilon'} - h\nu_0$ 和 $\Delta E_{e\upsilon} = E^* - h\nu_0$，其中 E^* 是 N^* 的能量，$h\nu_0 = E_2 - E_1$。类似于热碰撞（V-T）过程，可得

$$\frac{n_2}{n_1} = \frac{B_{12}\overline{L}_{\Delta\nu} + p_t + p_{nt}}{A_{21} + B_{21}\overline{L}_{\Delta\nu} + l_t + l_{nt}} \tag{3.67}$$

其中 $p_{nt} = k_{\upsilon\upsilon}[\mathrm{M}(\upsilon)] + k_{e\upsilon}[\mathrm{N}^*]$ 为非热过程（3.65）和（3.66）中 n_2 分子的比生成率，即单个低能态分子碰撞生成至高能态的速率，$l_{nt} = k'_{\upsilon\upsilon}[\mathrm{M}(\upsilon')]$ 为相同过程 n_2 分子的比损失率。一般假设浓度 $[\mathrm{M}(\upsilon)]$、$[\mathrm{M}(\upsilon')]$ 和 $[\mathrm{N}^*]$ 是已知的。对于 $[\mathrm{M}(\upsilon)]$、$[\mathrm{M}(\upsilon')]$ 未知的情况，将在 3.6.6 节中的多能级情况中以更一般的方式处理。此外，与过程（3.52）一样，$k_{\upsilon\upsilon}$ 和 $k'_{\upsilon\upsilon}$ 满足

$$k'_{\upsilon\upsilon} = k_{\upsilon\upsilon}\frac{g_1}{g_2}\frac{g_{\upsilon}}{g_{\upsilon'}}\exp\left(-\frac{\Delta E_{\upsilon}}{kT}\right) \tag{3.68}$$

按照热碰撞类似的步骤，

$$J_{\nu_0} = \frac{\overline{L}_{\Delta\nu} + \epsilon_1 B_{\nu_0}}{1 + \epsilon_2} \tag{3.69}$$

其中

$$\epsilon_1 = \frac{p_T}{A_{21}}\frac{g_1}{g_2}\left[\exp\left(\frac{h\nu_0}{kT}\right) - 1\right], \quad \epsilon_2 = \frac{l_T}{A_{21}}\left(1 - \frac{p_T}{l_T}\frac{g_1}{g_2}\right) \tag{3.70}$$

这里，$p_T = p_t + p_{nt}$ 和 $l_T = l_t + l_{nt}$ 分别为所有热过程和非热过程中 n_2 的总激发与去激发速率。

类似地，对源函数与升温速率的关系进行修正，得到表达式

$$J_{\nu_0} = B'_{\nu_0} + D_{nt} h_{12} \tag{3.71}$$

其中

$$B'_{\nu_0} = \epsilon_r B_{\nu_0} \tag{3.72}$$

$$\epsilon_r = \frac{\epsilon_1}{\epsilon_2} = \left[\exp\left(\frac{h\nu_0}{k_T}\right) - 1\right]\left[\frac{l_T g_2}{p_T g_1} - 1\right] \tag{3.73}$$

以及

$$D_{nt} = \frac{1}{4\pi S n_a \epsilon_2} = \frac{2\nu_0^2}{c^2}\frac{g_1}{g_2}\frac{1}{l_T n_1}\left[1 - \frac{n_2 g_1}{n_1 g_2}\right]^{-1}\left[1 - \frac{P_T g_1}{l_T g_2}\right]^{-1} \tag{3.74}$$

注意，当非热过程的贡献不重要时，$p_T \simeq l_T\left(g_2/g_1\right)\exp\left(-h\nu_0/kT\right)$，这使得 $\epsilon_1 = \epsilon_2 = \epsilon$，$\epsilon_r = 1$，以及 $D_{nt} = D$。在这些情况下，源函数的一般表达式（3.69）和（3.71）退化为只存在热碰撞过程时的方程（3.59）和（3.61）。类似地，当 $\mathrm{M}(\nu)$ 具有平衡态布居数，且跃迁过程 k_{ev} 的贡献可以忽略时，调用式（3.68），J 的表达式也如预期的那样简化为热过程的表达式。

通过假设 $\exp\left(-h\nu_0/kT\right) \ll 1$，且非热碰撞激发率没有超过热激发率太多，则可忽略诱导发射项，源函数的表达式与上述形式相同，但系数可以简化，即

$$\epsilon_1 \simeq \frac{p_T}{A_{21}}\frac{g_1}{g_2}\exp\left(\frac{h\nu_0}{kT}\right), \quad \epsilon_2 \simeq \frac{l_T}{A_{21}}, \quad \epsilon_r \simeq \frac{p_T}{l_T}\frac{g_1}{g_2}\exp\left(\frac{h\nu_0}{kT}\right) \tag{3.75}$$

且

$$D_{nt} = \frac{2\nu_0^2}{c^2}\frac{g_1}{g_2}\frac{1}{l_T n_1} \tag{3.76}$$

注意，当存在非热过程时，辐射通量的散度 h 不再具有“加热”的意义，即辐射能转化（或去向）到大气分子的平动能。这样一来，部分能量（在某些情况下几乎全部）可以从碰撞分子的内能中获得（或者，较少情况下转换为分子内能），因此，辐射能量的平衡并不一定与所考虑的大气区域的净热平衡一致。在计算激发态能级的布居数时，这无关紧要，但在计算给定跃迁在大气中产生的加热或冷却时，应该考虑到这一点。

2. 化学复合

上文讨论了一般非热碰撞过程的公式。然而，还有一种非热过程，即化合作用或化学发光，其特点是产生 n_2 的速率与低能态 n_1 的分子数量不成正比。这类过程可以表示为

$$k_c : \mathrm{A+B+M} \to \mathrm{n}(2)\mathrm{+M} \tag{3.77}$$

其中A和B是大气原子或分子，它们在重组后产生激发态分子，其密度为$\mathrm{n}(2)$。M是参与反应的第三个组分。这个化学过程产生n_2的速率为$P_c = k_c\varphi[\mathrm{A}][\mathrm{B}]$，也可以表示为一个比生成率$p_c = P_c/n_1 = k_c\varphi[\mathrm{A}][\mathrm{B}]/n_1$，式中引入了效率因子$\varphi$，以表示反应（3.77）生成$\mathrm{n}(2)$的产率。

与其他非热过程相似，可以得到统计平衡方程

$$\frac{n_2}{n_1} = \frac{B_{12}\overline{L}_{\Delta\nu} + p_t + p_{nt} + P_c/n_1}{A_{21} + B_{21}\overline{L}_{\Delta\nu} + l_t + l_{nt}} \tag{3.78}$$

其中p_{nt}不包括化合作用激发。n_2的损失即式（3.77）的逆反应通常不重要，可以忽略。按照3.6.5节第1部分的推导过程，除了将$\epsilon_1,\epsilon_2,\epsilon_r$和$D_{nt}$公式中的$p_T$替换为$p_T + P_c/n_1$之外，可得到几乎相同的源函数和辐射传输方程表达式。

然而，这些方程中仍存在未知项P_c/n_1，因此尚未得到最终的与n_2和n_1无关的方程。通常的办法是建立所有激发态的统计平衡方程组，以及所有重要辐射跃迁的辐射传输方程组，然后联立求解所有这些方程，这将在3.6.6节中针对多能级情况进行阐述。然而，我们可以做一些假设，从而将问题大大简化。首先，对于大气中的大多数情况，除了极少数较低能级，即从基态跃迁的高能级外，辐射激发可以忽略不计。其次，化合作用能量通常储存在较高的能级，然后通过碰撞或自发发射的级联作用逐步弛豫至较低的能级，从而产生许多高度激发的分子能级。假设化合作用是所讨论问题中的唯一非热过程，那么高能级的布居数n_u可以近似为

$$n_u \simeq \frac{P_t + P_c + \sum_{j>u} a_j P_{c,j}}{A + l_t} \tag{3.79}$$

其中$\sum_{j>u} a_j P_{c,j}$为高能级态的碰撞和辐射弛豫中产生的n_u。a_j可假设为动力学弛豫率以及辐射级联至较低能级过程中爱因斯坦系数的已知函数。

从最高能级出发，逐步求解出较低能级直到第一激发态能级，即可得到所有激发态能级布居数。注意，通过基态跃迁将较低能级的辐射激发引进来并不困难，因为对于基态跃迁，n_l与基态分子数非常接近，而基态的分子数通常是预先从化学动力学模型或测量结果（即考虑组分A、B、C和N的所有产生和损失时）中得到的。因此，对于基态跃迁，可以直接使用式（3.78）。

虽然不太常见，我们同样也发现了能级按照相反的方向从低能级向高能级级联激发。对于这些情况，虽然在ϵ_1、ϵ_2、ϵ_r中，以及在方程（3.60）和（3.71）项D_{nt}中有变量P_c/n_1存在，这并不会造成求解困难，因为可以先得到最低能级的布居数，即基态的布居数，然后逐步得到更高能级的布居数。

3.6.6　多能级情况

现在，将讨论扩展到 n_2 和 n_1 受其他能级的辐射和碰撞过程影响的情况。假定一般情况，能级 j 的能量低于 $E_1\left(E_j < E_1\right)$，能级 k 的能量高于 $E_2\left(E_k > E_2\right)$（图 3.4）。

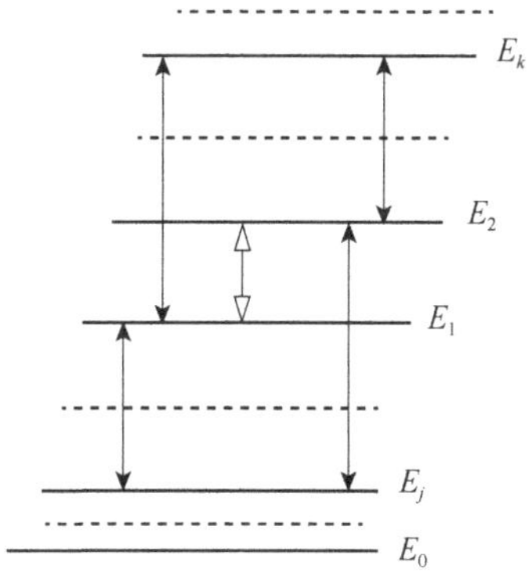

图 3.4　多能级情况的能级和跃迁

能级 2 的辐射生成速率为

$$B_{12}\bar{L}_{12}n_1 + \sum_{j<1} B_{j2}\bar{L}_{j2}n_j + \sum_{k>2}\left(A_{k2} + B_{k2}\bar{L}_{k2}\right)n_k$$

辐射减少速率为

$$\left(A_{21} + B_{21}\bar{L}_{21} + \sum_{j<1}\left(A_{2j} + \mathrm{B}_{2j}\bar{L}_{2j}\right) + \sum_{k>2} B_{2k}\bar{L}_{2k}\right)n_2$$

其中 j 、k 分别在能量低于能级 1、高于能级 2 上求和（见图 3.4），$\bar{L}_{ij}$ 的下标可以交换，不影响结果。碰撞过程的生成率和损失率分别为

$$P_2 = p_{21}n_1 + \sum_{m\neq 1,2} p_{2m}n_m = \sum_{m\neq 2} p_{2m}n_m$$

$$\mathcal{L}_2 = \left(l_{21} + \sum_{m\neq 1,2} l_{2m}\right)n_2 = \sum_{m\neq 2} l_{2m}n_2$$

其中 j 和 k 合并用 m 表示。

考虑 n_2 能级的平衡方程，即辐射加碰撞生成率等于其所有损失，并通过下式表示 j-2 和 2-k 跃迁的加热率：

$$\frac{h_{j2}}{h\nu_{j2}} = B_{j2}\bar{L}_{j2}n_j - \left(A_{2j} + B_{2j}\bar{L}_{2j}\right)n_2 \tag{3.80}$$

及

$$\frac{h_{2k}}{h\nu_{2k}} = B_{2k}\bar{L}_{2k}n_2 - \left(A_{k2} + B_{k2}\bar{L}_{k2}\right)n_k \tag{3.81}$$

经过一些推导，可以得到能级 2 的统计平衡方程

$$B_{12}\overline{L}_{12}n_1+\sum_{j<1}\frac{h_{j2}}{h\nu_{j2}}-\sum_{k>2}\frac{h_{2k}}{h\nu_{2k}}+p_{21}n_1+\sum_{m\neq 1,2}p_{2m}n_m = \left(A_{21}+B_{21}\overline{L}_{21}+l_{21}+\sum_{m\neq 1,2}l_{2m}\right)n_2 \tag{3.82}$$

这里我们已经考虑到，根据加热率的定义，能级 2 和较低能级之间的 j-2 跃迁的加热率产生能级 2 的净激发，而与较高能级的 2-k 跃迁产生净去激发。ν_{ij} 定义了能级 j 和能级 i 之间的能量差，类似 $\overline{L}_{ij}$，可以交换下标而不受影响。利用爱因斯坦方程，以及自发发射系数 A_{21} 与带强 S 的关系式（3.46），也可由式（3.39）和式（3.60）推导出这类方程。

引入 2-1 跃迁的加热率，并将所有的碰撞生成和损失分组，可得到简化方程

$$\sum_{j\leqslant 1}\frac{h_{j2}}{h\nu_{j2}}-\sum_{k>2}\frac{h_{2k}}{h\nu_{2k}}+\sum_{m\neq 2}p_{2m}n_m=\sum_{m\neq 2}l_{2m}n_2 \tag{3.83}$$

这个表达式将能级 2 的布居数与和它相互作用的其他能级 m 的布居数关联起来，并与能级 2 向上或向下的所有跃迁的加热率联系起来。如果写出其他激发态能级的平衡方程，以及每个相关跃迁的辐射传输方程，这个系统就可以完全表示出来了。由于统计平衡方程与至少两个能级的数密度有关，也就是说，对于二能级系统，我们有一个方程但有两个未知数，所以需要一个额外的方程来使问题封闭。这可以通过吸收分子总数 n_a（或 $n_a f_{\text{iso}}$）守恒得到，该参数与激发能级无关，而激发能级常常通过使用振动配分函数 Q_{vib} 引入（见方程（3.47））。在实际应用中，这个方程可能不需要，因为大多数分子处于基态，它们的布居数可以认为是已知的，比如等于吸收分子的总数。辐射加热通常由式（3.60）而非式（3.80）计算，式中源函数 J 通常表示为高低能级比值的函数（3.35），或用后续的简化公式代替。除了 S（式(3.40)）表达式中的诱导发射项（通常被忽略）外，其余参数都是已知的。至此，已解决了多能级情况的问题。采用不同方式重新排列方程，可以得到非平衡模型和计算的不同方法。这些将在第 5 章中详细讨论。

有些方法使用相关谱带的源函数和加热率作为未知数，如式（3.71），不过要将其一般化后适用于多能级情况。因此，由式（3.82）有

$$\frac{n_2}{n_1}=\frac{\left(\dfrac{h_{12}}{h\nu_0}+\sum_{j<1}\dfrac{h_{j2}}{h\nu_{j2}}-\sum_{k>2}\dfrac{h_{2k}}{h\nu_{2k}}\right)\dfrac{1}{n_1}+p_{21}+\sum_{m\neq 1,2}p_{2m}\dfrac{n_m}{n_1}}{l_{21}+\sum_{m\neq 1,2}l_{2m}} \tag{3.84}$$

给定的 m 能级可能是几个跃迁的高或低能态，因此当用未知源函数替换后一个方程中的 n_m 未知布居数时，必须选择一个跃迁。通常用 n_m 能级的最强跃迁的源函数来代替 n_m。假设采用这种方法，在源函数表达式中忽略诱导发射，式（3.84）可改写为

$$J_{21}=B_{21}'+\sum_{m\neq 2}A_{2m}J_m+D\left(h_{12}+\sum_{j<1}\frac{\nu_{12}}{\nu_{j2}}h_{2j}-\sum_{k>2}\frac{\nu_{12}}{\nu_{2k}}h_{k2}\right) \tag{3.85}$$

这里

$$J_m=\frac{2h\nu_{lm}^3}{c^2}\frac{n_m}{n_{l,m}}\frac{g_{l,m}}{g_m} \tag{3.86}$$

式中 $n_{l,m}$ 为从能级 m 较强跃迁中产生的较低能级，$g_{l,m}$ 为统计权重因子，A_{2m} 系数由以下公式给出：

$$A_{2m}=\sum_{m\neq 2}\frac{\nu_0^3}{\nu_{lm}^3}\frac{n_{l,m}}{n_1}\frac{g_1}{g_2}\frac{g_m}{g_{l,m}}\frac{p_{2m}}{l_T} \tag{3.87}$$

B_{21}' 和 D 分别由二能级方法的表达式（3.72）～（3.74）给出，在忽略上述三个方程（3.85）～（3.87）中考虑的诱导发射时，式（3.72）～式（3.74）简化为式（3.75）和式（3.76）。注意，这些表达式中的 p_T 只表示从 n_1 碰撞生成 n_2，而不是从其他能级碰撞生成 n_2。其他碰撞项包含在 A_{2m} 系数中。然而，这些方程和式（3.87）中的 l_T 包含了所有能级的碰撞损失，即 $l_T=l_{21}+\sum_{m\neq 1,2}l_{2m}$。

式（3.85）将 2-1 跃迁的源函数、与之相关的能级的源函数，以及引入能级 2 为高能态的所有跃迁的升温速率建立了联系。如果对所有激发态能级用这个方程表示，以及以一种将加热率与源函数联系起来的形式表示（见 5.7 节关于柯蒂斯矩阵方法的讨论）每个跃迁的辐射传输方程，就得到了一个以源函数和加热率为未知数的方程组。

3.7　非平衡态情况

既然已经得到了激发态能级源函数的数学表达式，就可以更好地考虑非平衡情况将会在何时何地发生。这里，使用上面几节中得到的简单二能级模型的表达式。

首先，值得说明的是，我们为非平衡情况导出的表达式也包含了平衡态情况。如果只有热碰撞过程是重要的，即碰撞非常快，那么从方程（3.58）、（3.59）和 $\epsilon\gg 1$，得出 $J_{\nu_0}=B_{\nu_0}$。从方程（3.35）、（3.21）可以看出，能级 2 和能级 1 的布居数比例由玻尔兹曼关系式（3.28）给出。同样的结论也可以从方程（3.61）和（3.62）得到，这也表明平衡态条件与净加热率或净冷却率是自洽的。

3.7.1　非平衡的经典案例

在这类案例中，只有热碰撞和辐射过程被认为是重要的。分别考虑弱辐射场和强辐射场的情况。

1. 弱辐射场

首先考虑辐射场非常弱的情况，辐射吸收引起的分子激发不重要（诱导发射的损失也可以忽略不计）。忽略方程（3.57）和（3.59）中的吸收和诱导辐射项，利用式（3.54），则高能级布居数和源函数简化为

$$\frac{n_2}{n_1}=\frac{\overline{n}_2}{\overline{n}_1}\left(\frac{1}{1+A_{21}/l_t}\right),\quad J_{\nu_0}=\frac{B_{\nu_0}}{1+A_{21}/l_t} \tag{3.88}$$

这里在源函数的表达式中设定$\epsilon=l_t/A_{21}$。在此条件下，推测非平衡在这样的高度上发生：碰撞去激发率l_t比较重要，或小于自发发射率A_{21}。届时n_2的密度将小于平衡态对应的密度。

在粗略估计出现非平衡的高度时，考虑的另一个参数是跃迁能量。对于那些跃跃能量较小的态，保持平衡所需的平均碰撞次数$(k_t[\mathrm{M}])$也更小，因此它们可以在更高大气中维持平衡态。例如，如CO_2 4.3 μm 波段，在约 40 km 处开始偏离平衡态；63 μm 波段的$\mathrm{O}(^3P)$态和大部分大气分子的转动能级高至热层高海拔（～200 km）处仍处于平衡态。转动非平衡将在 8.9 节中详细讨论。

容许的电子跃迁辐射寿命比振动跃迁短得多，而且态之间的能隙也大得多。因此，这些跃迁在大部分大气层是非平衡的。另一方面，原子氧的磁偶极子（或精细结构）跃迁的辐射寿命要长得多，它们之间的能量差要比振动跃迁小很多。可以推测在热层的高层大气中仍处于平衡态。

当跃迁在该高度附近处于光学厚时，上面讨论的预测平衡态失效高度的方法是不准确的。在这种情况下，平衡态通常适用于高层大气，因为光子不能逃逸到太空中，有效辐射损失非常小，需要更少的碰撞来维持平衡态布居数。当碰撞热损失等于自发发射率乘以光子逃逸到空间的概率时（见 5.2.1 节第 2 部分），可估计平衡态在该高度上失效。这些情况的典型例子是火星和金星高层大气中二氧化碳的 15 μm 辐射。在这些大气中，当实际压强比碰撞和辐射去激发相等时的压强至少低一个数量级时，该谱带就会偏离平衡态。这些情况非常独特，因为即使辐射过程比碰撞过程快得多，仍然存在平衡态情况。

2. 强辐射场

当辐射激发强于热碰撞激发时，通过式（3.57）和式（3.59），以及爱因斯坦关系式（3.32），高能态的布居数和源函数可分别写作

$$\frac{n_2}{n_1}=\frac{g_2}{g_1}\frac{c^2}{2h\nu_0^3}\frac{\overline{L}_{\Delta\nu}}{1+l_t/A_{21}},\quad J_{\nu_0}=\frac{\overline{L}_{\Delta\nu}}{1+l_t/A_{21}} \tag{3.89}$$

在方程左端项中，我们忽略了诱导发射项（分母中的$c^2\overline{L}_{\Delta\nu}/(2h\nu_0^3)$），在源函数中用$l_t/A_{21}$近似$\epsilon$。此外，如果辐射弛豫比碰撞弛豫快，则源函数简化为$\overline{L}_{\Delta\nu}$。

地球有一个非常强的辐射场，无论是来自地表和下面的低层大气（地光），还是来自外部（即太阳辐射），强吸收通常会导致 n_2 在某些大气区域大于其平衡态的值。当外部辐射源是太阳时，源函数可以简化为 $J_{\nu_0}=\bar{L}_{\Delta\nu,\odot}$。对于波长约小于 5 μm 的跃迁，在中层大气中通常比平衡态多得多，这也是为什么非平衡情况在白天比在夜间更常见。此外，太阳辐射分解了一些物质，从而为化学发光和化合过程提供了反应物，这是非平衡辐射的另一个重要来源。

然而，即使在夜间条件下，远距离辐射的吸收也很重要。例如，在中间层中，当地温度较低，热碰撞激励很少，光学薄的跃迁可以吸收来自较温暖的平流层顶区域或地表的辐射，从而导致非平衡布居数比平衡态布居数大。大多数夜间上中间层大气红外波段均为这种情况。

3.7.2　非经典的非平衡情况

当非热过程的激发（非热碰撞，或化学、光化学反应）超过热碰撞和辐射过程的激发时，通常会产生高能级的非平衡分布。对于这些情况，根据式（3.78）和式（3.69），可以给出高能态的布居数和源函数

$$\frac{n_2}{n_1}\simeq\frac{p_t+p_{nt}+p_c/n_1}{A_{21}+l_t},\quad J_{\nu_0}\simeq\frac{p_t+P_{nt}+p_c/n_1}{p_t\left(1+A_{21}/l_t\right)}B_{\nu_0} \tag{3.90}$$

这里假设 $\exp\left(-h\nu_0/kT\right)\ll 1$，$p_T/l_T\ll 1$，以及非热碰撞过程造成的损失可以忽略不计。式中还保留了热过程的生成率，其实在高层大气可能忽略不计，但保留它们是稳妥的，因为它们将在低层大气中占主导地位。因此，如果非热过程的生成项 p_{nt} 或相应的项 P_c/n_1（如果我们考虑化合作用），与热碰撞的生成率相同或更大，则由此产生的振动能级及相关跃迁将处于非平衡态。这些过程通常会导致激发态的布居数比平衡态大得多，常发生在热激发速率与非平衡激发源大小相当的高度。对于一些谱带，非平衡在低层大气中也很重要，如 NO 的 5.3 μm 谱带非平衡效应可以低至平流层，而 O_3 和 NO_2 在非平衡中最低可以在中间层发生（见第 7 章）。

3.8　参考文献和拓展阅读

大气辐射的基本处理方法由 Liou（1980）和 Coulson（1975）提出。Brasseur 和 Solomon（1986）著作的第 4 章、Andrews 等（1987）著作的第 2 章也作了简短而全面的介绍。Goody 和 Yung（1989）的专著可能是关于大气辐射的最完整和最全面的

书籍，特别是光谱的红外部分。Kondratiev（1969）是一篇较早但也非常详细的文章，而 Liou（1992）和 Lenoble（1993）则特别强调了云中辐射传输的现代处理方法。关于散射过程的经典著作是 Chandrasekhar（1960），它也可用于讨论辐射传输中的偏振效应。另一本关于散射过程的经典专著是 Sobolev（1975）。

关于平衡态和非平衡态很好的论述可以在 Milne（1930）、Curtis 和 Goody（1956）、Thome（1988）第 13 章，以及 Goody 和 Yung（1989）等找到。普朗克函数发展简史可以在 Hanel 等（1992）关于红外遥感的现代书籍中找到。更详细的推导，包括 Rayleigh-Jeans 近似和 Wien 近似，可以在 Planck（1913）出版的讲义中发现，也可以在诸如 Eisberg 和 Resnik（1985）的量子力学教科书中找到。Milne（1930）、Kuhn 和 London（1969）、Andrews 等（1987）的第 2 章，以及 Goody 和 Yung（1989）对非平衡中源函数和吸收系数的推导进行了处理。Shved 和 Semenov（2001）对行星大气中振-转带的源函数的一般特性进行了研究。原子跃迁源函数的推导包括一些有趣的数学处理，在天体物理学文献中得到了广泛的应用，如 Thomas（1965）和 Ivanov（1973）。

第 4 章　平衡态辐射传输方程的求解

4.1　引言

第 3 章涵盖了平衡态和非平衡态下辐射传输的基本方程。接下来介绍平衡态（本章）和非平衡态（下一章）辐射传输方程（RTE）的实用积分方法，包括简化情况和一般情况。本章从更简单的平衡态引入辐射传输方程的求解方法，包括分子光谱带范围和所有空间角上的积分方法，在许多实际问题，比如大气加热率的计算中都可采用此类方法。

4.2　辐射传输方程在高度上的积分

本节介绍求解辐射传输方程时用到的近似，这些近似对一些实际情况十分有效。第一个近似是忽略地球的曲率，大气被视为水平变化可以忽略不计的叠加层，层与层之间被平行的水平面隔开。进一步，假设这些层足够薄，因此大气性质在这些层内没有明显变化（见图 4.1）。这两个假设广泛用于大气研究，它们将辐射传输方程对三个方向上的光学厚度的偏分，简化为对大气高度方向上的微分，并通过对不同平行层的积分求和，大大简化了辐射传输方程的求解。这两个基本假设条件，我们称之为平行平面或分层方法。

4.2.1　平行平面的辐射传输方程

由于平行平面大气模型的对称性，以下坐标系更方便：z 轴垂直于大气层向上，辐射场的角度依赖性以相对 z 轴的极坐标 (θ,ϕ) 表示，其中 θ 是与 z 轴的垂直夹角。

在该坐标系中，空间角元为 $\mathrm{d}\omega=\sin\theta\mathrm{d}\theta\mathrm{d}\phi$ 。在平行平面假设下，辐亮度与方位角 ϕ 无关，穿过大气层的辐射通量矢量只有 z 向分量，即

$$F_\nu(z)=2\pi\int_0^{\pi}L_\nu(z,\theta)\sin\theta\cos\theta\mathrm{d}\theta=2\pi\int_{-1}^{1}L_\nu(z,\mu)\mu\mathrm{d}\mu \tag{4.1}$$

式中 $\mu=\cos\theta$ 。我们定义 $F_\nu^{\uparrow}(z)$ 为流经 x-y 平面进入上半空间（ 2π 空间角）的辐射通量， $F_\nu^{\downarrow}(z)$ 为进入下半空间的辐射通量，那么

$$F_\nu^{\uparrow}(z)=2\pi\int_0^{\pi/2}L_\nu^{\uparrow}(z,\theta)\sin\theta\cos\theta\mathrm{d}\theta=2\pi\int_0^{1}L_\nu^{\uparrow}(z,\mu)\mu\mathrm{d}\mu \tag{4.2}$$

$$F_\nu^{\downarrow}(z)=2\pi\int_{\pi}^{\pi/2}L_\nu^{\downarrow}(z,\theta)\sin\theta\cos\theta\mathrm{d}\theta=2\pi\int_0^{-1}L_\nu^{\downarrow}(z,\mu)\mu\mathrm{d}\mu \tag{4.3}$$

μ 在 $F_\nu^{\uparrow}(z)$ 中取正值，在 $F_\nu^{\downarrow}(z)$ 中取负值，总通量或净通量 $F_\nu(z)$ 为

$$F_\nu(z)=F_\nu^{\uparrow}(z)-F_\nu^{\downarrow}(z) \tag{4.4}$$

加热率可以简单地写作

$$h_\nu=-\frac{\mathrm{d}F_\nu(z)}{\mathrm{d}z} \tag{4.5}$$

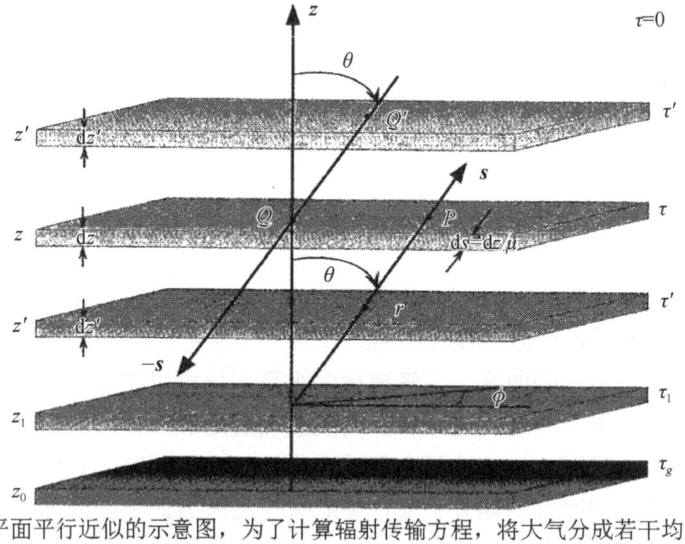

图 4.1　平面平行近似的示意图，为了计算辐射传输方程，将大气分成若干均匀层。垂直坐标是距离地表的高度 z 和从空间起始的光学厚度 τ

考虑 $\boldsymbol{s}$ 方向沿大气中垂直坐标 z 的变化（图 4.1），可知 $\mathrm{d}s=\mathrm{d}z/\mu$ 。仅考虑吸收和发射过程（即不包括散射）时，从式（3.12）和式（3.14）可以得到平行平面大气的 RTE 表达式为

$$\mu\frac{\mathrm{d}L_\nu(z,\mu)}{\mathrm{d}z}=-k_\nu n_a\left[L_\nu(z,\mu)-J_\nu(z)\right] \tag{4.6}$$

其中 k_ν 为吸收系数， n_a 为吸收分子的数密度，式中假设了源函数是各向同性的，因

此与 θ 无关。

现在寻找平行平面大气 RTE 在合适的大气顶部和底部边界条件下的标准解。严格地说，在以坐标 z 为自变量的解中，对于每一个 μ 值，都应该有一个边界条件，实际上，每个边界条件都可以简化成两个量，一个是向上的，另一个是向下的。对于向上的辐射 $F_\nu^{\uparrow}(0<\mu\leqslant 1)$，假设在下边界 z_0 处（通常是地表或云顶温度）为给定温度 T_g 的黑体辐射，即

$$L_\nu^{\uparrow}(z_0,\theta)=B_\nu(T_g),\quad 0<\mu\leqslant 1 \tag{4.7}$$

注意，由于黑体辐射是各向同性的，假设所有方向上辐亮度具有相同的值。对于向下传播的辐射，$L_\nu^{\downarrow}(-1\leqslant\mu<0)$，边界条件仅由来自外太空的入射辐射提供。在夜间，外太空的入射辐射可忽略，即

$$L_\nu^{\downarrow}(\infty,\theta)=0,\quad -1\leqslant\mu<0 \tag{4.8}$$

4.2.2 节将考虑白天有太阳辐射的情况。假设大气顶部除太阳入射方向以外其他方向的入射辐射可以忽略不计，太阳辐射则作为附加项直接添加到向下辐射中（如下面的式（4.10））。

考虑以上边界条件，当 $1\geqslant\mu>0$ 时，式（3.20）具有以下形式：

$$\begin{aligned}L_\nu^{\uparrow}(z,\mu)=&B_\nu(T_g)\exp\left[-\int_{z_0}^{z}k_\nu(z')n_a(z')\frac{\mathrm{d}z'}{\mu}\right]\\&+\int_{z_0}^{z}k_\nu(z')n_a(z')J_\nu(z')\exp\left[-\int_{z'}^{z}k_\nu(z'')n_a(z'')\frac{\mathrm{d}z''}{\mu}\right]\frac{\mathrm{d}z'}{\mu}\end{aligned} \tag{4.9}$$

类似地，对于向下辐射 $-1\leqslant\mu<0$，从无穷远处到 z 的积分

$$L_\nu^{\downarrow}(z,\mu)=\int_{\infty}^{z}k_\nu(z')n_a(z')J_\nu(z')\exp\left[-\int_{z'}^{z}k_\nu(z'')n_a(z'')\frac{\mathrm{d}z''}{\mu}\right]\frac{\mathrm{d}z'}{\mu} \tag{4.10}$$

由于在式（4.10）中 μ 只取负值，式（4.10）中的负号抵消了，向下的辐射是正值。还要注意 $z'>z$，因此指数中的积分为负，从而给出吸收因子。

这些表达式常通过光学深度表示成更简洁的形式。这可简化一些问题，如辐射平衡的大气温度剖面的计算（4.2.4 节）。从光学厚度的定义（式（3.16））出发，在平面平行大气中沿垂直坐标 $\boldsymbol{s}$ 方向，从给定 z 到无穷大（即大气顶部）的垂直轨迹进行积分，即可得到光学深度的表达式

$$\tau_\nu\equiv\tau_\nu(z,\infty)=\int_{z}^{\infty}k_\nu(z')n_a(z')\mathrm{d}z' \tag{4.11}$$

根据这个定义，平面平行大气的辐射传输方程可简化为

$$\mu\frac{\mathrm{d}L_\nu(\tau_\nu,\mu)}{\mathrm{d}\tau_\nu}=L_\nu(\tau_\nu,\mu)-J_\nu(\tau_\nu) \tag{4.12}$$

其中，对比式（4.6），符号变化源于将大气层顶部设为 τ_ν 零点（图 4.1）。

向上和向下的辐射可以用光学深度

$$\tau_{\nu,g} \equiv \tau_\nu\left(z_0,\infty\right)=\int_{z_0}^{\infty} k_\nu\left(z'\right) n_a\left(z'\right) \mathrm{d} z'$$

以及

$$\tau_\nu' \equiv \tau_\nu\left(z',\infty\right)=\int_{z'}^{\infty} k_\nu\left(z''\right) n_a\left(z''\right) \mathrm{d} z''$$

来表示，对于$1 \geqslant \mu>0$，

$$L_\nu^{\uparrow}(\tau, \mu)=B_\nu\left(T_g\right) \exp \left[-\frac{\tau_{\nu,g}-\tau_\nu}{\mu}\right]+\int_\tau^{\tau_g} J_\nu\left(\tau'\right) \exp \left[-\frac{\tau_\nu'-\tau_\nu}{\mu}\right] \frac{\mathrm{d} \tau_\nu'}{\mu} \tag{4.13}$$

对于$-1 \leqslant \mu<0$，

$$L_\nu^{\downarrow}(\tau, \mu)=-\int_0^\tau J_\nu\left(\tau'\right) \exp \left[-\frac{\tau_\nu'-\tau_\nu}{\mu}\right] \frac{\mathrm{d} \tau_\nu'}{\mu} \tag{4.14}$$

把这些方程代入向上、向下通量的方程（4.2）和（4.3）中，可得

$$\begin{aligned} F_\nu^{\uparrow}(\tau)= & 2 \pi B_\nu\left(T_g\right) \int_0^1 \exp \left[-\frac{\tau_{\nu,g}-\tau_\nu}{\mu}\right] \mu \mathrm{d} \mu \\ & +2 \pi \int_\tau^{\tau_g} J_\nu\left(\tau'\right) \int_0^1 \exp \left[-\frac{\tau_\nu'-\tau_\nu}{\mu}\right] \mathrm{d} \mu \mathrm{d} \tau_\nu' \end{aligned} \tag{4.15}$$

$$F_\nu^{\downarrow}(\tau)=2 \pi \int_0^\tau J_\nu\left(\tau'\right) \int_0^1 \exp \left[-\frac{\tau_\nu-\tau_\nu'}{\mu}\right] \mathrm{d} \mu \mathrm{d} \tau_\nu' \tag{4.16}$$

这些表达式也可以通过n阶指数积分

$$\mathrm{E}_n(x)=\int_1^{\infty} \frac{\mathrm{e}^{-x t}}{t^n} \mathrm{d} t$$

写成更简洁的形式

$$F_\nu^{\uparrow}(\tau)=2 \pi B_\nu\left(T_g\right) \mathrm{E}_3\left(\tau_{\nu,g}-\tau_\nu\right)+2 \pi \int_\tau^{\tau_g} J_\nu\left(\tau'\right) \mathrm{E}_2\left(\tau_\nu'-\tau_\nu\right) \mathrm{d} \tau_\nu' \tag{4.17}$$

$$F_\nu^{\downarrow}(\tau)=2 \pi \int_0^\tau J_\nu\left(\tau'\right) \mathrm{E}_2\left(\tau_\nu-\tau_\nu'\right) \mathrm{d} \tau_\nu' \tag{4.18}$$

由以上表达式得到总通量

$$\begin{aligned} F_\nu(\tau)= & 2 \pi B_\nu\left(T_g\right) \mathrm{E}_3\left(\tau_{\nu,g}-\tau_\nu\right)+2 \pi \int_T^{T_g} J_\nu\left(\tau'\right) \mathrm{E}_2\left(\tau_\nu'-\tau_\nu\right) \mathrm{d} \tau_\nu' \\ & -2 \pi \int_0^T J_\nu\left(\tau'\right) \mathrm{E}_2\left(\tau_\nu-\tau_\nu'\right) \mathrm{d} \tau_\nu' \end{aligned} \tag{4.19}$$

加热率可以从方程（4.5）和（4.19）中直接得到。

4.2.2 太阳辐射

太阳辐射可以分为两部分：太阳直射和被大气散射的太阳辐射。如前所述，在

没有云或气溶胶粒子的情况下，真正的散射通常可以忽略不计，我们关注的是来自太阳的光子被吸收，然后立即被大气分子以相同波长重新发射的过程。这与气溶胶散射不同，因为再发射是各向同性的，所以一些光子朝太阳方向散射（再发射）。稍后在计算辐射能级的源函数，以及大气辐射传输的通量散度时，再对此予以考虑。

假设大气内没有辐射源，并以大气顶部的太阳辐射作为边界条件，可以从向下辐射的标准解得到

$$L_\nu(z,\mu_\odot)=L_{\nu,\odot}(\infty)\exp\left[-\frac{\tau_\nu(z,\infty)}{\mu_\odot}\right] \tag{4.20}$$

在此 $\mu_\odot=\cos\chi$ ，χ 为太阳天顶角，$L_{\nu,\odot}(\infty)$ 为大气层顶太阳辐射在频率 ν 处的单色辐亮度。

根据辐亮度与辐射通量的关系（式（3.2）），对太阳辐射在空间角上进行积分，可以得到太阳直射辐射在高度 z 的辐射通量

$$F_{\odot,\nu}(z)=-\mu_\odot F_{\odot,\nu}(\infty)\exp\left[-\frac{\tau_\nu(z,\infty)}{\mu_\odot}\right] \tag{4.21}$$

这里，在大气层外穿过垂直于太阳辐射方向参考表面的太阳辐射通量为 $F_{\odot,\nu}(\infty)=\left(\pi R_\odot^2/d^2\right)L_\nu(\infty)$，其中 $R_\odot$ 为太阳半径，d 为日地平均距离。大气通过吸收太阳辐射获得能量的速率，可通过太阳辐射通量的散度计算得到

$$h_{\odot,\nu}=\mu_\odot F_{\odot,\nu}(\infty)\frac{\mathrm{d}\left[\exp\left[-\tau_\nu(z,\infty)/\mu_\odot\right]\right]}{\mathrm{d}z} \tag{4.22}$$

这通常被称为频率为 ν 的太阳加热率。当然，由于它是一个单色量，必须对太阳光谱进行积分才能得到真正的加热率。

4.2.3　大气球形特征

平面平行大气近似在大多数非平衡研究中是有效的。对流层的水平不均匀性最大，而在通常遇到非平衡情况的中高层大气则更加分层均匀。有一个例外是在极光条件下，需要考虑极光能量沉积的空间变化，才能得到合适的解；另一个例外是存在夜光云时。还有另外两种常见的情况，大气层可以被认为是均匀的，但平面平行几何的概念并不适用，如下：

（a）当太阳入射的天顶角大于～80°（注意，天顶角可大于 90°）时；

（b）当辐射从几乎与地表相切的方向从大气中发出时（图 4.2，情况 b），正如卫星遥感中经常出现的情况一样，使用临边测量来获得良好的垂直分辨率。

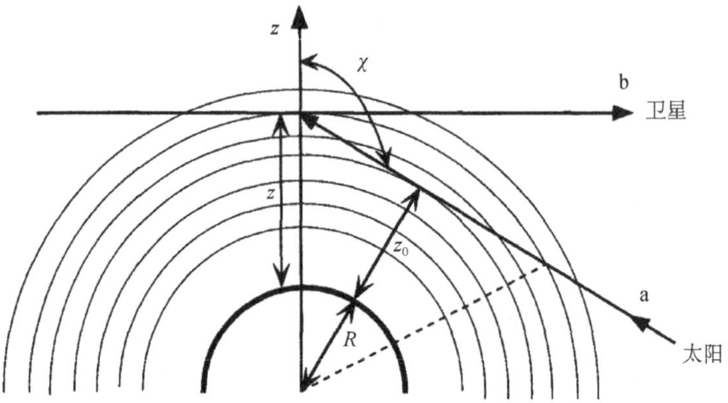

图 4.2　a. 天顶角大于 90°时计算太阳辐射吸收的几何示意图；b. 大气临边辐射，即平行于地球表面切线方向的大气辐射。注意，未按比例制图

在前一种情况下，大气曲率意味着太阳天顶角 χ 在所有高度上都不相同（见图 4.2 和图 4.3）。那么光学深度就不能用 $1/\cos\chi$ 因子来得到，而必须用完整的表达式来计算

$$\tau_{\nu}(z,\infty)=\int_{z}^{\infty}\frac{k_{\nu}(z')n_{a}(z')}{\mu(z')}\mathrm{d}z' \tag{4.23}$$

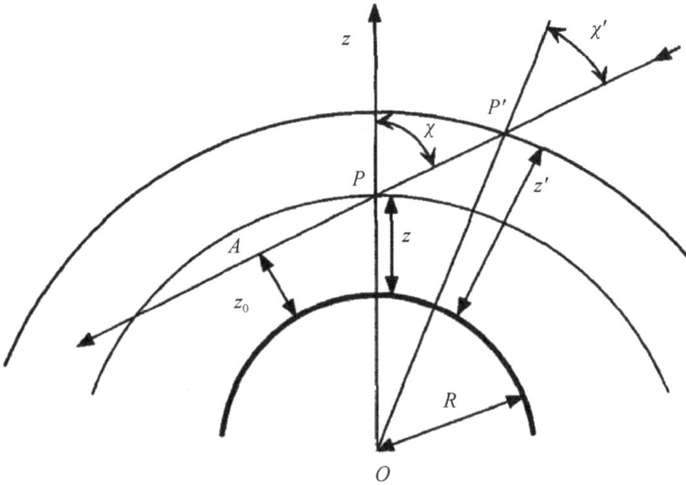

图 4.3　弯曲大气层中计算光路长度的几何图

式（4.23）有积分形式，将式中 $\mu(z')$ 从积分函数中取出，代之以查普曼（Chapman）函数 $\mathrm{Ch}(x,\chi)$

$$\mathrm{Ch}(x,\chi)=x\sin\chi\int_{0}^{\chi}\csc^{2}t\exp(x-x\sin\chi\csc t)\mathrm{d}t \tag{4.24}$$

其中 $x=R_{\oplus}+z$，$R_{\oplus}$ 为地球半径，t 为积分哑变量。

该公式易于计算，其优点是对大于～80°的太阳天顶角与较小的天顶角处理方法相同，只需在天顶角较小时，将$1/\mu(z')$替换为$\mathrm{Ch}(x,\chi)$即可。然而，只有当分子数密度$n(z')$随海拔呈指数变化时，近似才有效，这要求该组分的体积混合比不随高度变化。由于不是所有分子都满足这个条件，因此 Chapman 函数并不总是有效，此时太阳光线光学路径必须采用数值方法计算。当χ大于～80°但小于 90°（图 4.3）时，式（4.23）中

$$\frac{1}{\mu(z')}=\frac{R+z'}{\sqrt{(R+z')^2-(R+z)^2\sin^2\chi}} \tag{4.25}$$

对于$\chi>90°$（图 4.2 a）情况，使用下式：

$$\tau_\nu(z,\infty)=2\int_{z_0}^{z}\frac{k_\nu(z')n_a(z')}{\mu(z')}\mathrm{d}z'+\int_{z}^{\infty}\frac{k_\nu(z')n_a(z')}{\mu(z')}\mathrm{d}z' \tag{4.26}$$

其中$z_0=R(\sin\chi-1)+z\sin\chi$，$\mu(z')$由式（4.25）给出。

函数$1/\mu(z')$（式（4.25））在$\chi=90°$时具有不连续性，并且z'的值接近z。这种情况下，使用积分形式，得到两个相邻大气层在z'和$z'+\Delta z'$处的距离，$\Delta s=\Delta z'/\mu$，

$$\Delta s=\sqrt{(R+z'+\Delta z')^2-(R+z)^2\sin^2\chi}-\sqrt{(R+z')^2-(R+z)^2\sin^2\chi} \tag{4.27}$$

临边探测的情况（图 4.2 中的情况 b）与天顶角 90°时的太阳吸收相当，因此沿视线的积分也由式（4.27）给出。

4.2.4　辐射平衡下的温度分布

辐射传输方程的一个重要应用是辐射平衡温度分布的计算。计算原理是通过层与层、地表、太阳和低温深空之间的辐射交换，计算每一层获得和损失的能量，然后得到所有正负能量平衡的温度。将所有的光谱波段都包含在内，并且计算准确的话，在平流层及以上高度，计算结果应该与真实大气相似，在那里辐射平衡是决定温度的主要因素。在对流层中，辐射平衡剖面是不稳定的，垂直热对流是主要影响因素。

采用式（4.12）形式的分层大气辐射传输方程，对所有方向积分，利用平均辐亮度（式（3.7））和分层大气通量（式（4.1））的定义，得到

$$\frac{\mathrm{d}F_\nu(\tau_\nu)}{\mathrm{d}\tau_\nu}=4\pi\left[\bar{L}_\nu(\tau_\nu)-J_\nu(\tau_\nu)\right] \tag{4.28}$$

以上公式假设了源函数各向同性。已知$J_\nu(\tau_\nu)$时，该方程建立了$F_\nu(\tau_\nu)$和$\bar{L}_\nu(\tau_\nu)$的关系。为了使方程封闭，还需要一个方程。在 RTE（式（4.12））的两边同时乘以方向余弦$\mu=\cos\theta$，再对所有方向进行积分，计算 RTE 的二阶矩，可得到另一个方程。

如果对辐射场所有的方向都进行这样的积分，结果并不能得到一个实用的解析式。使用近似角分布更有用（完整的处理将在 4.4 节给出），比如二流法。该方法中，假设向上和向下传播的辐射近似各向同性，两个半球相互独立，即

$$L_\nu(\mu,\tau_\nu)=L_\nu^{\uparrow}(\tau_\nu),\quad 0<\mu<1 \tag{4.29}$$

$$L_\nu(\mu,\tau_\nu)=L_\nu^{\downarrow}(\tau_\nu),\quad -1<\mu<0 \tag{4.30}$$

注意，这里使用的是沿垂直坐标从空间向下计算的光学深度 τ_ν。根据这个方程以及定义式（3.7）和（4.1），可得 τ_ν 处的平均辐亮度和辐射通量分别为

$$\bar{L}_\nu(\tau_\nu)=\frac{L_\nu^{\uparrow}(\tau_\nu)+L_\nu^{\downarrow}(\tau_\nu)}{2} \tag{4.31}$$

和

$$F_\nu(\tau_\nu)=\pi\left[L_\nu^{\uparrow}(\tau_\nu)-L_\nu^{\downarrow}(\tau_\nu)\right] \tag{4.32}$$

它们之间的关系为

$$\bar{L}_\nu(\tau_\nu)=L_\nu^{\uparrow}(\tau_\nu)-F_\nu(\tau_\nu)/2\pi=L_\nu^{\downarrow}(\tau_\nu)+F_\nu(\tau_\nu)/2\pi \tag{4.33}$$

将 RTE（4.12）乘以 μ，对所有方向积分，并使用等式（4.29）和（4.30）的近似，式（4.12）的左边可以写作

$$\int_{4\pi}\mu^2\frac{\mathrm{d}L_\nu(\tau_\nu,\mu)}{\mathrm{d}\tau_\nu}\mathrm{d}\omega=2\pi\frac{\mathrm{d}}{\mathrm{d}\tau_\nu}\left[\int_{-1}^{+1}\mu^2L_\nu(\tau_\nu,\mu)\mathrm{d}\mu\right]=\frac{4\pi}{3}\frac{\mathrm{d}\bar{L}_\nu(\tau_\nu)}{\mathrm{d}\tau_\nu} \tag{4.34}$$

在上面等式中使用了式（4.31）。经过这些变换，式（4.12）的右边等于 $F_\nu(\tau_\nu)$，其中我们使用了通量的定义（式（4.1）），并再次假设源函数是各向同性的，可以得到

$$\frac{\mathrm{d}\bar{L}_\nu(\tau_\nu)}{\mathrm{d}\tau_\nu}=\frac{3}{4\pi}F_\nu(\tau_\nu) \tag{4.35}$$

或引入式（4.28），

$$\frac{\mathrm{d}^2F_\nu(\tau_\nu)}{\mathrm{d}\tau_\nu^2}=3F_\nu(\tau_\nu)-4\pi\frac{\mathrm{d}J_\nu(\tau_\nu)}{\mathrm{d}\tau_\nu} \tag{4.36}$$

结合式（4.28）与式（4.33），可得

$$\begin{aligned}\frac{\mathrm{d}F_\nu(\tau_\nu)}{\mathrm{d}\tau_\nu}&=4\pi\left[L_\nu^{\uparrow}(\tau_\nu)-J_\nu(\tau_\nu)\right]-2F_\nu(\tau_\nu)\\&=4\pi\left[L_\nu^{\downarrow}(\tau_\nu)-J_\nu(\tau_\nu)\right]+2F_\nu(\tau_\nu)\end{aligned} \tag{4.37}$$

为了用二流法获得辐亮度和辐射通量，我们需要假设边界条件。首先考虑以下条件的解：地表为温度为 T_g 的黑体，顶部类似夜间情况没有入射辐射。根据定义，地表的黑体是各向同性的，顶部的亮度对所有向下的方向都是零，也是各向同性的，因此这些条件适用于二流法。

有了这些边界条件，我们就有了地表向上的辐射

$$L_\nu^{\uparrow}\left(\tau_{\nu,g}\right)=F_\nu\left(\tau_{\nu,g}\right)/2\pi+J_\nu\left(\tau_{\nu,g}\right)+\frac{1}{4\pi}\left[\frac{\mathrm{d}F_\nu\left(\tau_\nu\right)}{\mathrm{d}\tau_\nu}\right]_{\tau=\tau_g}=B_\nu\left(T_g\right) \tag{4.38}$$

以及大气顶部向下的辐射（$\tau_\nu=0$）

$$L_\nu^{\downarrow}(0)=-F_\nu(0)/2\pi+J_\nu(0)+\frac{1}{4\pi}\left[\frac{\mathrm{d}F_\nu\left(\tau_\nu\right)}{\mathrm{d}\tau_\nu}\right]_{\tau=0}=0 \tag{4.39}$$

该方程在辐射平衡条件下的解很有意义。辐射平衡意味着净通量的散度为零，即净通量是恒定的。在这些条件下，加热率（式（3.5））为零，因为在辐射场和分子之间没有能量的净交换。这一概念通常适用于整个光谱，并不意味着净通量的散度在给定的频率或在有限的光谱区间内必然为零，因为原则上红外线和紫外线的通量可以相互抵消。然而，单色辐射平衡的理想情况可说明一些简单解，并有助于理解涵盖整个光谱区间实际条件下的净辐射平衡。因此，令式（4.28）中 $\mathrm{d}F_\nu\left(\tau_\nu\right)/\mathrm{d}\tau_\nu=0$，并且假设局地热平衡，$\bar{L}_\nu\left(\tau_\nu\right)=J_\nu\left(\tau_\nu\right)=B_\nu\left(\tau_\nu\right)$，并将此结果代入式（4.35），有

$$\frac{\mathrm{d}B_\nu\left(\tau_\nu\right)}{\mathrm{d}\tau_\nu}=\frac{3}{4\pi}F_\nu\left(\tau_\nu\right) \tag{4.40}$$

单色辐射平衡中，由式（4.38）可知地表向上的辐亮度

$$L_\nu^{\uparrow}\left(\tau_{\nu,g}\right)=B_\nu\left(T_1\right)+F_\nu/2\pi=B_\nu\left(T_g\right) \tag{4.41}$$

由式（4.39）可知，大气顶部向下的辐亮度为

$$L_\nu^{\downarrow}\left(\tau_\nu=0\right)=B_\nu\left(T_0\right)-F_\nu/2\pi=0 \tag{4.42}$$

式中 T_1 和 T_0 分别是 $\tau_{\nu,g}$ 和 $\tau_\nu=0$ 时的气温，并且 F_ν 不随 τ_ν 变化。

求解方程（4.41）要求地表处的普朗克函数不连续，即温度不连续。由于通量为正（式（4.42）），空气温度应小于地表温度 $T_1<T_g$（见图 4.4）。类似地，大气顶部温度不为零，

$$B_\nu\left(T_0\right)=F_\nu/2\pi=B_\nu\left(T_g\right)-B_\nu\left(T_1\right) \tag{4.43}$$

离开大气层顶部的净辐射能为

$$F_\nu^{\uparrow}(0)=F_\nu=2\pi B_\nu\left(T_0\right) \tag{4.44}$$

它是温度为 T_0 的黑体辐射的两倍。

根据式（4.40）和上面的边界条件，$B_\nu\left(\tau_\nu\right)$ 的解为

$$B_\nu\left(\tau_\nu\right)=B_\nu\left(T_0\right)\left(1+3\tau_\nu/2\right) \tag{4.45}$$

从这个方程可以看出，离开大气的总辐射通量为 $\tau_\nu=2/3$ 处的特征热辐射。

现在引进平均太阳通量，假设大气受到温度为 T_t 的黑体照射，即 $L_\nu^{\downarrow}\left(\tau_\nu=0\right)=B_\nu\left(T_t\right)$，有

$$B_\nu\left(T_g\right)+B_\nu\left(T_t\right)=B_\nu\left(T_1\right)+B_\nu\left(T_0\right) \tag{4.46}$$

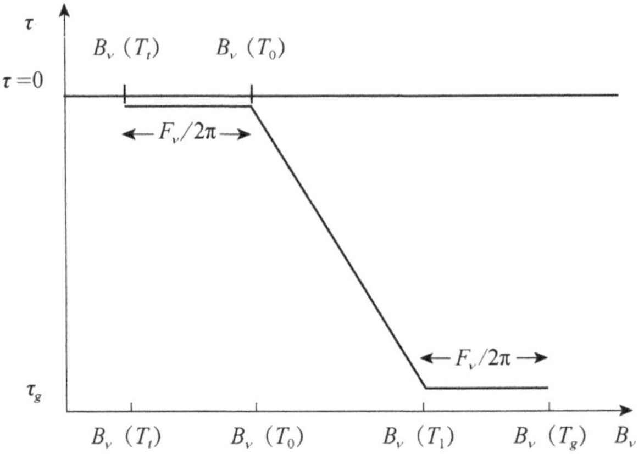

图 4.4　在单色辐射平衡下，大气温度下的黑体函数与大气光学深度的关系。在大气顶部没有向下入射通量的情况下，$B_\nu(T_t)=0$，$B_\nu(T_0)=F_\nu/2\pi$

或

$$F_\nu/2\pi = B_\nu(T_g) - B_\nu(T_1) = B_\nu(T_0) - B_\nu(T_t) \tag{4.47}$$

在给定 τ 处（见图 4.4）的解为

$$B_\nu(\tau_\nu) = B_\nu(T_0) + (3/2)\left[B_\nu(T_0) - B_\nu(T_t)\right]\tau_\nu \tag{4.48}$$

接下来，考虑局地热平衡条件下的二流方法，并在整个频域上假设辐射平衡。利用光学深度的定义，方程（4.28）和（4.35）可写作

$$-\frac{1}{n_a(z)k_\nu(z)}\frac{\mathrm{d}F_\nu(z)}{\mathrm{d}z} = 4\pi\left[\bar{L}_\nu(z) - B_\nu(z)\right] \tag{4.49}$$

或

$$-\frac{1}{n_a(z)k_\nu(z)}\frac{\mathrm{d}F_\nu(z)}{\mathrm{d}z} = \frac{3}{4\pi}F_\nu(z) \tag{4.50}$$

现利用单色辐射平衡解，寻求关于频域积分量的类似（4.40）的方程。这一般是不可能的，但在几种近似下可以得到。考虑灰体大气的情况，所谓灰体大气是指吸收系数在整个光谱上不变，即尽管它随高度变化，但不依赖于 ν。假设辐射平衡，对式（4.49）在频域上进行积分，得到 $F(z)=\int_0^\infty F_\nu(z)\mathrm{d}\nu$，这是一个与 z 无关的常数，有 $\bar{L}(z)=B(z)$，其中

$$\bar{L}(z) = \int_0^\infty \bar{L}_\nu(z)\,\mathrm{d}\nu \qquad B(z) = \int_0^\infty B_\nu(z)\,\mathrm{d}\nu$$

对式（4.50）在频域上积分，并代入 $\bar{L}(z)=B(z)$，可得

$$-\frac{1}{n_a(z)k(z)}\frac{\mathrm{d}B(z)}{\mathrm{d}z} = \frac{3}{4\pi}F \text{ 或 } \frac{\mathrm{d}B(z)}{\mathrm{d}\tau} = \frac{3}{4\pi}F \tag{4.51}$$

其中 $\mathrm{d}\tau = -n_a(z)k(z)\mathrm{d}z$。因此，处于辐射平衡状态的灰体大气具有与上述单色辐射

平衡态相同的解。

现在，可以得到局地平衡和辐射平衡条件下灰体大气的温度分布。对于黑体的积分辐亮度，方程（4.51）有形如式（4.45）的解，根据 Stefan-Boltzmann 定律，可知

$$T^4(\tau)=T_0^4(1+3\tau/2) \tag{4.52}$$

从该方程可知地表空气温度 $T_1=T(\tau_g)$ 为

$$T_1^4(T)=T_0^4(1+3\tau_g/2)$$

由式（4.43），地表本身温度为

$$T_g^4=T_1^4+T_0^4=T_0^4(2+3\tau_g/2) \tag{4.53}$$

温度 T_0 通常被称为“体表温度”。它与行星等效温度 T_e 有关，T_e 为行星向空间辐射总量的等效黑体温度。假设平流层从下方吸收大气辐射，并向所有方向（两个半球）发射冷却，即可得到下方大气的等效黑体温度。由于立体角之比为 1/2，根据 Stefan-Boltzmann 定律，可以得到 $(T_0/T_e)^4=1/2$，以及 $T_s^4=T_e^4(1+3\tau_g/4)$，这说明了光学深度较大时地表附近温度可升高的值，这个众所周知的现象通常被称为“温室效应”。

灰体大气是天体物理学中常用的假设，因为恒星光谱在大的光谱范围内显示出强连续吸收，这使得该近似比行星情况更有效。在行星大气中，大多数不透明度包含在离散的吸收带中。然而，在某些条件，尤其是极端不透明或透明条件下，通过在整个光谱或者大部分光谱上定义一个合适的平均或有效吸收系数，灰体大气解即可很好地描述大气辐射。例如，对式（4.49）中 $\mathrm{d}F_\nu(z)/\mathrm{d}z$ 在频域上积分，并假设辐射平衡，可以得到

$$\int_0^\infty \bar{L}_\nu(z)k_\nu(z)\mathrm{d}\nu=\int_0^\infty B_\nu(z)k_\nu(z)\mathrm{d}\nu$$

在某些情况下，包括上面提到的极端情况，可以假设 $\bar{L}_\nu(z)$ 和 $B_\nu(z)$ 在任何海拔上具有相同的频率依赖性，即 $\bar{L}_\nu(z)=B_\nu(z)$。然后，由式（4.50），我们得到一个类似于灰体情况的解

$$-\frac{1}{n_a(z)\bar{k}(z)}\frac{\mathrm{d}B(z)}{\mathrm{d}z}=\frac{3}{4\pi}F \tag{4.54}$$

其中

$$\frac{1}{\bar{k}(z)}=\frac{\int_0^\infty \frac{1}{k_\nu(z)}\frac{\mathrm{d}B_\nu(z)}{\mathrm{d}z}\mathrm{d}\nu}{\int_0^\infty \frac{\mathrm{d}B_\nu(z)}{\mathrm{d}z}\mathrm{d}\nu} \tag{4.55}$$

如果进一步假设 $k_\nu(z)$ 不依赖于 z，将它代入式（4.50）的左端项，可得到一个

类似于式（4.54）的解，不过$\bar{k}$由下式给出：

$$\frac{1}{\bar{k}}=\frac{1}{B(z)}\int_0^\infty \frac{B_\nu(z)}{k_\nu(z)}\mathrm{d}\nu \tag{4.56}$$

方程（4.55）和（4.56）中的平均吸收系数，被称作 Rosseland 平均吸收系数。

我们可以使用另一种方法来得到类似式（4.54）的解。假设$\bar{L}_\nu(z)=B_\nu(z)$，在对ν积分之前将式（4.28）中的$k_\nu(z)$移到右边，即可得到类似式（4.54）的解，此时$\bar{k}(z)$为

$$\bar{k}(z)=\frac{1}{F}\int_0^\infty F_\nu(z)k_\nu(z)\mathrm{d}\nu \tag{4.57}$$

这就是 Chandrasekhar 平均吸收系数。

4.2.5 加热率和冷却率

在本节中，我们介绍分层大气中加热率的交换积分解，随后在接下来的两节中介绍两个具体的极限平衡态案例中的加热率。

对分层大气，振动带加热率可通过对单色光加热率（式（4.5））在谱带范围$\Delta\nu$内进行积分得到，

$$h=-\frac{\mathrm{d}F}{\mathrm{d}z}=-\frac{\mathrm{d}\left(F^\uparrow-F^\downarrow\right)}{\mathrm{d}z} \tag{4.58}$$

上式中使用了净通量的定义（式（4.4））。

对表达式（4.15）和（4.16）在频域上进行积分，可以得到带区间内向上和向下的通量$F^\uparrow$和$F^\downarrow$。这就是数值逐线积分法。在下面我们可以看到，分开高度积分和频率积分有很大好处并且很有用。下面我们将描述这种获得$F^\uparrow$和$F^\downarrow$的替代方法。

在 4.2.1 节中，已经得到分层大气的光学厚度为

$$\bar{\tau}_\nu(z',z,\mu)=\int_{\bar{z}}^{z}\frac{k_\nu(z'')n_a(z'')}{\mu}\mathrm{d}z''$$

根据它在式（3.16）中的定义，对于向上的（$0<\mu\leqslant 1$或$z>z'$，见图 4.1）辐亮度，有

$$\frac{\mathrm{d}\bar{\tau}_\nu(z',z,\mu)}{\mathrm{d}z'}=\frac{k_\nu(z')n_a(z')}{\mu}$$

定义单色透过率$\mathcal{T}_\nu(z',z,\mu)$为

$$\mathcal{T}_\nu(z',z,\mu)=\exp\left[-\bar{\tau}(z',z,\mu)\right] \tag{4.59}$$

可以得到

$$\frac{\mathrm{d}\mathcal{T}_\nu(z',z,\mu)}{\mathrm{d}z'}=\frac{k_\nu(z')n_a(z'')}{\mu}\exp\left[-\overline{\tau}_\nu(z',z,\mu)\right]$$

因此向上辐亮度的标准解（式（4.9））可以重写为

$$L_\nu^{\uparrow}(z,\mu)=B_\nu(T_g)\mathcal{T}_\nu(z_0,z,\mu)+\int_{z_0}^{z}J_\nu(z')\frac{\mathrm{d}\mathcal{T}_\nu(z',z,\mu)}{\mathrm{d}z'}\mathrm{d}z' \tag{4.60}$$

现在，引入传输通量，即上半球的空间角（该定义对下半球同样有效）内，权重为 $\mu=\cos\theta$ 的透过率之平均值（传输通量的 z 分量）：

$$\begin{aligned}\mathcal{T}_{F,\nu}(z',z)&=\frac{\int_0^{2\pi}\mathrm{d}\phi\int_0^{\pi/2}\sin\theta\cos\theta\mathcal{T}_\nu(z',z,\theta)\mathrm{d}\theta}{\int_0^{2\pi}\mathrm{d}\phi\int_0^{\pi/2}\sin\theta\cos\theta\mathrm{d}\theta}=2\int_0^1\mathcal{T}_\nu(z',z,\mu)\mu\mathrm{d}\mu\\&=2\int_0^{\infty}\frac{\exp\left[-\tau_\nu(z',z,\eta)\right]}{\eta^3}\mathrm{d}\eta=2\mathrm{E}_3\left[\tau_\nu(z',z)\right]\end{aligned} \tag{4.61}$$

式中，E_3 为三阶指数积分，$\eta=\sec\theta$。另外，可以定义平均值或在 $\Delta\nu$ 光谱区间内的平均透过率①。

$$\mathcal{T}(z',z)=\frac{1}{\Delta\nu}\int_{\Delta\nu}\mathcal{T}(z',z)\mathrm{d}\nu \tag{4.62}$$

或

$$\mathcal{T}_F(z',z)=\frac{1}{\Delta\nu}\int_{\Delta\nu}\mathcal{T}_{F,\nu}(z',z)\mathrm{d}\nu \tag{4.63}$$

然后，在向上的通量（式（4.2））中代入向上的辐亮度（式（4.60）），对光谱区间 $\Delta\nu$ 进行积分，并利用以上定义，可得

$$F^{\uparrow}(z)=\pi\Delta\nu\left[B(T_g,\nu_0)\mathcal{T}_F(z_0,z)+\int_{z_0}^{z}J(z',\nu_0)\frac{\mathrm{d}\mathcal{T}_F(z',z)}{\mathrm{d}z'}\mathrm{d}z'\right] \tag{4.64}$$

上式中，假定边界上辐亮度（在这种情况下为普朗克函数）和源函数随频率的变化比吸收系数慢得多，因此，$B_\nu(T_g)$ 和 J_ν 可以从积分中提出来，并替换为它们在谱带区间上的平均值 $\Delta\nu\left(B(T_g,\nu_0)\text{和}J(z,\nu_0)\right)$，此变换并没有明显损失准确性。注意，对等式（4.61）和（4.63）中的变量分别仅在角度和频域上进行积分，得到只依赖高度的辐射通量方程（4.64）。频率和空间角的积分方法见 4.3 节和 4.4 节中的详细描述。

现在我们寻找向下通量的类似表达式。交换对 z' 积分的极限，将式（4.10）中的 μ 从负定量改为正定量。由于这两个符号的变化相互抵消，式（4.10）中的方程可以重写为

① 这里用 $\mathcal{T}_\nu$ 表示单色透过率，用没有下标 ν 的 $\mathcal{T}$ 表示 $\Delta\nu$ 内的平均透过率。

$$L_\nu^{\downarrow}(z,\mu)=L_\nu^{\downarrow}(\infty,\mu)\exp\left[-\int_z^\infty\frac{k_\nu(z')n_a(z')}{\mu}\mathrm{d}z'\right]$$
$$+\int_z^\infty\frac{k_\nu(z')n_a(z')}{\mu}J_\nu(z')\exp\left[-\int_z^{z'}\frac{k_\nu(z'')n_a(z'')}{\mu}\mathrm{d}z''\right]\mathrm{d}z'$$

式中包括了大气顶部的太阳辐射。

向下的光学厚度

$$\overline{\tau}_\nu(z',z,\mu)=\int_z^{z'}\frac{k_\nu(z'')n_a(z'')}{\mu}\mathrm{d}z''$$

其中 $z'>z(-1<\mu<0)$（见图 4.1），进一步，根据式（4.59），有

$$\frac{\mathrm{d}\mathcal{T}_\nu(z,z',\mu)}{\mathrm{d}z'}=-\frac{k_\nu(z')n_a(z')}{\mu}\exp\left[-\overline{\tau}_\nu(z,z',\mu)\right]$$

将向下辐射的后一个方程代入向下的通量（式（4.3）），并使用上述 $\overline{\tau}_\nu(z,z',\mu)$ 和 $\mathrm{d}\mathcal{T}_\nu(z,z',\mu)/\mathrm{d}z'$ 表达式，可得

$$F^{\downarrow}(z)=\pi\Delta\nu\left[\overline{L}_{\Delta\nu}^{\downarrow}(\infty)\mathcal{T}_F(z,\infty)-\int_z^\infty J(z')\frac{\mathrm{d}\mathcal{T}_F(z,z')}{\mathrm{d}z'}\mathrm{d}z'\right]\tag{4.65}$$

注意，由于 $\mathrm{d}\mathcal{T}_\nu(z,z')/\mathrm{d}z'$ 是负的，右边的第二项为正贡献。

将向上和向下的通量表达式（4.64）和（4.65）代入加热率方程（4.58）中，可以得到

$$\begin{aligned}\frac{h}{\pi\Delta\nu}=-\frac{\mathrm{d}}{\mathrm{d}z}\Bigg[&B(T_g)\mathcal{T}_F(z_0,z)+\int_{z_0}^z J(z')\frac{\mathrm{d}\mathcal{T}_F(z',z)}{\mathrm{d}z'}\mathrm{d}z'\\&-\overline{L}_{\Delta\nu}^{\downarrow}(\infty)\mathcal{T}_F(z,\infty)+\int_z^\infty J(z')\frac{\mathrm{d}\mathcal{T}_F(z',z)}{\mathrm{d}z'}\mathrm{d}z'\Bigg]\end{aligned}\tag{4.66}$$

对 z 求完导数，可得

$$\begin{aligned}\frac{h}{\pi\Delta\nu}=&-B(T_g)\frac{\mathrm{d}\mathcal{T}_F(z_0,z)}{\mathrm{d}z}-\int_{z_0}^z J(z')\frac{\partial^2\mathcal{T}_F(z',z)}{\partial z\partial z'}\mathrm{d}z'-\int_z^\infty J(z')\frac{\partial^2\mathcal{T}_F(z',z)}{\partial z\partial z'}\mathrm{d}z'\\&+\overline{L}_{\Delta\nu}^{\downarrow}(\infty)\frac{\mathrm{d}\mathcal{T}_F(z_0,\infty)}{\mathrm{d}z}-J(z)\left[\frac{\mathrm{d}\mathcal{T}_F(z',z)}{\mathrm{d}z'}-\frac{\mathrm{d}\mathcal{T}_F(z,z')}{\mathrm{d}z'}\right]_{z'=z}\end{aligned}\tag{4.67}$$

考虑到

$$\int_{z_0}^z J(z)\frac{\partial^2\mathcal{T}_F(z',z)}{\partial z\partial z'}\mathrm{d}z'=J(z)\left[\left(\frac{\mathrm{d}\mathcal{T}_F(z',z)}{\mathrm{d}z}\right)_{z'=z}-\frac{\mathrm{d}\mathcal{T}_F(z_0,z)}{\mathrm{d}z}\right]$$
$$\int_z^\infty J(z)\frac{\partial^2\mathcal{T}_F(z,z')}{\partial z\partial z'}\mathrm{d}z'=J(z)\left[\frac{\mathrm{d}\mathcal{T}_F(z,\infty)}{\mathrm{d}z}-\left(\frac{\mathrm{d}\mathcal{T}_F(z,z')}{\mathrm{d}z}\right)_{z'=z}\right]$$

以及 $\mathrm{d}\mathcal{T}_F(z',z)/\mathrm{d}z' = -\mathrm{d}\mathcal{T}_F(z,z')/\mathrm{d}z'$，减去左边项，并把这些方程的右边项与式(4.67) 的右边项相加，式（4.67）可以写成

$$\begin{aligned}\frac{h}{\pi\Delta\nu} = &-\left[B(T_g)-J(z)\right]\frac{\mathrm{d}\mathcal{T}_F(z_0,z)}{\mathrm{d}z}-\int_{z_0}^{z}\left[J(z')-J(z)\right]\frac{\partial^2\mathcal{T}_F(z',z)}{\partial z\partial z'}\mathrm{d}z'\\ &-\int_{z}^{\infty}\left[J(z')-J(z)\right]\frac{\partial^2\mathcal{T}_F(z',z)}{\partial z\partial z'}\mathrm{d}z'-\left[J(z)-\overline{L}_{\Delta\nu}^{\downarrow}(\infty)\right]\frac{\mathrm{d}\mathcal{T}_F(z,\infty)}{\mathrm{d}z}\end{aligned} \tag{4.68}$$

这种加热（或冷却）率的解称为交换积分解。它在平衡态和非平衡态条件下同样有效，尽管应用方法有所不同。对于非平衡态，对频率的积分需要在一个单一的振动带范围，因为不同的带通常有不同的源函数。在平衡态条件下，所有波段的源函数 B_ν，对 $\mathcal{T}_F(z,z')$ 进行频率积分适用于任何足够窄的谱区间，在该区间内 $B_\nu(T)$ 可以假设为常数。

这种解的主要优点之一是，像辐亮度的标准解一样，每项的物理含义都很清楚。为了说明这一点，让我们考虑平衡态条件，即 $J_\nu(z)=B_\nu(z)$。式（4.68）的右边第一项表示 z 处的大气层与下边界的能量交换。当下边界温度大于 $T(z)$ 时，由于 $\mathrm{d}\mathcal{T}_F(z_0,z)/\mathrm{d}z<0$，下边界对 z 层大气有一定的加热作用。第二项和第三项给出了辐射与上下各层的净交换。由于 $\partial^2\mathcal{T}_F(z,z')/\partial z'\partial z$ 和 $\partial^2\mathcal{T}_F(z',z)/\partial z\partial z'$ 总为负（或零），当 $T(z')>T(z)$ 时，它们对 z 层起加热作用。右边的最后一项表示与上边界的能量交换。由于 $\mathrm{d}\mathcal{T}_F(z,\infty)/\mathrm{d}z\geqslant 0$，如果我们假设大气顶部输入亮度为零（夜间条件），那么这项就代表了向深空的制冷散热（“空间冷却”）。

太阳大约是一个温度接近 6000 K 的黑体。对大多数大气层，白天的太阳能输入 $\overline{L}_{\nu,\odot}(\infty)$，通常比 B（z）或 J（z）大，因此会产生净加热。从太阳辐射中吸收的能量 $\overline{L}_{\Delta\nu}^{\downarrow}(\infty)\{\mathrm{d}\mathcal{T}_F(z,\infty)/\mathrm{d}z\}$ 在中高层大气中没有完全转化成热，因此通量散度不能给出大气加热率的可靠值。事实上，在中间层、低热层中源函数 $J(z)$ 偏离平衡态的值较大，且通常比 $B(z)$ 大得多，并接近 $\overline{L}_{\Delta\nu}^{\downarrow}(\infty)$。因此，产生的加热率远不及平衡态的值 $\overline{L}_{\Delta\nu}^{\downarrow}(\infty)\{\mathrm{d}\mathcal{T}_F(z,\infty)/\mathrm{d}z\}$ 那么大。我们将在 5.2 节和第 7 章回答这个问题。

4.2.6 “空间冷却”近似

在离下边界足够远的光学薄区，$\mathcal{T}_F(z_0,z)$ 变化非常缓慢，而 $\mathcal{T}_F(z,\infty)$ 变化相当迅速，相邻层的光子交换很少，来自空间的入射辐射可以忽略不计(夜间)，则式(4.68) 简化为

$$h \simeq -\pi\Delta\nu\frac{\mathrm{d}\mathcal{T}_F(z,\infty)}{\mathrm{d}z}B(z) \tag{4.69}$$

由于现在只有一个重要项，加热率的表达式称为“空间冷却”近似。除了在温度梯度较大的对流层，该近似对主要谱带相当准确。在中高层大气中，大气至空间的透过率接近 1，且在那里 $J(z)=B(z)$ 的假设仍然有效，“空间冷却”近似具有很高的精度。假设光学薄的情况下（光学深度极小），根据 $\mathcal{T}_F(z,\infty)$ 的定义（式（4.63）），$\mathcal{T}_F(z,\infty)$ 随高度的变化可近似为 $2Sn_a/\Delta\nu$，其中 S 为带强，因此

$$h \simeq -2\pi S n_a(z) B(z) \tag{4.70}$$

在该近似管用的某些条件下，向下发射的光子数量比从下层吸收的辐射大得多。那么，最好假设在 z 点发射的光子不是只消失在了上半球，也消失在了下半球。那么由此产生的冷却率将是“空间冷却”近似的两倍，即 $h \simeq -4\pi S n_a(z) B(z)$。这种近似有时被称为“透明近似”或“总逃逸”近似。

伴随“空间冷却”近似，常被提到的还有牛顿冷却的概念。如果 z 处平衡温度为 T 的大气气团，经受到动力或其他扰动，温度偏离至 T'，则加热率的变化量为

$$\Delta h \simeq -\pi\Delta\nu \frac{\mathrm{d}\mathcal{T}_F(z,\infty)}{\mathrm{d}z}\Delta B(z)$$

假设温度变化 $\Delta T = T' - T$ 很小，则非线性效应可以忽略

$$\Delta h \simeq -\pi\Delta\nu \frac{\mathrm{d}\mathcal{T}_F(z,\infty)}{\mathrm{d}z}\left[\frac{\mathrm{d}B}{\mathrm{d}T}\right]\Delta T \tag{4.71}$$

这种加热率的变化所产生的温度变化率为

$$\left[\frac{\partial T}{\partial t}\right] \simeq -\frac{\pi\Delta\nu}{c_p\rho}\frac{\mathrm{d}\mathcal{T}_F(z,\infty)}{\mathrm{d}z}\left[\frac{\mathrm{d}B}{\mathrm{d}T}\right]\Delta T$$

其中 ρ 为空气密度，c_p 为空气的等压比热容。这种线性近似可以使不同温度剖面的加热率，在标准剖面基础上迅速且有效地计算出来。因此，牛顿冷却方法在计算大气环流模式中，被广泛应用于辐射对能量平衡的贡献。

4.2.7 不透明近似

现在考虑另一个极端情况：光学厚的大气，即光子的平均自由路径比其他大气过程的典型尺度要小得多。假设 $B(z)$ 为 z 的连续函数，当高度 z' 接近 z 时，普朗克函数的泰勒级数展开为

$$B(z') = B(z) + (z'-z)\frac{\mathrm{d}B}{\mathrm{d}z} + \frac{(z'-z)^2}{2!}\frac{\mathrm{d}^2B}{\mathrm{d}z^2} + \frac{(z'-z)^3}{3!}\frac{\mathrm{d}^3B}{\mathrm{d}z^3} + \cdots$$

我们在这里只处理不受边界影响的区域，在边界上 $B(z)$ 可能不连续（4.2.4 节）；在光学厚假设下，这只需稍微进行分离处理。

在平衡态条件下，利用以上对 $B(z)$ 的展开式，式（4.68）可以写作

$$\frac{h}{\pi\Delta\nu}=-\left[B\left(T_g\right)-B(z)\right]\frac{\mathrm{d}\mathcal{T}_F\left(z_0,z\right)}{\mathrm{d}z}-\left[B(z)-\overline{L}_{\Delta\nu}^{\downarrow}(\infty)\right]\frac{\mathrm{d}\mathcal{T}_F\left(z,\infty\right)}{\mathrm{d}z}+\sum_{n=1}^{\infty}\left[(-1)^n+\mathcal{L}_n^{\downarrow}+\mathcal{L}_n^{\uparrow}\right]\frac{1}{n!}\frac{\mathrm{d}^nB}{\mathrm{d}z^n} \tag{4.72}$$

函数 $\mathcal{L}_n^{\downarrow}$ 和 $\mathcal{L}_n^{\uparrow}$ 称为向下和向上的辐射长度，分别为

$$\mathcal{L}_n^{-}(z)=-\int_{z_0}^{z}|z'-z|^n\frac{\partial^2\mathcal{T}_F\left(z',z\right)}{\partial z\partial z'}\mathrm{d}z'$$

和

$$\mathcal{L}_n^{+}(z)=-\int_{z}^{\infty}\left(z'-z\right)^n\frac{\partial^2\mathcal{T}_F\left(z,z'\right)}{\partial z\partial z'}\mathrm{d}z'$$

对于光学厚条件，不仅来自地表的贡献可以忽略，而且来自不太接近 z 的任何层的贡献都可以忽略。因此一阶矩 $\mathcal{L}_1^{\downarrow}$ 和 $\mathcal{L}_1^{\uparrow}$ 非常相似，并且 $\mathrm{d}B/\mathrm{d}z$ 中的项消失了。加热率则变成

$$\frac{h}{\pi\Delta\nu}\simeq\left(\frac{\mathcal{L}_2^{\downarrow}+\mathcal{L}_2^{\uparrow}}{2}\right)\frac{\mathrm{d}^2B}{\mathrm{d}z^2}=\left(\frac{\mathcal{L}_2^{\downarrow}+\mathcal{L}_2^{\uparrow}}{2}\right)\frac{\mathrm{d}B}{\mathrm{d}T}\frac{\mathrm{d}^2T}{\mathrm{d}z^2} \tag{4.73}$$

其中 $\left(\mathrm{d}^2B/\mathrm{d}T^2\right)\left(\mathrm{d}T/\mathrm{d}z\right)^2$ 中的项通常被忽略。这是“不透明近似”，有时也称作“扩散”或“扩散近似”。我们将“扩散近似”这个名称留给另一种方法，在那种方法中，传输通量（式（4.61））中对 μ 的积分被单一倍数因子“扩散系数”所代替（见 4.4 节）。

式（4.72）可用于其他区域。例如，对于大多数大气谱带，可以定义一个高度，在该高度上大气向下光学厚，向上光学薄。对于 CO_2 15 μm 基频带，这个高度位于中间层上部，对于热普带和同位素带则位于下中间层。在这种情况下，向下的辐射长度远大于向上的辐射长度，一阶导数不能忽略。相反的情况也会发生，此时大气向上的光学厚度大于向下的光学厚度，并且高能级贡献占主导地位，例如平流层下部的 O_3 9.6 μm 光谱带和平流层上部的 CO 4.7 μm 光谱带。

4.3　辐射传输方程的频率积分

4.2.1 节讨论了单频率（或波长）下分层大气辐射传输方程的标准解。对于平衡态，由于源函数等于普朗克函数，吸收系数 k_ν 有简化形式，因此相对简单。非平衡情况下这个问题更难，但如果源函数和吸收系数已知或可以计算，这个问题仍然简单。在这两种情况下，尚需解决的主要问题是如何在频率上正确地积分。这对于几

乎所有的实际问题都是必要的，例如，当计算由卫星上的仪器在带通内测量的发射到空间的辐射时（见第 8 章），涉及加热率或冷却率时，或非平衡态中某个能级的布居数时。

在得到单色辐亮度 L_ν 的表达式之后，通常我们需要通过积分 $\int_{\Delta\nu} L_\nu \mathrm{d}\nu$ 来计算光谱区间 $\Delta\nu$ 上的平均辐亮度。对于加热率，我们已经在 4.2.5 节中表明，如果 B_ν 和 L_ν 在 $\Delta\nu$ 上没有明显变化，那么对频率的积分，仅需要计算所需光路（z，z'）的平均透过率（式（4.63））。下面将讨论更一般的情况。

频率积分在原则上很简单，只要选择合适隔点数 N 并计算所有隔点上的 L_ν 即可，隔点之间的步长 $\delta\nu$ 要足够小，使得 $\delta\nu\sum_N L_\nu$ 的和为 $\int L_\nu \mathrm{d}\nu$ 积分的很好近似。然而，对于大气分子波段，吸收系数随频率的变化异常复杂（见第 2 章），因此这种类型的数值逐步积分（通常称为“逐线积分”）即使在现代计算机上也会消耗过多的时间。由于需要将所有谱线的贡献相加，计算每条谱线的线形本身就相当复杂，难度会进一步增大。在大气模式相关的研究中，我们面对的是在三维空间、时间以及波长上变化的量，而且通常还需要对空间角分布进行积分。虽然现代计算机在大多数情况下可以胜任这项任务，但在速度比精度更重要的应用中，或者在误差更多地受速率系数等输入参数限制，而不是受辐射传输计算限制的应用中，各种近似仍然被广泛使用。这些近似包括对 ν 进行高效积分的算法，以及避免逐步积分的带模式算法。

4.3.1 逐线积分法

由于压力加宽的典型宽度约为 $0.07p\ \ \mathrm{cm}^{-1}$，其中压强 p 单位为 bar，RTE 直接数值积分步长 $\delta\nu$ 必须小于此值；在实际应用中，$\delta\nu$ 约为 $10^{-3}\ \mathrm{cm}^{-1}$ 或更小。不过，由于 k_ν 仅在线中心附近变化较大，而在谱线其他部分变化非常缓慢，因此使用“自适应”积分法可以节省大量计算量。尽管有很多自适应算法，我们在此只描述一般原则，并建议读者参阅专著以获得详细的描述、方法和代码（参见“参考文献和拓展阅读”部分）。

以频率 $\Delta\nu$、天顶角方向 θ（$\mu=\cos\theta$）范围内离开大气层顶的总辐亮度 $L_{\Delta\nu}^{\uparrow}(\infty,\mu)$ 为例进行说明。假设局地热平衡，对式（4.60）在 ν 上积分，即计算以下表达式的值：

$$L_{\Delta\nu}^{\uparrow}(\infty,\mu)=\int_0^{\Delta\nu}\int_{z_0}^{\infty} B(z',\nu)\frac{\mathrm{d}\mathcal{T}_\nu(z',z,\mu)}{\mathrm{d}z'}\mathrm{d}z'\mathrm{d}\nu$$

为简单起见，这里去掉了下边界的贡献。在高度 z 和频率 ν 上进行离散，方程化为

$$L_{\Delta\nu}^{\uparrow}(\infty,\mu)=\sum_{j}\sum_{i}B_{i,j}\left(\mathcal{T}_{i+1,j}-\mathcal{T}_{i,j}\right)\delta\nu_{j} \tag{4.74}$$

其中对 j 求和替换了对频率的积分，对 i 求和替换了对高度的积分。$\mathcal{T}_{i,j}$ 为第 j 个频率处从第 i 层到空间的透过率，即

$$\mathcal{T}_{i,j}=\exp\left(-\sum_{i'=i}^{\infty}\sum_{m}k_{i',j,m}n_{a,i',m}\Delta z_{i'}/\mu\right) \tag{4.75}$$

这里包含 m 种不同大气组分的总和，以及从第 i 层到大气层顶的求和，后者将每层透过率转换为整个大气层柱的透过率。吸收系数 k 的线形用 Voigt 公式表示。

并不需要把所有谱线都包括在内：如果这些谱线是从数据库中读取的，那么一些较弱的谱线对光谱的影响可以忽略不计。大多数自适应算法都包括简单的判断，如设置线强与吸收量乘积的下限。还应判断每条谱线的影响范围；与弱线或窄线相比，强线或宽线会在离中心更远的地方对光谱产生影响。同样，使大气模式中的每一层都具有相同的物理厚度会影响效率；相对于较低的层，较高的层可能包含很少的吸收物质，正确的做法是在求和时减少总层数。

然而，自适应算法主要提高了对频率的积分效率，降低了计算成本。一个有效的方法是将频率区间（式（4.74）中 j 的总和）设为最窄线半宽的某个分数。随着高度的增加，线宽减小，频率总步数增大。这样避免了在低层大气中使用太精细的频率网格，因为那里的线宽很大。然而，这样忽略了一个事实，即最强的线可能是饱和的，因此无论 k_{ν} 的精确值是多少，透过率都是零。最有效的方案实际上是检查相邻频率点之间的差异，并在梯度最陡的地方使用更细的网格。在透过率为 0 或 1 的区域，非常粗的频率网格就已足够。

在实际应用中，该方法是先在粗网格上计算透过率，然后比较相邻值。如果它们相差小于某个指定的值，比如 0.001，那么频率分辨率就足够了。如果差值较大，则在现有点中间增加一个新的点，并循环迭代检查步骤。通过这种方式，程序自动地在光谱中的尖锐区域拟合细网格，在平滑区域拟合粗网格，用户可以在精度和计算效率之间进行权衡，以适应所处理的问题。对于这一基本方法，已经开发出了各种改进方法，并且可以从文献中获得积分的计算程序，某些程序也可以通过商业途径获得（参见“参考文献和拓展阅读”部分）。

为了得到辐射通量 F，还需要对 RTE 在空间角上进行积分，然后会得到一个类似于式（4.74）的方程，只不过需要额外对 μ 进行求和，或者用 $2\mathrm{E}_3\left(\mathcal{T}_{i,j}\right)$ 替换 $\mathcal{T}_{i,j}$，其中 E_3 为三阶指数积分（见式（4.61））。如 4.2.5 节所讨论的，加热率的计算需要额外在高度上差分，即在式（4.74）中对 $\mathcal{T}_{i,j}$ 在下标 i 上进行差分。我们将在第 5 章中看到，在非平衡布居数计算中也需要这种方法。

4.3.2 光谱带模式

在带模式中，用一些简化的概念表示谱线在一个光谱区间内的复杂分布，采用简单公式计算出该区间内的平均透过率，而不用4.3.1节描述的烦琐积分。显然，带模式的精度将取决于所选择模型是否很好地代表实际情况，但通常我们会发现，在使用带模式时，透过率的计算值与测量值相差约为10%，而一个好的逐线积分法算例则可以实现高约1%的精度。对于不需要非常高精度的问题，或者计算非常困难以至于不得不接受较低精度的问题，例如计算一般大气循环模型中的加热率，带模式是最有用的。

4.3.3 独立线和单线模式

如果可以假设所涉及的谱线基本上相互独立，即互不重叠，则透过率的计算将大大简化。最简单的假设是，用单谱线代替整个谱带，单谱线的线强与整个谱带的有效强度相同。谱线的等效宽度W（即该方形谱线的线宽与已知谱线具有相同吸收积分值）记为

$$W=\int_{-\infty}^{\infty}\left(1-\mathcal{T}_{\nu}\right)\mathrm{d}\nu=\int_{-\infty}^{\infty}\left[1-\exp\left(-Sf\left(\nu\right)m\right)\right]\mathrm{d}\nu \tag{4.76}$$

其中$m=\int_{z}^{z'}n_a\left(z''\right)\mathrm{d}z''$为吸收物质总量；$S$为频带强度，$f\left(\nu\right)$为归一化的线形。

在强吸收和弱吸收极限条件下，大多数线形的等效宽度都有简单的表达式。这些极限是由线中心的光学厚度的渐近性质，即$Sf\left(\nu_0\right)m$趋于零或无穷大决定的。$Sf\left(\nu_0\right)m\to 0$时，$W\to Sm$，因此弱线与线形无关。

为方便起见，将频率刻度的原点取在线中心，Lorentz线形的等效宽度为

$$W_L=\int_{-\infty}^{\infty}\left\{1-\exp\left[-\frac{Sm\alpha_L}{\pi\left(\alpha_L^2+\nu^2\right)}\right]\right\}\mathrm{d}\nu=2\pi\alpha_L\mathcal{L}\left(\frac{Sm}{2\pi\alpha_L}\right) \tag{4.77}$$

其中α_L为Lorentz宽度（单位与ν相同）。$\mathcal{L}$为Ladenberg-Reiche函数，可以用修正的贝塞尔（Bessel）函数表示：

$$\mathcal{L}\left(y\right)=y\exp\left(-y\right)\left[I_0\left(y\right)+I_1\left(y\right)\right]$$

强线极限由$Sm/\left(z\pi a\right)\to\infty$决定，因此在这种情况下，等效宽度由贝塞尔函数$y\to\infty$的特性决定。不过，通过研究式（4.77）更容易看清其物理本质。在远离线中心即$\nu^2\gg\alpha_L^2$处，α_L^2项可以忽略，另外，当分子趋于∞时，在线中心处α_L^2项也可忽略。因此，去掉这一项，我们有

$$W_L = \int_{-\infty}^{\infty}\left[1-\exp\left(-\frac{Sma_L}{\pi\nu^2}\right)\right]\mathrm{d}\nu = \sqrt{Sm\,a_L/\pi}\int_{-\infty}^{\infty}\left[1-\exp\left(-x^{-2}\right)\right]\mathrm{d}x \\ =2\sqrt{Sma_L} \tag{4.78}$$

Lorentz 线形等效宽度的一个常用的简单近似为

$$W_L = Sm\left[1+S\,m/\left(4a_L\right)\right]^{-1/2} \tag{4.79}$$

它具有相同的强和弱极限，并且对所有参数值引起的偏差均小于 8%。其他不同精度和复杂程度的近似方法也可以推导出来；有些方法在“参考文献和拓展阅读”部分进行了讨论。

Doppler 线形的等效宽度为

$$W_D = \int_{-\infty}^{\infty}\left\{1-\exp\left[-\frac{Sm}{a_D\sqrt{\pi}}\exp\left(-\frac{\nu^2}{a_D^2}\right)\right]\right\}\mathrm{d}\nu \tag{4.80}$$

这个表达式不能用标准函数积分，但可以用单个变量来表示：

$$W_D = a_D F_D\left(\frac{Sm}{a_D\sqrt{\pi}}\right) \tag{4.81}$$

其中

$$F_D\left(y\right) = \int_{-\infty}^{\infty}\left\{1-\exp\left[-y\exp\left(-x^2\right)\right]\right\}\mathrm{d}x \tag{4.82}$$

函数 $F_D\left(y\right)$ 的数值近似可由下式给出：

$$W_D = 2Sm\left[\frac{1+\ln\left(1+Sm/a_D\sqrt{\pi}\right)}{4+\pi\left(Sm/a_D\sqrt{\pi}\right)^2}\right]^{1/2} \tag{4.83}$$

强线极限下，Doppler 线形的等效宽度为

$$W_D = 2a_D\sqrt{\ln\left(Sm/a_D\sqrt{\pi}\right)} \tag{4.84}$$

在大多数实际问题中，感兴趣的线形不是纯粹的 Lorentz 或 Doppler 线形，而是用 Voigt 函数表示的这两者的组合。它的等效宽度不能用简单的函数来表示，通常需要借助计算机程序来计算。如果最大误差限定在 8%以内，则可以近似为

$$W_V = \sqrt{W_L^2+W_D^2-\left(\frac{W_L W_{\mathrm{D}}}{Sm}\right)^2} \tag{4.85}$$

单线模型可用于近似谱线没有明显重叠的谱带的透过率，即当谱线很好地间隔开来，或（且）压强较低时。透过率方程可采用上述等效宽度的近似表达式，或使用更精确的数值方法计算，简单写作

$$\mathcal{T}=1-\frac{\sum_i W_i}{\Delta\nu} \tag{4.86}$$

这里对谱带范围 $\Delta\nu$ 内所有谱线进行求和。尽管单线模型非常简单，但它主要是在学术上受到关注，因为节省大量计算时间（或在没有计算机帮助的情况下估计透过率）的需求已不再像理论刚提出时那样重要，而且在大多数情况下，这种简单表达式的精度非常有限。

4.3.4 谱线重叠的带模式

谱线重叠是最普遍的情形，对此开发了各种各样的模型，每种模型都有其优点和缺点。通常，在具体应用中使用带模式的难点是决定采用哪种模型。有时模型会有一个物理基础，例如规则带（或随机带）的假设，这与研究对象的波段相关。然而更常见的是，必须检查和比较样本情况与更精确的逐线技术，以便评估模型近似中的固有误差。下面将详细介绍一些广泛使用的带模式。

4.3.5 常规模式或 Elsasser 模式

常规模式由爱尔沙（Elsasser）在 1938 年提出，是最早发展的模型之一。它假设谱线完全相同，等间隔排列（但重叠），间距为 δ（图 4.5）。

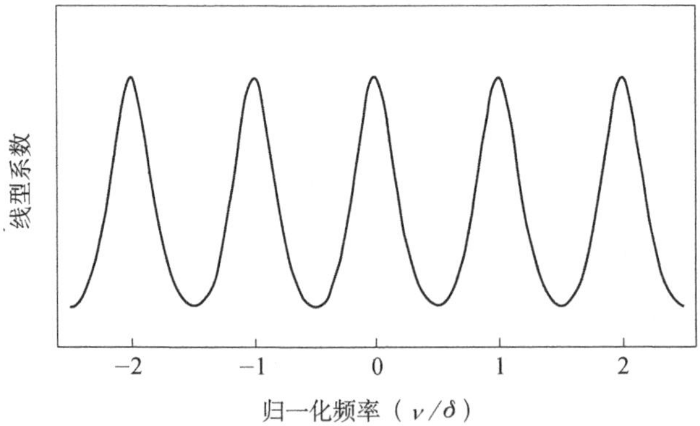

图 4.5 Elsasser 模型表示的理想光谱带

Elsasser 证明线形可由下式表示：

$$f_E(\nu)=\frac{1}{\delta}\frac{\sin(2\pi\alpha/\delta)}{\cosh(2\pi\alpha/\delta)-\cos(2\pi\nu/\delta)}$$

透过率为

$$\mathcal{T}_E = \frac{1}{\delta}\int_\delta \exp\left[-Sf_E(\nu)m\right]\mathrm{d}\nu \tag{4.87}$$

这个表达式不能用初等函数进行积分，但可通过查找表进行存储和计算。它还简化了强、弱线的表达式。对于强线（ $Sm \gg 2\pi\alpha$ ），有

$$\frac{W_E}{\delta} = \mathrm{erf}\left(\frac{\sqrt{Sm\pi\alpha}}{\delta}\right) \tag{4.88}$$

其中 W_E 为宽度 δ 区间内的等效宽度。对于弱线 $Sm \ll 2\pi\alpha$ ，和往常一样有 $W_E = Sm$ 。

4.3.6　随机带模式

假设谱线的位置和强度符合随机分布，有几种不同的模式。虽然这个假设并非完全正确，但许多重要组分如水蒸气和二氧化碳的谱带，确实具有准随机的形状（图 4.6），并且该模式已被证明非常奏效。另外，对于同一光谱范围（此种情况很常见）的不同组分，可分别计算其谱线透过率，并相乘得到该光谱区间内的总透过率。这种“乘法特性”对于有限谱带间隔上的平均透过率一般是无效的；严格来说，它只适用于单色透过率，但在实验和模拟中用到的随机带模式中，它也比较有效。

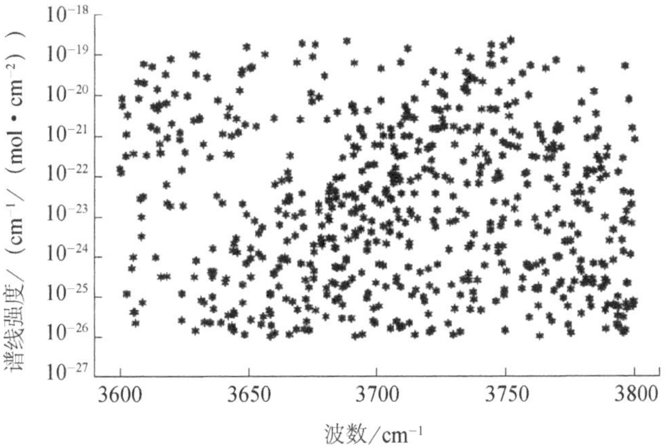

图 4.6　水汽在 2.7 μm 波段的线强度分布，说明了准随机特征。谱线强度来自 HITRAN 1992

下面给出乘法特性的证明。考虑光谱区间 $\Delta\nu$ 内，单色透过率为 $\mathcal{T}_{0,\nu}$ ，平均透过率为

$$\mathcal{T}_0 = \frac{1}{\Delta\nu}\int_{\Delta\nu} \mathcal{T}_0(\nu)\,\mathrm{d}\nu \tag{4.89}$$

如果在位置 ν' 引入一条谱线，其单色透过率为 $\mathcal{T}_1(\nu-\nu')$ ，等效线宽 W_1 远小于 $\Delta\nu$ ，即 $W_1 \ll \Delta\nu$ ，则引入新线后的平均透过率为

$$\mathcal{T} = \frac{1}{\Delta\nu}\int_{\Delta\nu}\mathcal{T}_0(\nu)\mathcal{T}_1(\nu-\nu')\mathrm{d}\nu$$

如果对新线的所有可能位置取平均值，则为

$$\mathcal{T} = \frac{1}{\Delta\nu}\int_{\Delta\nu}\left[\frac{1}{\Delta\nu}\int_{\Delta\nu}\mathcal{T}_0(\nu)\mathcal{T}_1(\nu-\nu')\mathrm{d}\nu\right]\mathrm{d}\nu'$$

它的积分形式比较简单

$$\mathcal{T} = \mathcal{T}_0\mathcal{T}_1$$

其中 $\mathcal{T}_1$ 为新谱线的频率平均透过率。一般来说，如果谱线在频率上的间隔接近随机，则将频率平均透过率乘起来，通常不会带来严重误差。

考虑等效宽度 W_i 的单线在谱带区间 $\Delta\nu$ 的透过率，利用乘法性质，即可得到一般随机带模式的表达式。当 $W_i \ll \Delta\nu$ 时，

$$\mathcal{T}_i = 1 - W_i/\Delta\nu \approx \exp(-W_i/\Delta\nu)$$

则 N 条谱线在区间 $\Delta\nu$ 上的透过率平均值为

$$\mathcal{T} = \prod_{i=1}^{N}\exp(-W_i/\Delta\nu) = \exp\left(-\sum_{i=1}^{N}W_i/\Delta\nu\right)$$

因此

$$\mathcal{T} = \exp(-W/\Delta\nu) \tag{4.90}$$

其中 W 为区间内所有独立谱线的总等效宽度。该推导假设 $W_i \ll \Delta\nu$，不过对于一般情况，如果可以假设 $\Delta\nu$ 嵌在一个更宽的随机谱带，并且谱带里的谱线具有相同统计属性，则可能会得到相同的表达式。这种情况下，不同区域 $\Delta\nu$ 范围内的谱线吸收，只是位置不同，平均透过率相同。

尽管一般随机带模式的表达式很简单，但并不是特别容易使用，因为必须计算所有谱线的等效宽度。如果我们假设谱线强度的分布由某个已知函数 $N(S)$ 给出，即在强度介于 S 和 $S+\mathrm{d}S$ 之间的谱线数量为 $N(S)\mathrm{d}S$，则可以找到一个更简单的透过率表达式。如图 4.7 所示，有三种常用的分布函数，这些分布都是以它们创始人的名字 Goody、Godson 和 Malkmus 命名的。

Goody 模型中，假设

$$N(S) = \frac{N_0}{k}\exp(-S/k)$$

其中该分布共有 N_0 条平均强度为 k 的线。总等效宽度为

$$\begin{aligned} W = N_0\overline{W} &= \int_0^{\infty}N(S)W(S)\mathrm{d}S \\ &= \int_0^{\infty}\frac{N_0}{k}\exp(-S/k)\left[\int_{-\infty}^{\infty}\{1-\exp[-Sf(\nu)m]\}\mathrm{d}\nu\right]\mathrm{d}S \end{aligned}$$

这里 $f(\nu)$ 为线形函数。对 S 积分，得到

$$W = N_0 \int_{-\infty}^{\infty} \frac{kmf(\nu)}{1+kmf(\nu)} \mathrm{d}\nu = N_0 \int_{-\infty}^{\infty} \frac{\overline{\tau}(\nu)}{1+\overline{\tau}(\nu)} \mathrm{d}\nu \tag{4.91}$$

这里，$\overline{\tau}(\nu)$ 为强度为 k 的谱线对应的光学厚度。具体地，对 Lorentz 线形，有

$$W = \frac{N_0 km}{\sqrt{1+km/(\pi\alpha_L)}}$$

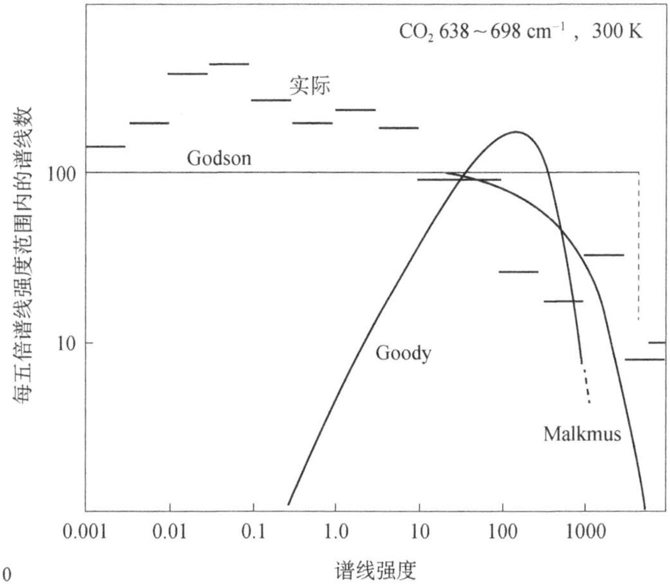

图 4.7　线强度的实际分布与书中三种分布模型的对比

具有 Lorentz 线的 Goody 随机带模式透过率通常可写作

$$\mathcal{T} = \exp\left(-\frac{km}{\delta\sqrt{1+km/\pi\alpha_L}}\right) \tag{4.92}$$

其中平均谱线间隔为 $\delta = \Delta\nu/N_0$ 。

Godson 的随机模型中，线强中每个因子 e 都有 N_0 条线

$$N(S) = \begin{cases} N_0 / S, & S < k \\ 0, & S > k \end{cases} \tag{4.93}$$

对于一般的线形，不存在 W 的简单表达式，但对 Lorentz 线形，W 可以写作修正的贝塞尔函数：

$$W = 2\pi\alpha_L N_0 \left\{ \mathrm{e}^{-y} I_0(y) + 2y\mathrm{e}^{-y}\left[I_0(y)+I_1(y)\right] - 1 \right\} \tag{4.94}$$

这里 $y = km/(2\pi\alpha_L)$ 。

最接近真实情况的随机带模型由 Malkmus 提出，他结合 Goody 和 Godson 的模型给出

$$N(S)=\frac{N_0}{S}\exp(-S/k) \tag{4.95}$$

一般线形的总等效宽度可表示为

$$\begin{aligned}W&=\int_0^{\infty}\frac{N_0}{S}\exp(-S/k)\left[\int_{-\infty}^{+\infty}\{1-\exp[-Sf(\nu)m]\}\mathrm{d}\nu\right]\mathrm{d}S\\&=N_0\int_{-\infty}^{+\infty}\mathrm{In}[1+\overline{\tau}(\nu)]\mathrm{d}\nu=-N_0\int_{-\infty}^{+\infty}\frac{\nu}{1+\overline{\tau}(\nu)}\frac{\mathrm{d}\overline{\tau}(\nu)}{\mathrm{d}\nu}\mathrm{d}\nu\end{aligned} \tag{4.96}$$

对于 Lorentz 线形，以上积分等于

$$W=\frac{\pi\alpha_L N_0}{2}\left[\sqrt{1+4km/(\pi\alpha_L)}-1\right] \tag{4.97}$$

为了使用这些模型，必须代入各种参数的值。可以首先考虑强线和弱线极限条件下，W 的简化表达式，再获得已知线强和线宽的拟合值。设定 $km/\pi\alpha_L\to 0$ 或∞，可得到极限值，结果如表 4.1 所示。例如，对 Malkmus 模型可设定

$$N_0k=\sum_i S_i \text{ 以及 } N_0\sqrt{k\pi\alpha_L}=\sum_i\sqrt{S_i,\alpha_{L,i}}$$

对于 Goody 模型，透过率的表达式为

$$\mathcal{T}=\exp\left[-\left(w^{-2}+s^{-2}\right)^{-1/2}\right] \tag{4.98}$$

对 Malkmus 模型，则有

$$\mathcal{T}=\exp\left[-\frac{1}{(2w)^{-1}+\left[(2w)^{-2}+s^{-2}\right]^{1/2}}\right] \tag{4.99}$$

其中

$$w=\frac{1}{\Delta\nu}\sum_i S_i m,\quad s=\frac{2}{\Delta\nu}\sum_i\sqrt{S_i\alpha_{L,i}m}$$

表 4.1 带模式的等效宽度

模型	弱线极限	强线极限
一般	$\sum_i S_i m$	$2\sum_i\sqrt{S_i\alpha_{L,i}m}$
Goody	N_0km	$N_0\sqrt{k\pi\alpha_L m}$
Godson	N_0km	$4N_0\sqrt{k\alpha_L m}$
Malkmus	N_0km	$2N_0\sqrt{k\pi\alpha_L m}$

严格地说，这些只对 Lorentz 线形有效，但在大多数情况下对 Voigt 线形也可得

到合理的结果。什么准确性可以接受？须根据关心的问题来判断，通过检查与逐线积分计算结果的偏差，并与精度要求进行对比。

4.3.7　经验模式

另一种使用带模式的方法是对测量的光谱进行拟合。这种方式不需要知道所有单谱线的位置、强度或宽度，就可以确定透过率表达式中的常数。特别是，这种方法中使用的实验室数据可能分辨率相当低，因此相对而言容易获得，尤其是地球大气层中的低温低压条件下（以及在高温高压下，如金星大气）。

这里以 Goody 模型为例说明经验模式的使用方法，式（4.98）在形式上可写成

$$\left(-\ln\mathcal{T}\right)^{-2}=\left(\ln\mathcal{T}_w\right)^{-2}+\left(\ln\mathcal{T}_s\right)^{-2} \tag{4.100}$$

其中 $\mathcal{T}_w$ 和 $\mathcal{T}_s$ 分别是弱线极限和强线极限的透过率，两者可从数据中确定。中等强度区域内的拟合效果可通过额外添加项或者乘法因子来改进，不过需要注意的是，这个模型仅在实验温度、压强和吸收物质总量范围内可靠。换句话说，经验模式可以在参数范围内插值，外推时无法保证可靠性。Smith 提出了一个非常直接的方法，将简单的经验模型

$$\mathcal{T}=\exp\left(-km^a p^b T^c\right)$$

写成更一般的形式

$$\ln\left(-\ln\mathcal{T}\right)=\ln k+a\ln m+b\ln p+c\ln T+\cdots \tag{4.101}$$

式中 T 为温度。通过增加更多的项，可以无限地提高该模型的精度。

4.3.8　“指数求和”法

这种方法在散射介质中表示宽谱带透过率时特别有价值，例如在分析多云大气的遥测数据时，由于传输函数表示为一系列伪单色项，并且乘法性质适用于每一项，因此它们是计算云中辐射传输的多次散射的常用算法之一。这种方法的一种变体，所谓相关 k 方法，也是常用的方法。

透过率是吸收系数 k 和吸收物质总量 m 的函数，表示为

$$\mathcal{T}(m)=\sum_i a_i\exp\left(-k_i m\right) \tag{4.102}$$

系数 a_i 和 k_i 通过数值拟合得到，以最少的项数对 $\mathcal{T}$ 进行最佳拟合。

类似的方法包括定义一个逆传输函数 $f(k)$，它的拉普拉斯变换即透过率

$$\mathcal{T}(m)=\int_0^\infty f(k)\exp(-km)\mathrm{d}k \tag{4.103}$$

可以看出，$f(k)$对应该方法离散版本，即式（4.102）中的a_i系数，并可从拉普拉斯逆变换表中得到。

4.3.9 非均匀辐射路径

对于大多数大气问题，沿着我们想要计算辐射传输的路径，压强和温度是变化的。有时，如果光谱活性气体没有均匀混合，吸收物质总量的变化规律将不是简单地与压强成正比。

在这些常见情况下，谱线线形沿着路径变化，使用带模式时需要进一步的近似。其中最常见的是柯蒂斯-戈德森（Curtis-Godson）近似，它假定一个均匀路径上，在弱和强极限下，其等效宽度与实际路径相同。

首先考虑温度不变的情况，这样等效均匀路径由两个参数定义，即有效压强$\bar{p}$和吸收物质总量$\bar{m}$。弱极限对应$\int S\mathrm{d}m=S\bar{m}$，强 Lorentz 极限对应$\int S\alpha\mathrm{d}m=S\bar{\alpha}\bar{m}$，这里$\bar{\alpha}=\alpha_0\bar{p}$。消掉$S$和$\alpha_0$，便可以给出 Curtis-Godson 近似的最简单形式

$$\bar{m}=\int\mathrm{d}m，\quad \bar{m}\bar{p}=\int p\mathrm{d}m \tag{4.104}$$

进一步，通过类比来定义有效温度加权质量

$$\bar{m}\bar{T}=\int T\mathrm{d}m \tag{4.105}$$

这种简单方法在许多情况下都能得到很好的结果。和带模式一样，有必要对比近似值与精确值，根据其偏差以评估具体情况下可达到的数值精度。文献中有许多具体案例，包括衍生的更复杂的方法来定义等效路径，这些方法对很多实际问题都很有用。在实际应用中，Curtis-Godson 近似可以在两种截然不同的情况下使用。第一种情况是在单色模型中，它用于在p和T变化较小的路径区间寻找等效条件，然后将总透过率表示为所有路径区间透过率的乘积。另一种情况是在带模式中，该近似用于寻找到达大气某个点的完整路径的等效条件，在完整路径中，p和T的变化范围要大得多。

4.4 辐射传输方程在空间角上的积分

我们已经看到，在非平衡条件下获得源函数和大气加热率，需要辐亮度的角积分。有几种情况，式（4.61）中的最后一个积分可以显式表示，比如 Lorentz 线的弱

极限和强极限。然而，一般情况下，它在有限光谱区间内的透过率无法如此计算。但就像对频率的积分一样，这也可以通过直接数值积分来完成，但是计算代价大，以至于在大多数情况下，即使使用带模式，对空间角积分采取一定近似也是非常值得的。办法是使用正交算法，这只需要评估几个角度（积分点）上的透过率，然后使用一组权重进行加权平均。要根据模拟的问题以及所需的精度选择计算格式；在辐射传输文献中，高斯正交法是最常见的。不同离散点对应的角度和权重可参考文献中的表格（“参考文献和拓展阅读”部分）。通常四点足够用于大多数大气红外发射计算，但如果精度要求更高，积分中的点数可以无限增加。

考虑粒子散射时通常需要大量点，例如多云或多雾天气时。对于典型的非平衡，不存在这样的条件，则可以进一步简化。这里有一种常见且简单的方法，有时称作扩散近似。该方法本质上是一个单点积分方法，其中，将对 μ 积分的传输通量（式（4.61））替换为特定角度 θ_d 下的透过率，这样一来，$\beta = 1/\cos\theta_d$，β 叫作扩散系数，也就是

$$\mathcal{T}_{F,\nu}\left(z',z\right) = 2\int_0^1 \mathcal{T}_\nu\left(z',z,\mu\right)\mu \mathrm{d}\mu \simeq \mathcal{T}_\nu\left(z',z,\mu = 1/\beta\right) \tag{4.106}$$

或者，等价地

$$\mathrm{E}_3\left[\tau_\nu\left(z',z\right)\right] \simeq \frac{1}{2}\exp\left[-\beta\tau_\nu\left(z',z\right)\right] \tag{4.107}$$

这里 E_3 为三阶指数积分。该方法事实上是用方向 $\theta_d = \arccos(1/\beta)$ 的辐射来代替所有方向的辐射。在实际应用中，我们不希望对每个频率网格点使用不同的 β 值，而是希望在同一频率范围内，尽量使用相同的 β 值。这样式（4.106）可适用于平均透过率，而不仅是单色透过率。

原则上，对于任何具体情况，可通过调整参数 β 以获得更加准确的结果。考虑极弱和极强透过率条件，获得取值范围。如 4.3.3 节所示，谱线或光谱区域的弱极限的等效宽度为 $W = Sm$。在这个例子中，很容易证明 $\beta = 2$，可以推导，这个值能给出上层稀薄大气中准确的冷却率。对于 Lorentz 谱线的强极限，其等效宽度正比于 $\sqrt{Sm}$，将这个结果代入 β 的定义（式（4.106））中，可以得到 $\beta = 16/9 = 1.778$。对于 Lorentz 线的 Goody、Godson 和 Malkmus 随机模型，强极限也有同样的结果。对于强极限 Doppler 线，考虑到它的等效宽度（式（4.84）），可以得到 $\beta = \sqrt{\mathrm{e}}$，接近 1.649。

空间角积分的扩散近似法常用于加热率的计算。在式（4.66）中，加热率正比于传输通量的微分 $\mathrm{d}\mathcal{T}_F(z',z)/\mathrm{d}z$，所以更佳的方法是从微分式而非透过率获得 β 值。从传输通量、光学厚度和指数积分的定义，可以得到，在光谱范围 $\Delta\nu$

$$2\int_{\Delta\nu} k_\nu\left(z\right)\mathrm{E}_2\left(T_\nu\right)\mathrm{d}\nu = \beta\int_{\Delta\nu} k_\nu\left(z\right)\exp\left(-\beta\tau_\nu\right)\mathrm{d}\nu \tag{4.108}$$

或对于单色光

$$2E_2(\tau_\nu)=\beta\exp(-\beta\tau_\nu) \tag{4.109}$$

对于 Lorentz 线和 Doppler 线的弱极限和强极限，从这些方程推导出来的β值与由式（4.106）得到的结果一致。Lorentz 线和 Doppler 线中等光学厚度下，给出精确结果所对应的β值，可参考文献（参见“参考文献和拓展阅读”）。

Elsasser 在实验中发现，以他名字命名的带模式中存在近似值$\beta=5/3=1.667$，在计算冷却率时可以给出很好的计算结果。这一因子在计算冷却率时广泛采用于对流层和平流层，现有结果证实在大多数情况下它的精度约为 1%～2%。不过，Apruzese 发现在计算等温大气的冷却率时，扩散系数为 1.81 可给出更好的结果。

4.5 参考文献和拓展阅读

Chapman 函数最初由 Chapman（1931）推导。后来，Wikes（1954）给出了 Chapman 函数的计算表格，Titheridge（1988）则得到了一个有用的近似。在地球曲面大气中，Wang 等（1981）给出了当太阳天顶角较大时光路的一般表达式。

最常见的通用的辐亮度/透过率逐线积分模型有：FASCODE（Clough et al.，1989；Chetwynd，1994）；GENLN2（Edwards，1992；Edwards et al.，1993，1998）；ARC（Wintersteiner et al.，1992）；LINEPAK（Gordley et al.，1994）；RFM（Dudhia，2000；https://eodg.atm.ox.ac.uk/RFM/sum/）和 KOPRA（Stiller et al.，1998；Höpfner et al.，1998，http://www-imk.fzk.de:8080/imk2/ame/publications/kopra_docu[①]）。

关于逐线积分方法的讨论参考 Mitzel 和 Firsov（1995）。对光谱带模式最好的综述为 Goody 和 Yung（1989）的工作，也可参考 Liou（1992）。Rodgers（1976）很好地总结了考虑非均匀光路的光谱带透过率的近似计算方法。不同的积分方法可参考 Chandrasekhar（1960）、Abramowitz 和 Stegun（1970）。

Edwards 和 Francis（2000）的论文很好地概述了快速积分方法的发展现状，包括相关 k 方法。

有多种红外光谱的汇编数据库，其中最常用的是 HITRAN，它的波数覆盖范围为 0～23000 cm^{-1}，还包含了一些转动谱线数据。Rothman 等（1987）对 1986 版 HITRAN 数据库进行了分析介绍，HITRAN 数据库在 1997 年、1998 年进行了修订和更新，截至 2001 年版本为 HITRAN 2000（https://hitran.org 及相关链接，当前最新版本为 HITRAN2020——译者注）。GEISA 数据库波数覆盖 0～23000 cm^{-1}，包含 HITRAN 和其他行星大气中的数据，其截至 2001 年为 1997 版（Jacquinet-Husson et

① 译者注：更新网址为 https://www.imk-asf.kit.edu/english/312.php。

al., 1999; https://geisa.aeris-data.fr。当前最新版本为 GEISA2020——译者注）。ATMOS（大气微量分子光谱学）数据库是为分析 ATMOS 探测仪而编制的，波数范围 0～10000 cm^{-1}，它包含 HITRAN 1992 版更新数据、一些补充的谱线数据和吸收截面数据（Brownet et al.，1995）。EPA 数据库只包括红外波段，它引入了一些测量结果和基于 HITRAN 计算获得的光谱数据，并提供计算吸收截面的必要信息，主要为有机分子（参见 https: // www3.epa.gov/ttn/emc/ftir/index.html）。

Armstrong（1968）对扩散系数 β 做了一个有用的对比。将此方法应用于对流层和平流层冷却率计算中，对比结果表明精度为 1%～2%，这方面研究可参考文献 Elsasser（1938）、Hitschfeld 和 Houghton（1961）、Rodgers 和 Walshaw（1966）、Ellingson 和 Gille（1978）、Apruzese（1980）。对于中等光学深度，Shved 和 Bezrukova（1976）给出了 Lorentz 线形和 Doppler 线形准确结果的 β 值。

第 5 章　非平衡辐射传输方程的求解

5.1　引言

第 3 章介绍了平衡态和非平衡态条件下辐射传输的基本方程，第 4 章介绍了平衡态假设适用时辐射传输方程的积分。第 4 章中，还说明了如何在高度、频率和空间角上进行积分，其中许多都同样适用于非平衡态。本章主要讲解非平衡辐射传输方程在一定条件下（即某些大气区域和特定分子谱带）的简化解，最后用柯蒂斯矩阵法得到完整的解。由于频率和空间角的积分与平衡态的积分相似，本章主要讨论高度积分。

5.2　非平衡条件下辐射传输的简单解

在 3.7 节中，我们讨论了较常见的非平衡情况何时何地在大气层中发生。现在考虑一些特定的非平衡情况，其中源函数、能级布居数，以及加热/冷却率可以用简单的表达式计算，并且具有实用的精度，而无需求解完整的辐射传输方程。从几种所谓经典非平衡情况开始，这些情况有一个共同的事实，即可以忽略大气层之间的光子交换，只有热碰撞和局部辐射过程是重要的。

5.2.1　弱辐射场

这种情况没有吸收太阳、地球或大气辐射来泵浦发射能级，因此辐射过程只作为一种损失机制。这适用于夜间高层大气中的大多数近红外波段，以及白天或夜间条件下中等和较高强度的中波红外，如低热层的 CO_2 15 μm 基频带。在 15 μm，太阳辐射比地球辐射弱，在热层，CO_2 与原子氧碰撞的振动激发，比吸收平流层或对流层辐射激发效率更高。我们考虑两种方法来处理辐射损失效率：“逃逸到空间”（它有一个变体为“总逃逸”）和“冷却到空间”。

1. 逃逸到空间

这种方法完全忽略了辐射吸收引起的激发和由于诱导辐射引起的损失。根据 3.7 节可知，忽略式（3.57）和式（3.59）中包含 $\bar{L}_{\Delta\nu}=0$ 的项，激发态 n_2 的布居数和源函数分别为

$$\frac{n_2}{n_1}=\frac{\bar{n}_2}{\bar{n}_1}\left(\frac{\epsilon}{1+\epsilon}\right) \tag{5.1}$$

$$J_{\nu_0}=\frac{\epsilon}{1+\epsilon}B_{\nu_0} \tag{5.2}$$

其中 $\epsilon=l_t/A_{21}$。该源函数表达式适用于平衡态，以及夜间非平衡中由光学薄谱带关联的两个能级，或者满足 $A_{21}\gg l_t$ 和 $J\ll B$ 的低压情况。

利用 $\bar{L}_{\Delta\nu}=0$ 以及式（5.2）中的源函数，可由方程（3.60）得到冷却率，即

$$h=-\frac{4\pi Sn_a\epsilon}{1+\epsilon}B_{\nu_0}=-\frac{4\pi Sn_a\epsilon}{1+A_{21}/l_t}B_{\nu_0} \tag{5.3}$$

这里假设了“总逃逸”，向下和向上发射辐射损失，且没有辐射吸收补偿。对于较低高度的非平衡区域，有时更接近真实的假设是，向上的辐射损失没有补偿，而向下的辐射损失为零。那么净值为 $A_{21}/2$ 而非 A_{21}，此即为“逃逸到空间”方法。请注意，不要求光子严格地从下层大气“恢复”，只是向全部空间发射的光子有一半可通过从所有方向吸收辐射得到恢复。可以表明，在这种情况下，布居数函数和源函数仍可由方程（5.1）和（5.2）给出，不过 $\epsilon=2l_t/A_{21}$。然而，对冷却速度的计算必须谨慎，因为我们不能再假设式（3.60）中 $\bar{L}_{\Delta\nu}=0$。在这种方法中，我们假定吸收是自发辐射损失的一半。由此，加热率为

$$h=-\frac{2\pi Sn_a}{1+A_{21}/2l_t}B_{\nu_0} \tag{5.4}$$

在辐射激发不重要时，加热率可以很容易地采用跃迁高能级的布居数（而不是源函数）表示。利用爱因斯坦系数 A_{21} 和带强 S 的关系式（3.46），可从方程（3.60）和（3.35）得到

$$h_{12}=-n_2A_{21}h\nu_0\left[1-\frac{n_2}{n_1}\frac{g_1}{g_2}\right]^{-2}\simeq -n_2A_{21}h\nu_0 \tag{5.5}$$

进一步假设热碰撞损失远小于辐射发射损失，即 $A_{21}\gg l_t$。利用 $l_t=k_t[\mathrm{M}]$，从方程（5.1）和（5.5）可以得到

$$h_{12} \simeq -n_1 k_t [\mathrm{M}] \frac{g_2}{g_1} \exp\left(-\frac{h\nu_0}{kT}\right) h\nu_0 \tag{5.6}$$

可以看出，加热率（实际上是冷却）完全由热碰撞速率 k_t 控制，与 A_{21} 的值无关，因此也与辐射损失是 A_{21} 还是 $A_{21}/2^*$ 无关①。这种情况也会发生在非光学薄的谱带，即 $\mathcal{T}^*$ 不是非常接近于 1（见 5.2.1 节第 2 部分），但前提是 $A_{21}\mathcal{T}^*/2 \gg l_t$。

2. 冷却到空间

当高度介于平衡态与总“逃逸到空间”之间时，即 $A_{21} \sim l_t$，尤其是谱带光学厚时，上述方法不能给出很好的结果。对于这些条件，可以引入一个更好的方法，该方法不需要完全求解辐射传输问题。这便是“冷却到空间”近似，它假设净辐射损失等于向上半球发射的光子中直接逃逸到空间的部分。这些净辐射损失都小于“逃逸到空间”或“总逃逸”近似中的净损失，因为它假设来自下层的光子吸收等于向下的光子发射，另外，来自上层大气的光子吸收，等于向上发射并被上层大气吸收的光子。

在这种方法中，冷却率由方程（4.69）给出，但是式中的普朗克函数被源函数 J 替代，以适应非平衡，即

$$h \simeq -\pi\Delta\nu \frac{\mathrm{d}\mathcal{T}_F(z,\infty)}{\mathrm{d}z} J(z)$$

将这个表达式代入 J 和 h 的关系式，即方程（3.61）中，可以发现

$$J_{\nu_0} = \frac{B_{\nu_0}}{1 + \dfrac{\Delta\nu}{4Sn_a\epsilon} \dfrac{\mathrm{d}\mathcal{T}_F(z,\infty)}{\mathrm{d}z}}$$

通过 $\mathcal{T}_F(z,\infty)$ 的定义（式（4.61）和式（4.63）），以及定义谱带内任意频率发射的光子在上半球任何方向逃逸到空间的概率 $\mathcal{T}^*$

$$\mathcal{T}^*(z) = \frac{1}{S}\int_{\Delta\nu}\int_0^1 k_\nu(z)\exp\left[-\tau_\nu(z,\infty,\mu)\right]\mathrm{d}\mu\,\mathrm{d}\nu \tag{5.7}$$

有

$$\frac{\mathrm{d}\mathcal{T}_F(z,\infty)}{\mathrm{d}z} = \frac{2Sn_a\mathcal{T}^*(z)}{\Delta\nu}$$

因此

$$J_{\nu_0} = \frac{B_{\nu_0}}{1 + (A_{21}/2l_t)\mathcal{T}^*} \tag{5.8}$$

这里假设了 $\exp(-h\nu_0/kT)$ 比 1 小得多。

把这个方程式代入前面的加热率表达式中，可以得到

① n_1 为跃迁低能级的数密度。如果考虑的是基频带，n_1 将非常接近吸收分子的数密度，即 $n_1 = n_0 \simeq n_a$。

$$h=-\frac{2\pi S n_a \mathcal{T}^*}{1+\left(A_{21}/2l_t\right)\mathcal{T}^*}B_{\nu_0} \tag{5.9}$$

在该方法中，辐射传输简化为计算每一层传输到空间，或等效地，“逃逸到空间”函数的导数。

注意，对于谱带光学薄和 $\mathcal{T}^*$ 趋于 1 的上层大气，式（5.8）趋于“逃逸到空间”法中 J 的表达式（式（5.2），$\epsilon=2l_t/A_{21}$）。对于光学厚的条件，$\mathcal{T}^*\to 0$，因此 $J\to B$，谱带保持平衡态，即使辐射弛豫时间可能会显著小于热碰撞时间。

在扩散近似下（见 4.4 节），可以写出源函数和加热率的替代表达式。对于这个情况，有

$$\frac{\mathrm{d}\mathcal{T}_F(z,\infty)}{\mathrm{d}z}\simeq\frac{\beta S n_a \overline{\mathcal{T}}^*(z,\beta)}{\Delta\nu}$$

其中，$\overline{\mathcal{T}}^*$ 被定义为

$$\overline{\mathcal{T}}^*(z,\beta)=\frac{1}{S}\int_{\Delta\nu}k_\nu(z)\exp\left[-\tau_\nu\left(z,\infty,\mu=1/\beta\right)\right]\mathrm{d}\nu$$

因此

$$J_{\nu_0}=\frac{B_{\nu_0}}{1+(\beta/4)\left(A_{21}/l_t\right)\overline{\mathcal{T}}^*} \tag{5.10}$$

以及

$$h=-\frac{\beta\pi S n_a \overline{T}^*}{1+(\beta/4)\left(A_{21}/l_t\right)\overline{T}^*}B_{\nu_0} \tag{5.11}$$

这两种近似方法以及使用“精确”的辐射传输源函数的对比（见 5.7 节）如图 5.1 和图 5.2 所示，图中显示的是地球大气中 CO_2 15 μm 基频带。图 5.3 给出了火星大气的对比。图 5.1 显示当净辐射损失为 $A_{21}/2$ 时，“逃逸到空间”方法给出合理的谱带偏离平衡态的高度，但在该高度以上不是很准确。“冷却到空间”方法对平衡态失效高度给出了更好的估计，但在更高区域仍然不能给出更精确的计算结果。正如预估的那样，当热碰撞过程更快时，因为辐射激发相对不那么重要，两种方法都能给出更好的结果（图 5.2）。在火星纯 CO_2 大气的情况下（图 5.3），“逃逸到空间”解甚至不能很好地估计偏离平衡态的高度，而“冷却到空间”方法在这方面做得更好。

图 5.4 显示了地球大气中 CO_2 15 μm 基频带的冷却率，使用的是“完全逃逸”和“冷却到空间”近似，以及“精确”的非平衡和平衡态解。尽管在平流层顶附近的冷却率非常小，“冷却到空间”几乎在所有高度都能得到相当好的结果。这是由于平流层顶的温度较高，意味着发射的辐射比吸收的多，而“冷却到空间”近似假设净交换为零。中间层则相反，因为从温度较高的下层大气吸收的辐射更大，

从而抵消了向太空的冷却，所以该近似高估了冷却率。正如预期的那样，“完全逃逸”方法忽略了低层大气的巨大不透明度，从而在平流层和中间层出现不合实际的大幅冷却。

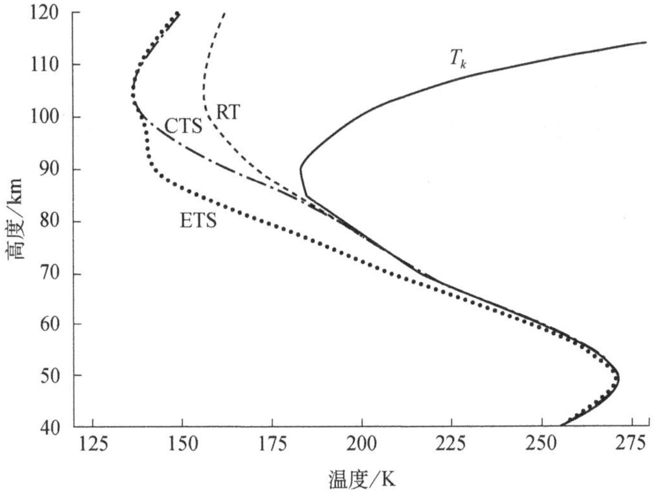

图 5.1　用“逃逸到空间”（ETS）和“冷却到空间”（CTS）近似计算的地球大气中 $CO_2(0,1^1,0)$ 夜间振动温度（见式（3.22）中的定义），并与精确解（RT）进行比较。所有的计算都使用了较慢的 $CO_2(0,1^1,0)$ 与原子氧的热碰撞速率系数 $k_{CO_2\text{-}O}$。图中还给出了热力学温度分布 T_k

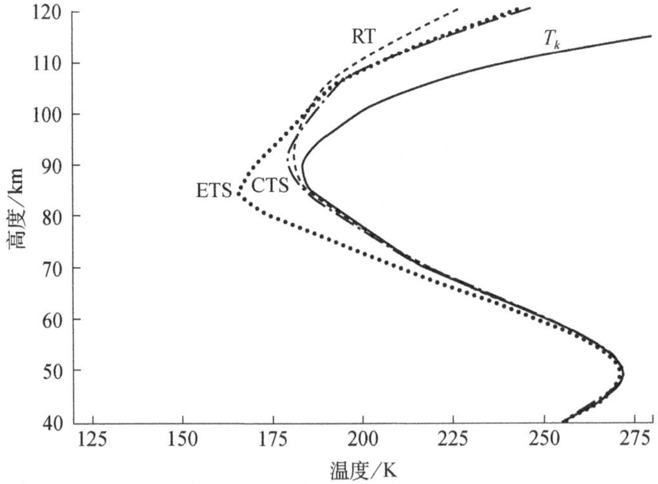

图 5.2　与图 5.1 一样，但使用了更大、更真实的速率系数 $k_{CO_2\text{-}O}$，注意，与图 5.1 相比，振动温度之间的差异更小

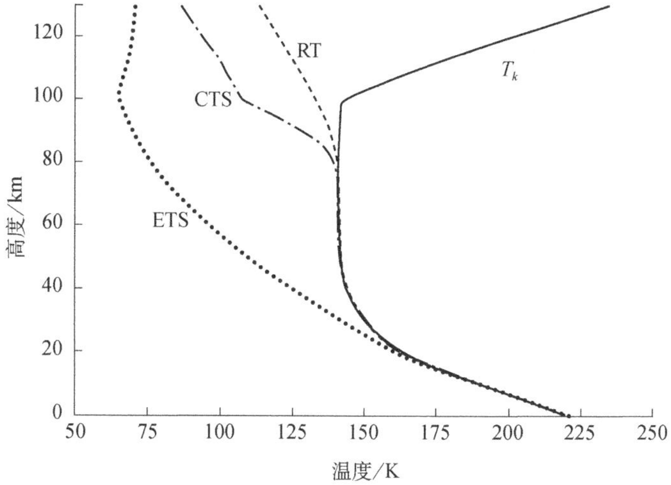

图 5.3　如图 5.1，但是火星大气

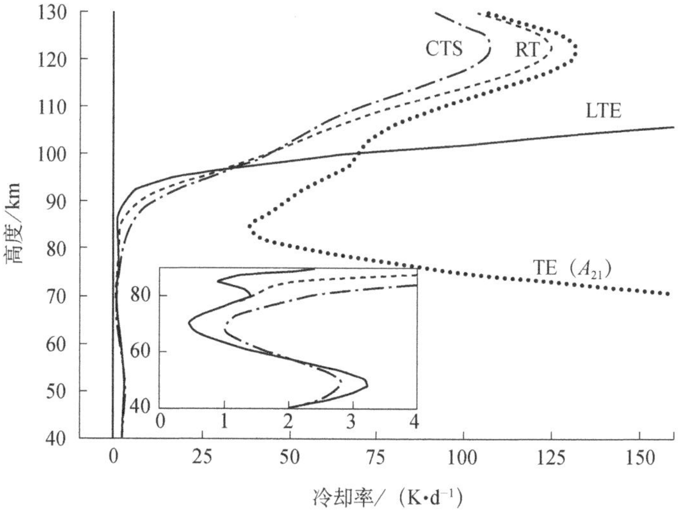

图 5.4　地球大气中 CO_2　15 μm 基频带的冷却率，这里使用了“完全逃逸”（A_{21}）(TE) 和“冷却到空间”（CTS）近似，以及平衡态和非平衡态的“精确”解（RT）。使用了较快的碰撞反应系数 $k_{CO_2\text{-}O}$（3×10^{-12}　$cm^3\cdot s^{-1}$）

在热层中，“冷却到空间”低估了冷却，因为从下面向上传播的光子很少被吸收，并以 $A_{21}/2$ 的速率补偿向下发射的光子。“精确”（RT）解介于“冷却到空间”和“完全逃逸”（TE）之间，实际上，两者之间的区别在于对吸收较低层大气能量的估计。在海拔较高的地方，这个值较小，RT 和 TE 解趋于收敛。对于 CO_2 15 μm 以外的波段，预期会得到类似的结果，只不过对于光学较薄的谱带，“完全逃逸”模型将在更低海拔接近精确解。

同样值得注意的是，平衡态和非平衡态的冷却率在直到谱带偏离平衡态高度（～95 km）以下几千米都是相同的。平衡态冷却率在偏离平衡态高度下方的狭窄区域略小，这是因为当假设这些区域为平衡态时，从上面较高温度的区域吸收了发射的光子。随着高度进一步上升，由于热层温度高，平衡态冷却率变得非常大。这也可以从图 5.2 看出，热层热力学温度远大于实际振动激发温度。

在火星大气中，也存在类似的平衡态/非平衡冷却率差异，特别是平衡态模型的上边界设置在 140 km 处时（图 5.5（a））。假设平衡态适用于所有能级，来自较高温度的热层的向下贡献会大得不切实际。忽视非平衡效应对火星加热率也有很大的影响（图 5.5（b））。

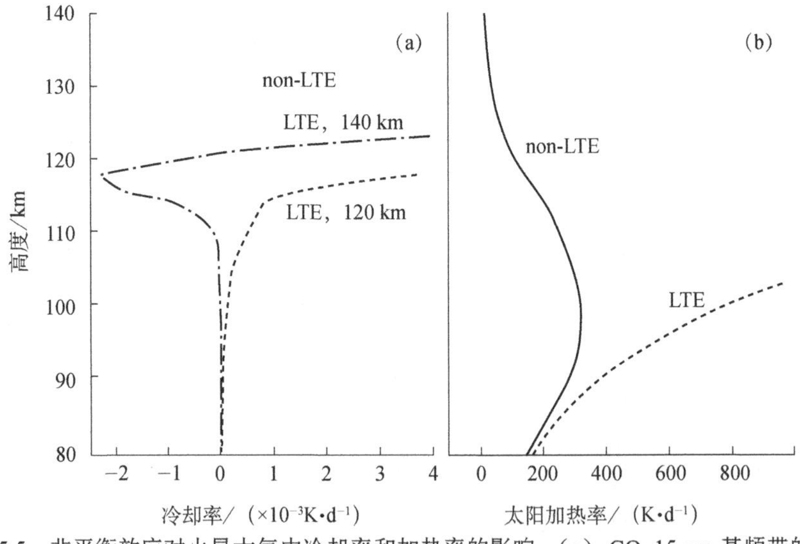

图 5.5　非平衡效应对火星大气中冷却率和加热率的影响。（a）CO_2 15 μm 基频带的热冷却率，采用上边界在 120 km 和 140 km 的平衡态模型，以及更真实的非平衡模型；（b）平衡态和非平衡态条件下 CO_2 近红外波段的太阳加热率

5.2.2　强外部辐射源

在某些情况下，来自非平衡区域以外的辐射源（通常是太阳，但有时也可能是

地表、低层大气或云顶）非常强，相比之下，层与层之间的辐射交换可以忽略不计。总平均辐亮度 $\bar{L}_{\Delta\nu}$ 、源函数和加热率，可以从简化的表达式中简单准确地计算出来。

由 3.7 节可知，激发能级的布居数和源函数分别为

$$\frac{n_2}{n_1}=\frac{g_2}{g_1}\frac{c^2}{2h\nu_0^3}\frac{\bar{L}_{\Delta\nu}}{1+l_t/A_{21}}$$

和

$$J_{\nu_0}=\frac{\bar{L}_{\Delta\nu}}{1+l_t/A_{21}} \tag{5.12}$$

注意，在这些方程中，不能再通过 $A_{21}/2$ 或 $A_{21}\mathcal{T}^*/2$ 替换 A_{21} 来代表净辐射损失，因为式中包含了平均辐亮度 $\bar{L}_{\Delta\nu}$ ，也就是说考虑了吸收和诱导发射。

一般来说，给定的能态会受到不止一个跃迁的影响。对某能态而言，吸收某个谱带的太阳辐射被激发，而在多个谱带，发射辐射去激发是很常见的。许多高能组合能级在太阳泵浦作用后，通过辐射弛豫到中间振动态比弛豫到基态更快。例如，在 2.7 μm 附近激发的 CO_2 能级，相比重新发射 2.7 μm 光子，有更高的概率发射 4.3 μm 的光子。这些情况可以不显性考虑多能级而进行研究，只需将吸收带的辐射损失 A_{21} 替换为新的项 A_T ，该项包含所有可能的跃迁到较低能级的自发辐射。该条件下，方程（3.60）和（5.12）给出的加热率为

$$h=4\pi Sn_a\frac{\bar{L}_{\Delta\nu}}{1+A_T/l_t} \tag{5.13}$$

另一个特殊情况是热损失远小于辐射弛豫，这在高层大气中是很常见的。源函数可简化为

$$J_{\nu_0}\simeq\bar{L}_{\Delta\nu} \tag{5.14}$$

加热率为

$$h=4\pi Sn_a\frac{l_t}{A_T}\bar{L}_{\Delta\nu} \tag{5.15}$$

或者

$$h=\frac{c^2}{2\nu_0^2}\frac{g_2}{g_1}n_1l_t\bar{L}_{\Delta\nu} \tag{5.16}$$

要通过这些表达式计算源函数或加热率，需要知道平均辐亮度 $\bar{L}_{\Delta\nu}$ 。对两种常见的强外部场来源，即太阳和来自下边界的热发射，我们将在下面推导得到它们的表达式。

1. 太阳辐射

将太阳辐射代入 $\bar{L}_{\Delta\nu}$ 的定义式（3.56）中，取 $L_\nu=L_{\nu_0,\odot}$ ，在红外波段的大多数光谱带上它几乎与频率无关，对太阳入射进行空间角积分（ $\pi R_\odot/d$ ），其中 $R_\odot$ 为太阳

半径，d 为地球-太阳平均距离，结合大气吸收（式（4.20）），可得

$$\overline{L}_{\Delta\nu}(z)=\frac{R_{\odot}^{2}}{4Sd^{2}}L_{\nu_0,\odot}(\infty)\int_{\Delta\nu}\exp\left[-\frac{\tau_{\nu}(z,\infty)}{\mu_{\odot}}\right]k_{\nu}\mathrm{d}\nu \tag{5.17}$$

利用定义

$$\mathcal{T}(z,\infty,\mu_{\odot})=\frac{1}{\Delta\nu}\int_{\Delta\nu}\exp\left[-\frac{\tau_{\nu}(z,\infty)}{\mu_{\odot}}\right]\mathrm{d}\nu$$

也可写作

$$\overline{L}_{\Delta\nu}(z)=\mu_{\odot}\frac{R_{\odot}^{2}}{d^{2}}\frac{L_{\nu_0,\odot}(\infty)\Delta\nu}{4Sn_a}\frac{\mathrm{d}\left[\mathcal{T}(z,\infty,\mu_{\odot})\right]}{\mathrm{d}z} \tag{5.18}$$

如果热碰撞激发（而不是损失）可以忽略不计，则将上面的 $\overline{L}_{\Delta\nu}(z)$ 表达式代入方程（5.12）和（5.13）中，即可得到源函数和太阳加热率，分别为

$$J_{\nu_0}(z)=\mu_{\odot}\frac{R_{\odot}^{2}}{d^{2}}\frac{L_{\nu_0,\odot}(\infty)\Delta\nu}{4Sn_a(1+l_t/A_{21})}\frac{\mathrm{d}\left[\mathcal{T}(z,\infty,\mu_{\odot})\right]}{\mathrm{d}z} \tag{5.19}$$

和

$$h(z)=\mu_{\odot}\frac{F_{\odot}(\infty)}{1+A_{21}/l_t}\frac{\mathrm{d}\left[\mathcal{T}(z,\infty,\mu_{\odot})\right]}{\mathrm{d}z} \tag{5.20}$$

这里利用了 $F_{\odot}(\infty)=\left(\pi R_{\odot}^{2}/d^{2}\right)L_{\nu_0,\odot}(\infty)\Delta\nu$。

在低层大气中，高压导致热碰撞损失占主导地位。从式（5.20）可以得到

$$h(z)=\mu_{\odot}F_{\odot}(\infty)\frac{\mathrm{d}\left[\mathcal{T}(z,\infty,\mu_{\odot})\right]}{\mathrm{d}z}$$

即从太阳吸收的所有辐射（另见式（4.22））都转化为动能。吸收太阳辐射的能级通常是高能组合能级，通常吸收太阳辐射中较强的近红外波段。对这些能级来说，碰撞尤其是 V-V 碰撞可能非常迅速，甚至在高层大气中也可能如此，这些过程将吸收的能量转移到其他振动能级（例如，3.6.5 节第 1 部分过程（3.65）中的 $\mathrm{M}(\nu)$）随后发射辐射。如标准定义的那样，“加热率”可以由式（5.20）相当准确地给出，但相对而言，只有很少一部分是热化的。如上所述（3.2 节），h 以 $\mathrm{K}\cdot\mathrm{d}^{-1}$ 或类似单位来衡量，即使它是潜能而非实际的加热率。

在最高层大气中，热损失与辐射相比可以忽略不计，对于光学薄的大部分谱带，$J_{\nu_0}\simeq\overline{L}_{\Delta\nu}$，源函数（5.17）可化为

$$J_{\nu_0}(z)\simeq\frac{R_{\odot}^{2}}{4d^{2}}L_{\nu_0,\odot}(\infty) \tag{5.21}$$

这就是典型的共振荧光，其中从空间角 $\pi R_{\odot}^{2}/d^{2}$ 吸收的太阳辐射在各个方向上各向同性重新分布（4π 球面度）。在该条件下，$l_t\to 0$，从式（5.20）可以发现加热率也趋

于 0。换句话说，从太阳吸收的所有辐射（式（4.22））都被重新发射（但不一定在与吸收相同的波长上），而没有到大气分子内能或动能的净转移。

2. 地面辐射

地面或下边界可视为位于高度 z_b 的有效温度为 T_e 的黑体，也就是 $L_\nu = B_\nu\left(T_e\right)$①。从式（3.56）中的 $\overline{L}_{\Delta\nu}$ 定义，结合 $L_\nu = B_\nu\left(T_e\right)$，再次假设在单一谱带内辐亮度与频率无关，即 $B_\nu\left(T_e\right) \simeq B_{\nu_0}\left(T_e\right)$。考虑从下边界 z_b 到高度 z 的大气吸收（见式（4.9）中右边第一项），可以得到

$$\overline{L}_{\Delta\nu}(z) = \frac{B_{\nu_0}\left(T_e\right)}{2S}\int_0^1\int_{\Delta\nu}\exp\left[-\frac{\tau_\nu\left(z_b,z\right)}{\mu}\right]k_\nu\,\mathrm{d}\nu\,\mathrm{d}\mu \tag{5.22}$$

或者，利用传输通量的积分定义（式（4.61）和式（4.63）），可得

$$\overline{L}_{\Delta\nu}(z) = \frac{B_{\nu_0}\left(T_e\right)\Delta\nu}{4Sn_a}\frac{\mathrm{d}\left[\mathcal{T}_F\left(z_b,z\right)\right]}{\mathrm{d}z} \tag{5.23}$$

如太阳辐射，当只有热碰撞损失重要时，我们可以将 $\overline{L}_{\Delta\nu}(z)$ 表达式代入源函数和加热率的方程（5.12）、（5.13）中，得到

$$J_{\nu_0}(z) = \frac{B_{\nu_0}\left(T_e\right)\Delta\nu}{4Sn_a\left(1+l_t/A_{21}\right)}\frac{\mathrm{d}\left[\mathcal{T}_F\left(z_b,z\right)\right]}{\mathrm{d}z} \tag{5.24}$$

以及

$$h(z) = \frac{\pi B_{\nu_0}\left(T_e\right)\Delta\nu}{1+A_{21}/l_t}\frac{\mathrm{d}\left[\mathcal{T}_F\left(z_b,z\right)\right]}{\mathrm{d}z} \tag{5.25}$$

如有需要，可将 A_{21} 替换为 A_T。

当热损失可以忽略不计，以及来自下边界的黑体辐射没有被 z 层显著吸收时，可以得到 $J_{\nu_0}(z) = B_{\nu_0}\left(T_e\right)/2$。这再次表明，在 z_b 处向上半球空间发射的辐射，在高度 z 处被吸收，并向各个方向重新发射。

5.2.3　非热碰撞和化学过程

当与非平衡态分子碰撞、化合或光化学反应为能级的主要激发机制（3.7 节）时，激发态的布居数和源函数可由式（3.90）给出，即

$$\frac{n_2}{n_1} = \frac{p_t + p_{nt} + P_c/n_1}{A_{21} + l_t}$$

和

① 来自地表和低层大气的辐射向上层大气传播，通常被称为地照或地光。

$$J_{\nu_0}=\frac{\epsilon_1 B_{\nu_0}}{1+\epsilon_2}\simeq\frac{p_t+p_{nt}+P_c/n_1}{p_t\left(1+A_{21}/l_t\right)}B_{\nu_0}$$

其中使用了关系式$\epsilon_1\simeq\left(p_T/p_t\right)\left(l_t/A_{21}\right)$和$\epsilon_2\simeq l_t/A_{21}$，并假设非热损失可以忽略不计。将源函数的表达式代入加热率的表达式（3.60）中，有

$$h=-4\pi Sn_a\frac{\epsilon_1}{1+\epsilon_2}B_{\nu_0}\simeq-4\pi Sn_a\frac{p_t+p_{nt}+P_c/n_1}{p_t\left(1+A_{21}/l_t\right)}B_{\nu_0} \tag{5.26}$$

在辐射激发可忽略且谱带光学很薄的情况下，计算加热率的另一种表达式已在前面的5.2.1节式（5.5）中得到。当非平衡布居数通过化合反应产生时，这种方法特别实用。在这些情况下，忽略平均辐亮度，式（5.5）加上高能态布居数的表达式（3.78），可以得到一个简单的加热率公式

$$h=-\frac{P_t+P_{nt}+P_c}{1+l_t/A_{21}}h\nu_0$$

这里，$P_t=p_t n_1$，$P_{nt}=p_{nt}n_1$。同样，当存在非热过程时，辐射通量的散度（标准的“加热率”）不再对应于通常意义上的“加热”，因为能量有很大一部分转移到内能中。

我们可以将非热过程与弱辐射场（5.2.1节）结合起来，并使用“逃逸到空间”或“冷却到空间”方法考虑各种情况，以直接获得源函数和加热率的表达式。还可以研究涉及重要非热过程（碰撞、化学或光化学），以及从外部源吸收的辐射远大于从大气层吸收的辐射时，会发生什么。分别将太阳和地球辐射方程（5.18）和（5.23）中的$\bar{L}_{\Delta\nu}(z)$代入式（3.69）和式（3.60）中，即可得到源函数和加热率的表达式。对于太阳辐射和非热过程，有

$$J_{\nu_0}(z)=\frac{\mu_\odot F_\odot(\infty)}{4\pi Sn_a\left(1+\epsilon_2\right)}\frac{\mathrm{d}\left[\mathcal{T}\left(z,\infty,\mu_\odot\right)\right]}{\mathrm{d}z}+\frac{\epsilon_1}{1+\epsilon_2}B_{\nu_0} \tag{5.27}$$

和

$$h(z)=\mu_\odot\frac{F_\odot(\infty)}{1+1/\epsilon_2}\frac{\mathrm{d}\left[\mathcal{T}\left(z,\infty,\mu_\odot\right)\right]}{\mathrm{d}z}-\frac{4\pi Sn_a\epsilon_1}{1+\epsilon_2}B_{\nu_0} \tag{5.28}$$

类似地，对于地面辐射和非热过程，有

$$J_{\nu_0}(z)=\frac{B_{\nu_0}\left(T_e\right)\Delta\nu}{4Sn_a\left(1+\epsilon_2\right)}\frac{\mathrm{d}\left[\mathcal{T}_F\left(z_b,z\right)\right]}{\mathrm{d}z}+\frac{\epsilon_1 B_{\nu_0}}{1+\epsilon_2} \tag{5.29}$$

和

$$h(z)=\frac{\pi B_{\nu_0}\left(T_e\right)\Delta\nu}{1+1/\epsilon_2}\frac{\mathrm{d}\left[\mathcal{T}_F\left(z_b,z\right)\right]}{\mathrm{d}z}-\frac{4\pi Sn_a\epsilon_1}{1+\epsilon_2}B_{\nu_0} \tag{5.30}$$

其中ϵ_1和ϵ_2由$\epsilon_1\simeq\left(p_T/p_t\right)\left(l_t/A_{21}\right)$和$\epsilon_2\simeq l_t/A_{21}$近似给出。

5.3　非平衡辐射传输方程的完整解

最后讨论一般情况，即没有足够有效的近似来简化问题时，如何求解辐射传输方程。我们必须考虑：①光子在层与层之间的辐射传输；②大气吸收系数的频率变化，其中包括大量形状随温度和压强变化的振动-转动谱线；③影响分子内能能级布居数的各种局地热和非热碰撞过程；④某些振动能级之间的耦合。

激发态布居数 n_2 取决于辐射场平均辐亮度 $\bar{L}$ ，而 $\bar{L}$ 又取决于激发态能级的数密度、其他大气层的辐射，在某些情况下还取决于外部辐射场，这一事实说明了该问题的复杂性。因此，要求解 n_2 ，或谱带产生的辐射加热与冷却，首先需要对频率 ν 和空间角 μ 上的辐射传输方程进行积分，即计算传输通量；然后求解不同高度上辐射和统计平衡方程耦合系统。当非平衡态振动能级之间的 V-V 能量交换非常快时，为了获得精确的布居数，必须同时求解所有受影响能级的统计平衡方程，以及来自这些能级的所有谱带的辐射传输耦合方程。能级之间的耦合程度，以及它们中有多少是耦合的，决定了系统求解的数值方法，包括矩阵求逆或迭代算法。随后在 5.4.2 节中，我们将讨论如何选择数值方法。

透过率的计算本质上与平衡态情况相同，但更加复杂，主要是，不同谱带之间的谱线重叠很难考虑，因为它们原则上有不同的源函数。其次，对于热普带，透过率计算需要预先知道跃迁低能态的布居数，因为它们可能处于非平衡态。另外，当诱导发射和振动配分函数因子重要时，所求解的能级布居会进入吸收项，从而带来方程组的非线性。幸运的是，这些影响通常都非常小，至少在非平衡偏差不很大时如此。在计算涉及透过率微分时，例如冷却率或大气临边辐射，这些能级的布居数在大多数实际情况中可以被视为处于平衡态。然而，在某些特殊情况，如 CO_2 激光波段，计算跃迁低能级为非平衡的热普带的透过率时可能会面临更多困难。

5.4　非平衡辐射传输方程的积分

本节概述了大气中非平衡辐射传输的计算方法，从频率和空间角积分开始，然后讲解了高度积分的一般方法。在 5.4.3 节中，简要介绍了一些为解决特定问题而开发的非平衡公式。

5.4.1 频率积分与空间角积分

统计平衡方程（SEE）（如方程（3.55）、（3.61）或（3.71））和辐射传输方程（RTE）（如方程（3.17）或（3.60））包括对空间角、频率和高度的积分。除了下面讨论的一些逐线方法外，大多数求解方法都假设这些积分可以分离。允许这种分离的最常见的近似之一是，传输函数或辐亮度公式中的布居数是预先知道的。这些例子包括热普带跃迁的低能级布居数，以及诱导发射因子和振动配分函数中的高能级布居数。它们通常被认为是在平衡态中，或者使用它们上一步的非平衡值，并使用一些迭代来计算传输函数。

当与高度积分分离后，完全可以像平衡态一样进行频率积分和空间角积分。这些积分的计算等价于辐射传输项的计算，即层之间的交换和向空间的冷却（见 4.2.5 节）。

不同的学者通常对所采用的方法冠以不同的名称，但它们有许多相似之处。可以区分为三种方法：①通量公式；②辐亮度公式；③用逃逸概率函数来描述问题的方法。在第一种方法中，通过辐射交换计算加热率和高能级的激发时，大气层与层之间的净辐射交换，是由传输通量的二阶差分乘以该两层大气源函数的差分来计算的。第二种方法直接从平均辐亮度计算，只涉及源层的源函数。在第三种方法中，计算逃逸概率函数（式（5.7））的一阶差分，它不是数值上进行传输通量的二阶差分，而是先在解析上得到一阶导数，然后在数值上执行第二阶导数。通量方法使用加热率或净吸收率作为计算的基本量，而辐亮度方法计算绝对吸收率。逃逸方法只是计算光子在一定范围内不被吸收的概率。

特别是在处理光学薄或很长的不均匀光学路径时，原则上利用逃逸概率或辐亮度计算“辐射交换”项应该更加准确。即使在双精度算法中，通量公式中传输通量的二阶差分也会两次而不仅一次引入显著的舍入误差。另一方面，计算辐亮度或逃逸概率函数，本质上比计算传输通量需要更多的时间。最后，使用辐亮度公式和通量公式计算加热率的差异较小，但通量方法可以利用在平衡态条件下开发的频率和空间角积分程序。

柯蒂斯矩阵法通常被视为通量法的一个典型例子，详见 5.7 节。不过，如果计算柯蒂斯矩阵时用逃逸概率函数的一阶差分（见 5.7 节），而不是通常的传输通量的二阶差分，该方法就与逃逸概率法兼容。柯蒂斯矩阵本身可以使用带模式来计算，或者使用一些其他近似的频率积分方法，或者可以使用精确的逐线积分方法。因此，该方法非常灵活。

5.4.2 高度积分

对高度进行积分时，非平衡与平衡态显著不同。通常有两种方法：矩阵求逆法，或者迭代法。两者均可与通量、辐亮度或逃逸概率函数组合使用。一般来说，对于最重要的大气红外波段，矩阵求逆速度更快，精度更高。Dickinson 发现，当应用于金星大气中的某些 CO_2 谱带时，迭代解是不稳定的。当他用另一种方法求解这个问题时，他需要数百次迭代使强带收敛。

这些方法可以应用于二能级系统（只有一个统计平衡方程和一个辐射传输方程），也可以应用于具有 M 个统计平衡方程、N 个辐射传输方程的 M 个能级与 N 个谱带的多能级系统。当多个振动能级发生碰撞耦合时，系统包含大量的方程，这使得用矩阵求逆求解很困难。在这种情况下，通常混合使用这两种方法。Dickinson 对每个谱带内的辐射传输使用矩阵求逆法，但通过迭代耦合求解碰撞关联的能级布居数。对于地球、火星和金星大气中的 CO_2，通过对几个由 V-V 碰撞强耦合的振动能级使用矩阵求逆法，对量子交换弱耦合的能级采用迭代法，解出了统计平衡和辐射传输方程组。如果用迭代的方法处理强耦合能级，则收敛速度会慢得多，而且并不能确保得到正确结果。

诱导发射因子、振动配分函数和某些 V-V 碰撞过程在统计平衡方程中引入了非线性项。这些项很容易引入迭代方法中，当使用矩阵求逆方法时，至少也需要两次迭代才能得到准确的解。不过，迭代法的主要优点是不必同时求解大量的方程。这使得不同能态之间的振动耦合更容易包含在内。

5.4.3　具体的非平衡算法

Shved 等开发了一种计算线性分子振动-转动带布居数的方法，并将其应用于类地行星大气中的 CO_2 和 CO，后来又扩展到类地行星的 O_3 和 H_2O 带。他们利用天体物理方法导出了振动-转动带的源函数表达式，得到了与 3.6.4 节中积分方程（式(3.59)）类似的方程。这个公式包含所有碰撞过程（包括非热碰撞），并做了一些常规假设，包括：①无谱线重叠；②转动平衡态；③诱导发射可忽略。他们采用迭代方法求解源函数积分方程、辐亮度 $\bar{L}_{\Delta\nu}$ 的辐射传输方程。

Kumer 等使用基于“谱带输运”函数的方法研究了地球大气中的 CO_2 4.3 μm 辐射。他们计算了与 $N_2(1)$ 耦合的 $CO_2(0,0^0,1)$ 态的振动温度，通过“谱带输运”函数表构建了 $CO_2(0,0^0,1-0,0,0)$ 谱带的辐射传输，这些函数包括：①通量等效宽度；②等效宽度对高度的导数（即谱带输运函数）；③对等效宽度在垂直方向上的二阶导数进行空间角积分（实际是在大气中 z 和 z' 两个不同的高度上）。最后一个为格林函数 $\boldsymbol{H}$，它给出了 z 处发射的光子在 z' 处被吸收的概率。它与柯蒂斯矩阵法的相似之处是显而易见的，事实上 $\boldsymbol{H}$ 矩阵的元素与柯蒂斯矩阵的元素是相同的。不同的是，这些元素是通过传输通量二阶导数解析表达式计算出来的，而不是根据传输通量的二阶差分计算。

Kumer 还研究了太阳照射下大气中 CO_2 4.3 μm 和 15 μm 振动能级联合求解问题，使用了同样的辐射传输方法，但由于该情况下耦合的方程更多，因此使用了迭代算法求解 $CO_2\left(0,0^0,1\right)$ 和 $(0,\upsilon_2,0)$ 能态的布居数方程。他还求解了大量 CO_2 能级的非定常方程，包括碰撞和辐射传输过程。其目的是分析在极光条件下 CO_2 4.3 μm 的辐射发射。该问题中，由于极光过程中有显著的时间演化特性，需要求解十二个能态的连续方程，不仅包括辐射传输，还包括时间演化。不过，利用“冷却到空间”方法处理辐射传输（5.2.1 节第 2 部分），或采用近似方法处理 $CO_2\left(\nu_3\right)$ 和 $N_2\left(1\right)$ 之间的 V-V 碰撞过程，对问题进行了必要的简化。

1991 年，Kutepov 等将加速 lambda 迭代（ALI）技术应用于行星大气中分子红外波段的非平衡问题。ALI 是一种迭代算法，常用于求解恒星大气中多能级非平衡谱线形成问题。由于收敛速度可能非常慢，特别是在光学厚的条件下，ALI 算法在每次迭代中避免完全计算辐射传输来加速收敛。定义算子 Λ，将 Λ 作用于源函数 J_ν，可以得到辐亮度 L_ν，辐亮度可由辐射传输方程的通解如式（4.9）或（4.10）给出：

$$L_\nu\left(z,\mu\right)=\Lambda_{\nu,\mu}\left[J_\nu\right] \tag{5.31}$$

括号[ ]的意思是“作用于”。ALI 方法基于分裂 Λ 算子，如下：

$$\Lambda_{\nu,\mu}=\Lambda^*_{\nu,\mu}+\left(\Lambda_{\nu,\mu}-\Lambda^*_{\nu,\mu}\right)$$

选择可以快速计算的近似算子 $\Lambda^*_{\nu,\mu}$，同时能保留大部分辐射交换。该方法的迭代格式为

$$L^i_\nu\left(z,\mu\right)=\Lambda^*_{\nu,\mu}\left[J^i_\nu\right]+\left(\Lambda_{\nu,\mu}-\Lambda^*_{\nu,\mu}\right)\left[J^{i-1}_\nu\right] \tag{5.32}$$

其中 J^{i-1}_ν 为前一步的源函数。

不同形式的 ALI 程序本质区别如下：①近似算子 $\Lambda^*_{\nu,\mu}$ 的选择（它定义了每一步要计算的辐射传输量）；②根据方程组计算能级布居数的方法，例如，根据前一步布居数线性化方程的方法。Kutepov 使用的 $\Lambda^*_{\nu,\mu}$ 算子就是全算子的对角线元素，即每一步只计算局部辐射传输，除第一步外，迭代过程中不考虑不同层间的辐射交换。我们应该注意到，这种方法与下面引用的 Wintersteiner 等的迭代算法有相似之处，即在第一步计算辐射传输项，并仅在随后的几次迭代中重新计算该项。该 ALI 通过引入前一步的数密度，保持了统计平衡方程和辐射传输方程在每一步中关于能级数密度的线性关系，从而得以利用迭代方法的优点。

另一种常用于天体物理学问题的辐射传输计算方法是“扩散近似法”。已成功应用于金星和火星大气的 CO_2 红外辐射，但只适用于接近平衡态的条件。例如，当计算在哪个高度上开始明显偏离平衡态时，该方法十分有用。Feautrier 算法为天体物理学中的另一个方法，Rodrigo 等采用该方法计算白天和夜间条件下，火星和金星上层

大气中 CO_2 15 μm 和 4.3 μm 带向上和向下的辐射强度。

Kutepov 等应用另一种著名的天体物理学算法——Rybicki 公式①，来研究类火星和金星纯 CO_2 等温大气中，$CO_2\left(0,0^0,1\right)$ 振动能级的转动非平衡态布居数。他们后来还采用该方法研究了 CO(1) 转动和振动能级，以及 CO_2 振动能级中非平衡问题。在层间辐射传输变得非常重要的情况下，这种方法对研究转动能级布居数特别有用。它包括统计平衡方程，以及主要包括对三个变量（频率、空间角和垂直坐标）传输方程的离散。在空间角、频率和高度的离散点数之间有一个权衡，这取决于要解决的问题。例如，对于涉及太阳辐射散射的问题，通常采用较细的空间角网格，而牺牲了频率和高度离散精度，而在计算光谱时可能采用相反的方法，即对空间角使用较粗的网格，对频率使用较细的网格。

Mlvnczak 和 Dravson 研究了 O_3 的红外辐射，解决了高能级的激发速率与 O_3 振动基态的数密度不成正比的难题（见 3.6.5 节第 2 部分）。他们发现，对于这个问题，仅包含对向上辐射通量的吸收（如 5.2.2 节第 2 部分所述）已足够精确。因此，振动态的非平衡布居数方程只包含局部过程，使得求解更加简单。

美国空军研究实验室 Wintersteiner 等开发的非平衡态辐射传输算法很具代表性。该模型使用逐线法计算辐射吸收率，其中吸收和发射谱线的线形可以随高度变化，因此能非常准确地计算层与层之间的光子交换。源函数（式（3.59））和平均积分辐亮度方程（3.56）耦合迭代求解，初始条件中辐射能态布居数为估计值，通过估计值给出发射速率。然后，计算每个谱带的辐射发射在这些离散高度的吸收，并从统计平衡方程重新计算能级布居数。通过使用快速嵌套迭代，直到满足收敛标准。应该指出的是，虽然该方法使用了全迭代（像 lambda 迭代法），在实际应用中，辐射传输项并不在每次迭代中都计算，而是在第一步计算，以及在后面可能再计算一到两次。在实际应用中，这种方法非常类似于柯蒂斯矩阵法，它通过迭代来求解方程，而不是通常的求逆，并且在稍后阶段再计算几次柯蒂斯矩阵。

这种方法计算的基本量为辐亮度，在此基础上计算振动能级的布居数以及谱带冷却率。因此，加热率是一个导出量。不过，并不是将辐亮度引入净的、向上和向下的通量公式（分别为式（4.4）、式（4.64）和式（4.65）），从而进一步计算它的导数。相反，加热率通过计算频率积分辐射通量（式（3.60））获得。如上所述，采用前一种方式计算加热率可能会引入双重舍入误差：首先是向上和向下通量的差值，然后是净通量的导数。利用式（3.56）得到的 $\overline{L}_{\Delta\nu}$，由式（3.60）计算加热率仅引入一次舍入误差，如逃逸概率函数算法中的那样。

以上对最常见方法进行的归纳有助于我们认识到迭代和求逆方法有共同的特点，在实践中，没有“纯粹”的迭代或求逆方法，而只有两者的混合，一些偏重于

① Rybicki 公式为更一般的 Feautrier 方法的特殊形式。参见 Mihalas（1978）。

迭代，另一些则偏重于求逆。

5.5 非平衡态算法的比较

与平衡态辐射传输计算程序相比，对非平衡问题不同算法之间的比较相对较少。最近一项关于地球大气中CO_2的研究发现，在一系列条件下，不同算法得到的CO_2振动温度和冷却率符合较好，其差异分别小于$2\ K\cdot d^{-1}$和$0.5\ K\cdot d^{-1}$。鉴于算法之间的巨大差异，在绝大多数光学厚度和碰撞参数条件下，这些方法引起的偏差其实相对很小：如逐线法与谱带直方图模型之间的偏差，后者采用等效宽度的解析式计算辐射传输，以及迭代算法与矩阵求逆算法之间的偏差。特别是，在非平衡模型中，这些算法引起的差异比参数不确定性（如碰撞速率常数或振动能级之间的碰撞耦合方式）引起的差异小得多。研究发现，一些差异可能是由模型参数，如碰撞速率常数和谱线数据引入的，而不一定是辐射算法本身的原因。经过比较可以证实，这些近似方法在实际应用中具有足够的精度，复杂算法特别是逐线积分可能并不合理，尤其在速率系数存在显著不确定性时。不过，也有一些例外，如7.2节讨论的$CO_2(1)$能级，其布居数由中间层的辐射过程主导；还有就是火星和金星大气层中CO_2的布居数问题。

5.6 非平衡冷却率的参数化

高层大气动力学模型需要引入辐射加热和冷却，这一需求推动了快而准的非平衡辐射传输算法的发展。由于大气动力学模型计算量已经非常巨大，因此要求这些算法不额外增加过多的计算量。较早的参数化方法主要是非平衡对能级布居数和振动温度影响的研究方法的扩展。1973年，Dickinson提出了一种参数化方法，该方法以参考温度剖面的精确非平衡态计算结果$h(T_0)$为基础值，附加由牛顿冷却法求得的温度偏离引起的偏差，即

$$h(z)=h(T_0)+\frac{h(T_0+\delta T)-h(T_0)}{\delta T}(T-T_0) \tag{5.33}$$

其中$h(z)$为高度z处、温度为$T(z)$的冷却率，而δT是一个小的（~1 K）温度扰动。这种处理不能给出精确的结果。首先，牛顿冷却法只能合理地估计“冷却到空间”（见4.2.5节），因为它只考虑了当地大气层温度，忽视了层与层之间的交换，后者取决于

其他层的温度。此外，如类地行星大气中的 CO_2，当热普带的贡献显著时，其强烈的温度依赖性无法用线性牛顿法很好地表达。即使初始加热率由非平衡计算得到，也会引入进一步的误差。因为冷却不与热力学温度成正比，而是与发射能级的振动激发温度成正比。

在 5.2.1 节第 2 部分中讨论的“冷却到空间”近似，已广泛应用于类地行星大气中辐射冷却的诸多问题。它的优点在于简单且计算速度快，因为只包括一个局地项。然而，对于光学非常厚的谱带，或如火星和金星大气层涉及振动-振动过程时，它不能给出精确的结果。

开发的大多数参数化方法使用柯蒂斯矩阵公式，并应用于二能级跃迁中，其中柯蒂斯矩阵元，或更准确地说矩阵元中的传输项是参数化的。可以通过从预先给出的数据表插值或使用适当近似计算得到。一般情况下，并不是所有其他层都对某层的加热率有很大贡献，所以一些参数化方法试图优化在不同高度上应考虑的层数（或柯蒂斯矩阵元数）。还有一种柯蒂斯矩阵求逆方法，其中矩阵元通过随机带模式的相关 k 系数获得。

Apruzese 等发展的参数化方法与矩阵法完全不同。该方法对非平衡源函数采用二能级公式，辐射传输函数则使用二流法近似解，采取优化但固定的吸收系数迭代求解。

Kutepov 开发了与二阶逃逸概率近似非常相像的参数化方法。该方法将源函数积分方程（式（3.59））替换为近似的一阶线性微分方程，该方程将平均辐亮度的一阶导数 $\mathrm{d}\bar{L}_{\Delta\nu}/\mathrm{d}\tau$ 与源函数 $\mathrm{d}J/\mathrm{d}\tau$，以及“逃逸到空间”函数 $\mathrm{d}\mathcal{T}^*/\mathrm{d}\tau$（式（5.7））关联起来。

在寻求准确和高效的算法时，必须考虑如何将加热率参数化这一实际问题。例如，高度范围和网格间距，以及每个高度包含的参数数量都是变化的。在每个高度上，压强、温度以及组分丰度（如果大气混合不均匀）是必不可少的参数，对非平衡态还需要碰撞率参数。另外，还需要考虑如何设置从平衡态到非平衡态的切换“开关”，在非平衡区域，通常会采用不同方法。在某些情况下，有多个谱带产生冷却，还需要考虑不同谱带的源函数。“参考文献和拓展阅读”部分列出的文献，详细介绍了处理相关实际问题的不同方法。

5.7　柯蒂斯矩阵法

前面已将源函数或等效的高能态布居数，表示为普朗克函数、加热率和辐射传输问题中各种系数，辐射传输方程系统封闭。接下来推导最常见的实用方法之一——柯蒂斯矩阵法。柯蒂斯矩阵法将给定高度的加热率表示为其他层的源函数，以及所考虑大气区域的边界辐亮度，进而求解辐射传输问题。我们从二能级系统开始，随后将其扩展到多能级情况。

对分层大气，首先利用高度 z 的通解（4.2.5 节，式（4.64）和式（4.65）），通过向上和向下通量的差，推导向上净通量的表达式。在这些方程中，向上和向下通量表示为源函数、传输通量和边界条件，但式中不再出现辐亮度。下一步将用这些通量计算加热率。为方便起见，首先通过分步积分将透过率导数转换为源函数的导数，从式（4.64）和式（4.65），可以得到

$$\frac{F^{\uparrow}(z)}{\pi\Delta\nu}=J(z)+\left[\overline{L}_{\Delta\nu}^{\uparrow}(z_0)-J(z_0)\right]\mathcal{T}_F(z_0,z)-\int_{z_0}^{z}\mathcal{T}_F(z',z)\frac{\mathrm{d}J(z')}{\mathrm{d}z'}\mathrm{d}z' \tag{5.34}$$

以及

$$\frac{F^{\downarrow}(z)}{\pi\Delta\nu}=J(z)+\left[\overline{L}_{\Delta\nu}^{\downarrow}(\infty)-J(\infty)\right]\mathcal{T}_F(z,\infty)-\int_{z}^{\infty}\mathcal{T}_F(z,z')\frac{\mathrm{d}J(z')}{\mathrm{d}z'}\mathrm{d}z' \tag{5.35}$$

下一步是关于边界条件的一些实际考虑。下边界取在不透明大气层顶处，并假定为黑体，因此大气层底部的辐射是该处温度 T_g 的普朗克函数 $B(T_g)$。由于大多数大气红外谱带在对流层中都处于平衡态，其下边界源函数 $J(z_0)$ 可以用 $B[T(z_0)]$ 代替，这里 $T(z_0)$ 为下边界空气温度，并可能与 T_g 不同，尤其当 T_g 取地表温度时。由此，方程（5.34）可以重新写作

$$\frac{F^{\uparrow}(z)}{\pi\Delta\nu}=J(z)+\left[B(T_g)-B[T(z_0)]\right]\mathcal{T}_F(z_0,z)-\int_{z_0}^{z}\mathcal{T}_F(z',z)\frac{\mathrm{d}J(z')}{\mathrm{d}z'}\mathrm{d}z' \tag{5.36}$$

若 T_g 和 $T(z_0)$ 相等，则右边第二项消失。

考虑到求解传输问题时需要对（$N\times N$）量级的矩阵进行求逆（其中 N 为大气层的层数），有时会将下边界置于地表之上。由于低层大气是不透明的，并且低层大气不参与非平衡效应重要时的大气高度求解，因此提高下边界以减小层数 N 所导致的精度损失很小。

即使对于不完全符合前面假设的谱带，我们可能也希望减少大气层的层数。如果知道源函数在 z_0 以下的梯度，可以使用前面的解，并添加修正项

$$\left[\frac{\mathrm{d}J(z')}{\mathrm{d}z'}\right]_{z'<z_0}\int_0^{z_0}\mathcal{T}_F(z',z)\mathrm{d}z'$$

注意，如果 z_0 以下的源函数不随高度变化，式（5.36）也是有效的。

现在来考虑上边界。通常情况下并不预知大气顶部的源函数 $J(\infty)$，将积分限取到非常高的源函数为 0 的高度往往不切实际。然而，使用下式

$$
\begin{aligned}
C_{\downarrow} &= J(z_t)\mathcal{T}_F(z,\infty) - J(\infty)\mathcal{T}_F(z,\infty) + \int_{z_t}^{\infty}\mathcal{T}_F(z,z')\frac{\mathrm{d}J(z')}{\mathrm{d}z'}\mathrm{d}z' \\
&= \int_{z_t}^{\infty}\left[\mathcal{T}_F(z,z') - \mathcal{T}_F(z,\infty)\right]\frac{\mathrm{d}J(z')}{\mathrm{d}z'}\mathrm{d}z'
\end{aligned}
\tag{5.37}
$$

可以重新排列式（5.35），得到

$$
\frac{F^{\downarrow}(z)}{\pi\Delta\nu} = J(z) + \left[L_{\odot}(\infty) - J(z_t)\right]\mathcal{T}_F(z,\infty) + \int_{z}^{z_t}\mathcal{T}_F(z,z')\frac{\mathrm{d}J(z')}{\mathrm{d}z'}\mathrm{d}z' + C_{\downarrow} \tag{5.38}
$$

这里，将未知的 $J(\infty)$ 替换为 $J(z_t)$ 加上 $J(z)$ 在 z_t 以上的导数，并引入了修正项 $C_{\downarrow}$。这很有用，因为我们通常对 $J(z)$ 的导数比 $J(\infty)$ 本身有更好的了解。实际上，在热层中，源函数通常与普朗克函数有很大的偏离，而且对于大多数谱带几乎是恒定的，或者说在 120～140 km 甚至更高，源函数梯度很小。因此，对于许多跃迁，导数 $\mathrm{d}J(z')/\mathrm{d}z'$ 非常小，修正项 $C_{\downarrow}$ 可以忽略不计。另一种好用的方法是估计 $C_{\downarrow}$ 项，并假设在 z_t 以上，$\mathrm{d}J(z')/\mathrm{d}z'$ 等于 z_t 处的值。

一般情况中包括太阳辐射项，当然在夜间以及对于波长大于 5 μm 的大气跃迁带，太阳辐射的影响会逐渐消失。

接下来，如 Curtis 最初提议的那样进行数值积分，分别处理传输函数和源函数。该方法的基础是用间隔相等的大气层的和代替高度积分。将从 z_1 到 z_t 的大气划分为 $N-1$ 层，其几何高度均以 Δz 为间隔（图 5.6），任意高度 z 由 $z = z_1 + (i-1)\Delta z$ 和 $z' = z_1 + (j-1+\alpha)\Delta z$ 给出，$0 \leqslant \alpha \leqslant 1$。注意，图 5.6 中第 j 个高度表示向上（$z' < z$）和向下（$z' > z$）通量方程中，高度积分变量 z' 以下最接近 z' 的离散高度。用所有高度的求和来代替高度上的积分，第 i 个离散高度（即高度 z_i）处的向上通量可以写作

$$
\frac{F_i^{\uparrow}}{\pi\Delta\nu} = J(z_i) - \sum_{j=1}^{i-1}\int_0^1 \mathcal{T}_F(z_j + \alpha\Delta z, z_i)\frac{\mathrm{d}J(z_j + \alpha\Delta z)}{\mathrm{d}\alpha}\mathrm{d}\alpha \tag{5.39}
$$

如果间距足够小，可以假设相邻两层之间源函数线性变化，因此 $\mathrm{d}J/\mathrm{d}\alpha = J(z_{j+1}) - J(z_j)$（下面用 $J_{j+1} - J_j$ 简化表示）在积分限内可以假定为常数。定义

$$
\Gamma_{i,j} = \int_0^1 \mathcal{T}_F(z_j + \alpha\Delta z, z_i)\mathrm{d}\alpha, \quad i > j \tag{5.40}
$$

向上的通量方程化为

$$
\frac{F_i^{\uparrow}}{\pi\Delta\nu} = J_i - \sum_{j=1}^{i-1}\Gamma_{i,j}(J_{j+1} - J_j)
$$

或者，重新排列求和顺序，如下所示：

$$
\frac{F_i^{\uparrow}}{\pi\Delta\nu} = \Gamma_{i,1}J_1 - \sum_{j=2}^{i-1}(\Gamma_{i,j-1} - \Gamma_{i,j})J_j + (1 - \Gamma_{i,j-1})J_i \tag{5.41}
$$

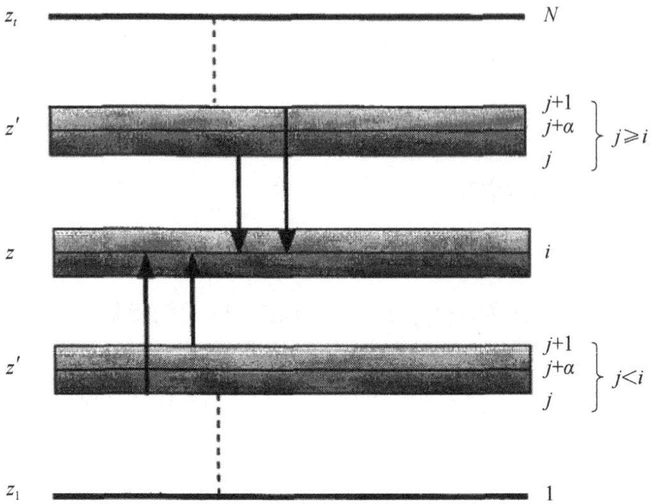

图 5.6　柯蒂斯矩阵法将大气分成等间距层

至于向下的通量，忽略校正项 $C_\downarrow$，可以得到

$$\frac{F_i^{\downarrow}}{\pi\Delta\nu}=\left(1-\Gamma_{i,i}\right)J_i+\sum_{j=i+1}^{N-1}\left[\Gamma_{i,j-1}-\Gamma_{i,j}\right]J_j+\left[\Gamma_{i,N-1}-\mathcal{T}_{F,\infty,i}\right]J_N+L_{\odot}\left(\infty\right)\mathcal{T}_{F,\infty,i} \tag{5.42}$$

这里 $\mathcal{T}_{F,\infty,i}$ 为从 i 层到大气层顶部的传输通量，$\Gamma_{i,j}$ 定义为

$$\Gamma_{i,j}=\int_0^1\mathcal{T}_F\left(z_i,z_j+\alpha\Delta z\right)\mathrm{d}\alpha,\quad j\geqslant i \tag{5.43}$$

第 i 层的加热率离散表达式从式（4.58）变为

$$h_i=-\frac{F_{i+1}-F_{i-1}}{2\Delta z}=-\frac{F_{i+1}^{\uparrow}-F_{i+1}^{\downarrow}-F_{i-1}^{\uparrow}-F_{i-1}^{\downarrow}}{2\Delta z} \tag{5.44}$$

i 的取值范围为 $2\sim N-1$。

将式（5.41）和式（5.42）代入式（5.44），加热率可以写作

$$h_i=\sum_j\mathcal{C}_{i,j}J_j+h_{l,i}+h_{u,i},\quad 2\leqslant i\leqslant N-1 \tag{5.45}$$

其中柯蒂斯矩阵的元素 $\mathcal{C}_{i,j}$ 仅取决于大气的传输特性，并由下式给出：

$$\mathcal{C}_{i,j}=\frac{\pi\Delta\nu}{2\Delta z}\left[\Gamma_{i+1,j-1}-\Gamma_{i+1,j}-\Gamma_{i-1,j-1}+\Gamma_{i-1,j}\right],\qquad 2\leqslant i,\ j\leqslant N-1 \tag{5.46}$$

从此方程中可以看出柯蒂斯矩阵元的含义。它们直接给出了 z' 层每单位源函数变化对应的 z 层的加热率。该方法在概念上类似于 4.2.5 节中描述的交换积分方法。柯蒂斯矩阵的对角元给出了“冷却到空间”项，对角线右边和左边的元素分别代表了与上层大气层和下层大气层的净交换。

$h_{l,i}$ 和 $h_{u,i}$ 分别为下边界和上边界的入射强度对第 i 层（$2\leqslant i\leqslant N-1$）大气的加热率的贡献，具体地，

$$h_{l,i}=\frac{\pi\Delta\nu}{2\Delta z}\left[\Gamma_{i=1,1}-\Gamma_{i+1,1}\right]J_1 \tag{5.47}$$

$$h_{u,i}=\frac{\pi\Delta\nu}{2\Delta z}\left[\left[\Gamma_{i+1,N-1}-\Gamma_{i-1,N-1}\right]J_N+\left[T_F\left(z_{i+1},\infty\right)-T_F\left(z_{i-1},\infty\right)\right]\left[L_{\odot}(\infty)-J_N\right]\right] \tag{5.48}$$

该方法中计算了高度范围为$2\sim N-1$的加热率h和源函数J。注意J_1出现在h_l的表达式中，而J_N出现在h_u的表达式中。J_1通常由下边界的普朗克函数给出。如果我们假设顶部的源函数梯度可忽略不计，则J_N可替换为J_{N-1}，或假设J的梯度为非零但值恒定，则可替换为$2J_{N-1}-J_{N-2}$。方程组求解完成后，底部(z_1)和顶部(z_t)的加热率通常采用外推计算得到。

Williams（1971）假定边界处的加热率为相邻层的线性外推，例如$h_1=\frac{1}{2}F_3-2F_2+\frac{3}{2}F_1$和$h_N=-\frac{3}{2}F_N+2F_{N-1}-\frac{1}{2}F_{N-2}$，但在求解系统之前，不考虑边界对$h_l$和$h_u$的贡献（除太阳辐射外）。因此，他考虑的是维度为$N\times N$，而不是$(N-2)\times(N-2)$的柯蒂斯矩阵。Williams 方法计算加热率效果通常很好，但是，因为柯蒂斯矩阵是线性相关的（第一行和最后一行是相邻行的组合），它没有唯一的逆。通过对柯蒂斯矩阵求逆，计算得到的源函数解是不稳定的，通常会得到一个快速振荡的源函数（Murphy，1985）。通过给出h_l和h_u的关系式来引入下边界和上边界条件，并使用维数为$(N-2)\times(N-2)$的柯蒂斯矩阵，从而避免了这个问题。

柯蒂斯矩阵中的透过率项不怎么依赖温度，因此加热率对温度的依赖性主要来自于源函数。这使得一旦得到标准温度剖面的柯蒂斯矩阵，就可以快速求解不同温度剖面的加热率。如果需要更高的精度，可以预先计算一组柯蒂斯矩阵。总的来说，这是一个有效、准确并且十分灵活的加热率计算方法。

大气中的加热率和冷却率主要由CO_2、O_3和H_2O谱带产生。这些谱带在中层和高层大气中变化不大。其他一些微量组分如NO，随季节和纬度有数量级的变化，但红外谱带光学很薄，其冷却率的计算不需求解完整的辐射传输方程，使用“冷却到空间”或总逃逸方法即可得到准确结果（见 5.2.1 节）。当然，柯蒂斯矩阵方法也可用于计算平衡态条件下的加热率，事实上，它最初就是为此目的推导出来的。

可以把加热率的表达式（5.45）写成矩阵形式

$$\boldsymbol{h}=\boldsymbol{\mathcal{C}}\boldsymbol{J}+\boldsymbol{h}_b \tag{5.49}$$

其中$\boldsymbol{\mathcal{C}}$为柯蒂斯矩阵，其维度为$(N-2)\times(N-2)$，且$\boldsymbol{h}$、$\boldsymbol{J}$和$\boldsymbol{h}_b=\boldsymbol{h}_l+\boldsymbol{h}_u$为分量从2到$N-1$的向量。该表达式将加热率和大气层中的源函数联系了起来。

源函数（式（3.61）或式（3.71））的方程表示为矩阵形式，有

$$\boldsymbol{J}=\boldsymbol{B}'+\boldsymbol{\mathcal{D}}\boldsymbol{h} \tag{5.50}$$

其中$\boldsymbol{\mathcal{D}}$为对角矩阵，维度也是$(N-2)\times(N-2)$，其对角线上的元素对应每个高度的

值（见式（3.63）或式（3.74）），$\boldsymbol{B}'$ 为范围 $2\sim N-1$ 的向量。因此，对于未知的 $\boldsymbol{h}$ 和 $\boldsymbol{J}$，线性方程组（5.50）和（5.49）封闭。求解方程组，即可得到

$$\boldsymbol{h}=\left(\mathcal{I}-\mathcal{C}\mathcal{D}\right)^{-1}\left[\mathcal{C}\boldsymbol{B}'+\boldsymbol{h}_b\right] \tag{5.51}$$

或者

$$\boldsymbol{J}=\left(\mathcal{I}-\mathcal{D}\mathcal{C}\right)^{-1}\left[\boldsymbol{B}'+\mathcal{D}\boldsymbol{h}_b\right] \tag{5.52}$$

其中 $\mathcal{I}$ 为单位矩阵。

最后，考虑多能级求解方法，其中包括 M 个振动能级、N 个振动跃迁带。为了更简单的讨论，首先考虑一个简化的情况，即 M 个振动能级，每个能级只有一个辐射跃迁带。在这种情况下，跃迁数量 N 等于能级数 M。然后，对于每个振动带给定一个辐射传输方程，对于第 n 个谱带，按照式（5.49），有

$$\boldsymbol{h}_n=\mathcal{C}_n\boldsymbol{J}_n+\boldsymbol{h}_{b,n} \tag{5.53}$$

同样，每一个源函数都对应一个统计平衡方程，第 n 个源函数以第 n 个振动能级作为其高能态。利用方程（3.85），源函数可以写作

$$\boldsymbol{J}_n=\boldsymbol{B}'_n+\mathcal{D}_n\boldsymbol{h}_n+\sum_{k=1(\neq n)}^{N}\mathcal{A}_{n,k}\boldsymbol{J}_k \tag{5.54}$$

上述情况对应一个由 N 个辐射传输方程和 N 个平衡方程组成的封闭系统，从中可以得到 N 个加热率和 N 个源函数。

现在考虑另外一种情况，一个给定的能级可以产生一个以上的辐射跃迁，因此加热率和源函数的数量（N）大于振动能级的数量（M）。除了方程数量更多之外（$N>M$），加热率公式（5.53）不受影响。现在考虑 M 个振动能级对应的每个源函数 $\boldsymbol{J}_m$。由于一个给定的振动能级产生多个跃迁，需要用几个源函数来区分它。通常考虑较强的能级跃迁。M 个振动能级的统计平衡方程（5.54）有以下形式：

$$\boldsymbol{J}_m=\boldsymbol{B}'_m+\mathcal{D}_m\boldsymbol{h}_m+\sum_{k=1(\neq m)}^{N}\mathcal{A}_{m,k}\boldsymbol{J}_k+\sum_{l=1(\neq m)}^{N}\mathcal{D}_{m,l}\boldsymbol{h}_l \tag{5.55}$$

其中最后一项考虑了额外的辐射跃迁，这里用 m 代替下标 n，以表示方程总数目为 $M(<N)$。

在上述情况下，式（5.53）中源函数 $(\boldsymbol{J}_n)$ 的数量 N 大于源函数 $\boldsymbol{J}_m$ 的方程（5.54）数量 M。为了使系统封闭，额外还需要 $N-M$ 个方程，这些由具有相同高能态的源函数之间的关系给出。也就是说，假设跃迁 m 发生在能级 k、j 之间，跃迁 n 发生在 k、i 之间，以及跃迁 p 发生在 j、i 之间（见图 5.7），则 J_n、J_m 和 J_p 是相关的，即

$$\frac{J_n}{J_m}=\frac{\nu_{0,n}^3}{\nu_{0,m}^3}\frac{c^2}{2h\nu_{0,p}^3}\frac{\gamma_m\gamma_p}{\gamma_n}J_p$$

其中 γ（诱导发射）因子定义为

$$\gamma_p \equiv \gamma_{ji} \equiv 1 - \frac{n_j g_i}{n_i g_j}$$

可以使 γ 因子比等于 1，而不明显降低计算精度。

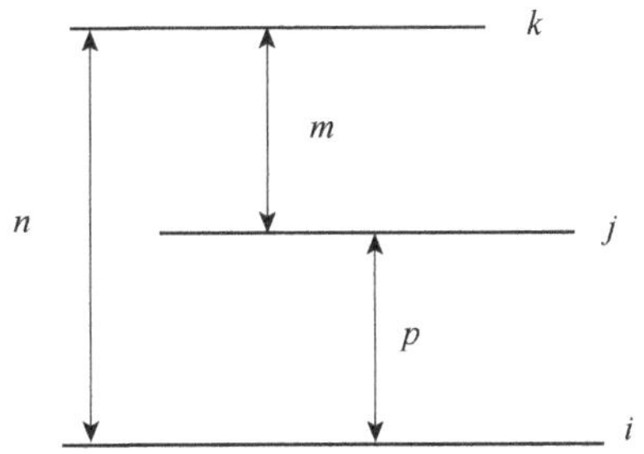

图 5.7　振动能级产生的跃迁

虽然这个方程组看起来很难求解，但实际上可以大大进行简化，因为并非所有的能级都是强耦合的。通常它们是一对一或至多一对二耦合。有时可以分离出能级的子集，子集内的能级之间是强耦合的，而与其他能级之间是弱耦合。这种子集的一个例子是同一振动模态不同能级之间的跃迁。利用这种方法，该系统通过几次迭代就可以求解，由于减少了方程数量，整个系统更容易求解。

当某些能级在能量上非常接近时，可以假设它们之间处于平衡态，而关于这些能级的辐射传输和统计方程组简化成一个。如有需要，这种节省计算量的方法，可以用来合并更大数量的方程组，例如那些包括更高能级的方程。比如，对于 O_3，我们将在第 7 章中看到，振动量子数高达 10 或更高的激发能级在大气中起作用。在其他情况下，如 CO_2 或 H_2O，很少有必要包括 υ 大于 3 或 4 的能级。

5.8　参考文献和拓展阅读

Curtis（1956）、Kuhn 和 London（1969）、Williams（1971）、Shved（1975）、Houghton（1986）、Kutepov 和 Shve（1978）、Shved 等（1978）、Wehrbein 和 Leovy（1982）、Murphy（1985）、Solomon 等（1986）、López-Puertas 等（1986 a，b）以及 Andrews 等（1987）文献使用了通量方法。Williams（1971）很好地描述了柯蒂斯矩阵方法。Kumer 和 James（1974）与 Kumer（1977a，b）使用了辐亮度方法；Wintersteiner 等（1992）对此作了清晰的描述。逃逸函数方法的详细描述见 Dickinson（1972），随后 Dickinson（1976，1984）使用了该方法。用柯蒂斯矩阵通量法（López-Puertas et al.，1986a，1986b，1998a）和辐亮度法（Wintersteiner et al.，1992）计算的冷却率的研究对比表

明这两种方法之间的差异非常小（López-Puertas et al.，1994）。

有关紫外辐射共振散射理论的详细描述，见 Holstein（1947）、Thomas（1963）、Strickland 和 Donahue（1970）、Finn（1971），以及 Strickland 和 Anderson（1977）。

Kumer 和 James（1974）提出了“带传输”函数表示的辐射传输法，计算了与 $N_2(1)$ 耦合的 $CO_2\left(0,0^0,1\right)$ 态的振动温度。Kumer（1977a）首次研究了白天大气中 CO_2 4.3 μm 和 15 μm 振动能级联合解。Kumer（1975，1977b）首次对 CO_2 能级随时间变化的统计方程进行了求解，包括碰撞和辐射传输过程。Winick 等（1988）使用 Kumer 方法研究了极光条件下 CO_2 红外辐射问题。

关于加速 lambda 迭代（ALI）方法在解决恒星大气多能级非平衡谱线形成问题中的应用，请参见 Kudritzki 和 Hummer（1990）、Rybicki 和 Hummer（1991）。应用 ALI 解决行星大气的多能级振动-转动非平衡问题可以在 Kutepov 等（1998）中找到。他们还比较了 ALI 方法与矩阵法。

Kutepov 等（1985）应用 Rybicki 公式研究了等温纯 CO_2 大气中 $CO_2\left(0,0^0,1\right)$ 的转动非平衡布居数。Kutepov 等（1997）应用 Rybicki 公式与 ALI 方法研究了 $CO(1)$ 的振动-旋转非平衡问题，Shved 等（1998）和 Ogivalov 等（1998）则用相同方法研究了 CO_2 振动能级的非平衡布居。

“扩散近似”法的描述可参考 Mihalas（1978）。Battaner 等（1982）和 Rodrigo 等（1982）将其应用于金星和火星大气中的 CO_2 辐射。

Wehrbein 和 Leovy（1982）、Fels 和 Schwarzkopf（1981）与 Haus（1986）报道了非平衡冷却率的参数化方法，其中所使用的柯蒂斯矩阵元素采用了参数化方法。Apruzese 等（1984）对非平衡源函数使用了二能级公式，对辐射传输方程使用了双流解。Zhu（1990）和 Zhu 等（1992）对 CO_2 15 μm 冷却率提出了一种基于柯蒂斯矩阵插值的参数化方法，其中柯蒂斯矩阵元素是从随机带模式的相关 k 系数计算出来的。

Kutepov（1978）、Kutepov 和 Fomichev（1993）基于一种非常类似于 Frisch 和 Frisch（1975）中描述的二阶逃逸概率近似的方法，发展了一种参数化方案。其中，采用递归公式计算加热率，Fomichev 等（1993，1998）后来应用递归公式计算了 CO_2 15 μm 带的加热率。Fomichev 等（1998）在其工作中详细综述了在大气平衡态和非平衡态条件下的不同算法。

Gordiets 等（1982）将基于“冷却到空间”方法的 CO_2 15 μm 带冷却率参数化，应用到地球高层大气中，Bougher 等（1986）将其应用到火星和金星的高层大气中。

引入柯蒂斯矩阵法的非平衡辐射传输参考文献，也可参考第 6 章和第 7 章的“参考文献和拓展阅读”部分。

第 6 章　地球大气的非平衡模型 I：CO_2

6.1　引言

第 3 章和第 5 章描述了非平衡问题的辐射传输理论，并概述了最重要的非平衡过程中所涉及的基本物理问题。接下来在本章中，将这些理论引入大气数值模型中，这些模型随后可用于计算各种重要分子的能级布居数及其红外光谱吸收和发射率。首先，扼要说明主要难点，并为发展非平衡布居数模型提供一些通用准则。随后，将在本章及第 7 章中，介绍最重要的大气分子模型。在这些物质中，我们最关注的是 CO_2，因为它是地球及其他类地行星（火星和金星）大气中最重要的辐射传输物质。本章描述地球大气中 CO_2 的非平衡模型，火星和金星大气中 CO_2 的非平衡模型将在第 10 章中讨论。第 7 章讨论其他微量大气成分的非平衡能级模型，第 8 章描述各种大气分子中非平衡的实验证据。

5.3 节阐述了求解非平衡问题的主要困难。通常，激发态的布居数取决于辐射场（反过来，辐射场取决于激发态的数密度），以及来自其他大气层的辐射发射，白天还取决于太阳辐照条件。激发态数密度的解，或者由辐射跃迁产生的加热或冷却的解，需要联立求解辐射传输方程和统计平衡方程组成的非线性方程组。

存在以下情况会导致求解异常复杂：

（1）大气内各层之间的辐射传输具有重要贡献；

（2）大气谱带的吸收系数随频率变化非常迅速，并且包括许多宽度和强度不等的谱线；

（3）有几种不同的非热过程影响分子振动能级布居数，必须同时考虑这些非热过程；

（4）振动能级之间有较强的碰撞耦合，要求同时求解较多数量的能级问题。

一般地，以上几种情况都存在。

学者们最感兴趣的通常是，那些星载传感器为获取大气信息而测量的发射谱带的非平衡能级布居数，或者那些对大气加热或冷却产生重要贡献的非平衡能级布居数。在这两种情况下，我们都需要掌握所涉及跃迁相对应谱线的强度、宽度和基态能量等信息。

已经有几个光谱数据库涵盖了大气光谱红外波段部分，其中著名的有 HITRAN、GEISA 和 ATMOS。这些数据库包含了大多数重要大气谱带的信息。GEISA 是法国专门为行星大气编制的，包括一些只在巨型行星大气中重要的气体组分，如氨。这些数据库都没有涵盖部分气体的极高能量的振动能级，例如 O_3 的 ν_1、ν_2、ν_3 和 $\nu_1+\nu_3$ 热谱带以及 NO_2 的 ν_3 热谱带。对于这种谱带，所需要的数据必须采用合适的设备在光谱学实验室中进行专门的测量，或者通过与其他有数据的热谱带进行类比来获得理论估计。对于计算非平衡而言，非常精确的谱线数据并不总是必要的，除非谱带非常强。特别是上面提到的 O_3 和 NO_2 热谱带，尽管光谱数据并不是很准确，但这只给非平衡布居数带来了很小的不确定性。然而，计算它们发出的辐射光谱需要较高的精度，以便与测量结果进行比较，特别是当测量结果具有高分辨率时。

大多数计算还需要输入较低能态的数密度。对于基态跃迁，这就相当于知道该组分的数密度。对于某些分子，如 O_3 和 NO_2，通过化学反应生成时处于振动激发态，必须计算其初始浓度。例如，O_3 通过化学反应 $O_2+O+M\rightarrow O_3(\upsilon)+M$ 合成时处于振动激发态。由于 O_3 和 O 在中间层处于光化学平衡状态，它们的浓度不是相互独立的，在使用不同模型或数据库时，必须注意 O 和 O_3 的丰度，它们可能不完全自洽。模拟 $NO_2(\upsilon_3)$ 和 $NO(1)$ 布居数时，对 NO、O_3 和 NO_2 的浓度也是如此（见第 7 章）。

大多数情况下可以假设热力学温度已知，尤其是当我们研究非平衡布居数时。通常而言，热力学温度来源于与非平衡辐射测量同时进行的温度测量数据，在理论研究中则通过大气模型得到。另一方面，对于火星和金星的大气，已经开发了非平衡模型，并将其与能量平衡方程耦合，以给出辐射平衡温度剖面（见第 10 章）。

下一步将考虑哪些辐射和/或碰撞过程促使所关注的大气区域偏离平衡态。首先考虑辐射过程，当然必须考虑自发发射，其爱因斯坦系数可以从光谱数据中得到（见式（3.46））。如下所述，大多数情况下诱导发射可以忽略。

接下来，需要估计大气层之间的辐射交换是否重要。我们已经在第 5 章中看到，如果必须包含大气层之间的辐射交换，会极大地增加模型的复杂性。在某些情况下，例如，对于辐射源为太阳泵浦的弱谱带，可以忽略大气层之间的辐射交换。在其他情况下，这可能非常重要，例如来自温暖的对流层的能量被中间层的弱带吸收。

出于同样的原因，下边界的定义也很重要。它必须位于足够低的高度，以便满足柯蒂斯矩阵方法所要求的平衡态假设。对于给定分子，其非平衡模型通常会包含数个谱带，包括弱带和同位素带。一般地，这些弱带在下边界光学薄，它们通常决定了下边界的位置。一般来说，对流层顶附近足够低，可作为边界。

模型中，还需要输入所考虑谱带的光谱区域内，下边界处向上辐射通量（对流层通量）。这对光学较薄的弱带和同位素带尤其重要，它们在中间层的高能级布居数受到对流层通量的强烈影响。对于这类问题，应该考虑对流层中的所有吸收物质并通过逐线辐射程序精确计算。对流层通量取决于许多参数，如水的浓度、云的覆盖率和温度。利用卫星上的仪器测量的地表温度、云层对天空的覆盖度和云顶温度数据，可以得出对流层通量。这种通量通常用有效温度表示（见 4.2.4 节），即具有同等温度的黑体在关注的频率范围内产生的向上通量。7.2.1 节给出了一个 CO(1-0) 4.7 μm 带的例子。

接下来，我们考虑那些可能影响待求能级布居数的碰撞过程，并区分热碰撞和振动-振动（V-V）碰撞。热碰撞即振动-平动或 V-T 过程，其中大部分振动内能转换为平动能，或从碰撞分子中获取的平动能转化为振动能。V-V 碰撞中，碰撞分子间的能量交换中重要的一部分是内能间的交换。相对少见的，也可能有其他碰撞过程，在这些过程中，内能以电子能量形式转移，或在化学反应中分子生成时释放。对于许多碰撞过程，其速率系数以及在某些情况下的效率不是很清楚，这往往是所有非平衡布居数计算不确定性的主要原因。

最后，还必须考虑一个分子能态与另一个相同或不同分子的不同能态间的耦合。这在考虑多原子分子如 CO_2、O_3 时尤其重要。只有极少数情况下，模型中只有一个能态，这通常是双原子分子模型，例如 NO(1)。

6.2　有用的近似

很明显，非平衡辐射传输模型的计算是一项艰巨的任务，需要尽可能地进行近似。常见的假设包括：忽略诱导发射，假定转动平衡，将能量非常接近的能级分组成可视为单个能级的共振集，以及忽略不同谱带谱线之间的重叠。这些将在下文进一步讨论。

6.2.1　诱导发射

通常的问题不需要处理比最长的 CO_2 谱带（或大约 15 μm）长得多的波长，对于典型的大气温度，该波长诱导辐射最多只占源函数的百分之几。忽略诱导发射简化了跃迁高、能态低的布居数比率，以及相应的源函数（参见 3.6.3 节和下文）。

6.2.2 转动平衡

通常假定给定振动能级下，转动能级处于平衡态，因为它们的能量分隔非常小，几乎不需要碰撞就能维持玻尔兹曼分布。不过，在非常高的大气高度上也存在一些例外情况。Kutepov 等（1991）研究表明，当假定转动平衡时，金星大气顶部附近的 $CO_2\left(0,0^0,1\right)$ 振动能级数量可能被高估 20%。Kutepov 等（1997）还发现，在地球夜间和白天大气条件下，转动非平衡对约 110 km 和 140 km 以上的 $CO(1)$ 能级的数量有显著影响。在日间，地球大气热层约 120 km 以上，$NO(1)$ 能级和大多数 OH 振动能级开始展现出转动非平衡行为。除了这些例外情况，在大气非平衡模型中采用转动平衡一般是可以谨慎接受的。转动非平衡将在 8.9 节详细讨论。

6.2.3 共振能级

有些能态能量非常接近，相互之间耦合非常快。例如，CO_2 的费米共振态 $\left(0,2^0,0\right)$ 和 $\left(1,0^0,0\right)$，与 1335 cm^{-1} 附近的中间能级 $\left(0,2^2,0\right)$ 相距约 100 cm^{-1}。它们之间的耦合是通过 CO_2 与最丰富大气成分（地球上是 N_2 和 O_2，火星和金星上是 CO_2 本身）之间的 V-T 碰撞实现的。在这种情况下，可以假设它们的布居数处于相对平衡，并将它们等效为具有适当统计简并度的单个能级；对于 $(0,2,0)$，简并度为 4。同样需要注意，这一假设在海拔很高时可能不完全有效，特别是在白天，$\left(0,2^0,1\right)$ 和 $\left(1,0^0,1\right)$ 会受到太阳泵浦作用，而 $\left(0,2^2,1\right)$ 不会。

该假设可适用的其他能级包括位于 2000 cm^{-1} 附近的 $CO_2\left(0,3^1,0\right),\left(1,1^1,0\right)$（费米共振）和 $\left(0,3^2,0\right)$ 能级，它们可以被视为一个等效能级 $(0,3,0)$，其统计简并度为 6。考虑到它们能量间隔小（约 40 cm^{-1}），以及在与 N_2 和 O_2 碰撞时能量交换快，碰撞速率在 120 km 高度仍大到足以维持平衡，因此，这种假设不会带来重大偏差（至少在热层以下时）。再者，2650 cm^{-1} 附近，产生弱 15 μm 第三热谱带的 6 个能态 $\left(0,4^0,0\right)$、$\left(0,4^2,0\right)$、$\left(1,2^0,0\right)$、$\left(0,4^4,0\right)$、$\left(1,2^2,0\right)$ 和 $\left(2,0^0,0\right)$（表 6.1 中的 9～14 能级），可以假设处于相对平衡，等价为能级 $(0,4,0)$，简并度为 9。

6.2.4 谱线重叠

在非平衡模型中，需要对谱带进行积分，来评估辐射传输对高能级布居数的贡献，由于每个跃迁或谱带具有不同的非平衡源函数，因此单独计算，包括使用带模式或逐线积分程序在谱带上进行频率积分，以计算大气层之间的透过率（即柯蒂斯矩阵元素，参见 6.3.3 节第 1 部分）。6.3.3 节第 1 部分描述的 CO_2 模型中，给出了一种直方图准逐线方法，它对 CO_2 谱带非常高效、快速和准确。准逐线方法假设各条谱线互不重叠，在低压非平衡区域，谱线的展宽要比谱线间距小得多，这是一个很好的近似。然而对于某些跃迁，如 CO(1-0)，为了计算出准确的非平衡布居数（见 7.2 节），有必要使用考虑谱线重叠的逐线积分程序。虽然这涉及更多的计算，但当处理同一谱带内的谱线重叠时，并不会成为一个问题。

难度较大的是不同谱带的谱线之间存在重叠。由于每个谱带的源函数不同，因此有必要计算每个精细网格频率点的辐射传输方程。到目前为止，还没有开发出非平衡模型来解决这个艰巨的计算任务。

6.3　二氧化碳（CO_2）

CO_2 是大气辐射传输中最重要的分子。同时 CO_2 也是一个揭示大气辐射传输机理很好的例子，它有许多振动能级，其布居数在较宽的大气区域上相互依赖，需要一个复杂的模型。这里要介绍的模型自 1984 年开始开发，2001 年已经扩展到将近 100 个能级（表 6.1[①]）。其他的 CO_2 模型参考资料可以在本章末尾的“参考文献和拓展阅读”部分找到。

表 6.1　CO_2 的振动能态

序号	同位素	能级‡	能级§	能量/cm^{-1}	序号	同位素	能级‡	能级§	能量/cm^{-1}
1	626	01^10	01101	667.380	12	626	04^40	04401	2671.717
2	626	02^00	10002	1285.409	13	626	12^20	12201	2760.725
3	626	02^20	02201	1335.132	14	626	20^00	20001	2797.136
4	626	10^00	10001	1388.185	15	626	01^11	01111	3004.012
5	626	03^10	11102	1932.470	16	626	02^01	10012	3612.842
6	626	03^30	03301	2003.246	17	626	02^21	02211	3659.273
7	626	11^10	11101	2076.856	18	626	10^01	10011	3714.783
8	626	00^01	00011	2349.143	19	626	03^11	11112	4247.705
9	626	04^00	20003	2548.367	20	626	03^31	03311	4314.913
10	626	04^20	12202	2585.022	21	626	11^11	11111	4390.629
11	626	12^00	20002	2671.143	22	626	00^02	00021	4673.320

① 本书采用 Herzberg 符号表示振动能级，尽管表中也给出了目前广泛使用的 HITRAN 符号以方便读者参考。振动能级用 υ 表示，例如，振动模态为 $\upsilon_1,\upsilon_2,\upsilon_3$ 的激发能级表示为（$\upsilon_1,\upsilon_2,\upsilon_3$）。当只提到一种模态时，我们假设其他振动模式中没有激发，例如，υ_3 能级相当于（$0,0,\upsilon_3$）能级，而对于“υ_2 能级”，指的是（$0,n\upsilon_2,0$）能态，n=1,2,3, …。了解更多关于振动能级及其产生的谱带的术语，可参考附录 C 。

续表

序号	同位素	能级‡	能级§	能量/cm^{-1}	序号	同位素	能级‡	能级§	能量/cm^{-1}
23	626	04^01	20013	4853.623	50	636	04^01	20013	4748.063
24	626	04^21	12212	4887.990	51	636	04^21	12212	2770.976
25	626	04^41	04411	4970.930	52	636	04^41	04411	4832.437
26	626	12^01	20012	4977.840	53	636	12^01	20012	4887.385
27	626	12^21	12211	5061.780	54	636	12^21	12211	4983.834
28	626	20^01	20011	5099.600	55	636	20^01	20011	4991.353
29	636	01^10	01101	648.478	56	628	01^10	01101	662.373
30	636	02^00	10002	1265.828	57	628	02^00	10002	1259.426
31	636	02^20	02201	1297.264	58	628	02^20	02201	1325.141
32	636	10^00	10001	1370.063	59	628	10^00	10001	1365.844
33	636	03^10	11102	1896.538	60	628	03^10	11102	1901.737
34	636	03^30	03301	1946.351	61	628	03^30	03301	1988.328
35	636	11^10	11101	2037.093	62	628	11^10	11101	2049.339
36	636	00^01	00011	2283.488	63	628	00^01	00011	2332.113
37	636	04^00	20003	2507.527	64	627	01^10	01101	664.729
38	636	04^20	12202	2531.679	65	627	02^00	10002	1272.287
39	636	12^00	20002	2595.759	66	627	02^20	02201	1329.843
40	636	04^40	04401	2643.062	67	627	10^00	10001	1376.027
41	636	12^20	12201	2700.264	68	627	03^10	11102	1916.695
42	636	20^00	20001	2750.597	69	627	03^30	03301	1995.352
43	636	01^11	01111	2920.239	70	627	11^10	11101	2062.099
44	636	02^01	10012	3527.738	71	627	00^01	00011	2340.014
45	636	02^21	02211	3580.750	72	638	01^10	01101	643.329
46	636	10^01	10011	3632.910	73	638	00^01	00011	2265.971
47	636	03^11	11112	4147.232	74	638	01^11	01111	2807.709
48	636	03^31	03311	4194.707	75	637	01^10	01101	645.744
49	636	11^11	11111	4287.698	76	6370	00^01	00011	2274.088

注：‡Herzberg 符号，§HITRAN 符号。

图 6.1 给出了 CO_2 主同位素（626）①在 15 μm、10 μm、4.3 μm 和 2.7 μm 的振动能级和最重要的跃迁。图中还列出了 N_2 和 O_2 的第一振动能级和水蒸气的弯曲振动模态。如引言中所述，现在完整地描述该模型的输入参数。

6.3.1 采用参考大气

参考大气定义了求解非平衡布居数所需的温度分布和大气成分条件，可以是一些特定条件如极地冬至或全球的平均值，或者一些特定的实验条件，这些实验中的测量是研究分析所关注的。下面将给出一些具体例子（6.3.6 节）。

含量丰富的分子，如 N_2 和 O_2，本身并不具有红外活性，但它们在热化振动能量

① 同位素的表示法由每个原子的原子量的最后一位组成，例如 CO_2 626 表示 $O^{16}C^{12}O^{16}$，636 对应 $O^{16}C^{13}O^{16}$，628 对应 $O^{16}C^{12}O^{18}$，以此类推。

和通过 V-V 碰撞交换量子方面非常重要，因此必须考虑进来，否则会得到错误的布居数。O_2 也会对 H_2O 和 CH_4 振动能级的布居数产生很大影响（见第 7 章）。

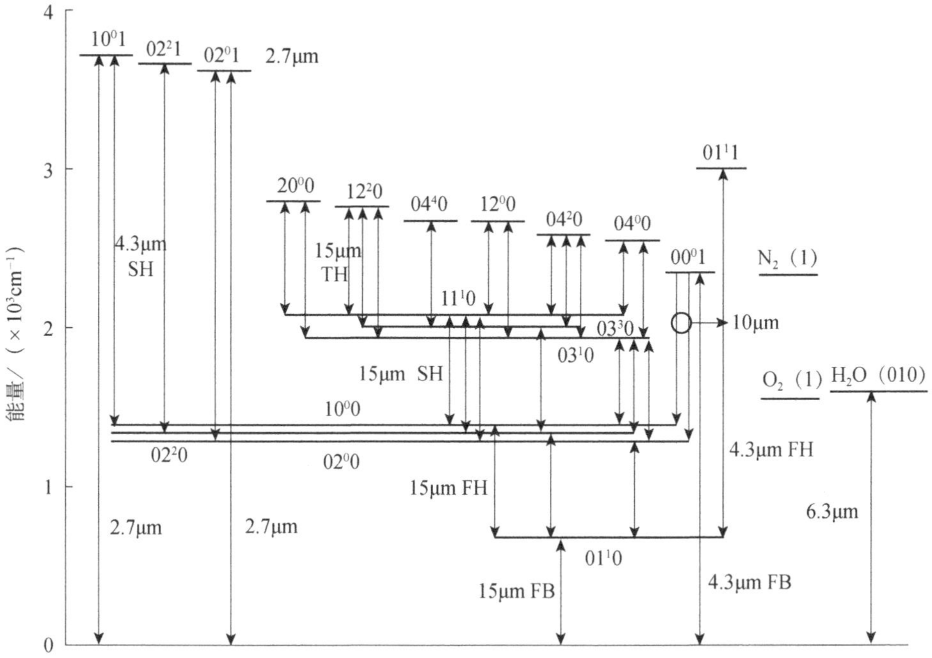

图 6.1　CO_2 主同位素的振动能级（能量低于 2.7 μm）和跃迁，以及 N_2、O_2 和 H_2O 的第一振动能级。SH：第二热谱带；FH：第一热谱带；FB：基频带

如果我们只对 CO_2 布居数感兴趣，例如在计算加热率和冷却率时，则可以忽略数量较少的组分，尽管它们也可能有发生显著能量转移的能级和路径，但由于这两个组分之间的碰撞相对较少，因此对 CO_2 的净影响将很小。显然，反之则不然：如果我们想计算由痕量组分如 CO（举一个重要例子）发出的辐射，则必须考虑与相对丰富的组分如 CO_2 之间的量子交换（见 7.2 节）。

原子氧是另一个必须考虑在内的组成部分，因为它在激发和去激发振动能级方面是一个非常有效的碰撞对象，特别是在中间层顶之上。还需要某些激发态组分的丰度，特别是 $O(^1D)$ 和振动激发 $OH(\upsilon\leqslant9)$，它们激发了 CO_2 的一些振动能级，下文将进一步讨论。最后，我们当然还需要 CO_2 本身基态的丰度。组分丰度可以从参考大气数据库、组分模型的输出或测量中获得。第 1 章中的图 1.4 给出了中层大气中最重要大气组分的典型体积混合比（VMR）剖面。一些 CO_2 VMR 分布如图 8.32 所示。

垂直温度结构对于非平衡模型也是同等重要的输入。对于较平衡态偏差很小的区域，各能态布居数将在很大程度上取决于温度分布（见 6.3.6 节）。在分析非平衡观测数据时，这一点很重要，因为需要同时测量热力学温度，以准确计算发射能级的布居数。理论研究中，常对不同模型温度廓线进行迭代计算，以探索非平衡布居数对热力学温度的依赖性。

对于下文中的非平衡计算，N_2、O_2 和 H_2O 的丰度取自美国标准大气（见图 1.4），以及 Rodrigo 等（1991）给出的白天和夜间原子氧和臭氧浓度。当需要 $O(^3P)$ 丰度的纬向变化时，例如研究 $CO_2(0,1^1,0)$ 振动温度的纬向变化，我们使用 Rees 和 Fuller-Rowell（1988）模型预测值，但在 80～93 km 海拔范围内拟合成 Thomas（1990）的全球测量结果。其他中性组分的浓度数据引自 Rodrigo 等（1986）。

温度廓线引自 COSPAR 国际参考大气 CIRA 86 （Fleming et al.，1990）。对于"正常"模型，使用赤道 12 月的剖面，对于"极端"大气温度剖面，使用南纬 80°和北纬 80°的剖面。

从模式中得到的大气组分、温度，以及振动激发态的非平衡布居数的垂直结构通常划分为 60～120 层，每层的厚度通常在 1～2 km 之间。

6.3.2 边界层

尽管非平衡在平流层顶以下基本不重要，至少对于含量较高的气体，它的较强的基频带不重要，但有时模型的下边界需要延伸至地表。在处理大量从对流层发射的向上辐射通量，然后被平流层和中间层吸收的情况时，这种情况最常出现。此外，当处理弱带和同位素带光谱区域的太阳辐射（例如 CO_2 4.3 μm 和 2.7 μm），以及考虑化学反应时（例如 O_3、NO 和 NO_2 带），向下延伸可能是重要的。

上边界设定在光学非常薄的高度，通常在 120 km 或更高的低热层，这取决于所处理的分子种类。对于 CO_2 15 μm 和 4.3 μm 谱带以及 NO 5.3 μm 谱带，通常分别延伸到 160 km 或 200 km。对于其他含量较低的组分，例如 HNO_3，100 km 甚至更低就已足够。

在设置上边界时，应该引入一个近似，以考虑上层大气的影响。这一点很重要，例如在计算太阳辐射的吸收（其中应该包括上边界以上大气对太阳通量的吸收）和计算热冷却率时，特别是在火星和金星等接近纯 CO_2 大气中。忽略上边界以上的大气会导致过高估计上边界附近的冷却率。

6.3.3 辐射过程

表 F.1 列出了对 CO_2 布居数有重要影响的 CO_2 振动能级之间的跃迁，以及谱带的中心频率和强度。最重要的谱带为 15 μm、4.3 μm 和 2.7 μm 的发射谱带。给出独立线强的数据库（HITRAN，GEISA 或 ATMOS），还列出了辐射传输计算中需要的

Lorentz 线形宽度及其与温度的关系，形式如下：

$$\alpha_L(T)=\alpha_L(T_0)(T_0/T)^n$$

其中 T_0 为参考温度，通常为 296 K。

对于表 F.1 中的所有谱带，都包括自发发射，根据光谱数据库和式（3.46）可计算得到爱因斯坦系数。除表中标记为非常弱的谱带外，所有谱带的层与层之间的辐射交换，都使用修正的柯蒂斯矩阵方法（5.7 节）处理。模型的下边界设为 9 km。正如前面提到的，对流层辐射通过辐射传输对激发中间层高度的分子很重要。将模型下边限假设为某个温度的黑体，以考虑对流层辐射的影响。

1. 柯蒂斯矩阵的求解

层与层之间的辐射传输是非平衡计算中最烦琐的项，柯蒂斯矩阵元素计算占用了大部分机时。如前所述，这些元素实际上是传输通量的二阶差分。它们可以通过数值积分显式计算，例如，使用逐线算法对在频率 ν 有贡献的所有谱线求和（4.3.1 节），或者采用上述各种近似后进行更快捷的计算，具体如下所述。

准逐线直方图算法将所有谱线根据线强分组以减少等价谱线的数量，对频率进行数值积分，因此它是一种逐线算法。根据线强的对数值，将谱带的谱线分组到方框里，通常每十倍线强有五个方框。这样，假设第 j 个方框中的所有谱线都等价于相等的谱线，强度为 $S_j=\sum_i S_i/N_j$，Lorentz 半宽为

$$a_{L,j}^{1/2}=\frac{\sum_i\left(S_i a_{L,i}\right)^{1/2}}{\sum_i S_i^{1/2}}$$

Doppler 半宽为

$$a_{D,j}=\frac{\sum_i S_i a_{D,i}}{\sum_i S_i}$$

在这些表达式中，对 i 的求和需要遍历第 j 个网格中的所有谱线。每个区间的等效宽度（或透过率），通过对方框表示的等价 Voigt 线形积分来计算。在这些“等价的”或直方图线上的频率积分采用数值方法开展（相对精度为 10^{-4}），可以逐线进行（适合于强谱带），也可以使用 Rodgers 和 Williams（1974）的快速近似方法（更适合于较弱谱带）。

无论对所有谱线在频率上的积分采用精确的还是近似的方法，都必须注意线强和线宽的温度依赖性。线强通过振动和转动配分函数以及低能态布居数（3.6.3 节式（3.34））依赖于温度。对于热谱带，线强对温度的依赖性可能非常重要，因为跃迁低能态的布居数对温度非常敏感，尤其是处于非平衡时。

使用 Curtis-Godson 方法（见 4.3.9 节），可大致包括大气路径上的线强和线宽系

数的变化。在进行直方图处理后，预先计算一组温度下的等效线强和线宽系数，通常为 100～1000 K 范围内间隔为 10 K 的温度集。通过计算路径的质量加权值，可以得到精度满足使用要求的有效温度。计算每个线强区间的等效均匀光路的平均吸收物质量和热力学温度，而不是计算整个谱带的平均吸收量和动力温度，可以更准确、更真实地包含每个谱带内的转动谱线随温度的分布。

通过使用随机带模型（4.3.6 节），可以大致囊括同一谱带的谱线之间的重叠。其中，通过式（4.90）计算该谱带的光谱平均透过率

$$\mathcal{T} = \exp\left(-W/\Delta\nu\right)$$

其中 $W = \sum_j W_j, W_j$ 为谱带第 j 个区间的等效宽度（可认为与其他区间无关），$\Delta\nu$ 为谱带的实际宽度。随机带模型给出了 $CO_2\left(\upsilon_2,\upsilon_3\right)$、$CO(1)$ 和 $H_2\left(0,1^1,0\right)$ 能态的振动温度，与逐线算法相比，精度可达 $1\sim2\ K(\sim1\%)$。

最后，可以使用高斯积分格式或简单扩散近似（4.4 节），对天顶角 θ 或 $\mu=\cos\theta$ 积分计算传输通量。与精确积分相比，可以发现四点高斯积分 CO_2 振动温差小于 0.5 K。

2. 太阳光吸收

CO_2 通过吸收波长为 2.0 μm、2.7 μm 和 4.3 μm 的太阳辐射而增加 $\left(0,0^0,1\right)$ 能级和 $\left(\upsilon_1,\upsilon_2,1\right)$ 组合能级的分子数量，包括次同位素 636、628 和 627 的这些能态的分子数；并通过 CO_2 4.3 μm 和 2.7 μm 谱带产生显著的加热率。由于 $CO_2\left(0,0^0,1\right)$ 的振动能传，$CO_2\left(0,2,0\right)$ 和 $CO_2\left(0,3,0\right)$ 能级也受到泵浦作用。如果要使模型在日间条件下有效，所有这些都要考虑在内。

在本模型中，对于波长小于或等于 4.3 μm，跃迁低能态能量等于或小于(0,2,0)的谱带，需要考虑太阳辐射。表 F.1 列出了这些谱带。由于次同位素的激发态数量相对较少，这些能级对太阳辐射的吸收非常小或可以忽略不计，因此大多数谱带都没有考虑太阳辐射。

对 CO_2 分子在给定能级通过吸收给定谱带辐射而激发的速率（以分子每立方厘米每秒为单位）等于谱带内太阳通量的减少率，可通过式（4.22）在 ν 上的积分，并除以谱带能量获得。对于较高的太阳天顶角（ χ ），必须考虑大气的球形特征（4.2.3 节）。速率通常以每主同位素基态分子表示，在处理热谱带和同位素带时，必须注意实际吸收分子的数密度。为了计算热谱带的吸收，需要知道低能态的非平衡布居数，这可能需要进行不考虑太阳吸收的首次迭代计算（见 5.4.3 节）。对于一些较低能级，实际上可以给出相当准确的结果。

最后，这些计算需要了解近红外波长的太阳通量。常见数据来源有 Thekaekara（1976）的论文和 Kurucz 模型（参见“参考文献和拓展阅读”部分）。

6.3.4　碰撞过程

影响 CO_2 能级的碰撞过程明显都是局地的，即它们只在碰撞发生的高度进入统计平衡方程。下面将考虑三类碰撞：同质碰撞；异质碰撞或涉及原子氧等不稳定物质的特殊情况；以及存在两类能量交换的碰撞过程，即振动-平动 (V-T) 和振动-振动 (V-V) 碰撞。

同质碰撞是指化学性质相同的分子之间的碰撞，但不一定是相同的同位素或相同的能量状态。地球大气中重要的碰撞为包含 CO_2 的碰撞。异质碰撞，即不同分子之间的碰撞中，最重要的是那些在能级上接近的分子之间的碰撞，这些碰撞可有效地产生量子交换，例如 $CO_2\left(0,0^0,1\right)$ 和 $N_2(1)$，$H_2O\left(0,1^1,0\right)$ 和 $O_2(1)$ 等，如图 6.1 所示。

一些不稳定的物质，如基态和激发态原子氧 $\left(O\left({}^3P\right)\right.$ 和 $\left.O\left({}^1D\right)\right)$，以及振动激发的羟基自由基，在直接或间接通过 $N_2(1)$、激发或去激发 CO_2 的一种或多种振动态时非常有效。因此，尽管丰度相对较小，但它们是所有非平衡模型中的重要组分。我们可以从一个单独的（同时也是复杂的）辐射化学模型中获得这些物质的浓度，进而评估它们对 CO_2 布居数的影响。许多文献以图表形式给出了不同条件下的结果，通常表示为纬度和太阳天顶角的函数，也可通过二维和三维化学动力学模型输出给出。

表 6.2 中总结了影响 υ_2 和 υ_3 能级的碰撞过程，以及它们与温度相关的速率系数的值或估计值。请注意，这些过程有许多是可逆的；给出的速率为正向速率，逆向速率可根据细致平衡原理从正向速率计算得到（见式（3.54））。

CO_2 与丰度较高的物质 N_2、O_2 和 $O\left({}^3P\right)$ 之间的热碰撞，对 $CO_2\left(0,\upsilon_2,0\right)$ 能态布居数的贡献由表 6.2 中过程 1 和 2 所表示。在所有可能的振动-平动交换中，只有那些能量交换较小的，即涉及单个量子跃迁的需要保留，因为它们的可能性相对较高。这些过程也解释了 CO_2 同位素 636、628 和 627 与同一种物质碰撞时的振动-平动弛豫。大多数速率常数的测量都是针对主同位素的，因此这些速率常数的测定非常准确，一般文献也会给出。对于次同位素，必须采取合理的假设，即它们的反应速率与主同位素的类似过程相同。

过程 1 驱动中间层顶附近及以下的 υ_2 能级布居数，而 $CO_2\left(\upsilon_2\right)$ 能级与原子氧的碰撞决定其在约 100 km 以上的布居数。过程 1 的速率系数已得到广泛验证，过程 2 的速率系数不确定度约为 400%（见 6.3.6 节第 4 部分）。

CO_2 中一个相当重要的过程为不对称伸缩向弯曲，或 υ_3 量子向 υ_2 量子的转移。这种量子转移发生在 $CO_2\left(0,0^0,1\right)$ 与 N_2 和 O_2 的碰撞（过程 3 和 4）中。其中最大的

表 6.2　影响 CO_2 振动能级的主要碰撞过程

序号	过程	速率系数†	参考文献
1	$CO_2^i(\upsilon_2)+M(N_2,O_2)\rightleftharpoons CO_2^i(\upsilon_2-1)+M$	$(\upsilon_2=1)9.6\times10^{-16}\exp(-8.08A+1.85B)$ $(\upsilon_2=2)1.24\times10^{-14}(T/273.3)^2$ $(\upsilon_2=3)(3/2)\times k_1(\upsilon_2=2)$ $(\upsilon_2=4)(9/4)\times k_1(\upsilon_2=2)$	Allen 等（1980） Taine 和 Lepoutre（1979） López-Puertas 等（1998a） López-Puertas 等（1998a）
2	$CO_2^i(\upsilon_2)+O(^3P)\rightleftharpoons CO_2^i(\upsilon_2-1)+O(^3P)$	$3.0\times10^{-12}(T/300)^{1/2}$	López-Puertas 等（1992b）
3	$CO_2^i(\upsilon_3)+N_2\rightleftharpoons CO_2^i(\upsilon_2=2,3,4)+N_2$	$2.2\times10^{-15}+1.14\times10^{-10}\exp(-76.75/T^{1/3})$	López-Puertas 等（1986a,b）
4	$CO_2^i(\upsilon_3)+O_2\rightleftharpoons CO_2^i(\upsilon_2=2,3,4)+O_2$	$2.3\times10^{-15}+1.54\times10^{-10}\exp(-76.75/T^{1/3})$	López-Puertas 等（1986a,b）
5	$CO_2^i(\upsilon_3)+O(^3P)\rightleftharpoons CO_2^i(\upsilon_2=2,3,4)+O(^3P)$	$2\times10^{-13}(T/300)^{1/2}$	López-Puertas 等（1986a,b）
6	$CO_2^i(001)+CO_2^i\rightleftharpoons CO_2^i(020)+CO_2^i(010)$	$3.6\times10^{-13}\exp(-1660/T+176948/T^2)$	Lepoutre 等（1977）
7	$CO_2^i(001)+O_2\rightleftharpoons CO_2^i(010)+O_2(1)$	$3\times10^{-15}(1+0.02(T-210))$	Houghton（1969）
8	$CO_2^i(\upsilon_2)+CO_2^j(\upsilon_2')\rightleftharpoons CO_2^i(\upsilon_2-1)+CO_2^j(\upsilon_2'+1)$	1.2×10^{-11}	Huddleston 和 Weitz（1981）， Orr 和 Smith（1987）
9	$CO_2^i(\upsilon_1,\upsilon_2,\upsilon_3)+N_2\rightleftharpoons CO_2^i(\upsilon_1,\upsilon_2,\upsilon_3-1)+N_2(1)$	$5.0\times10^{-13}(300/T)^{1/2}$	Inoue 和 Tsuchiya（1975）
10	$CO_2^i(\upsilon_1,\upsilon_2,1)+N_2\rightleftharpoons CO_2^i(\upsilon_1',\upsilon_2',1)+N_2$ $(2\upsilon_1+\upsilon_2=2\upsilon_1'+\upsilon_2')$	$2.0\times10^{-11},2.4\times10^{-12}$ 见正文	López-Puertas 和 Taylor（1989）
11	$CO_2^i(\upsilon_3)+CO_2^j(\upsilon_3')\rightleftharpoons CO_2^i(\upsilon_3-1)+CO_2^j(\upsilon_3'+1)$	$6.8\times10^{-12}\upsilon_3\sqrt{T}$	Moore（1973）
12	$N_2+O(^1D)\rightarrow N_2(1)+O(^3P)$	$2.4\times10^{-11}(\epsilon=0.25)$	Amimoto 等（1979）， Harris 和 Adams（1983）
13	$N_2+OH^*(\upsilon\leqslant9)\rightarrow N_2(1)+OH^*(\upsilon-1)$	$1.0\times10^{-14}(\upsilon=1)$　~　$4.4\times10^{-14}(\upsilon=9)$	Streit 和 Johnston（1976）， Kumer 等（1983）
14	$N_2(1)+O_2\rightarrow N_2+O(1)$	$2.05\times10^{-20}\exp(271A-2.32B)$	Maricq 等（1985）
15	$N_2+O(^1P)\rightarrow N_2+O(^3P)$	$3.2\times10^{-15}(T/300)^{2.6}$	McNeal 等（1974）

注：† 正向过程的速率系数，单位为 $cm^3\cdot s^{-1}$。$A=10^{-4}T$；$b=10^{-5}T^2$，T 是温度，单位为 K。i 和 j 表示不同的 CO_2 同位素。

不确定性是产生哪些 υ_2 激发态，以及速率大小如何。例如，有一些实验证据表明量子转移后的 CO_2 处于 $\upsilon_2 = 2,3$ 和 4 激发态。$O\left({}^3P\right)$（过程 5）对非对称模式 CO_2 的去激发效果比 N_2 或 O_2 更好，尽管由此产生的 CO_2 能级更难以确定。由于缺乏相关认识，与 N_2 和 O_2 碰撞作用中，通常假设均匀分配到不同 υ_2 能级。

模型还包括了过程 6，在与 CO_2 基态分子碰撞时，υ_3 量子态弛豫到三个 υ_2 量子态，即(0,2,0)和$(0,1^1,0)$。这一过程在地球大气层中并不重要，但我们将在第 10 章中看到它对火星和金星却是至关重要的。过程 7 不是基本弯曲振动模态的重要生成机制，但却是 $CO_2\left(0,0^0,1\right)$ 的重要去激发机制，并且对于确定 $O_2\left(1\right)$ 和 $H_2O\left(0,1^1,0\right)$ 的布居数也十分重要（见 7.4 节）。

如过程 8 所示，CO_2 分子间主要的 V-V 转移是涉及 υ_2 量子的转移，其中动能交换很小。例如，在 90 km 以下高度，CO_2 对 $CO_2\left(0,2,0\right)$ 的去激发达到总弛豫的 25%。在较高高度上，原子氧的去激发作用往往占主导地位。碰撞过程 8 还包括 CO_2 同位素之间 υ_2 量子转移，尽管如前面所述那样，仅主同位素的 $\upsilon_2 = 1$ 态有实验数据。

四种最常见的 CO_2 同位素（$\upsilon_1,\upsilon_2,1$）态与 N_2 第一振动能级之间的近共振 V-V 转移（过程 9），对确定前者的布居数非常重要。由于 $N_2\left(1\right)$ 红外不活跃，CO_2 从太阳近红外辐射中吸收的能量，通过这种碰撞过程在所有 CO_2 同位素的（$\upsilon_1,\upsilon_2,1$）态之间进行分配，并且它还允许从其他非平衡源如 $O\left({}^1D\right)$ 和 $OH(\upsilon \leqslant 9)$ 激发这些能级。这是次同位素 $CO_2\left(0,0^0,1\right)$ 能级的一个重要激发源。太阳辐射主要被 CO_2 主同位素在 4.3 μm 和 2.7 μm 谱带中吸收，在 V-V 碰撞中转移到红外不活跃的 $N_2\left(1\right)$，然后在类似的碰撞中，从 $N_2\left(1\right)$ 转移到 CO_2 次同位素的 $\left(0,0^0,1\right)$ 能级。在较大温度范围内，已有不少学者通过理论计算和实验测量对速率系数进行了广泛深入的研究，并且给出了相应结果。

在建立高能太阳光激发能级的碰撞机理时，假设满足 $2\upsilon_1 + \upsilon_2 \geqslant 3$ 的 $CO_2\left(\upsilon_1,\upsilon_2,1\right)$ 激发态，如$\left(2,0^0,1\right)$、$\left(1,2^0,1\right)$、$\left(0,4^0,1\right)$等，其 υ_3 量子的能量在 υ_1 和 υ_2 量子转移之前全部转移给 $CO_2\left(0,0^0,1\right)$ 或 $N_2\left(1\right)$。此假设基于如下事实：υ_3 量子态的跃迁都比弯曲$\left(\upsilon_2\right)$和/或对称伸缩$\left(\upsilon_1\right)$量子态跃迁的自发发射系数大。此外，涉及 υ_3 量子的 V-V 碰撞过程 9，其速率比涉及 υ_1 或 υ_2 的碰撞过程 1 的速率快。组合能级（$\upsilon_1,\upsilon_2,\upsilon_3$）在与 N_2 的碰撞（过程 10）中，能量在 υ_1 和 υ_2 量子态中发生了再分配。这只发生在容许的跃迁谱带内，但是近共振的高能级之间的能量交换允许在其他热谱带发射这种能量，因此是吸收的太阳能进而弛豫的有效途径。例如，通过 2.7 μm 附近的 CO_2 谱带吸收的太阳辐射，只激发$\left(1,0^0,1\right)$和$\left(1,2^0,1\right)$能态（从$\left(0,2^2,1\right)$到基态的跃迁是不允许的），但它们与中间能量值的$\left(0,2^2,1\right)$态之间的能量交换，允许通过$\left(0,2^2,1\text{-}0,2^2,0\right)$跃迁发

射 4.3 μm 热谱带。这个速率系数对于高光谱测量中分辨 4.3 μm 三个热谱带贡献可能很重要，但对于宽谱带测量则不太重要，因为谱带强度相似，且频率接近，所有能级发出的总辐射基本上与这个速率无关。

由于 $N_2(1)$ 与 CO_2 非对称伸缩模态之间存在快速 V-V 能量交换，因此计算 $CO_2(0,0^0,1)$ 布居数，需要 $CO_2(0,0^0,1)$ 与 $N_2(1)$ 相互作用的完整机制。$N_2(1)$ 的激发除了从 $CO_2(0,0^0,1)$ 和从更高能量的 $CO_2(\upsilon_1,\upsilon_2,1)$ 能级 υ_3 转移外，还涉及两个重要的非平衡过程，第一个为来自电子激发的原子氧 $O(^1D)$ 的能量转移，第二个为来自 OH $(\upsilon\leqslant 9)$ 振动激发态的能量转移。这些过程（表 6.2 中的 12 和 13）可以产生 $CO_2(0,0^0,1)$ 和 $N_2(1)$ 的非平衡布居数，即使在辐射传输过程或太阳泵浦不重要的情况下也是如此。尽管很好地确定了 N_2 对 $O(^1D)$ 电子态的去激发率，但从 $O(^1D)$ 到 $N_2(1)$ 的振动转移率却不确定，因此，电子态到振动态 $\left[O(^1D)-N_2(1)\right]$ 的能量转换效率还不是很清楚。将整体效率除以 4，得到的 $CO_2(0,0^0,1)$ 在 10 μm 带的发射辐射则与卫星测量数据吻合非常好。由于 $O(^1D)$ 的电子能量是 $N_2(1)$ 的 6.8 倍，假设 N_2 中的振动能量迅速级串到 $N_2(\upsilon=1)$，效率上则相当于每次碰撞平均产生 $1.7\times N_2(1)$ 个分子。

如表 6.2 过程 14 和 15 所示，$N_2(1)$ 主要通过与分子氧和原子氧碰撞去激发。在过程 14 中，N_2 的一部分振动能被转移到 O_2 分子中，这是 O_2 的一个重要的激发机制（其中 $O_2(1)$ 的激发过程详见 7.4.2 节讨论）。正如过程 15 所示，原子氧对 $N_2(1)$ 去激发更有效，其速率常数出乎意料地大（但注意，此速率的唯一值是在高于 300 K 时得到的）。在白天，$O_2(1)$ 经过程 7 直接影响 $CO_2(0,0^0,1)$ 的布居数，过程 14 则是间接影响。在白天这些影响相对晚上不重要，晚上时 $O_2(1)$ 在上中间层可能被 $OH^*(\upsilon\leqslant 9)$ 激发，并且仅被 $O(^3P)$ 微弱去激发，在此情况下，该过程一般不可忽略。计算 $O_2(1)$ 布居数时（见 7.4.2 节），应该包括过程 7，这反过来又对 $H_2O(0,1^1,0)$ 的布居数产生关键影响。

需要强调的是，表 6.2 中许多重要碰撞过程的速率系数没有可用的测量数据。当次同位素种类没有测量数据时，必须与主同位素取相同的值。对于高能级，我们可以使用谐振子近似估计速率。例如，如果碰撞过程 $CO_2(\upsilon_2=1)+M\rightarrow CO_2+M$ 的速率系数为 k_1，则过程 $CO_2(\upsilon_2>1)+M\rightarrow CO_2(\upsilon_2-1)+M$ 的速率系数为 $k_{\upsilon_2}=\upsilon_2 k_1$。这种方法通常应用于热碰撞，但在缺乏其他信息情况下也用于 V-V 过程。对于具有相同的量子转移但不同的初始和碰撞后状态的 V-V 过程，使用相同的与激发态无关的速率系数可能是一个很好的估计，因为有一些实验证据表明，CO_2 的 υ_3 量子与 N_2 之间的交换似乎独立于CO_2的υ_1和υ_2的激发态。最后，需要记住的是，这些过程大多是双向的。通常，逆向速率不那么重要，但在某些情况下，它们是至关重要的，例如过程 2 中当$\upsilon_2 = 1$时。

6.3.5　多能级系统的解

在柯蒂斯矩阵法中，多能级系统统计平衡方程的一个重要特征是它们的非线性，这表现为两种方式。第一种出现在受非基态跃迁影响的能级的统计方程，以及这些谱带的透过率中。第二种是在 V-V 碰撞后，产生两个振动激发态，如表 6.2 中的过程 6。假设非线性项中不那么重要的布居数的初始值是已知的，则这两类非线性可以通过迭代处理。在求解CO_2振动能级的布居数时，初始时刻唯一需要知道的布居数为不同同位素$(0,1^1,0)$、$(0,2,0)$能级的布居数，当需要$(0,4,0)$能级的布居数时（在 15 μm 发射非常弱）偶尔还要知道$(0,3,0)$能级的布居数。非平衡布居数的初始值可通过$(0,1^1,0)$、$(0,2,0)$和$(0,3,0)$简化模型给出，求解顺序如下：首先求解$(0,1^1,0)$能级的模型，其次利用结果求解$(0,2,0)$模型，最后求解$(0,3,0)$模型，求解时忽略它们与高能级的相互作用。这种方法的收敛性和鲁棒性都非常好，通常只需要两次迭代就可以得到最终值。

在实际应用中，完全求解这么多方程组并不容易。为了得到一个实用的解，可以将所有振动能级及其相关谱带分组为子集。为使求解更快更准确，对能级进行分类时，一般建议将所有由碰撞过程强耦合的能态分组在一起，这样可以使不同组能级之间碰撞相互作用慢得多。

按照这种方式，可以定义以下几个组。A 组包括CO_2主同位素的$\upsilon_2\left((0,1^1,0),(0,2,0),(0,3,0),(0,4,0)\right)$能级。其辐射跃迁包括源于$\upsilon_2$能级（见表 6.1、表 F.1 和图 6.1）的 15 μm 基频带，以及第一、第二与第三热谱带。B 组包括主同位素$(0,0^0,1)$和$(0,1^1,1)$能级，以及次同位素的$(0,0^0,1)$能级，此外还有$N_2(1)$。B 组涉及的跃迁为主同位素的 4.3 μm 基频带、4.3 μm 第一热谱带、10 μm 基频带和次同位素的 4.3 μm 基频带。C 组包括三个$2\upsilon_2+\upsilon_3$能级$\left((0,2^0,1)、(0,2^2,1)和(1,0^0,1)\right)$，发射两个 2.7 μm 基频带和三个 4.3 μm 第二热谱带。D 组由 2.0 μm 附近的$(0,4^0,1)$、$(0,4^2,1)$、$(1,2^0,1)$、$(0,4^4,1)$、$(1,2^2,1)$和$(2,0^0,1)$ 6 个能级组成，在 2.0 μm 有 3 个重要跃迁，2.7 μm 有 6 个跃迁（第二热谱带，见表 F.1），4.3 μm 有 6 个跃迁（第四热谱带）。发射辐射 4.3 μm 热谱带的$(0,0^0,2)$能级独立构成一个组。

模型求解时，通过求解各能级的统计平衡方程和各谱带的辐射传输方程，同时计算出各组内所有能级的布居数。这种求解方法通过非局地辐射传输激发考虑大气层间的耦合，以及局地存在多个能级间的碰撞耦合，计算非常耗时，不适合作为常规反演算法。因此，上述迭代过程，考虑了不同组之间较弱的相互作用，在每一次迭代中，这些能级组都是按顺序求解，求解顺序取决于是夜间还是白天条件。

在白天，激发主要发生在高能级，当这些高能级弛豫时，它们会激发那些较低的能级。因此先从能级高的组开始，再到能级低的组，即从 D 到 C、B，最后到 A 组。请注意，为了计算 B、C、D 组的光谱吸收系数，我们需要较低能态$\left(0,1^1,0\right)$、$(0,2,0)$和$(0,3,0)$的布居数。如上所述，它们是预先从这些能级的简化独立模型中获得的，简化模型中不包括与它们各自高能级的相互作用。

在夜间条件下，主要的激发源为碰撞过程和大气辐射的吸收。因此，激发主要通过较低的能级发生，并且顺序是相反的，即我们从υ_2能级（A 组）开始，然后是 B 组、C 组，以此类推。B 组和 C 组能级在夜间不重要，可以忽略。

类似的分类也适用于CO_2次同位素的能级。不过这些能级有一些特殊性。首先，次级同位素的定能级与主同位素相应能级的耦合，可能与同位素本身的高能态耦合同样重要（或更重要，如火星和金星中的情况）。例如，任一同位素的υ_2能级与$626\left(0,1^1,0\right)$的碰撞耦合，可能比与相应更高的υ_2或υ_3能级的碰撞耦合更为重要。其次，如上所述，$\left(0,0^0,1\right)$同位素能级与$N_2(1)$的耦合（其次是与$626\left(0,0^0,1\right)$的耦合），比与同位素自身高能态$(\upsilon_1,\upsilon_2,1)$的耦合更强。注意，$626\left(0,1^1,0\right)$在激发同位素$\upsilon_2$能级时的损失，以及$N_2(1)$和$626\left(0,0^0,1\right)$在激发同位素$\upsilon_3$能级时的损失，必须包含在主同位素 B 组的求解中。正因为如此，在主同位素和次同位素求解之间进行一些迭代是必要的。次同位素的某些组不包括主同位素组中的所有能级，特别是高能级（见表 6.1 和表 F.1），因为它们的数量不足以对大气发射或加热率/冷却率作出显著贡献。

为提高模型计算速度和效率，有时还可以通过将一组或一个耦合能级的子组完备解在下面情形中进行拆分：①针对每个能级（包括辐射传输，以及与组中其他能级迭代耦合）的单个独立解；②包含所有能级的一个完整系统，这些能级仅通过局地碰撞耦合，但不与其他大气层交换辐射。也就是说，将辐射传输引起的所有大气层的耦合与碰撞引起的局地耦合分开。因此，需要更多的迭代步数，但是总的来说，它对某些组来说更有效。例如，最好分别求解$\left(0,2^0,1\right)$、$\left(0,2^2,1\right)$和$\left(1,0^0,1\right)$能级（包括辐射传输）的布居数，并在它们之间进行迭代，而不是一次性求解整个系统。另外，如果从碰撞耦合但没有辐射传输的三个能级的解开始迭代，计算会非常快，迭代过程将大大减少。

6.3.6　非平衡布居数

非平衡模型通常会同时输出：①发射能级的布居数；②它们之间由跃迁产生的冷却率/加热率。布居数可以用来预测非平衡效应对仪器测量值的影响，测量量通常为发射/吸收光谱或校准的辐亮度，这将在第 8 章中详细讨论。冷却率和加热率本身就是一个结果，对大气的能量收支很重要，在第 9 章专门讨论。

能级 υ 的能量为 E_υ，其非平衡布居数通常用其振动温度来描述：

$$T_\upsilon = -\frac{E_\upsilon}{k\ln\left(\dfrac{n_\upsilon g_0}{n_0 g_\upsilon}\right)} \tag{6.1}$$

其中 n_υ 和 n_0 分别为 υ 能级和基态的数密度，g_υ 和 g_0 为各自的简并度。有时 T_υ 与吸收分子的总数密度 n_a 有关，而不是与振动基态的布居数 n_0 有关。这可以通过将式（3.47）代入式（6.1）中得到。通过与热力学温度相比，振动温度相比数密度 n_υ 能更清楚地显示出与平衡态的偏离程度。然而，在比较不同谱带发出的辐射（或产生的冷却）时要特别小心。辐射量与激发态分子的数密度成正比，即与它的振动温度和能量同时有关。因此，即使振动温度更小，低能态也可能比高能态产生更大的辐射或冷却速率。事实上，基频带中较低能级发出的辐射通常比热谱带中较高能级发出的辐射大，尽管后者通常具有较高的振动温度。

接下来将描述 CO_2 能级的振动温度，从发射近 15 μm 带的 υ_2 能级开始，然后是发射 4.3 μm 和 2.7 μm 带的能级。前者在白天和晚上都很重要，而后者在白天更重要，因为白天它们受到太阳能的泵浦作用。

1. 发射近 15 μm 带的 υ_2 能级

图 6.2 给出了夜间条件下计算所得的 $(0,1^1,0)$、$(0,2,0)$、$(0,3,0)$ 和 $(0,4,0)$ 能级布居数，这些能级产生了近 15 μm 的基频带、第一热谱带、第二热谱带和第三热谱带。如上所述，将布居数转换为振动温度 T_υ，图中给出了 T_υ 的垂直剖面，并与热力学温度进行了比较。

当然，图中所示能级的振动温度会发生变化，因为振动温度取决于相关跃迁的强度，也取决于大气热力学温度结构，对所有能级都是如此。泛频带和同位素能级倾向于在较低的高度偏离平衡态，因为它们与较弱的谱带相关联，而 υ_2 基频带直到中间层顶及以上都保持接近平衡态。还要注意，偏离平衡态有两种情况，即不同条件下，比平衡态条件下的振动布居数更大或更小。

主同位素 626 的 $(0,1^1,0)$、$(0,2,0)$、$(0,3,0)$ 和 $(0,4,0)$ 能级在平流层和低中间层中一直非常接近平衡态，在那里热碰撞是主要过程。在上中间层和低热层中，它们的布居数由两个主要激发过程控制：热碰撞和向上辐射通量的吸收。由于高能级之间的跃迁更弱，对于这些弱带（从光学厚到光学薄的过渡发生在较低海拔），上中间层能吸收更多的来自较温暖的下中间层区域的向上的辐射通量。这就导致了能量较高的 υ_2 能级产生较大的非平衡偏差。

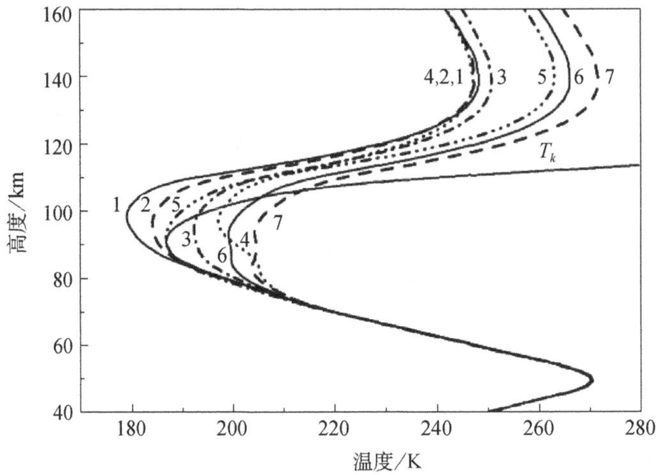

图 6.2　美国标准大气 CO_2 υ_2 能级的夜间振动温度（近 15 μm 带发射辐射）。数字 1 到 7 分别为同位素 626 的 $(0,1^1,0)$、$(0,2,0)$、$(0,3,0)$ 和 $(0,4,0)$ 能级，以及同位素 636、628 和 627 的 $(0,1^1,0)$ 能级。T_k 为热力学温度

在低热层及以上大气，与原子氧的热碰撞是主要的激发过程，振动激发态布居数主要通过向空间发射而减少。这个区域气压较低，大气光学薄，碰撞很少，因此振动温度比热力学温度要小。最终的结果是，碰撞速度不够快，无法补偿发射的光子，因此相对于平衡态，数密度较小。

白天条件下（图 6.3），即使热力学温度分布与夜间相同，υ_2 能级的振动温度也不同，因为它们还受到太阳辐射吸收的影响。大部分太阳辐射吸收不是发生在太阳辐射相当弱的 υ_2 谱带本身，而是发生在近红外谱带，主要在 2.7 μm 和 4.3 μm，随后内能转移到 υ_2 能级。受影响最大的是那些具有较高能量的能级，以及那些接近 4.3 μm 激发较多的能级，即 $(0,2,0)$、$(0,3,0)$ 和 $(0,4,0)$。626 的 $(0,1^1,0)$ 能级和同位素能级受影响很小。2.7 μm 的太阳吸收直接激发 $(0,2^0,1)$ 和 $(1,0^0,1)$ 态，随着 υ_3 量子（表 6.2 中过程 9）的发射（或碰撞交换）而弛豫到 $(0,2,0)$ 能级。与夜间条件相比，这导致了白天振动温度的增大。在 80～105 km，$(0,2^0,0)$ 和 $(1,0^0,0)$ 的振动温度增加约 5 K。同一区域内，由于太阳泵浦作用较强的 $(0,0^0,1)$ 能态的碰撞弛豫（表 6.2 中的过程 3、4 和 5），$(0,3,0)$ 能态的温度增加了约 8 K。图 6.3 还表明 $(0,4,0)$ 能级在白天大大增强，因此它们在中间层具有最大的 T_υ 值。与其他 υ_2 能级相比，$(0,4,0)$ 在更低高度上

偏离平衡态。对于$(0,3,0)$能态，主要由与太阳泵浦$(0,0^0,1)$能级的碰撞作用（表 6.2 中的过程 3、4 和 5）激发。在 105 km 高度以上，昼夜差异可以忽略不计，因为与$O(^3P)$的热碰撞成了主要激发机制。

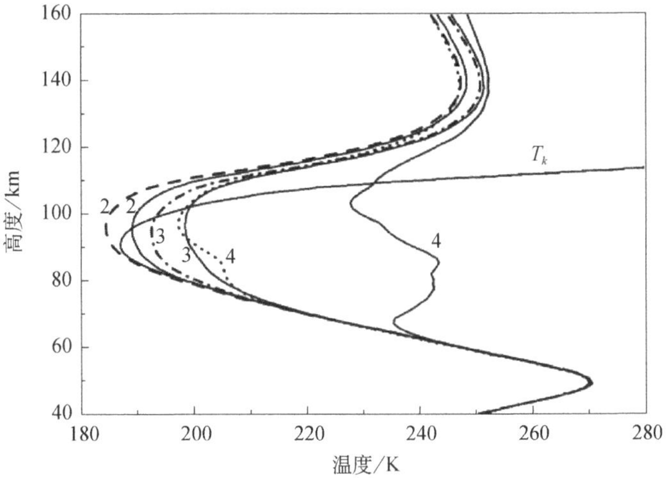

图 6.3　美国标准大气 CO_2 υ_2 能级的日间（$\chi = 60°$）振动温度。能级编号如图 6.2 所示。实线：白天；虚线：夜间。T_k 为热力学温度

热力学温度剖面对中间层能级布居数的影响途径有两个：①局地热碰撞；②吸收较低的下中间层的辐射通量。这通过图 6.4 和图 6.5 得以阐明，其中分别显示了极地夏季和冬季大气某些能级的振动温度。夏季极地，较暖的平流层顶和较冷的中间层顶使中间层顶附近的能级振动温度高于热力学温度（图 6.4），因此非平衡偏差为正且幅度较大。不过，这种增强，特别是对于$\upsilon_2 \geqslant 2$能级，部分是由于极地夏季的白天条件。还需注意，在中间层顶周围，较高能态的布居数与相应的带强度成反比，这反映了相对于热碰撞过程，辐射对补偿较弱跃迁的能级更重要。然而，在极地冬季条件下，情况几乎正好相反（图 6.5）。在上中间层，相对于玻尔兹曼分布布居数较少，只有较弱谱带的能级接近平衡态，或在中间层顶附近稍微超过平衡态。

2. υ_2 能级的全球分布

我们将非平衡能级振动温度的夏冬比较进一步扩展，绘制振动和热力学温度差$T_\upsilon - T_k$的全球分布图。

温度差$T_\upsilon - T_k$如图 6.6～图 6.10 所示，给出了 CIRA 1986 参考大气（图 1.2）至日条件下，夜间基频带、第一和第二热谱带以及 636、628 同位素基频带的高能态的温度差异，对于纬度大于 66.56° 的夏季半球极昼区域，太阳能激发未考虑在内。分布图高度覆盖 40～120 km，间隔 1.6 km 分为 50 层，纬度步长为 5°，范围从南纬 80° 到北纬 80°。决定 15 μm 基频带的CO_2 $(0,1^1,0)$能级，对于几乎所有纬度，在略低于

80 km 的高度开始显著偏离平衡态(>1 K)(图 6.6)。在 75～95 km 高度，寒冷的夏季极地区域振动温度高于热力学温度，而其他纬度的振动温度低于热力学温度。在 93 km 附近存在一个高度约 5 km 的区域(夏季相对较窄，冬季较宽)，这里基频带再次接近平衡态。在该区域，温差 $T_\upsilon - T_k$ 在冬季极地附近约在−1～2 K 之间，在赤道上方略有增加；在夏季附近由正(低海拔)变为负。第二个近平衡态区域在某种程度上出现在所有谱带的高能级，并且是温度结构造成的。在夏季，热力学温度在中间层顶以上随海拔的增加而急剧升高，此时 $T_\upsilon - T_k$ 差异较大。在冬季，该大气区域温度变化更小，因此 $T_\upsilon - T_k$ 随高度变化更平缓。

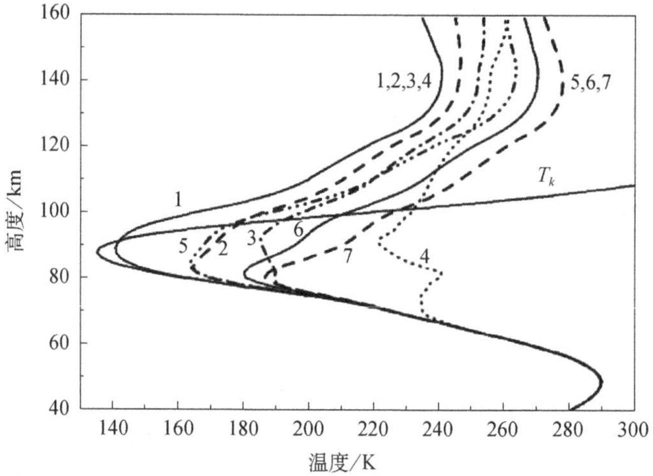

图 6.4　典型极地夏季温度剖面 CO_2 υ_2 能级的日间($\chi=60°$)振动温度。谱带编号如图 6.2 所示。T_k 为热力学温度

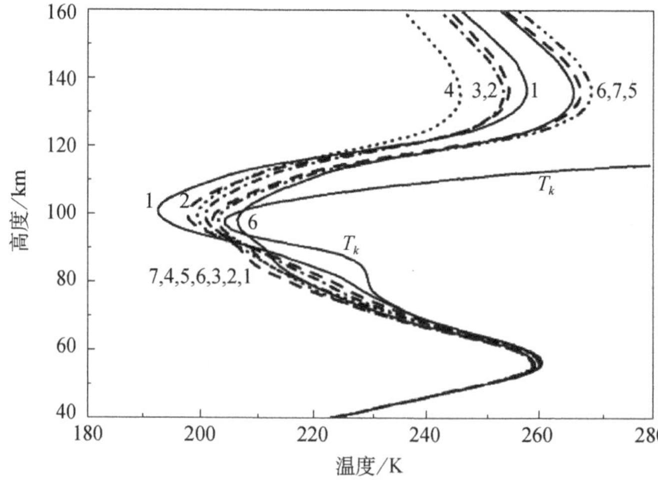

图 6.5　典型极地冬季温度剖面，CO_2 υ_2 能级的夜间振动温度。谱带编号如图 6.2 所示。T_k 为热力学温度

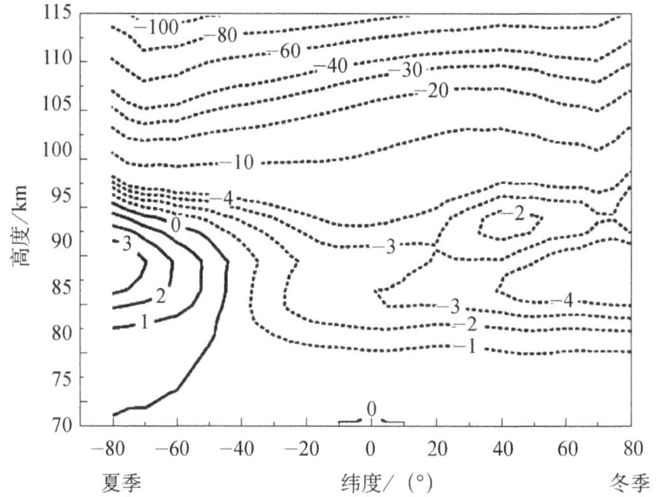

图 6.6　CIRA86 温度结构（见图 1.2）、$CO_2\left(0,1^1,0\right)$ 能级的夜间 $T_\upsilon - T_k$ 全球分布

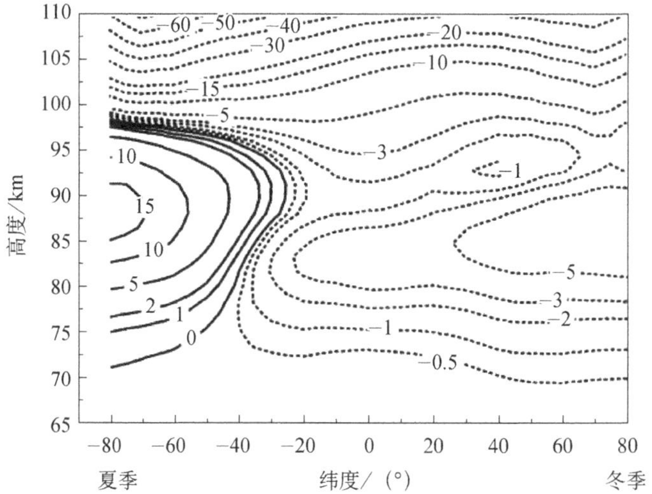

图 6.7　$CO_2\left(0,2,0\right)$ 能级夜间温差 $T_\upsilon - T_k$ 全球分布

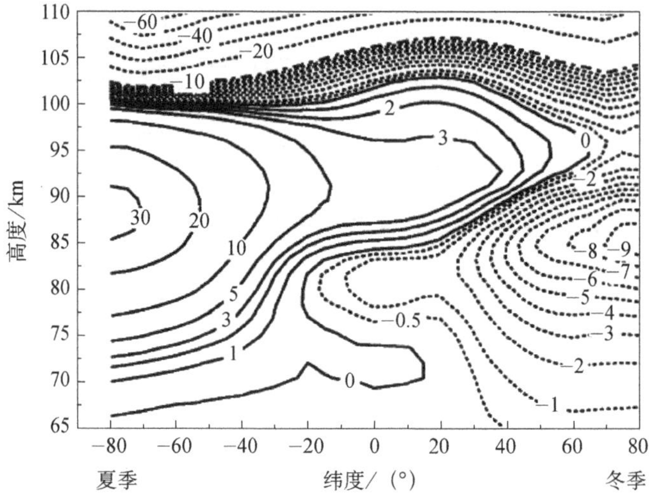

图 6.8　$CO_2(0,3,0)$ 层夜间 $T_\upsilon - T_k$ 全球分布

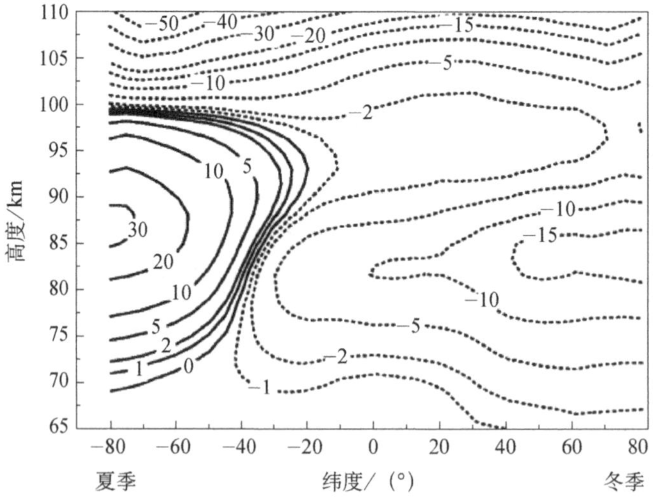

图 6.9　夜间 $CO_2$636 同位素 $(0,1^1,0)$ 能级 $T_\upsilon - T_k$ 的全球分布

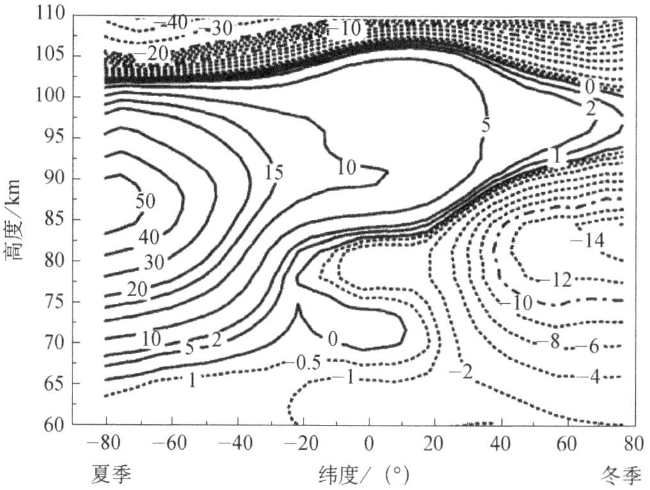

图 6.10　$CO_2$628 同位素$\left(0,1^1,0\right)$能级的 $T_\upsilon - T_k$ 在夜间的全球分布

在夜间，上中间层较弱谱带的高能级布居数主要由吸收向上热辐射维持，因此，与较强的基频带相比，它们相对平衡态的偏离更大。图 6.7 给出的主同位素$(0,2,0)$能级振动与热力学温度的偏差，表明对于大多数纬度，在约 75 km 处开始显著偏离平衡态（>1 K）。$(0,3,0)$能级（图 6.8）产生较弱的第二热谱带，开始偏离平衡态的高度略低，在夏季半球 40°S 以南的纬度，偏离高度约 70 km，在冬季半球 40°N 以北的纬度，偏离高度约 65 km。从 20°S 到 20°N，直到 85 km 与平衡态的偏差均很小。

图 6.9 和图 6.10 显示了次同位素 636 和 628$\left(0,1^1,0\right)$能级的温差 $T_\upsilon - T_k$。前者在赤道及热带地区上空约 70 km 处变为非玻尔兹曼分布，比夏季极地区域附近略高，50°N 以北区域，在约 65 km 处变为非玻尔兹曼分布。628$\left(0,1^1,0\right)$能级一般比 636 在更低高度上偏离平衡态，除了在 40°S 以南的纬度约 68 km 以下的 $T_\upsilon - T_k$ 小于 1 K，而赤道和热带地区的平衡态维持到近 80 km。从 40°N 附近到冬季极地附近，平衡态偏离高度从 65 km 至约 60 km 不等。

热谱带和同位素带的高能级态偏离平衡态（图 6.6～图 6.10）的一般模式，为夏季纬度中间层顶附近的大量过量布居数，以及在冬季纬度约低 5 km 处的不足布居数。这两个区域之间的过渡将会产生一个平衡区域。因此，在冬季半球 90～100 km 之间，626$(0,2,0)$和 636$\left(0,1^1,0\right)$能级的振动温度与动力学非常接近（图 6.7 和图 6.9）。626$(0,3,0)$和 628$\left(0,1^1,0\right)$相应区域较窄，仅限于 40°N 以北地区（图 6.8 和图 6.10）。

如前所述，在白天条件下，吸收近红外太阳辐射会增加 υ_2 能级影响因素的复杂性。$(0,2,0)$能级主要由$\left(0,2^0,1\right)$、$\left(0,2^2,1\right)$和$\left(1,0^0,1\right)$的弛豫作用主导，这些能级通过吸收 2.7 μm 附近的太阳辐射激发，然后辐射 υ_3 量子，或将能量传递至 CO_2 或 N_2。$(0,2,0)$ 后续通过发射 ν_2 光子略微增加 $(0,1^1,0)$ 的布居数。$CO_2(0,0^0,1)$ 能级的碰撞弛豫增加了 $(0,3,0)$ 的布居数，因此，$(0,3,0)$ 主要是由于吸收 4.3 μm 的太阳辐射造成的。在日间，由这些过程（以及其他没那么重要的过程）导致 $(0,1^1,0)$ 能级布居数的非平衡偏差，与夜间的偏差非常相似（见图 6.6）。只有在中间层顶附近有明显的差异，那里白天的振动温度一般高 1 K 左右。在 80～110 km 范围内（见图 6.3），$(0,2,0)$ 和 $(0,3,0)$ 能级布居数相对于夜间有所增加，并向高度和冬季纬度方向延伸，即向 T_υ 比 T_k 高的区域延伸。但是，白天开始偏离平衡态的高度与夜间大致相同。

3. 发射 4.3 μm 和 2.7 μm 带的 υ_3 与 $2\upsilon_2+\upsilon_3$ 能级

CO_2 4.3 μm 和 2.7 μm 谱带的高能态 $(0,0^0,1)$、$(0,1^1,1)$、$(0,2^0,1)$、$(0,2^1,1)$ 和 $(1,0^0,1)$，在夜间到大约 65 km 高度可以维持平衡态（见图 6.11）。在 65 km 和 95～100 km 之间，吸收来自较暖的下中间层向上 4.3 μm 谱带辐射导致 T_υ 大于热力学温度 T_k。$N_2(1)$ 分子作为 $OH^*(\upsilon\leqslant 9)$ 激发态能量转移的中间物（表 6.2 中的过程 9 和 13），通过近共振碰撞作用，使中间层顶 CO_2 主同位素 $(0,0^0,1)$ 能态的振动温度增加了 25 K。这个例子也清楚地揭示了辐射传输的影响。虽然 $OH^*(\upsilon\leqslant 9)$ 对 $(0,0^0,1)$ 的局地激发仅限于 OH 气辉层（在高度 85 km 宽约 10 km 的区域），但这个能态直到以上非常高的区域仍表现出较大的增强现象。

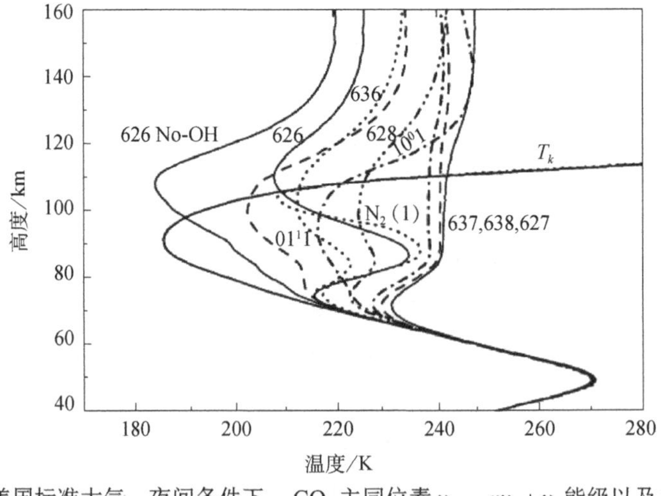

图 6.11　美国标准大气、夜间条件下，CO_2 主同位素 υ_3、$n\upsilon_2+\upsilon_3$ 能级以及 $N_2(1)$ 的振动温度分布。“626 No-OH”表示没有 OH 激发（图 6.2 中的过程 13）的 $626(0,0^0,1)$ 的布居数。T_k 为热力学温度

还需注意，由于 $N_2(1)$ 与 $CO_2(0,0^0,1)$ 之间的强 V-V 耦合（表 6.2 中的过程 9），$N_2(1)$ 与 $CO_2(0,0^0,1)$ 的布居数密切相关，直到低热层为止（约 100 km）。$N_2(1)$ 因与原子氧碰撞而与热力学温度耦合。在 95 km 以上高度，CO_2 的振动温度由吸收来自上中间层的光子与发射光子逃逸到太空之间的平衡决定。

在典型极地冬季温度结构条件下，夜间 υ_3 态的振动温度与中纬度温度剖面特征相似。在中间层，它们与平衡态的偏差较小，不过，这是因为平流层顶温度较低，从那里吸收辐射较少。然而，在夏季条件下，如 υ_2 能级，中间层顶附近偏离平衡态较大。

由于 4.3 μm 和 2.7 μm 谱带吸收了太阳辐射，这些能级的白天布居数比夜间有所增强（见图 6.12）。在整个中间层和低热层中，υ_3 能级的 T_υ 比 T_k 大，主要是吸收了 4.3 μm 的太阳辐射激发 $(0,0^0,1)$ 和 $(0,1^1,1)$ 能级，吸收 2.7 μm 太阳辐射激发 $(0,2^0,1)$、$(0,2^2,1)$ 和 $(1,0^0,1)$ 能级。在大约平流层顶到 80 km 之间，这些能态间的 υ_3 量子转移，以及和 $N_2(1)$ 之间的 V-V 转移（表 6.2 中的过程 9）也会影响它们的布居数。例如，在吸收较弱（因此穿透较深）的 2.7 μm 光谱区域，通过吸收 2.7 μm 太阳辐射而激发，随后经 V-V 碰撞转移到 $(0,0^0,1)$，从而使 $(0,0^0,1)$ 能级布居数显著增加。同时，这个过程还是 2.7 μm 能级的重要弛豫过程。近 2.0 μm 的太阳辐射吸收对下中间层 $CO_2(0,0^0,1)$ 和 $N_2(1)$ 的数量有一定的影响，造成 1～2 K 的温度增加。对于 4.3 μm 谱带，大气层间的辐射传输对中间层和低热层 $(0,0^0,1)$ 能级的振动温度有重要影响，但对于其他 υ_3 能态，就没那么重要了。

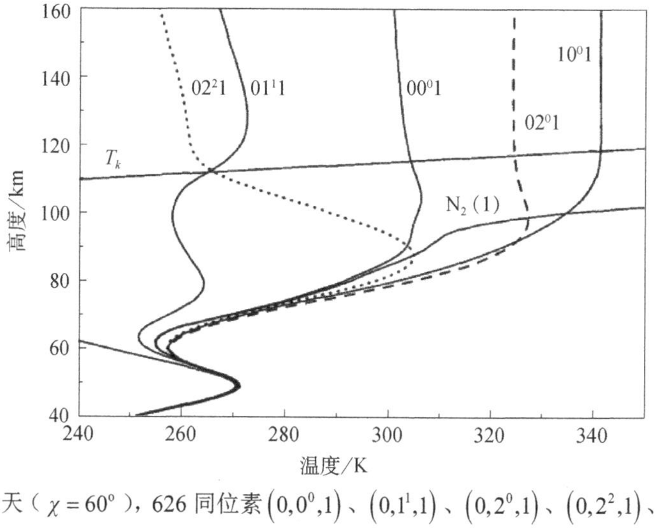

图 6.12　白天（$\chi = 60^\circ$），626 同位素 $(0,0^0,1)$、$(0,1^1,1)$、$(0,2^0,1)$、$(0,2^2,1)$、$(1,0^0,1)$，以及 $N_2(1)$ 的振动温度。T_k 为热力学温度

白天时，在中间层和低热层，从$O(^1D)$到$N_2(1)$的电子能量转移（表 6.2 中的过程 12）对于后者的布居数变化非常重要，进而对$626(0,0^0,1)$布居数也非常重要。这一过程导致从平流层顶到热层$(0,0^0,1)$的T_υ提高了 2～6 K（取决于实际$O(^1D)$剖面和高度）（见图 6.15）。与$O(^1D)$剖面和太阳光照条件有关，这种增强也许会更大，相对而言，对于黄昏和低太阳条件更重要。它还通过与$N_2(1)$的碰撞（过程 9）对其余的υ_3和$n\upsilon+\upsilon_3$能态有一定影响。

如果我们将$(0,0^0,1)$和$(1,0^0,0)$态的日间布居数用数密度表示，可以发现它们的布居数逆转，即处于能量较高的$(0,0^0,1)$态比处于能量较低的$(1,0^0,0)$态的分子更多。如前所述，这个现象是由$(0,0^0,1)$太阳泵浦产生的，主要在 4.3 μm，并使$(0,0^0,1)/(1,0^0,0)$最多增大 20%；如果考虑$O(^1D)$的激发，则增大 35%。这就产生了$(0,0^0,1)$-$(1,0^0,0)$ 10.4 μm 谱带的“自然”激光发射辐射效应，这个效应在火星大气中更显著（见 10.4.3 节第 3 部分）。不过，在地球临边路径上的激光放大效应可以忽略不计（约 10^{-5} 量级）。

图 6.13 给出了美国标准大气条件下，χ=60°时，626 第三和第四热谱带（表 F.1 中的 4.3 TH 和 4.3 FRH）高能态对应的振动温度。与能量较低的 4.3 μm 能级相比，这些能态表现出更大的非平衡偏差，尤其是在下中间层和平流层。它们通过$(0,1^1,0)$能级的分子吸收 2.7 μm 附近的太阳辐射而激发，以及基态分子吸收 2.0 μm 附近的太阳辐射而激发。对这些谱带较弱的吸收使太阳辐射穿透大气层至更深处，从而在较低的海拔引起更多的激发，以至于对流层产生非平衡布居数。在约 80 km 以上，表现出最大振动温度的能态，是那些直接由太阳辐射吸收激发的能态，例如，2.7 μm 对应的$(1,1^1,1)$和$(0,3^1,1)$，以及 2.0 μm 附近的$(2,0^0,1)$、$(1,2^0,1)$和$(0,4^0,1)$。

图 6.14 给出了 636 同位素相应能级的振动温度。与 626 的υ_3和$n\upsilon_2+\upsilon_3$能级类似，$636(0,0^0,1)$和$(0,1^1,1)$白天振动温度较夜间增大，主要原因为该同位素在基频带和 4.3 μm 第一热谱带吸收了太阳辐射，间接地受到主同位素在 4.3 μm 和 2.7 μm 谱带吸收太阳辐射后，与$N_2(1)$碰撞的 V-V 能量转移的影响。在约 80 km 以上，$(0,0^0,1)$能级的振动温度明显小于 626 同位素。$(0,2^0,1)$、$(0,2^2,1)$和$(1,0^0,1)$在上中间层与主同位素非常相近，但在下中间层比主同位素明显偏大，在下中间层较弱的同位素吸收 4.3 μm 和 2.7 μm 而激发，太阳辐射在弱的同位素带上穿透大气层更深。$3\upsilon_2+\upsilon_3$和$4\upsilon_2+\upsilon_3$能态的振动温度与主同位素的相应态相比变化不大。

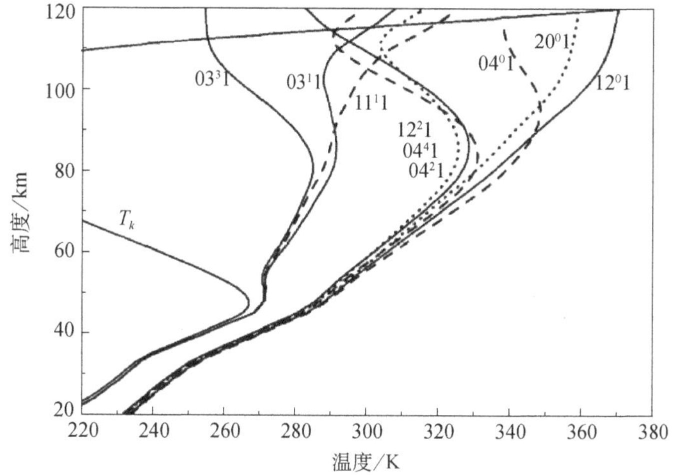

图 6.13　白天（ χ=60° ）条件下计算得到的振动温度，分别为 626 同位素 $3\upsilon_2+\upsilon_3$ $\left(\left(0,3^1,1\right),\left(0,3^3,1\right),\left(1,1^1,1\right)\right)$ 能级（发射 4.3 μm 第三热谱带），以及 $4\upsilon_2+\upsilon_3$ $\left(\left(0,4^0,1\right),\left(0,4^2,1\right),\left(1,2^0,1\right),\left(1,2^2,1\right),\left(2,0^0,1\right)\right)$ 能级（发射 4.3 μm 第四热谱带）。T_k 为热力学温度

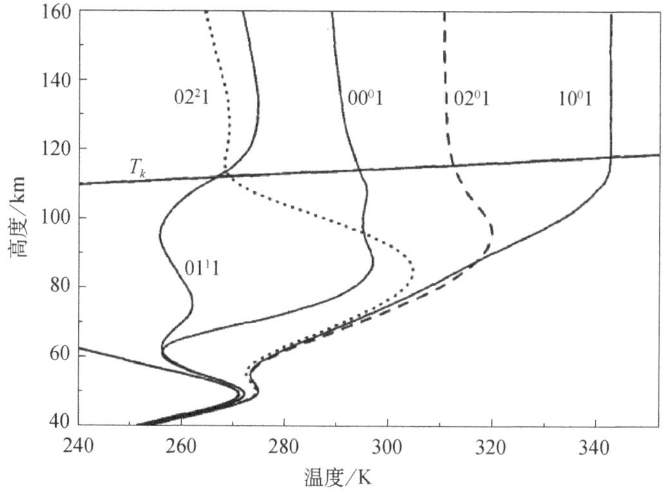

图 6.14　636 同位素在白天（ χ=60° ）的 $\left(0,0^0,1\right)$、$\left(0,1^1,1\right)$、$\left(0,2^0,1\right)$、$\left(0,2^2,1\right)$ 和 $\left(1,0^0,1\right)$ 能态的振动温度。T_k 为热力学温度

如图 6.15 所示的 626 同位素能级，$\left[\upsilon_3,n\upsilon_2+\upsilon_3,N_2\left(1\right)\right]$ 能态的布居数显现出对太阳天顶角的显著依赖性。在上层区域，对较强的 4.3 μm 626 基频带相关能级影响最大，在约 55 km 以上高度，影响显著。对于较大的太阳天顶角，太阳辐射在较高的海拔吸收更多，导致中间层的振动温度更小。

较弱的第一和第二热谱带表现出较弱的依赖性；特别是第二热谱带，在太阳照射下，直到接近黄昏时，它仍然保持光学薄。对应的 $2\upsilon_2+\upsilon_3$ 能态，主要由 2.7 μm 谱带的太阳辐射激发，仅在约 70 km 以下随太阳天顶角变化。

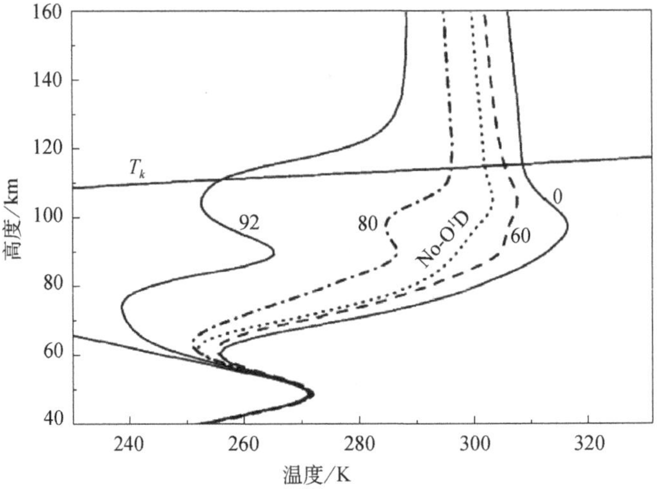

图 6.15　振动温度 $626(0,0^0,1)$ 随太阳天顶角变化特性。虚线为 χ=60° 时的 T_υ，无 $O(^1D)$ 激发。T_k 为热力学温度

图 6.16 给出了 628 和 627 同位素 $(0,0^0,1)$ 能态的振动温度，并与 626 和 636 同位素的振动温度进行了对比。前者的布居数基本上由控制 636 同位素布居数的相同过程所驱动。与 $N_2(1)$ 的碰撞和对 4.3 μm 带太阳辐射的吸收为主要激发过程。和 636 一样，大气层内的辐射交换不如主同位素 626 的 4.3 μm 谱带那么重要。还需注意，跃迁越弱，低热层的太阳激发越小。在中间层，与 $N_2(1)$ 的碰撞成为主要的激发过程，所有的 T_υ 趋于相似值。

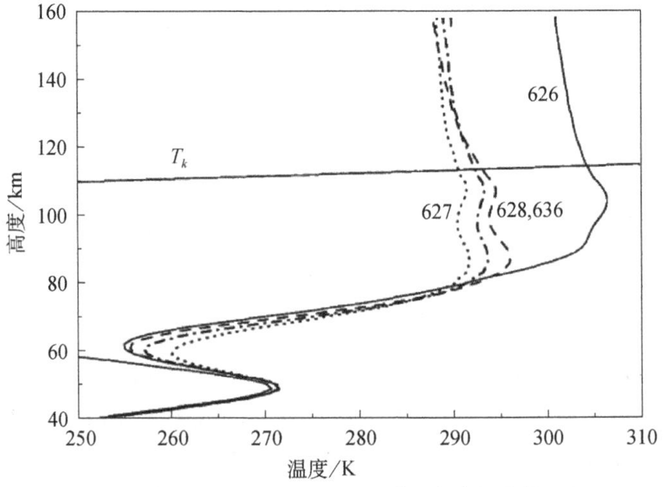

图 6.16　四种 CO_2 主同位素 626、636、628 和 $627(0,0^0,1)$ 能态的日间（χ=60°）振动温度。T_k 为热力学温度

4. CO_2 布居数的不确定性

现有研究表明，CO_2 振动态布居数的计算误差主要来源为表 6.2 所列过程的速率系数。这里主要讨论速率不确定性对不同能级振动温度的影响。还需注意，还有若干 CO_2 振动能级（主要是那些引起弱热谱带和同位素带的能级）速率系数尚无测量结果，只能假设与布居数较多的能级的速率系数相同，这对结果带来多大的不确定性是未知的，在接下来的分析中被忽略了。因此所给出的不确定性应被视为下限。

过程 1、3 和 4 的速率系数很精确，它们的不确定性对 υ_2 和 υ_3 能级布居数的影响很小。据估算，在上中间层中，$(0,3,0)$ 和 $(0,4,0)$ 能级 T_υ 的不确定度分别约 ±5 K 和 ±10 K。估计 $(0,0^0,1)$ 和 $(0,1^1,1)$ 能级的不确定度仅为 ±2 K，而 $2\upsilon_2+\upsilon_3$ 能级在 2.7 μm 附近发射几乎不受这些过程的影响。

大约 90 km 以上，υ_2 能级受到原子氧的变化和碰撞系数 $k_{CO_2\text{-}O}$ 不确定性的影响（见 6.3.4 节）。80 km 以上，$(0,0^0,1)$ 能级受 $O(^3P)$ 的变化和过程 15 速率系数的影响，不确定性约 ±2 K。$(0,1^1,1)$ 和 $(0,2^2,1)$ 能态主要由 υ_2 能级的热谱带吸收太阳辐射生成，在约 90 km 以上也受到显著影响。对于 $(0,2^0,1)$ 和 $(1,0^0,1)$ 能态，主要由太阳从基态泵浦生成，影响非常小。

过程 9 中 υ_3 量子的 V-V 交换率对 $2\upsilon_2+\upsilon_3$ 能级布居数有显著影响，影响范围主要在下中间层。这些能级在速率常数较小时，布居数较大；$(0,0^0,1)$ 能级则相反，且变化较小。由于 ν_3 基频带的辐射传输，这种变化一直延续到高层区域。由于 $(0,0^0,1)$ 能级为 $(0,2,0)$、$(0,3,0)$ 和 $(0,4,0)$ 能级的激发源，它们的振动温度也有微小变化。在速率系数变化 1.5 倍时，除了下中间层的 $2\upsilon_2+\upsilon_3$ 能级，其他能级的振动温度变化不超过 5 K，$2\upsilon_2+\upsilon_3$ 能级变化约 10 K。

$O(^1D)$ 的浓度变化以及过程 12 速率系数和效率的不确定性，也会影响 υ_3 和 $2\upsilon_2+\upsilon_3$ 能级的布居数。受影响最大的能级为 $(0,0^0,1)$，在极端 $O(^1D)$ 浓度变化条件下，扰动范围约为 10 K。$(0,1^1,1)$ 和 $(0,4,0)$ 能级的变化相对 $(0,0^0,1)$ 较小，而其他能级则没有显著变化。

如 8.10.3 节所示，CO_2 的丰度也是相当不确定的，但这对振动温度的影响相对较小，因为后者与布居数成比例。最大变化约 2 K，对应较弱谱带的高能级振动温度，一般发生在极地夏季中间层顶附近。

$CO_2(\upsilon_2)$ 与 $O(^3P)$ 的碰撞速率系数 $k_{CO_2\text{-}O}$，以及原子氧本身的体积混合比（VMR），对上中间层和热层中 $CO_2(\upsilon_1,\upsilon_2,0)$ 能级的平衡态偏离有显著影响，但目前为止我们对它还知之甚少。为了量化 $k_{CO_2\text{-}O}$ 的影响，估计不确定度在 1.5×10^{-12} ～

$6.0\times10^{-12}cm^3\cdot s^{-1}$之间，前者为实验室测量值，后者为探空火箭和卫星测量分析反演结果。原子氧浓度$\left[O\left({}^3P\right)\right]$影响$T_\upsilon$的方式与$k_{CO_2\text{-}O}$速率相同，它在上中间层和热层变化非常强烈。考虑$\left[O\left({}^3P\right)\right]$变化因子为 2，我们通过将$k_{CO_2\text{-}O}\times\left[O\left({}^3P\right)\right]$乘以 2 和 4 来表示这两个参数的影响（见图 6.17）。

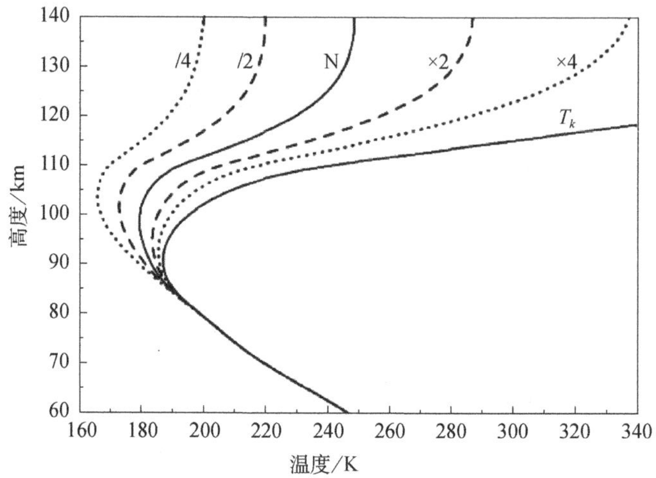

图 6.17　美国标准大气，$k_{CO_2\text{-}O}$速率和$O\left({}^3P\right)$浓度对$CO_2\left(0,1^1,0\right)$振动温度的影响。N 表示正常T_υ，其他曲线为$k_{CO_2\text{-}O}\times\left[O\left({}^3P\right)\right]$不同变化倍数的结果

使用较快的速率系数可使υ_2能级的振动温度更接近于热力学温度。特别是在温度梯度更陡的夏季，谱带越强，影响幅度越大。$k_{CO_2\text{-}O}\times\left[O\left({}^3P\right)\right]$变为 2 倍（$k_{CO_2\text{-}O}$或$\left[O\left({}^3P\right)\right]$），$CO_2\left(0,1^1,0\right)$的振动温度在 120 km 处变化约 25 K，在 140 km 处接近 40 K。$k_{CO_2\text{-}O}\times\left[O\left({}^3P\right)\right]$变化 4 倍会导致更大的变化，120 km 振动温度变化约 50 K，140 km 时约为 85 K。如果乘式减小相同的因子，振动温度的变化较小。$k_{CO_2\text{-}O}\times\left[O\left({}^3P\right)\right]$在较高海拔和较大值时影响显著，这是因为相对于辐射过程，碰撞过程对这些能级的布居数更重要。

在 100 km 以下到 80 km 的区域，原子氧的浓度显著降低，振动能级布居数取决于谱带强度和中间层热力学温度递减率。因此，当$k_{CO_2\text{-}O}\times\left[O\left({}^3P\right)\right]$增加时，主同位素$\left(0,1^1,0\right)$的$T_\upsilon$增加，次同位素能级和$\upsilon_2$泛频带能级的$T_\upsilon$减小。虽然符号不同，对于中等强度的谱带，$k_{CO_2\text{-}O}\times\left[O\left({}^3P\right)\right]$的变化所引起的$T_\upsilon$变化与图 6.17 相似，除了对较弱的带，$T_\upsilon$变化更大。

综上所述，对大多数应用而言，如果要获得接近真实的结果，都需要一个全面完整、包括一切因素的辐射传输机制，但碰撞中许多重要的能量传输过程仍然没有研究透彻。除了更多更好的实验室数据外，还非常需要对大气中非平衡效应进行更多的实验研究，并将这些研究与本书中的模型进行比较。将在第 8 章讨论这些比较。

6.4　参考文献和拓展阅读

本章研究基于 López-Puertas 等（1986a，b）、Edwards 等（1993）、López-Puertas 和 Taylor（1989），以及 López-Puertas 等（1998a）所发表的模型，这些模型使用了改进的柯蒂斯矩阵公式。其他 CO_2 非平衡模型有：①Curtis 和 Goody（1956）首先开发的模型，用于计算夜间 15 μm 的 CO_2 红外冷却问题；②Kuhn 和 London（1969）为计算夜间 CO_2 15 μm 红外冷却量而推导的计算模型，引入了转动分布和振动能级交换；③20 世纪 60 年代末 70 年代初牛津大学发展起来的模型（Houghton，1969；Willianms，1971a，b；Williams and Rodgers，1972），拓展到了白天条件下接近 4.3 μm、2.7 μm 的 υ_3 与 $2\upsilon_2+\upsilon_3$ 发射能级；④由圣彼得堡大学（Kutepov and Shved，1978；Shved et al.，1978）开发的模型，包括 15 μm、4.3 μm 和 2.7 μm 波段；⑤20 世纪 70 年代，由 Kumer 等（Kumer and James，1974；Kumer，1975，1977a，b；Kumer et al.，1978）开发的模型，主要考虑 4.3 μm 和 2.7 μm 的发射；⑥Dickinson（1984）开发的模型，是他对金星大气模型的拓展。我们可以引用美国空军研究实验室在 20 世纪 90 年代开发的模型（Sharma and Wintersteiner，1990；Wintersteiner et al.，1992），圣彼得堡大学对该模型进行了修正，包含最小至 1.0 μm 的所有谱带（Shved et al.，1998；Ogibalov et al.，1998）。Picard 等（1997）讨论了雷雨区上方 4.3 μm 的辐射增强效应。Ogivalov 和 Shved（2001）提出了简化的 CO_2 非平衡模型架构。Shved 和 Ogivalov（2000）研究了地球大气中的自然布居数反转问题。

也有其他专门用于计算 CO_2 15 μm 冷却率的模型，如 Wehrbein 和 Leovy（1982）、Fels 和 Schwarzkopf（1981）、Haus（1986）、Apruzese 等（1984）、Zhu（1990）和 Zhu 等（1992）的模型。更多模型的细节详见第 5 章和第 9 章的"参考文献和拓展阅读"部分。

许多研究者，例如 Williams 和 Rodgers（1972）、Rodgers 和 Williams（1974）、Kutepov 和 Shved（1978）、Dickinson（1984），以及 López-Puertas 等（1994），都指出了在计算 CO_2 态布居数时，引入完整辐射传输过程的重要性。对于 CO_2 15 μm 谱带，López-Puertas 等（1994）讨论了准逐线算法（6.3.3 节第 1 部分）与完全逐线积分算法，计算振动温度和冷却率之间的区别；对于 CO(1) 和 H_2O ，可分别参考

López-Puertas 等（1993）和 López-Puertas 等（1995）。

COSPAR 国际参考大气“总平均”热力学温度，代表了全球平均条件，可在 Barnett 和 Chandra（1990）、Fleming 等（1990）中找到。本章使用的中性组分模型引自 Allen 等（1981）和 Rodrigo 等（1986）模型，原子氧浓度引自 Van Hemelrijck（1981）、Rees 和 Fuller-Rowell（1988）以及 Thomas（1990）等。CO_2 体积混合比剖面取自 ISAMS 测量结果（López-Puertas et al.，1998b）。López-Puertas 等（2000）最近对现有的 CO_2 测量结果进行了综述。

在 Thekaekara（1976）、Kurucz（1993）和 Tobiska 等（2000）文献中，可以获得外逸层太阳通量，用于计算大气分子在红外和近红外中的太阳辐射吸收。

对碰撞率的详细综述见 López-Puertas 等（1986a，b）、López-Puertas 和 Taylor（1989）、Shved 等（1998）、López-Puertas 等（1998a）以及 Clarmann 等（1998），参考文献见表 6.2。关于碰撞过程的一般描述有 Herzfeld 和 Litovitz（1959）、Cottrell 和 McCoubrey（1961）、Lambert（1977）、Yardley（1980）以及 Bransden 和 Joachain（1982）等文献。在 Taylor（1974）和 Moore（1973）不错的评论中，虽然有些部分已经过时，但可以发现关于基础理论的有趣综述，其他综述可参考 Flynn 等（1996）。López-Puertas 和 Taylor（1989）、López-Puertas 等（1992a，1998c）、Clarmann 等（1998）以及 Mertens 等（2001）给出了 CO_2 能级布居数对各种模型参数敏感性的详细研究结果。

第 7 章　地球大气的非平衡模型Ⅱ：其他红外辐射分子

7.1　引言

第 6 章描述了地球大气 CO_2 振动能级的非平衡辐射传输模型，该模型仅包括那些与 CO_2 相互作用并对其产生影响的组分，如 N_2 和 O_2 。CO_2 可能是大气中最重要的分子之一，因为它主导着加热率和冷却率，至少在那些存在非平衡情况的能级中起主导作用。CO_2 重要性也体现在它是最常用于大气温度遥感测量的组分。水蒸气为对流层中主要的温室气体，而 NO 是中高热层的主要温室气体（见图 9.18）。O_3 也是一种温室气体，它影响地球表面温度，其红外辐射在平流层顶和中间层顶附近区域起重要冷却作用。

下面将依次分析 CO_2 以外大气组分的辐射问题，以及如何将它们的能级整合到非平衡模型中。组分之间通过辐射和碰撞作用进行能量交换，因此只要涉及的能量重要，就有必要在模型中明确考虑这种交换。这些分子不但在辐射收支中起作用，其辐射模型对通过红外发射辐射测量结果反演其分子浓度也有潜在影响，所以它们的辐射建模十分重要。

7.2　一氧化碳（CO）

CO 是一种双原子分子，只有一种基础振动模态，因此其能级比 CO_2 少得多。由于 CO 比 CO_2 的丰度低几个数量级（见图 1.4），所以只有对 CO 自身的辐射感兴趣时，才需要对 CO 进行建模；例如，在 CO_2 的能级分布中，CO 就不像 N_2 那样发挥太大的作用。

不过，CO在大气中的重要性还有其他原因。它是大气主要污染组分之一，因此获得其浓度分布非常有意义，无论是在局地还是在全球范围内。在中层大气中，通过甲烷氧化产生CO，在更高高度上，通过CO_2的解离产生CO。CO主要通过与羟基自由基OH反应转化为CO_2而减少，羟基自由基则来自水蒸气和臭氧。因此，自然或人为生成、消耗CO的综合作用致使CO的全球分布相当复杂。CO全球分布可采用大气动力学模型进行修正，同时CO也是研究大气平流层运动时很有用的示踪分子，特别是考虑到其中等化学寿命（约数周至数月）且能产生较大的水平和垂直梯度。

可通过卫星遥感研究CO在中高层大气中的全球分布。CO(1)在平流层及以上偏离平衡态，通常测量CO的第一振动激发态CO(1)的辐射。该谱带在中间层和低热层受到太阳辐射的强泵浦作用，从而产生4.7 μm带的较强日间辐射，可以测量到120 km甚至更高的高度。当然，这也意味着需要非平衡模型来解释CO浓度的测量结果。CO(1)能级布居数通过与N_2、O_2、CO_2和$O(^3P)$的碰撞相互作用、太阳能泵浦作用，以及大气层辐射交换而变化。将CO能级与第6章CO_2非平衡态模型的解相耦合，可以计算其能级布居数。在求解之前，先详细地考虑CO(1)能级布居数变化特点。

7.2.1 辐射过程

辐射过程（自发发射、太阳辐射吸收、大气层内光子交换，以及与地表的光子交换）可以如CO_2中那样，合并到柯蒂斯矩阵中。平流层及以上的CO(1)布居数对来自对流层的辐射通量非常敏感，特别是在夜间，甚至诸如低层云之类的因素也会影响海拔高得多的中间层的振动温度。对流层通量的影响如6.1节所述包含在模型中，等效温度可从NOAA-9和NOAA-10卫星TOVS系列设备提供的数据中获得（见表7.1）。

表 7.1　近 CO(1-0)4.7 μm 谱带的光谱区域，对流层向上通量的等效温度

纬度/太阳照射	平均温度/K	2σ / K
中纬度/白天	272.8	26.4
中纬度/夜间	272.8	26.4
极地冬季/夜间	237.2	13.3
极地夏季/白天	257.9	15.4

除了必须考虑太阳光球层中存在大量的CO外，CO对太阳光的吸收可以参考

CO_2。由于 CO 光谱的分辨率高、谱线分立，且谱线强，太阳吸收光谱影响地球顶部 4.7 μm 谱带的入射通量，并且对 CO(1) 布居数具有重要影响。ATMOS 仪器（8.10.1 节）测量表明，典型强谱线中心吸收约为 30%，线宽约为 0.1 cm^{-1}。在计算中可以通过将太阳通量减少相同的因子来近似考虑这一点，需注意，这可能低估了线翼通量，但后者通常仅在平衡态适用的高压区域中才重要。

计算 CO 的柯蒂斯矩阵或透过率时应当格外小心。这是因为 CO(1-0) 跃迁十分弱，辐射可以从低如对流层的地方传输到空间，所以传输通量计算涉及大梯度的温度、压强和吸收物质总量。在这种情况下，6.3.3 节第 1 部分中所描述的准逐线直方图算法与 Curtis-Godson 方法联合，可能无法给出中间层 CO(1) 布居数的准确结果。图 7.1 给出了对 CO 准逐线直方图方法（与谱线无关）的计算结果，可以看出与更精确的逐线算法（本例中为 GENLN2）相比，误差非常大（夜间超过 20 K，白天超过 10 K），几乎与昼夜温差一样大。这种情况下，计算误差与所研究的物理效应相当，近似方法不仅不管用还会产生错误的结果。必须采用高精度的辐射传输计算方法，这个问题也证明逐线算法（如 4.3.1 节所述）是非平衡模型中必不可少的工具。

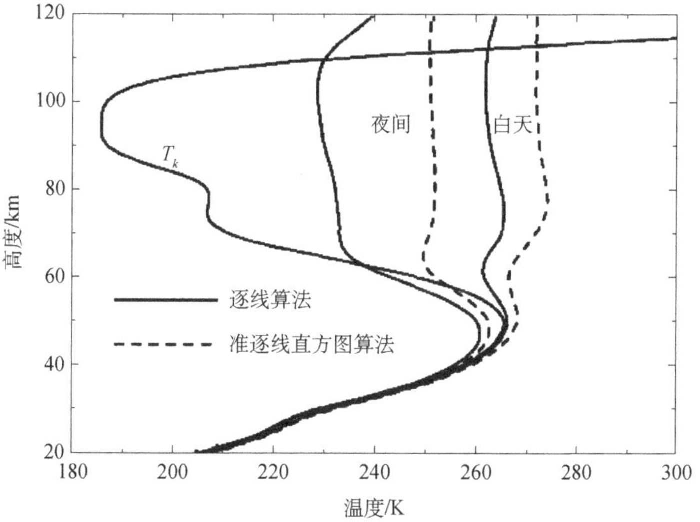

图 7.1　CO 昼夜振动温度与热力学温度变化的比较。其中虚线采用准逐线直方图算法来计算柯蒂斯矩阵；实线使用更精确的 GENLN2 逐线算法程序

7.2.2　碰撞过程

表 7.2 给出了影响 CO(1) 能级布居数的重要碰撞过程。一般来说，碰撞对象自身处于非平衡，通过把 N_2、O_2 和 CO_2 布居数引入这些反应中，可以将 CO 布居数的计算与浓度最高的分子的非平衡模型相结合。

表 7.2　影响 CO(1) 能态的主要碰撞过程

序号	化学反应	E^*	速率系数†	参考文献‡
1	$CO(1)+N_2 \rightleftharpoons CO+N_2(1)$	−186.4	$5.47\times10^{-15}\exp(3.82A-5.47B)$	1
2	$CO(1)+O_2 \rightleftharpoons CO+O_2(1)$	587.1	$9.79\times10^{-17}\exp(8.02A-2.05B)$	2
3	$CO(1)+CO_2 \rightleftharpoons CO+CO_2(00^01)$	−205.6	$7.34\times10^{-14}\exp(7.36A-1.01B)$	3
4	$CO(1)+O(^3P) \rightleftharpoons CO+O(^3P)$	2143.3	$2.85\times10^{-14}\exp(9.50+1.11B)$	4

注：*反应能，单位为 cm^{-1}。

†正向反应速率系数，单位为 $cm^3\cdot s^{-1}$ 。$A=(T-300)\times10^{-3}$ 。$B=(T-300)^2\times10^{-5}$ 。T 为温度，单位为 K 。

‡1：Allen 和 Simpson（1980）；2：Doyennete 等（1977）；3： Starr 和 Hancock（1975）；4：Lewittes 等（1978）。

大气中，对 $CO(1)$ 最重要的相互作用是与 $N_2(1)$ 的碰撞。由于 $CO_2(0,0^0,1)$ 白天布居数较多，所以与此能级的碰撞交换为 CO_2 激发 CO 可能性最大的路径，但其重要性仍仅仅是与 N_2 碰撞重要性的 1/100，这是因为后者的浓度要高得多。

从 $CO(1)$ 到 $O_2(1)$（过程 2）的振动-振动能量转移是强放热的，并且速率系数的不确定性可达两个数量级。如果真实速率系数接近取值范围的最大值，则该过程可能对 $CO(1)$ 的布居数产生重要影响；否则与 N_2 碰撞的过程 1 起主导作用。

$CO(1)$ 通过与原子氧 $O(^3P)$ 碰撞而去激发，即过程 4，很可能是剩下的最重要的碰撞过程。$O(^3P)$ 的碰撞作用在 80 km 以上重要，高于 100 km 时，与 $N_2(1)$ 的碰撞作用的重要性相当。与 NO 、O_3 和 N_2O 等分子的碰撞可以忽略不计。

7.2.3　非平衡布居数

图 7.2 给出了白天不同太阳天顶角下 $CO(1)$ 的振动温度，这里采用美国标准大气（1976）。可以看出 $CO(1)$ 从 40 km 高度开始偏离平衡态；至 60 km 布居数相对玻尔兹曼分布少；60 km 以上，相对玻尔兹曼分布更大，即使在夜间也是如此。碰撞过程在约 50 km 以下占主导地位，而辐射传输决定着中间层及以上的 $CO(1)$ 布居数。

在夜间，对平流层上方的 $CO(1)$ 非平衡布居数起主导作用的是对来自对流层的光子的吸收，其次是对来自其他大气层的光子的吸收（见图 7.3）。特别要注意下边界的巨大贡献：在夜间 117 km 高度附近，超过 40%的吸收通量源自对流层。还要注意，约 100 km 以上，热层温度的 Doppler 增宽效应加强了对来自对流层光子的吸收，导致振动温度随着高度的增加而增加。即使在夜间， $CO(1)$ 的 T_υ 与热力学温度 T_k 偏差在 50 km 以上也很明显，不过，该偏差在很大程度上取决于温度剖面。例如，对于典型的极地冬季大气，T_υ 与 T_k 保持接近直至约 90 km 高度，而对于中纬度 T_k 剖面，在

60 km 高度开始分离。

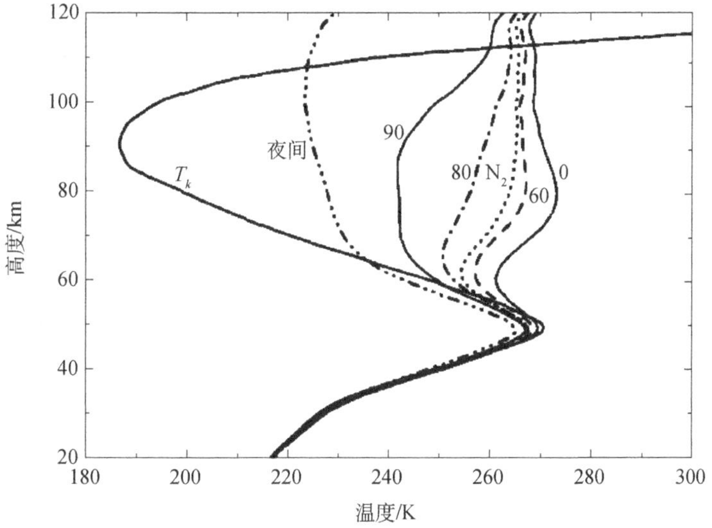

图 7.2　不同太阳天顶角及夜间的 CO(1) 振动温度分布。白天 ($\chi = 0°$)，并假设 $N_2(1)$ 处于平衡态时的 T_v (N_2)。T_k 为热力学温度

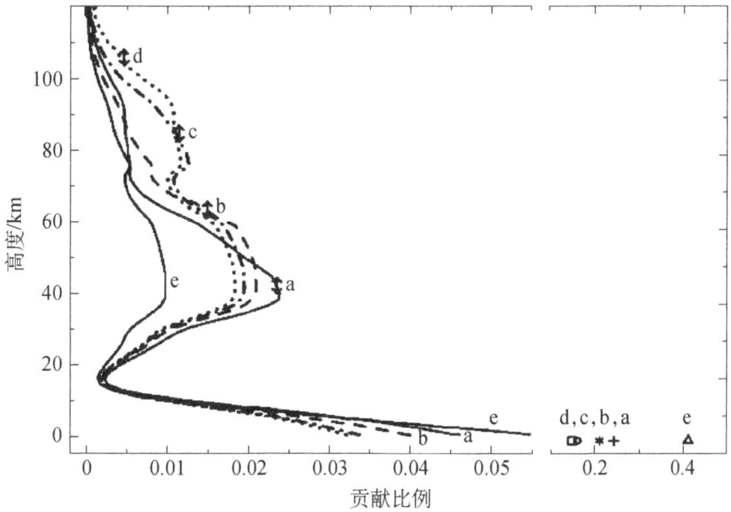

图 7.3　层间辐射传输对激发 CO(1) 的贡献比例。曲线 a～e 分别对应于观测点 (↕) 为 40km、60km、80km、100km 和 117 km 处的激发。来自下边界的贡献在右侧延伸标度上给出

白天，CO(1) 的非平衡布居数主要由 4.7 μm 处的太阳辐射吸收驱动，并且对太阳天顶角表现出强烈的依赖性。大气层之间的辐射传输也非常重要，如图 7.4 所示。通过比较图 7.2 中曲线 “N_2” 和 “0” 可以看出，$N_2(1)$ 的振动-振动能量转移大大增

加了日间中间层 CO(1) 布居数。$N_2(1)$ 振动态本身在与 $CO_2(0,0^0,1)$ 的 V-V 碰撞中被激发，而 $CO_2(0,0^0,1)$ 又因吸收 2.7μm 和 4.3 μm 太阳辐射，以及 $O(^1D)$ 电子能量的弛豫（6.6.3 节）而激发。

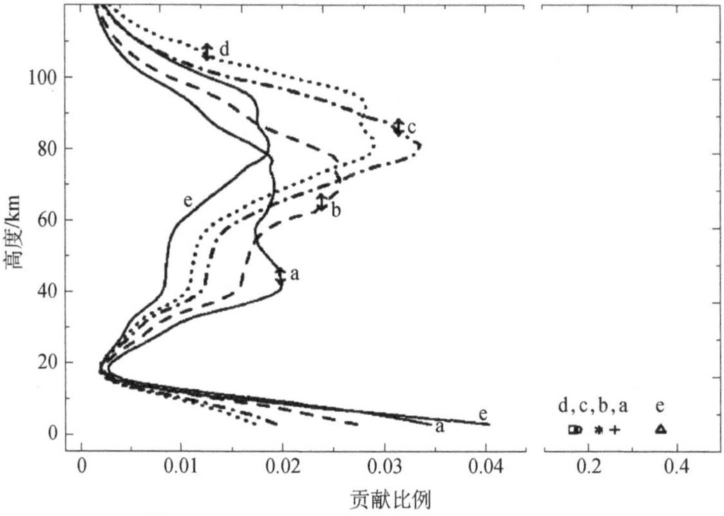

图 7.4　白天（$\chi = 0°$），其他与图 7.3 相同

7.2.4　CO(1)布居数的不确定性

影响 CO(1) 日间布居数的最不确定的参数有 $N_2(1)$ 的布居数、$O(^1D)$ 浓度的变化，以及表 7.2 中过程 1 的速率系数。在 80 km，典型不确定范围大约为 $(+6,-3)$K。对流层通量的影响较小，约为 1 K；而太阳通量减少量的不确定性为±10%，导致大气层顶部至 60 km 的 T_υ 有±2 K 的变化。

在夜间，对中间层 CO(1) 布居数影响最大的参数为对流层通量。在中纬度温度剖面上，对流层等效发射温度变化±25 K，夜间 CO(1)T_υ 的变化约为 $(+8,-3)$K，对于典型的极地冬季剖面，夜间 CO(1)T_υ 变化约 $(+3,-1)$K。

由于辐射传输的重要性，以及 CO 在大气中较大的变化率，CO 浓度分布对激发能级比率即 $[CO(1)]/[CO]$ 有显著影响。图 7.5 给出了两个相当极端的 CO 剖面，即极地冬季和极地夏季典型剖面，相应可能导致 CO(1) 振动温度变化为 $(+5,-3)$K。

主要由基态激发的能级，其振动温度通常变化非常小，因为基态的数密度变化很小，而振动温度是根据高低能态的布居数之比来定义的。然而，CO(1) 是一个例外，在从 4.7 μm 带的辐射中反演 CO 丰度时，考虑其振动温度对 CO 自身 VMR 的依赖性非常重要。

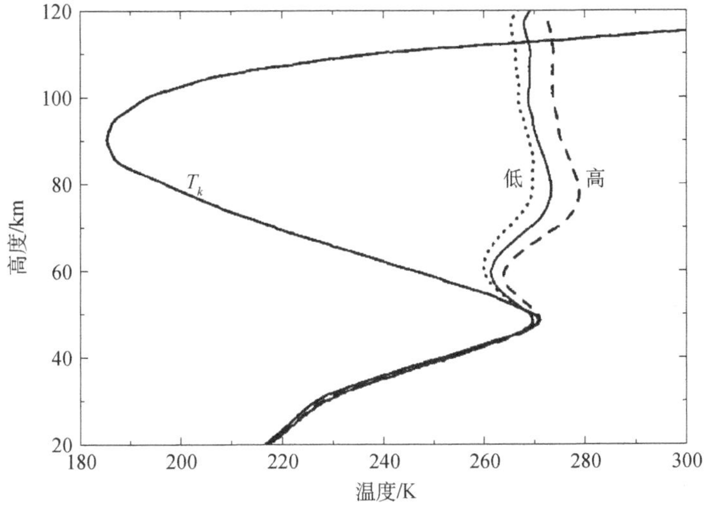

图 7.5　日间$(\chi = 0°)$CO(1) 振动温度。包括分别对应冬季和夏季典型值的极高和极低 CO VMR 剖面，以及中间 CO VMR 剖面的 T_v 和热力学温度 T_k

7.3　臭氧（O_3）

虽然 O_3 数量很少，但它是大气的重要组分，因为它吸收了对生物圈有害的太阳紫外辐射。它还控制着加热率，从而控制平流层和中间层的温度结构，是影响地球表面温度的重要温室气体。

臭氧分子在基态下具有偶极矩，并具有三种非简并振动模态：对称伸缩模态(ν_1)、弯曲模态(ν_2)和不对称伸缩模态(ν_3)。ν_1 模态能量最高，约在 1103 cm^{-1}，其次为 1042 cm^{-1} 的 ν_3 模态。事实上，这两个模态的能量如此接近，加上它们的非谐波性，导致较高的振动能级间隔更近，两者之间产生了许多共振，从而形成了重要的 9.6 μm 谱带。ν_2 谱带的波长约为 14.5 μm，强度很弱，并且通常被大气中 CO_2 15 μm 谱带所掩盖。另一个强 O_3 带，即从组合能级(1,0,1)到基态的跃迁带，位于 4.8 μm 附近。还有许多从较高的 ν_1 和 ν_3 能态产生的热谱带，这些热谱带略微向 9.6 μm 基频带长波侧偏移（见表 G.1）。如果处于平衡态，这些非常热的谱段不会在大气中存在明显发射，但在真实大气中发生臭氧非平衡的条件下，其辐射量通常比平衡态下的高几个数量级，这些热谱带与基频带对辐射贡献相当。

9.6 μm 谱带红外发射遥感测量通常用于反演中层大气中的臭氧丰度（第 8 章）。有充分证据表明（见 8.4 节），决定这些辐射带的能级布居数在中间层及以上高度远远偏离平衡态，甚至在白天，这种不平衡效应可以延伸到上平流层。因此就像CO一样，非平衡建模是臭氧反演的重要组成部分。

已经有数种非平衡模型公开发表（见7.15节中参考资料），这些模型在关键因素考虑上有所不同：包含的振动能级数量；在化学反应生成O_3后，激发态分布的相关假设；碰撞弛豫过程，包括不同振动模态之间的耦合，以及速率系数；大气层间辐射传输的处理，有些模型完全忽略了这一点。这些模型与遥感测量值的吻合程度也有所不同。本书使用的模型包括：①用于O_3能级弛豫的新碰撞机制；②完整计算ν_1和ν_3基频带的层间辐射传输；③更多的振动能态，总数高达119个，扩展到能量为6554.29 cm^{-1}的$(0,0,7)$能态；④$N_2(1)$和$O_2(1)$振动激发态；⑤吸收4.8 μm谱带的太阳辐射。

7.3.1 非平衡模型

本书模型中O_3振动能级见图7.6和表7.3，所涵盖的跃迁包括4.5～17.7 μm光谱范围内的重要的振动旋转带（表G.1）。

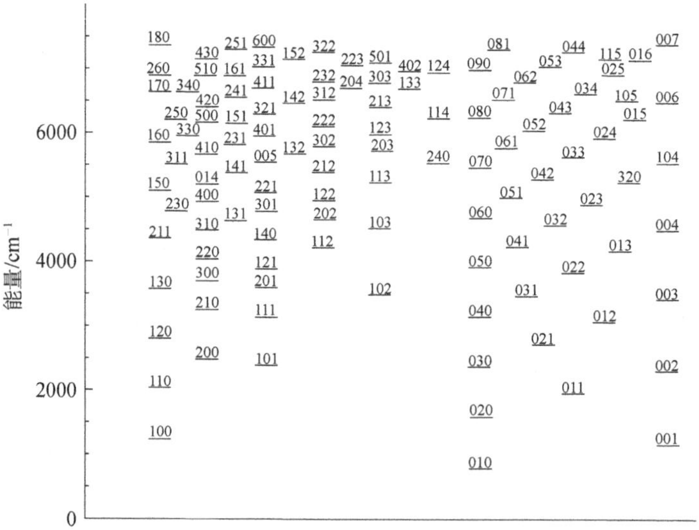

图7.6　O_3振动能级

表7.3　O_3振动能级

序号	能级	能量/cm⁻¹	序号	能级	能量/cm⁻¹	序号	能级	能量/cm⁻¹
1	010	700.931	3	100	1103.137	5	011	1726.522
2	001	104.084	4	020	1399.273	6	110	1796.262

续表

序号	能级	能量/cm^{-1}	序号	能级	能量/cm^{-1}	序号	能级	能量/cm^{-1}
7	002	2057.891	36	131	4122.196	65	160	5214.130
8	030	2094.968	37	202	4141.199	66	024	5265.440
9	101	2110.784	38	060	4164.548	67	123	5291.250
10	200	2201.154	39	230	4246.444	68	401	5308.050
11	021	2407.935	40	301	4259.114	69	330	5310.240
12	120	2486.576	41	023	4346.628	70	052	5364.970
13	012	2726.107	42	400	4360.074	71	222	5418.860
14	111	2785.239	43	122	4390.796	72	151	5438.920
15	040	2787.822	44	051	4432.489	73	500	5441.020
16	210	2886.178	45	221	4508.166	74	015	5518.830
17	003	3046.088	46	150	4538.166	75	080	5528.340
18	102	3083.702	47	014	4632.828	76	114	5540.950
19	031	3086.179	48	320	4643.809	77	250	5586.560
20	130	3173.898	49	113	4659.000	78	321	5632.700
21	201	3186.410	50	042	4710.313	79	142	5679.470
22	300	3290.026	51	212	4783.385	80	043	5697.570
23	022	3390.920	52	141	4783.505	81	420	5702.010
24	121	3455.903	53	070	4848.137	82	213	5763.720
25	050	3477.727	54	311	4897.013	83	006	5766.800
26	220	3568.166	55	005	4919.011	84	071	5783.990
27	013	3698.203	56	240	4919.986	85	105	5801.360
28	112	3739.516	57	104	4922.423	86	312	5812.710
29	041	3761.094	58	033	4991.448	87	034	5884.870
30	211	3849.868	59	410	5035.790	88	170	5890.600
31	140	3857.893	60	132	5040.100	89	241	5919.510
32	310	3966.804	61	203	5077.040	90	133	5946.900
33	004	4001.259	62	061	5100.140	91	340	5970.890
34	103	4021.799	63	231	5159.590	92	204	5995.030
35	032	4052.330	64	302	5171.220	93	303	6030.753

续表

序号	能级	能量/cm^{-1}	序号	能级	能量/cm^{-1}	序号	能级	能量/cm^{-1}
94	232	6035.787	103	090	6217.011	112	322	6453.610
95	062	6040.821	104	053	6247.215	113	044	6458.644
96	411	6063.220	105	331	6252.249	114	081	6473.747
97	510	6096.195	106	223	6277.419	115	251	6478.780
98	161	6126.399	107	501	6312.658	116	600	6498.917
99	260	6136.467	108	430	6337.828	117	180	6549.257
100	025	6141.501	109	016	6342.862	118	214	6554.270
101	124	6171.705	110	115	6352.830	119	007	6554.290
102	402	6186.807	111	152	6357.964			

O_3振动能级包括总量子数$\upsilon_1+\upsilon_2+\upsilon_3$减少一到两个的跃迁，而那些$\upsilon_2>2$的能级没有包括在内，因为在大气光谱中没有发现它们存在的证据。同样原因，每个模态量子数变化大于 2 的跃迁不包括在内。所有谱带都包括自发发射和对流层辐射的吸收（见表 G.1）。较强的ν_1、ν_2和ν_3基频带辐射在大气层之间的交换使用柯蒂斯矩阵方法计算，其矩阵元如 6.3.3 节第 1 部分所述。对于$\nu_1(2,0,0\text{-}1,0,0)$和$\nu_3(0,0,2\text{-}0,0,1)$第一热谱带，已证明大气层之间的辐射传输可以忽略不计。本书模型还包括 4.8 μm 谱带的太阳辐射吸收，这对$(1,0,1\text{-}0,0,0)$谱带十分重要，其布居数比不考虑时在 60 km 以上可增加约 10%。

7.3.2 化合反应

表 7.4 给出了驱动O_3能级偏离平衡分布的化学反应过程。$O_3(\upsilon_1,\upsilon_2,\upsilon_3)$能级激发大部分发生在$O_3$自身形成过程中，这是$O_2$和$O(^3P)$在第三体作用下（表中的过程 1）进行的化合反应。在该反应中，化学势能转化为臭氧分子的内能，并生成高振动激发态的能级，能量接近约 8500 cm^{-1}（～1.05 eV）的解离极限。此为大气中几乎所有高度上主要的臭氧生成机制，也可能是平流层中唯一重要的臭氧来源。实验室测量可以推断新生臭氧的能态分布，即形成稳定的O_3分子后，能量在振动能级之间的分布。在新生臭氧中，转动能级可能也处于非平衡中，但假设这些能级通过碰撞快速热化，则只剩下振动非平衡。

测量结果表明，化合反应释放的能量约有 50%转化为振动能，根据不同测量结果，其不确定性约为 20%。测量还表明，有可观数量的新生臭氧处于量子数大于 1 的振动模态ν_1和ν_3。

表 7.4　影响 O_3 振动能级的碰撞过程

序号	化学反应过程		速率系数 $k^{\dagger}$	参考文献
1	$O_2+O+M \rightarrow O_3(\upsilon_1,\upsilon_2,\upsilon_3)+M$	M=N_2	$5.7\times10^{-34}(T/300)^{-2.8}$	Baulch等（1984）
		M=O_2	$6.2\times10^{-34}(T/300)^{-2.0}$	Baulch等（1984）
		M=O	$2.15\times10^{-34}\exp(345/T)$	Eliasson等（1987）
2	$O_3(\upsilon_1,\upsilon_2,\upsilon_3)+M \rightleftharpoons O_3(\upsilon_1',\upsilon_2',\upsilon_3')+M$	M	$k^{\ddagger}$　$A_{\Delta\upsilon_1,\Delta\upsilon_2,\Delta\upsilon_3}$	
a：	$\Delta\upsilon_1=1,\Delta\upsilon_3=-1,\Delta\upsilon_2=0$	N_2	1.18×10^{-11}　1.6×10^{-11}	Doyennette等（1992）
		O_2	0.99×10^{-11}　1.34×10^{-11}	Doyennette等（1992）
b1：	$\Delta\upsilon_1=1,\Delta\upsilon_3=0,\Delta\upsilon_2=-1$	N_2	4.04×10^{-14}　3.02×10^{-13}	Menard等（1992）
		O_2	2.95×10^{-14}　2.20×10^{-13}	Menard等（1992）
b2：	$\Delta\upsilon_1=0,\Delta\upsilon_3=1,\Delta\upsilon_2=-1$	N_2	4.04×10^{-14}　2.22×10^{-13}	Menard等（1992）
		O_2	2.95×10^{-14}　1.62×10^{-13}	Menard等（1992）
c：	$\Delta\upsilon_3=\Delta\upsilon_1=0,\Delta\upsilon_2=1$	N_2	3.11×10^{-14}　1.03×10^{-12}	Menard等（1992）
		O_2	3.42×10^{-14}　1.14×10^{-12}	Menard等（1992）
d：	$\Delta\upsilon_3=1,\Delta\upsilon_1=\Delta\upsilon_2=0$	N_2,O_2	3.10×10^{-15}　5.68×10^{-13}	Menard等（1992）
e：	$\Delta\upsilon_1=1,\Delta\upsilon_2=\Delta\upsilon_3=0$	N_2,O_2	3.10×10^{-15}　7.70×10^{-13}	Menard等（1992）
3	$O_2(1)+O_3 \rightarrow O_2+O_3(100,001)$		10^{-16}	Parker和Ritke（1973）

续表

序号	化学反应过程		速率系数 $k^{\dagger}$	参考文献
4	$N_2(1)+O_3 \rightarrow N_2+O_3(200)$		2.3×10^{-14}	Robertshaw和Smith (1980)
5	$O_2(\upsilon=2)+O_3 \rightarrow O_3(102,003)+O_2$		3×10^{-11}	Rawlins (1985)
6	$N_2(\upsilon=8\sim10)+O_3 \rightarrow N_2(\upsilon-1)+O_3(002,101)$			
7	$e^-+O_3 \rightarrow e^-+O_3(\upsilon)$			
8	$O_2(b^1\sum_g^+)+O_3 \rightarrow O_3(\upsilon)+O_2(a^1\Delta_g$ 或 $X^3\sum_g^-,\upsilon)$		2.2×10^{-11}	Slanger和Black (1979)
9	$O_2(A^3\sum_u^+)+O_2 \rightarrow O_3(\upsilon)+O$		2.9×10^{-13}	Kenner和Ogryzlo (1980)

注：†正向反应，单位为 $cm^3\cdot s^{-1}$ 。T 为温度，单位为 K 。

‡对于过程 2，这里给出的 k 为当 $T=300K$ 时，量子数为允许的 υ_1 、 υ_2 和 υ_3 的最小值。温度依赖性在正文中描述。 $\Delta\upsilon_i=\upsilon_i-\upsilon_i'$ 。

一个最常用的新生 O_3 分布，即所谓的“零惊异”（零不确定性），它假设只有 $O_3(0,0,\upsilon_3)$ 能态是被激发的。随 υ_3 的分布由下式给出：

$$f(\upsilon)=\frac{\left(1-E_\upsilon/D_e\right)^{1.5}}{\sum_{\upsilon=1}^{N}\left(1-E_\upsilon/D_e\right)^{1.5}} \tag{7.1}$$

其中 D_e 为解离能，E_υ 为 $O_3(0,0,\upsilon_3)$ 能级的能量，分母表示对从 $\upsilon_3=1$ 到 $N=7$ 的所有 υ_3 能级求和，$N=7$ 为化合反应后的最高 υ_3 态。这是迄今为止测量到的唯一能级分布，并且倾向于能量较低的能级（见图 7.7），这与一些学者预测化合反应生成的分子服从非常热的新生分布理论相反。在这个模型中，我们对新生分布使用了类似的公式，但是不只考虑 υ_3 能级，而是扩展到模型中所有 $O_3(\upsilon_1,\upsilon_2,\upsilon_3)$ 能态。

考虑新生分布的不确定性，研究 $O_3(\upsilon_1,\upsilon_2,\upsilon_3)$ 布居数对两个极端分布的灵敏性非常有用：①一个是“零惊异”分布，倾向于生成较低激发态的能级；②所有臭氧分子生成时都位于模型中最高的 8 个能态（能量非常接近）（见图 7.7）。对比结果如图 7.11 所示，并在 7.3.6 节中进行讨论。

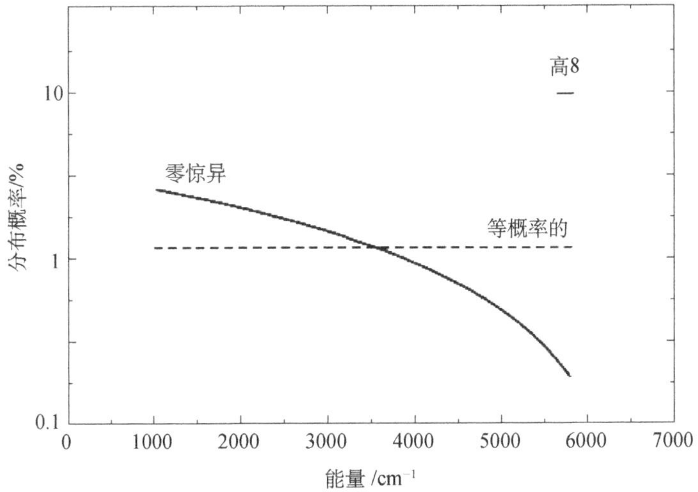

图 7.7　新生 $O_3(\upsilon_1,\upsilon_2,\upsilon_3)$ 的振动能级分布。图中“零惊异”假设考虑了 119 个能级

7.3.3　碰撞弛豫

对新生 $O_3(\upsilon_1,\upsilon_2,\upsilon_3)$ 弛豫到较低能态的过程进行建模有一定难度，因为很少有研究结果描述了影响 O_3 高激发态的碰撞过程。现有数据主要存在如下问题：①缺乏一个或两个以上量子的能级测量结果；②测量未涵盖所有大气温度；③完全缺乏原子氧碰撞去激发测量；④测量中没有明确区分 $(0,0,1)$ 和 $(1,0,0)$ 这两个强耦合能级的碰撞

速率系数。

现有文献使用的近似包括将模型局限为不对称伸缩(ν_3)模式，并使用简单缩比公式来表征速率系数对温度的依赖，或者基于单分子反应速率理论，即速率系数取决于两个能态之间的能量差。这些近似都有明显的不足，例如，两个能态之间的能量差可能不是决定碰撞弛豫速率的唯一因素。相比每种模态的激发能略有变化或仅有一种模态变化的过程，每种模态的振动能量发生较大变化的过程发生的可能性更低。

具有最低量子数的$O_3(\upsilon_1,\upsilon_2,\upsilon_3)$能态弛豫主要存在五条路径。下面按振动能转化为动能的能量升序讲述。首先讨论通过与大气主要组分的热碰撞重新在伸缩模态$(1,0,0)$和$(0,0,1)$中分配能量：

$$O_3(1,0,0)+M \rightleftharpoons O_3(0,0,1)+M \tag{7.2}$$

对应表 7.4 中的过程 2a，其中$\upsilon_1=1$且$\upsilon_2=\upsilon_3=0$。对于O_3自弛豫的情况，该振动能量重排反应非常快（甚至比气体动能重排速率更快）。与N_2和O_2碰撞相比，$O(^3P)$碰撞作用对这两个能级的再分配可以忽略不计。

第二条路径如表 7.4 中的过程 2b，其中$\upsilon_1+\upsilon_3=1$，$\upsilon_2=0$，通过与N_2和O_2的热碰撞，伸缩$(1,0,0)$和$(0,0,1)$能级弛豫到更低能量的$(0,1,0)$弯曲模态：

$$O_3(1,0,0;0,0,1)+M \rightleftharpoons O_3(0,1,0)+M \tag{7.3}$$

表 7.4 过程 2c 中，$\upsilon_2=1$且$\upsilon_1=\upsilon_3=0$时，对应N_2和O_2对$(0,1,0)$能级的碰撞去激发作用：

$$O_3(0,1,0)+M \rightleftharpoons O_3+M \tag{7.4}$$

最后，能级$(0,0,1)$和$(1,0,0)$的完全热化由下式表示：

$$O_3(0,0,1)+M \rightleftharpoons O_3+M \tag{7.5}$$

$$O_3(1,0,0)+M \rightleftharpoons O_3+M \tag{7.6}$$

它们分别对应于表 7.4 中$\upsilon_3=1$和$\upsilon_1=\upsilon_2=0$的过程 2d，以及$\upsilon_1=1$和$\upsilon_2=\upsilon_3=0$时的过程 2e。

较高振动能级的碰撞弛豫速率尚不清楚。在该模型中，这些高能级的弛豫路径与低能级的相同，也就是说，过程（7.2）～（7.6）适用于所有容许的υ_1、υ_2和υ_3（表 7.4 中的过程 2a～2e）。这些过程的速率系数用以下公式表示，该式考虑了碰撞前后有多少振动能转换为动能(ΔE)，以及碰撞前后能态的量子数变化，即

$$k(\upsilon_1,\upsilon_2,\upsilon_3 \rightarrow \upsilon_1',\upsilon_2',\upsilon_3')=(\upsilon_1+\upsilon_2+\upsilon_3)A_{\Delta\upsilon_1,\Delta\upsilon_2,\Delta\upsilon_3}\exp(-\Delta E/E_0) \tag{7.7}$$

其中E_0为碰撞中的平均能量损失，约为 200 cm^{-1}。此表达式是一维谐振子随υ线性变化的一般形式。常数$A_{\Delta\upsilon_1,\Delta\upsilon_2,\Delta\upsilon_3}$仅取决于量子数变化，即依赖于式（7.2）～式（7.6）所示的 5 个路径，在某些情况下也与碰撞对象有关（见表 7.4）。这些常数通常从基础模态的反应过程中测量获得，即与最低υ_1、υ_2和υ_3量子数的碰撞中测量获得。

7.3.4 其他激发过程①

除了上面描述的常见机制之外，本章还纳入了其他研究较少涉及的碰撞过程。例如，$O_3(1,0,0)$和$(0,0,1)$能级与$O_2(1)$（表 7.4 中过程 3）之间的近共振振动能量交换；以及$O_3(2,0,0)$与$N_2(1)$（过程 4）的 V-V 耦合，尽管此过程比$O_3(102,003)$与$O_2(\upsilon=2)$的 V-V 耦合慢得多（过程 5）。对于这个过程，根据碰撞时跃迁概率与温度无关这一假设，存在温度平方根依赖特性。

大气观测实验表明，高度 100 km 以上O_3 9.6 μm 辐射存在大幅度的极光增强现象。$O_2(\upsilon)$、$N_2(\upsilon)$和亚稳态O_2（过程 5～9）可能是极光振动激发O_3的前驱体。$O_2(\upsilon=2)$比$O_3(1,0,2)$、$(0,0,3)$分别高 5 cm^{-1}和 43 cm^{-1}，并且在实验室中观察到这些O_3能级在近共振 V-V 能量转移中被$O_2(\upsilon)$激发。这个激发速率非常快，只要在极光期间产生足够多的O_2振动激发态，该过程就会非常高效。

振动态$(0,0,2)$、$(2,0,0)$和$(1,0,1)$也可以通过$N_2(\upsilon=8\sim10)$（过程 6）激发。这是$N_2(\Delta\upsilon=1)$的近共振过程，在极光附近通过长时间的粒子撞击即可产生$N_2(\upsilon=8\sim10)$。尚未有报道测量$N_2(\upsilon)$到O_3的 V-V 转移速率。

尽管在实验室放电中已经观察到电子激发$O_3(\upsilon)$的一些证据，但该过程尚未有定量结果。$O_2(b^1\sum_g^+)$被O_3去激发可能会导致后者（过程 8）重要的振动激发。电子激发、振动激发以及$O_2(b^1\sum_g^+)$与O_2的化学反应（过程 9）是极光条件下O_3的可能激发源。

7.3.5 系统求解

除了源自$(1,0,0)$和$(0,0,1)$的基频带，其他O_3谱带即使对于穿过整个大气层的路径，在光学上也很薄，因此大气层之间的辐射交换可以忽略不计。同样，对流层通量（“地光”）的吸收也只需考虑基频带。因此，除基频带之外，统计平衡方程可写作

$$n_\upsilon \simeq \frac{P_{c,\upsilon} + \sum_{\upsilon'>\upsilon} a_{\upsilon,\upsilon'} P_{c,\upsilon'} + P_{t,\upsilon} + P_{nt,\upsilon}}{A_\upsilon + l_{t,\upsilon}} \tag{7.8}$$

其中n_υ为能级υ的数密度；$P_{c,\upsilon}$为其在化合反应中的初始产量；求和项是所有高能态弛豫产生的量（$P_{c,\upsilon'}$为υ-υ'的弛豫产生的量，与这些能级的初始产量基本成正比）；$P_{t,\upsilon}$和$P_{nt,\upsilon}$分别为热和非热过程的产量（表 7.4 中的 3～9）；A_υ为源自υ能级的所有谱带对的总爱因斯坦发射系数；$l_{t,\upsilon}$为热过程的损耗。该方程仅包含局地过程，无需考虑与大气其他层耦合即可轻松求解。

① 译者注：在本书作者 M. López-Puertas 2012 年发布的模型中，认为其他这些激发过程均不重要。参考 J. Quant. Spectros. Radiat. Transfer，113，1771-1817。

因此，可以得到一个局部线性方程组，其中较低能级的方程取决于较高能级的布居数。从最高能级方程开始求解，直至$(1,0,0)$和$(0,0,1)$能级，对于这两个能级，统计平衡方程和辐射传输方程的耦合系统可以通过柯蒂斯矩阵公式求解。

7.3.6 非平衡布居数

对于上述非平衡模型，为了获得O_3振动布居数，还需要一个大气模型，即随压强或高度变化的温度、组分丰度函数。在选择O_3和$O\left({}^3P\right)$丰度的模型时必须小心，确保它们相容，因为它们并不相互独立，在平流层和中间层，它们通过光化学平衡相互关联。$O_3(\upsilon)$振动态主要由O_2和$O\left({}^3P\right)$反应生成，而不是从O_3的基态生成，这再次要求O_3和$O\left({}^3P\right)$丰度相容，否则将得到错误的O_3振动温度，这也导致了臭氧的特殊性。本书采用 Garcia 和 Solomon 的 2D 模型给出的结果（见 7.15 节）。

范围从地球表面到 120 km，每层厚度设为 1 km，布居数计算结果用振动温度表示。在中层大气中，影响振动温度的参数按重要性排序依次为：①化合反应的新生分布比例；②O_3振动态碰撞去激发速率系数；③光谱线强；④热力学温度结构；⑤O_3与原子氧的体积混合比。

图 7.8 为中纬度条件下白天和夜间$\upsilon_3=1\sim7$能级的振动温度曲线。在白天，$O_3(0,0,1)$的振动温度在大约 70 km 处开始偏离热力学温度。在这个高度以下，热碰撞是决定该能级布居数的主要过程。在 70 km 以上，其布居数主要由 9.6 μm 谱带的地光主导，其次受化合反应影响。

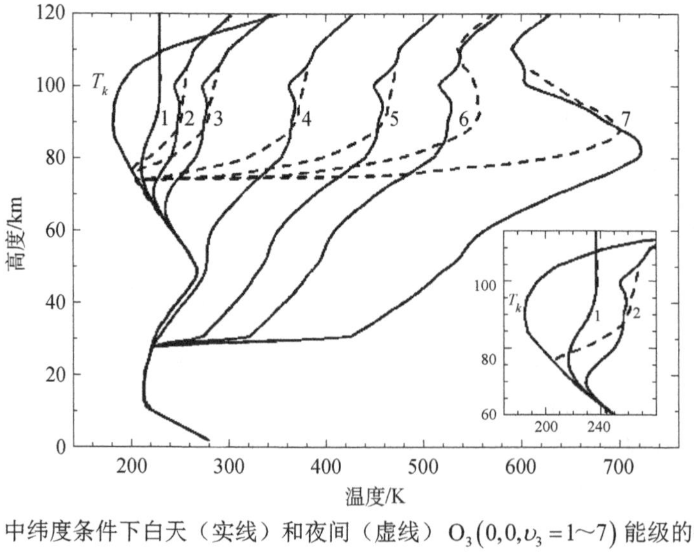

图 7.8 中纬度条件下白天（实线）和夜间（虚线）$O_3(0,0,\upsilon_3=1\sim7)$能级的振动温度。$T_k$为热力学温度。$(0,0,1)$能级不呈现任何昼夜变化

对比图 7.9 中的“无 RT”和“ML”曲线，可以看出地光对 $O_3(0,0,1)$ 布居数的影响。在约 70 km 以上，地光的影响非常重要，并且明显依赖于平流层 O_3 含量。对于典型中纬度条件下的 O_3 含量，中间层吸收的辐射主要来自上平流层和平流层顶附近。对于极地夏季条件，平流层臭氧相对较少，发射层位于较低的高度，即温度较低的海拔，从而在中间层产生较少激发。

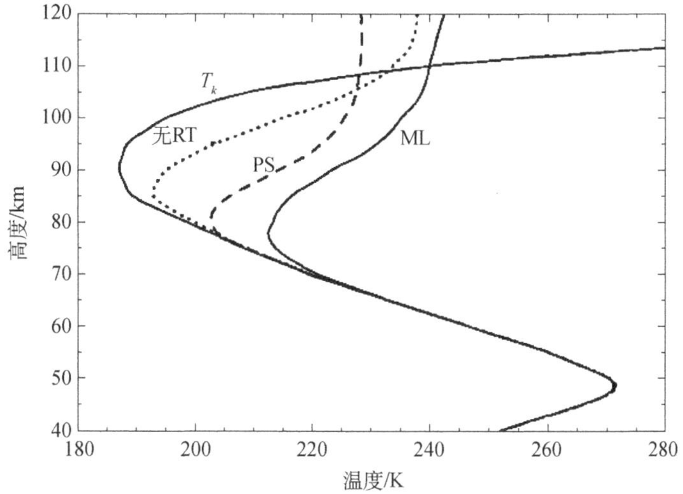

图 7.9　白天辐射传输（“地光”）对 $O_3(0,0,1)$ T_υ 的影响。实线（ML）和虚线（“无 RT”）分别表示中纬度条件下考虑和不考虑辐射传输的 T_υ。在辐射传输算例中，假设平流层 O_3 廓线较小，此即为夏季条件下典型情况。图中还给出了虚线（PS）。T_k 为热力学温度

在更低高度，$\upsilon_3 = 2\sim7$ 能级的振动温度开始逐渐偏离平衡态，并且比 $\upsilon_3 = 1$ 振动温度高得多。这是因为这些能级的化学泵浦速率与低能态相近，但是由于它们能量更高，玻尔兹曼分布给出的布居数都非常小。在热层下方大约 30 km，由于没有原子氧，高 υ_3 能级的振动温度急剧下降。地光对 $\upsilon_3 = 2\sim7$ 能级布居数分布的作用可以忽略不计。

在定常条件下，中间层中 $O_3(\upsilon_3 = 2\sim7)$ 能级的振动温度几乎与化合生产速率（表 7.4 中 k_1）和原子氧浓度无关。在白天，中间层顶以下，$O(^3P)$ 和 O_3 处于光化学平衡状态，O_3 的光解为 $O(^3P)$ 的主要来源，O_2 和 $O(^3P)$ 复合形成 $O_3(\upsilon)$ 是 $O(^3P)$ 的主要去向。因此，仅考虑化合反应作为激发，热碰撞和自发辐射作为主要损失，这些能级的振动温度可近似表示为

$$T_\upsilon(\upsilon_3 \geqslant 2) = -\frac{E_\upsilon}{k\ln\left(\dfrac{J_{O_3}}{A_\upsilon + k_t[\mathrm{M}]}\right)} \tag{7.9}$$

其中 J_{O_3} 为 O_3 的光解离率（主要在 Hartley 谱带），A_υ 为爱因斯坦自发发射系数，k_t 为热弛豫速率（表 7.4 中的过程 2d），$[M]$ 为空气分子的数密度。

如果原子氧对淬灭 O_3 的振动激发态重要，或者两者之间存在重要的反应，则振动温度对原子氧丰度有弱依赖性。然而，目前已知的动力学速率表明，至少在 100 km 范围内这并不重要。正如下文 $NO_2(\upsilon_3)$ 中讨论的那样，这是因为 T_υ 被定义为两个布居数的比率。不可将这点与大气中 O_3 谱带的辐射混淆，后者显然依赖 k_1 和 $O(^3P)$，因为它与激发态的数密度成正比（见第 8 章）。

图 7.8 还给出了夜间的振动温度。$\upsilon_3 \geqslant 2$ 能级直至上中层仍处于平衡态。这是因为在大约 80 km 以下，夜间没有原子氧，在 80 km 高度光解离后可重新复合形成 O_3。在低热层中，$\upsilon_3 \geqslant 2$ 能级具有与白天相似的振动温度。该区域原子氧主要由动力学控制，具有很强的下涌分子扩散效应，因此昼夜变化较小。

具有 υ_1 和/或 υ_2 量子激发态的（与是否具有 υ_3 激发态无关）能级的振动温度，与能量相当的纯 υ_3 激发态的能级的振动温度表现出类似的特征（图 7.10）。这是因为 υ_1 和 υ_3 相等的能态之间存在强碰撞耦合，以及这些模态可通过热过程快速弛豫到 υ_2 模态。对于 $(1,0,0)$ 能态，大气层之间的辐射传输在约 70 km 以上很重要。

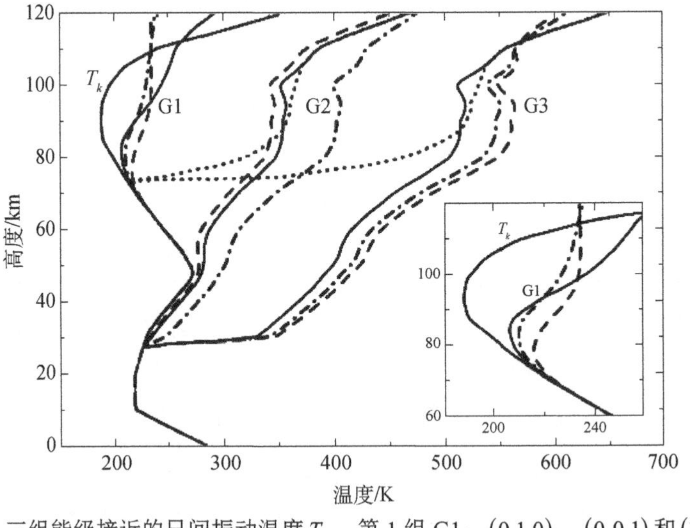

图 7.10　三组能级接近的日间振动温度 T_υ 。第 1 组 G1：$(0,1,0)$、$(0,0,1)$ 和 $(1,0,0)$ 能态（分别为实线、虚线和点划线）；第 2 组 G2：$(2,3,0)$、$(3,0,1)$ 和 $(0,2,3)$ 能态；第 3 组 G3：$(2,6,0)$、$(0,2,5)$ 和 $(1,2,4)$ 能态。$(2,3,0)$ 和 $(2,6,0)$ 的夜间 T_υ 用虚线表示。$(0,1,0)$、$(1,0,0)$ 和 $(0,0,1)$ 能级无任何日变化特征。T_k 为热力学温度

图 7.11 给出了 O_3 新生分布在白天对 υ_3 能级振动温度的影响。$\upsilon_3 = 6,7$ 的高能级在“高 8”分布中具有更大的布居数，υ_3 较低的能级则相反。中间能级如 $\upsilon_3 = 5$，显示出

混合效应，在较高区域（约 70 km 以上），碰撞频率较低，“高 8”分布的振动温度较高，但在较低高度处行为相反，较大的压强可迅速弛豫高能级。注意，使用有利于高能级的模型（“高 8”），会使 $\upsilon_3=2$ 能级的激发很弱。这种分布对大气临边辐射的影响是降低低 ν_3 谱带的发射，增加高 ν_3 跃迁的辐射。由于后者发生在较长的波长下，因此“高 8”分布的作用是使辐射往更长波长方向偏移（见图 8.21）。

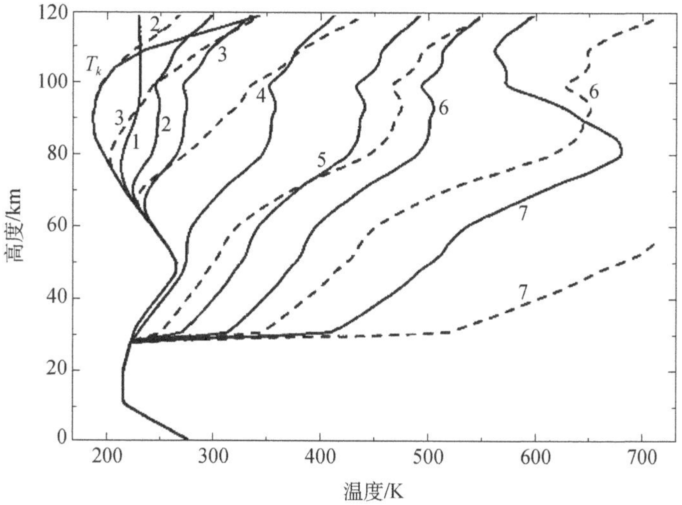

图 7.11　初生态分布对 O_3 (υ_3 =1～7) 能级白天振动温度的影响。实线和虚线分别为“零惊异”和“高 8”分布计算结果。两种情况的 $(0,0,1)$ 能级 T_υ 互相覆盖

7.4　水蒸气（H_2O）

因为水蒸气具有丰富而复杂的红外光谱，其在大气能量收支方面与 CO_2 同等重要。它也在大气化学中起着关键作用，例如 H_2O 光解作用是 OH 自由基的重要来源。与 CO_2 不同，H_2O 在空间和时间上非常多变，因此像臭氧一样，是卫星遥感研究的关键对象。

下面将讲述 H_2O 振动能级非平衡布居模型，求解图 7.12 所示的 $O_2(1)$ 和 6 个 H_2O 振动能级的统计平衡方程组，以及表 7.5 中列出的 H_2O 的跃迁带的辐射传输方程组。与这些物质相互作用导致的 CO_2 和 $N_2(1)$ 能级布居数，采用 6.3 节 CO_2 非平衡模型。下边界需要选择 20 km 或以下足够低的高度，以使 H_2O 谱带满足下边界模型假设，即源函数等于局部热力学温度下的普朗克函数。

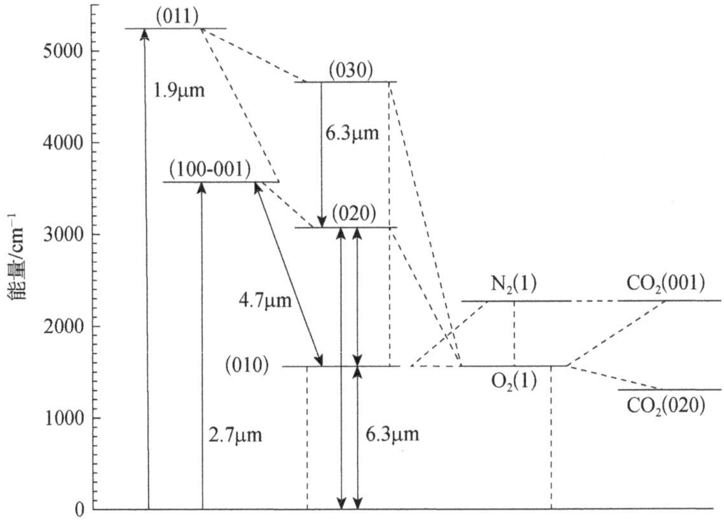

图 7.12　水蒸气能级图。实线表示辐射，虚线表示碰撞过程

表 7.5　H_2O 主要红外谱带

谱带	高能级	低能级	$\bar{\nu}_0$ / cm^{-1}	线强*	A / s^{-1}
1	010	000	1594.75	1.058×10^{-17}	20.34
2	020	010	1556.88	9.709×10^{-21}	41.43
3†,‡	030	020	1515.16	5.135×10^{-24}	39.75
4	100	010	2062.31	1.820×10^{-22}	1.34
5	001	010	2161.18	2.626×10^{-22}	2.16
6	020	000	3151.63	7.571×10^{-20}	0.57
7	100	000	3657.05	4.955×10^{-19}	5.01
8	001	000	3755.93	7.200×10^{-18}	76.80
9†,‡	011	010	3736.52	2.923×10^{-21}	71.75
10†	011	000	5331.27	8.042×10^{-19}	17.28

注：*温度 296 K 下的值，单位为 cm^{-1}/（分子·cm^{-2}）。
†不包括大气层之间的辐射传输。
‡ 不包括对太阳辐射的吸收。

7.4.1　辐射过程

水蒸气振动状态的布居数主要由中间层及以上的辐射过程所决定；大气层之间的辐射交换对近 6.3 μm 的基频带尤为重要。在模型中，对于表 7.5 所示的谱带，除了非常弱的$(0,3,0-0,2,0)$、$(0,1,1-0,1,0)$和$(0,1,1-0,0,0)$跃迁带，仍使用柯蒂斯矩阵方法计算辐射传输。对于这些弱带，大气层与层之间的辐射传输可以忽略不计，并且假设辐射损失由各自的自发发射速率给出。使用与 CO_2 中类似的准逐线直方图算法获得传输通量（6.3.3 节第 1 部分）。

为了考虑 H_2O 谱线之间的重叠效应，使用 CO_2 中使用的随机模型近似，该近似可能在计算平流层中水蒸气的 6.3 μm 冷却时不够好，但它适用于计算该区域处于平衡态的 $(0,1,0)$ 布居数。热谱带的传输计算中引入较低能级的非平衡布居数。使用四点高斯正交法进行空间角积分。

6.3μm、4.7μm、2.7μm 和 1.9 μm 谱带中包括对太阳辐射的吸收（见表 7.5 和图 7.12）。最重要的是在 2.7 μm 附近两个谱带的太阳吸收，6.3 μm 基频带的吸收也对上层区域的 $H_2O(0,1,0)$ 的激发有重要贡献。计算太阳辐射吸收需要包含合适的太阳通量，并且同样可以使用 CO_2 中的计算方法（见 6.3.3 节第 2 部分）。

7.4.2　碰撞过程

水蒸气的振动激发态和分子氧的主要碰撞过程详见表 7.6。与 $O_2(1)$（过程 1）的近共振振动能量交换，是影响 $H_2O(0,1,0)$ 能级最重要的一个过程。其速率系数尚不确定，但可能比主要大气组分 N_2 和 O_2 对 $H_2O(0,1,0)$ 的热弛豫（过程 2）更高效。$H_2O(0,1,0)$ 与 $O(^3P)$ 的热碰撞（过程 3）对于前者在上中间层和低热层中的布居数可能很重要，但同样没有实验研究给出其在大气温度下的速率系数。$H_2O(0,1,0)$ 与 $N_2(1)$ 的振动耦合（过程 4）比与 $O_2(1)$ 的反应弱得多。

驱动 $H_2O(0,2,0)$ 布居数的主要碰撞过程为 $O_2(1)$ 的振动能量转移，以及 N_2、O_2 和 $O(^3P)$ 的热淬灭，前者在白天主导 $H_2O(0,2,0)$ 布居数。$H_2O(1,0,0)$ 和 $(0,0,1)$ 能级通过热碰撞与主要大气组分强烈耦合（过程 11 和 12），这些过程发生非常快，甚至比气体动力学理论预测的速率还要快。相比之下，$O(^3P)$ 的碰撞作用对这两个能级的分布的影响则可以忽略不计。$(1,0,0)$ 和 $(0,0,1)$ 能级到 $(0,2,0)$ 能级的热弛豫通过与 N_2、O_2 和 $O(^3P)$ 的碰撞（分别为过程 13～15）发生。

$H_2O(0,1,1)$ υ_2 量子数和 $O_2(1)$ 之间的振动交换（过程 16）对前者的布居数非常重要。$O_2(1)$ 与 N_2 和 O_2 自身的热碰撞将动能转化为振动激发的效率较低，因为它们的弛豫速率很慢。尽管中间层的原子氧丰度很低，但该组分通过与 $O_2(1)$ 热碰撞（过程 21）调节后者白天布居数，进而通过过程 1 调节 $H_2O(0,1,0)$ 布居数。另一方面，$O_2(1)$ 和 $N_2(1)$ 之间的振动能量交换（过程 14，见表 6.2），对于前者在白天中间层的激发态数量只有轻微影响。$O_2(1)$ 和 CO_2 能级之间的振动能量交换（过程 22）对于 O_2 的去激发可能很重要。因为 $CO_2(0,0^0,1)$ 激发态浓度很大，表 6.2 中的过程 7 在白天很可能激发 $O_2(1)$。

表 7.6　影响 H_2O 振动能级的碰撞过程

序号	过程	E^*	速率系数†	参考文献
1	$H_2O(010)+O_2 \rightleftharpoons H_2O+O_2(1)$	38	$10^{-12} \sim 10^{-11}$	López-Puertas 等（1995）
2	$H_2O(010)+M^{‡} \rightleftharpoons H_2O+M$	1595	$4.1\times10^{-14}(T/300)^{1/2}$	Bass 等（1976）
3	$H_2O(010)+O(^3P) \rightleftharpoons H_2O+O(^3P)$	1595	$1.0\times10^{-12}(T/300)^{1/2}$	López-Puertas 等（1995）
4	$N_2(1)+H_2O \rightleftharpoons N_2+H_2O(010)$	735	$1.2\times10^{-14}(T/300)^{1/2}$	Whitson 和 McNeal（1997）
5	$H_2O(020)+O_2 \rightleftharpoons H_2O(010)+O_2(1)$	1	$2\times k_1$	López-Puertas 等（1995）
6	$H_2O(020)+M \rightleftharpoons H_2O(010)+M$	1557	$2\times k_2$	López-Puertas 等（1995）
7	$H_2O(020)+O(^3P) \rightleftharpoons H_2O(010)+O(^3P)$	1557	$2\times k_3$	López-Puertas 等（1995）
8	$H_2O(030)+O_2 \rightleftharpoons H_2O(020)+O_2(1)$	−41	$3\times k_1$	López-Puertas 等（1995）
9	$H_2O(030)+M \rightleftharpoons H_2O(020)+M$	1515	$3\times k_2$	López-Puertas 等（1995）
10	$H_2O(030)+O(^3P) \rightleftharpoons H_2O(020)+O(^3P)$	1515	$3\times k_3$	López-Puertas 等（1995）
11	$H_2O(001)+N_2 \rightleftharpoons H_2O(100)+N_2$	99	$1.2\times10^{-11}\sqrt{T}$	López-Puertas 等（1995）
12	$H_2O(001)+O_2 \rightleftharpoons H_2O(100)+O_2$		$1.1\times10^{-11}\sqrt{T}$	López-Puertas 等（1995）
13	$H_2O(100,001)+N_2 \rightleftharpoons H_2O(020)+N_2$	505,604	$4.6\times10^{-13}(T/300)^{1/2}$	Finzi 等（1977）
14	$H_2O(100,001)+O_2 \rightleftharpoons H_2O(020)+O_2$	505,604	$3.3\times10^{-13}(T/300)^{1/2}$	Finzi 等（1977）
15	$H_2O(030)+O(^3P) \rightleftharpoons H_2O(020)+O(^3P)$	505,604	$3.0\times10^{-13}(T/300)^{1/2}$	Zittel 和 Masturzo（1989）
16	$H_2O(011)+O_2 \rightleftharpoons H_2O(001)+O_2(1)$	19	同过程 1	López-Puertas（1995）

续表

序号	过程	E^*	速率系数†	参考文献
17	$H_2O(011)+N_2 \rightleftharpoons H_2O(030)+N_2$	665	同过程 13	López-Puertas 等（1995）
18	$H_2O(011)+O_2 \rightleftharpoons H_2O(030)+O_2$	665	同过程 14	López-Puertas 等（1995）
19	$H_2O(011)+O(^3P) \rightleftharpoons H_2O(030)+O(^3P)$	665	同过程 15	López-Puertas 等（1995）
20	$O_2(1)+M \rightleftharpoons O_2+M$	1556	$4.2\times10^{-19}(T/300)^{1/2}$	Parker 和 Ritke（1973）
21	$O_2(1)+O(^3P) \rightleftharpoons O_2+O(^3P)$	1556	$1.3\times10^{-12}(T/300)^{1/2}$	Breen 等（1973）
22	$O_2(1)+CO_2 \rightleftharpoons O_2+CO_2(020)$	221	$9.1\times10^{-15}\sqrt{T}\exp\left(-56.7/\sqrt{T}\right)$	Bass（1973）
23	$O_3+h\nu \rightarrow O_2(1)+O(^3P)$		$\varepsilon=4$	Zaragoza 等（1998）
24	$O_2+OH^*(\upsilon\leqslant 9) \rightarrow O_2(1)+OH^*(\upsilon-1)$		$9.34\times10^{-14}\exp(0.578\upsilon)$	Dodd 等（1991），Chalamala 和 Copeland（1993）

注：*反应能（cm^{-1}）。

†正向反应速率系数（$cm^3\cdot s^{-1}$）。

‡$M=N_2,O_2$。T 为温度（K）。

虽然研究早已证明O_2振动激发态是由O_3紫外Hartley谱带的光解作用（过程23）产生的，但直到最近才认识到它可能对白天中间层$H_2O(0,1,0)$的激发产生影响。O_3在Hartley带中的光解主要通过如下单线态和三线态通道发生：

$$O_3 + h\nu(175 \sim 310\text{nm}) \rightarrow O(^1D) + O_2(a^1\Delta_g) \tag{7.10}$$

$$O_3 + h\nu(175 \sim 310\text{nm}) \rightarrow O(^3P) + O_2(X^3\textstyle\sum_g^-, \upsilon) \tag{7.11}$$

单线态和三线态通道反应比例分别为0.9和0.1。三线态通道（7.11）产生$O_2(X^3\sum_g^-,\upsilon)$振动激发态，$\upsilon$大约从15到34，经过振动弛豫和淬灭，生成$O_2(1)$。包括0.1产率的三线态通道中$O_2(1)$的有效产率估计值为0.6。

单线态通道（7.10）从$O_2(b^1\sum_g^+)$的弛豫中产生$O_2(1)$，其中$O_2(b^1\sum_g^+)$在O_2与$O(^1D)$的碰撞中激发（过程（7.23））；也可能通过与O_2碰撞，实现$O_2(a^1\Delta_g)$电子-振动能的再分配。考虑到$O(^1D)$可生成$O_2(1)$的产出中，大约30%的$O(^1D)$被O_2淬灭，其中可能有25%生成$O_2(\upsilon)$。假设该过程平均激发两个量子，可导致每光解离一个臭氧分子，产生约0.13个$O_2(1)$分子。从单线态$O_2(a^1\Delta_g)$中产生$O_2(1)$的速率是最不确定的。如果$O_2(a^1\Delta_g)$被O_2淬灭，且没有能量损失，转化成$O_2(X^3\sum_g^-)$，它可以产生多达5个$O_2(1)$分子。因此，考虑这两个通道，每个O_3分子可产生高达近6个$O_2(1)$分子。该机制在白天通过过程1，激发中间层$H_2O(0,1,0)$能级；从ISAMS对H_2O观测中推断出量子产额为4，不过，考虑测量误差，所有介于2和6之间的值都是可能的。

在夜间中间层顶附近，特别是如果$O(^3P)$对$O_2(1)$的碰撞去激发明显弱于当前的假定，羟基$OH(\upsilon \leqslant 9)$的电子激发态（过程24）对$O_2(1)$的激发可能很重要。然而，这一点很难验证，因为$O_2(1)$不发射，并且与该高度的辐射交换相比，$H_2O(0,1,0)$和$O_2(1)$之间的V-V碰撞可以忽略不计。

7.4.3 非平衡布居数

水蒸气的$(0,1,0)$振动能级在平流层处于平衡态，并且与温度结构相关，在大约60～65km以上偏离平衡态。白天与夜间，偏离平衡态的高度大致相同，但白天的偏离程度要大得多。起作用的有以下非平衡过程：①吸收较低层大气发射的辐射；②太阳能在6.3 μm的直接泵浦，在2.7 μm处的间接泵浦并随后弛豫到$H_2O(0,2,0)$和$(0,1,0)$；③$H_2O(0,1,0)$与$O_2(1)$的振动-振动耦合。

图 7.13 给出了考虑和不考虑 $H_2O(0,1,0)$ 和 $O_2(1)$ 之间 V-V 耦合作用时，$H_2O(0,1,0)$ 和 $O_2(1)$ 能级在夜间的模型振动温度。在大约 65 km 以下，$H_2O(0,1,0)$- $O_2(1)$ 的耦合系统由 $O_2(1)$ 控制，而 $O_2(1)$ 又由 $CO_2(0,2,0)$ 驱动，$CO_2(0,2,0)$ 在该区域处于平衡态（6.3.6 节第 1 部分）。$H_2O(0,1,0)$ 与基态 O_2、N_2 和 $O(^3P)$ 的热碰撞也很重要。因此，直到高达约 65 km，$H_2O(0,1,0)$ 和 $O_2(1)$ 能态具有局地热力学温度的玻尔兹曼分布。

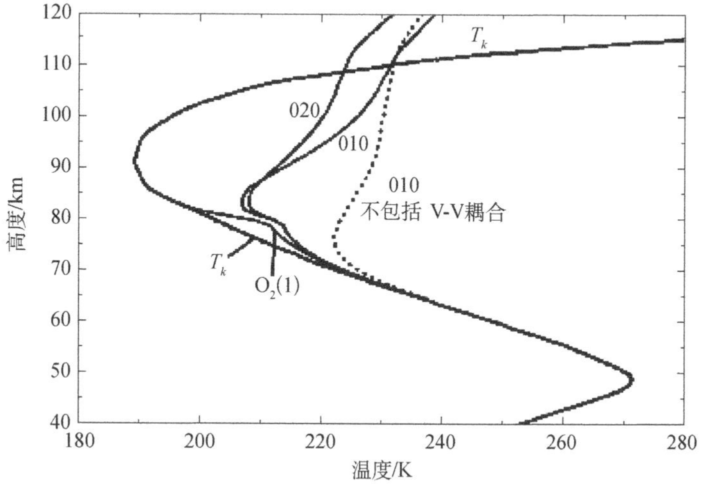

图 7.13　夜间 $H_2O(0,1,0)$、$H_2O(0,2,0)$ 和 $O_2(1)$ 的振动温度。包括 $H_2O(0,1,0)$ 和 $O_2(1)$ 的振动-振动 (V-V) 耦合（实线）和不包括耦合（虚线）。不包括 (V-V) 耦合的 $O_2(1)$ T_υ 几乎与热力学温度 T_k 一致，不耦合的（020）T_υ 没有画出

在 70～120 km 之间，6.3 μm 谱带的辐射吸收在填充 $H_2O(0,1,0)$ 能级布居数中占主导地位。在高达 110 km 范围内，这导致其布居数比平衡态的更大（见图 7.13）。在此高度以上，热碰撞和辐射吸收不足以平衡自发发射，导致振动温度远低于热力学温度。

正如强 V-V 耦合所预期的那样，水汽带的辐射吸收反映在 $O_2(1)$ 的布居数中，该布居数在大约 70～80 km 高度范围大于平衡态值。在 80 km 以上，$O_2(1)$ 的产生和损失由与 $O(^3P)$ 的热碰撞主导，这导致 $O_2(1)$ 在上中间层和低热层存在平衡态布居数。

在夜间，上中间层 OH 的振动激发态可产生 $O_2(1)$（过程 24）。然而，$O_2(1)$ 的激发在与 $O(^3P)$ 热碰撞时被弛豫抵消，尽管 $O(^3P)$ 在中间层的丰度很低，但在淬灭 $O_2(1)$ 时非常有效。在中间层的温度条件下，这种弛豫（过程 21）的速率尚不清楚。如果弛豫速率比表 7.6 中的值慢得多，那么在 80～85 km 的平衡态上 $O_2(1)$ 布居数将增大（见 7.4.4 节）。

在约 65 km 以上，$H_2O(0,2,0)$ 能级的振动温度主要由吸收上涌的辐射光子，以及与

$H_2O(0,1,0)$ 和 $O_2(1)$ 的 V-V 过程控制。这一夜间布居数在白天将大幅增加（见下文）。

白天条件（$\chi=0°$）下，H_2O 和 $O_2(1)$ 能级的振动温度如图 7.14 所示。其与夜间的主要区别在于 $H_2O(0,2,0)$ 布居数的大量增加，这主要是由于 H_2O 在 $(0,0,1-0,0,0)$ 2.7 μm 谱带吸收太阳辐射，随后通过碰撞弛豫到 $(1,0,0)$ 和 $(0,2,0)$ 能态。$H_2O(0,2,0)$ 的振动温度在大约 90 km 以上开始下降，因为碰撞速度不够快，无法从太阳能泵浦的 $(0,0,1)$ 能态有效地转移能量。$H_2O(0,2,0)$ 的 V-V 弛豫对激活 $H_2O(0,1,0)$ 能级的意义不大，但对于调节 $H_2O(0,2,0)$ 白天中间层的大布居数是一个非常重要的机制。

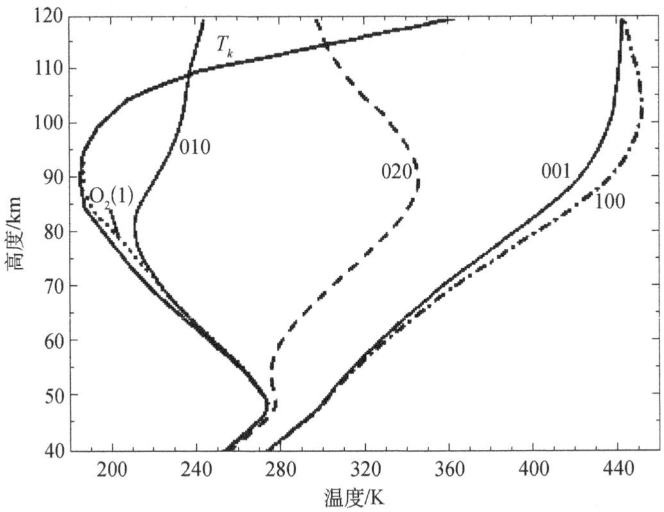

图 7.14　美国标准大气（1976），白天（$\chi=0°$）$H_2O(0,1,0)$、$H_2O(0,0,0)$、$H_2O(0,0,1)$ 和 $O_2(1)$ 能级的振动温度

由于多个过程的综合作用，$H_2O(0,1,0)$ 和 $O_2(1)$ 的白天布居数在约 60 km 以上略大于夜间。对太阳辐射 6.3 μm 波段的直接吸收，通过吸收 2.7 μm 波段太阳辐射激发 $H_2O(0,0,1)$，且随后通过与 O_2 的 V-V 碰撞弛豫到 $H_2O(0,1,0)$，以及吸收 6.3 μm 波段的地面上涌辐射，都很重要。当然，上述最后一个过程也发生在夜间。与 $N_2(1)$ 的 V-V 碰撞的直接激发相对不重要。

除了与 $H_2O(0,1,0)$ 耦合外，$O_2(1)$ 在白天有许多激发过程，这些过程在 60～80 km 区域最重要，包括通过 O_3 光解激发，以及较小程度上从 $N_2(1)$ 的振动转移。通过吸收太阳 1.9 μm，尤其是 2.7 μm 波段的间接激发也很重要。CO_2 先吸收 4.3 μm 和 2.7 μm 太阳辐射激发生成 $CO_2(0,0^0,1)$，随后 V-V 转移到 $O_2(1)$，CO_2。在该区域，白天通过与 $O(^3P)$ 碰撞使 $O_2(1)$ 去激发，比夜间更重要，因为白天 $O(^3P)$ 的丰度更大。

图 7.15 显示了各过程对 $H_2O(0,1,0)$ 白天布居数的影响，包括以下各过程单独产

生的白天振动温度的变化：①O_3光解；②$CO_2(0,0^0,1)$和$N_2(1)$激发；③吸收 6.3 μm，近红外与 1.9μm、2.7 μm 太阳辐射激发。曲线"$O(^3P)$"是以下条件的昼夜差异$T_{\upsilon,t}$（白天）$-T_\upsilon$（夜间）：其中前者$T_{\upsilon,t}$为通过忽略白天激发机制，即吸收太阳辐射、O_3光解激发并假设$CO_2(0,0^0,1)$和$N_2(1)$的布居数处于平衡态，而得到的白天振动温度。剩下的差异源自白天较高浓度的$O(^3P)$，结果导致白天$H_2O(0,1,0)$的振动温度在 65～85 km 之间显著降低。

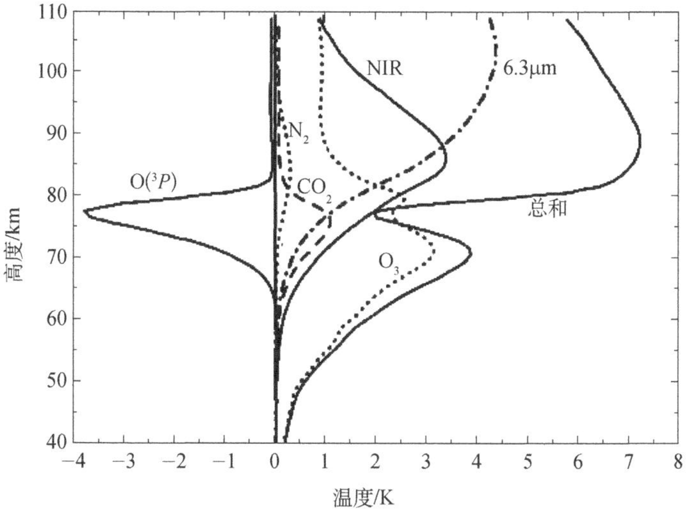

图 7.15　不同过程导致的$H_2O(0,1,0)$振动温度的昼夜差异。有关相应过程的详细信息，请参阅正文

图 7.14 还显示了$H_2O(0,0,1)$和$(1,0,0)$能级的振动温度，这对于研究大气近 2.7 μm 发射非常重要。这些能级主要通过H_2O $(0,0,1\text{-}0,0,0)$谱带吸收太阳辐射来维持。$(1,0,0\text{-}0,0,0)$谱带的贡献要小得多，但$(1,0,0)$和$(0,0,1)$之间存在较强的近共振 V-V 耦合，使得这两者的布居数直到模型的上边界保持相对平衡。这两个能级都因与主要大气组分N_2和O_2的热碰撞而淬灭，并弛豫到$(0,2,0)$能态。太阳能泵浦作用非常强大，以至于$(1,0,0)$和$(0,0,1)$的布居数甚至直至平流层顶下方均大于平衡态。这些能级是白天$(0,2,0)$激发态的主要来源，这进而增加了$H_2O(0,1,0)$的布居数，随后又增加了 6.3 μm 的大气发射。

7.4.4　H_2O 布居数的不确定性

O_3光解产生$O_2(1)$激发态的速率以及与$O(^3P)$碰撞导致淬灭$O_2(1)$的速率，这两者目前存在的不确定性对中间层 $H_2O\ (0,1,0)$ 布居数的影响如图 7.16 所示。从 O_3 光解离中产生 $O_2(1)$ 的效率为 4（而不是 0），可使 70 km 处的昼夜温差增大约 4 K。

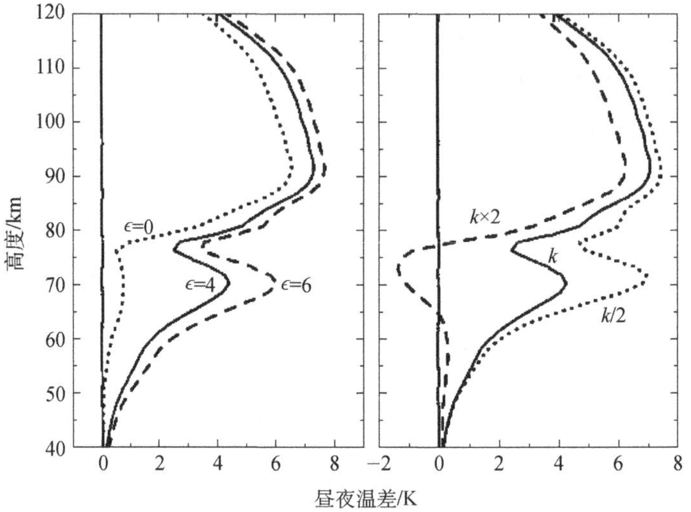

图 7.16　O_3 光解效率 ϵ，以及 $O_2(1)$ 与 $O(^3P)$ 的 V-T 碰撞速率系数 k 对 $H_2O(0,1,0)$ 振动温度昼夜差的影响

使用非常低的 $O(^3P)$ 淬灭 $O_2(1)$ 速率系数（见 7.15 节），导致 $H_2O\ (0,1,0)$ 的振动温度在 70 km 以上产生非常大的偏差，在白天中间层顶可达 50 K。将速率系数改为更合理的值，如乘以或除以 2，在 60～80 km 之间可产生±3 K 的变化，在其他区域中引起的变化可以忽略不计。

80 km 以上的 $H_2O(0,1,0)$，以及整个高度范围内的 $H_2O(0,2,0)$ 的布居数，除了非常接近黄昏外，随太阳天顶角的变化很小。原因是中间层和上热层的水蒸气浓度较低，这意味着大部分 6.3μm 和 2.7 μm 的太阳辐射不会被大量吸收，除非太阳仰角很低。在 80 km 以下，$H_2O(0,1,0)$ 的变化主要由 O_3 的光解离引起，对太阳天顶角更敏感。

对 ISAMS 的 H_2O 6.3 μm 测量数据分析表明，$H_2O(0,1,0)$ 振动温度与平衡态的偏差在很大程度上取决于中间层温度曲线。下中间层 $T_\upsilon - T_k$ 的绝对值不是很大，只有几开，但很重要。对于较冷的上中间层，$O_2(1)$ 振动温度更低，$H_2O(0,1,0)$ 布居数相对平衡态偏离更大。这通常与较高的上平流层温度以及较低的中间层温度有关，这种温度分布会导致吸收更多的来自地面的向上辐射，从而增加了 $H_2O(0,1,0)$ 的 T_υ。因此，我们预计 $H_2O(0,1,0)$ T_υ 在极地夏季条件下的偏差大于极地冬季条件下的偏差。

由于 $H_2O(0,1,0)$ 的布居数由上中间层的辐射传输主导，因此它还取决于该区域水蒸气的数密度。该数密度还没进行很好的研究，并且可能变化很大。在正常值、2 倍或 0.2 倍的水蒸气浓度分布的假设下，白天振动温度在约 80 km 处，差异可大至

8～10 K。对于干燥大气，振动温度更高，因为 $H_2O(0,1,0\text{-}0,0,0)$ 带可在更低、更温暖的中间层高度保持光学薄，因此在上中间层和下热层能吸收更多的上涌光子流。

$H_2O(0,2,0)$ 的振动温度，对与 $O_2(1)$ 的振动耦合速率（过程 5）以及 $H_2O(1,0,0)$ 和 $(0,0,1)$ 的热弛豫速率（表 7.6 中的过程 13、14 和 15）非常敏感。从 ISAMS 测量数据可推导出过程 5 的速率在 $2.0\times10^{-12}\,cm^3\cdot s^{-1}$ 和 $6.8\times10^{-12}\,cm^3\cdot s^{-1}$ 之间，该速率取上、下极限值对 50～100 km 的高度范围内 $H_2O(0,2,0)$ 能级 T_υ 的影响为±10 K。不过，对 $(0,1,0)$ 能级影响较小，在 70～100 km 区域只有几开（约 2～3 K）。

从 $H_2O(1,0,0)$ 和 $(0,0,1)$ 能级到 $(0,2,0)$ 的热弛豫速率不确定度因子估计为 2。对于较大的热弛豫速率，在发生非平衡且碰撞很重要的所有高度，例如，白天低于 110 km 和夜间 60～110 km 的高度范围，$(1,0,0)$ 能级的温度 T_υ 减小约 15 K。对于 $(0,2,0)$ 能级，改变速率所产生的差异约为 12 K，但仅在 80 km 以上。在此高度以下，该过程是 $(1,0,0)$ 的唯一去激发机制，因此 $(0,2,0)$ 在这些高度的生成不受速率系数变化的影响，即由于速率系数的增加而导致的 $(1,0,0)$ 去激发的增加，被 $(1,0,0)$ 的布居数的减少所补偿，导致 $(0,2,0)$ 的生成量保持不变。

7.5　甲烷（CH_4）

CH_4 在中间层大气中的重要性主要在于它可作为大气动力学特征示踪剂，以及在平流层氧化后产生水蒸气。基于化学和动力学模型的理论模型，以及一些遥感实验对甲烷进行的研究（ATLAS 任务中的 ATMOS；UARS 上的 CLAES、HALOE 和 ISAMS），我们得以更好地了解其时空变化特性。针对巨行星和土卫六大气层，对 CH_4 进行了详细的研究，在这些天体中，CH_4 是含量最丰富的微量组分。自 2001 年后，通过更高分辨率的观测实验，对其在地球和太阳系其他大气层中的源汇机制进行了广泛的研究。尽管已经对许多大气组分的非平衡效应进行了广泛的研究，但 CH_4 尚未受到太多关注，因为大多数观测都是在相对较低的高度进行的，没有可靠的实验报道证明 CH_4 红外辐射存在非平衡现象。ISAMS 在上平流层和中间层的测量可能是一个例外。如上所述，这种情况很可能在不久的将来有所改变。

甲烷有四种简正振动模态：两种伸缩模态，ν_1 和 ν_3，简并度为 1 和 3；两种弯曲模式，ν_2 和 ν_4，分别是双重和三重简并度。红外中最重要的跃迁是源自 $(0,1,0,0)$ 和 $(0,0,0,1)$ 能级的基频带，这些能态与受太阳泵浦作用的其他能态相耦合，因此有必要将模型扩展到近红外谱带。三组 CH_4 能级通过吸收 1.7μm、2.3μm 和 3.3 μm 的太阳辐射而显著激发，其中 3.3 μm 对于填充υ_2和υ_4能态是最重要的。每一组的能级能量非常接近，并且它们通过碰撞能快速达到平衡。因此，对于每组能级，可以认为它们处于局地热力学温度下的平衡态，并等价为单个能态（见表 7.7）。图 7.17 给出了研究所关心的跃迁和振动能级示意图，表 7.8 中也列出了这些跃迁。

表 7.7 CH_4 能级

等效能级	能级分组	能量/cm^{-1}
0001	0001	1310.76
0100	0100	1533.34
V3.3	$2\upsilon_4,\upsilon_2+\upsilon_4,\upsilon_1,\upsilon_3,2\upsilon_2$	2941.00
V2.3	$3\upsilon_4,\upsilon_2+2\upsilon_4,\upsilon_1+\upsilon_4,\upsilon_3+\upsilon_4,\upsilon_2+\upsilon_3$	4230.00
V1.7	$4\upsilon_4,\upsilon_3+2\upsilon_4,\upsilon_1+\upsilon_2+\upsilon_4,\upsilon_2+\upsilon_3+\upsilon_4,2\upsilon_3$	5566.00

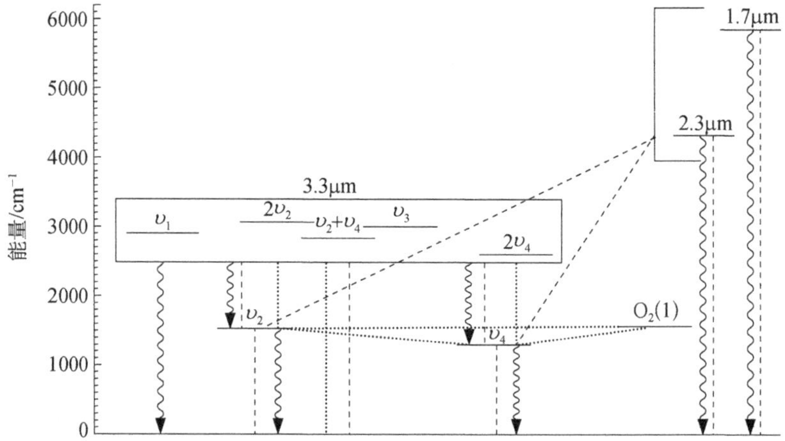

图 7.17　CH_4 主同位素的振动能级和它们之间的跃迁（箭头）。点线表示 V-T 过程；虚线表示 V-V 进程

表 7.8 CH_4 主要红外谱带

谱带	标签	高能级	低能级	$\bar{\nu}_0$ / cm^{-1}	线强*
1	ν_4	0001	0000	1310.76	4.8×10^{-18}
2 †	$\nu_2+\nu_4-\nu_2$	0101	0100	1296.96	5.7×10^{-21}
3 †	$2\nu_4-\nu_4$	0002	0001	1303.50	3.6×10^{-20}
4	ν_2	0100	0000	1533.34	5.3×10^{-20}
5	$\nu_3-\nu_4$	0010	0001	1708.73	1.9×10^{-21}
6 †	$2\nu_4$	0002	0000	2614.25	5.5×10^{-20}
7	$\nu_2+\nu_4$	0101	0000	2838.20	3.7×10^{-19}

续表

谱带	标签	高能级	低能级	$\bar{\nu}_0$ / cm^{-1}	线强*
8	ν_1	1000	0000	2916.48	1.1×10^{-21}
9	ν_3	0010	0000	3019.49	1.1×10^{-17}
10	$2\nu_2$	0200	0000	3064.39	3.4×10^{-20}
11 †	$\nu_2+\nu_3-\nu_2$	0110	0100	3010.39	6.8×10^{-21}
12 †	$3\nu_4$	0003	0000	3870.50	3.4×10^{-21}
13 †	$\nu_1+\nu_4$	1001	0000	4223.46	2.5×10^{-19}
14 †	$\nu_3+\nu_4$	0011	0000	4319.28	4.1×10^{-19}
15 †	$\nu_2+\nu_3$	0110	0000	4540.61	6.2×10^{-20}
16 †	$\nu_3+2\nu_4$	0012	0000	5588.00	1.2×10^{-21}
17 †	$2\nu_3$	0020	0000	6004.99	5.9×10^{-20}

注：*296 K 的值，单位为 cm^{-1}/（分子 · cm^{-2}）。
† 对于这些跃迁，没有考虑大气层间的辐射传输。

图 7.17 中还包括了分子氧的第一个振动激发能级 $O_2(1)$，因为它通过 V-V 过程与 $CH_4(\upsilon_2)$ 和 $CH_4(\upsilon_4)$ 能级强耦合。因此，如果我们想要获得准确的 CH_4 非平衡布居数，则需要将 CH_4 非平衡模型与 H_2O 模型耦合，后者可以准确地处理 $O_2(1)$ 的布居数。

7.5.1　辐射过程

最重要的过程包括：①表 7.8 中所有跃迁的自发发射；②1.7μm、2.3μm、3.3μm、6.5μm 和 7.6 μm 谱带的太阳辐射吸收；③表 7.8 中所有谱带对对流层辐射的吸收；④7.6μm、6.5μm 和 3.3 μm 处的较强谱带在大气层间的光子交换。

ν_2 和 ν_4 基频带在对流层以上光学薄，在中间层中吸收的辐射主要来自较低层大气。如 6.1 节所述，对流层通量取决于多个对流层参数，例如 H_2O 的浓度和云的覆盖率以及温度。在此，它们由中纬度地区的平均对流层条件，用逐线积分求得。模型范围从下边界 9km 至 120 km。

7.5.2　碰撞过程

表 7.9 总结了 CH_4 能级的重要碰撞过程。CH_4 υ_2 和 υ_4 能级通过与主要大气组分 N_2 和 O_2 的碰撞而热弛豫，即表中的过程 1 和 2。尽管进行了大量半经验研究和实验，对这些过程的碰撞去激发率的了解仍远远不够，特别是在低温条件下。

表 7.9 影响 CH_4 能态的主要碰撞过程

序号	反应过程	反应速率系数 $k^{\dagger}$	参考文献*
1	$CH_4(\upsilon_2)+M^{\ddagger}\rightleftharpoons CH_4+M$	$\log(k)=a_0+a_1T+a_2T^2$	1
2	$CH_4(\upsilon_4)+M\rightleftharpoons CH_4+M$	$\log(k)=a_0+a_1T+a_2T^2$	1
3	$CH_4(V^i)+M\rightleftharpoons CH_4(\upsilon_2)+M$	$4\times10^{-11}\exp(-\Delta E/kT)$	1
4	$CH_4(V^i)+M\rightleftharpoons CH_4(\upsilon_4)+M$	$4\times10^{-11}\exp(-\Delta E/kT)$	1
5	$CH_4(V^i)+M\rightleftharpoons CH_4+M$	$4\times10^{-11}\exp(-\Delta E/kT)$	1
6	$CH_4+O_2(1)\rightleftharpoons CH_4(\upsilon_2)+O_2$	5×10^{-13}	2
7	$CH_4+O_2(1)\rightleftharpoons CH_4(\upsilon_4)+O_2$	5×10^{-13}	2
8	$CH_4(V3.3)+O_2\rightleftharpoons CH_4(\upsilon_2或\upsilon_4)+O_2(1)$	1.26×10^{-12}	2

注：† 正向过程的速率系数，单位为 $cm^3\cdot s^{-1}$。

‡ M=N_2 或 O_2。T 为温度，单位为 K。对于 M=N_2，$a_0=-15.99$，$a_1=1.42\times10^{-3}$，$a_2=1.09\times10^{-5}$；对于 M=O_2，$a_0=17.19$，$a_1=1.34\times10^{-2}$，$a_2=-1.46\times10^{-5}$。ΔE 为化学反应过程生成的能量，单位为 cm^{-1}。V^i=V3.3、V2.3 或 V1.7。

*1：Suddkes 等（1994a）；2：Avramides 和 Hunter（1983）。

$CH_4(V^i)$ 能级的碰撞弛豫过程，其中 V^i 为 V3.3、V2.3 或 V1.7 等同等能级中的任意一个，如表 7.9 中过程 3～5 所示，其速率系数从简单的“能隙”模型 $k_{V\text{-}T}=A\exp(-\Delta E/T)$ 获得，式中 ΔE 为高、低能级间的能量差，A 是通过拟合过程 1 碰撞速率的测量值来确定的。

$\upsilon_2=1$ 和 $\upsilon_4=1$ 能态的布居数，受 $O_2(1)$ 的近共振 V-V 能量交换的影响（表 7.9 中的过程 6 和 7）。由于 $O_2(1)$ 的能量非常接近甲烷弯曲振动的基频带，因此这些模态之间可以发生快速的能量转移。

影响 CH_4 υ_2 和 υ_4 能级布居数的另一个重要的 V-V 过程是从等效能级 V3.3 转移（过程 8）。源自 V1.7 和 V2.3 能级组的振动–振动交换不重要得多，可以忽略不计。类似地，$CH_4+N_2(1)\rightleftharpoons CH_4(\upsilon_2或\upsilon_4)+N_2$（代表与 $N_2(1)$ 的 V-V 交换）在模型中未给出，因为其能隙更大，因此比与 O_2 的碰撞交换慢得多。

7.5.3 非平衡布居数

图 7.18 显示了白天和夜间的振动温度及其与美国标准大气（1976）中纬度热力学温度的对比。对于所有考虑的能态，夜间振动温度在约 65 km 处仍保持平衡态。在此高度以下，CH_4 $\upsilon_2=1$ 和 $\upsilon_4=1$ 能态的布居数由与 $O_2(1)$ 的能量振动交换所控制。该能级与 $H_2O(0,1,0)$ 耦合，后者又受到与 $CO_2(0,2,0)$ V-T 和 V-V 能量交换的影响。因

此，$H_2O(0,1,0)$处于平衡态，$CH_4(\upsilon_2)$和$CH_4(\upsilon_4)$能态自然也处于平衡态。在 65 km 以上直至 110 km，吸收来自对流层的 7.5 μm 谱带的向上通量成为决定$CH_4(\upsilon_4)$布居数的主要过程，导致该布居数比平衡态更大。

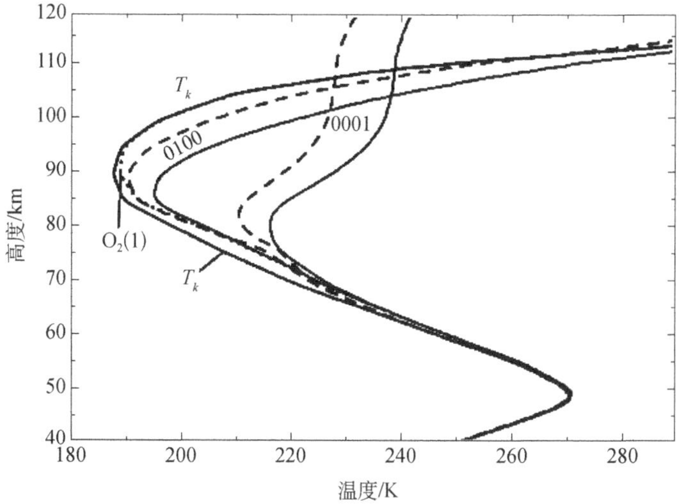

图 7.18　中纬度地区白天（实线）和夜间（点线）CH_4 能级的振动温度。图中还给出了 $O_2(1)$ 的日间 T_υ（虚线）。T_k 为热力学温度

$(0,1,0,0)$或υ_2能级几乎与$O_2(1)$共振，相比$(0,0,0,1)$能级，其布居数受$O_2(1)$的 V-V 过程的影响更多。如 7.4.3 节所述，$O_2(1)$布居数夜间在约 75 km 处有一个小凸起，这是由 6.3 μm 地光激发的$H_2O(0,1,0)$的 V-V 转移引起的。这反映在与$O_2(1)$强耦合的$CH_4(0,1,0,0)$能级中，该能级在此高度显示出类似的凸起。在大约 85～90 km 以上，ν_2 谱带由于吸收了 6.5 μm 处的对流层通量，振动温度略大于T_k。在低热层中，与$O_2(1)$的振动-振动碰撞是主要激发过程，其中自发发射是主要去激发过程。

在极地冬季条件下，自较冷对流层的上涌辐射通量较弱，$(0,0,0,1)$能态的布居数更接近平衡态，直到略高的高度，至中间层高度，相对于玻尔兹曼分布略有减少。对于$(0,1,0,0)$能态，向上辐射通量甚至比中纬度地区小得更多，其布居数更接近平衡态。对于极地夏季，偏离平衡态的高度一般比中纬度略低，并且在寒冷的上中间层非平衡态偏差要大得多。

图 7.18 也显示了υ_2和υ_4在白天中纬度地区的振动温度。开始偏离平衡态的高度低于夜间，并且$(0,1,0,0)$和$(0,0,0,1)$能级的振动温度分别在 85 km 以上和 75 km 以上大于夜间值。这些效应是由高能态（表 7.9 中的过程 3 和 4）的振动弛豫引起的，这些能态在 3.3 μm 处因吸收太阳辐射而被强烈激发。在 65～85 km 之间，白天$O_2(1)$的布居数较大，其 V-V 转移也有一定的贡献。1.7μm 和 2.3μm 波段太阳能的吸收（见

表 7.7)，对甲烷任何弯曲模式基态的布居数的影响都可以忽略不计。

7.5.4 CH_4 布居数的不确定性

如上所述，CH_4 υ_2 和 υ_4 的布居数对 $O_2(1)$ 的布居数非常敏感。需要实验室测定 $O_2(1)+O$ 热化速率以及 O_3 光解激发 $O_2(1)$ 的速率，以减小 CH_4 这些能级，以及 $H_2O(0,1,0)$ 能级布居数当前存在的巨大不确定性。

表 7.9 中过程 6、7 和 8 的不确定性约为 20%，但这些不确定性对 CH_4 弯曲能级基态的振动温度几乎没有影响（在中间层高度，最大变化为 1～2 K）。V3.3 等效能级通过 V-T 能量交换（表 7.9 中的过程 3、4 和 5）去激发速率系数的不确定性，对 CH_4 布居数的影响也很小。例如，将该系数乘以或除以 3，不会显著改变 $CH_4(\upsilon_2)$ 和 $CH_4(\upsilon_4)$ 的布居数。另一方面，忽略大气层间交换的作用，将导致 75～100 km 之间的上中间层 $(0,0,0,1)$ 振动温度大幅下降约 10～20 K。

对流层通量，取决于对流层条件如温度、云层覆盖率、湿度，以及其他组分浓度，可使中间层 $CH_4(0,0,0,1)T_\upsilon$ 在白天产生高达 10 K 的变化，夜间变化更大，约为 15 K。$(0,1,0,0)$ 能级的振动温度也受到影响，但影响较小，在中间层约为 2～3 K 之间。

7.6 一氧化氮（NO）

NO 是整个低层大气中重要的微量组分。了解其在平流层中的丰度对于理解奇异氮化学，尤其是 NO 和 NO_2 之间的快速循环转化非常重要。在更高处，NO 在热层的辐射能量收支中起着关键作用。

ISAMS 载荷已通过 NO(1-0) 5.3 μm 基频带的发射测量了 NO 特性（见第 8 章），尽管热层辐射发射对低处观测结果的贡献较大，仍有可能反演其平流层浓度。8.7 节中概括了 NO 的其他测量结果。即将开展的 ENVISAT/MIPAS 任务将测量大气临边发射高分辨率光谱，从中可以反演一氧化氮。$NO(\upsilon=1)$ 的 5.3 μm 发射受到对流层上方振动非平衡和热层中旋转/自旋非平衡的很大影响。

7.6.1 辐射过程

NO(1-0) 振-转带的谱线，即使在穿过整个大气路径上也光学薄。因此，这些谱线内的辐射场由对流层和太阳辐射主导，而大气 NO 发射则没有明显贡献。一般地，在任何高度$NO(\upsilon=1)$能级总的激发源中，来自NO的发射一般小于1%（在极地夏季条件下可能高达12%）。因此，大气层之间的辐射传输可以忽略不计，这大大简化了其布居数的计算。向上的对流层辐射主要由水蒸气的发射主导，因此取决于对流层的温度、湿度和云层覆盖情况。由于大气水蒸气在NO红外谱带的光谱区域，大约5 km以下属于光学厚，因此来自地表的辐射没有明显贡献。

与之前一样，在考虑对流层通量和对流层温度的关系时，可以寻找大气在该谱线频率下变得不透明的等效高度$z_e(\nu_{J,J'})$。该高度几乎与对流层温度分布无关，主要取决于H_2O的体积混合比。那么，对流层向上的辐射通量可以用普朗克函数$B(T_b)$表示，其中$T_b(\nu_{J,J'})$为$z_e(\nu_{J,J'})$的温度。不同NO谱线的$z_e(\nu)$值在4～12 km之间变化。通过将有效高度范围设置在云顶以上来包含云的影响。

严格意义上，在分析对流层的等效高度时，需要对不同能级采用不同的等效高度，以考虑对流层中H_2O浓度的变化。只不过，仅考虑振动能级时，使用平均等效高度对于所有谱线都足够准确。对于NO，需要知道转动态的布居数，因此必须通过逐线积分来考虑每个转动谱线的贡献。

7.6.2　转动态和自旋态的碰撞弛豫

给定振动态υ，由于碰撞导致的转动和自旋弛豫具有以下形式：

$$k_{J',S';J,S}: NO(\upsilon,J,S)+M \rightleftharpoons NO(\upsilon,J',S')+M \tag{7.12}$$

其中M为碰撞分子N_2、O_2或$O(^3P)$。转动能量变化$\Delta E_{J,J'}\geqslant 0$，自旋能量变化$\Delta E_{S,S'}\geqslant 0$，速率系数$k_{J',S';J,S}$可由能隙混合幂指数定律，同时根据$\Delta J$和$\Delta S$测量数据拟合获得，即

$$k_{J',S';J,S}=a_1 f_S f_J\left(\frac{\Delta E_{J,J'}}{B_0}\right)^{a_2}\exp\left(-a_3\frac{\Delta E_{J,J'}}{kT}\right) \tag{7.13}$$

式中$f_S=1-\beta|\Delta S|$，$f_J=1+\gamma_{\Delta S}|\Delta J|(-1)^{|\Delta J|}$；$B_0$为转动常数，$k$为玻尔兹曼常数。可调系数$a_1$、$a_2$和$a_3$，以及拟合因子$\beta$和$\gamma_{\Delta S}$，由光谱数据通过最小二乘法拟合所确定。根据细致平衡原理，可得到能态向下跃迁的速率。

7.6.3　振动-平动碰撞和化学生成

NO不同振动态之间的碰撞跃迁具有以下形式：

$$NO(\upsilon,J,S)+M \rightleftharpoons NO(\upsilon',J',S')+M \tag{7.14}$$

其中M可以为O_2或O。该化学反应过程由前向速率系数描述：

$$k_{\upsilon',J',S';\upsilon,J,S}=Q\left(T_e^s,T_e^r,J,S\right)k_{\upsilon';\upsilon} \tag{7.15}$$

其中 $Q\left(T_e^s,T_e^r,J,S\right)$ 对应于等效自旋温度 T_e^s 和等效转动温度 T_e^r 的归一化玻尔兹曼转动/自旋分布。$k_{\upsilon';\upsilon}$ 是振动态 υ 的总激发速率，与表 7.10 中给出的淬灭速率通过细致平衡原理关联。反向振动速率 $k'_{\upsilon,J,S;\upsilon',J',S'}$ 由细致平衡原理给出。

表 7.10　$NO(\upsilon,J,S)$ 能态的主要碰撞过程

序号	过程 / $f(\upsilon)$	T_e^r/K	$k^{\dagger}$	参考文献*
1a	$NO(1,J,S)+O_2 \rightleftharpoons NO(0,J',S')+O_2$	T	2.4×10^{-14}	1
1b	$NO(1,J,S)+O \rightleftharpoons NO(0,J',S')+O$	$0.74T+24$	2.8×10^{-11}	2
2a	$NO(2,J,S)+O_2 \rightleftharpoons NO(1,J',S')+O_2$	T	7.4×10^{-14}	1
2b	$NO(2,J,S)+O \rightleftharpoons NO(1,J',S')+O$	$0.74T+24$	1.3×10^{-11}	2
3	$NO(2,J,S)+O \rightleftharpoons NO(0,J',S')+O$	$0.74T+24$	1.8×10^{-11}	2
4	$NO_2+O \rightarrow NO_2(0,J',S')+O_2$ $f(\upsilon=0,1,\geqslant2)=0.681,0.222,0.070$	T	9.7×10^{-12}	3 4
5	$NO_2+h\nu \rightarrow NO(\upsilon,J,S)+O$ $f(\upsilon)$：与海拔相关	5000		4
6	$N(^2D)+O_2 \rightarrow NO(\upsilon,J,S)+O$ $f(\upsilon=0,1,\geqslant2)=0.03,0.05,0.92$	5000	5.7×10^{-12}	6 5
7a	$N(^4S)_{\text{thermal}}+O_2 \rightarrow NO(\upsilon,J,S)+O$ $f(\upsilon=0,1,\geqslant2)=0.04,0.07,0.89$	3000/5000‡	1.15×10^{-11} $\cdot\exp(-3503/T)$	6，8
7b	$N(^4S)_{\text{super-thermal}}+O_2 \rightarrow NO(\upsilon,J,S)+O$ $f(\upsilon=0,1,\geqslant2)=0.04,0.07,0.89$	5000		7 8

注：† 正向过程的速率系数，单位为 $cm^3\cdot s^{-1}$。

*1: Wysong (1994); 2: Duff 和 Sharma (1997), Dodd 等 (1999); 3: DeMore 等 (1997); 4: Kaye 和 Kumer (1987); 5: Funk 和 López-Puertas (2000); 6: Swaminathan 等 (1998); 7: Gerard 等 (1991); 8: Duff 等 (1994)。与 O_2 的碰撞，$T_e^s=T$；与 $O(^3P)$ 的碰撞，$T_e^s=200K$。

‡ 夜间 3000K，白天 5000K。

化学和光化学生成项可以采用类似于振动弛豫（方程（7.15））的方式描述，假设新生成的转动和自旋态符合玻尔兹曼分布，则

$$k_{c;\upsilon,J,S}=Q\left(T_e^s,T_e^r,J,S\right)f(\upsilon)k_c \tag{7.16}$$

这里 $f(\upsilon)$ 为附加项，用于描述振动态新生分布，k_c 为生成率系数。表 7.10 中的过程 4～7 总结了目前已知的化学和光化学过程及其速率系数。与其他分子相反，$NO(1)$ 的显著特征是，比起与其他分子如 O_2 的碰撞，$NO(1)$ 与 N_2 的振动-平动碰撞效率低下。

$\mathrm{NO}(\upsilon,J,S)$ 态的布居数可以通过求解每个能级的统计平衡方程组来计算，方程如下式：

$$n_i\sum_j\left(A_{i\to j}+l_{t;i-j}\right)=P_{c,i}+\sum_j\left(P_{t;j\to i}+B_{j,i}\bar{L}_{0,i,j}\right)n_j \tag{7.17}$$

其中 n_i 和 n_j 分别为 (υ,J,S) 的高能态 i 和 (υ',J',S') 的低能态 j 的布居数。能态 i 的生成率包括：光化学和化学生成率 $P_{c,i}$；碰撞过程生成率 $P_{t,j\to i}$；辐射过程生成率 $B_{j,s}\bar{L}_{0,i,j}$（包括太阳和对流层辐射）。如 7.6.1 节和 7.6.2 节所述，能级损失包括自发发射 $A_{i\to j}$ 和碰撞 $l_{t;i\to j}$。由于大气层之间的辐射传输可以忽略不计，因此 $\mathrm{NO}(\upsilon,J,S)$ 状态的统计平衡方程可以局部求解，即它们在不同高度下不耦合。注意，还需要一个方程，即所有激发态和基态的总和等于 NO 分子总数，才能使方程组封闭。

如下所述，NO_2 光解可以生成 NO 的振动激发态，这与 NO/NO_2 浓度比有关。因此，就像 $\mathrm{O}(^3P)$ 和 O_3 浓度在 O_3 非平衡布居数起的作用一样，模型中包含的 NO 和 NO_2 浓度必须自洽。

7.6.4　非平衡布居数

中纬度白天条件下，图 7.19 给出了采用上述模型计算得到的 $\mathrm{NO}(\upsilon=1,2)$ 能级布居数，用振动温度 $T_\upsilon(\upsilon)$ 表示。对于光照条件下的平流层，NO_2 的光解是偏离平衡态的主要因素；反应 NO_2+O 的影响相对较小。$\mathrm{NO}(\upsilon=1)$ 能级的振动温度比热力学温度高出约 3～7 K，$\mathrm{NO}(\upsilon=2)$ 能态的振动温度比热力学温度高约 80～100 K。$T_\upsilon(2)$ 相比 $T_\upsilon(1)$ 的值较高，这是因为 $\mathrm{NO}(2)$ 和 $\mathrm{NO}(1)$ 的化学生成激发率相当，而 $\mathrm{NO}(2)$ 能级的平衡态数密度要低得多，即 $\mathrm{NO}(2)$ 相对于平衡态的增强要大得多。这与 $O_3(\upsilon_3\geqslant2)$ 和 $NO_2(\upsilon_3\geqslant2)$ 能态的情况类似（见 6.3.6 节、7.3.6 节和 7.7.2 节）。在夜间，振动平衡保持到 50～60 km。

NO_2 光解对 $\mathrm{NO}(\upsilon)$ 布居数的影响取决于 NO/NO_2 浓度比：白天振动温度随 NO 浓度的降低和 NO_2 浓度的增加而增加。由于昼夜 $NO\leftrightarrow NO_2$ 转换，日出时 $T_\upsilon(1)$ 的最大值可比 T_k 高出约 15～20 K。

在中间层（60～90 km），$\mathrm{NO}(\upsilon)$ 的振动布居数主要受辐射过程（太阳和对流层辐射的吸收）影响，因此与对流层温度分布、云层覆盖率和湿度有关。这些参数的典型变化足以引起中间层振动温度高达 10～20 K 的变化。吸收太阳辐射引起的激发，导致中纬度白天振动温度比夜间高出约 15 K。通过 O_2 和 O 碰撞淬灭去激发远不如自发发射重要。

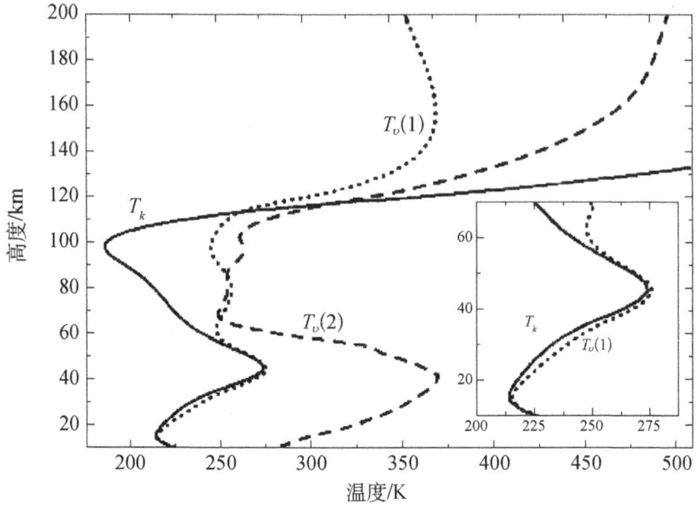

图 7.19　中纬度白天条件下 NO 的振动温度 $T_\upsilon(\upsilon)$

在 110 km 以上，$NO(\upsilon=1,2)$ 的激发主要由与原子氧的碰撞以及反应 $N+O_2 \to NO(\upsilon)+O$ 引起，自发发射仍是主要的去激发过程。$N(^2D)$ 原子与 O_2 的反应（过程 6）是白天 130 km 以下热层 NO 的主要来源。在夜间，由于 $N(^2D)$ 浓度可以忽略不计，因此不存在该来源。白天在大约 130 km 以上，夜间在整个热层中，NO 的主要来源为 $N(^4S)$ 原子与 O_2 的反应，其反应能垒约为 0.3 eV。在白天热层中，$N(^4S)$ 动能分布是非热平衡的，即能量在 ~ 0.3eV 以上的那部分，相对于局地温度下的玻尔兹曼分布更高。这些“超热” $N(^4S)$ 原子与 O_2 的反应，明显增加了白天热层 NO 的产生。尽管如此，热层 NO(1) 振动温度通常低于 T_k，因为相对于碰撞激发，辐射消耗占主导地位。对于 $NO(\upsilon=1)$ 态，T_υ 的最大值约为 360 K，对于 $NO(\upsilon=2)$ 态，最大值约为 500 K。

计算结果表明，低于约 110 km 时，$NO(\upsilon,J,S)$ 转动和自旋态满足热平衡分布。在 110 km 以上，由于碰撞弛豫时间变得长于辐射寿命，$NO(1,J,S)$ 和 $NO(2,J,S)$ 转动和自旋分布开始偏离平衡态。因为没有自发辐射的去激发作用，振动基态下的 $NO(0,J,S)$ 能级在这些高度保持转动和自旋平衡。不过，在 160 km 以上，$NO(0,J,S)$ 能态的自旋开始稍微偏离平衡态。非平衡对转动分布的影响在 200 km 以下可以忽略不计。

$\upsilon=1,2$ 的 $NO(\upsilon,J,S)$ 转动和自旋能态的非平衡分布，可以用 NO+O 振动碰撞生成的亚热部分，以及 $N(^4S,^2D)+O_2$ 生成的超热部分来描述。在 CIRRIS-1A 测量中已经观察到该分布的两个部分。$\upsilon=1,2$ 时，计算出的 $NO(\upsilon,J,S)$ 转动分布和自旋分布可以用两个玻尔兹曼项的和来描述，分别由转动温度 T_r^{low} 和 T_r^{high} 表示。由于两种自旋轨道态均显示相同的转动分布，因此两者的比率可以用自旋温度 T_s 表示。

夜间中纬度条件下，100km 以上的亚热转动温度 T_r^{low} 和自旋温度如图 7.20 所示。$NO(\upsilon=1,2)$ 中的转动和自旋态在大约 120 km 处开始偏离平衡态。在 200 km 处，T_r^{low} 和 T_s^{low} 非常接近 NO+O 振动弛豫产物的有效转动温度和自旋温度，分别为 T_r^e 和 T_s^e。这表明，在高海拔地区，NO+O 碰撞激发为亚热 $NO(\upsilon=1,2)$ 的主要生成过程。T_r^{low} 和 T_s 计算得到的剖面与 CIRRIS-1A 的实验结果吻合非常好。

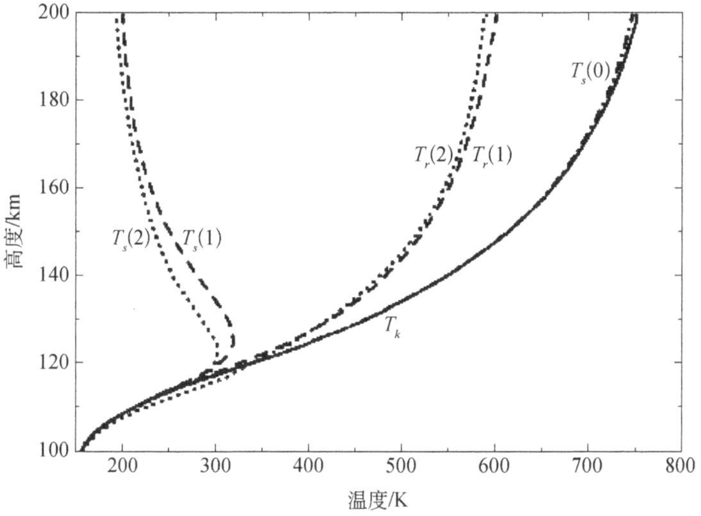

图 7.20　中纬度夜间条件，NO 转动亚热部分的转动温度 $T_r(\upsilon)$ 和自旋温度 $T_s(\upsilon)$。点线：$NO(\upsilon=1)$ 的转动和自旋温度；虚线：$NO(\upsilon=2)$ 的转动和自旋温度；点划线：$NO(\upsilon=0)$ 的自旋温度。自旋拟合因子 $\beta=0.9$。图中还给出了热力学温度 T_k

从 $N(^4S)+O_2$ 中生成 NO 并导致超热辐射，具有很高的不确定性，还需要更详细的研究。在模型中夜间 NO 仅由 $N(^4S)+O_2$ 产生，T_r^{high} 的值在夜间为 3000 K，白天为 5000 K。对于 $NO(2,J,S)$ 态，计算得到的分布函数中超热部分和亚热部分之比 n_{super}/n_{sub} 在白天 140 km 处约为 0.4，200 km 处增加到 2.5。在夜间，该比率约为白天值的 50%～70%。$NO(1,J,S)$ 的 n_{super}/n_{sub} 在 200 km 处为 0.08，150 km 以下小于 0.01。在夜间，该比率又降低了一半。这些计算结果与文献，例如 Armstrong 等（1994）以及其他相关参考文献，给出的测量数据一致。

7.7 二氧化氮（NO_2）

NO_2 是星载探测仪测量的另一种重要组分，通常关心其 ν_3 谱带近 6.2 μm 的红外辐射。这些能级的非平衡效应对 NO_2 浓度剖面的反演十分重要，同样对 H_2O 也很重要，因为 NO_2 ν_3 谱带与 H_2O 6.3 μm 基频带重叠。到目前为止，还没有确凿证据表明这些谱带中存在非平衡现象。然而，由于化学发光反应 $NO+O_3 \rightarrow NO_2^* + O_2$，在 35～55 km 高度区域，可观察到可见光气辉层，认为该反应也会导致 NO_2 红外非平衡激发。

这里使用的模型计算了 NO_2 $\upsilon_3 = 1$～7 能级的振动温度（见表 7.11）。表 7.12 给出了它们之间的辐射跃迁。图 7.21 显示了 NO_2 较重要（即能量较低）的能级。到目前为止，还没有发现大气层中 NO_2 其他能级和跃迁的非平衡模型或实验证据。与 O_3 类似，将模型扩展到其他能级和跃迁非常直接和简单。

表 7.11　NO_2 υ_3 能级

序号	能级	能量/cm^{-1}
1	001	1616.85
2	002	3201.45
3	003	4754.21
4	004	6275.98
5	005	7766.28
6	006	9226.23
7	007	10659.32

表 7.12　NO_2 ν_3 红外谱带

序号	高能级	低能级	$\bar{\nu}_0$ / cm^{-1}	线强*	A / s^{-1}
1	001	000	1616.849	5.688×10^{-17}	115.05
2	002	001	1584.600	4.350×10^{-20}	218.69
3	003	002	1552.760	2.960×10^{-23}	316.11
4	004	003	1521.771	2.100×10^{-26}	408.23
5	005	004	149.300	1.580×10^{-29}	480.19
6	006	005	1459.950	1.320×10^{-32}	538.59
7	007	006	1433.090	1.260×10^{-35}	597.94

注：*这里给出的是 296 K 下的值，单位为 cm^{-1}/（分子数·cm^{-2}）。

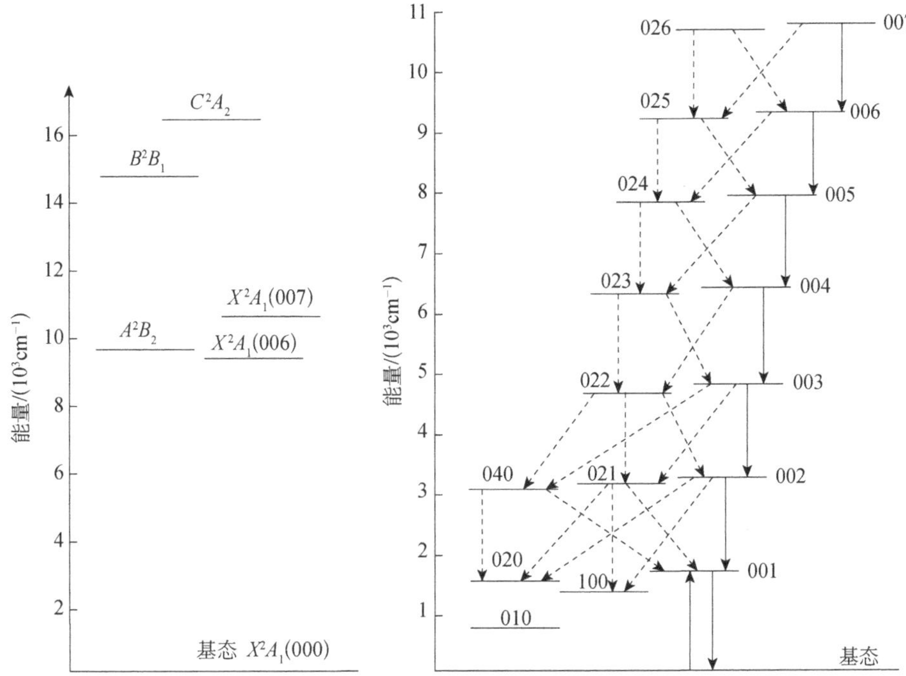

图 7.21　NO_2 的电子（左）和振动（右）能态示意图。图中还给出了 1400～1550 cm^{-1} 区域中较强的振动跃迁。注意，在所描述的模型中只考虑了 $(0,0,\upsilon_3-0,0,\upsilon_3-1)$ 跃迁（实心箭头）。这些谱带的光谱数据由 J. M. Flaud 提供

表 7.13 列出了影响 $NO_2(\upsilon_3)$ 能级的激发和碰撞过程。引起 NO_2 非平衡的主要机制是在吸收可见光及近红外 $(400\leqslant\lambda\leqslant800nm)$ 太阳光后的荧光，以及 NO 和 O_3 反应

表 7.13　影响 NO_2 能态的主要碰撞过程

序号	过程	速率系数[†]	参考文献[‡]
1	$NO_2+h\nu(400\sim800nm)\rightarrow NO_2^{*,\diamond}$	见文中	1
2	$NO_2^*\rightarrow NO_2+h\nu(\lambda\leqslant400\sim800nm)$	1.25×10^4	2
3	$NO_2^*+M\rightarrow NO_2\left[{}^2A_1(\upsilon_3\leqslant7)\right]+M$	1.2×10^{-10}	3
4	$NO+O_3\rightarrow NO_2\left[{}^2A_1(\upsilon_3\leqslant7)\right]+O_2$	$2.0\times10^{-12}\exp(-1400/T)$	4
5	$NO+O+M\rightarrow NO_2^*+M$	见文中	4
6	$NO_2(\upsilon_3)+N_2\rightleftharpoons NO_2(\upsilon_3-1)+N_2$	$3.4\upsilon_3\times10^{-14}$	5,6
7	$NO_2(\upsilon_3)+O_2\rightleftharpoons NO_2(\upsilon_3-1)+O_2(1)$	1.2×10^{-13}	7

注：◇ NO_2^* 表示 NO_2 电子激发/高振动激发态的混合物态 $\left({}^2B_2/{}^2A_1\upsilon^*\right)$。$M=N_2-O_2$。

† 过程前向速率系数，单位为 $cm^3\cdot s^{-1}$。

‡ 1：Garcia 和 Solomon（1994）；2：Patten 等（1990）；3：Donnelly 等（1979）；4：DeMore 等（1997）；5：Golde 和 Kaufman（1974）；6：Schwartz 等（1952）；7：López-Puertas（1997）。

的化学荧光。该模型还包括了吸收太阳和地面（对流层）辐射的激发与去激发过程，$(0,0,1\text{-}0,0,0)$ 基频带在大气层之间的光子交换，以及 ν_3 基频带和 $\Delta\nu_3=1$ 热谱带的自发辐射。基频带辐射传输仍然采用柯蒂斯矩阵法处理，使用来自 HITRAN 数据库的谱线参数。

NO_2 谱带在大部分大气层中往往为光学薄，即使对于临边观测也通常如此。因此，夜间中间层 $NO_2(0,0,1)$ 的布居数，跟 $NO(1)$ 和 $CO(1)$ 一样，对对流层条件敏感。对于无云大气，对流层向上辐射通量的特征等效温度接近～3 km 高度的热力学温度。光谱区域向外的大气辐射通量来自如此低的高度，表明这些谱带很弱。模型的下边界设置在 3 km 处，3 km 处温度下的黑体辐射作为对流层通量。上边界高度为 120 km，垂直网格分辨率为 1.5 km。

7.7.1 激发和弛豫过程

1. NO_2 荧光

NO_2 具有从近紫外到近红外的复杂吸收光谱，且没有明显的周期性或规则的形状。波长小于～395 nm 时，吸收导致分子光解离。波长较长时，分子从 $^2A_1$ 基态激发到 $^2B_1$ 和 $^2B_2$ 电子态。吸收波长大于光解离极限的辐射产生荧光，可在可见光、近红外和中红外波段观察到。

可见光和近红外荧光具有反常寿命，其寿命明显大于（约 100 倍）预估值，即使假设没有碰撞。观察到的荧光寿命可通过基于积分吸收系数测量估计的自发发射速率预估。这可以通过 $^2B_1$ 和 $^2B_2$ 电子态之间的相互作用（其中 $^2B_2$ 能态与基态没有辐射耦合），以及电子基态 $^2A_1$ 和激发态 $^2B_2$（见图 7.21）的振动态能级交叉来解释。电子基态 $^2A_1$ 的高振动激发态，通过发射以及与 N_2 和 O_2 的碰撞弛豫，通常认为是白天 $NO_2(\upsilon_3\leqslant 7)$ 激发能级的重要来源。

本节模型按照实验室研究提出的机制，包括太阳辐射的吸收、NO_2 分子吸收可见光而激发。在此过程中，如上所述，产生电子基态 $^2A_1$ 与电子激发态 $^2B_2/^2B_1$ 振动能级的混合物，用 $NO_2\left(^2B_2/^2A_1,\upsilon^*\right)$ 或表 7.13 中的 NO_2^* 表示。由于电子跃迁到基态存在过渡态，因此从这些“混合”态跃迁中的辐射衰减表示电子激发态的损失（表 7.13 中的过程 2）。这些混合态的碰撞弛豫（过程 3）发生得非常快，接近气体动力学速率，并且几乎与碰撞对象无关。这个过程使混合态 $\left(^2B_2/^2A_1,\upsilon^*\right)$ 减少，并且也是 $\left(^2A_1,\upsilon_3\leqslant 7\right)$ 能级的直接来源，尽管我们对该过程的效率知之甚少。这里使用了 0.13 的效率（LIMS 测量分析建议），并且所有分子都处于 $NO_2(\upsilon_3=7)$ 激发态。对于能量

低于 $^2B_2$ 初始时值的能级，$\left(^2B_2/^2A_1,\upsilon^*\right)$ 的热弛豫速率显著降低，通常是气体动力学速率的～0.01 倍或更小。因此，高能混合态 $\left(^2B_2/^2A_1,\upsilon^*\right)$ 同时受辐射和碰撞弛豫速率影响，比 $\left(^2A_1,\upsilon_3\leqslant 7\right)$ 能态的相应过程快得多。

考虑荧光作为激发机制时，需要计算 NO_2 在可见光波长下对太阳辐射的吸收。在考虑单次散射时，可见光波段吸收系数的计算与近红外和中红外类似（见 6.3.3 节第 2 部分）。单次散射在大多数条件下通常是准确的，除了在约 15 km 以下、太阳天顶角大于 90°的大气区域。在该条件下，必须考虑多次散射，详情参考 7.15 节。得到的光子吸收率几乎不随高度变化，中纬度和极地条件下分别为 3.4×10^{-2} 光子 $\cdot s^{-1}$ 和 4.0×10^{-2} 光子 $\cdot s^{-1}$。

2. NO_2 的化学发光

在 $NO+O_3$ 生成 NO_2^* 的反应（表 7.13 中的过程 4）中，NO_2^* 的化学发光包括：从可见光到约 3 μm 的连续吸收带，以及 3.7μm 和 6.3 μm 的红外谱带。在该反应中释放的能量足以使 NO_2 激发至 $^2B_2$ 电子态，或者将电子基态 $^2A_1$ 激发至 $\upsilon_3=7,8$（见图 7.21）。问题是：最终电子态是哪个？它是否受到振动激发，并激发到哪些能级？无论是实验室还是卫星测量的实验结果都表明新生分布偏向较高的 υ_3，在碰撞和辐射弛豫之后，导致所有 υ_3 态具有相似数密度。对于此过程，假定效率为 1。对于最小激发，0.1 的效率可能足够低。

NO 和 O 产生 NO_2 的三体复合反应，包含一个与压强无关的辐射复合反应，以及与压强有关的化学发光反应（表 7.13 中的过程 5）。由此产生的 NO_2 分子处于电子激发态，随之发射可见光。由于生成电子态 $^2B_2/^2B_1$ 与电子基态 $^2A_1$ 的振动态的混合态，如 7.7.1 节第 1 部分所述，该过程也是 $\left(^2A_1,\upsilon_3\leqslant 7\right)$ 振动态的激发机制，并且可以假设该反应中产生的电子态与吸收可见光及近红外辐射产生的电子态的去激发机制相同（表 7.13 中的过程 2 和 3）。这种复合过程产生 $NO_2\left(^2A_1,\upsilon_3\right)$ 振动态的效率被认为比 $NO+O_3$ 反应低得多，因此只有当 $O\left(^3P\right)$ 丰度较大，即约 80 km 以上时才显得重要。

7.7.2　非平衡布居数

图 7.22 显示了中纬度白天条件下，使用上述非平衡模型计算的 $NO_2\left(\upsilon_3=1\sim7\right)$ 能态的振动温度。$(0,0,1)$ 能态从平流层顶开始处于非平衡，并在中间层顶附近表现出较强的非平衡。这主要是由高度激发的 υ_3 态（过程 6 和 7）的碰撞和辐射弛豫引起的，这些高 υ_3 态本身主要通过化学发光和吸收太阳辐射可见光来激发。这些能态的对流

层辐射吸收仅在夜间条件下的中间层具有重要性。

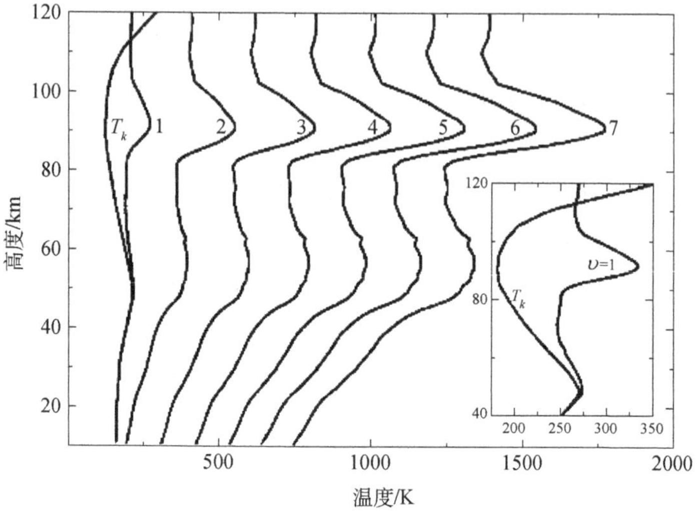

图 7.22　美国标准大气，$NO_2(\upsilon_3 = 1 \sim 7)$能态的白天振动温度。从左到右的曲线分别对应于能级$\upsilon_3 = 1$至$\upsilon_3 = 7$。插图以更大的比例显示$(0,0,1)$能级的$T_v$

$\upsilon_3 \geqslant 2$能级在中间层表现出巨大的振动温度，甚至向下扩展到平流层中，最大可以达到1000 K，类似于O_3能级中的现象（见7.3.6节）。这些高振动温度并不一定意味着它对非平衡辐亮度的贡献大于具有较小T_υ的能态，这是因为辐亮度与激发态的数密度成正比（见8.2.2节），其中激发态与T_υ和E_υ成正比。实际上，这些热谱带对非平衡辐射贡献通常具有相似的量级（参见彩图10（见8.11节））。能级的激发主要是通过$NO+O_3$化学发光反应，以及吸收太阳辐射中的可见光和近红外，后者在中间层占主导地位。$NO+O(^3P)$化学发光反应仅在上中间层和低热层中重要，在那里$O(^3P)$的丰度较大。

中纬度夜间条件下，振动温度要小得多（见图7.23），这是由于缺失吸收太阳可见光和近红外辐射激发作用，以及夜间具有不同浓度的NO、O_3和NO_2。$(0,0,1)$能态非常接近平衡态，平衡态最高可达约60 km，比白天高出约10 km。更高的能级显示出比平衡态更大的布居数，这主要是吸收对流层辐射通量引起的。夜间在约50～60 km以下，基本上没有NO，因此在平流层中，$NO_2(\upsilon_3 \geqslant 2)$能级处于平衡态。

与O_3一样，NO_2在化学反应中生成振动激发态，因此振动温度与NO_2浓度无关。通过T_υ的定义（式（6.1）），并假设过程4是$NO_2(\upsilon_3)$激发态的主要来源，可以得到它们的振动温度与$\{[NO]\times[O_3]\}/[NO_2]$成正比。在～60 km以上，NO的昼夜浓度相近，而在夜间，该区域的O_3浓度高了约10倍，NO_2的浓度至少高了2个数量级。以上综合效应导致夜间振动温度较小。尽管如此，夜间ν_3热谱带的非平衡临边辐射与

$[NO]\times[O_3]$成正比，在约 60 km 以上大于白天的值。这表明，NO_2热谱带与O_3热谱带一样，非平衡效应不能仅通过其高能态振动温度推导出来。当所有低能级和高能级的激发速率相似时（像分子生成时的那样），就会发生这种情况。

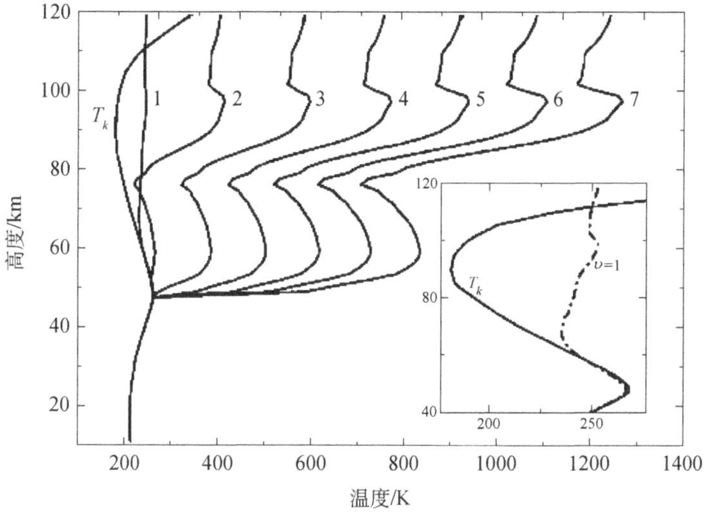

图 7.23　美国标准大气，$NO(\upsilon_3=1\sim7)$能态的夜间振动温度。从左到右的曲线分别对应于能级$\upsilon_3=1$至$\upsilon_3=7$。其中插图以更大的比例显示$(0,0,1)$能级的T_υ

中间层$NO_2(0,0,1)$的振动温度非常依赖热力学温度曲线。例如，对于极地冬季的夜间条件，该能态仅在大约 50 km 以下保持平衡态。在这个高度和大约 75 km 之间，布居数明显小于平衡态，因为对流层辐射的吸收加上热碰撞中的激发不够快，无法补偿自发发射。与夜间中纬度地区相比，这种较小的布居数是由较冷的对流层引起的，由于对流层产生的通量较弱，中间层的辐射吸收较小。对于极地冬季条件，非平衡增强区域通常位于上中间层，约 75km 至 95 km 之间的狭窄区域。

另一方面，$NO_2(\upsilon_3\geqslant2)$布居数随 NO 和$O_3$的变化比热力学温度更敏感。因此，如极地冬季上中间层中，由于 NO 和O_3丰度更大，预计$NO_2(\upsilon_3\geqslant2)$能态的布居数也更大。

7.7.3　NO_2布居数的不确定性

由于尚未明确发现$NO_2(\upsilon_3)$能级非平衡的证据，$NO_2(\upsilon_3)$能级的布居数非常不确定。$\upsilon_3\geqslant2$能态不确定性的主要来源是可见光波段的太阳吸收，以及$NO+O_3$化学发光反应的效率，该效率可能是 0.1 到 1 之间的任何值。此外，这些能级的热弛豫和振动弛豫的实测速率系数变化范围可达 10 至 25 倍。这些范围导致$(0,0,1)$能级的振动温度有 50 K 的变化，而对于高υ_3能态可达数百 K。

7.8 一氧化二氮（N_2O）

N_2O是中层大气中活性氮的主要前驱体。在地表，它既能来源于自然界，也可人为产生，它被带入平流层，在那里通过太阳紫外线解离形成化学活性物质，如NO_2和NO。

N_2O分子有三种振动模式。非平衡对振动能级布居数的影响，不像其他大气组分那样研究充分，并且没有在大气中观测到非平衡效应的实验证据。到目前为止，只有Shved和Gusev（1997）发表的理论模型。该模型使用“光学薄”近似，以及位于大气底部的等效“黑体”假设，黑体具有大气中间层温度，可以辐射到中间层而不被光路上的大气显著吸收。这种方法过高估计了中间层的辐射激发，给出的是非平衡布居数的上限。

本书建立的模型可以用来计算41个能级的振动布居数（见表7.14和图7.24）。能态由四个数字标记，$\left(\upsilon_1,\upsilon_2^{\,l},\nu_3\right)$，分别如下：$\nu_1$为对称伸缩模态，$\nu_2$为弯曲模态，$l$为角动量，$\nu_3$为非对称伸缩模态。这里使用先前在$CO_2$和$N_2O$非平衡模型中得到的$O_2(1)$和$N_2(1)$布居数，来计算它们与$N_2O$能态的相互作用。对于最强的$N_2O$基频带，该模型包括常见的辐射过程，例如，大气层之间的辐射传输，对流层和太阳辐射的吸收以及自发发射，详见表7.15所列。

表7.14　N_2O能态

序号	能态	能量/cm^{-1}	序号	能态	能量/cm^{-1}
1	01^10	588.768	12	12^20	2474.799
2	02^00	1168.132	13	20^00	2563.339
3	02^20	1177.745	14	01^11	2798.292
4	10^00	1284.903	15	05^10	2897.813
5	03^10	1749.065	16	13^10	3046.213
6	03^30	1766.913	17	13^30	3068.721
7	11^10	1880.266	18	21^10	3165.854
8	00^01	2223.757	19	02^01	3363.978
9	04^00	2322.573	20	02^21	3373.141
10	04^20	2331.122	21	10^01	3460.821
11	12^00	2461.997	22	06^00	3466.600

续表

序号	能态	能量/cm^{-1}	序号	能态	能量/cm^{-1}
23	06^20	3474.450	33	23^10	4335.798
24	14^00	3620.941	34	12^01	4630.164
25	14^20	3631.590	35	12^21	4642.458
26	22^00	3748.252	36	20^01	4730.828
27	22^20	3766.052	37	01^12	4977.695
28	30^00	3836.373	38	32^00	5026.340
29	03^11	3931.247	39	40^00	5105.650
30	03^31	3948.285	40	21^11	5319.176
31	11^11	4061.979	41	31^10	5346.806
32	00^02	4417.379			

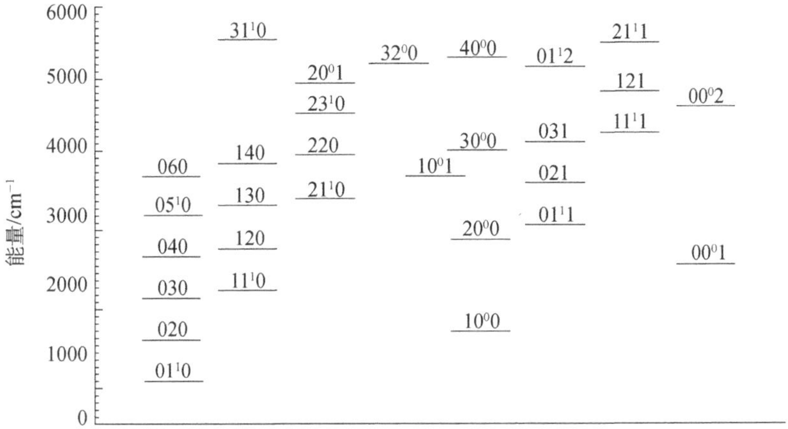

图 7.24　N_2O 主同位素的振动能级。标记中没有显示角动量量子数 $l=0,2$ 的能级对，即 020 表示 $\left(0,2^0,2\right)$ 和 $\left(0,2^2,2\right)$ 能态

表 7.15　N_2O 红外谱带

序号	高能级	低能级	$\bar{\nu}_0$/cm^{-1}	线强*
1	01^10	00^00	588.768	9.857×10^{-19}
2	02^00	00^00	1168.132	2.877×10^{-19}
3	10^00	00^00	1284.903	8.248×10^{-18}
4	00^01	00^00	2223.757	5.005×10^{-17}
5	20^00	00^00	2563.339	1.194×10^{-18}
6	10^01	00^00	3480.821	1.732×10^{-18}
7	00^02	00^00	4417.379	6.074×10^{-20}

注：*单位为 cm^{-1}/（分子·cm^{-2}），温度为 296 K。

7.8.1 碰撞过程

具有相同模态量子数但不同角动量量子数 l 的能态，例如能态对 $(0,2^0,0)$ 和 $(2,2^2,0)$、$(0,3^1,0)$ 和 $(0,3^3,0)$ 等，通过分子内 V-V 过程完全耦合，并被认为是“等效”能态。因为这些能态之间的能量差非常小（波数差 9～18 cm^{-1}），这种近似是合理的。

N_2O 能级中包含六个碰撞过程，列于表 7.16 中。第一个过程表示弯曲模态的 V-T 碰撞。假设这些振动跃迁遵循选择规则 $l-l'=1,-1$。$N_2O(0,0^0,1)$ 最有可能通过路径 2a 和 2b 与 N_2 碰撞发生再分布或弛豫，以及通过近共振 V-V 能量交换与 O_2 碰撞（过程 3）将 υ_3 量子弛豫为 υ_2 量子。过程 4 包括 ν_3 模态和 $N_2(1)$ 之间的分子间 V-V 能量交换，过程 5 包括 ν_1 和 $O_2(1)$ 之间的能量交换。过程 6 表示 ν_1 和 ν_2 模态之间的分子内能转换，在此过程中转化为（或取自）动能的振动能量在 88～132 cm^{-1} 之间。将 υ_1 量子转换为两个 υ_2 量子的概率相当高。

表 7.16　影响 N_2O 能态的主要碰撞过程

序号	过程	$k^{\dagger}$	参考文献*
1	$N_2O(\upsilon_1,\upsilon_2,\upsilon_3)+M \rightleftharpoons N_2O(\upsilon_1,\upsilon_2-1,\upsilon_3)+M$	$8.7\upsilon_2\times10^{-15}$	1,2,3
2a	$N_2O(00^01)+N_2 \rightleftharpoons N_2O(11^10)+N_2$	4.3×10^{-15}	1,4,5
2b	$N_2O(00^01)+N_2 \rightleftharpoons N_2O(03^10,03^30)+N_2$	4.3×10^{-15}	1,4,5
3	$N_2O(\upsilon_1,\upsilon_2,\upsilon_3)+O_2 \rightleftharpoons N_2O(\upsilon_1,\upsilon_2+1,\upsilon_3-1)+O_2(1)$	7.0×10^{-15}	4
4	$N_2O(\upsilon_1,\upsilon_2,\upsilon_3)+N_2 \rightleftharpoons N_2O(\upsilon_1,\upsilon_2,\upsilon_3-1)+N_2(1)$	1.1×10^{-13}	6
5	$N_2O(\upsilon_1,\upsilon_2,\upsilon_3)+O_2 \rightleftharpoons N_2O(\upsilon_1-1,\upsilon_2,\upsilon_3)+O_2(1)$	1.3×10^{-15}	1,2
6	$N_2O(\upsilon_1,\upsilon_2,\upsilon_3)+M \rightleftharpoons N_2O(\upsilon_1-1,\upsilon_2+2,\upsilon_3)+M$	1.0×10^{-13}	7

注：† 温度 200K，$M=N_2$、O_2，正向过程的速率系数，单位为 $cm^3\cdot s^{-1}$。

* 1：Shved 和 Gusev（1997）；2：Zuev（1989）；3：Schwartz 等（1952）；4：Siddles 等（1994b）；5：Zuev（1985）；6：Guegen 等（1975）；7：Kung（1975）。

7.8.2 非平衡布居数

图 7.25 给出了产生最强辐射的能级的白天振动温度。较低的能级 $(0,2,0)$、$(1,1^1,0)$ 和 $(1,2,0)$ 在大约 75 km 处偏离平衡态，其布居数比平衡态大。这种偏离是由吸收来自较低层大气和太阳的辐射引起的。对于较高的能级，太阳辐射的吸收相对更重要，并导致 $(0,0^0,1)$、$(0,1^1,1)$ 和 $(0,2,1)$ 能级在大约 60 km 处偏离平衡态。$(1,0^0,1)$ 能级在低至对流层仍处于非平衡状态。

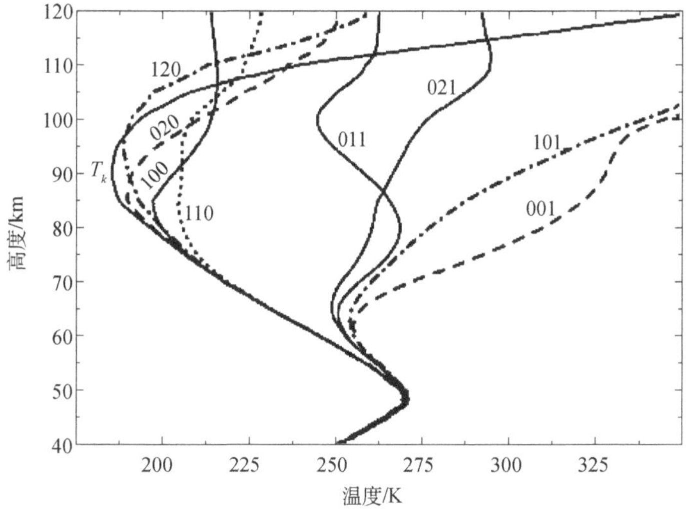

图 7.25　中纬度地区白天 N_2O 能级的振动温度。标记中省略了角动量量子数 l 。T_k 为热力学温度

中纬度夜间条件下，振动温度如图 7.26 所示。由于缺乏太阳能泵浦，与平衡态的偏离通常较小，并且发生在比白天更高的高度。能级 $(1,1^1,0)$ 和 $(1,2,0)$ 在大约 90 km 处偏离平衡态，$(0,2,0)$ 在大约 80 km 处、$(1,0^0,0)$ 在大约 75km 处偏离平衡态，而其他能级，除了 $(0,1^1,1)$，都在大约 70 km 处偏离。$(0,1^1,1)$ 即使在较低高度也处于非平衡状态。

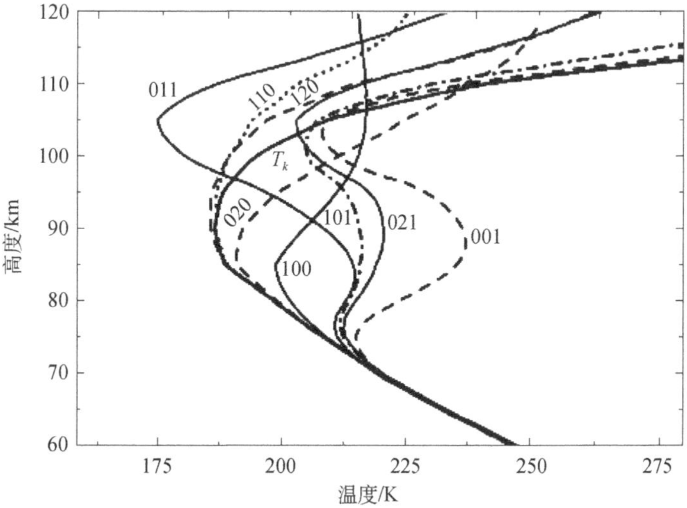

图 7.26　中纬度夜间 N_2O 能级的振动温度。标记中省略了角动量量子数 l 。T_k 为热力学温度

对于典型极地冬季温度结构（冷平流层和热中间层），偏离平衡态的程度小于夜间中纬度地区。所有振动能级在 50～70 km 之间与平衡态略有不同。非平衡的偏离在此高度以上很大，尽管比中纬度夜间情况要小。

对于典型的极地夏季温度结构，白天振动温度与白天中纬度条件的振动温度相似。不过，由于平流层顶温度更高，中间层对地光的吸收更大，而中间层顶的局地热碰撞更弱，导致中间层顶能级偏离平衡态更大。$(0,2,0)$、$(1,0^0,0)$、$(1,1^1,0)$和$(1,2,0)$能级偏离平衡态的高度与中纬度非常相似。因为下中间层温度更高，较高能级$(0,0^0,1)$、$(0,1^1,1)$和$(0,2,1)$的平衡态失效高度约为 60 km，略高于中纬度地区。

7.8.3 N_2O 布居数的不确定性

从模型参数来看，N_2O 能级布居数的不确定性主要是由缺乏精确的碰撞速率系数造成的。假设碰撞速率系数不确定度为 2，对流层通量不确定度为 10%，则可以发现偏离平衡态的高度基本上没有改变；$(0,2,0)$、$(1,0^0,0)$和$(1,1^1,0)$能级的振动温度偏差约为 10～15 K。在白天，受到太阳泵浦作用的高能级在上中间层和低热层中显示出类似的不确定性，但在夜间条件下变化很小。

尽管如此，目前还没有发现 N_2O 中非平衡的任何证据，图 7.25 和图 7.26 所示的偏离平衡态的现象仍需要通过实验来确认。

7.9 硝酸（HNO_3）

硝酸是平流层活性氮的主要储集层。它的浓度在极夜中达到最大，并且参与了极地平流层云的形成。这是平流层臭氧消耗的重要因素。

HNO_3 的非平衡效应研究很少，因为该组分主要局限于平流层及以下区域，那里热碰撞相对频繁，预计平衡态占上风。关于大气中 HNO_3 红外辐射中的非平衡现象，目前还没有实验证据的报道。尽管如此，如图 7.27 所示，也已开发了 HNO_3 主同位素的 8 种不同振动能级的模型：υ_9、υ_5、$2\upsilon_9$、$3\upsilon_9$、υ_4、υ_3、$\upsilon_5+\upsilon_9$ 和 υ_2。

HNO_3 的 υ_5 和 $2\upsilon_9$ 能级之间存在强耦合，发射波段为 11 μm；υ_3 和 υ_4 之间也存在强耦合，发射波段为 7.5 μm。这样一来，我们将所有在 11 μm 和 7.5 μm 带产生相关跃迁的 HNO_3 振动能级分组为四个等效能级，并假设组内的任意一个能级，通过辐射或碰撞过程获得的能量，会快速地在组内不同能级之间重新分配。当主要能量转移过程的幅度存在重大不确定性时，这是一个特别合适的假设，正如 HNO_3 这种情况。四个等效能级详见表 7.17，图 7.27 为其示意图。

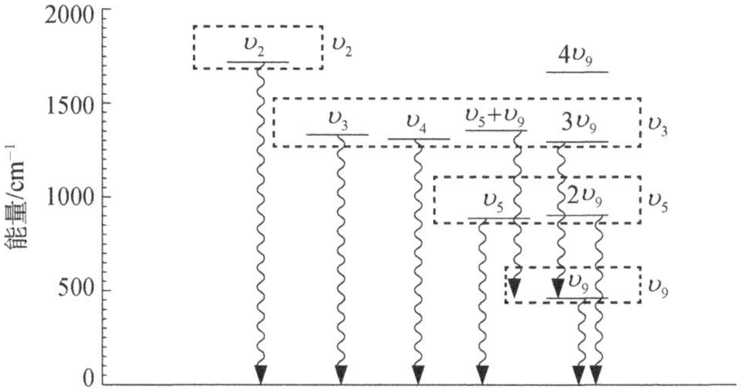

图 7.27　HNO_3 的振动能级和跃迁示意图

表 7.17　HNO_3 能级

等效能级	能级组	能量/cm^{-1}
V9	υ_9	458.230
V5	$\upsilon_5, 2\upsilon_9$	879.110
V3	$\upsilon_3, \upsilon_4, \upsilon_5+\upsilon_9, 3\upsilon_9$	1326.185
V2	υ_2	1709.568

图 7.27 和表 7.18 给出了 HNO_3 的振动能级之间的主要跃迁。其主要的辐射过程为：自发发射；每个 $\lambda<12$ μm 谱带对太阳通量的吸收；大气层之间的交换；对对流层辐射的吸收。大气层与层之间交换很小，即使对于较强的 υ_2、υ_5 和 $2\upsilon_9$ 跃迁也是如此。

表 7.18　HNO_3 主要的红外谱带

谱带	高能级	低能级	$\bar{\nu}_0$/cm^{-1}	线强*
1	υ_9	基态	458.23	1.802×10^{-17}
2	υ_5	基态	879.11	1.261×10^{-17}
3	$2\upsilon_9$	基态	895.50	9.843×10^{-18}
4	$3\upsilon_9$	υ_9	1288.90	2.030×10^{-18}
5	υ_4	基态	1303.06	1.245×10^{-17}
6	υ_3	基态	1326.19	2.469×10^{-17}
7	$\upsilon_5+\upsilon_9$	υ_9	1343.65	1.216×10^{-18}
8	υ_2	基态	1709.57	4.381×10^{-17}

注：*单位为 cm^{-1}/（分子 · cm^{-2}），温度为 296 K。

HNO_3 主要的碰撞和化学过程如下：

（1）振动–平动过程

$$k_{\text{V-T}}:\mathrm{HNO_3}(\upsilon)+\mathrm{M}(\mathrm{N_2,O_2})\rightleftharpoons \mathrm{HNO_3}(\upsilon')+\mathrm{M}(\mathrm{N_2,O_2}) \tag{7.18}$$

（2）化学反应生成 HNO_3

$$k_c:\mathrm{NO_2}+\mathrm{OH}+\mathrm{M}(\mathrm{N_2,O_2})\rightleftharpoons \mathrm{HNO_3}(\upsilon)+\mathrm{M} \tag{7.19}$$

由于 HNO_3 的混合比很低，HNO_3 分子之间的 V - V 过程与上述过程相比意义不大。此外，HNO_3 的 υ_2 和 υ_3 能级与 $O_2(1)$ 之间的 V - V 交换可以忽略不计，这可能对上中间层的布居数有一定的影响，但这里 HNO_3 的丰度非常低，因此无关紧要。

HNO_3 通过反应（7.19）生成时，有证据显示一些分子处于振动激发态，随后弛豫到更低能级。然而，尚没有关于新生 HNO_3 能级分布的信息，或者从高激发态到低激发态的相关弛豫信息。如果 $f(\upsilon)$ 是能级占比，则能级 υ 的化学生成率可由 $P_c(\upsilon)=f(\upsilon)k_c[\mathrm{NO_2}][\mathrm{OH}][\mathrm{M}]$ 给出。即使假设所有能级的生成率均为最大值 $f(\upsilon)=1$，与 V - T 过程相比，该激励源也几乎可以忽略。

大多数 HNO_3 谱带在光学上都很薄，辐射传输对于激发振动能级并不重要。对于 υ_2、υ_5 和 υ_9 能级产生的较强基频带，模型中还包括了大气层之间的辐射交换；这些能级的布居数通过柯蒂斯矩阵法求得。对于其他能级，其布居数从它们的统计平衡方程求解，其形式为

$$n_\upsilon \simeq \frac{B_{\upsilon',\upsilon}\bar{L}_{0,\Delta\nu}n_{\upsilon'}+P_c+P_t}{A+l_t} \tag{7.20}$$

其中 n_υ 为能级 υ 的数密度，$n_{\upsilon'}$ 为 υ - υ' 跃迁低能级的数密度，$B_{\upsilon',\upsilon}\bar{L}_{0,\Delta\nu}n_{\upsilon'}$ 考虑了对流层和太阳辐射的吸收，P_c 为其化学生成量，P_t 为热碰撞过程生成量，A 是来自 υ 能级所有谱带的总爱因斯坦系数发射，l_t 为热损耗。

图 7.28 给出了白天中纬度条件下四个等效能级的布居数（表 7.17）。与平衡态的偏离发生在 60 km 或更高的地方，并且对于所有极端大气温度结构（即极地冬季或极地夏季）都发现了非常相似的现象。

HNO_3 的化学生成率和直接太阳能泵浦对各高度所有能级的振动温度的影响非常小。其生成完全由碰撞过程主导，其中，V - T 过程比 V - V 过程重要得多。只有在中间层最上层，辐射过程才能与 V - T 过程竞争，在那里，吸收对流层辐射是布居数增大的原因。由于夏季中间层顶的温度较低，极地夏季的动力学和振动温度之间的差异较大。在极地冬季，情况则相反。

现有研究表明，HNO_3 谱带强度的不确定度，从 ν_3 基态、ν_4 基态和 $3\nu_9$-ν_9 跃迁带的 15%，到所有其他谱带的 10%不等，而线宽系数的不确定度可能约为 25%。所有谱带强度有±15%的变化，对所有能级的平衡态失效高度以及非平衡区域中大多数能级的振动温度影响非常小。只有在非常高的高度，由于谱带强度的较大不确定性，V_2

和 V_3 能级的振动温度才会明显变化，最多达 5 K。

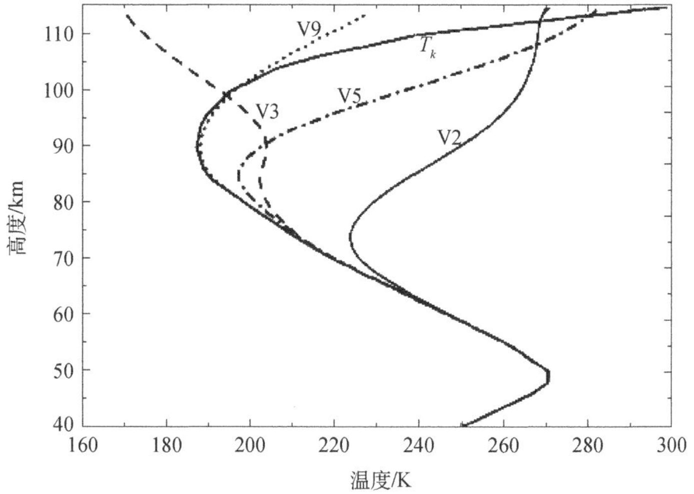

图 7.28　白天中纬度地区，四个 HNO_3 等效能级的振动温度。T_k 为热力学温度

V-T 速率系数降低一个数量级会显著降低平衡态失效的高度，例如，对于 V_2 能级，平衡态失效高度从 70 km 降低到 50 km，因为该速率较小时，辐射过程的重要性相对增加。然而，V-V 速率系数变化两个数量级，在所有高度和能级上产生的影响均可以忽略不计。

对于 HNO_3 振动能级，热力学温度结构对偏离平衡态高度的影响可以忽略不计，尽管偏离平衡态的大小受到热力学温度曲线的显著影响。其他参数，如地表压强或 HNO_3 浓度，几乎没有影响，因为所考虑的所有谱带在光学上都很薄，不同层之间的光子交换无关紧要。

7.10　羟基（OH）

在以 85 km 为中心的 OH 发射层，振动激发的 $OH(\upsilon \leqslant 9)$ 是夜辉最典型的特征之一。这已被广泛用于研究该区域的大气动力学（特别是重力波）和化学反应，并用于确定大气热力学温度。OH 发射还对上中间层起到冷却作用，因为部分化学能通过反应（7.21）转化为振动能，很容易通过 $OH(\upsilon \leqslant 9)$ 经光学薄谱带 $\Delta\upsilon = 1$ 和更高能级的 $\Delta\upsilon = 2$ Meinel 谱带发射至空间。

OH 由 Bates-Nicolet 反应激发：

$$O_3 + H \rightarrow O_2 + OH(\upsilon \leqslant 9) \tag{7.21}$$

这导致振动布居数远高于中间层温度对应的玻尔兹曼分布。最近还观察到低振动能级下高转动态的非平衡发射（见图 8.30）。此外，在 400～1000 cm^{-1} 光谱范围内，还观察到 OH 振动基态中强非平衡的转动激发态的纯转动跃迁。研究认为，OH 优先在高振动、低转动态下形成，然后通过近共振碰撞过程迅速弛豫到低振动、高转动态。这些转动能级的发射，特别是那些具有高 J 量子数的发射，将对应远高于局地热力学温度的 OH 激发温度。

振动激发的 OH 主要在 $\Delta\upsilon=1$ 和 $\Delta\upsilon=1$ 谱带的自发辐射中去激发，并在碰撞过程中淬灭

$$OH(\upsilon\leqslant 9)+M\left(N_2,O_2,O\left(^3P\right)\right)\rightarrow OH(\upsilon'<\upsilon)+M \tag{7.22}$$

辐射传输不起任何作用，因为 $\Delta\upsilon=1$ 和 $\Delta\upsilon=2$ 跃迁在大气中任何地方都光学非常薄，与反应（7.21）的化学生成相比，对流层和太阳辐射的贡献可以忽略不计。

由于 $OH(\upsilon)$ 能态的数密度与平衡态的相比非常大（与基态数密度相当），因此它们的布居数不是由其振动温度，而是由其绝对数密度来表征。图 7.29 为 López-Moreno 等（1987）模型在中纬度夜间和白天条件下，得到的振动能级 $\upsilon=1$～9 的典型 $OH(\upsilon)$ 数密度。注意，这里夜间布居数较大，对应于较大的 O_3 夜间丰度。与基态相比，高振动能级（例如 $\upsilon=7$～9）较大的丰度是显而易见的，即使它们高达 20000～25000 cm^{-1}。这表示高能级的非平衡态布居数都非常高。再比如，$OH(\upsilon=8)$ 在 85 km 处的布居数对应的振动温度为～5500 K。

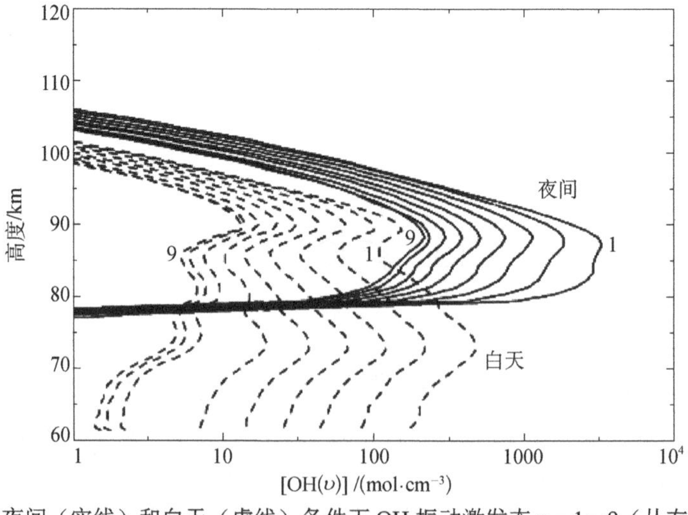

图 7.29　夜间（实线）和白天（虚线）条件下 OH 振动激发态 $\upsilon=1$～9（从右至左）的数密度。引自 López-Moreno 等（1987）

彩图 16（见 8.11 节）给出了 $OH(\upsilon\leqslant 9)$ 能级对切线高为 60 km 处大气临边辐射的贡献，详细讨论见 8.11 节。这些 $\Delta\upsilon=2$ 的发射谱带位于近红外，波段大约为 1～

2.3 μm，$\Delta\upsilon=1$ 的辐射谱带位于近红外和中红外，处于 2.6～5.7 μm 之间。

由于 OH(9-8) 谱带约 80%和 OH(8-7) 谱带约 10%的发射位于波段 4.17～4.48 μm 之间，OH 激发态的发射被认为是 SPIRE（红外光谱探空火箭实验）在 CO_2 4.3 μm 基频带区域实验中观测到夜间辐射率异常高的原因。ISAMS 在中心波长 4.7 μm 的 CO 通道中观测到了 OH 基于这些谱带的发射。

7.11　分子氧 O_2 大气红外谱带

O_2 在近红外 1.27μm 和 1.58 μm 处的谱带分别来源于电子态 $O_2\left(a^1\Delta_g\right)$ 到电子基态的振动基态和第一振动激发态 $O_2\left(X^3\sum_g^-,\upsilon=0,1\right)$ 的跃迁。$O_2\left(a^1\Delta_g\right)$ 通过反应（7.10）由 O_3 光解直接产生，即

$$O_3+h\nu(175\sim310\text{nm})\rightarrow \text{O}\left({}^1D\right)+\text{O}_2\left(a^1\Delta_g\right)$$

并通过下述机制从该反应中产生的 $\text{O}\left({}^1D\right)$ 间接产生：

$$\text{O}\left({}^1D\right)+\text{O}_2\rightarrow \text{O}_2\left(b^1\sum{}_g^+\right)+\text{O}\left({}^3P\right) \tag{7.23}$$

$$\text{O}_2\left(b^1\sum{}_g^+\right)+\text{O}_2\rightarrow \text{O}_2\left(a^1\Delta_g\right)+\text{O}_2 \tag{7.24}$$

在白天，$O_2\left(a^1\Delta_g\right)$ 激发态通过大气谱带中太阳光的共振散射生成，主要位于 $\text{O}_2\left(\text{X}^3\sum_g^-,\upsilon=0\right)\rightarrow\text{O}_2\left(\text{b}^1\sum_g^+,\upsilon=0\right)$ 的近 762 nm 谱带。在夜间，它的主要来源是

$$\text{O+O+M}\rightarrow \text{O}_2\left(a^1\Delta_g\right)+\text{M} \tag{7.25}$$

$O_2\left(a^1\Delta_g\right)$ 能态通过 1.27 μm 和 1.58 μm 谱带的自发发射 $\text{O}_2\left(a^1\Delta_g\right)\rightarrow\text{O}_2\left(\text{X}^3\sum_g^-,\upsilon=0\right)$、$\text{O}_2\left(a^1\Delta_g\right)\rightarrow\text{O}_2\left(\text{X}^3\sum_g^-,\upsilon=1\right)$，以及主要与 O_2 自身的碰撞过程去激发。

这些 O_2 的跃迁高能级，在平流层、中间层和低热层中布居数远远超过平衡态布居数，产生的辐射已经在 7.15 节引用的文献中得到了深入的研究。

7.12　氯化氢（HCl）、氟化氢（HF）

HCl 的振转基频带（1-0）的中心位于 3.45 μm。该谱带和近 1.76 μm 谱带（2-0）

吸收太阳辐射，在白天，将平流层和中间层中 HCl(1) 的布居数泵浦至比平衡态大得多的布居数。这使得 HCl 平流层临边辐亮度相对于平衡态条件增加了 2 倍。非平衡对临边辐射的贡献在低至 20 km 的高度以上都非常明显，并且在 40 km 以上大于平衡态值。

大气中 HF 的全球分布之所以十分重要，主要是因为它是平流层中储存氟的分子。HF 分子的基频带在 2.52 μm 附近。可以预测，在白天，直接吸收该波长的太阳辐射将显著增加平流层和中间层中 HF(1) 的数量。其他较小的非平衡激发机制有如下几种：吸收 2.52 μm 的反向散射辐射、O_3 光解反应（7.10）中产生的 $O_2\left(a^1\Delta_g\right)$，以及从反应（7.23）中 $O\left(^1D\right)$ 与 O_2 碰撞后产生的电子激发态 $O_2\left(b^1\sum_g^+\right)$ 的电子能量的转移，例如，

$$O_2\left(a^1\Delta_g\right)+HF\rightarrow O_2+HF(\upsilon\leqslant 2) \tag{7.26}$$

$$O_2\left(a^1\Delta_g\right)+HF\rightarrow O_2\left(a^1\Delta_g\right)+HF(\upsilon\leqslant 1) \tag{7.27}$$

另一个不太重要的来源是 HF(2-0) 谱带对近 1.29 μm 太阳辐射的吸收和反向散射辐射。这个来源，以及从 $O_2\left(a^1\Delta_g\right)$ 的电子能量的转移，是将 HF(2) 能级激发到非常大的非平衡布居数的主要原因，可以预计 HF 近 2.5 μm 的基频带和第一热谱带的发射将显著增强。然而，尚无关于这方面的观测证据。

7.13 NO^+

NO^+ 是电离层 E 区和下 F 区的主要组分。它们在热层的离子化学和中性化学中起着重要作用，并且最近发现对那里的冷却有重要影响。NO^+ 是白天低热层中含量最高的正离子，通过解离重组，它成为该区域 $N\left(^2D\right)$ 的主要来源，而 $N\left(^2D\right)$ 又是 NO 的主要来源。NO^+ 在快速释热的离子-分子反应中产生，这在极光条件下最重要。它具有非常接近 CO_2 4.3 μm 谱带波长的振动带；由于这个原因，以及 NO^+ 的低密度，它们的辐射很难观测到，但它们与低层中 CO_2 任何测量数据分析都具有相关性。

尽管激发机制还不太清楚，但热层中 NO^+ 的振动和转动非平衡辐射均有实验证据。已经提出的机制有

$$N_2^+ + O\rightarrow NO^+(\upsilon,J)+N\left(^2D\right) \tag{7.28}$$

$$N_2^+ + O \rightarrow NO^+(\upsilon, J) + N(^4S) \tag{7.29}$$

$$N_2^+ + O_2 \rightarrow NO^+(\upsilon, J) + O(^1S, ^1D, ^3P) \tag{7.30}$$

$$O^+ + N_2 \rightarrow NO^+(\upsilon, J) + N \tag{7.31}$$

$$N(^2P) + O \rightarrow NO^+(\upsilon, J) + e \tag{7.32}$$

对首次探测到 NO^+ 4.3 μm 辐射的探空火箭数据，以及 CIRRIS-1A 测量结果的分析表明，非平衡振动布居数是由反应(7.28)引起的。但最近的一项分析表明，CIRRIS-1A 观察到的强转动非平衡发射与该反应的预测不一致，但与反应（ 7.31 ）的预测一致。

7.14　原子氧 O(^3P)的 63 μm 带

原子氧在远红外 63μm 和 147 μm 处的发射是由电子基态的磁偶极子跃迁的精细结构引起的(见图 7.30)。63 μm 的发射是热层冷却的重要原因，尤其是在大约 200 km 以上，在该区域低至 120 km 也很重要，尤其是在夜间。147 μm 处的发射更弱，约小 1 个数量级。

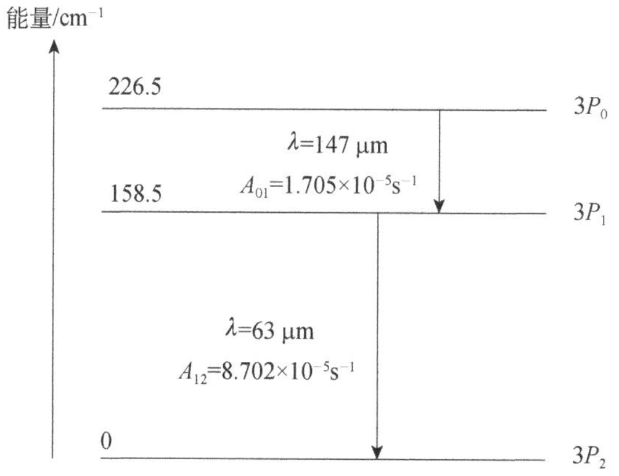

图 7.30　原子氧磁偶极子跃迁的示意图

作为典型离子，63 μm 谱线跃迁是能带非常小的一个典型例子，以至于较少的碰撞就足以使其保持平衡态。这一点，加上其较长的辐射寿命 $(1/A_{12} = 3.1\ \text{h})$，使其直到非常高的热层仍可能处于平衡态中。后面将在 9.6 节中进一步讨论 63 μm 线产生的冷却率。

7.15 参考文献和拓展阅读

对$CO(1)$能级的布居数及其随大气参数变化的详细研究，可以在 López-Puertas 等（1993）和 Clarmann 等（1998）中找到。Kutepov 等（1997）研究了振动和转动非平衡对 CO 2.3μm 和 4.7μm 谱带临边辐射的影响。其他有关 CO 的研究见 Oelhaf 和 Fischer（1989）以及 Winick 等（1991）的研究。基于 ISAMS 近 4.6 μm 辐射测量结果，López-Valverde 等（1993，1996）和 Allen 等（2000）报告了 CO 的丰度分布。

计算大气分子在红外和近红外辐射的吸收时，所采用的外逸层太阳辐射的通量可以在 Thekaekara（1976）、Kurucz（1993）和 Tobiska 等（2000）中查到。

在 7.3 节、7.7 节和 7.8 节中，Garcia 和 Solomon 模型中用到的O_3、$O(^3P)$、N_2O、NO_2和NO的浓度，可以从 Garcia 和 Solomon（1983，1994）、Garcia 等（1992）中得到。

本章中给出的O_3模型引自 Martín-Torres 和 López-Puertas（2002）开发的模型。其他几种用于研究O_3红外辐射的非平衡模型包括：Ogawa（1976），Yamamoto（1977），Gordiets 等（1978），Rawlins（1985），Solomon 等（1986），Mlynczak 和 Drayson（1990a，b），Fichet 等（1992），Manuilova 和 Shved（1992）（由 Manuilova 等（1998）改进），Pemberton（1993）（后来由 Koutoulaki（1998）根据 ISAMS 测量分析修订），Rawlins 等（1993），以及 Edwards 等（1994）。这些谱带的光谱数据可以在 HITRAN'96 数据库和 Adler-Golden 等（1985，1990）、Flaud（1990）、Clarmann 等（1998）和 Tyuterev 等（1999）中得到。

O_3振动激发的实验室工作有以下报道：Hochanadel 等（1968），Bevan 和 Johnson（1973），Simons 等（1973），von Rosenberg 和 Trainor（1973，1974，1975），Rosen 和 Cool（1973，1975），Hui 等（1975），Kleindienst 和 Bair（1977），Adler-Golden 和 Steinfeld（1980），McDade 等（1980），Rawlins 等（1981），Adler-Golden 等（1982）；Joens 等（1982，1986），Locker 等（1987），Steinfeld 等（1987），Menard-Bourcin 等（1990），Shi 和 Barker（1990），Doyennette 等（1992），Menard 等（1992），以及 Upshutte 等（1994）。Rawlins 和 Armstrong（1987）、Rawlins 等（1987）讨论了臭氧的“零不确定性”新生分布。该模型中的碰撞模型是基于对 1986 年 Adler-Golden 和 Smith（1990）的 SPIRIT-1 探空火箭实验数据的分析，以及 Rosen 和 Cool（1973，1975）在实验室获得的数据分析。还可参见 Green 等（1986）报告的 SPIRE 探空火箭对O_3的观测。Solomon 等（1986）给出了利用 LIMS 9.6 μm 通道数据反演臭氧的非平衡修正模型。

本章引用的 H_2O 能级布居数在 López-Puertas 等（1995）的工作中进行了详细讨论。H_2O 的碰撞过程和速率系数的综述详见 López-Puertas(1995)和 Zaragoza(1998)。Manuilova 和 Shved（1985）、López-Puertas 等（1986b）报道了 $H_2O(0,1,0)$ 和 $(0,2,0)$ 能级的非平衡模型。其他 H_2O 的非平衡计算可参见 Kerridge 和 Remsberg（1989）。关于 H_2O 能级布居数合理的不确定性估计可以参见 Clarmann 等（1998）的工作。

有关 LIMS 水蒸气通道中非平衡效应的证据，请参阅 Kerridge 和 Remsberg（1989）。更深的影响可以参考 Tummi 等（1991）。Drummond 和 Mutlow（1981）使用 SAMS 白天 2.7 μm 临边辐射来推断 35～100 km 区域的 H_2O 浓度 $[H_2O]$。López-Puertas 等（1995）、Goss-Custard 等（1996）和 Zaragoza 等（1998）研究了非平衡效应对 ISMMS 水蒸气辐射通道的影响。最近，Zhou 等（1999）的 CIRRIS-lA 实验和 Edwards 等(2000)的 CRISTA 实验也发现了 H_2O 基频带和热谱带非平衡效应的证据。

本章采用的 CH_4 模型主要基于 Martín-Torres 等（1998）、Shved 和 Gusev（1997）的工作，这是为 CH_4 开发的两个模型。对 CH_4 布居数中可能存在的不确定性估计可以参考 Clarmann 等（1998）。Jones 和 Pyle（1984）、Taylor 和 Dudhia（1987）讨论了 SAMS 和 ISAMS 对 CH_4 的遥感测量。在这两项工作中，都假设 CH_4 和 N_2O 谱带处于平衡态。

本章介绍的 NO 非平衡模型引自 Funke 和 López-Puertas（2000）的工作。$NO(1)$ 布居数的非平衡模型由 Caledonia 和 Kennealy（1982）开发。有关光化学对平流层中非平衡的重要性的讨论，请参阅 Kaye 和 Kumer（1987）、Sharma 等（1993）。Zachor 等（1985）利用 SPIRE 测量的 50～200 km 昼夜临边辐射推导 NO 的转动温度（110～150 km）、冷却率，以及与 $O(^3P)$ 的热碰撞速率。Ballard 等（1993）介绍了 ISAMS 对 NO 的测量结果。关于 NO 对能量平衡的影响，详见 Kockarts（1980）。Cartwright 等（2000）模拟了 IBC Ⅱ极光中电子碰撞激发 NO 振动态的现象。

Kerridge 和 Remsberg（1989）讨论了 LIMS 测量中的 NO_2 6.9 μm 热谱带发射，找到了高 υ_3 振动能级中化学泵浦的证据。最近 López-Puertas(1997)提出了针对 NO_2 υ_3 能级布居数的非平衡模型，开展了灵敏度研究。有关 NO_2 在可见光中的辐射吸收系数的计算，请参见 Solomon 等（1987）及其参考资料。

本章 N_2O 振动能级非平衡布居数是基于 Martín-Torres 和 López-Puertas 的未发表工作提出的。Jones 和 Pyle(1984)、Taylor 和 Dudhia(1987)讨论了 SAMS 和 ISAMS 对 N_2O 的遥感测量。

这里描述的 HNO_3 模型采用了 Martín-Torres 等（1998）提出的模型。HNO_3 能级布居数可能的不确定估计可以参考 Clarmann 等（1998）。

本章中关于 $OH(\upsilon \leqslant 9)$ 的讨论参考了 López-Moreno 等的物理模型，以及探空火箭实验测量结果。López-González（1990）对 $OH(\upsilon \leqslant 9)$ 布居数和测量结果进行了很

好的综述，Makhlouf 等（1995）、Smith 等（1992）、Pendelto 等（1993）和 Cosby 等（1999）还对大气 OH 转动非平衡给出了证据。

López-González（1990）对 O_2 红外谱带的体积发射率进行了很好的综述评论（另见 López-González 等（1992a，b））。Winick 等（1985）讨论了 SPIRE 测量的 1.58 μm 发射结果。

有关白天氯化氢和氟化氢的非平衡现象，可参考 Kumer 和 James（1982）、Kumer 等（1989）和 Kaye（1989）的讨论。

Picard 等（1987）和 Winick 等（1987）首次报道了对 NO^+ 的初步观测结果。Picard 等（1992）和 Winick 等（1992）讨论了 CIRRIS-1A 测量结果，以及白天 NO^+ 在 140 km 以上区域中的冷却作用。Duff 和 Smith（2000）、Smith 等（2000）报告了 CIRRIS-lA 的最新实验和建模结果。

Bates（1951）提出，63μm 原子氧的发射是 200 km 以上高层大气的重要冷却机制。Gordiets 等（1982）计算了白天和夜间 $O\left({}^3P\right)$63 μm 的冷却率，并将其与 CO_2 在 15 μm、NO 在 5.3 μm 时的冷却率进行了比较。Kockarts 和 Peetermans（1994），以及 Grossmann 和 Offermann（1970）、Zachor 和 Sharma（1989）、Iwagami 和 Ogawa（1982）、Sharma 等（1994）、Grossmann 和 Vollmann（1997），对比了 $O\left({}^3P\right)$ 精细结构中非平衡和平衡态效应。Zachor 和 Sharma（1989），以及 Sharma 等（1990）讨论了使用 63μm 和 147 μm 辐射反演热层 $O\left({}^3P\right)$ 丰度和温度的可行性。

第 8 章　非平衡大气遥感

8.1　引言

卫星可以观测大气昼夜、季节和长时变化，同时覆盖全球，因此，大气遥感正成为一个越来越重要的工具。卫星测温可用于天气预报，还可用于大气科学，如中间层大气的动力学过程等的研究。随着光谱仪器的发展，遥感技术在大气组分测量领域也逐渐崭露头角。举两个常见的例子：监测平流层臭氧；测量对流层及以上的湿度。随着日益灵敏的遥感技术的发展，绘制出各种污染物源头和扩散路径正成为可能。

非平衡理论在大气遥感中有两种应用情景：一是当不知道非平衡过程的本质及其对观测量如热辐射或大气透过率等的影响程度时；二是当影响观测量的非平衡过程已有很好的理解时。在第一种情况中，人们可以规划非平衡谱带的测量，使用测量结果对非平衡过程进行详细的分析，并验证之前章节的理论模型。在第二种情况下，如果利用测量结果反演温度或组分，存在非平衡效应（即使对其隐含的理论已有很好的理解）最好的情况是只增加了数据反演的复杂性，最差的情况则是增加了一个额外的误差和不确定性来源。有时，非平衡效应会在白天增强较高高度上的大气遥感信号而更有利于研究，特别是当有重要的太阳能泵浦作用时更是如此，比如 CO 的 4.6 μm 带和 CO_2 的 4.3 μm 带。在这些情况中，非平衡效应很强，必须引入反演算法之中。另一方面，如果非平衡效应相对较小，比如下中间层中 H_2O 的 6.3 μm 带和 O_3 的 9.6 μm 带，可以假设局地平衡，然后进行校正，就已足够，这样可以避免在反演算法中引入复杂的非平衡效应模型。不过，随着计算机计算速度的提升，不论非平衡效应的强弱，都可以在反演算法中直接考虑非平衡效应。

如果一些测量数据可以结合一些不受非平衡效应影响的技术的同步观测量结果，那么它们可以具有双重重要意义：首先，可用于揭示非平衡效应；其次，在此基础上用来测定大气温度和组分。然而，这很不容易做到，专门为揭示非平衡效应而设计的实验很少，所以，对非平衡效应的理解主要是通过其他测量目的的实验获得。

通常的研究步骤如下所述。要么从气候学，要么从同一个区域的原位测量数据，或者从反演计算中的前一步迭代结果中，获得热力学温度和丰度，并将其作为模型输入参数，用于计算不同分子的非平衡布居数，计算方法如前面章节所述。另外，如果已知组分的浓度昼夜变化很小，并且同时测量了昼夜温度，则同一通道夜间条件下的数据，可以用于分析白天太阳泵浦现象的观测结果。该方法的典型例子是ISAMS在中间层对H_2O的测量，具体将在8.5节中讨论。有时组分浓度还可以采用另一种不易受非平衡效应影响的仪器进行测量，如8.4节所述，ISAMS卫星采用微波临边探测仪对臭氧进行的观测。不过，在多种仪器的比较中，误差往往会急遽增大。

在得到非平衡布居数之后，下一步采用正向辐射传输模型，并结合已知的遥感探测仪特性，特别是观测几何学、滤波响应和探测仪器灵敏度，即可得到辐射测量值。将计算得到的观测结果，与真实的测量数据进行比较，通过修正非平衡模型的参数，或者引入新的非平衡过程，反复迭代，使预测结果和测量数据吻合。基于遥感信号得到的大气特性以及非平衡机理，其结果可能不是唯一的，因为还取决于初始非平衡模型的优劣，以及测量中有多少可用的信息。因此，有时结果的不确定性很大。目前，有必要尽快开发完整、全面的非平衡反演算法，即结合第6章和第7章中的非平衡模型，以及现有平衡态模型中的标准反演算法。采用该种方法可以在辐射测量数据足够充分全面的前提下，建立一个大气反演工具，通过该工具可反演得到地球大气物理参数（温度和气体浓度）与非平衡参数（碰撞速率、能量传递效率等）。

在本章中，我们将讨论一些真实的观测实验，这些观测数据证明了大气的非平衡辐射，可以用来说明非平衡条件下大气物理特性的遥感。可以利用大气辐射带的遥感数据揭示其非平衡过程的基本细节，比如，CO_2 4.3 μm谱带的辐射。Nimbus 7卫星上的平流层和中间层探测器（SAMS，1978～1982）对该辐射谱带进行了观测，UARS上的ISAMS仪器也进行了观测（8.3.4节和8.3.5节）。另一个典型的例子是，ISAMS测量到的H_2O 6.3 μm谱带的辐射（8.5节）。此外，ISAMS对CO和NO全球分布的观测研究中，非平衡模型是反演计算中不可或缺的部分。

第6章和第7章讨论了一些由化学过程引起的非平衡现象，包括$OH(\upsilon \leqslant 9)$经由$N_2(1)$激发的$CO_2(\upsilon_3)$，以及平流层和中间层中生成的$O_3(\upsilon_1,\upsilon_2,\upsilon_3)$和$NO_2(\upsilon_3)$。由化学过程引起的非平衡现象在一些卫星观测中已有报道，详见8.4节和8.8节。

通常，研究重点是振动能级的非平衡布居数，并假设在所关心的大气高度范围内转动平衡。不过，有一些实验发现了转动非平衡，这会在8.9节中讨论。

实验中一般通过测量大气辐射发射量来研究非平衡，不过，有几个重要的例子，通过掩日方法从大气透过率光谱信息中，同时获得振动温度和热力学温度。1986年，首次搭载在Spacelab 3卫星上的大气痕量分子光谱仪（ATMOS）就是掩日观测。非平衡对吸收光谱的影响远小于对辐射光谱的影响（见8.2.1节），对于大气组分的影响通常很小，某些特殊情况如热层 CO_2 除外。在这个特例中，利用基频带和热谱带，通过一套高分辨率透过率测量数据，就可以同时确定热力学温度、CO_2 浓度，以及 $CO_2\left(0,1^1,0\right)$ 的非平衡布居数。因此，高分辨率的吸收光谱测量是研究上中间层和低热层 CO_2 非平衡模型的最佳手段之一。而上述发射光谱分析中，很少能同时测量热力学温度和辐射组分浓度。辐射吸收测量详见 8.10 节。

不过，在 20 世纪 90 年代末大气辐射发射的测量中，已使用非常高的光谱分辨率，这在以前是太阳辐射透过率测量中的独有优势。这一进展对非平衡辐射研究的益处将在最后讨论，详见 8.11 节。

大多数非平衡的实验研究涉及地球临边大气测量（见图 8.1），只有少数使用天底观测方法。非平衡对天底辐射观测的潜在影响在 8.12 节中讨论。

最后，将在 8.13 节中概述非平衡反演算法。这些算法将非平衡辐射剖面系统地反演成大气温度和组分，以及非平衡参数，如热碰撞率和能量转移效率等。

8.2　辐射测量分析

8.2.1　临边观测

遥感仪器测得的辐亮度，是大气辐射发射亮度和仪器响应函数 $F\left(\nu\right)$ 的乘积对频率 ν 的积分。响应函数在有限频率 $\Delta\nu$ 范围内是非零的，$\Delta\nu$ 称为采样通道的光谱宽度，即

$$L\left(x_{\text{obs}}\right)=\int_{\Delta\nu}L_\nu\left(x_{\text{obs}}\right)F\left(\nu\right)\mathrm{d}\nu$$

此处，$L_\nu\left(x_{\text{obs}}\right)$ 为给定观测点 x_{obs} 上的单色辐亮度；对于临边观测（见图 8.1），单色辐亮度可通过以下公式计算（标准解见式（3.20））：

$$L_\nu\left(x_{\text{obs}}\right)=\int_{x_s}^{x_{\text{obs}}}J_\nu\left(x\right)\frac{\mathrm{d}\mathcal{T}_\nu\left(x\right)}{\mathrm{d}x}\mathrm{d}x \tag{8.1}$$

其中 x 是沿临边视线路径上的位置，积分路径从大气层最远的边缘点 x_s 开始，经由观测点的切线高度 z 至观测点 x_{obs} 结束。

源函数 $J_\nu\left(x\right)$ 由式（3.35）给出，x 到 x_{obs} 之间的单色光透过率根据式（4.11）和式（4.59）定义，

$$\mathcal{T}_\nu\left(x,x_{\text{obs}}\right)=\exp\left(-\int_x^{x_{\text{obs}}}k_\nu\left(x'\right)n_a\left(x'\right)\mathrm{d}x'\right) \tag{8.2}$$

其中 k_ν 为分子吸收系数；n_a 为吸收分子的数密度。

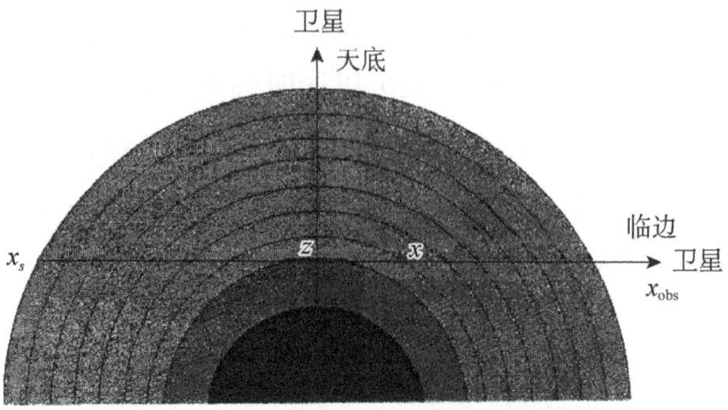

图 8.1　计算临边和天底辐射的几何示意

式（8.1）给出了只有一个谱带贡献时的辐亮度测量值。有多个谱带贡献时，总辐亮度可表示为如下形式：

$$L_\nu\left(x_{\text{obs}}\right)=\int_{x_s}^{x_{\text{obs}}}\sum_i J_{\nu,i}\left(x\right)\frac{\mathrm{d}\mathcal{T}_{\nu,i}\left(x\right)}{\mathrm{d}x}\prod_{j\neq i}\mathcal{T}_{\nu,j}\left(x\right)\mathrm{d}x \tag{8.3}$$

式中求和表示对所有谱带在频率 ν 处的贡献；求积 $\prod_{j\neq i}\mathcal{T}_{\nu,j}\left(x\right)$ 为所有谱带对第 i 个谱带在 ν 的辐射吸收。

非平衡对能态（2-1）跃迁的临边辐亮度的影响，主要是由于其源函数偏离了普朗克函数。我们在第 3 章推导了这两个函数之间的关系，由式（3.36）给出，即

$$J_\nu=B_\nu\frac{n_2}{\overline{n}_2}\frac{\overline{k}_\nu}{k_\nu} \tag{8.4}$$

按照第 3 章的符号定义，上划线表示平衡态的物理量。影响主要来自于 $n_2/\overline{n}_2$ 因子，它表征了跃迁中高能级布居数 n_2 偏离平衡态 $\overline{n}_2$ 的程度。

方程中第二个因子为吸收系数与平衡态相应值之比，它也通过传输函数（式（8.2））影响临边辐亮度。根据方程（3.34）和（3.37），这个因子由下式给出：

$$\frac{k_\nu\left(x\right)}{\overline{k}_\nu\left(x\right)}=\frac{n_1}{\overline{n}_1}\frac{1-\dfrac{g_1n_2}{g_2n_1}}{1-\exp\left(-\dfrac{h\nu_0}{kT}\right)}=r_1\frac{1-\Gamma r_2/r_1}{1-\Gamma} \tag{8.5}$$

这里由于 $E_2-E_1=h\nu_0$，假设式（3.34）中 $\nu=\nu_0$，同时假设平衡态和非平衡态的线形 f_a 是一样的。还利用布居数之比

$$r_\upsilon=n_\upsilon/\overline{n}_\upsilon \tag{8.6}$$

和玻尔兹曼因子 Γ，

$$\Gamma=\frac{g_1\overline{n}_2}{g_2\overline{n}_1}=\exp\left(-\frac{h\nu_0}{kT}\right) \tag{8.7}$$

临边辐亮度的计算通常从振动温度开始，振动温度可以根据第 6 章和第 7 章给出的非平衡模型进行计算。任一振动能级 υ（能量为 E_υ）的布居数之比（式（8.6））

由振动温度（式（6.1））计算获得，即

$$r_\upsilon = \frac{n_0}{\bar{n}_0}\exp\left[-\frac{E_\upsilon}{k}\left(\frac{1}{T_\upsilon}-\frac{1}{T}\right)\right] \tag{8.8}$$

在这个步骤，可由下式引入振动配分函数 Q_{vib}：

$$n_0 = \frac{n_a f_{\text{iso}}}{Q_{\text{vib}}} \tag{8.9}$$

在此，n_0 和 n_a 分别为吸收分子的基态数密度和总数密度。利用上式，能级 υ 的非平衡态与平衡态布居数之比可写作

$$r_\upsilon = \frac{\bar{Q}_{\text{vib}}}{Q_{\text{vib}}}\exp\left[-\frac{E_\upsilon}{k}\left(\frac{1}{T_\upsilon}-\frac{1}{T}\right)\right] \tag{8.10}$$

Q_{vib} 可由下式给出：

$$Q_{\text{vib}} = \sum_{\upsilon}^{\upsilon_{\max}} g_\upsilon \exp\left(-\frac{E_\upsilon}{kT_\upsilon}\right) \tag{8.11}$$

这里 $\upsilon_{\max}$ 为求和的截断能级，在实际应用中，取决于非平衡模型中所计算的最高能级。

非平衡效应影响吸收系数的方式有三种：① 通过跃迁低能级的布居数；② 通过诱导发射因子，影响跃迁高能级的布居数；③ 通过振动配分函数，其中涉及组分的较低能级的振动温度。

第一条仅适用于热谱带。它通常对临边辐亮度没有大的影响，因为非平衡现象主要对高海拔大气层才重要，在那里热谱带在光学上很薄。在此条件下，式（8.1）中透过率的微分与 n_1 成正比，n_1 也出现在源函数的分母中，可以消去。因此，临边辐亮度基本上与跃迁中较低能级是否使用平衡态或更准确的非平衡布居数无关。

第二种效应，由于式（8.5）中的诱导发射因子通常很小，因此只对高温下的低能跃迁或者布居数发生反转时有意义。

第三个效应，通过比例 $n_0/\bar{n}_0$ 进入振动配分函数。对于某些组分，当较低能级的布居数受非平衡影响较大时，该效应会比较重要。虽然这种情况前面已经提过几次，但并不常见，因为较低能级是振动配分函数之和的主要贡献者，它们更容易被热化且偏离平衡态较小。不过，在 CO_2 15 μm ν_2 模态的低能级，平衡态相对非平衡态的振动配分函数在 120 km 处相差 10%，在 160 km 处相差 40%。这对热层 CO_2 所有波段的发射都有影响，包括 4.3 μm 和 2.7 μm 谱带。对于其他大多数大气组分，非平衡通过振动配分函数表现出来的影响要小得多。

8.2.2　光学薄条件下的临边辐亮度

可以看出，非平衡过程在大气层上部变得十分重要，在那里吸收带中的许多谱线都是光学薄的。现在考虑单个谱线对临边辐亮度的贡献，以此来描述这些条件下

的一般情形。假设谱带中的谱线宽度相对于谱线间距很窄，所有谱线都是独立的，结果可以扩展到整个振动谱带。通过式（8.2），单色光的透过率可表示为

$$\mathcal{T}_{\nu}\left(x,x_{\text{obs}}\right)=1-\int_{x}^{x_{\text{obs}}}k_{\nu}\left(x'\right)n_{a}\left(x'\right)\mathrm{d}x' \tag{8.12}$$

进而

$$\frac{\mathrm{d}\mathcal{T}_{\nu}\left(x\right)}{\mathrm{d}x}=k_{\nu}\left(x\right)n_{a}\left(x\right) \tag{8.13}$$

代入式（8.1），则有

$$L_{\nu}\left(x_{\text{obs}}\right)=\int_{x_{s}}^{x_{\text{obs}}}J_{\nu}\left(x\right)k_{\nu}\left(x\right)n_{a}\left(x\right)\mathrm{d}x \tag{8.14}$$

将式（8.4）的 $J_{\nu}\left(x\right)$ 代入上式，并且利用式（8.10），可以得到

$$L_{\nu}\left(x_{\text{obs}}\right)=\int_{x_{s}}^{x_{\text{obs}}}B_{\nu}\left(x\right)\exp\left[-\frac{E_{2}}{k}\left(\frac{1}{T_{2}}-\frac{1}{T}\right)\right]\frac{\bar{Q}_{\text{vib}}}{Q_{\text{vib}}}\bar{k}_{\nu}\left(x\right)n_{a}\left(x\right)\mathrm{d}x \tag{8.15}$$

该式表明，在光学薄条件下，临边辐亮度主要取决于跃迁中高能级的振动温度 T_2（相对于基态布居数的定义）。它不直接依赖于跃迁中低能级的振动温度 T_1，仅通过式（8.15）和振动温度 T_2 受到 Q_{vib} 的微弱影响。

将式（8.4）中的 $J_{\nu}\left(x\right)$ 代入式（8.14），利用普朗克函数，以及 $\bar{k}_{\nu}$ 和 B_{12} 的关系（式（3.37）），爱因斯坦系数 B_{21} 和 A_{21} 的关系（式（3.30）），B_{21} 和 B_{12} 的关系（（式 3.31）），就可以得到临边辐亮度（8.15）的另一种表达形式，即

$$L_{\nu}\left(x_{\text{obs}}\right)=\frac{h\nu}{4\pi}A_{21}\int_{x_{s}}^{x_{\text{obs}}}q_{r,\upsilon}f\left(\nu\right)n_{2}\mathrm{d}x \tag{8.16}$$

此处，$q_{r,\upsilon}$ 为振动能级 υ 的归一化转动态分布函数；$f\left(\nu\right)$ 为归一化的振动-转动线形。利用振动温度的定义，以及 n_0 和 Q_{vib} 的关系，上式可写作

$$L_{\nu}\left(x_{\text{obs}}\right)=\frac{h\nu}{4\pi}A_{21}g_{2}\int_{x_{s}}^{x_{\text{obs}}}\frac{n_{a}}{Q_{\text{vib}}}q_{r,\upsilon}f\left(\nu\right)\exp\left(-\frac{E_{2}}{kT_{2}}\right)\mathrm{d}x \tag{8.17}$$

对于如 3.7 节和 5.2 节描述的简单非平衡情形，利用非平衡布居数 n_2 的近似表达式（如式（3.88）～式（3.90）），可近似计算临边辐射。这些方程可以在频率域，如仪器测量通道的光谱宽度或带宽范围，以及仪器面向大气的视场立体角上积分。

8.2.3 探测实验小结

本小节中简要概述了各种各样的观测实验，这些实验提供了大气红外辐射的非平衡证据。早期有基于探空火箭的仪器观测，得到了飞行中若干垂直剖面测量结果。随后逐渐被星载仪器所替代，星载仪器可重复测量和全球覆盖。这些实验一般由首字母作为代号（见 A.2 节），并且由一组观测波长或观测通道表征。这些代号一开始就要定义好，否则很容易引起混乱。表 8.1 和下面的摘要列出了这些定义和每个实验项目的主要特点，以供参考。

表 8.1　非平衡辐射测量

分子/谱带	CO_2	CO_2	CO_2	CO_2	O_3	CO	H_2O	H_2O	NO	NO	OH	OH	NO^+
		10 μm	4.3 μm	2.7 μm	9.6 μm	4.7 μm	6.3 μm	2.7 μm	5.3 μm	2.8 μm		1～3 μm	4.3 μm
ICECAP	60～150	—	70～120	—	40～100	—	50～75	—	70～140	70～130	—	—	—
HIRIS	70～120	—	80～105	—	70～110	—	—	—	70～125	—	—	—	—
SPIRE	50～160	—	10～150	25～90	30～105	—	10～75	25～90	100～200	—	—	40～110	—
FWI	—	—	85～140	—	—	90～95	—	—	85～140	—	—	√	109
SPIRIT Ⅰ	125～200	—	—	—	67～105	—	—	—	120～170	—	—	—	—
EBC	70～150	—	—	—	70～105	—	—	—	70～185	—	—	—	—
MAP/WINE	55～130	—	—	—	53～95	—	54～80	—	80～150	—	—	—	—
LIMS	—	—	—	—	50～70	—	20～70	—	—	—	20～45?	—	—
SAMS	—	—	30～110	—	—	30～70	—	40～95	—	—	—	—	—
SISSI	60～140	—	60～120	—	60～100	—	√	—	95～185	—	—	—	—
CIRRIS-1A	80～170	√	√	—	60～100	70～150	—	—	100～170	√	—	√	100～215
ISAMS	30～90	—	50～120	—	30～70	30～90	30～70	—	30～150	—	—	80～90	120?
CLAES	—	20～60	—	—	—	—	√	—	—	—	—	—	—
CRISTA	40～150	√	15～120	—	15～90	√	15～80	—	90～180	—	—	—	—
SPIRIT Ⅲ	65～130	—	0～120	—	√	—	√	—	—	—	—	—	100～120

注：第一列中实验首字母缩略词的定义见正文和 A.2 节。仅列出了实验中存在或部分高度上存在非平衡的测量范围。海拔间隔（km）表示测量范围，而不是辐射非平衡的范围。对勾（√）表示已测量但未分析非平衡辐射，或尚未公布高度范围。问号表示可疑的非平衡探测。

截止到 2001 年，SPIRE（红外光谱探空火箭实验）是最成功的一次探空火箭实验，获得了大量组分的发射特性（图 8.2）。SPIRE 测量频率范围连续变化，覆盖 1.4～16.5 μm，分辨率为 $\Delta\lambda = 0.03\lambda$，临边（准水平）观测范围从对流层至 200 km 高度。ICECAP（红外化学实验-协同极光项目）的早期探测中，使用了低温光谱仪，波段为 1.6～23 μm，光谱分辨率与 SPIRE 相同，开展了极光条件下的天顶观测。

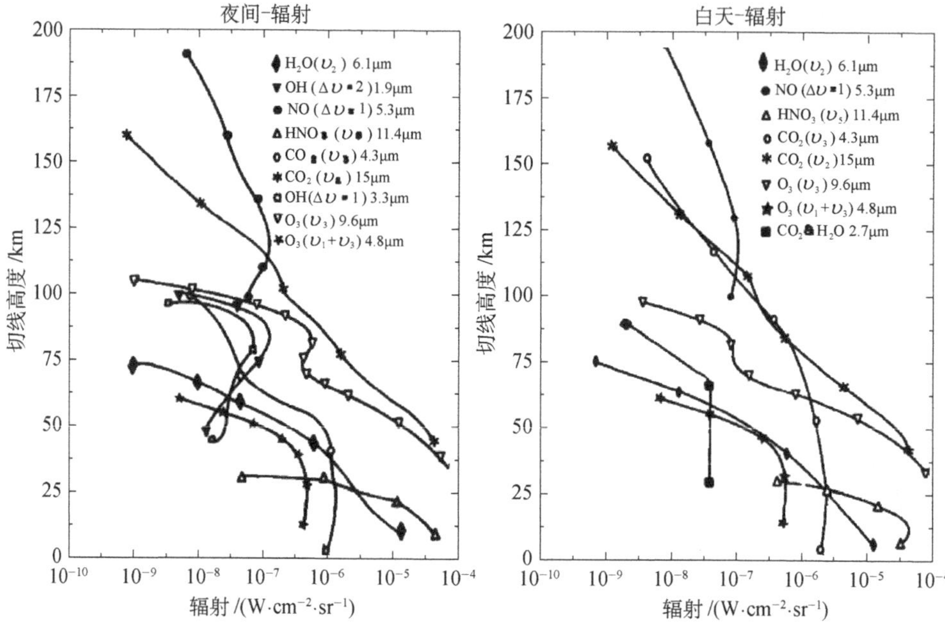

图 8.2　SPIRE 在夜间、白天条件下测量的中层和上层大气辐射组分的谱带辐射

HIRIS（高分辨率干涉光谱仪）和 FWI（视场展宽干涉仪）通过使用迈克耳孙（Michelson）干涉仪，都得到了比 SPIRE 或 ICECAP 更高的光谱分辨率，光谱范围分别为 4～22 μm 和 2.0～7.5 μm，分辨率为 $\Delta\bar{\nu} = 2\text{cm}^{-1}$。两者都是在极光条件下，观测了上中间层到 125 km 的高层大气。

EBC（能量收支计划）是一个国际项目，在高纬度冬季地面、气球和探空火箭实验中，研究中间层和低热层的能量产生和损失过程。探空火箭发射实验作为 EBC 的一部分，搭载了氦冷却圆形可变滤波光谱仪，其波段覆盖范围为 4.7～23.6 μm，搭载的低温红外光栅光谱仪的测量范围为 2.5～100 μm，这两种仪器都从天顶测量了来自中间层和低热层的主要红外发射（表 8.1 为辐射测量表）。同时，EBC 还采用不同的技术手段测量了温度和原子氧特性，其中一些技术不受非平衡效应影响，这对理解非平衡辐射很有帮助。

中层大气计划和北欧冬季（MAP/WINE）计划分别于 1983 年与 1984 年开展，主要目的是研究中层大气的动力学变化过程。作为这个项目的一部分，利用上面提到的红外光栅光谱仪开展了探空火箭实验，天顶测量了 CO_2 15 μm、O_3 9.6 μm 和 H_2O 6.3 μm 的中波红外振-转谱带。

早期的两个星载实验与这些探空火箭实验几乎同步开展，于 1978 年 10 月搭载在太阳同步近极地轨道光轮 7 号卫星上，两套仪器 LIMS（平流层临边红外监视系统）和 SAMS（平流层和中间层遥感设备）都是多通道红外辐射仪。LIMS 使用滤光片，并且为保证灵敏度实施了低温冷却；而 SAMS 使用压强调制技术（后文将讨论具体细节）实现了高光谱分辨率，它们都开展了大气昼夜临边探测实验。SAMS 观测至 1984 年春天，测量热辐射、荧光辐射和太阳光的共振散射，覆盖平流层至低热层，约 10～80 km，纬度覆盖南纬 50°至北纬 70°。

SISSI（光谱红外结构特征研究）载荷采用了红外光栅光谱仪，这类似于上面提到 EBC 和 MAP/WINE 计划搭载的载荷。SISSI 载荷是 DYANA（大气动力学适应网络）计划的主要任务，在 1990 年 3 月 6 日以及 1991 年夏天先后完成三次探空火箭飞行实验。跟前面的计划一样，红外光谱仪测量了中层和上层大气的主要红外辐射特征：CO_2 的 15 μm 和 4.3 μm 谱带；O_3 的 9.6 μm 和 NO 的 5.3 μm 谱带。

“发现号”航天飞机搭载了低温红外辐射仪（CIRRIS-1A），于 1991 年 4 月 28 日至 5 月 6 日开展了红外光谱测量。航天飞机的轨道高度约 260 km，实验中采用滤波辐射计和分辨率约 1 cm^{-1} 的迈克耳孙干涉仪测量了大气红外发射光谱，波段为 2.5～25 μm。CIRRIS-1A 测量数据提供了诸多大气组分振动和转动非平衡的有力证据，包括：CO_2 的 15 μm 和 4.3 μm 谱带；O_3 的近 9.6 μm 谱带，中间层的近 6.3 μm 谱带；CO 的近 4.6 μm 谱带；NO 的 5.3 μm 谱带；NO^+ 的近 4.3 μm 谱带；OH 的纯转动和振动辐射。这些结果还独一无二地提供了识别白天 $H_2O(0,2,0\text{-}0,1,0)$ 跃迁增强，以及 OH 、NO 和 NO^+ 转动非平衡的光谱数据。

最近还有其他的卫星仪器，如低温临边阵列标准光谱仪（CLAES），以及改进的平流层和中间层探测仪（ISAMS），这些设备搭载在高空大气研究卫星（UARS）上，于 1991 年发射。与前面的 SAMS 一样，在分析这些测量结果、反演组分浓度和热力学温度时，需要调用非平衡模型。最典型的例子有 CO_2 、CO 、O_3 、H_2O 以及 NO ，这些组分的所有测量结果都表明辐射的昼夜差异非常显著，这些差异只能是非平衡效应造成的。与 CLAES 和 ISAMS 非平衡辐射观测同步进行的还有其他仪器的温度和组分浓度观测，具体为微波临边探测仪（MLS）和广角多普勒成像干涉仪（WINDII），后两者使用的技术不易受到非平衡效应的影响。

CRISTA（大气低温红外光谱仪和望远镜）开展了高灵敏度的临边扫描实验，测量了 4～71 μm 波段内的大气辐射，该仪器首次飞行是搭载在航天飞机上 STS66，于 1994 年 11 月完成了飞行实验。SPIRIT Ⅲ（光谱红外干涉望远镜）高空间分辨率辐射计阵列和干涉仪/光谱仪搭载在 MSX（中段传感器实验）卫星上，于 1996 年 4 月至 1997 年 2 月，获得了超过 200 组 2.5～28 μm 波段的大气临边和天底光谱数据。

以上仪器的大量测量（见表 8.1）对于理解大气中的非平衡过程有相当大的帮助，这一点将在稍后的章节中加以描述，还有数个即将开展的观测实验也将进一步增加对非平衡的认识，比如欧洲环境卫星（ENVISAT），搭载了被动大气探测用迈克耳孙干涉仪（MIPAS）。MIPAS 光谱分辨率高、光谱范围宽和灵敏度高，对非平衡辐射研究具有十分重大的价值。此外，在 NASA TIMED 任务中发射的 SABER（使用宽域发射辐射测量技术探测大气球）卫星，以及 NASA 开展的 EOS Aura 任务中采用的 HIRDLS（高分辨率动力学临边探测仪），都是具有先进能力的宽波段辐射计，可以测量高达低热层的最强的非平衡辐射。

8.3 CO_2 辐射探测

大气中 CO_2 具有较高的浓度和较强的红外谱带，它在直到很高的高度都有明显的辐射信号，这使得它成为大气能量收支中的重要分子。有充分研究表明，至少在中间层以下，CO_2 混合比例是几乎恒定且已知的，这一额外的特性使它很方便用于大气温度的探测。因此，许多实验测量了 CO_2 辐射，有些是常规测量，包括气象卫星搭载的仪器。近红外和中红外光谱富含可观测的 CO_2 谱带；本节将依次考虑每个主要的光谱区域，下面从最常见的温度探测波段开始。

8.3.1 CO_2 15 μm 辐射探测

最近大多数研究表明，CO_2 15 μm 的基频带接近平衡态，最高可达 100 km（见 8.10.2 节）。在 20 世纪 80 年代中期，EBC 探空火箭天顶测量了夜间 70～150 km 的辐亮度，获得高达 90 km 的振动温度，结果表明在 70～85 km 之间，与大气热力学温度有高达 25K 的偏差。作为 MAP/WINE 计划的一部分，类似的探空火箭测量了 55～130 km 处的天顶夜间辐射，反演出的 54～90 km 处的振动温度更接近于热力学温度。SPIRE 探空火箭实验的测量结果也得到了类似的结论（见图 8.3）。这些结果表明，CO_2 的 $\left(0,1^1,0\right)$ 振动能与原子氧 O 平动能之间的传递效率，即 $k_{CO_2\text{-}O}$，比之前想象的要大得多。如果没有快速的原子氧 O 碰撞反应速率，则图 8.3 SPIRE 数据中位于 100～110 km 之间的显著凸起将会消失。从 SPIRE 和 SPIRT Ⅰ的高 J 谱线测量结果中可以反演出来高度约 110～160 km 的 CO_2 转动温度，结果表明，CO_2 15 μm 带的转动能级在高达约 150 km 处仍保持转动平衡，与理论预期相符。

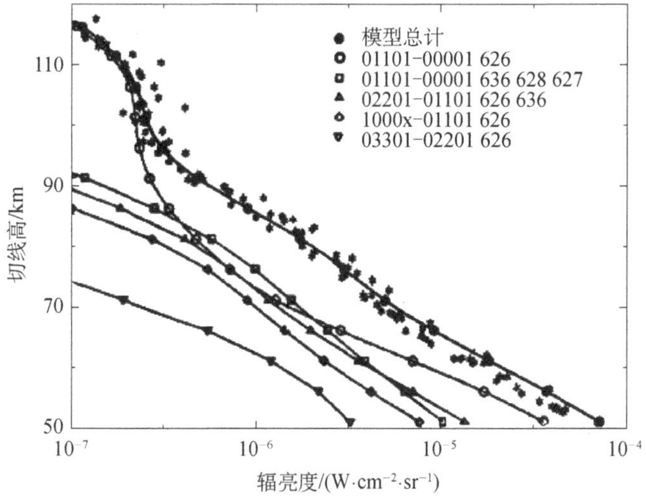

图 8.3　SPIRE 给出的 13～16.5 μm 带临边辐亮度与切线高的关系（*）。图中还显示了 15 μm 附近不同的 CO_2 谱带对总临边辐亮度的贡献。注意 90～100 km 切线高以下，弱带贡献十分重要。110 km 以上，626 基频带几乎完全贡献了辐射观测值

图 8.4 给出了 SISSI 实验测量的 CO_2 15 μm 辐亮度对大气和非平衡模型参数的灵敏度。实线是用 Sharma 和 Wintersteiner（1990）给出的 $k_{CO_2\text{-}O}$ 速率系数（约为 $6\times10^{-12}\text{cm}^3\cdot\text{s}^{-1}$）的计算结果。使用 Shved 等（1990）在实验室中室温（300 K）下测量的速率系数 $k_{CO_2\text{-}O}$，结果为 $1.5\times10^{-12}\text{cm}^3\cdot\text{s}^{-1}$，几乎与 SISSI 测量值重合（图 8.4 中未显示）。虚线给出了由于 CO_2 数密度（±30%）、原子氧数密度（±30%）和热力学温度（±10%）的不确定而导致的辐亮度不确定度。因此，尽管 SPIRE 的测量结果似乎表明 $k_{CO_2\text{-}O}$ 接近 $6\times10^{-12}\text{cm}^3\cdot\text{s}^{-1}$，但 SISSI 的探测结果使用 1/4 的速率系数拟合得更好。其他大气参数，如 CO_2 和 $O\left(^3P\right)$ 浓度、热力学温度，也许能解释造成这个差异的原因。在 ATMOS 的探测中，同时测量了热力学温度和 CO_2 浓度（见 8.10.1 节），结果表明该值介于 $3\times10^{-12}\text{cm}^3\cdot\text{s}^{-1}$ 和 $6\times10^{-12}\text{cm}^3\cdot\text{s}^{-1}$ 之间，具体取决于 $O\left(^3P\right)$ 密度的假定值。这个关键速率系数的不确定性仍旧很大，原因是它对温度存在很大的依赖性。

在北纬地区中间层顶附近，ISAMS 探测得到的 CO_2 15 μm 辐亮度，以及 WINDII 探测的热力学温度，可以清楚地表明 CO_2 次同位素 636、628 和 627$(\upsilon_2=1)$能级在 70～90 km 范围的辐射非平衡特性。

按本章引言所述的反演步骤进行分析。首先，利用 WINDII 测量的热力学温度计算平衡态下 ISAMS 的辐亮度观测值，并与真实观测值进行比较。在大多数高度范围内，平衡态计算值明显比 ISAMS 观测的辐亮度要小，尤其是低于 85 km（图 8.5）时。

然后，热力学温度仍旧采用 WINDII 的测量值，能级的振动温度采用类似于第 6 章的非平衡模型计算（见图 8.6）。

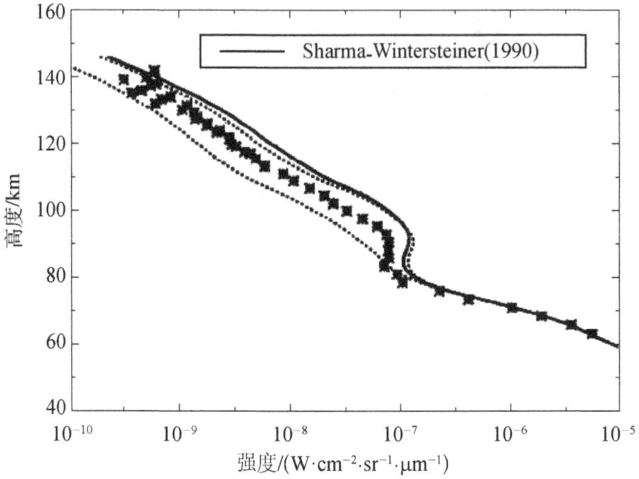

图 8.4　SISSI-3 实验中探测得到的 CO_2 15 μm 天顶辐射（星形）和若干计算结果。实线：Sharma-Wintersteiner（1990）的 $k_{co_2\text{-}o}$ 速率系数；虚线为 CO_2 数密度（±30%）、原子氧数密度（±30%）、热力学温度（±10%）的不确定性而导致的辐亮度不确定度

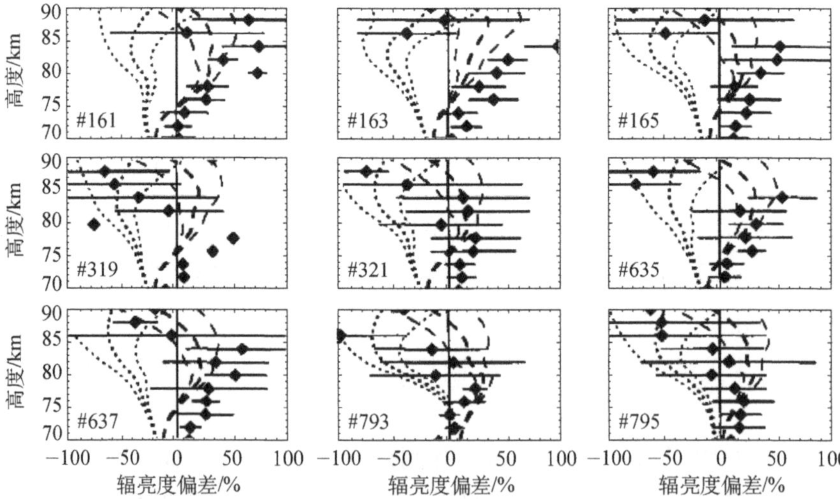

图 8.5　近 15 μm 带辐射模拟值与 ISMAS 测量值的对比，表示为与亚北极夏季平衡态情况的百分比偏差，数据来源于 WINDII/ISAMS 的协同测量。点线和虚线分别为 WINDII 测得的热力学温度下的平衡态和非平衡态辐亮度及其误差极限；菱形及其误差带为相应的 ISAMS 测量值及其标准差

为了找出那些必须采用非平衡模型计算布居数的能级，有必要先计算各个谱带对辐亮度的贡献。一旦测量结果通过计算证实，还可以证明哪个能级处于非平衡。

图 8.7 给出了测量数据剖面中不同谱带组的贡献。可以看出，对于 70～90 km 的大部分区域，次同位素 636、628 和 627 的 15 μm 基频带贡献最大（约占 60%～80%）。注意，CO_2 主同位素基频带的贡献很小，由于 $O(^3P)$ 的高效热化作用，其跃迁高能级 $(\upsilon_2=1)$ 在这一区域非常接近平衡态（见 8.10.1 节）。

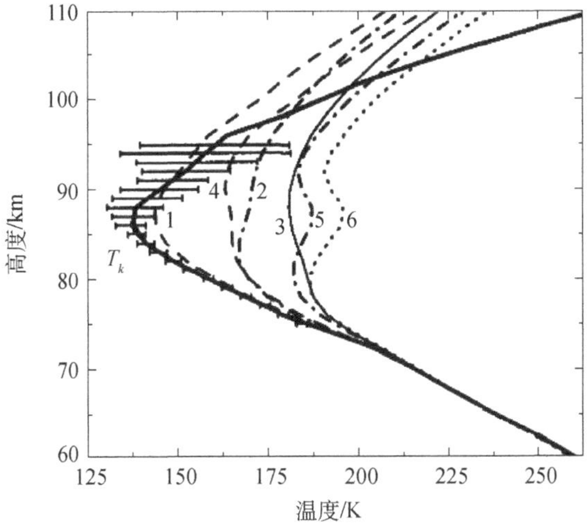

图 8.6　WINDII 热力学温度剖面下 $CO_2(\upsilon_2)$ 能级的振动温度。曲线 1、2 和 3 分别表示 626 同位素的 $(0,1^1,0)$、$(0,2,0)$ 和 $(0,3,0)$ 能级；曲线 4、5 和 6 分别表示 636、628 和 627 同位素的 $(0,1^1,0)$ 能级。具体见表 6.1

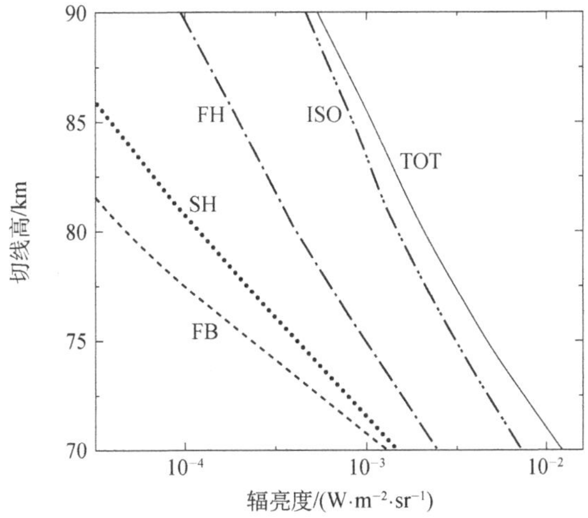

图 8.7　WINDII 热力学温度剖面下，$CO_2\nu_2$ 谱带对 ISAMS 30W 通道测量到的辐亮度贡献。具体给出了 626 基频带(FB)、626 第一热谱带(FH)、626 第二热谱带（SH），以及 636、628 和 627 次同位素（ISO）的基频带，所有谱带的总和（TOT）。具体见表 F.1

一旦得到振动温度，就可以计算非平衡辐亮度，并再次与 ISAMS 测量结果进行比较。非平衡辐射计算值与 ISAMS 测量值并不完美一致，但是在大多数高度上，它比平衡态辐亮度计算值要好得多（见图 8.5）。对非平衡效应的另一种解释可能是，低估了 CO_2 的混合比，但所需增幅远远超过当前广泛可接受的值。此外，WINDII 温度误差会导致辐亮度计算值发生变化（见图 8.5），但这比平衡态计算值与 ISAMS 测量值的差别小得多。因此可以得如下结论，ISAMS 探测结果差异如此之大，只能用 $CO_2(\upsilon_2)$ 能级布居数（包括泛频带和同位素能态）的非平衡增强效应来解释。

非平衡模型也预测了夏季中间层顶附近这些能级产生的谱带的净辐射加热（见 9.2.1 节第 1 部分）。所以，测量结果可以被认为是这种加热的间接证据。

1991 年 4 月 29～30 日，CIRRIS-A 实验探测了 80～170 km 高度范围，全球不同纬度、昼夜和地磁条件下的 CO_2 15 μm 辐射。探测结果表明，相对于中低纬度地区，在高纬度（形成 Ⅲ 级极光的地区）辐亮度增强了 2～5 倍。这种增强发生在 100～160 km 高度范围内，不是源于 $CO_2(\upsilon_2)$ 能级更强的激发作用，也不是因为原子氧含量在极光活动期间减少，而是由于 120～130 km 处焦耳加热作用下，上升气流引起高纬度地区 CO_2 浓度增加。在当地时间 04:00～06:30 之间，在 140～160 km 处 CO_2 15 μm 辐射带大幅增强，也极可能是由于受 CO_2 上涌和半日潮汐效应温度变化的影响。

8.3.2 CO_2 10 μm 辐射探测

低温临边阵列标准光谱仪（CLAES）在 921～925 cm^{-1} 光谱范围，采用中等光谱分辨率（0.25 cm^{-1}）进行了扫描探测，测量了平流层 CF_2Cl_2 和气溶胶。而在上平流层及以上高度，CO_2 和 O_3 的一些谱线主导了该光谱区域的信号，可以测量 35～60 km 海拔范围内的这些组分。

可以从数据中辨别 CO_2 的 626 和 636 同位素的谱带，以及 $O_3(\Delta\upsilon_3=1, 从\ \upsilon_3=5和4)$ 两个热谱带的跃迁。这与 CO_2 626 和 636 同位素 $(0,0^0,1)$ 能态布居数的非平衡模型计算结果一致，尤其是在下中间层和高平流层。CLAES 的测量结果也进一步从实验方面证明了电子激发态 $O(^1D)$ 通过 $N_2(1)$ 激发了 CO_2 ν_3 模态。

$CO_2(\upsilon_3)$ 能级主要的非平衡激励为太阳，因此预计可观察到辐亮度与太阳天顶角 χ 的相关性。如图 8.8 下图所示，观测切点处的太阳天顶角沿着高层大气研究卫星（UARS）运行轨道随纬度变化。图 8.8 上图（参见彩图 1（见封底二维码））给出了昼夜辐亮度变化（作为夜间值的百分比）随纬度和高度的变化。在偏差为零处，测量的辐亮度在轨道的上升（日间）和下降（夜间）部分是相等的。辐亮度差异随太阳天顶角变化，太阳天顶角小（太阳高的条件）时亮度差较大。

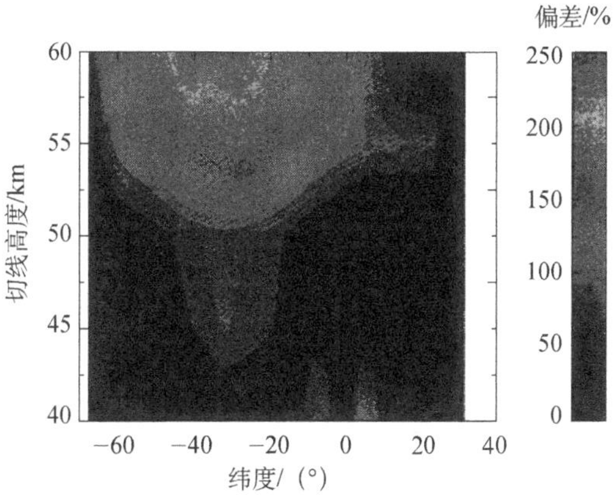

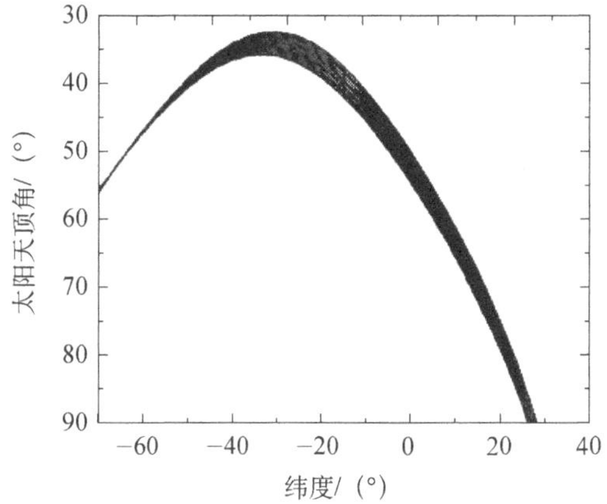

图 8.8　上图（参见彩图 1）：CLAES 10 μm 辐亮度的昼夜变化，定义白天相对夜间值的百分比，[（白天−夜间）/夜间]×100%，探测时间为 1992 年 2 月 12 日。下图：对应的白天太阳天顶角的变化

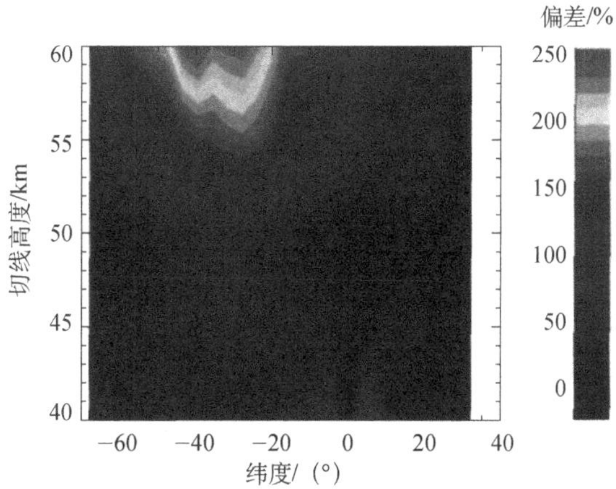

彩图 1　CLAES 10 μm 辐亮度的日间差辐亮度占夜间值的百分比（（昼−夜）/夜）（1992 年 2 月 12 日）

如图 8.9 所示，模型计算结果与实测昼夜辐亮度差曲线吻合良好。该信号主要由 40 km 以上 CO_2 $626\left(0,0^0,1-1,0^0,0\right)$ 波段发射，昼夜变化主要受太阳入射角的直接影响，以及 $O\left({}^1D\right)$ 浓度的间接影响，其中后者可以在图 8.10 中看到，图中给出了典型切线高 57 km 处辐亮度差随太阳天顶角的变化。从图 8.10 可以看出，昼夜差在晨昏线附近急剧下降，只有在引入原子氧的影响，利用在 3D 化学传输模型中得到的 $O\left({}^1D\right)$ 浓度变化时，才能在模型计算中复现这一特征。由于 $O\left({}^1D\right)$ 是 O_3 和 O_2 的光解产物，其浓度剖面也对太阳天顶角有很强的依赖性。

切线高 57 km 处的临边辐亮度对热力学温度的变化相当敏感。图 8.10 中的数据在纬度上有 15°的变化，天顶角 $\chi = 40°$～80°（20°S～35°S）之间辐亮度的小幅增加是由更高纬度处，下中间层温度略微增加导致的。与模型相比，越过晨昏线的辐亮度差测量结果相对平缓，也许因为计算模型存在局限性，该模型计算的是切点处太阳天顶角的振动温度，而事实上，太阳照度可能会沿仪器视线发生显著变化，特别是在光学厚的地方。

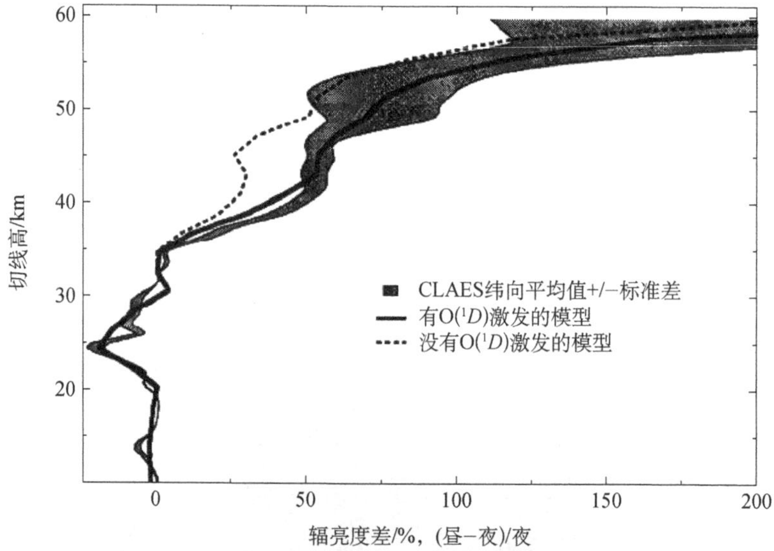

图 8.9　CLAES 在 10 μm 附近的昼夜辐亮度差（平均值和标准差）随切线高的变化，探测时间为 1992 年 1 月 12 日，近赤道纬度。图中还给出了模型预测值

8.3.3　CO_2 4.3 μm 辐射探空火箭探测

图 8.11 为 SPIRE 探空火箭计划中测量的白天 CO_2 谱带的辐射剖面。在适当的光照条件下，与非平衡模型计算结果一致性很好。这再次证明可以使用数值模型解释探测结果，以研究不同辐射谱带的相对贡献。请注意，在 100 km 以下，源于 $\left(\upsilon_1,\upsilon_2,1\right)$

能级的弱谱带（图 8.13 中的 4、5 和 6）贡献很大。在 110 km 以上，626 基频带几乎贡献了观测到的全部辐射。

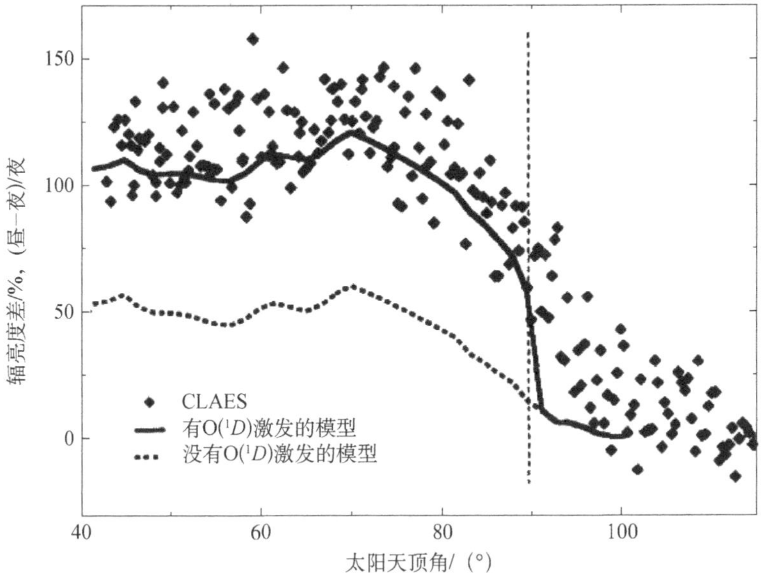

图 8.10　CLAES 测量的 20°S 至 35°S 范围内 10 μm 附近的辐亮度（1992 年 1 月 12 日），临边探测切线高为 57 km。昼夜变化表示为典型夜间辐亮度 $4.82\times10^{-6}\,\mathrm{W/(m^2\cdot sr\cdot cm^{-1})}$ 的百分数

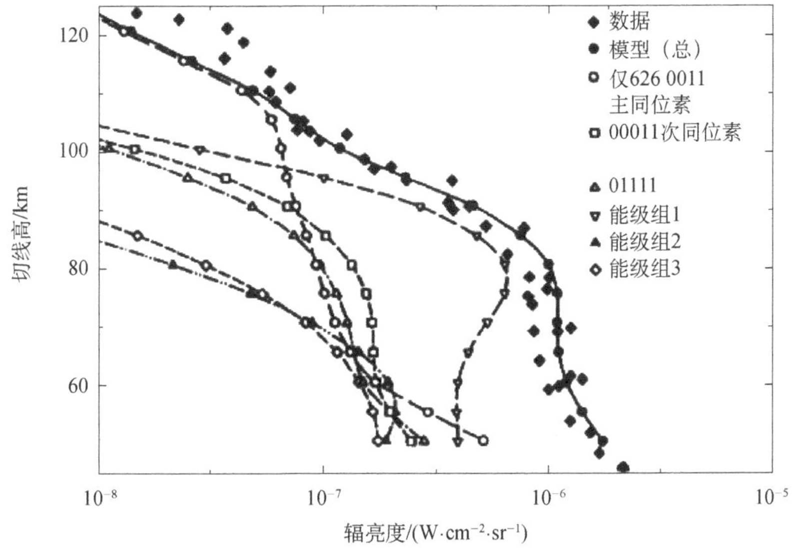

图 8.11　白天 4.12～4.49 μm 波段辐射，SPIRE 测量与模型计算的对比。图中太阳天顶角 χ 为 78°～84°，切线高度为 80 km。图中还给出了 4.3 μm 附近不同 CO_2 谱带对临边辐亮度的贡献

图 8.12 给出了 SISSI-3 实验测量得到的黄昏条件下$(\chi=94°)$ CO_2 4.3 μm 波段峰值的天顶辐亮度，分辨率为 $\lambda/\Delta\lambda=100$。对比其中左右两帧可以明显看出 $O(^1D)$ 激发 $N_2(1)$（表 6.2 中的过程 12），以及 $N_2(1)$ 随后激发 CO_2 4.3 μm 谱带的重要性。该图还表明，在黄昏条件下 70 km 以上区域，主同位素的基频带是主要贡献者。即便包含 $O(^1D)$ 激励机制时，仍不能有效解释 110 km 以上的辐射测量结果。在对 SPIRE 测量结果（图 8.11）和 ISAMS 测量结果（图 8.18、图 8.19）的对比分析中，在解释 4.3 μm 辐亮度时也存在类似缺陷。这可能是由这些高度上 CO_2 数密度认识不准确所导致的错误，也可能是由另外的非平衡辐射分子如 $NO^+(\upsilon)$ 所引起。

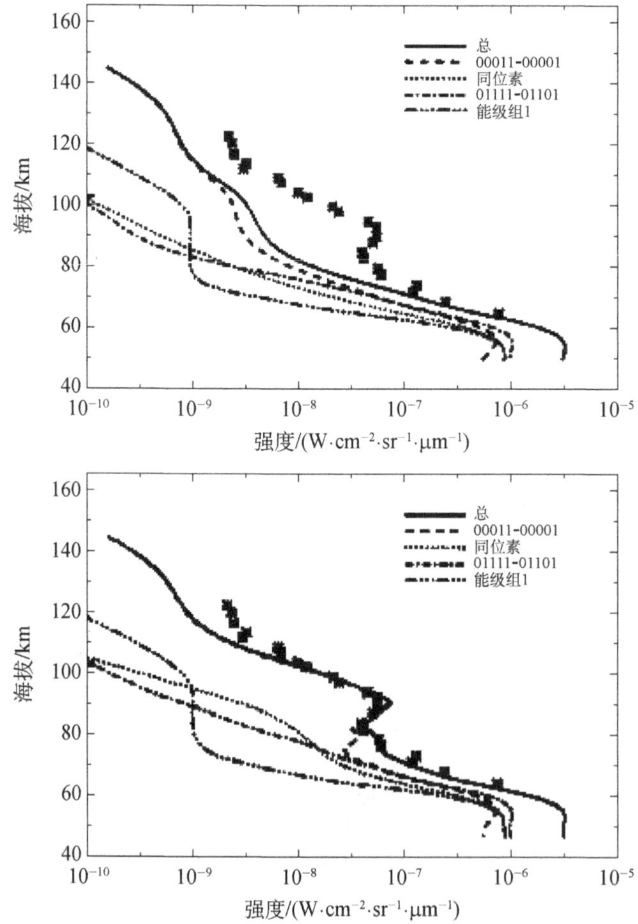

图 8.12 在黄昏条件下$(\chi=94°)$，CO_2 4.3 μm 谱带的 SISSI-3 测量值和模拟的 CO_2 4.26 μm 谱带天顶辐射的光谱峰值。光谱分辨率为 0.04 μm。星形是测量值，线是计算值。上：计算中只包括太阳激发。下：还包括 $O(^1D)$ 对 $N_2(1)$ 激发

8.3.4　CO_2 4.3 μm 辐射的雨云 7 号卫星（Nimbus 7）SAMS 探测

雨云 7 号卫星平流层和中间层探测仪（SAMS）通过探测热辐射、荧光和共振散射太阳光，测量了 15～80 km 高度范围内的温度和几种气体组分的剖面。由于 CO_2 的吸收和发射是控制中间层能量收支的主要因素，并且非平衡过程发挥了重要作用，它还设计了一个通道专门用来研究 CO_2 的非平衡效应。该通道观测了 CO_2 4.3 μm 临边红外辐射，获得了 4 年的观测数据，给出白天和夜间、高度范围为 30～100 km 的 CO_2 ν_3 模态振动温度探测结果。这个 CO_2 4.3 μm 辐射的近全球观测仍然是迄今为止获得的最全面的同类数据之一。它为检验非平衡模型，以及详细研究不同大气条件下非平衡效应对 CO_2 振动能级的影响提供了一个很好的机会。

SAMS 测量包含了 626 主同位素的 $\left(0,0^0,1\right)$、$\left(0,1^1,1\right)$、$\left(0,2^0,1\right)$、$\left(0,2^2,1\right)$、$\left(1,0^0,1\right)$，636 次同位素 $\left(0,0^0,1\right)$ 振动能级的布居数信息，以及它们的昼夜、纬度和季节变化（图 8.13）。从这些数据可以推断出在不同条件下，哪些过程主导了这些能级的布居数。

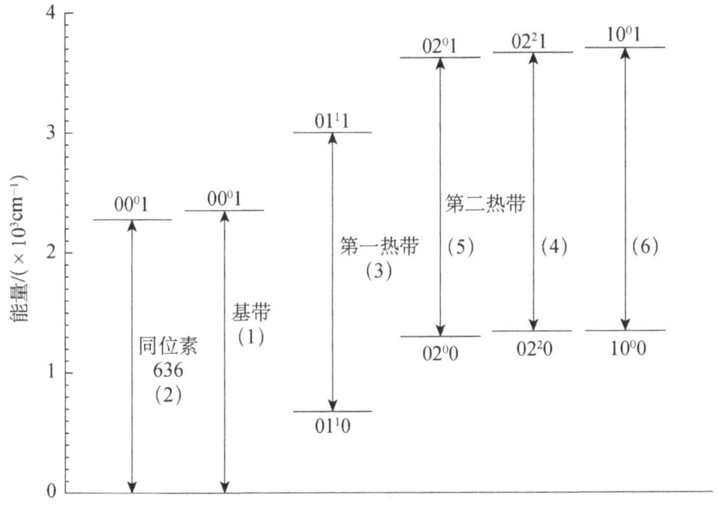

图 8.13　SAMS 辐亮度测量中，主要的 CO_2　4.3 μm 谱带的能级和跃迁

SAMS 利用压强调制技术来选择特定气体的辐射。这项技术的基本原理非常简单：一个充满 CO_2 的压强调制单元（PMC）充当光学滤光片。PMC 气体谱线上的吸收变化“标记”了来自大气的相同谱线上的辐射。在典型的压强、温度和光照条件下，PMC 中的谱线处于平衡态。大气辐射的原始辐亮度可以由探测器上的信号分量计算出来，该分量的频率与压强调制器相同。由于 Doppler 频移效应对辐亮度有一定的影响，必须考虑地球表面和大气相对于航天器的速度，该速度与纬度有关。因此，

PMC 辐射计必须从轨道的侧面观察，以减少 Doppler 频移。

SAMS 通过测量 CO_2 15 μm 辐射获得了热力学温度剖面，从而得到了温度剖面和 4.3 μm 辐亮度剖面的同步测量结果。使用 3.6～5.9 μm（2800～1700 cm^{-1}）滤光片获得 4.3 μm 谱带的宽光谱范围。在该光谱范围内不仅存在 CO_2 基频带，还存在同一分子的大量同位素带和热谱带。PMC 的使用实现了高光谱分辨率，达到 0.1 cm^{-1} 量级，但不能区分同一气体位于整个光谱带内的不同振动带。因此，在上面讨论的探空火箭实验中，PMC 信号同时来源于 CO_2 基频带、同位素带和热谱带，但由于使用压强调制器作为滤光片，其比例不同。这意味着，不能直接比较 SAMS 和 SPIRE 的辐亮度廓线。

利用星载设备测量的海量数据，可以方便地按纬度和季节对测量结果进行纬向平均。这平滑了设备固有噪声和每日波动，并提供了易于与模型计算比较的季节性数据库。通过平均 4 年半的测量值，不同年份之间波动也减小了。事实上，如果比较不同年份相同月份的辐射量，就会发现差异小于测量噪声。

除了秋季，数据都随季节分布均匀且很有规律，这是因为秋天的数据是在早秋采集的，并且秋天的观测天数少很多。雨云 7 号卫星的轨道为太阳同步轨道，这使得 SAMS 在整个观测周期中，对给定切线高度在同一位置上进行探测。

SAMS 测量的 CO_2 4.3 μm 辐射数据在白天和夜间始终表现出很大的差异性。图 8.14 给出了冬季、南纬 10°～30°的一个实际例子。由于该仪器使用工作温度为 290 K 的内部黑体源，因此辐亮度以此温度下的黑体辐射的分数给出，图中给出了辐亮度随切线高度的变化。高度误差仅有 0.37 km，但垂直分辨率更接近 1.2 倍标称高度（约 8.4 km），因此测量数据是在该垂直区间内的平均值。

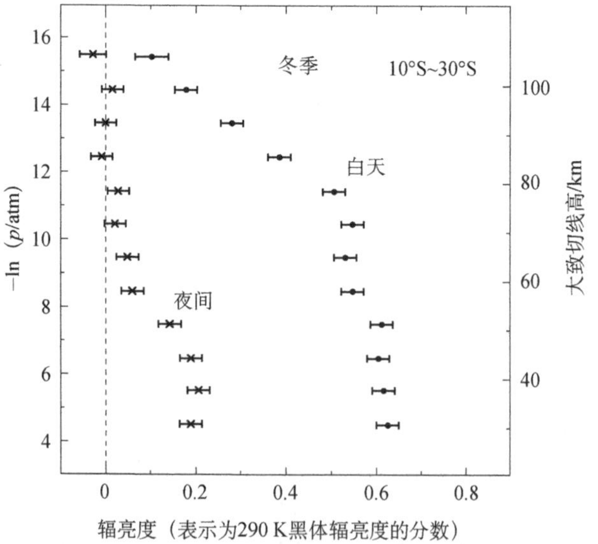

图 8.14　SAMS 测量的白天和夜间，纬度和季节平均辐亮度分布。横杠表示测量值及其 1σ 误差

在夜间，CO_2 的 ν_3 激发态能级布居数，在高达约 65 km 仍处于平衡态，在约 95 km 处略大于平衡态，在更高范围内小于平衡态（图 6.11）。另一方面，白天的辐亮度在 65 km 以上非常大，并随纬度变化，这正如 6.3.6 节第 3 部分讨论的那样，是其随太阳天顶角变化而变化引起的。

在约 70 km 以上，SAMS 测量的 4.3 μm 的辐亮度在夜间接近于零。图 8.15 给出了几个南纬纬度在冬季的辐亮度测量值和计算结果的对比。在 4.3 μm 附近的所有谱带中，只有两个谱带真正起到重要作用，即基频带和第一热谱带。在所有情况下，观测结果在测量误差范围内和计算辐亮度基本一致。如 Kumer 等（1978）预测的，$OH(\upsilon \leqslant 9)$经由 $N_2(1)$ 的激发效应（表 6.2 中的过程 13），其影响低于 SAMS 的灵敏度。

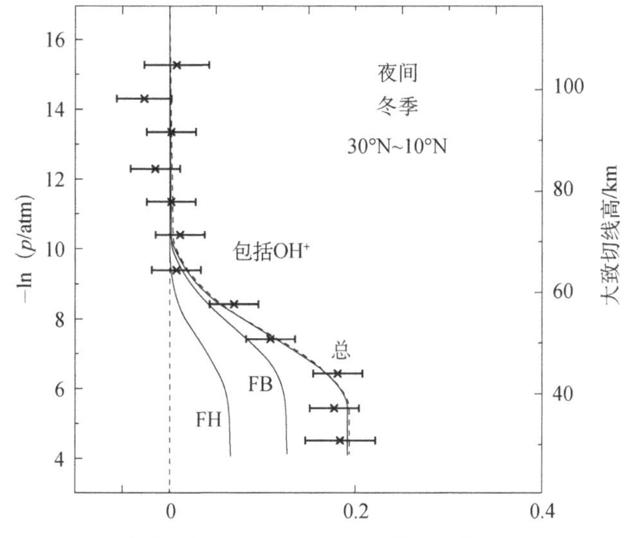

图 8.15　SAMS 4.3 μm 通道夜间辐亮度的测量值与计算值的比较，同时给出了基频带（FB）和第一热谱带(FH)的贡献（图 8.13）

图 8.16 给出了典型的日间廓线，同时也给出了 6 个最重要的谱带（参考图 8.13）的独立贡献。贡献最大的是 CO_2 主同位素的共振跃迁，其次是$(0,1^1,1)$、$(0,2^0,1)$、$(0,2^2,1)$和$(1,0^0,1)$的荧光辐射，以及来自同位素$(0,0^0,1)$能级的共振发射。在 75 km 附近的极窄高度范围内，第二热谱带荧光辐射的净贡献大于基频带。

图 8.17 给出了北半球冬季辐亮度的纬度变化规律，包括测量结果和计算结果。在所有高度上，南纬 10°～30°范围内的辐亮度最大，在该纬度范围内，太阳位于头顶，随着纬度的增加，太阳逐渐接近地平线，辐亮度随之逐渐减小。同样，在大部分高度范围内的所有纬度上，模型和测量之间均表现出相当好的一致性。

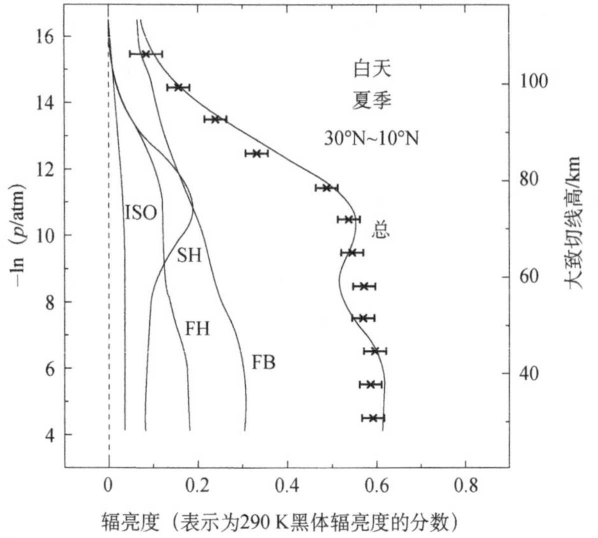

图 8.16　CO_2 不同谱带对 SAMS 4.3 μm 通道白天辐射的贡献

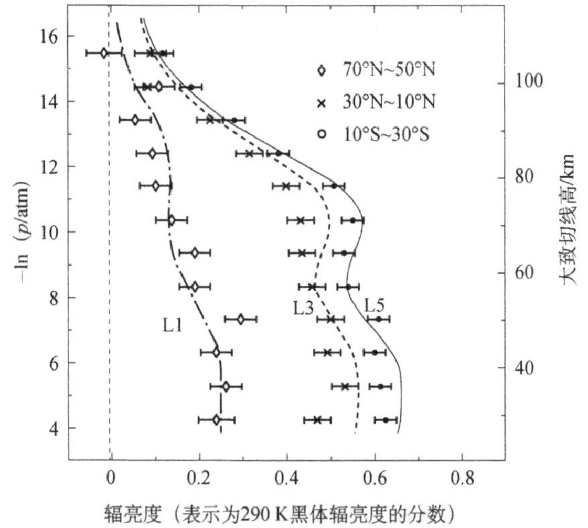

图 8.17　北半球冬季，SAMS 4.3 μm 通道辐亮度的实测和计算对比，辐亮度可表示为太阳天顶角的函数

将纬度分为三个区间，计算每个区间的振动温度时，引入的变量有热力学温度剖面和太阳天顶角 χ，χ 由以下表达式给出：

$$\cos\chi = \sin\lambda\sin\delta + \cos\lambda\cos\delta\cos\left[(t-12)\pi/12\right] \tag{8.18}$$

其中 λ 为纬度；δ 为赤纬角；t 为切点位置的地方时。在纬度区间和每个观测日内，以 SAMS 的大气观测次数为权重，对太阳天顶角的余弦值取平均。在白天，65 km 以上所有谱带的高能级的振动温度基本上只由太阳辐照所决定。因此，这些高度的振动温度在低纬度比近极地纬度大。不过，在 65 km 以下，振动温度受热过程支配。

在冬季，低纬度地区的振动温度更高，但这是因为冬季近赤道地区的平流层顶更暖。

在同一高度不同季节的辐亮度测量对比中，太阳天顶角效应也很明显。例如，在近极地北纬地区，冬季的辐亮度比夏季实测值要小，再次证明观测结果和非平衡模型预测结果之间有很好的一致性。

8.3.5　CO_2 4.3 μm 辐射的高层大气研究卫星（UARS）ISAMS 探测

高层大气研究卫星（UARS）搭载的 ISAMS 仪器设计了一个用于确定平流层上部和中间层下部 CO 含量的通道，该通道在其滤光片所覆盖的光谱区间内，实际上包含的 CO_2 谱线比 CO 谱线要多得多。该通道位于 CO(1-0) 谱带的 R 分支，中心位于 2220 cm^{-1}（接近 4.6 μm），半功率点为 2170 cm^{-1} 和 2260 cm^{-1}。压强调制器优先选择 CO_2 谱线以确定该组分的浓度，但在宽带信号中不做挑选。因此，该信号由不少于 32 个 CO_2 谱带的辐射所主导（见表 8.2），另外，$N_2O(\nu_3)$ 和两个 $O_3(\nu_1+\nu_3)$ 基频带的贡献也很重要，所有这些都对观察到的昼夜差异有贡献（见图 8.18）。

表 8.2　ISAMS CO 宽谱带通道的贡献谱带

CO_2 组†/分子	序号	同位素	高能级	低能级	$\bar{\nu}_0$/cm^{-1}	线强*
626　FB	1	626	00^01	000	2349.143	6
626　FH	2	626	01^11	01^10	2336.632	103
626　SH	3	626	02^01	02^00	2324.141	617
	4	626	02^21	02^20	2327.433	197
	5	626	10^01	10^00	2326.598	227
	6	626	02^01	10^00	2224.656	87
626　TH	7	626	03^11	03^10	2315.235	1924
	8	626	03^31	03^30	2311.667	2889
	9	626	11^11	11^10	2313.773	2296
626　FRH	10	626	04^01	04^00	2305.256	2757
	11	626	04^21	04^20	2302.963	6860
	12	626	12^01	12^00	2306.692	2367
	13	626	04^41	04^40	2299.214	9470
	14	626	12^21	12^20	2301.053	8110
	15	626	20^01	20^00	2302.525	3569
636　FB	16	636	00^01	000	2283.488	153
636　FH	17	636	01^11	01^10	2271.760	53
636　SH	18	636	02^01	02^00	2261.909	387
	19	636	02^21	02^20	2260.051	820
	20	636	10^01	10^00	2262.849	372

续表

CO_2 组†/分子	序号	同位素	高能级	低能级	$\bar{\nu}_0$/cm^{-1}	线强*
636 TH	21	636	03^11	03^10	2250.694	1053
	22	636	03^31	03^30	2248.356	1102
	23	636	11^11	11^10	2250.605	1040
636 FRH	24	636	04^01	04^00	2240.536	643
	25	636	04^21	04^20	2239.297	1301
	26	636	12^01	12^00	2242.323	4777
	27	636	04^41	04^40	2236.678	1686
	28	636	12^21	12^20	2285.570	1282
	29	636	20^01	20^00	2240.757	619
628 FB	30	628	00^01	000	2332.113	0.37
638 FB	31	638	00^01	000	2265.971	1.4
638 FH	32	638	01^11	01^10	2254.380	4.2
H_2O	33	446	0001	0000	2223.757	~ 50000
O_3	34	666	200	000	2201.157	~ 30
	35	666	101	000	2110.785	~ 1130
CO	36	26	1	0	2143.271	2422

注：*†滤波响应加权并除以 296 K 低能级平衡态布居数，单位 $\times 10^{21}$ cm$^{-1}/(\text{mol}\cdot\text{cm}^{-2})$。FB、FH、SH、TH 和 FRH 分别表示基频带、第一热谱带、第二热谱带、第三热谱带和第四热谱带。

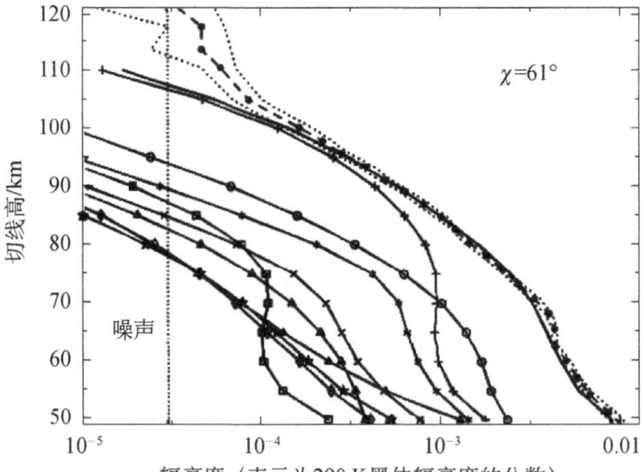

图 8.18　ISAMS 近 4.6 μm 宽谱带辐射的实测和计算结果对比（1991 年 9 月 29 日），$\lambda = 20°S$，$\chi = 61°$。实圆虚线表示测量值，虚线表示测量误差$(\pm 1\sigma)$。实线是表 8.2 中的谱带贡献：636 FB(+)，636 SH(○)，636 FH(∗)，638 FB(×)，626 FRH(△)，626 SH(□)，626 FB+FH+TH+628FB(◇)，636 TH+FRH+638FH（☆），O_3、N_2O 和 CO 带（▲）。垂直虚线为仪器噪声$\left(约 3.4\times 10^{-5}\bar{B}(290\text{K})\right)$

测量结果表明，高信噪比测量在白天可达约 120 km，在夜间可达 100 km。ISAMS 的测量比 CIRRIS-1A 的空间实验有优势，因为前者持续时间更长，也比探空火箭实验有优势，ISAMS 可同时观测白天和夜间的大气，并覆盖全球和四季。与以往大多数 CO_2 非平衡条件下的辐射探测实验相比，ISAMS 的另一个优点是可以通过 15 μm 测量同步获得热力学温度。

在 50 km 以上，白天的辐射要亮得多，并与太阳天顶角有很大的关系（见彩图 2（见封底二维码）)，意味着太阳是一个非平衡因素。再往下，辐亮度与热力学温度相关，这意味着它们源于热。除了同位素带和热谱带引起的变化，由于 OH 约 30%的 $\upsilon = 9\text{-}8$ 谱带和约 5%的 $\upsilon = 8\text{-}7$ 谱带落在 IASMS　CO 通道内，ISAMS 观测还可测量夜间 OH　Meinel 谱带的辐射。

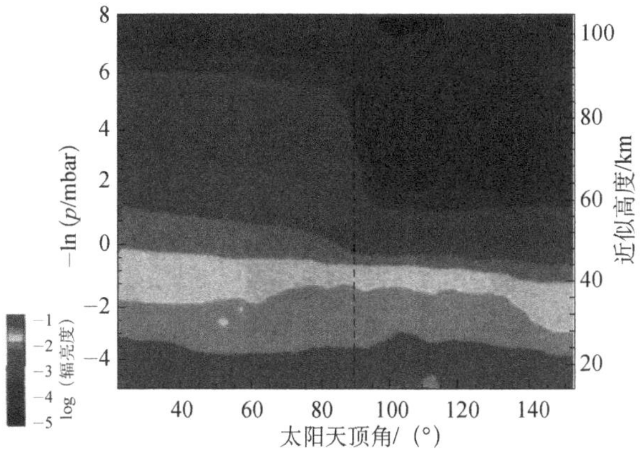

彩图 2　CLAES 的 4.7 μm 宽带辐亮度随太阳天顶角和高度的变化。辐亮度在高度约 2.5 km 间隔、天顶角 5°间隔的空间网格内取平均值，并以 $\bar{B}$（290 K）为单位在对数坐标上进行制图（1992 年 1 月 13 日）

图 8.18 对比了典型太阳天顶角下，模型计算和测量结果，以及不同 CO_2 谱带对 ISAMS　CO 宽带通道的贡献。宽波段测量对 CO_2 谱带相对更敏感，这些测量包含 4.3 μm CO_2 的长波端带翼，其中许多很少被测量的同位素带和热谱带位于该处。在高海拔地区，636 的基频带最为重要；70 km 以下，636 第二热谱带占主导地位；在平流层高度，更弱的 636 热谱带和其他次同位素的热谱带贡献很大。除 65 km 附近以外，计算得到的总辐亮度在 105 km 范围内与测量结果吻合良好。在 65 km 附近，ISAMS 的温度反演结果可能没有准确地得到大气温度峰值。图 8.19 表明了辐亮度从近头顶（ $\chi = 25°$ ）到近黄昏（ $\chi = 88°$ ）条件下对太阳天顶角的依赖关系。模型计算再次与测量结果符合很好，特别是对于较大太阳天顶角的情形。

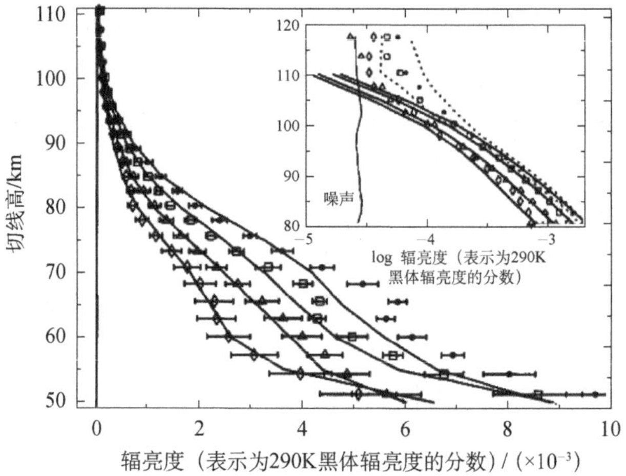

图 8.19 IASMS 近 4.6 μm 宽带辐射的测量和计算结果对比。1991 年 12 月 5 日，南纬 10°，$\chi=25°(\bullet)$；1991 年 9 月 29 日，南纬 20°，$\chi=61°(\square)$；1992 年 1 月 15 日，北纬 25°，$\chi=82°(\triangle)$；1992 年 7 月 20 日，南纬 10°，$\chi=88°(\diamond)$。误差带是测量值的1σ的标准差。实线表示计算结果。图中给出的是高海拔大气测量结果。两条虚线表示标准偏差（亮度$\pm1\sigma$）

然而，从图 8.18 和图 8.19 还可以看到，105 km 以上，辐亮度测量值明显高于计算值。差异太大，不可能是CO_2 636 4.3 μm 的建模错误或者CO_2含量的不确定性造成的，更可能是NO^+在 2100～2400 cm^{-1} 的振动激发带引起的，这些谱带在 CIRRIS-1A 实验测量中也曾被探测到。

第 6 章中详细讨论了非平衡对不同分子能级振动温度的影响，$N_2(1)$和$CO_2(\upsilon_1,\upsilon_2,1)$组合能级之间的振动能量转移（表 6.2 中的过程 9）对CO_2 4.3 μm 大气临边辐射有很大影响。图 8.20 给出了将过程 9 的速率系数$k_{\upsilon\upsilon}$减小一半对辐射的影响。在切线高约 70 km 及以下，采用较慢的速率计算得到的辐亮度增大约 25%，这是高能级更大的激发造成的。换句话说，$k_{\upsilon\upsilon}$率较低，太阳能在释放之前的热化效率较低。如果速率系数降低约 20%，则与 ISAMS 测量结果整体拟合最佳，但这高估了较大太阳天顶角时的辐亮度。

在大约 75 km 以下，除了太阳泵浦和$N_2(1)$-CO_2的 V-V 交换外，$O(^1D)$的激发最重要，该过程受$O(^1D)\rightarrow N_2(1)$的转移效率，以及随高度变化的原子氧浓度所控制。ISAMS 测量的辐射对CO_2体积混合比(VMR)也相当敏感，在 70 km 高度以上，VMR 不再是常数。考虑将 75 km 以下的 VMR 持续提高至 350 ppmv（10^{-6}），更新之前 SAMS 4.3 μm 测量的上中间层和低热层CO_2的 VMR 剖面得到的模拟效果最好。该剖面在 75～100 km 范围内，比许多探空火箭的测量平均值低得多，仅比 ATMOS 测量值略低（具体见 8.10.3 节和图 8.32）。

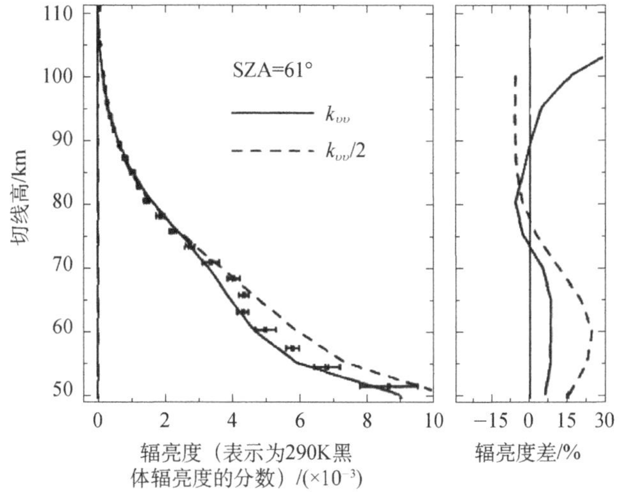

图 8.20　CO_2 $\upsilon_3=1$ 量子态 $(\upsilon_1,\upsilon_2,1)$ 和 $N_2(1)$ 振动-振动交换速率对 IASMS 宽频带辐射模拟结果的影响（1991 年 9 月 29 日，$\lambda=20°S$，$\chi=61°$。右图给出了采用 $k_{\upsilon\upsilon}/2$ 和 $k_{\upsilon\upsilon}$ 的辐亮度的模型计算结果差异（虚线），以及测量和 $k_{\upsilon\upsilon}$ 建模的辐亮度差异（实线）

8.4　O_3辐射的探测

已有大量实验测量了 O_3 近 10 μm 的红外辐射（见表 8.1），如在 20 世纪 70 年代初，ICECAP 探空火箭开展了早期的探测实验，并使用基于 O_2 和 $O(^3P)$ 复合生成 O_3（表 7.4 中的过程 1）的非平衡模型合理地解释了测量结果。

SPIRE 探空火箭对大气光谱 9～12 μm 波长的观测包括臭氧的 ν_3 谱带。采用黎明前的发射时机，在晨昏线上 SPIRE 能够同时观察到白天和夜间的亮度。图 8.21（左）为 98 km 高空的夜间光谱，图 8.21（右）为 90 km 高空大气被太阳照射时的光谱，两者都与非平衡模型的计算亮度相吻合。正如预期的那样，昼夜差异主要是由于高 ν_3 谱带，研究发现这种差异在 60 km 以下消失，由此他们推断这些高度适用于平衡态。

最近几项研究建立了 O_3 ν_1、ν_3、泛频带和组合能级的非平衡模型，研究证实，臭氧 ν_1 和 ν_3 谱带的非平衡效应对 60 km 以上切线高非常重要。在 60 km 高度以上，需要采用非平衡校正，才能从 LIMS 臭氧 9.6 μm 通道中反演臭氧混合比，而 ISAMS 测量的 O_3 10 μm 的日间辐射在同一区域相对于夜间明显增强（彩图 3（见封底二维码））。当压强大于 1 mbar 时，增强小于 5%，但随着压强的降低而增加，在 0.1 mbar 时产生的增强高达夜间辐射的 50%。

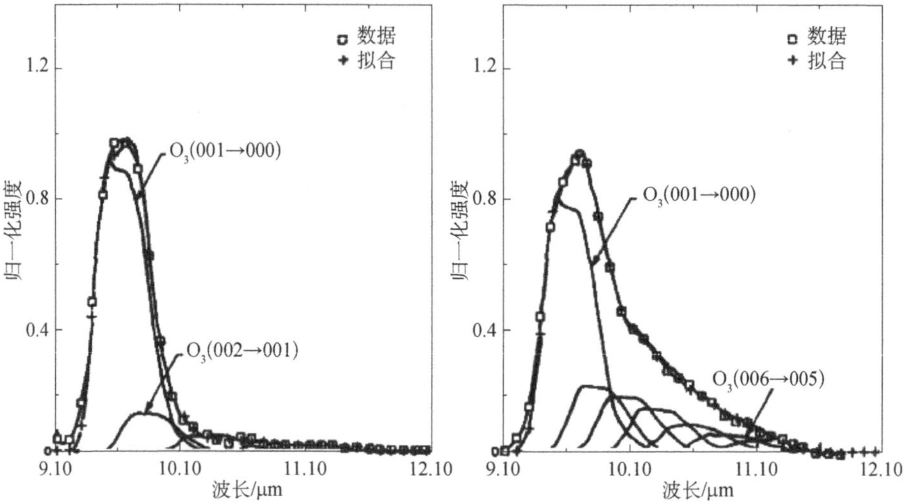

图 8.21　O_3　9.6 μm 辐亮度的 SPIRE 测量结果。左：夜间 98 km 处的光谱辐亮度。模型拟合表明，峰值辐射主要来自 ν_3 基频带，热谱带贡献较小。右：阳光照射下 90 km 处的光谱辐亮度。基频带辐射变化不大，但热谱带贡献增大

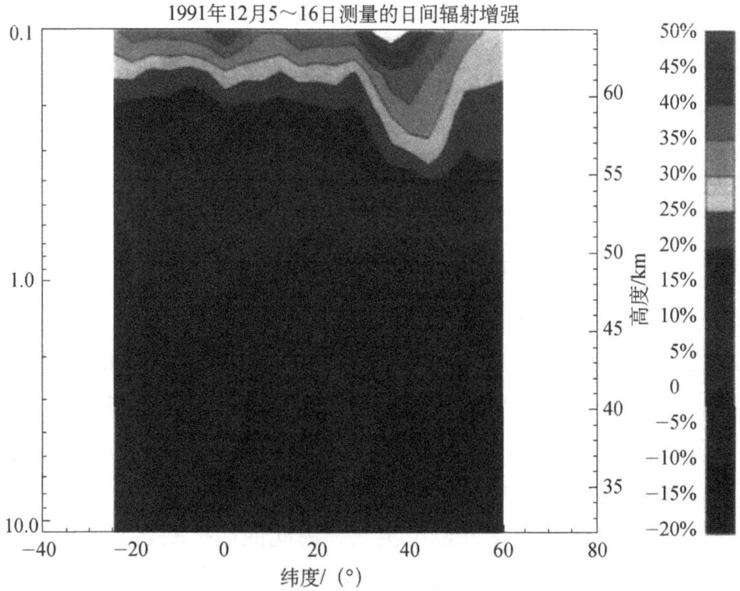

彩图 3　根据 CLAES 观测到的臭氧在 9.6 μm 处的日间非平衡辐亮度增强（（实测日间非平衡态-估计日间平衡态）/估计日间平衡态）。估计的日间平衡态采用其他 ISAMS 通道的日间温度和来自 MLS 的日间 O_3 计算

SISSI 探空火箭实验在上中间层和热层的臭氧辐射探测中获得的探测数据与模型计算结果符合很好。1990 年和 1991 年开展的飞行实验使用共振荧光技术同时测量了原子氧丰度。这些模型假设辐射是由臭氧生成反应（表 7.4 中的过程 1）中化学泵

浦 O_3 的非热辐射造成的。假设生成的 O_3 激发态仅限于 ν_3 振动模式，并且新生 O_3 符合“零不确定性”分布（见 7.3.2 节），通过模型计算得到了 O_3 的振动温度。

当压强大于 0.2 mbar 时，采用第 7 章给出的模型计算得到的臭氧谱带在白天的辐射增强，与 ISAMS 测量结果相差仅有几个百分点。在此算例中，计算中采用的 O_3 浓度是从 UARS 微波边缘探测仪（MLS）测量结果反演的，假设 MLS 中观测的纯转动跃迁 1.5 mm 长波不受非平衡影响。主要的不确定性来自于 MLS 反演过程，以及 $O_3(\upsilon_1,\upsilon_2,\upsilon_3)$ 的新生分布和弛豫率的不确定性。不过，由于 ISAMS 对来自 $(0,0,2)$ 和 $(0,0,1)$ 能级的发射最为敏感，并且由于这些能级的碰撞弛豫在实验上得到了很好的解释，因此可以得出一些关于新生分布的结论。ISAMS 测量结果表明，在 O_3 生成反应中，生成的 O_3 处于较高能级。

假如有一个合理的源函数模型，就可以用最先进的临边探测仪器测量高至中间层顶的臭氧辐射。图 8.22 给出了 EOS-Aura 任务中搭载的高分辨率动力学临边探测仪（HIRDLS）的臭氧通道辐射剖面，该卫星于 2004 年发射。HIRDLS 臭氧通道是测量臭氧的三个通道之一，波段为 984～1016 cm^{-1}，因此与 ISAMS 臭氧通道非常相似。图 8.22 显示了白天非平衡和平衡态的计算结果，并区分了 O_3 基频带和热谱带，以及 CO_2 10 μm 谱带对非平衡辐亮度的贡献。当考虑高能态的非平衡泵浦作用时，直至约 95 km 高度，模型预测信号强度皆大于仪器噪声水平，但使用平衡态模型时，该高度下降到约 75 km。这只是臭氧探测任务的一个具体例子，在这些任务中，非平衡效应的存在使得测量系统性能有更好的发挥。通过测量 O_3 非平衡辐射来反演中间层 O_3 浓度，还可参考 NASA TIMED 任务中的 SABER 卫星和 ESA ENVISAT 任务中的 MIPAS 卫星测量结果。

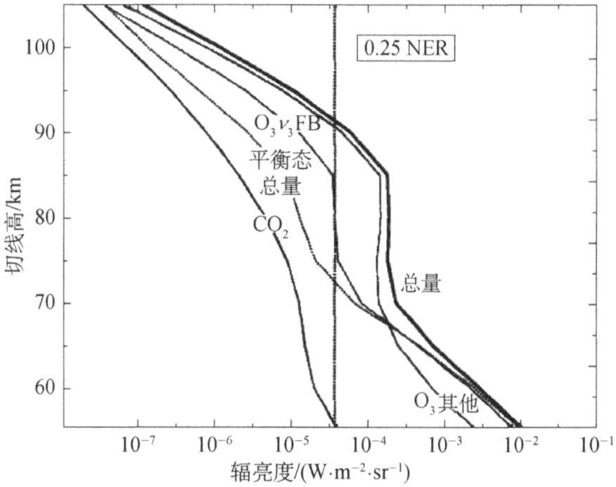

图 8.22　HIRDLS 临边探测仪 O_3 984～1016 cm^{-1} 通道辐亮度分布。图中给出了平衡态、非平衡态基频带和热谱带的贡献。还给出了主要影响源 CO_2 对信号的贡献。垂直线为仪器噪声的 1/4，其右侧为精度较高的单次测量曲线

8.5 H_2O 辐射的探测

SPIRE 和 MAP/WINE 探空火箭实验，以及 Nimbus 7 卫星搭载的载荷 LIMS，对 H_2O 的 6.3 μm 辐射进行了早期测量。同样搭载在 Nimbus 7 卫星上的 SAMS 还测量了 H_2O 分子 2.7 μm 的日间非平衡辐射，并得到了高度 30～100 km 范围内 H_2O 的 VMR。最近，ISAMS 两个通道的探测数据明确给出了 H_2O 非平衡的证据，其中一个（类似SAMS）采用了压强调制技术，对 $(0,1,0\text{-}0,0,0)$ 基频带更敏感，另一个则为宽带通道，相比 PMC 通道对第一热谱带 $(0,2,0\text{-}0,1,0)$ 更敏感。

原则上，同时测量中间层 H_2O 的基频带辐射和 O_3 的浓度，可以研究 O_2 的 V-V 碰撞对 $H_2O(0,1,0)$ 的激发，其中 O_2 激发态是在 O_3 的光解作用中生成的。$O_2(1)$ 和 $H_2O(0,1,0)$ 通过近共振 V-V 碰撞强耦合（表 7.6 中的过程 1），因此，中间层 H_2O 6.3 μm 辐射的任何非平衡增强很可能标志着振动激发态 O_2 的非平衡增强。无论是压强调制（PM）通道还是宽带（WB）通道，ISAMS 对水汽 6.3 μm 谱带的测量结果在大约 55 km 以上都显示出系统的昼夜差异（见图 8.23）。在 PM 通道中，白天信号强度大约是夜间信号的两倍，在 WB 通道中大约是夜间信号强度的 3 倍。这些变化因子太大，只靠改变水蒸气浓度不能合理地解释这个现象。

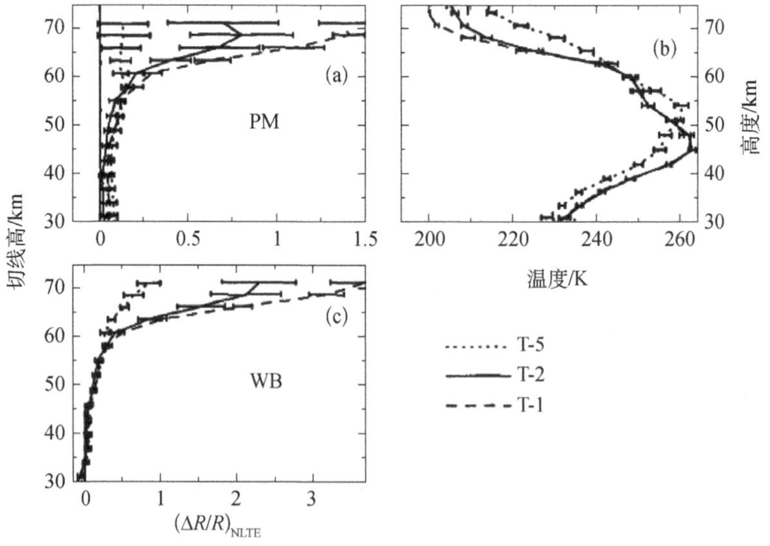

图 8.23　三个中间层热力学温度剖面下，ISAMS　H_2O　6.3 μm 白天辐亮度增强因子。注意（a）压强调制（PM）通道和（c）宽带（WB）通道的不同坐标尺

图 8.23 比较了相似光照条件、不同中层大气温度下，白天辐亮度非平衡增强因子$(\Delta R/R)_{\text{NLTE}}$的平均分布规律，$(\Delta R/R)_{\text{NLTE}}$定义为（实测白天非平衡辐亮度–估计白天平衡态辐亮度）/估计白天平衡态辐亮度。这说明非平衡白天辐射增强与中间层热力学温度有反向依赖关系，在较冷的中间层，辐亮度增强效应较大。另一方面，非平衡增强对太阳天顶角的依赖程度与测量误差相当或更小。之所以不依赖于太阳辐照，是因为O_3的 Hartley 谱带和H_2O的 2.7 μm 谱带对太阳吸收随太阳天顶角变化非常微弱。

第 7 章给出的模型包含产生大气 H_2O 6.3 μm 和 2.7 μm 辐射的振动能级，因此它可以用于分析和解释 ISAMS 测量结果。最重要的过程之一是$H_2O(0,2,0)$和$O_2(1)$之间的近共振 V-V 交换。在这个过程中，实验室测定的速率系数变化范围大约有一个数量级。白天，O_3在紫外 Hartley 谱带光解后可在中间层产生$O_2(1)$激发态。$O_2(1)$主要通过与$O(^3P)$的热碰撞而淬灭，并且只影响$H_2O(0,1,0)$的布居数。$O_2(1)$的光化学生产效率ε和$O(^3P)$的淬灭速率系数$k_{\upsilon t}$（表 7.6 中的过程 23 和 21）也有非常大的不确定性。

如上所述，ISAMS 压强调制器技术能识别ν_2基频带，而宽带通道对基频带和热谱带都敏感。实际上，在两个通道中，基频带对白天辐亮度非平衡增强的贡献是相同的，因此两个通道相减，可得到热谱带贡献。在约 70 km 以下，来自$(0,2,0)$的热谱带仅受$k_{\upsilon\upsilon}$的影响，因此，$(\Delta R/R)_{\text{NLTE}}^{\text{WB}}-(\Delta R/R)_{\text{NLTE}}^{\text{PM}}$可以明确给出$H_2O(\upsilon_2)$和$O_2(1)$之间的振动耦合速率。该速率一旦确定下来，$(\Delta R/R)_{\text{NLTE}}^{\text{PM}}$即可提供影响$(0,1,0)$能级的物理因素，尤其是$O_3$光解产生$O_2(1)$量子态，以及$O(^3P)$对$O_2(1)$热淬灭的速率系数。

图 8.24 给出了热谱带对白天辐亮度非平衡增强效应的贡献，包含 4 个耦合速率$k_{\upsilon\upsilon}$，涵盖了$k_{\upsilon\upsilon}$的整个不确定范围。对于较大的$k_{\upsilon\upsilon}$，$(0,2,0)$的布居数更小，因此非平衡增强也更小。最符合测量值的$k_{\upsilon\upsilon}$数值接近于文献给出范围的最低值，取值范围为$(1.0\sim3.0)\times10^{-12}\text{cm}^3\cdot\text{s}^{-1}$，最佳值为$1.7\times10^{-12}\text{cm}^3\cdot\text{s}^{-1}$。

O_3光解后生成$O_2(1)$量子态的速率ε，以及$O(^3P)$对$O_2(1)$的热淬灭系数$k_{\upsilon t}$，对 50～70 km 范围内$H_2O(0,1,0)$的布居数有相反的影响。然而，白天非平衡增强对$O_2(1)$量子产率比对淬灭速率更敏感。这些参数对H_2O分子振动能级布居数的影响已在 7.4 节详细讨论。图 8.25 给出了 4 个量子产率ε=0、2、4 和 6，以及 3 个淬灭系数$k_{\upsilon t}$条件下的非平衡增强因子，显示了这些参数是如何影响 ISAMS　H_2O通道辐亮度测量结果的。尽管在大多数情况下，低至 2 和高达 6 的量子产率值在误差范围内也可以重现观察到的非平衡增强效应，但整体上最佳拟合对应中等淬灭速率和量子产率值 4（表 7.6）。

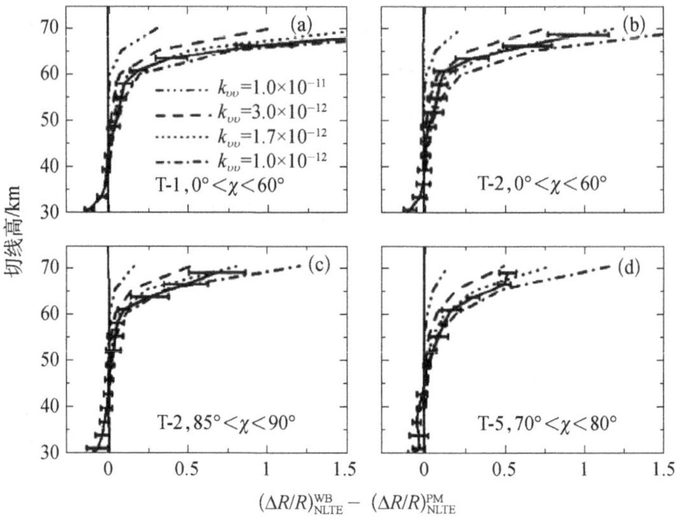

图 8.24　不同 $H_2O(\upsilon_2)$ 与 $O_2(1)$ 的振动耦合速率系数 $k_{\upsilon\upsilon}$ 下，H_2O 第一热谱带对白天辐亮度非平衡增强效应 $(\Delta R/R)_{\mathrm{NLTE}}$ 的贡献。实线为 ISAMS 测量得出的差异。四个算例分别对应不同的太阳天顶角（χ）和中间层温度（见图 8.23（b））

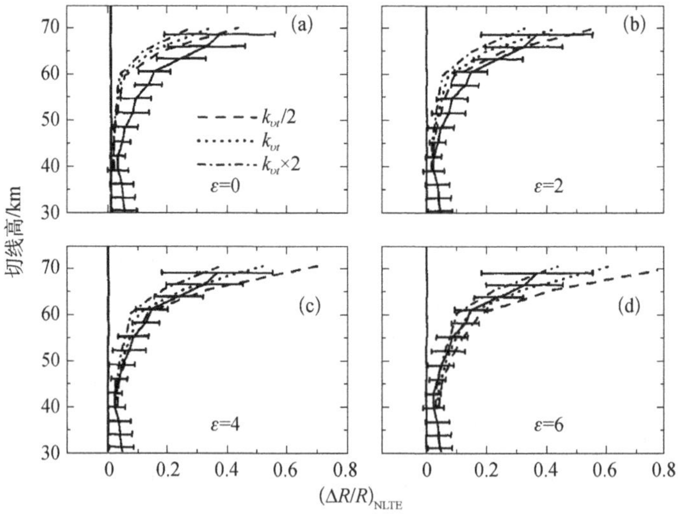

图 8.25　4 个不同 O_3 光解生成 $O_2(1)$ 速率系数 (ε) 下，ISAMS H_2O 压强调制（PM）通道的白天非平衡增强效应计算结果，其中 $O(^3P)$ 对 $O_2(1)$ 的弛豫速率系数 $k_{\upsilon t}$ 采用表 7.6（过程 21）的值（点线）、2 倍值（点划线）和 1/2 值（虚线）。实线表示与 ISAMS 测量的非平衡增强因子。太阳天顶角介于 0°～60°

航天飞机搭载的低温迈克耳孙干涉仪 CIRRIS-1A 也观察到了中间层水汽的非平衡效应（见图 8.26）。1280～1780 cm^{-1} 范围内主要有 4 个辐射谱带：① 中心在 1306 cm^{-1} 的 CH_4 υ_4 谱带；② $H_2O(0,1,0\text{-}0,0,0)$ 的 1595 cm^{-1} 谱带；③ $H_2O(0,2,0\text{-}0,1,0)$ 的 1556 cm^{-1}

谱带（白天）；④ NO(1-0) 的 1875 cm^{-1} 谱带。图 8.26 的下图给出了白天辐亮度减去夜间辐亮度的差值，包含 $(0,2,0\text{-}0,1,0)$ 低 J 量子数的 P 、Q 和 R 跃迁。这些测量结果证实了 $H_2O(0,2,0\text{-}0,1,0)$ 谱线的白天辐射增强，这与 7.4 节所述的非平衡模型大体一致。对比非平衡模型结果，白天中间层 H_2O 的 $(0,1,0\text{-}0,0,0)$ 跃迁基频带与第一热谱带 $(0,2,0\text{-}0,1,0)$ $Q(1)$ 跃迁的辐亮度之比，对应 $k_{\upsilon\upsilon}$ 为 $(0.9\sim1.5)\times10^{-12}cm^3\cdot s^{-1}$ 的 $H_2O(0,\upsilon_2,0)\text{-}O_2(1)$ 振动交换速率，这里 $k_{\upsilon\upsilon}$ 的取值与 ISAMS 测量得到的 $(1\sim3)\times10^{-12}cm^3\cdot s^{-1}$ 速率基本相当。

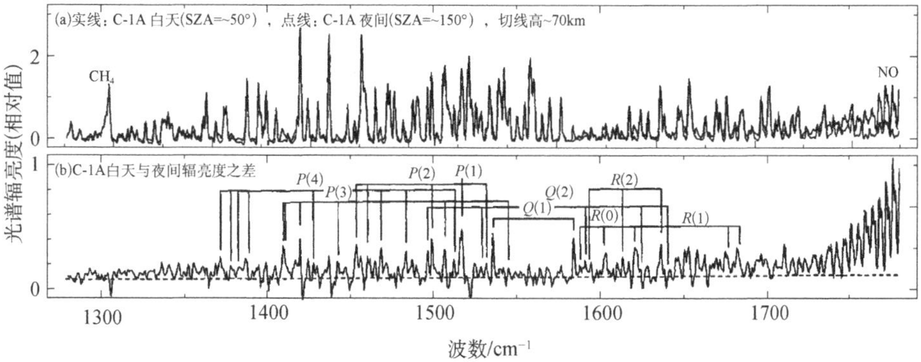

图 8.26　（a）CIRRIS-1A 观测到的白天（实线）和夜晚（点线）光谱表明在白天 $H_2O(020\rightarrow010)$ 跃迁显著增强。（b）白天与夜间光谱辐亮度之差，说明 $H_2O(020\rightarrow010)$ 白天辐射的贡献。图中识别出了谱带基线间隙与 P 、Q 和 R 跃迁

最近，CRISTA 在中等光谱分辨率下，观测到 H_2O 6.3 μm 的非平衡发射，该探测也可区分 H_2O 的基频带和热谱带贡献。分析表明，测量结果倾向于略大的 $H_2O(0,\upsilon_2,0)\text{-}O_2(1)$ 振动交换速率系数 $((1.7\sim3.1)\times10^{-12}cm^3\cdot s^{-1})$，略高的 O_3 光解产生的 $O_2(1)$ 量子态产率（4～6），以及略低的 $O_2(1)$ 与 $O(^3P)$ 热淬灭速率系数 $((0.65\sim1.3)\times10^{-12}cm^3\cdot s^{-1})$。

8.6　CO 辐射的探测

一些搭载探空火箭的探测仪器在极光条件下采用高光谱分辨率观测了 CO，而卫星传感器在全球尺度上覆盖了大气中上层，并且具有良好的垂直分辨率。早在 1978 年，Nimbus 7 卫星搭载的 SAMS 载荷通过测量 4.6 μm 辐射首次对 CO 进行了全球观测。不过，这些测量数据的信噪比很低，意味着只有在整合完整的季节数据后，才

能获得 30～100 km 范围内的廓线。然而，即使是每天平均的辐亮度廓线，由于白天非平衡效应，仍显示出较大的昼夜差异。

随后，ISAMS 仪器使用更高的灵敏度和垂直分辨率，重复了这些测量。采用类似于 7.2 节所述的非平衡模型，利用这些噪声相对较低的探测数据，反演得到了全球和季节性的 CO 浓度。结果首次证明了 CO 可以用来示踪大气动力学过程，不仅是中间层的动力学，还包括平流层，特别是极地涡旋。

正如前文所述，在中间层和平流层切线高度上，白天大气临边辐射在 CO 的 4.6 μm 基频带范围内实际上由许多强 CO_2 ν_3 带、N_2O (ν_3) 带和两个 O_3 $(\nu_1+\nu_3)$ 谱带来主导，而 CO(1-0) 的辐射相对而言不是那么重要（参见彩图 15 和彩图 16）。甚至连 ISAMS 压强调制技术，也仅在切线高度约 50 km 以上，测得的 CO(1-0) 辐射高于其他大气组分的辐射。50 km 以下 N_2O 的贡献约占总信号强度的 40%，与 CO 本身的信号相当，其余约 20%来源于 O_3。CO_2 谱带对压强调制技术的信号贡献很小，尤其在晚上。以上分析表明，在数据分析时必须考虑所有这些贡献。

图 8.27 表明白天信号比夜间信号强。尽管 CO 变化很大，但其寿命长、昼夜变化很小。因此，这种增强肯定是由一个大的非平衡激发源，即太阳引起，也许是对 CO(1) 的激发。采用 7.2 节中的模型来计算非平衡布居数，有可能获得 CO 的 VMR 剖面，就像 8.3.5 节中反演 CO_2 的那样。至于 O_3，其非平衡增强也有贡献，它增大了 CO 辐射信号可探测的垂直高度范围。测量结果（见彩图 4（见封底二维码））显示 CO 丰度随高度急剧增大，这是因为 CO_2 被太阳紫外线辐射分解，这个过程主要发生在热层。在冬季极上层大气，所有高度上 CO 混合比都显著增加，其原因是极涡的强烈下

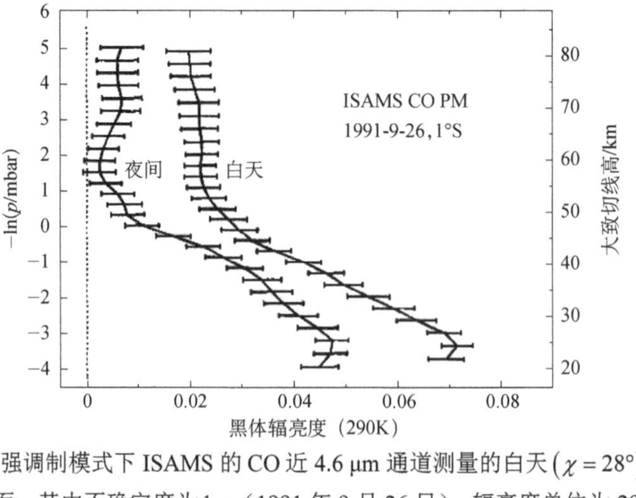

图 8.27　压强调制模式下 ISAMS 的 CO 近 4.6 μm 通道测量的白天 $(\chi=28°)$ 和夜间辐亮度典型剖面，其中不确定度为 1σ（1991 年 9 月 26 日）。辐亮度单位为 290 K 的普朗克辐亮度滤波平均值 $\overline{B}(290\text{K})$

降运动将富含 CO 的空气从高处吸至低处。CO 在对流层和地球表面可以视作一种从自然资源中产生的污染气体，在平流层则是甲烷氧化的副产品。因此，它随时间的整体分布相当复杂，仍然是需要仔细研究的课题，这些新的、通过非平衡辐射观测获得的全球数据，对于这些课题是一个非常强大的研究工具。

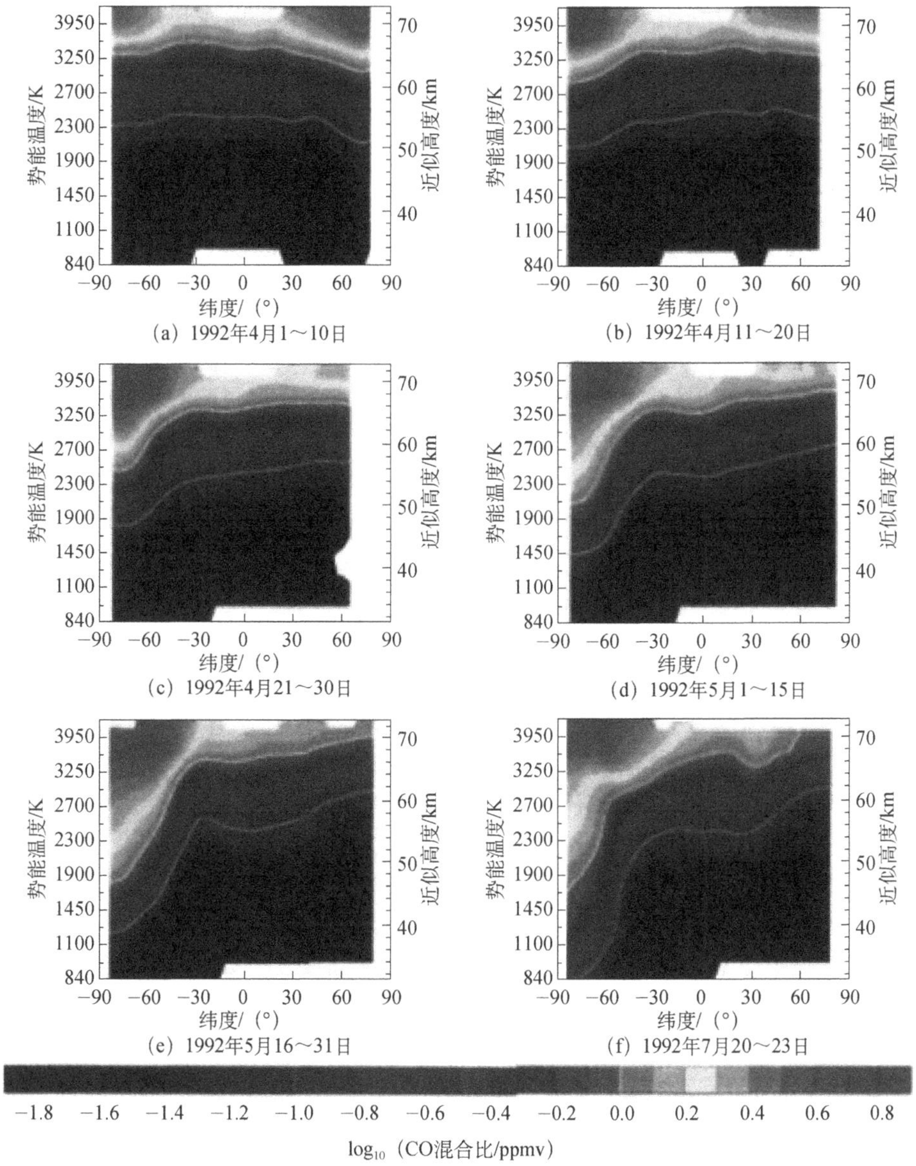

彩图 4　1992 年 4～7 月的 6 个时间段内，从 ISAMS 4.7 μm 观测得到的 CO VMR 纬向平均值。等值线为 CO 混合比（以 ppmv 为单位）取对数。0.1ppmv 和 1.0 ppmv 等值线以白色突出显示，以示说明目的。请注意季节变化，特别是在高纬度地区

8.7 NO辐射的探测

平流层NO在O_3光化学中起着关键作用，因此是一个重要的空间遥感目标。然而，由于它在低热层丰度非常大，来自这一区域的非平衡辐射非常强，有可能盖过平流层和中间层的临边辐射，使后者难以分辨。从NO 5.3 μm辐亮度反演中层大气NO丰度必须考虑到这一点，并需采用非平衡源函数计算来自较高能级的辐射污染。NO本身浓度、热层激发源包括热力学温度和原子氧丰度都变化很大，导致辐射的变化很大，反演过程非常复杂。ISAMS的测量显示，5.3 μm辐射在平流层切线高上变化很大，且与太阳活动变化密切相关，而这主要是热层的非平衡贡献的结果。此外，由于通过NO_2光解和$NO_2 + O \rightarrow NO(1) + O_2$反应生成激发态$NO(1)$，平流层$NO(1)$辐射本身也可能是非平衡的。

NO在1876 cm^{-1}处的基频带振动，在平流层和中间层通过与O_2和N_2碰撞热化，其与O_2的振动-平动碰撞最重要。测量结果表明，NO与N_2的振动-平动交换效率是NO和O_2的1/200。由于大气中O_2丰度高，并且在65 km以下$O_2(1)$处于平衡态，因此，尽管$NO(1)$有非热激发机制，其在整个平流层仍趋于接近平衡态。在海拔65 km以上，吸收来自上方的太阳辐射，下方的地面辐射以及与原子氧的碰撞成为决定$NO(1)$布居数的重要因素。来自对流层的热辐射的通量是云量和地表温度的函数，变化范围可达一个数量级。更高高度上，主要依赖于原子氮$\left(N(^2D)和N(^2S)\right)$和原子氧丰度以及热力学温度，所有这些都强烈依赖于太阳活动，当然变化也是非常大的。

在研究极低压环境中的辐射时，NO是一个非常有趣的研究对象，由于它丰度高，有很大的源函数，在那里大多数其他组分的辐射都很弱以至于无法探测。NO辐射冷却问题，以及它在上层大气能量交换中所发挥的作用也很有价值，但科学家们在这方面的研究仍然很少，有待深入探索。

ICECAP探空火箭项目对NO基频带（5.3 μm）和第一泛频带（2.8 μm）开展了早期探测，获得了极光条件下70～130 km高度的天顶辐射数据。研究表明，产生这些辐射的机制是$N(^2D) + O_2 \rightarrow NO(\upsilon \leqslant 12) + O$（表7.10中的过程6），以及随后的$\Delta\upsilon = 1$和$\Delta\upsilon = 2$自发发射。SPIRE获得了100～200 km范围内的昼夜辐亮度（图8.28），探测到了热层NO强非平衡辐射，反演得到了110～150 km的转动温度，从这些测量结果可以推导出NO冷却率和$NO(1)\text{-}O(^3P)$速率系数。这个实验证实了Kockarts于1980年提出的NO 5.3 μm基频带辐射是130 km以上大气最重要的冷却机制的假说。

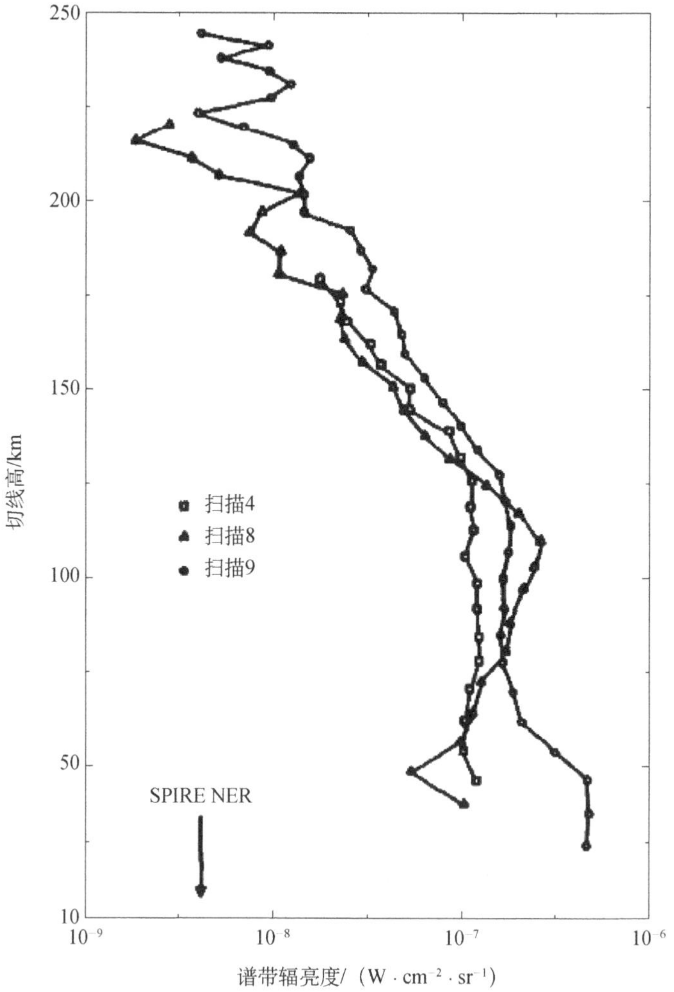

图 8.28　SPIRE 在非极光条件下获得的 NO 基频带（5.08～5.64 μm）临边辐亮度剖面图。扫描 4 和 9 为白天的临边探测。扫描 8 中，切线高 130 km 以下处于黑暗中，大约 110 km 处的最大值可能是存在一个弱极光

探空火箭搭载的 HIRIS 干涉仪探测了极光条件下、70～125 km 范围内 5.3 μm 波段的 NO 辐射，分辨率 1.8 cm^{-1}，至少探测到前 6 个振动能级的强 NO 信号。由此结果与 FWI、SPIRIT　Ⅰ和 CIRRIS-1A 仪器的类似观测，可得出激发机制为化学发光反应 $N\left({}^2D\right)+O_2 \rightarrow NO(\upsilon)+O$，以及热氧原子与极光增强的 $NO(\upsilon=0)$ 的碰撞。探测数据还表明，在 100～125 km 范围内，$NO(\upsilon)$ 更有可能与 $O\left({}^3P\right)$ 碰撞弛豫，而不是通过辐射级串弛豫。CIRRIS-1A 发现，在高纬度（强极光条件下）以及中低纬度之间，积分辐亮度存在非常大的纬向增强，增强因子大于 10。白天的辐亮度（对于相似的磁纬度和相似的极光活动）比夜间的辐亮度大 2～3 倍，这是由于太阳 EUV 辐

射产生了 $N(^2D)$。

EBC、MAP/WINE 和 DYANA 计划也测量了 NO 5.3 μm 辐射，高度范围为 80～180 km，条件为低极光环境。利用原子氧丰度和热力学温度的同步测量结果可推导出 NO 5.3 μm 的冷却率，在 120～170 km 之间的三组变化曲线显示出良好的一致性。

ISAMS 的 NO 观测结果显示， NO (1-0) 谱带的临边辐射随时间变化较大（见图 8.29），这与太阳高能粒子流的变化相关。辐射增强部分是由于 N_2 与高能粒子流的碰撞解离，继而生成了更多的 NO，也很可能是由于在化学反应和热碰撞过程中生成了更多的 NO(1) 振动态。

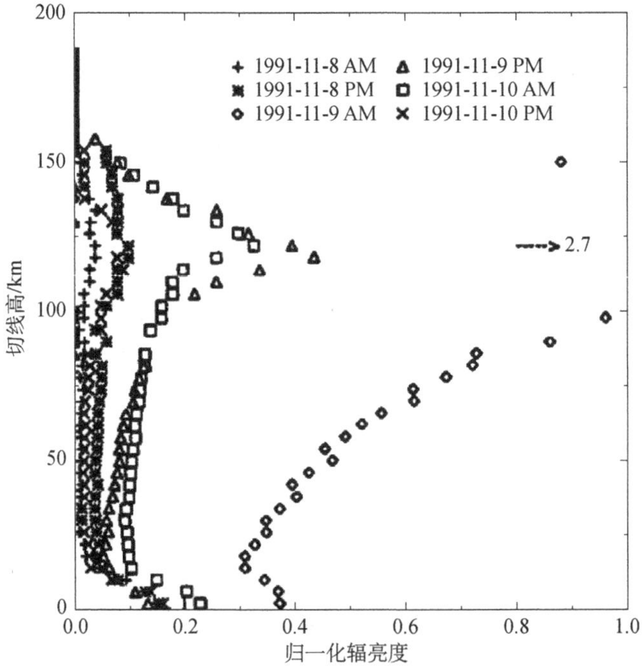

图 8.29　1991 年 11 月， ISAMS 连续三天观察到的 35°N，150°W 的 NO 5.3 μm 临边辐亮度

CIRRIS-1A 的高光谱数据能够揭示热层 $NO(\upsilon>1)$ 的转动和自旋的非平衡效应。发现在热层高度上，自旋轨道 $NO(S=3/2)/NO(S=1/2)$ 的布居数比值远低于其平衡态值。转动线强度分布呈低热部分，即比热力学温度低 100 K 的麦克斯韦-玻尔兹曼分布，以及一个过热部分，其转动温度为 3000～5000 K。理论研究表明，“热”的 $NO(\upsilon>1)$ 源于原子氮和分子氧化学重组产生的 NO 新生转动分布，低热部分源于 NO 与分子氧的碰撞。8.9 节进一步讨论了 NO 转动非平衡。

1994 年 11 月，CRISTA 实验也观测了全球 NO 辐射。在较高的南北磁纬度上，观察到 5.3 μm 辐射的大幅增强（4～6 倍）。根据 7.6 节模型所述，115 km 以上，NO(1)

的辐射激发可以忽略，NO(1)布居数受原子氧丰度和热力学温度所控制。因此，要从 5.3 μm 的辐射测量中得出 NO 丰度，必须知道热层温度和 $O(^3P)$ 丰度。为此，CRISTA 同时测量了该区域处于平衡态的 $O(^3P)$ 63 μm 辐射。

8.8　其他红外辐射的探测

其他几种能被探测到辐射的组分可能也是非平衡过程的结果，但由于实验数据匮乏，在详细建模中究竟哪些过程在起作用，还有待进一步研究，比如 NO_2 近 6.2 μm 的 ν_3 带。当 NO 与臭氧发生反应时，它会产生高 υ_3 振动激发态的 NO_2：$NO+O_3 \rightarrow NO_2(\upsilon_3)+O_2$（表 7.13 中的过程 4）。一开始，认为该机制导致了搭载在 Nimbus 7 上的 LIMS 仪器的 6.9 μm 通道的非热辐射，该通道用来测量水蒸气。在 20 世纪 90 年代末，对 LIMS 数据进行了再处理，证明了原以为的辐射增强是不真实的。因为 ISAMS 有一个类似但窄得多的测量 H_2O 的通道，它覆盖了少量的 NO_2 ν_3 热谱带，但在这些数据中没有发现平流层非平衡增强的证据。不过，在 35～55 km 范围内发现了一个新的可见光气辉层可能起源于化学发光反应 $NO+O_3 \rightarrow NO_2^*+O_2$，该反应是 NO_2 的 $\upsilon_3=1$～7 能态潜在的非平衡激励源。

ISAMS 通过测量 100～0.01 mb（16～80 km）高度范围内，NO_2 在 1592～1625 cm^{-1} 处的红外辐亮度，得到了 NO_2 的丰度。在这个光谱区域内，可能存在一个来自第一热谱带(0,0,2-0,0,1)（见 7.7 节）的非平衡贡献，但压强调制技术对热谱带不敏感，模型计算拟合其测量数据在误差范围内，不需要调用非平衡效应。

FWI 实验首次报道了来自上中间层和低热层 NO^+ ν_3 热谱带的 4.3 μm 辐射，观测是在夜间极光条件下开展的，但还没有得到实验佐证。FWI 的探测结果表明 NO^+ 辐射对 110 km 以上的 ISAMS CO 宽带信号有贡献。最近，CIRRIS-1A 在热层 100～215 km 也观测到了这种辐射，证实其非平衡来源。激励源不是先前所认为的过程 $N_2^+ + O \rightarrow N_2^+(\upsilon,J)+N(^2D)$，而是 $O^+ + N_2 \rightarrow NO^+(\upsilon,J)+N$。这将在下面的转动非平衡部分进一步讨论。

SAMS 实验在白天的中间层和低热层观测到了 2.7 μm 水汽带的荧光辐射。通过假定发射能级 $H_2O(0,0,1)$、(1,0,0) 弛豫过程的（太阳泵浦）激发与速率系数，这些测量数据可以用来获得高层大气的水汽丰度，在这些高度上其他测量数据很少。SPIRE 实验表明，在 50～90 km 高度的 2.5～2.9 μm 光谱范围内，CO_2 和 H_2O 都有重要贡献，但水蒸气贡献更大。它还证实了 CO_2 2.7 μm 热谱带有重大贡献（见表 F.1），特别是低于 75 km 时。

1977 年 3 月，极地高空探空火箭（HPA）项目测量了 80～180 km 高度 $O(^3P)$ 在 63 μm 附近的远红外辐射。经过几年的分析，最终得出的结论是，探测到的辐射在热层处于平衡态中。在 4 年后的太阳活动强年，即较高热层温度时进行了另一项实验，发现测量到的 63 μm 辐射与平衡态和非平衡态假设都兼容。最近，SISSI 探空火箭实验中，同时获得了 63 μm 辐射数据与原子氧丰度，分析结果清楚地表明 $O(^3P)$ 63 μm 辐射在 80～160 km 处于平衡态。后来的 CRISTA 实验利用这些信息推导出了热层原子氧的全球纬度-高度分布。

还有一些实验经常测量近红外光谱中的其他辐射，如 OH 辐射在 1～4 μm 区间、O_2 在 1.27 μm 和 1.58 μm 的近红外辐射，但这里不详细讨论。8.9 节中将介绍与转动非平衡有关的 OH 辐射测量。后面还在“参考资料和拓展阅读”中列出了最近部分 OH 和 O_2 红外辐射测量的综述。

8.9 转动非平衡

本书大部分内容都在研究非平衡在确定振动能级布居数中所起的作用，它对大气中红外辐射的作用，以及对大气遥感和能量平衡的定量影响。然而，正如第 2 章中讲到的，每个振动能级都有一系列与之相关的转动能级。因为它们的能量间隔通常比相应的振动能级小 2 个数量级，显然它们之间更容易达到热平衡。在经典的分子模型中，认为碰撞对转动的影响比对振动的影响更加高效，这个简单的物理图像在现实中也是成立的。

然而，有很多文献中的实验测量报告似乎表明，在高层大气中可以观测到转动非平衡，这与基于简单理论的预期相反。一般来说，转动非平衡的潜在可能性还取决于所考虑的 J 能级，因为从该能级跃迁的爱因斯坦自发发射系数 $A_{J,J-1}$ 与 J^3 成正比。正如 3.7 节中简要解释的那样，偏离平衡态的高度（在没有非热碰撞的情况下）近似于 $k_t\,[\mathrm{M}] \sim A$，其中 k_t 为热碰撞速率，[M]为碰撞粒子（空气）数密度。例如，对于 CO 在 2.53 mm 处的 $J=1 \to 0$ 转动跃迁，数密度[M]仅 200 $\mathrm{mol \cdot cm^{-3}}$ 足以使能级保持平衡态。对于 $J=50 \to 49$ 的跃迁，保然平衡态所需的数密度要大得多，[M]～$3\times10^7\,\mathrm{mol \cdot cm^{-3}}$，这仍然对应着大气热层非常高处的数密度。因此，不要期望在 CO 的振动基态中，转动能级 J 小于～50 时发现非平衡效应，除非高度超过 200 km。

然而，对于振动激发态的转动能级，情况可能略有不同，因为这些能级必须在振动跃迁之后调整转动平衡，因此可能更容易出现转动非平衡。对于 z >120 km 的

$CO_2(0,0^0,1)$、$CO(1)$和$NO(1)$、$OH(3 \leqslant \upsilon \leqslant 7, J \geqslant 7)$态，以及$OH(\upsilon = 0 \sim 2)$中的高$J$（24-29）能级，已经有转动非平衡理论预测和一些实验证据。图 8.30 给出了 OH 的$\upsilon = 4$振动态的转动能级布居数随能量的变化规律。可以清楚地区分，$J \leqslant 10$和$J > 10$的分布对应的激发温度分别为 184 K 和 2124 K。由于这种辐射来源于靠近中层间顶的区域，其典型温度接近 180 K，可以推测$J \leqslant 10$的能级具有平衡态布居数，而较高的J能级具有比平衡态多得多的布居数。光化学反应$O_3 + H \to O_2 + OH(\upsilon, J)$被认为是导致增强的原因。CIRRIS-1A 研究团队最近报告了夜间和白天平静条件下，来自高转动激发态 OH 的纯转动谱线。

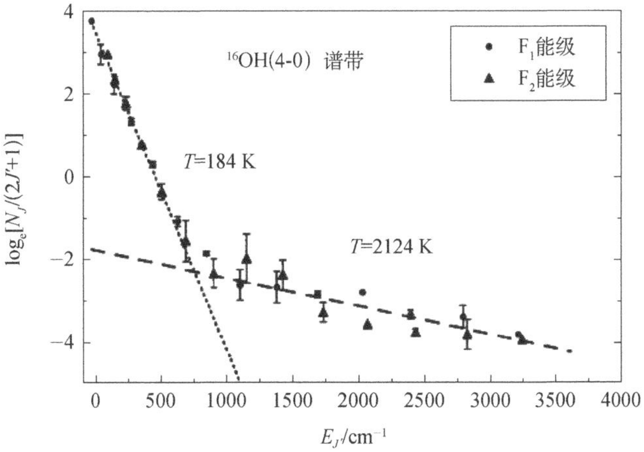

图 8.30　高光谱地基观测夜辉条件下，实验测量的 $OH\upsilon = 4$ 振动态下的转动能级布居数随能量的变化。对于 $J \leqslant 10$ 和 $J > 10$，可以清楚地看到分别符合 184 K 和 2124 K 两个激发温度下的分布

CIRRIS-1A 还发现了 NO 振动态的转动非平衡证据。在低太阳活动和极光扰动条件下，高度 115～205 km 之间，在基频带范围（1650～2050 cm^{-1}）内，观测了高转动激发态$NO(\upsilon, J)$ $\upsilon = 1 \sim 7$，9，10 和$J \approx 90$谱带头跃迁。这些辐射与较低振动带中处于热平衡的转动跃迁一样，具有明显的昼夜变化。研究认为这些激发态主要由反应$N(^2D) + O_2 \to NO(\upsilon, J) + O$（表 7.10 中的过程 6）生成，其次可能是由“热”$N(^4S)$原子与O_2反应（表 7.10 中的过程 7b）生成。

CIRRIS-1A 首次观察到来自高振动激发能级的NO^+的非平衡现象。在切线高 100～215 km、低太阳活动和极光扰动条件下，$NO^+(\upsilon, J)$的$J \geqslant 90$振动-转动谱带头辐射，白天比夜间高约 1 个数量级。研究认为白天辐射的主要来源是$O^+ + N_2$离子-分子反应。

这些 OH、NO 和NO^+非平衡转动布居数的例子，多少改变了我们对上中间层和热层放热反应所释放能量的去向的经典看法。它似乎优先引导到转动激发态中，随后弛豫到振动激发态，而不是直接进入振动激发态。

如果光谱分辨率足够高，测量可以确定转动温度 T_r，它描述了同一振动能级（通常是基态）内转动态之间的布居数分布。如果气体处于平衡态，T_r、T_υ 和热力学温度 T_k 都是相同的。从前面的讨论可以看出，实际上在 100 km 高度以下，T_r 的测量值大多数条件下都可以用于确定热力学温度，并且可以与同步测量的 T_υ 进行比较，以研究振动非平衡。此方法的应用示例将在下面的 8.10.1 节中讨论。

8.10　辐射吸收探测

在前面几节中，讨论了如何将非平衡振转带的红外辐射测量值与数值模型进行比较，并且阐明和解释了起作用的非平衡过程的诸多特征。当然，辐射测量包含从激发态到较低激发态（通常为基态）的各种跃迁。如果我们能够获得透过率测量结果，就会得到相当不同的信息，因为在这种情况下，光谱特征是由于光子的吸收，由较低能态激发至较高能态而产生。所测量的吸收量与跃迁的较低能态的布居数成正比，而不管（达到良好近似，即忽略振动配分函数效应）高能态的布居数是否处于平衡态。因此，热谱带的透过率测量原则上为我们提供了一种相当直接的方法，来探测振动激发能级的布居数，并提供了另一种验证非平衡模型的方法，这可以增加大气辐射学研究的相关知识。

透过率测量有两个基本问题：首先，需要在大气外部使用光源；其次，需要在相当高的光谱分辨率下工作。尽管可以使用月亮或恒星，但太阳显然是信噪比最佳的光源，至少在可见光中如此，如 ENVISAT 卫星上的 GOMOS 实验那样。按照定义，太阳测量通常在当地日出或日落时分开展，这个限制会造成一定不便。第二个问题是因为大气中的分子，在任何高度，大多数都处于振动基态。正如第 2 章中看到的，在室温和常压下，只有大约百万分之一的 CO_2 分子处于第一振动激发态，当然，在较低的温度和压强下，或者对于较高的激发态，这个比例甚至更小。因此，大气的透过率光谱由从基态跃迁的谱带主导。这些测量对于确定大气组分很有用，但有关非平衡的信息很少。为此，我们需要观察能量较低的能态作为激发态的热谱带或组合带，并确定其布居数。我们最感兴趣的弱的高能态谱段，不可避免地与更强的基态谱带混合在一起，这就决定了对高光谱分辨率的需求。由于太阳至少在近红外中有非常高的辐亮度，当以太阳为光源时，高光谱分辨率和高信噪比不可兼得。根据这一基本原则已经研制了数个近红外波段探测仪。下面案例涉及到 2001 年为止最复杂大气辐射探测研究，即大气痕量分子光谱（ATMOS）实验。

8.10.1　ATMOS 实验

ATMOS 是一款搭载在航天飞机上的大型精密红外光谱仪。ATMOS 在航天飞机飞行的每一轨，太阳从地球边缘掠过的短暂时间内，测量吸收路径上的大气数据。该仪器灵敏度大致与高性能实验室用光谱仪相当，可以获得 2～16 μm 高质量光谱测量数据，包括大气物理和化学研究中许多感兴趣的次要和痕量组分的振转带。这些光谱数据应用广泛，包括寻找奇异分子如 $ClONO_2$ 或 H_2O_2，从而诊断平流层中发生的化学循环。

在 1985 年 4 月 30 日至 5 月 6 日的 Spacelab 3 任务期间以及随后一些类似的短时间任务内，ATMOS 开展了探测实验，为验证非平衡模型，以及揭示高层大气中决定 $CO_2\left(0,1^1,0\right)$ 能级布居数的机制提供了前所未有的数据库。高分辨率光谱信息同时包含高垂直分辨率（约 2 km）的大气热力学温度、$CO_2\left(0,1^1,0\right)$ 振动温度，以及 CO_2 混合比的数据。此外，ATMOS 测量是在两个具有明显不同的热力学温度的纬度带上进行的，因此还提供了低热层大气中，热过程在填充 $CO_2\left(0,1^1,0\right)$ 能级所起作用的信息。

8.10.2　CO_2 υ_2 振动温度

在基频带 $\left(0,0^0,1\leftarrow 0,0,0\right)$ 和组合带如 $\left(0,1^1,1\leftarrow 0,1^1,0\right)$ 中选择较强的、非重叠的 CO_2 谱线，根据 ATMOS 光谱计算的等效宽度，即可给出 60～110 km 高度范围内基态和 ν_2 第一振动激发态的布居数廓线。同步测量的热力学温度与 $CO_2\left(0,1^1,0\right)$ 振动温度之差 T_k-T_υ 如图 8.31 所示。在高度 100 km 以下，两个温度的差异在实验测量误差范围之内。

在 ATMOS 实验之前，数值模型普遍认为 ν_2 谱带大约在高度 75 km 偏离平衡态。尽管目前模型中某些参数存在诸多不确定性，但不同模型的结论相同，即模型与 ATMOS 结果存在明显差异。这不仅在物理细节上十分重要，而且因为上层大气冷却率主要取决于 $CO_2\left(0,1^1,0\right)$ 能级的振动温度，所以它在多大程度上偏离平衡态，是理解上中间层和低热层的基础。将在第 10 章中看到，这不仅在地球大气层中很重要，而且对火星和金星高层大气的能量平衡和温度结构更加重要。

此时，研究首次发现，测量和理论之间令人费解的差异可以通过原子氧的作用来解释。现有研究结果表明（详见 9.2.1 节第 2 部分），基态氧原子在使 CO_2 υ_2 激发态去激发方面，比 N_2、O_2 或 CO_2 等浓度更高的分子更有效。该过程已被纳入模型中，只不过去激发的速率被严重低估了。在 ATMOS 测量开展之前的数年里，Sharma 等学者根据他们对 SPIRE CO_2 15 μm 探空火箭测量结果的解释，不断将这个速率修改为更高的值，最终在 1990 年，Sharma 和 Wintersteiner 提出的速率系数比原值大了约

30 倍。几乎与第一次 ATMOS 测量在同一时期，Shved 等报告了大气温度下该速率系数新的实验测量值，比之前最佳值大了约 7 倍。图 8.31 显示了模型计算结果，模型中采用了 MSISE-90 模型的 CO_2 和 $O(^3P)$ 垂直剖面，以及 Shved 等的 $CO_2(0,1^1,0)$-$O(^3P)$ 去激发速率系数 $k_{CO_2\text{-}O}$。图中显示了原子氧去激发速率系数的影响，可以看出，最接近 ATMOS 结果的是 Sharma 和 Wintersteiner 的值。

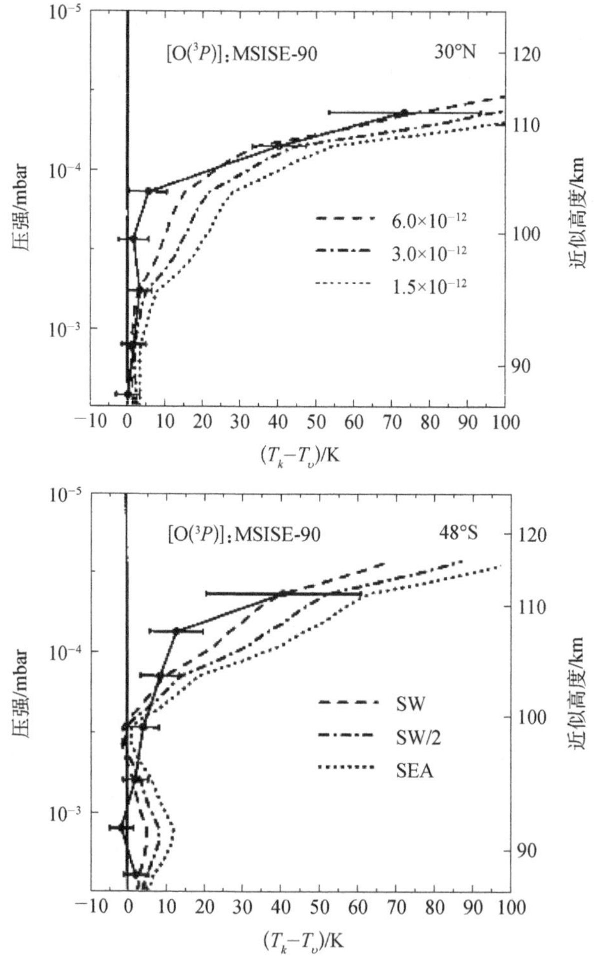

图 8.31　测量和计算 $CO_2(0,1^1,0)$ 的热力学温度和振动温度之差。测量值为 ATMOS SL3 北半球（上）和南半球（下）测量得出的纬向平均值，其不确定度为 1σ。三个计算分别对应于 Sharma 和 Wintersteiner（SW）的 $k_{CO_2\text{-}O}$，SW 速率系数除以 2，以及 Shved 等的 $k_{CO_2\text{-}O}$（SEA）计算的振动温度

图 8.31 的另一个结果是，在大约 105 km 以上，两个半球中 $T_k - T_\upsilon$ 偏差明显不同，

北半球（70 K）大于南半球（40 K）。考虑到 $CO_2\left(0,1^1,0\right)$ 主要由 $O\left({}^3P\right)$ 碰撞激发，并通过 $O\left({}^3P\right)$ 的碰撞和辐射过程去激发，利用包含扩散系数 β 的"冷却到空间"近似，可得到 $CO_2\left(0,1^1,0\right)$ 布居数的简单模型，给出

$$T_k - T_\upsilon = \frac{CT_k^2}{1+CT_k} \tag{8.19}$$

此处，使用了 T_υ 的定义（式（6.1）），C 由下式给出：

$$C = \frac{1}{E_\upsilon}\ln\left[1+\frac{\beta A\mathcal{T}^*}{4k_{CO_2\text{-}O}\left[O\left({}^3P\right)\right]}\right] \tag{8.20}$$

其中 E_υ 为 $\left(0,1^1,0\right)$ 能级的能量；A 为 ν_2 自发跃迁的爱因斯坦系数；$\mathcal{T}^*$ 为逃逸概率函数（参见 5.2.1 节第 2 部分），由式（8.19）可以得到

$$\Delta\left(T_k - T_\upsilon\right) = \frac{D}{1+D}\Delta T_k \tag{8.21}$$

其中 $D = C^2T_k^2 + 2CT_k$，这里忽略了 $k_{CO_2\text{-}O}$ 的温度依赖性。由于 C 为正值，则 D 也为正值，因此 $CO_2\left(0,1^1,0\right)$ 的振动温度与热力学温度的偏差通常（除非 D 可以忽略不计）随着热力学温度的增加而增加。ATMOS　SL3 在较热的北半球大气层观察到较大的 $T_k - T_\upsilon$，可以用这个简单的模型定性地解释。式（8.21）还预测了 $\Delta\left(T_k - T_\upsilon\right)$ 小于 ΔT。在 112 km 高度上，北半球热力学温度的 ATMOS 测量值比南半球高出 64 K。同一高度两个半球之间的 $\left(T_k - T_\upsilon\right)$ 变化较小，仅为 30 K 左右，与简单模型预测还是一致的。从方程（8.21）还可以看出，当碰撞起主导作用时，$C \to 0$，$T_k = T_\upsilon$；当辐射过程起主导作用时，C 非常大，并且 $\left(T_k - T_\upsilon\right)$ 的变化接近热力学温度的变化。

8.10.3　CO_2 丰度

高分辨率 ATMOS 光谱也可用于推断中间层和低热层中的 CO_2 丰度。一旦从转动谱线的透过率比中推导出热力学温度，就可以从谱线的绝对透过率中推导出 CO_2 丰度。通常，较强的 $\left(0,0^0,1\text{-}0,0^0,0\right)$ 基频带的谱线用于反演高层大气中的 CO_2 丰度。与辐射测量相比，从 ATMOS 得到的 CO_2 丰度，其优势在于几乎不受非平衡效应的影响，因为它测量的是基频带吸收（见 8.2.1 节），图 8.32 给出了搭载在 SL3 上的 ATMOS 仪器得到的两个中纬度剖面的平均值，同时还给出了下面讨论的其他 CO_2 测量值。

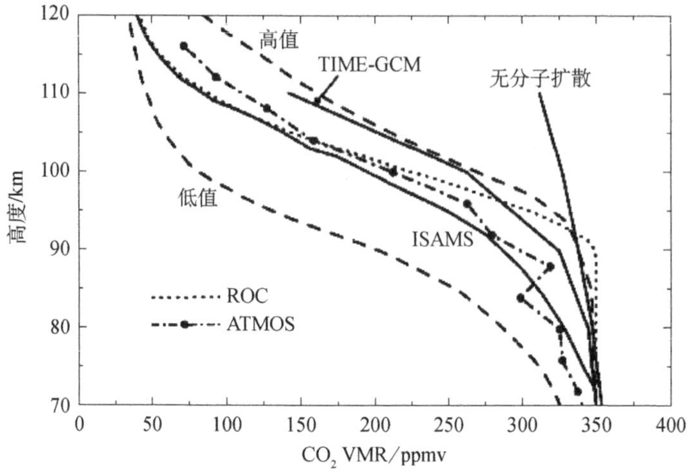

图 8.32　CO_2 体积混合比（VMR）剖面图。有关剖面的详细信息，请参阅文本

CO_2 在上中间层和低热层中的体积混合比仍有很大争议。观测主要有三种：探空火箭原位测量；从探空火箭和卫星的临边辐射测量结果反演，如 SPIRE 探空火箭实验、Nimbus 7 上的 SAMS 和 UARS 上的 ISANS（8.3 节描述）；以及由 Spacelab 上的两个太阳掩星光谱仪、格栅光谱仪和 ATMOS 进行的观测。“ROC”为探空火箭测量结果的平均值，其中大气均匀混合部分由 20 世纪 70 年代测量的典型值 330 ppmv 更新到了 2000 年的 350 ppmv。“低值”是指根据光栅光谱仪测量得到的平均 CO_2 VMR，其信噪比较低，因此误差较大。此剖面在 9.2.1 节第 2 部分和 9.8.2 节的灵敏度研究中作为下限使用。“ISAMS”为 ISAMS 测量的 4.3 μm 辐射得到的 CO_2 剖面图，高度约达 100 km，更高高度上插值至探空火箭剖面。ISAMS 值与 ATMOS 值接近，是模型中使用的最典型的 CO_2 剖面。图中还给出了测量误差范围的上限廓线，该廓线用于 9.2.1 节第 2 部分和 9.8.2 节的灵敏度研究。

这里还有两个理论剖面：一个来自复杂的 TIME-GCM 模型，另一个来自一个忽略分子扩散的简单模型(“无分子扩散”)。TIME-GCM 结果是针对中纬度地区冬至(冬季)条件，该条件下它与 ATMOS 和 ISAMS 测量值符合很好。同一模型在春分时预测值略大，在极地冬季发现丰度较小，这与经向环流有关，该经向环流导致热层空气下涌，将 CO_2 含量较低的大气带向极地冬季中间层。

如果忽略扩散分离（即“无分子扩散”），则模型会明显高估约 95～100 km 上测得的 CO_2 VMR，这表明分子扩散在这些高度上有重要作用。也就是说，如果在约 80 km 以上假设较弱的涡流混合（相当于增强分子扩散），相比其他模型，TIME-GCM 将更好地再现 ATMOS 和 ISAMS 的测量结果。然而，这与重力波破碎在这个高度应该引起的显著涡流混合的预期不一致，这是一个有待解决的矛盾。无论如何，从 ATMOS 和 ISAMS CO_2 可以清楚地看出，在低至 80 km，分子扩散与涡流扩散相当或分子扩散大于涡流扩散。这与传统观念，即大气在大约 100 km 高处混合均匀形成鲜明对比，传统观点认为均质层顶（有时称为湍流层顶）通常位于约 100 km 处。

8.11　高分辨率临边辐射光谱模拟

ATMOS 之所以能够以高光谱分辨率观测大气光谱，原因在于太阳提供了足够明亮的光源。直到最近，相对微弱的地球临边辐射作为光源才可能使用高分辨率光谱。探测器技术，特别是低温技术的最新进展意味着，目前正在开发的实验将实现这一目标，特别是 MIPAS 干涉仪，该干涉仪旨在从欧洲 ENVISAT 航天器获得高分辨率临边红外光谱。下面将在本节中详细介绍平流层和中间层典型切线高度下模拟得到的高分辨率（0.025 cm^{-1}）大气临边发射光谱，其覆盖中波红外范围（600～2400 cm^{-1}，15～4.3 μm）。非平衡-平衡态光谱差，显示了非平衡效应可能相当重要的光谱区域和高度，以及非平衡效应的强度。这些光谱包括第 6 章和第 7 章中描述的所有非平衡布居数，模拟中使用了最新的速率常数等，得到典型中纬度大气的美国标准大气（1976）和白天 $(\chi = 0^{\circ})$ 条件下，光谱中非平衡偏离的参考目录。除了可延伸到 200 km 高度的 1820～2000 cm^{-1} 范围内的 NO 辐射，这里假设大气层边界位于 120 km 高度。作为衡量非平衡偏差重要性的标准，图中还给出了 MIPAS 仪器的噪声等效光谱辐亮度 (NESR)，它代表了现代高光谱分辨率仪器的典型性能。

彩图 5 和彩图 6（见封底二维码）给出了 15 μm 带在较低和较高的中间层切线高度（分别为 56 km 和 83 km）下计算的平衡态和非平衡态临边辐亮度（上图），以及两者之差（下图）。15 μm 带主要由 CO_2 的 ν_2 谱带主导，O_3 在 14.3 μm 附近的 ν_2 谱带也有一些贡献。正如第 6 章所示，CO_2 υ_2 能级的布居数从上中间层开始偏离平衡态，因此在下中间层，平衡与非平衡辐亮度差异非常小（见彩图 5）。在这些中间层切线高处，CO_2 15 μm 基频带可以看出非平衡效应，因为该谱带在光学上很厚，辐亮度的很大贡献来源于低热层，而在低热层高度上，该谱带的布居数明显低于平衡态。彩图 5 中也存在较弱的非平衡增强：在 618 cm^{-1}、668 cm^{-1} 和 721 cm^{-1} 左右的第一热谱带中，以及在 652 cm^{-1}、668 cm^{-1} 和 683 cm^{-1} 左右的第三热谱带中，这些谱带的高能级在上中间层中的布居数大于平衡态（见 6.3.6 节第 1 部分和表 F.1）。请注意上图和下图中的不同刻度，以及这些切线高度处非常微弱的非平衡效应。

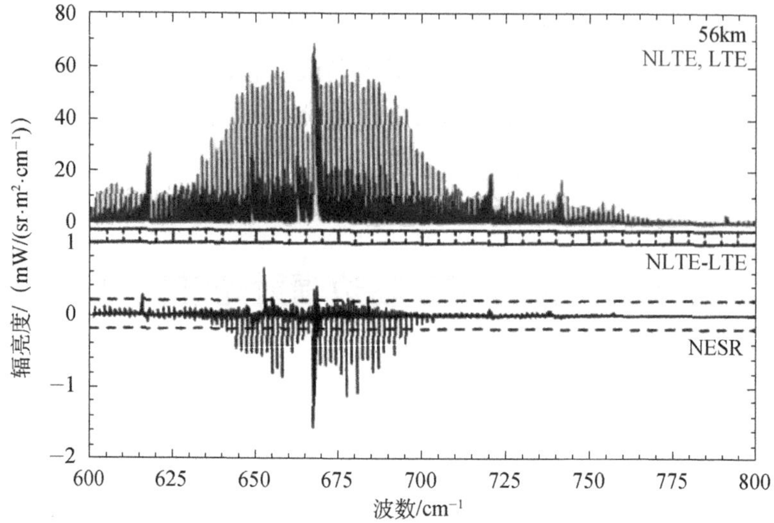

彩图 5　白天中纬度大气，切线高度 56 km 的 15 μm 谱带模拟合成的临边辐亮度。光谱分辨率为 0.025 cm^{-1}。上图：非平衡态（红色）和平衡态（绿色）辐射，几乎无法区分。下图：非平衡–平衡态辐亮度。NESR 为 MIPAS 的噪声等效光谱辐亮度

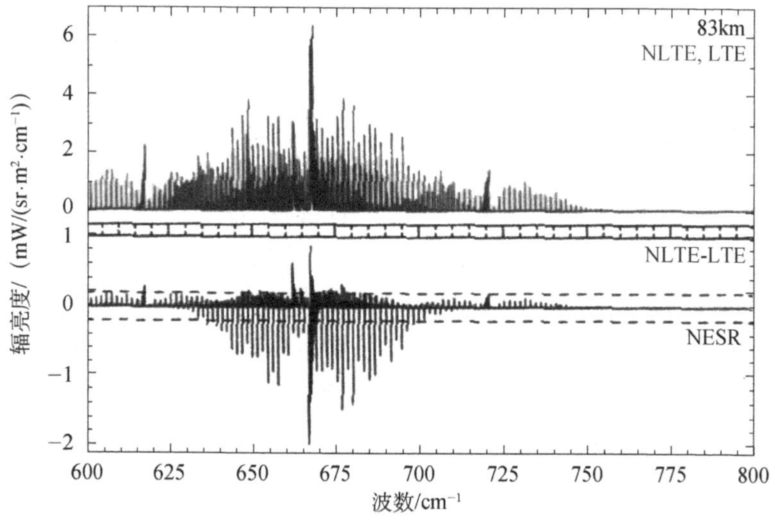

彩图 6　白天中纬度大气，切线高度 83 km 的 15 μm 谱带的临边辐亮度。光谱分辨率为 0.025 cm^{-1}。上图：非平衡态（红色）和平衡态（绿色）辐射，平衡态辐亮度被较大的非平衡态辐亮度所掩盖。下图：非平衡–平衡态辐亮度

在较高海拔（83 km）的同一光谱带中的光谱显示出相似的特征，但相对幅度较大。进一步可以预测 628 和 627 同位素基频带分别在 662 cm^{-1} 和 665 cm^{-1} 之间有一个小幅增强。O_3 14.3 μm 谱带的非平衡效应很小，无法观测到，这是因为振动温度直到低热层都接近 T_k，如 7.3.6 节所述。

热力学温度 T_k 通常从 CO_2 15 μm 谱带反演，结果表明，除了基频带和贡献很小的弱带外，下中间层的非平衡效应通常小于 MIPAS 噪声水平（绝对幅度）。基频带的非平衡效应主要是由低热层（100～120 km）较高的热力学温度引起的。值得注意的是，如果考虑的大气层顶高度设定为 100 km，这种影响会小得多。在 56 km 处，非平衡最大负偏差小于 3%，在 83 km 处随高度增加至 30%左右。当然，这取决于具体的大气条件，因为非平衡效应对于较温暖的中间层（例如冬季）较小，而对于寒冷的中间层较大，类似极地夏季情况（6.3.6 节第 1 部分）。T_k 在较高海拔上的反演也受到 CO_2 VMR 不确定性的影响，CO_2 在大约 80 km 以上不再很好地混合（8.10.3 节）。

彩图 7～彩图 9（见封底二维码）给出了 10 μm 区域的大气光谱。在平流层和中间层切线高度上，以 O_3 ν_1 和 ν_3 谱带，以及 CO_2 激光谱段为主，并且显示出比 15 μm 大得多的非平衡效应。在 CO_2 10 μm 激光带，即使低至平流层，非平衡效应也非常大，因为在白天中间层的发射能级 $\left(0,0^0,1\right)$ 通过吸收 4.3 μm 和 2.7 μm 太阳辐射的泵浦作用而偏离了平衡态。非平衡增强在 65 km 处甚至更大，因此，通常避免使用这些频谱区域进行温度反演。相反，由于 4.3 μm 基频带 $\left(0,0^0,1\right)$ 的发射在中间层高度上光学非常厚，因此 10 μm 发射可用于获得 $\left(0,0^0,1\right)$ 的布居数，从而了解其在中间层的非平衡激发过程。

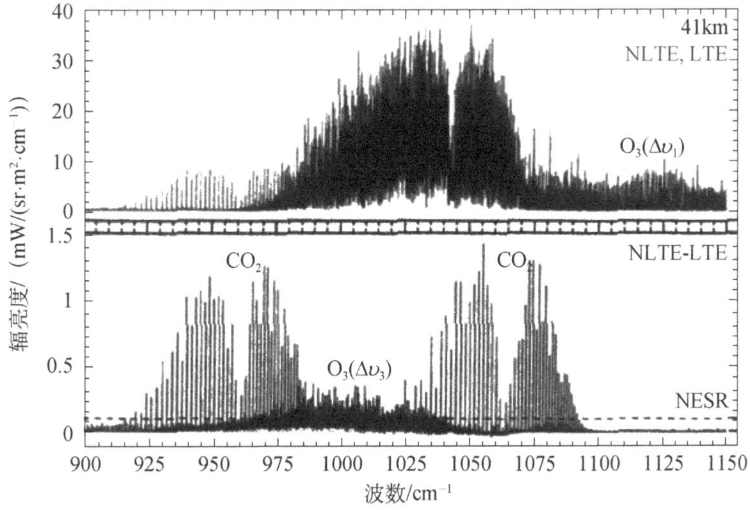

彩图 7　白天中纬度大气，切线高度为 41 km 的 10 μm 谱带的合成临边辐亮度。光谱分辨率为 0.025 cm^{-1}。上图：非平衡态（红色）和平衡态（绿色）辐射，几乎无法区分。下图：非平衡-平衡态辐亮度

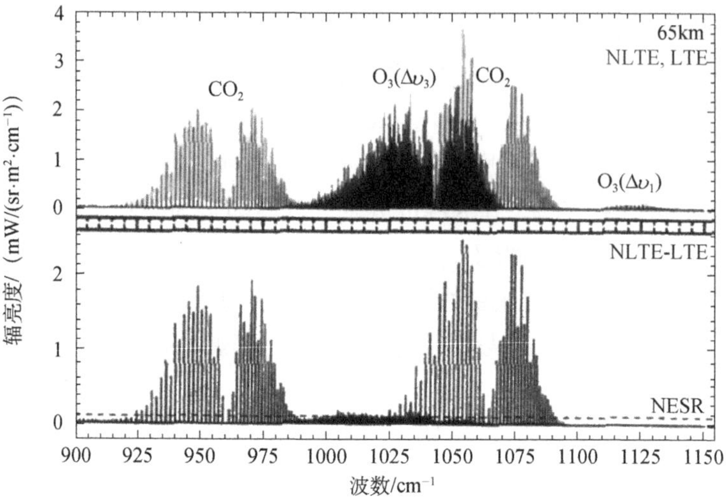

彩图 8　白天中纬度大气，切线高度为 65 km 的 10 μm 谱带的合成临边辐亮度。光谱分辨率为 0.025 cm^{-1}。上图：非平衡态（红色）和平衡态（绿色）辐射。下图：非平衡-平衡态辐亮度

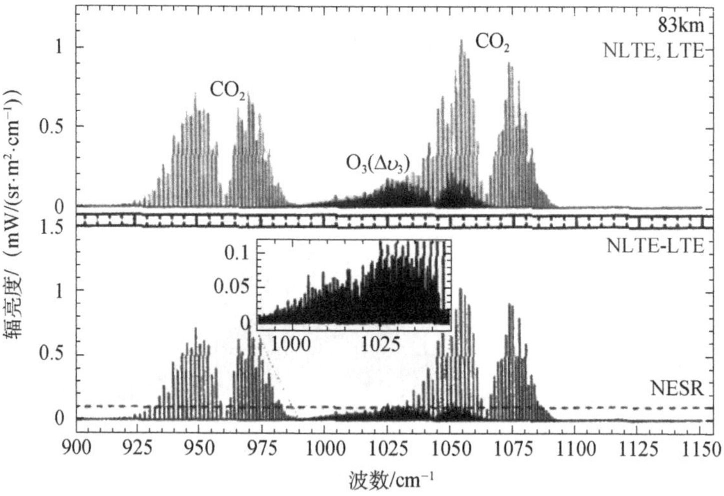

彩图 9　白天中纬度大气，切线高度为 83 km 的 10 μm 谱带的合成临边辐亮度。光谱分辨率为 0.025 cm^{-1}。上图：非平衡态（红色）和平衡态（绿色）辐射。下图：非平衡-平衡态辐亮度

O_3通常从 9.6 μm 频段反演，不过，宽带辐射计必须注意避免受到附近CO_2谱带，以及来自高激发的O_3 ν_3热谱带的非平衡辐射的污染。彩图 7（下图）表明，与噪声相比，O_3的ν_3基频带的非平衡效应显著。不过，在平流层切线高度上，非平衡引起的偏差仍然小于总信号强度的 1%，因此对于低于约 50～60 km 的O_3反演，非平衡效应通常可以忽略不计。在平流层上方以及更短波数，非平衡辐亮度差（参见彩图 9 中嵌套的小

图）随着切线高度的增加而迅速上升，对于后一种情况，主要是由于存在 ν_3 热谱带。

1200～1500 cm^{-1} 光谱范围主要由 CH_4 和 H_2O 的谱带主导，NO_2 ν_3 热谱带可能在这个区间的短波端有一定贡献（彩图 10 和彩图 11（见封底二维码））。NO_2 $\Delta\upsilon_3 = 1$ 热谱带辐射的非平衡特性仅有理论预测，尚未得到实验证实，并且预测的甲烷辐射的非平衡增强可能被高估了，因为 CIRRIS-1A 测量结果表明 CH_4 直至 80 km 的非平衡效应都非常小。水蒸气对 1200～1500 cm^{-1} 带非平衡有显著贡献。

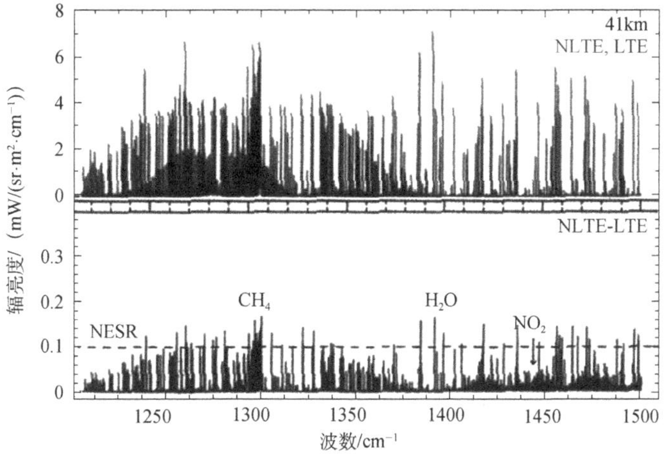

彩图 10　白天中纬度大气，切线高度为 41 km，6.5～8 μm 谱带的合成临边辐亮度。光谱分辨率为 0.025 cm^{-1}。上图：非平衡态（红色）和平衡态（绿色）辐亮度，几乎无法区分。下图：非平衡-平衡态辐亮度

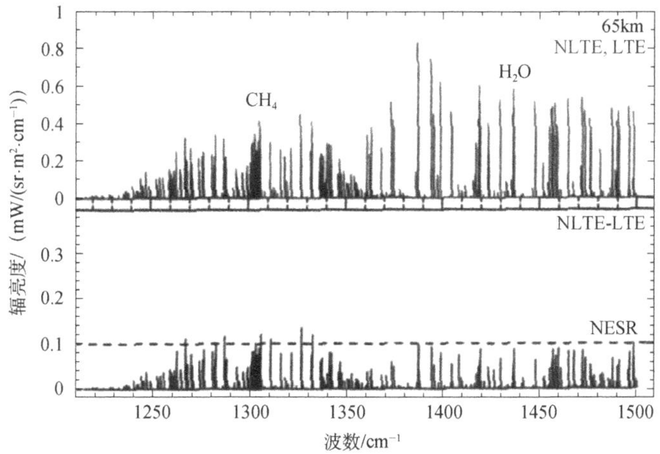

彩图 11　白天中纬度大气，切线高度为 65 km，6.5～8 μm 谱带的合成临边辐亮度。光谱分辨率为 0.025 cm^{-1}。上图：非平衡态（红色）和平衡态（绿色）辐亮度。下图：非平衡-平衡态辐亮度

低层大气（彩图 12（见封底二维码））中的 1550～1750 cm^{-1} 光谱区域由 H_2O 的谱

线主导，在较长的波长一端由 NO_2 ν_3 基频带和第一热谱带主导。像MIPAS这样的仪器显然能够检测到如此大的非平衡贡献；H_2O 谱线在高达 71 km（参见彩图 13（见封底二维码））具有良好的信噪比，在 $H_2O(\nu_2)$ 的基频带和第一热谱带中均可测量到非平衡态。

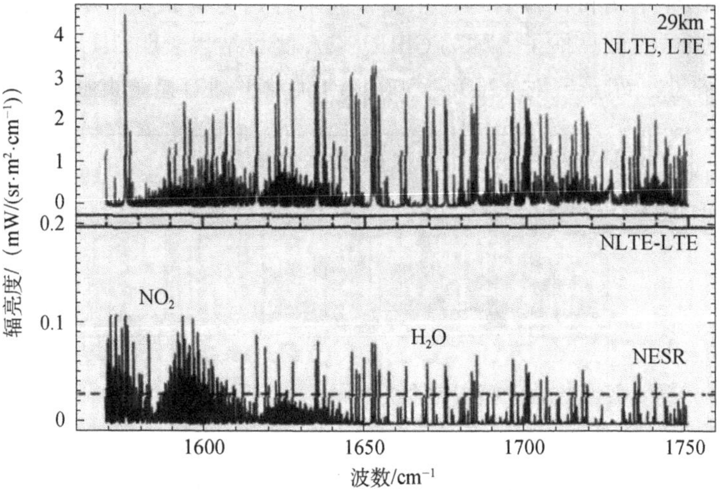

彩图 12　白天中纬度大气，切线高度为 29 km，5.5～6.5 μm 谱带的合成临边辐亮度。光谱分辨率为 0.025 cm^{-1}。上图：非平衡态（红色）和平衡态（绿色）辐亮度，几乎无法区分。下图：非平衡-平衡态辐亮度

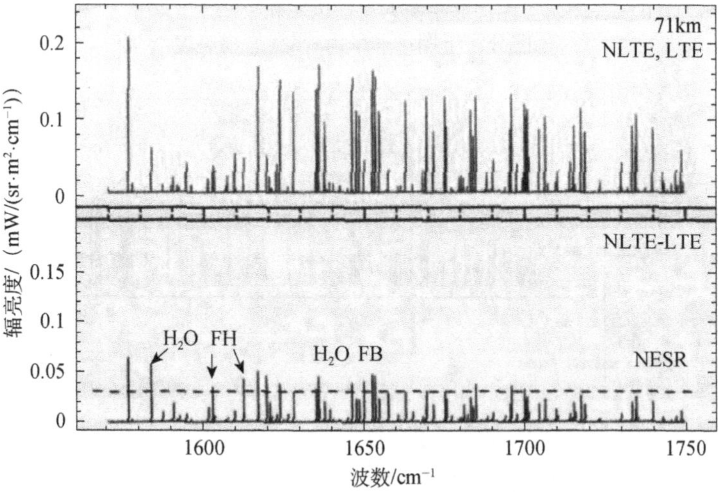

彩图 13　白天中纬度大气，切线高度为 71 km，5.5～6.5 μm 谱带的合成临边辐亮度。光谱分辨率为 0.025 cm^{-1}。上图：非平衡态（红色）和平衡态（绿色）辐亮度。下图：非平衡-平衡态辐亮度

彩图 14 和彩图 15（见封底二维码）给出了中纬度白天条件下，4～5 μm 波段范围内平流层和上中间层切线高度下模拟合成的光谱。光谱中具有丰富的非平衡效应，

能量更高的跃迁更有可能出现非平衡，原因是它们的热化效率较低，并且太阳能泵浦在较短的波长下更为重要。CO 和 NO 在中波红外中只有一个较强的振动跃迁，它们的非平衡效应在整个高度范围内都十分重要。对于 CO，由于 CO(1) 激发温度依赖于 CO VMR 本身，因此很难将非平衡模型纳入反演算法（见 7.2 节）。

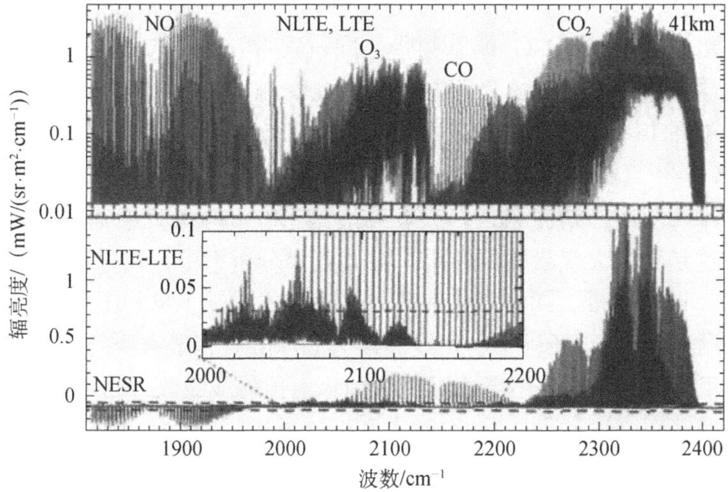

彩图 14　切线高度为 41 km，4～5 μm 谱带的合成光谱。光谱分辨率为 0.0025 cm^{-1}。上图：非平衡态（红色）和平衡态（绿色）辐射，请注意，平衡态辐亮度在 $\bar{\nu}<1990\text{cm}^{-1}$ 时较大。下图：非平衡-平衡态辐亮度，还给出了大比例尺的 O_3 谱带中的非平衡-平衡态辐亮度

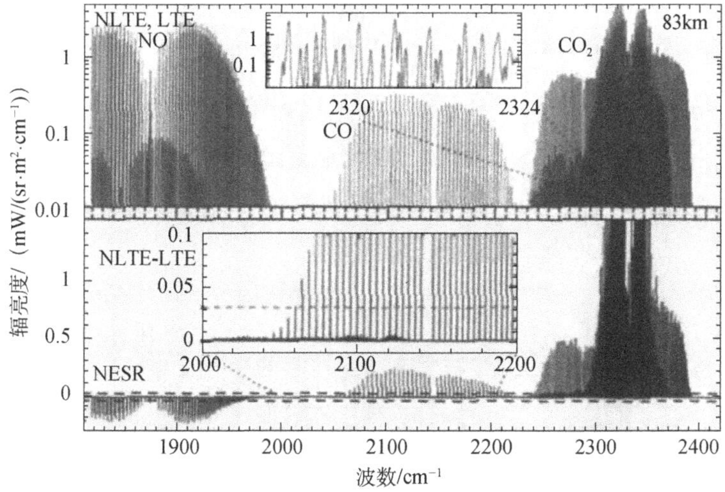

彩图 15　切线高度为 83 km，4～5 μm 谱带的合成光谱。光谱分辨率为 0.0025 cm^{-1}。上图：非平衡态（红色）和平衡态（绿色）辐射，请注意，平衡态辐亮度在 $\bar{\nu}<1990\text{cm}^{-1}$ 时较大。下图：非平衡-平衡态辐亮度，还给出了大比例尺的 O_3 谱带中的非平衡-平衡态辐亮度

在平流层中，NO(1-0) 的强谱带呈现负的非平衡效应，这主要是由于辐射来自较高的热层（120 km 以上），其中 NO(1) 的振动激发远小于非常高的热层温度。上层大气的非平衡效应对平流层切线高度辐亮度的影响也适用于CO，不过影响相反。中间层CO混合比的大梯度，以及CO(1) 大于玻尔兹曼分布的振动布居数（特别是在白天），使得中间层对于平流层切线高度处观察到的辐射贡献非常重要。在这个光谱区域中，还可以清楚地看到CO_2的基频带、同位素带和热谱带的巨大贡献，这些谱带在低至对流层顶都是非平衡的，另外，O_3近 4.8 μm 的组合谱带也具有较大的非平衡分量（参见彩图 14 下图中的内部插图）。

彩图 15 给出了 83 km 处的光谱分布。在这个海拔，NO、CO 和CO_2谱带表现出很大的非平衡效应。请注意，CO_2 4.3 μm 谱带在 83 km 处的辐亮度大于 41 km 处的辐亮度，这是高层大气激发的结果。在此光谱分辨率下，可以区分 4.3 μm 附近不同CO_2谱带，即基频带、同位素带和第一热谱带的贡献（见彩图 14）。

彩图 16 给出了白天条件下，切线高度为 60 km 处，最重要的气辉辐射的临边辐射光谱。这里假设光学薄，不考虑沿视线的辐射传输或吸收，利用方程（8.16）计算获得了临边路径辐亮度。可能除O_2谱带和近红外谱带外，对于该高度的大多数谱带和谱线，这都是一种准确的计算方法。O_2在红外和近红外部分的强烈发射，以及OH Meinel谱带中非常丰富的光谱覆盖了光谱的很大一部分，所有这些谱带都比平衡态预测结果大。夜间条件下，OH 辐亮度较大，增大约 2～4 倍，具体取决于跃迁。

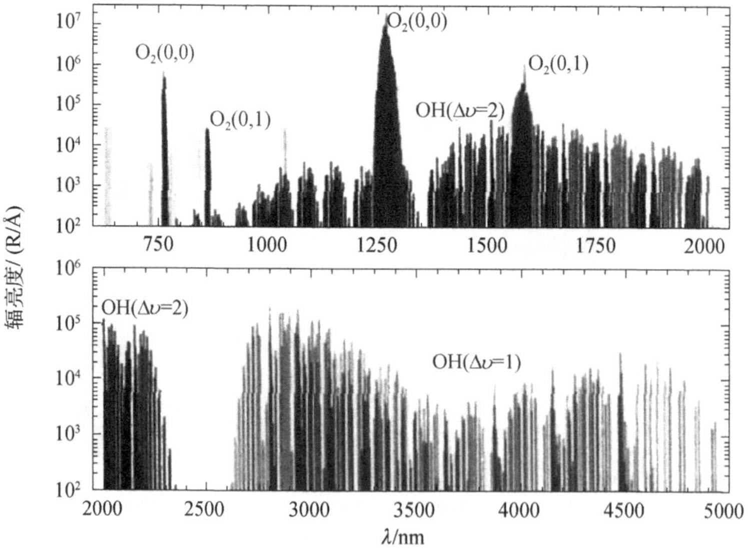

彩图 16　白天中纬度条件下，切线高度 60 km 处，可见光和近红外发射中主要气辉光发射的临边辐亮度。光谱分辨率为 0.1 nm

8.12　高分辨率天底发射光谱模拟

本节考虑天底观测路径下，非平衡对红外发射辐射测量的影响（见图 8.1）。通常，非平衡影响的量级比临边要小得多，因为向外的大气辐射主要来自低层大气，如第 6 章和第 7 章中所述，低层大气中分子的大部分振动能级都处在平衡态中。回想当初，只有需要精确计算高层大气中的冷却率时，大气研究中才首次引进了非平衡处理方法。随着临边探测技术的发展，尤其是当更灵敏的仪器能够探测到辐射信号微弱同时非平衡更普遍的高层大气时，这个课题变得更加重要。

不过，红外光谱中有一些区域在大气层传输时光学上很厚，并且天底辐射来自适用于非平衡的高海拔区域。CO_2 4.3 μm 光谱区域就是这种情况的一个典型例子。图 8.33 给出了平衡态和非平衡态条件下，阳光照射下的大气层在这些谱带的向外辐射传输计算结果。这里利用了 8.2.1 节中开发的计算方法，除了式（8.1）中临边几何形状的坐标被垂直坐标 z（见图 8.1）所取代外，还必须考虑下边界，即地球表面或云顶的贡献，具体可参见方程（3.20）。非平衡布居数的考虑方式与临边观测情况类似，通过布居数因子 r_υ 和振动温度引入。

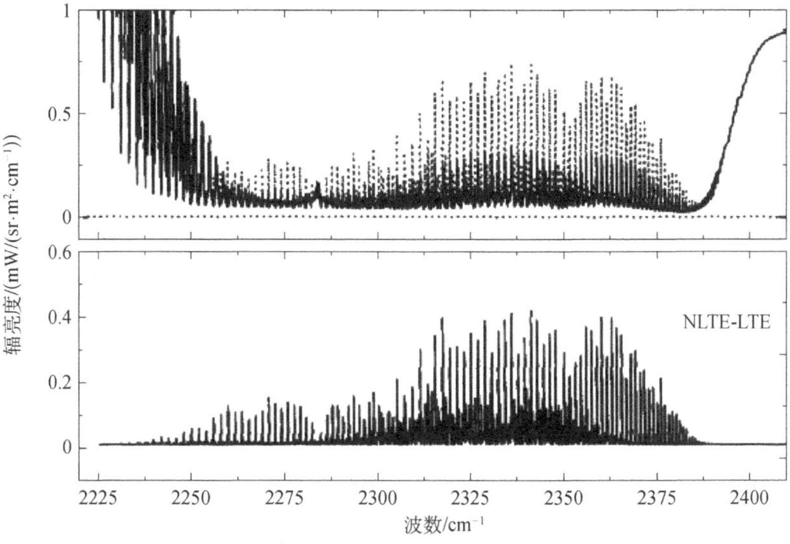

图 8.33　中纬度大气日间 $(\chi = 0^\circ)$ 条件下，光谱分辨率为 0.1 cm^{-1} 时，CO_2 4.3 μm 谱带区域的天底光谱辐亮度分布。这里假设地表温度为 288 K，没有云层覆盖。上图：非平衡态（虚线）和平衡态（实心）辐射。下图：非平衡辐亮度差。当前高分辨率红外探测仪器（如 MIPAS 或 TES）的噪声等效光谱辐亮度介于 0.1mW/（$sr \cdot m^2 \cdot cm^{-1}$）和 0.01 mW/（$sr \cdot m^2 \cdot cm^{-1}$）之间

4.3 μm 的向外辐射主要来自 40～45 km 高度的 CO_2 626 主同位素的强谱线。第一热谱带和第二热谱带的许多谱线与基频带的两翼重叠，因此这些较弱谱带中的辐射也来自平流层上部。因此，图 8.33 中的辐射对应于该高度的温度，且比地表冷得多。在较小的波数 2250～2300 cm^{-1} 之间（是 636 4.3 μm 基频带所在区域），辐射来自更低高度，在这些高度上也比地表更冷，甚至比平流层上部略冷（见图 1.1）。

图 8.33 下图给出了白天 2250～2300 cm^{-1} 波数下非平衡辐射的重要性。最突出的非平衡增强位于强 626 基频带的谱线中心，这在预料之中，因为辐射来自最高的高度（见图 6.12）。在给定高度上，第一和第二热谱带的高能级的非平衡偏差比基频带更大（见图 6.12），但由于这些谱带较弱，辐射来自更深的大气层，非平衡对这些谱带的贡献相对不那么重要。如果不是与较强基频带中的线翼重叠，非平衡效应将更弱，因为如果不存在谱线重叠，热谱带的发射将来自对流层。

非平衡增强对线强的依赖性如图 8.34 所示，该图在更大尺度上显示了图 8.33 中 636 同位素的 4.3 μm 谱带的某些谱线。在这个区域，随着波数的增加，线强增加，线强中心的非平衡-平衡态辐射差增加。较强谱线中心的发射来自非平衡偏差较大的上层大气。

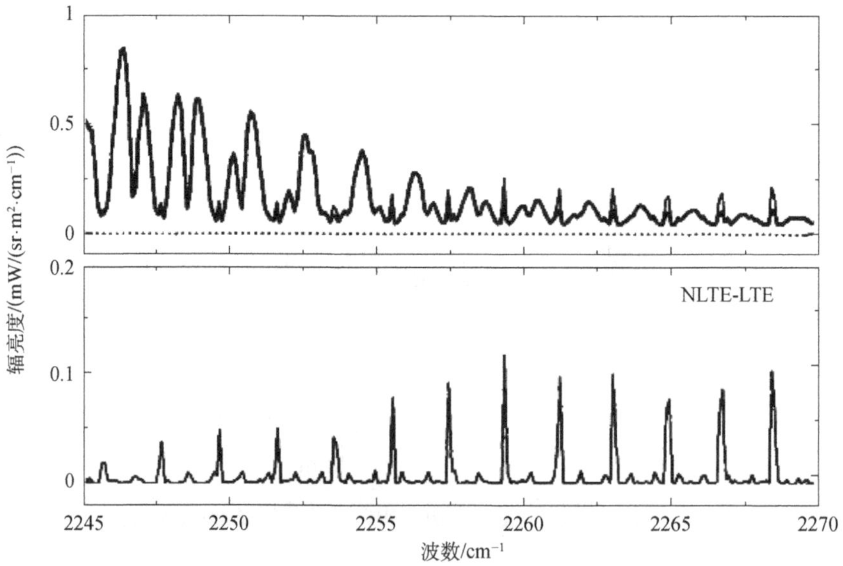

图 8.34　在更大标度尺下的天底光谱辐亮度。粗线：透过率；细线：非平衡辐亮度增强

非平衡在天底辐射中可能重要的另一种情形是，当发射物质在大气高层区域具有较大丰度，且具有重要的非热激发源时，如 CO 或 NO 这类物质。图 8.35 显示了 NO 5.3 μm 谱带区域的天底光谱，分辨率为 0.001 cm^{-1}，假设大气层延伸至 200 km。尽管图中最强的特征是叠加在它们之上的对流层 H_2O 谱线，但还是可以看到热层

（120～200 km）非平衡下的 NO 发射谱线的贡献（见 7.6 节），这些特征之所以明显，是因为模拟中的光谱分辨率更高。如果它退化到像 MIPAS 这样的探测仪器，即光谱分辨率为 0.025 cm^{-1}，最强谱线的最大差值将减小到仪器等效噪声光谱辐亮度的 4 倍左右。

天底观测显现出的非平衡效应非常罕见，且相当微不足道。MSX（中段空间实验）卫星上的 SPIRIT Ⅲ辐射计显示出与上述模拟相似的 CO_2 4.3 μm 辐射增强，并且在 1990 年 12 月 Galileo 航天器飞越地球期间，NIMS（近红外测绘光谱仪）观测得到了覆盖整个 CO_2 4.3 μm 区域的天底光谱，结果表明白天增强约 40%，与模型预测符合。然而，与临边辐射不同，在大多数情况下，来自高层大气的微弱信号、较差的垂直分辨率，以及来自地表的巨大背景辐射贡献，意味着天底辐射对于研究非平衡过程不太有用。

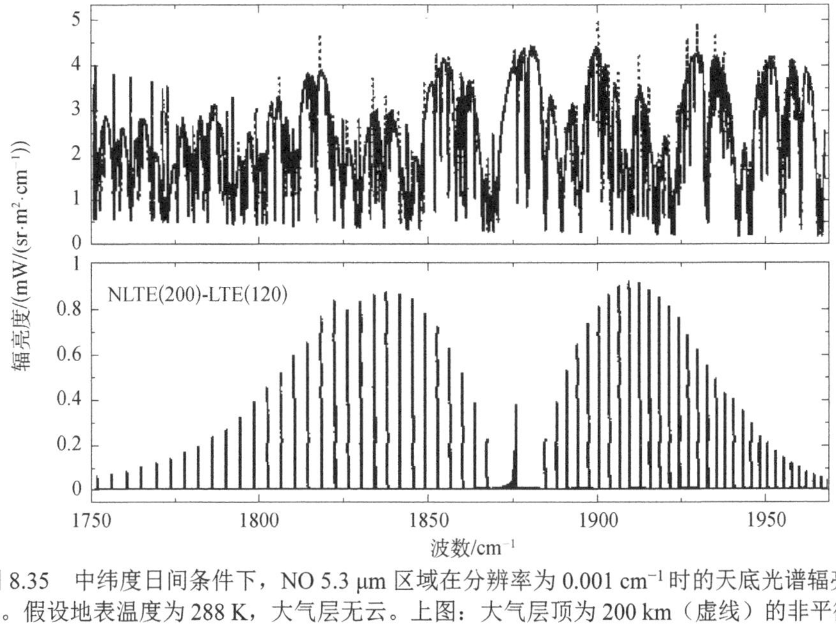

图 8.35　中纬度日间条件下，NO 5.3 μm 区域在分辨率为 0.001 cm^{-1} 时的天底光谱辐亮度。假设地表温度为 288 K，大气层无云。上图：大气层顶为 200 km（虚线）的非平衡态，以及大气层顶为 120 km（实线）的平衡态。大气层顶为 120 km 时非平衡和平衡态之间没有明显差异。下图：非平衡（200 km）-平衡态（120 km）辐亮度

8.13　非平衡反演算法

非平衡模型已经用于反演代码中，从大气辐射测量中反演组分丰度。到 2001 年

为止开发的算例主要包括那些更易于建模、计算成本可接受以及非平衡机制更为人所知的谱带。如上所述，图 8.36 总结了这种反演算法的流程，用于从 ISAMS 测量的非平衡辐亮度推导出 CO 的混合比，其他例子包括从 SAMS 反演 H_2O 和从 ISAMS 反演 NO。

高速计算机使我们能够在反演算法的前向模型中引入非平衡模型，目前研究者们正在努力拓展这种方法，使得通过红外观测可以在中层和高层大气中探测更多大气参数。例如，从 SABER 宽带辐亮度获得的大多数地球物理参数，包括压强-温度、CO_2、O_3、H_2O 和 NO 浓度，都使用了这类非平衡态反演算法。甚至可以在非平衡条件下反演温度，即使局限于部分发射能态处于平衡态的那些区域，在非平衡条件下也可以反演温度，否则有关热力学温度的信息将很少。

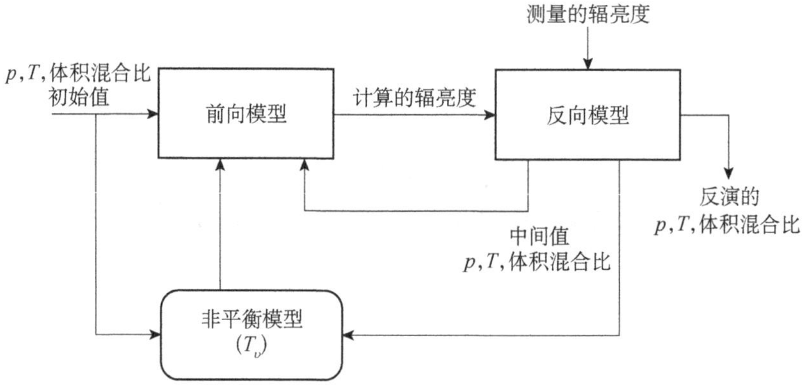

图 8.36　从 ISAMS 非平衡辐射观测结果反演 CO 丰度的反演算法流程示意图

除了快速计算机之外，高分辨率频谱中包含的丰富的有用信息（包括来自给定分子不同能级的非平衡辐射，这些分子的某些能级可能处于平衡态，而另一些则处于非平衡态）也促使高度复杂算法大力发展。在这些算法中，正向模型的非平衡部分及其某些参数在反演过程中被视为未知，与温度和组分信息一起反演获得。一个应用例子是从 MIPAS 光谱中反演 NO 浓度（参见 7.6 节），这包括非平衡布居数对 NO VMR 本身的依赖性，该依赖性与平流层中 NO_2 光解和热层中 $N(^4S)+O_2$ 产生 $NO(\upsilon>1)$ 的反应有关。算法中还包括一个辐射传输代码，在计算整个大气范围内的临边辐射时考虑了振动、转动和自旋非平衡（见图 8.37），这允许从 NO 基频带的临边辐射光谱中同时测定 NO 丰度和光解后 NO_2 的新生振动分布，而后者是一个重要的非平衡参数。该方法通常可以应用于任何受非平衡影响的痕量组分的反演，往往这些组分的非平衡分布的光谱信息有限。例如，可用于反演 O_3 VMR，以及影响 O_3 振动态分布的几个 V-V 和 V-T 过程的速率常数。

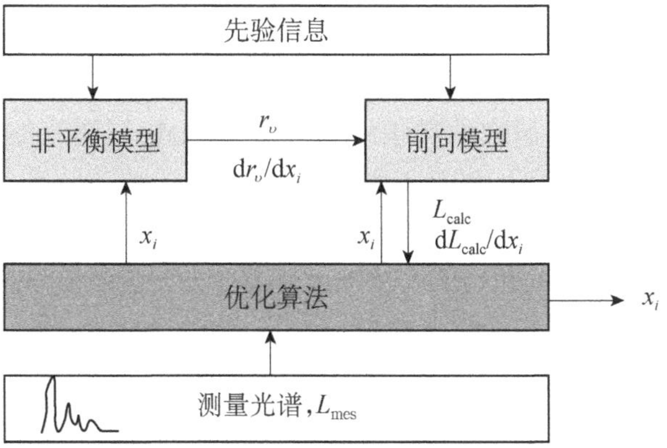

图 8.37　同时反演组分丰度和非平衡模型参数的非平衡反演算法。L 为测量或模拟临边光谱辐亮度，x_i 为反演向量元素，r_υ 为非平衡布居数

8.14　参考文献和拓展阅读

观测 CO_2 和其他几种组分非平衡的探空火箭实验的讨论详见以下文献：Stair 等（1975，1983，1985）；Kumer 等（1978）；Nadile 等（1978）；Caledonia 和 Kennealy（1982）；Philbrick 等（1985）；Sharma 和 Wintersteiner（1985，1990）；Ulwick 等（1985）；Brükerlmann 等（1987）；Picard 等（1987）；Winick 等（1987）；Wintersteiner 等（1992）；Nebel 等（1994）和 Ratkowski（1994）。CIRRIS-1A 对 CO_2 15 μm 的观测见 Wise 等（1995）。

由 OH 通过中间物 $N_2(1)$ 对 $CO_2(\upsilon_3)$ 布居数激发的解释详见 Kumer 等（1978）、Kumer 和 James（1983）。

关于在上中间层和低热层中使用 CO_2 15 μm 和 4.3 μm 辐射来推导 CO_2 VMR 的综述，见 López-Puertas 等（2000）。对 CO_2 15 μm 临边辐射中的有效信息，以及非平衡效应的详细分析，可以在 Bullitt 等（1985）和 Edwards 等（1993）中得到。Edwards 等（1998）研究了振动配分函数对临边辐亮度的影响。

Taylor（1987）综述了平流层和中层探测仪（SAMS）实验的目标和结果。SAMS 仪器已经由 Drummond 等（1980）进行了分析，LIMS 由 Gille 和 Russell（1984）、ISAMS 由 Taylor 等（1993）进行了分析，而 SAMS 和 ISAMS 使用的压强调制技术由 Taylor（1983）和 Edward 等（1999）进行了详细讨论。Barnett 和 Corney（1984）、López-Puertas 和 Taylor（1989）分别报告了 SAMS 的温度和 CO_2 4.3 μm 的测量结果。

Edwards 等（1996）详细描述了由 CLAES 测量的 CO_2 和 O_3 10 μm 辐射结果，以

及由$O(^1D)$激发$CO_2(0,0^0,1)$能态的重要性。

大气痕量分子光谱（ATMOS）实验由 Farmer 和 Norton（1989）进行了讨论，而使用 ATMOS 进行非平衡研究的科学结果可以在 Rodgers 等（1992）、Rinsland 等（1992）和 López-Puertas 等（1992b）的工作中找到。

关于中间层和低热层中 CO_2 丰度的分析，见 Taylor（1988）和 López-Puertas 等（2000）的综述。$CO_2(0,1^1,0)$与$O(^3P)$碰撞的快速速率系数的观测证据得到了 Sharma 和 Wintersteiner（1990）、Shved 等（1991）、López-Puertas 等（1992b）、Pollock 等（1993）和 Mertens 等（2001）的充分讨论。

Stair 等（1974）报告了 ICECAP 对 O_3 辐射的测量结果，Yamamoto（1977）和 Gordiets 等（1978）进行了细致分析。关于 SPIRE 探空火箭对臭氧的观测，详见 Stair 等（1985）和 Green 等（1986），关于 SISSI 的结果见 Grossmann 等（1994），两者都可参考 Manuilova 和 Shved（1992）的工作。Solomon 等（1986）和 Pemberton（1993）分别描述了利用 LIMS O_3 通道反演 O_3 混合比模型的非平衡校正，该模型为 9.6 μm。Mlynczak 模型的修订版已被 Zhou 等（1998）用于分析 CIRRIS-1A 数据。下述工作开发了$O_3(\upsilon_1,\upsilon_2,\upsilon_3)$泛频带和组合带能级的非平衡态模型：Rawlins 等（1985，1993）；Mlynczak 等（1990a，b）；Fichet 等（1992）；Manuilova 和 Shved（1992）；Pemberton（1993）；Manuilova 等（1998）；Koutoulaki（1998）；Martín-Torres 和 López-Puertas（2002）。

由 Kerridge 和 Remsberg（1989）讨论了搭载 Nimbus 7 的 LIMS 测量的 6.9 μm 非热发射通道。Drummond 和 Mutlow（1981）利用 SAMS 临边日间 2.7 μm 辐亮度来计算 35～100 km 区域的 H_2O 浓度。López-Puertas 等（1995）、Goss-Custard 等（1996）和 Zaragoza 等（1998）讨论了非平衡对 ISAMS 测量的影响。Manuilova 和 Shved（1985）以及 López-Puertas 等（1995）报告了$H_2O(0,1,0)$和$(0,2,0)$能级的非平衡模型。

Oerhaf 和 Fischer（1989）、Winick 等（1991）和 Kutepov 等（1993a）对 4.6 μm 谱带临边辐射的振动和转动非平衡进行了研究。López-Valverde 等（1993，1996）以及 Allen 等（2000）报告了从 ISAMS CO 4.6 μm 辐射测量数据中反演得到的 CO 丰度。Dodd 等（1993）报告了 CIRRIS-1A 实验观测到的上中间层 4.7 μm 带的 CO 同位素发射。

Degges（1971）预测$NO(\upsilon=1,2)$在中间层和低热层将处于非平衡态；有关处理方法，请参阅 Caledonia 和 Kennealy（1982）、Kaye 和 Kumer（1987）以及 Sharma 等（1993）的工作，其中 Sharma 等还讨论了热层 NO 中转动非平衡的证据。Stair 等（1975，1983，1985）讨论了 ICECAP 和 HIRIS 对 NO 的测量结果，分析则由 Rawlins 等（1981）和 Zachor 等（1985）所完成。对于 NO 5.3 μm 谱带，Picard 等（1987）报告了 FWI 仪器的观测结果，Adler-Golden 等（1991）报告了 SPIRIT Ⅰ的观测结果。

Ulwick 等（1985）讨论了 EBC 项目中 NO 5.3 μm 辐射的测量结果；Grossmann 等（1994）对比研究了 EBC、MAP/WINE 和 DYANA（SISSI）等计划对 NO 5.3 μm 的测量数据。Sharma 等（1993）、Smith 和 Ahmadjian（1993）、Armstrong 等（1994）、Lipson 等（1994）以及 Wise 等（1995）分析了 CIRRIS-1A 实验测量的 NO 5.3 μm 辐射结果。关于 CRISTA 的 NO 5.3 μm 的辐射测量，见 Grossmann 等（1997a）。Ballard 等（1993）报告了早期 ISAMS 的测量 NO 结果。关于 NO 对能量平衡的影响，详见 Kockarts（1980）、Caledonia 和 Kennealy（1982）、Zachor 等（1985）以及 Grossmann 等（1994）的工作。

Kockarts（1970）、Grossmann 和 Offermann（1978）、Iwagami 和 Ogawa（1982）、Sharma 等（1994）以及 Grossmann 和 Vollmann（1997）等讨论了原子氧 63 μm 的非平衡与平衡态发射。CRISTA 实验从太空中测量了这种辐射，详见 Grossmann 等（1997）。Zachor 和 Sharma（1989）、Sharma 等（1990）讨论了使用 63 μm 和 147 μm 谱带辐射在热层中反演 $O\left({}^3P\right)$ 丰度和温度的可行性。

LIMS 6.9 μm 测量的 NO_2 高 υ_3 振动能级的热谱带辐射、化学泵浦作用的证据，由 Kerridge 和 Remsberg（1989）进行了讨论。Kumer 和 James（1982）、Kumer 等（1989）讨论了氯化氢（HCl）和氟化氢（HF）的日间非平衡效应。最近，Winick 等（1985）、Solomon（1991）、López-González 等（1992b）、Sivjee（1992）和 McDade（1998），以及 Chamberlain（1995）综述了 OH 的 1～4 μm 波段辐射，O_2 的 1.27 μm 和 1.58 μm 近红外辐射。

OH 的转动非平衡由 Smith 等（1992）、Pendleton 等（1993）、Cosby 等（1999）进行了讨论。$NO(\upsilon, J)$ 的转动非平衡由 Espy 等（1988）、Rawlins 等（1989）、Smith 和 Ahmadjian（1993）、Sharma 等（1993）、Sharma 等（1996a～c，1998）以及 Sharma 和 Duff（1997）进行了讨论。NO^+ 中转动非平衡的证据由 Smith 等（2000）进行了描述，Duff 和 Smith（2000）开展了讨论。Armstrong 等（1994）提出了在 $CO(\upsilon=1)$ 的高 J 水平下转动非平衡的证据。Kutepov 等（1991）、Sharma 等（1993）、Dodd 等（1994）以及 Funke 和 López-Puertas（2000）报告了 $CO_2\left(0,0^0,1\right)$、$CO(1)$ 和 $NO(1)$ 的振动激发态转动非平衡的理论预测和实验证据。

López-Valverde 给出了非平衡态反演算法，用于从 ISAMS 中反演 CO 丰度。可同时反演 VMR 和振动温度曲线的非平衡态反演算法，由 Timofeyev 等（1995，1999）完成，并成功应用于 CRISTA 测量数据的分析。Zhou 等（1998，1999）和 Mertens 等（2001）给出了用于从 SABER 测量中得到气体丰度的非平衡反演程序。Funke 等（2001）给出了确定 NO 丰度和非平衡模型参数的非平衡态反演程序。

第 9 章　冷却与加热率

9.1　引言

在本章中，我们利用前几章的理论和模型，研究非平衡对中高层大气能量平衡的影响，以及对红外辐射冷却和加热过程影响的程度。应该注意到，这些只是中高层大气总能量平衡的一部分，不包含其他热源的处理，如热能输运、波破碎、化学加热等，甚至没有处理所有的辐射源和汇。后面这些都超出了本书的研究范围，如 O_2 和 O_3 吸收太阳辐射光谱中 UV 和可见光部分的重要加热效应。

在非平衡情况下，碰撞激发的减少导致热能和辐射之间的传递效率降低，因此影响了大气冷却到空间的速率。碰撞激发的减少似乎还影响了吸收太阳能量的方式：缺乏频繁碰撞使从太阳辐射中吸收的能量快速转化成热，会对净加热率产生影响。因此，定量理解非平衡，不仅有助于提高对上层大气过程的认识，帮助从遥感测量中获得准确的温度和组分丰度，而且有助于了解该区域的能量收支情况。由此可见，非平衡过程对上层大气的结构和动力学可以产生相当大的影响。特别是，用于研究像中间层这样相对低压区域的全球环流的计算模型时，必须引入非平衡辐射计算，否则会产生很大的误差。

本章将首先讨论振动态的辐射冷却，随后讨论近红外加热过程。对红外冷却最重要的谱带为 CO_2 15 μm 带，其次为 O_3 的近 9.6 μm 带，再次是 H_2O 的远红外纯转动（超过 20 μm，0～500 cm^{-1}）和 6.3 μm 振动-转动带。对于 H_2O，其纯转动带产生的冷却明显大于 6.3 μm 带。NO　5.3 μm 辐射在热层中占主导地位，$O(^3P)$　63 μm 辐射在热层中也很重要。

非平衡对加热的影响主要是通过 CO_2 和 H_2O 在近 2.7 μm 谱带对太阳辐射的共振散射，以及 CO_2 的 4.3 μm 谱带。如果光子像平衡态那样，在局地立即转化成热，那么吸收近红外太阳辐射而产生的加热率将会大得多。在它转化成热之前，部分吸收的能量通常以不同波长通过荧光过程重新辐射。而且，吸收的能量在最终转化为分子动能之前，可以在分子其他内能态之间重新分配。此外，我们还考虑了其他组分激发态的能量转移到所考虑系统中的情况。例如 $O(^1D)$，它本身在红外光谱中不活跃，但在碰撞过程中可以为那些红外光谱中活跃的物质（比如 CO_2 和 H_2O）提供能量。

在这些计算中，将考虑参数的全球分布，包括温度、组分（对原子氧等变化大的组分尤其重要）和日照随季节变化的整个范围，同时还将考虑一些大气参数的不确定性和变化的影响，如 CO_2 和 $O(^3P)$ 丰度对冷却率和加热率的典型剖面的影响。

如前几章所述，计算和掌握加热率和冷却率，需要了解非平衡模型的一些关键参数。特别是，许多重要反应的速率系数需要有精确定量的值以及它们与温度的关系。正如所看到的，我们对许多过程的速率知之甚少，有些速率也很少开展研究，因此，接下来即将讨论的冷却率和加热率有很大的不确定性。在某些情况下，可以通过在非平衡模型中引入速率的不确定性来量化这些不确定性。即使如此，这也是一个相当大的进步，因为直到 2001 年，大气能量收支研究中仍很少将非平衡考虑在内。这种情况正在逐步改善，部分原因是卫星测量数据对结果增加了限定，减少了模型中的不确定性。一些与加热率和冷却率计算相关的例子已在第 8 章进行了讨论，包括：用 SAMS 和 ISAMS 仪器测量 4.3 μm 大气辐射和 CO_2 VMR； ATMOS 测量的 $k_{CO_2\text{-}O}\left[O(^3P)\right]$ 数据；CLAES 关于 $O(^1D)$ 激发机制的数据；CIRRIS-1A 和 CRISTA 关于 NO 和 $O(^3P)$ 冷却的数据。

9.2　CO_2 15 μm 冷却

本章将再次使用第 6 章中描述的非平衡辐射传输模型，该模型通过碰撞和辐射过程解释了能级之间的耦合，其中碰撞过程包括振动-平动、振动-振动碰撞，辐射过程包括太阳辐射的吸收和大气层之间的光子交换。采用柯蒂斯矩阵法同时求解所有相关能态，以及它们之间跃迁的辐射传输方程和统计平衡方程。对于 CO_2，该模型包括四种不同同位素的能级，它们（指能级）与 N_2 和 O_2 的振动能级耦合，以及振动激发态 OH 基和电子激发态的氧原子通过碰撞对 CO_2 的泵浦作用（通过 N_2）。

加热率通常由以下表达式（参考式（3.60））计算：

$$h(z) = 4\pi S n_a(z)\left[\bar{L}_{\Delta\nu}(z) - J_{\nu_0}(z)\right]$$

其中 $J_{\nu_0}(z)$ 为第 5 章中的非平衡源函数。当包含 V-V 过程时，某一谱带吸收或发射的净辐射能并不总是直接转化为动能，其中一些可能最终处于激发态，并被再次辐射。因此，必须记住，在辐射传输方程中，“加热”（或冷却）率不一定代表由吸收

（或发射）的辐射能转化的（或吸收）热能。

如第 5 章中所述，加热率在某些条件下可以简化。以热层中 CO_2 15 μm 基频带为例，其高能级 $(0,1^1,0)$ 主要通过与 $O(^3P)$ 的热碰撞而激发（表 6.2 中的过程 2），通过自发发射而消耗。辐射传输在这一区域的作用较小，因此可以忽略。使用“总逃逸”近似（见方程（5.6）），冷却率 $q=-h$ 可由下式给出：

$$q=\frac{[CO_2]}{Q_{vib}}\left[O\left(^3P\right)\right]g_2k_{CO_2\text{-}O}\exp\left(-\frac{h\nu_0}{kT}\right)h\nu_0 \tag{9.1}$$

其中 Q_{vib} 为振动配分函数；$k_{CO_2\text{-}O}$ 为 $CO_2(0,1^1,0)$ 与 $O(^3P)$ 碰撞的速率系数；$g_2=2$ 为 $(0,1^1,0)$ 的简并度，括号为平均数密度。或者采用“冷却到空间”近似（见 5.2.1 节第 2 部分），冷却率由 $q_{CTS}=q\times\left(\mathcal{T}^*/2\right)$ 给出。这里 $\mathcal{T}^*$ 为光子逃逸到太空的概率；q 单位为每体积（cm^{-3}）和时间（s^{-1}）的能量（erg 或 J）。更常见地，用大气团在等压条件下的温度变化率表示加热率或冷却率，单位是 $K\cdot d^{-1}$。温度变化率等于 q 除以常压下的大气密度和热容，例如，除以 $[N]Mc_p$，其中 $[N]$ 为总密度，M 为平均分子量，c_p 是等压比热容。因此，以 $K\cdot d^{-1}$ 为单位的冷却率取决于二氧化碳的 VMR，而不是其数密度，并且在较小程度上取决于 $O(^3P)$ 的相对丰度，因为 $O(^3P)$ 可通过对大气热容量的贡献和平均分子量产生影响。

至此，可以考虑卫星的辐射测量值与冷却率之间的关系，尤其是在光学薄条件下。对于光学薄条件，8.2.2 节中推导得到了辐亮度光谱的简单表达式（式（8.16）），对该公式在光谱区间上积分：

$$L\left(x_{obs}\right)=\frac{h\nu_0}{4\pi}A_{21}\int_{x_s}^{x_{obs}}n_2(x)dx \tag{9.2}$$

通过简单的 Abel 反演，可以得到大气在单位体积和时间内发射的 $h\nu_0$ 光子的数量为 $A_{21}n_2(z)$，它通常称作体积发射率，与冷却率表达式（式（9.1））相符，因为在这些条件下，对于 $CO_2(0,1^1,0)$，辐射高能态 n_2 的布居数由下式给出：

$$\left[CO_2\left(0,1^1,0\right)\right]=\frac{[CO_2]}{Q_{vib}}\frac{\left[O\left(^3P\right)\right]g_2k_{CO_2\text{-}O}}{A_{21}}\exp\left(-\frac{h\nu_0}{kT}\right) \tag{9.3}$$

因此，在光学薄条件下，从临边辐亮度测量可以直接得到第一个以每单位体积和时间的能量为单位的热损失率的方法。然而，仅凭这单一测量数据，暂时无法得到以 $K\cdot d^{-1}$ 为单位的冷却率，另外还需要补充大气数密度、平均分子量和热容，以及大气压强、温度和 $O(^3P)$ 浓度。这一分析结果同样适用于 9.5 节讨论的 NO(1) 5.3 μm 冷却。

由式（9.1）可知，热层中 CO_2 15 μm 冷却率主要取决于以下四个参数：

（1）热力学温度；

（2）CO_2 丰度（数密度或体积混合比）；

（3）$k_{CO_2\text{-}O}$，即 $CO_2\left(0,1^1,0\right)$ 由原子氧碰撞去激发的速率系数；

（4）$O\left(^3P\right)$ 数密度。

第一个和最后一个量变化范围很大，必须考虑全球和季节条件。此外，即使在研究比较多的纬度和年份，CO_2 丰度的模型预测结果和测量数据仍然存在显著差异（见 8.10.3 节）。

在前几章中已经看到，原子氧在使 CO_2 的弯曲振动模态去激发方面是非常有效的，必须加以考虑。$CO_2\left(0,1^1,0\right)$ 和 $O\left(^3P\right)$ 碰撞反应速率系数很大，使 CO_2 15 μm 辐射冷却成为低热层能量收支中的一个主要项，可与动力学过程所起的作用相比拟。然而，在大气温度条件下，该系数的具体值并不确定，诸多公开发表的数据也不一致。第 6 章中所采用的速率系数通过 ATMOS 光谱反演得到，处于实验室测量值（与 SISSI 辐亮度一致），以及 SPIRE 的 CO_2 15 μm 辐射测量结果反演值之间。

$O\left(^3P\right)$ 浓度的不确定性与 $k_{CO_2\text{-}O}$ 速率系数的不确定性对冷却率的影响是相似的，尤其是在 90 km 以上。这些不确定性对 CO_2 的近红外太阳辐射加热也有重要影响，因为从 $CO_2\left(\upsilon_1,\upsilon_2,1\right)$ 转移到 $N_2(1)$ 的振动能通过 $N_2(1)$ 与 $O\left(^3P\right)$ 的碰撞而转化成热（表 6.2 过程 15）（见 9.8.2 节中的讨论）。为了正确地描述这些现象，需要建立一个随纬度和高度变化的完整模型，以描述上中间层和低热层的原子氧丰度，Rees 和 Fuller-Rowell 建立了类似的模型。新建模型拟合了太阳中间层探测器(SME)卫星在 80～86 km 区域的实验数据，在该区域原模型计算值整体比测量值低。图 9.1 和图 9.2 分别给出了 12 月（冬/夏至）和 3 月（春/秋分）的 $O\left(^3P\right)$ 浓度分布。

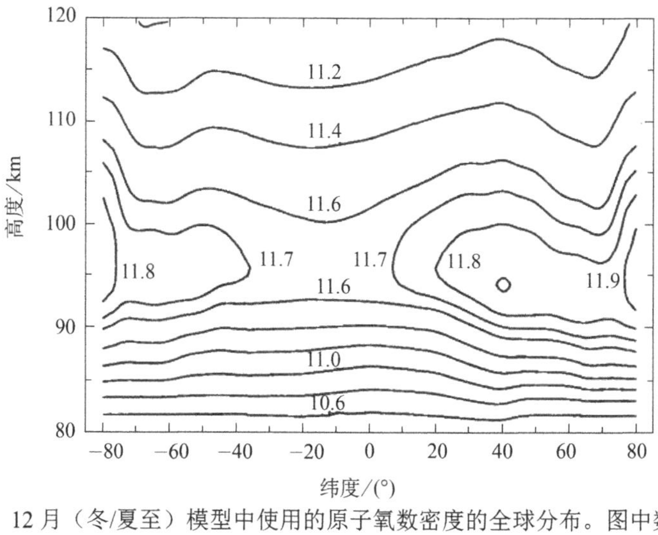

图 9.1　12 月（冬/夏至）模型中使用的原子氧数密度的全球分布。图中数值是以 $mol\cdot cm^{-3}$ 为单位的数密度的以 10 为底的对数值

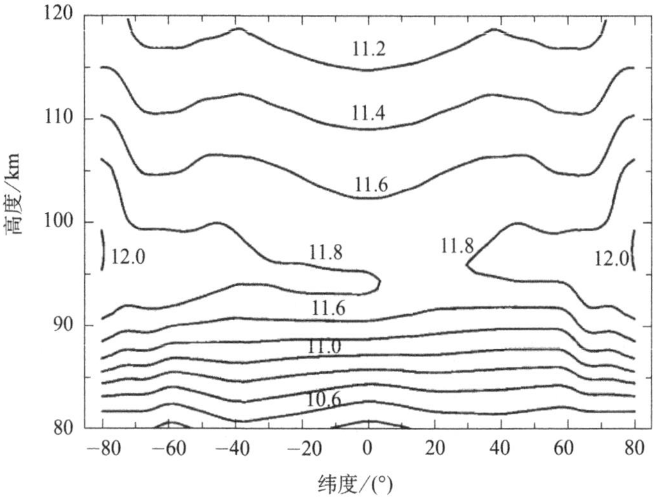

图 9.2　3 月(春/秋分)模型中使用的原子氧数密度的全球分布。图中数值是以 mol·cm^{-3} 为单位的数密度的以 10 为底的对数值

最后，CO_2 υ_3 量子态与 N_2 第一激发态的振动交换速率系数（表 6.2 中的过程 9）也很重要。根据当前的认识，该速率的不确定范围约为表中所列值的 0.2～2 倍（见 9.8.2 节中的讨论）。

9.2.1　冷却率剖面

在夜间，CO_2 15 μm 谱带辐射到空间的能量来源于热能，因此使大气冷却。不过，正如下面讨论的那样，由于吸收了来自下部较温暖大气的部分辐射通量，仍然可以在高海拔较冷处产生净加热。在白天，CO_2 的近 2.7 μm 和 4.3 μm 谱带吸收的太阳辐射会导致额外的加热，这将在 9.8 节进行讨论。

CO_2 15 μm 冷却率在平流层和中间层的作用机制与低热层不同。在低热层，冷却主要由光学很薄的 ν_2 基频带引起，并且如上一节和下文详细说明的那样，在很大程度上取决于 CO_2 和 $O\left(^3P\right)$ 浓度，以及 $O\left(^3P\right)$ 对 CO_2 弯曲模态去激发的速率系数。在中间层，基频带在光学上较厚，因此较弱的同位素和热谱带的辐射冷却变得更加重要。

1. 平流层和中间层的冷却

图 9.3 和图 9.4 给出了 CO_2 各谱带的冷却率随高度的变化剖面，包括主同位素 626 的基频带(FB)、3 个第一热谱带和 7 个第二热谱带(HOT)，以及次同位素 636、628 和 627 的基频带(ISO)（见表 F.1）。所有这些剖面都是根据第 6 章中的模型参数计算的，计算时采用极地夏季（80°S，12 月）和极地冬季（80°N，12 月）条件下的 CIRA 86 温度剖面（见图 1.1）。

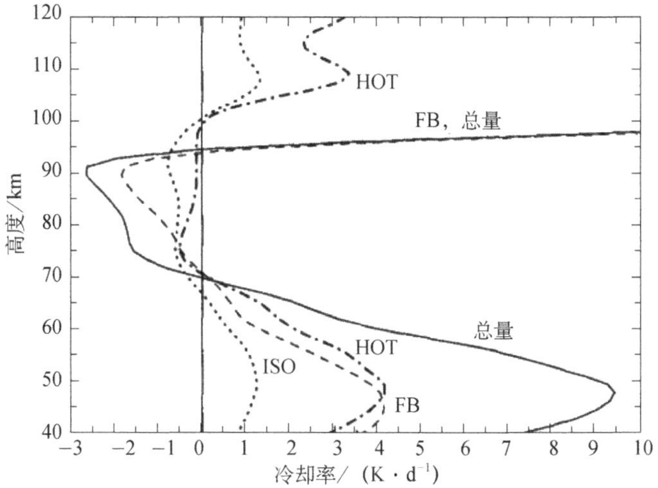

图 9.3　夏季条件下，CO_2 15 μm 谱带的冷却率

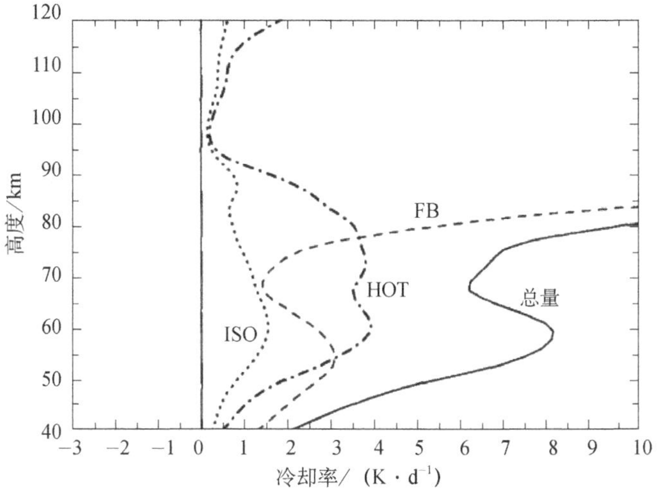

图 9.4　冬季条件下，CO_2 15 μm 谱带的冷却率

可以看出，较弱的谱带对该区域冷却率的贡献与较强的基频带贡献相当，这是因为弱谱带在光学上更薄，光子更容易逃逸到太空中，而基频带只有在海拔高得多的低热层中才变得光学薄。注意，在平流层顶和 75 km 高度之间的区域，热谱带（主要是第一热谱带）引起的冷却率比基频带要大。相对于基频带，这些弱带的贡献很大程度上取决于温度结构。例如，极地冬季中间层中约 65 km 处，热谱带的相对贡献（图 9.4）是基频带的 2 倍多，比极地夏季条件下相同区域的贡献（图 9.3）也要大得多。

三个次同位素带在整个中间层也辐射出大量的能量。冬季极地附近的大幅冷却是由 Doppler 线形的翼端辐射引起的，由这个季节较暖的中间层温度所驱动。夏季极地中间层顶的净加热来自于下中间层的光子，它们被中间层中较大的负温度梯度束缚并引起加热。弱带的加热与基频带产生的加热量级相当。

CO_2 4.3 μm 带在平流层顶附近产生的最大冷却率约为 0.2～0.35 $K \cdot d^{-1}$，所有其他 CO_2 谱带的冷却率都可以忽略不计。

2. 热层冷却

热层中的冷却由 15 μm 基频带主导，同时，热谱带（主要是第一热谱带）也有重要作用，尤其是在该区域的下部（图 9.3 和图 9.4）。其中一个最突出的特征是，与冬季相比，夏季低热层的冷却率要大得多（图 9.5 和图 9.6）。在热层，较大的速率系数 $k_{CO_2\text{-}O}$ 迫使基频带接近平衡态，相对冬季，夏季极地上空温度高得多，从而导致基频带的相对浓度和冷却率大得多（见图 1.1）。在 95～100 km 以上的高度，冷却率随高度迅速增加，这是由温度迅速增加引起的。在 120～130 km 以上高度（图 9.7 和图 9.8），CO_2 VMR 和 $O(^3P)$ 浓度随高度下降，尽管温度很高，但降温作用逐渐减弱。

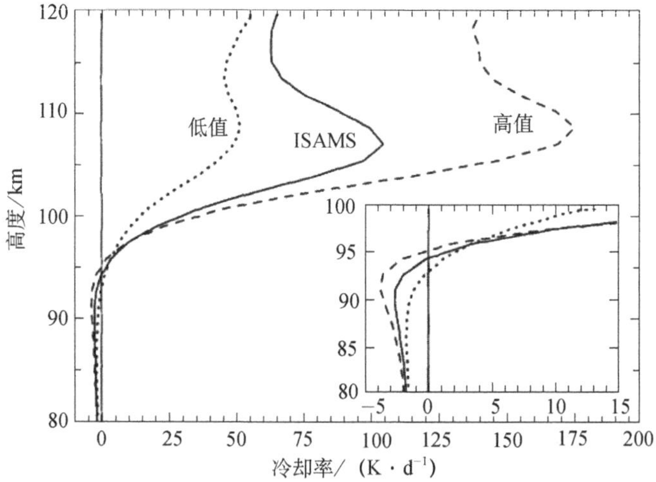

图 9.5　夏季条件下，CO_2 VMR（见图 8.32）对 CO_2 15 μm 带冷却率的影响。嵌图以大比例尺显示了中间层顶附近的冷却

通过计算图 8.32 中极地夏季和冬季的极端 CO_2 剖面条件下的冷却率，可以看出冷却率对 CO_2 VMR 的依赖关系，如图 9.5 和图 9.6 所示。值得注意的是，在 85～95 km 区域，冷却率非常相似，尽管这个区域的 CO_2 分布差异巨大（图 8.32）。当 CO_2 VMR 较大时，在低热层 $(z \geqslant 100\text{km})$，发射的光子和被紧临的下层吸收的光子数量更大，这抵消了部分冷却。

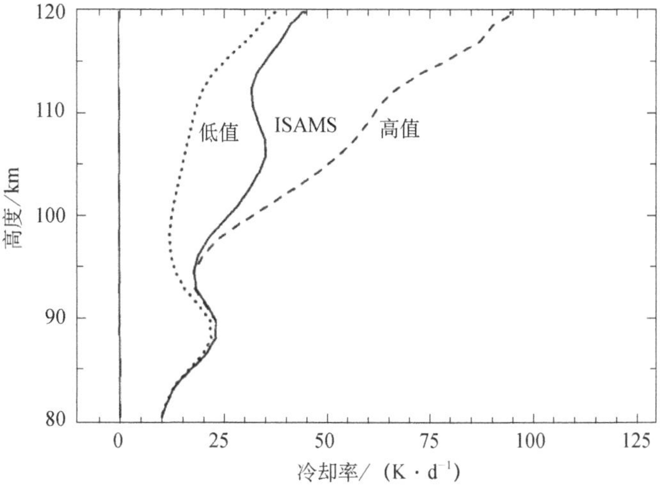

图 9.6　冬季条件下，CO_2 VMR（见图 8.32）对 CO_2 15 μm 带冷却率的影响

由于 $O(^3P)$ 对振动温度的影响（6.3.6 节第 4 部分），预料得到，原子氧的丰度和 $k_{CO_2\text{-}O}$ 对冷却率也具有重要影响。速率系数的典型变化范围为 4 倍，可以使热层的冷却率改变 100%（图 9.7 和图 9.8）。$O(^3P)$ 预测浓度的变化范围为 2 倍，可以造成冷却率改变 50%。两个因素相加，代表了热层中 CO_2 15 μm 谱带产生的冷却率的预期变化范围。在 85～95 km 区域，$k_{CO_2\text{-}O}$ 的不确定性比 CO_2 浓度的不确定性造成的冷却（或加热）率变化范围要大得多。

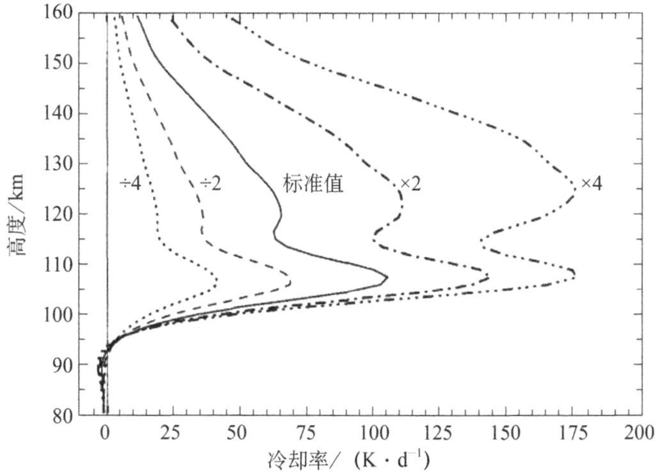

图 9.7　夏季条件下，$k_{CO_2\text{-}O}\left[O(^3P)\right]$ 对 CO_2 15 μm 带冷却率的影响。请注意本图和下图中的纵坐标高度范围

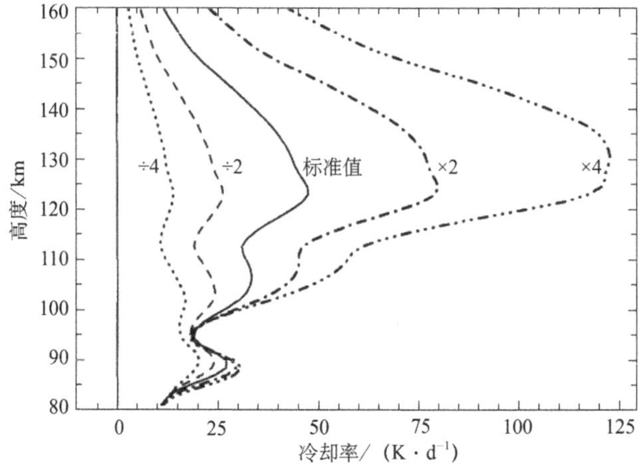

图 9.8　冬季条件下，$k_{CO_2\text{-}O}\left[O\left({}^3P\right)\right]$ 对 CO_2 15 μm 带冷却率的影响

9.2.2　全球分布

图 9.9 和图 9.10 给出了夜间 CO_2 15 μm 谱带产生的冷却率随纬度、高度和季节的变化剖面。它们主要反映了 12 月（冬/夏至）和 3 月（春/秋分）之间的温度结构差（见图 1.2 和图 1.3）。在至日接近平流层顶的地方，夏季极地上空的冷却率为 9K·d^{-1}，在赤道上空下降到最小值，为 6 K·d^{-1}，在冬季极地上空增加至 8 K·d^{-1}。在中间层，冷却率相对更小，主要由弱带造成；在赤道上空其最小值为 1 K·d^{-1}，向夏季极地方向略有减小，向冬季极地方向增大。在中间层顶附近，冬季的总冷却率约为 20 K·d^{-1}，但是在夏季极地可达 3 K·d^{-1} 的加热率。

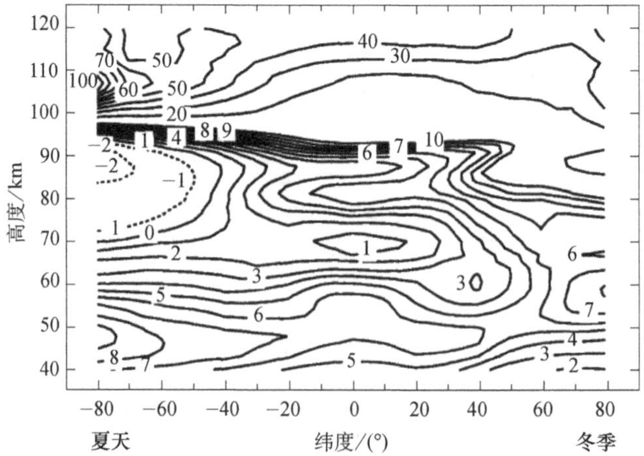

图 9.9　冬/夏至日（12 月）夜间、CIA 1986 温度结构（图 1.2）条件下，CO_2 15 μm 带引起的冷却率（K·d^{-1}）的高度–纬度分布。虚线表示加热

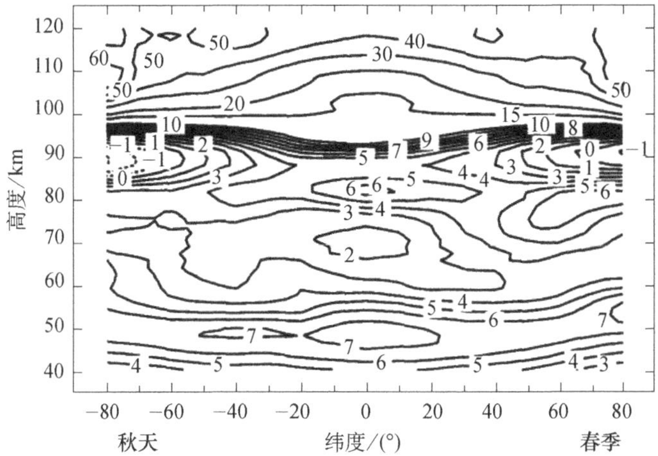

图 9.10　春/秋分（3 月）夜间、CIA 1986（图 1.3）温度结构条件下，CO_2 15 μm 带引起的冷却率（$K \cdot d^{-1}$）的高度-纬度分布。虚线表示加热

如前所述，在低热层，南北两半球表现出非常大的差异，在靠近极地冬季和极地夏季的 110 km 高度附近，冷却率分别为 30 $K \cdot d^{-1}$ 和 70 $K \cdot d^{-1}$。这主要由于大气温度结构的差异，其次由于$\left[O\left(^3P\right)\right]$分布的影响。需要特别注意，在 110～120 km 区域极地附近，冷却率随着纬度的增加而增加，这表明$O\left(^3P\right)$丰度随纬度增加而增加。在这些计算中，CO_2 VMR 剖面并不随纬度变化，尽管有一些模型显示，CO_2 在低热层/上中间层（80～100 km）极地冬季存在明显减小（约 15%～20%），这将造成图 9.9 中冷却率的纬向梯度降低。不过，CO_2 的这些变化比目前已知的 CO_2 VMR 本身的不确定性要小。总的来说，该区域冷却率的不确定性因子至少为 2。

不出所料，在春/秋分条件下，热力学温度和冷却率几乎对称。在平流层顶附近，大多数纬度的冷却率约为 7 $K \cdot d^{-1}$，热带地区冷却率最高可达 7.5 $K \cdot d^{-1}$。中间层冷却率再次反映了热力学温度结构，在相对温暖的 60°N 附近造成了更大的冷却率。在两极中间层顶附近的一个小区域内，辐射起加热作用，南半球的加热率较高，但仍小于至日。在低热层（约 120 km）南极附近，温度更高，冷却率稍大（约 60 $K \cdot d^{-1}$）。请注意，此冷却率与同一地点温度约高 40 K 的夏季大气冷却率相同，这是因为夏季$O\left(^3P\right)$丰度较小（图 9.1 和图 9.2），抵消了较高温度的影响。

9.3　O_3 9.6 μm 冷却

O_3 的 9.6 μm 谱带对平流层和中间层的红外辐射冷却起的作用第二重要。图 9.11

和图 9.12 为中纬度昼夜、极地夏季和极地冬季温度条件下，O_3冷却率的计算结果，计算中采用的O_3丰度分布如图 9.13 所示。

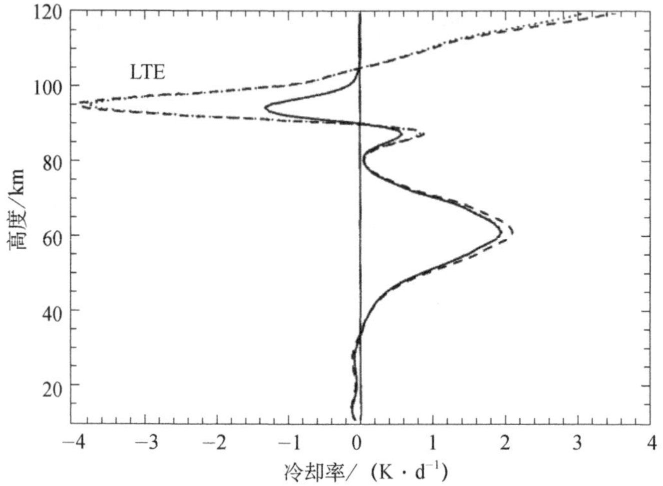

图 9.11　极地冬季条件下，O_3 9.6 μm 谱带的冷却率。实线为$(0,0,1\text{-}0,0,0)$谱带的非平衡冷却率；点线（80 km 以下与实线重合，80 km 以上与虚线几乎重合）为平衡态$(0,0,1\text{-}0,0,0)$冷却率；虚线为平衡态 9.6 μm 附近所有谱带（ν_1和ν_3基频带和热谱带）的贡献

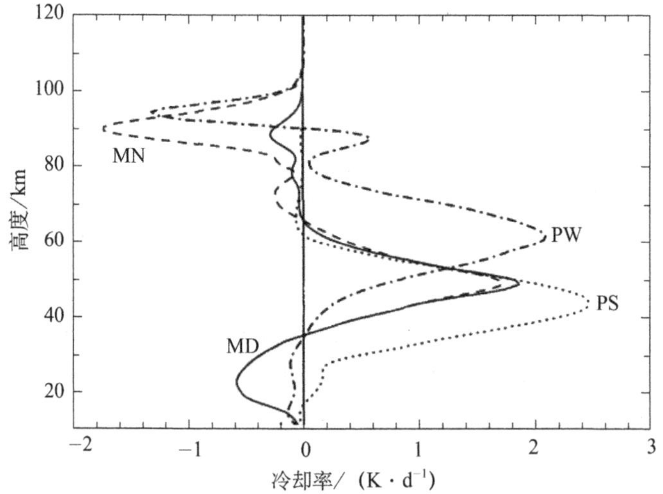

图 9.12　非平衡条件下，仅由辐射过程（忽略化学发光过程）引起的O_3　9.6 μm 谱带冷却率。中纬度白天（MD，实线），中纬度夜晚（MN，虚线），极地冬季（PW，点划线），极地夏季（PS，点线）

如 3.6.5 节第 1 部分和 9.2 节所述，当给定的谱带处于非平衡条件时，该谱带内的通量散度不一定都用于加热或冷却，O_3分子就是一个很好的例子。在生成O_3的重

组反应中，产生了高能激发态，部分化学能转化为内部振动能。这些能级所释放的能量并不是真正的“冷却”，辐射出去的是部分化学能，而不是热能。总之，需要清楚地区分包含辐射和热碰撞过程的“经典”非平衡问题，以及包含非平衡化学发光的问题。

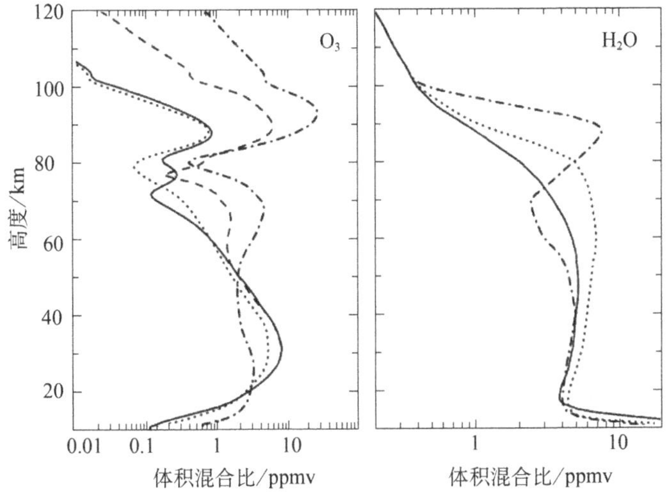

图 9.13　O_3 和 H_2O 的体积混合比。实线：中纬度白天；虚线：中纬度夜间；点线：极地冬季；点划线：极地夏季。O_3 VMR 采用了 Garcia 和 Solomon 模型

图 9.11 给出了在极地冬季条件下，O_3 9.6 μm 谱带基频带以及该波长处其他谱带总的平衡态冷却率。除平流层和上中间层（特别是平流层顶附近和平流层下部）外，冷却由 $(0,0,1\text{-}0,0,0)$ (ν_3) 主导，$(1,0,0\text{-}0,0,0)$ (ν_1) 和各种热谱带的贡献很小。图中还给出了非平衡条件下，仅由 $(0,0,1\text{-}0,0,0)$ 带辐射过程引起的冷却率，即排除了 O_3 生成反应的少量贡献。可以看到，在约 80 km 以下平衡态是一个很好的近似，但在中间层顶大大高估了加热率。平衡态加热率较大的原因如下：平衡态和非平衡态从平流层上部和中间层吸收的光子是一样的，但平衡态低估了局地上中间层的冷却，因为它没有考虑到在中间层顶附近，通过吸收上升流辐射激发的 O_3 分子向空间的额外发射（T_υ 大于 T_k）。

图 9.12 显示了非平衡条件下，O_3 9.6 μm 谱带的辐射冷却率，其中忽略了化学发光过程。大部分冷却发生在平流层顶附近 20～30 km 范围内，在这个高度之上，温度和 O_3 体积混合比都迅速下降。最大冷却率发生在平流层顶附近，约为 $2\ \mathrm{K \cdot d^{-1}}$。中间层的冷却非常弱，跟 CO_2 的那些谱带一样，它们在温度低的中间层顶周围产生净加热率。该加热率在夜间和极地冬季条件下更大，此时 O_3 含量更高，在夜间条件下加热率可接近 $2\ \mathrm{K \cdot d^{-1}}$（全球相当于 $1\ \mathrm{K \cdot d^{-1}}$），与这个区域的其他能量源和汇相比是相当可观的。

与CO_2 15 μm 谱带的情况一样，图 9.12 中O_3谱带的辐射冷却率一般随温度分布变化而变化，尽管O_3 VMR 的变化幅度较大，影响也很明显。由图 9.12 可以看出，最大冷却率约为 2.5 $K \cdot d^{-1}$，发生在夏季极地平流层。在极地冬季约 85 km 处，出现第二个冷却峰值，对应O_3 VMR 的局部最大值（见图 9.13）。中纬度白天和夜间（实线和虚线）具有相同的温度剖面，但O_3 VMR 却相差很大（见图 9.13）。在夜间，平流层顶处冷却率略有下降，这是因为 70 km 及以上高度O_3丰度增加，抑制了平流层顶温度峰值附近的局地冷却。

从图 9.12 还可以看到平流层下部的轻微加热，在对流层较温暖的中纬度地区更加明显。这个区域就在O_3最大值下方，被温度更高的对流层和地表发出的辐射加热。因此，该区域的加热对对流层O_3丰度变化很敏感：当对流层臭氧含量增加时，阻碍了臭氧带向上的通量，导致平流层低层的吸收减少，因此升温减少。

中间层顶附近的加热率取决于局地及下层大气的温度和O_3 VMR 。平流层上部和中间层下部的温度升高，会导致中间层顶加热率增加。当O_3 VMR 在平流层的峰值较小时，大气就更透明，中间层顶暴露在较低、较冷的平流层区域。另一方面，中间层顶O_3越多，吸收越多，加热也就越强。较高的中间层顶温度往往会增加加热量，因为温度越高，碰撞速率越快，吸收的辐射能更高效地转化为分子的动能。对振动布居数的影响则相反，在较低的中间层顶温度下，振动布居数较大。

图 9.12 中的加热率代表了温度和O_3分布的综合影响。可以看出，在中间层顶附近，较大的O_3丰度占主导地位，导致夜间和极地冬季条件下加热率较大。对比极地冬季与中纬度夜间，前者中间层顶O_3 VMR 更大、温度更高，但平流层顶温度较低，O_3 VMR 平流层峰值降低。净效应是极地冬季条件下加热率略小。如图所示，在白天的中间层顶，加热率较小，在极地夏季几乎可以忽略不计。在极地夏季主要是因为平流层温度较高，上升辐射通量很大，但中间层顶温度很低，以至于碰撞效率不足以使吸收的能量变成热能。

9.4　水蒸气 6.3 μm 冷却

与在对流层中的作用相比，水蒸气对平流层和中间层的辐射能量收支贡献很小，因为它在这些区域的浓度相对较低。图 9.14 给出了四种大气条件（中纬度白天、中纬度夜晚、极地夏季和极地冬季）下，6.3 μm 基频带辐射冷却率的模型结果，这里采用了图 9.13 的体积混合比。6.3 μm 谱带贡献小于H_2O纯转动谱带的贡献，前者一般约为后者的 30%，后者的辐射范围超过 20 μm（0～500 cm^{-1}）。

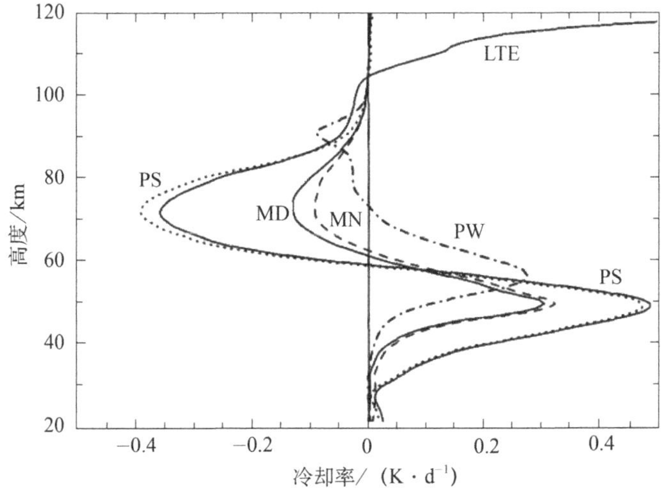

图 9.14　中纬度地区白天（MD，实线）和夜晚（MN，虚线）、极地冬季（PW，点划线）和极地夏季（PS，点线：非平衡，实线：平衡态）条件下 H_2O　6.3 μm 谱带冷却率

在中纬度，6.3 μm 谱带的冷却率最高可达约 0.3 $K \cdot d^{-1}$，而在高度 70 km 附近，由于吸收来自平流层顶附近较低区域的辐射而出现净加热。和 CO_2 一样，H_2O 的冷却结构反映了大气温度结构。在极地夏季条件下，这尤其重要，在平流层顶冷却率可达约 0.5 $K \cdot d^{-1}$，在高度 70 km 加热率可达约 0.4 $K \cdot d^{-1}$。通过对比图 9.14 中极地夏季非平衡（点线）和平衡态（实线）情况，可以看出，在 100 km 以下非平衡的影响很小，但在 100 km 以上影响很大。70 km 左右，由于受 6.3 μm 处太阳吸收以及从 $O_2(1)$ 转移的能量所产生的加热（见 7.4 节）影响，平衡态模型会低估水汽的加热，相反会高估 O_3 的加热。因此，在中纬度地区，白天上中间层的加热比夜间略大。出于同样的原因，平流层的冷却也略有减弱。

9.5　NO 5.3 μm 冷却

NO 5.3 μm 基频带辐射是 120～200 km 热层冷却的主要辐射机制。由于谱带在整个大气上光学薄，而 NO(1) 主要通过与热层中 $O(^3P)$ 的热碰撞激发，因此在非平衡条件下 NO(1) 产生的冷却率 q 可以表示为类似于 CO_2 中式（9.1）的方程：

$$q = [\mathrm{NO}]\left[\mathrm{O}\left(^3P\right)\right]k_{\mathrm{NO\text{-}O}}\exp\left(-\frac{h\nu_0}{kT}\right)h\nu_0 \tag{9.4}$$

这里振动配分函数可以忽略。和前面一样，q 必须除以大气数密度和热容，将单位转

化为 $K\cdot d^{-1}$。

如 7.6 节所述，冷却率计算时需要知道 $NO(1)+O(^3P)$ 弛豫速率，它的不确定性可能大于 2。图 9.15 比较了冷却率计算结果，涵盖了速率系数的不确定范围。根据式（9.4），冷却率的变化范围大致相同。

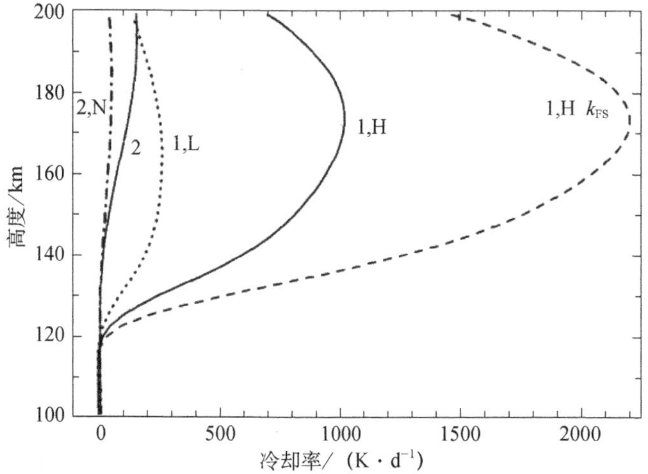

图 9.15　中纬度白天，NO(1-0) 和 NO(2-1) 5.3 μm 带的冷却率。计算时采用高太阳活动条件和 Dodd 等（1999）给出的速率 $k_{NO\text{-}O}$（见 7.6 节），另有说明的除外。符号“1”和“2”分别表示（1-0）和（2-1）谱带。曲线“2,N”忽略了 $N+O_2$ 生成的 NO(2)。曲线“1,L”表示低太阳活动时的（1-0）冷却，“1，H”表示高太阳活动，“1，H k_{FS}”表示高太阳活动及 Fernando 及 Smith（1979）给出的更高的 $k_{NO\text{-}O}$ 速率

除了依赖弛豫速率外，冷却率还直接依赖于 NO 混合比、$O(^3P)$ 数密度和热力学温度，这三个因素在热层中变化很大。冷却率的变化表现在几个方面，即昼夜变化、季节变化和纬度变化，以及与太阳 11 年周期有关的变化。中纬度地区的昼夜变化约为 3 倍，而在至日条件下，极地之间的变化可达 5 倍（图 9.16）。与太阳活动周期相关的变化也相当大（变化因子 5，见图 9.15）。

NO(2-1) 第一热谱带 5.3 μm 波段的能量损失比基频带小得多，但仍然十分重要（见图 9.15）。然而，能量损失的大部分不是来自于热能，而是来自于 $N+O_2$ 反应中释放的化学能（图 9.15）。正如前面提到的，这部分能量不是真正的冷却，因为它不是直接来自分子或原子的动能。无论如何，这也是大气的一种能量损失，因此应在大气能量收支中加以考虑。在中纬度、白天、高太阳活动条件下，中热层中这类能量损失相高达 100 $K\cdot d^{-1}$。类似地，也应该从 NO 能量损失中扣除 NO 吸收太阳辐射被激发后释放的能量，这将在 9.8 节中讨论。不过，这个能量损失并不重要。严格来讲，甚至可以认为热层 NO 由于吸收对流层通量而损失的那部分能量，实际上并不是“冷

却”，因为它不是来自大气分子的局地热能。不过在研究大气能量平衡时，很少考虑到这种区别。

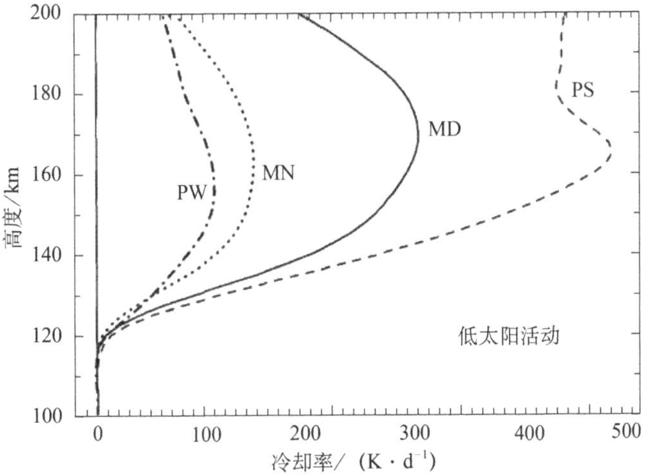

图 9.16　低太阳活动和 Dodd 等（1999）的 $k_{NO\text{-}O}$ 速率条件下，5.3 μm 谱带 NO 冷却率的日、季节和纬度变化。“MD”、“MN”、“PW”和“PS”分别代表中纬度白天、中纬度夜间、极地夏季和极地冬季条件

9.6　O(^3P) 63 μm冷却

由于电子基态精细结构的磁偶极子跃迁，原子氧在 63 μm 和 147 μm 处发出远红外辐射（见图 7.30）。63 μm 的发射对热层的冷却有重要贡献，147 μm 的发射则要弱一个数量级。研究表明，产生 63 μm 谱线的 $O(^3P_1)$ 能级，至少在 200 km 高度内处于平衡态中。这条谱线在光学上是厚的，为了精确计算 150 km 以下的 $O(^3P_1)$ 63 μm 冷却，必须考虑辐射传输。特别是，$O(^3P)$ 通过吸收来自对流层的 63 μm 辐射，使中间层顶轻微升温。在中间层顶以下的区域，$O(^3P)$ 很少，因此在该波长上光学薄。图 9.17 内的嵌图给出了该加热效应的计算结果，其中地表温度条件为中纬度地区 300 K，极地 250 K。在高度 100 km 范围内，加热率约为 0.25 K · d^{-1}。

图 9.17 给出了四种不同热层条件下 $O(^3P)$ 63 μm 辐射的冷却率。可以看出，冷却作用相当强，特别是在高热层，它在量级上与 NO 5.3 μm 相当（见 9.5 节和图 9.18）。当以 K · d^{-1} 表示冷却率时，它与 $O(^3P)$ 体积混合比成正比，而 $O(^3P)$ 体积混合比在热层中随高度的增加而增加，因此冷却率随着高度的增加而增加，这是它随季节变

化而变化的原因。热力学温度对冷却率的直接影响很小，因为小的能级间隔意味着平衡态中的分数$[O(^3P_1)]/[O(^3P)]$在温度变化范围内变化很小。

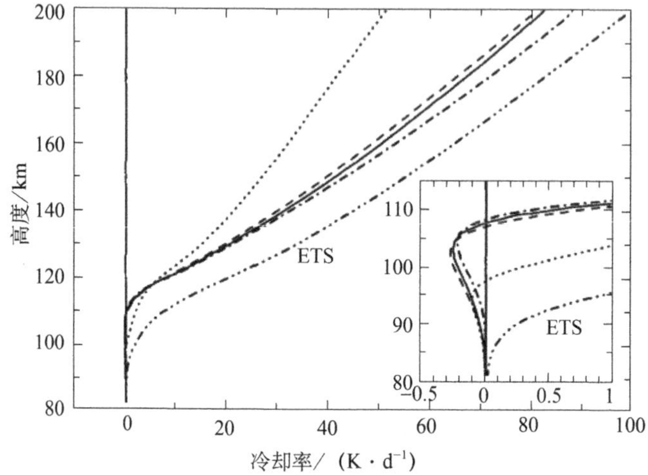

图 9.17 中纬度白天（实线）、中纬度夜间（虚线）、极地冬季（点划线）和极地夏季（点线）条件下 $O(^3P_1)$ 63 μm 辐射的冷却率。“ETS”（双点划线）为中纬度白天条件的总“逃逸到空间”（或光学薄）近似。嵌图大比例尺显示了低热层的加热

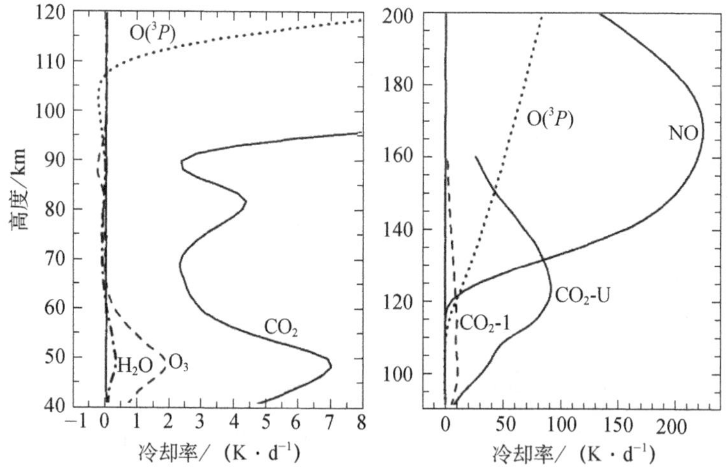

图 9.18 中纬度条件下主要红外辐射分子的冷却率。CO_2 值的范围表明了当前 $k_{CO_2\text{-}O}$ 碰撞率的不确定性。NO 冷却率为低太阳活动、Dodd 等（1999）速率系数条件下的白天/夜间的平均值

图 9.17 还显示了在计算 63 μm 谱线冷却率时，包含辐射传输的重要性。“ETS”曲线显示了总“逃逸到空间”（也称为光学薄方法）假设下的冷却率计算结果（参考式（5.3）），假定平衡态，即 $l_t \gg A_{12}$，可以得到单位为 $erg \cdot cm^{-3} \cdot s^{-1}$ 的

冷却率公式如下：

$$q = 3\frac{\left[\mathrm{O}\left({}^3P\right)\right]}{Q}\exp\left(-c_2\tilde{\nu}_0/T\right)A_{12}h\nu_0 \tag{9.5}$$

其中 $\tilde{\nu}_0 = 158.5\mathrm{cm}^{-1}$；$Q = 5 + 3\exp\left(-c_2\tilde{\nu}_0/T\right) + \exp\left(-c_2 E_0/T\right)$ 为配分函数；c_2 为第二辐射常数；E_0 为 $\mathrm{O}\left({}^3P_0\right)$ 态的能量（226.5 cm^{-1}，见图 7.30）。可以看出，“逃逸到空间”近似严重高估了热层的冷却，并且不能复现低热层的微弱加热特征。

9.7　冷却率总结

图 9.18 总结了本书已讲述的全部章节，图中比较了所有主要红外发射分子、在典型的中纬度美国标准大气（1976）条件下的冷却率。在平流层、中间层和低热层中，CO_2 15 μm 辐射主导了冷却作用，而 O_3 9.6 μm 和 H_2O 6.3 μm 的辐射在平流层中占第二和第三重要的位置。虽然没显示在图 9.18 中，但 H_2O 的远红外发射也很重要。NO 5.3 μm 辐射主导了热层的冷却，同时 CO_2 15 μm 基频带和 $\mathrm{O}\left({}^3P\right)$ 63 μm 谱线在热层的贡献也很重要。如前几节所提到的，要注意 CO_2、NO 和 $\mathrm{O}\left({}^3P\right)$ 在热层中的冷却率变化很大，甚至可以与图 9.18 中右图给出的结果明显不同。

9.8　CO_2太阳加热

CO_2 在中层大气中，不仅是最重要的红外冷却组分，也是最重要的红外加热组分。如第 6 章中所讨论的，2.0 μm、2.7 μm 和 4.3 μm 附近的谱带对加热都有重要贡献，并且在中层大气以上处于非平衡态。CO_2 还与其他组分，特别是 N_2、O_2 和原子氧的能级有强烈的相互作用。

图 9.19 简要地给出了被 CO_2 相关谱带初始吸收的太阳能的传递路径，详细路径见表 F.1。

CO_2 基态吸收 2.0 μm 和 2.7 μm 太阳辐射，$CO_2\left(0,1^1,0\right)$ 和 $\left(0,2,0\right)$ 态吸收 4.3 μm 太阳辐射，生成 $n\upsilon_2 + \upsilon_3$ 储能态，例如 $CO_2\left(l\upsilon_1, m\upsilon_2, \upsilon_3\right)$ 态，其中 $2l + m = n = 1,2,3,4$。不包含不对称 ν_3 振动的相似能级即 $CO_2\left(l\upsilon_1, m\upsilon_2, 0\right)$ 态构成了 $n\upsilon_2$ 储能态。υ_3 储能态包括 4 种最丰富的 CO_2 同位素的 $\left(0,0^0,1\right)$ 能级和 N_2 的第一振动能级。

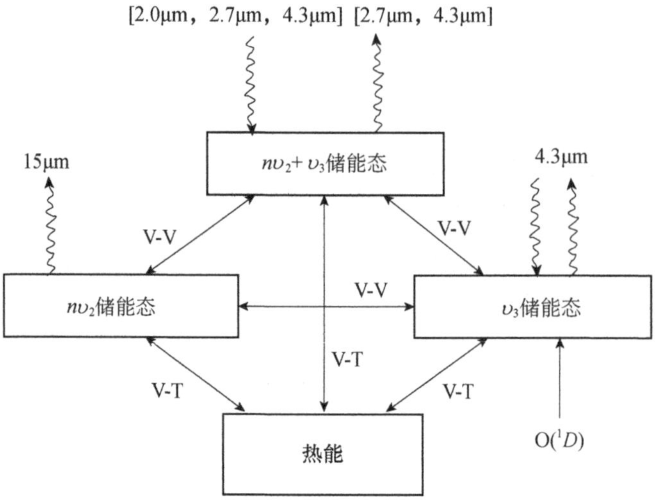

图 9.19　CO_2 近红外谱带吸收太阳能的传递路径示意图。有关“储能态”的描述见正文

组合储能态 $n\upsilon_2+\upsilon_3$ 通过 V-V 碰撞与 υ_3 储能态交换能量，主要是与 N_2 碰撞，其次是与不太常见的 CO_2 同位素碰撞。少部分振动能量，即 υ_3 量子态超出激发 $N_2(1)$ 所需的部分，在这些 V-V 碰撞作用中变成了热能。进入这些储能态的相当一部分能量，主要通过 4.3 μm 带最终被重新辐射到太空中。在组合能级通过近共振 V-V 碰撞或辐射，使 ν_3 振动态去激发后，剩余的 $n\upsilon_2$ 振动能量用于增强 $n\upsilon_2$ 储能态。

振动能在 $n\upsilon_2$ 和 υ_3 储能态之间通过几个过程进行交换。任何 CO_2 同位素的非对称伸缩激发态 $(0,0^0,1)$ 都可以在与空气分子碰撞时重新分配其振动能量，并弛豫到 $(0,3,0)$、$(0,2,0)$ 或 $(0,1^1,0)$ 能级。此外，$N_2(1)$ 可以激发 O_2 第一振动能级，并在随后与 CO_2 的碰撞中激发 $(0,2,0)$ 能态或将能量转移到 $H_2O(0,1,0)$。碰撞前后多余的振动能量转化为热能。在 80 km 以下，这是把振动能量转化为热能的主要途径。在更高高度上，υ_3 储能态和热能之间的交换主要发生在原子氧通过碰撞使 $N_2(1)$ 去激发的过程中。进入 $n\upsilon_2$ 储能态的能量部分被 CO_2 的 15 μm 热谱带，主要是第一热谱带，辐射到太空中。其余部分在 80 km 以下通过与 N_2 和 O_2 碰撞时转化为热，在 80 km 以上则通过与原子氧碰撞转化为热。

接下来使用第 6 章描述的模型，计算每个重要的 CO_2 红外谱带的能量交换量。利用 CIRA 纬向平均热力学温度，在 24 h 内进行积分，给出了中纬度（30°N）、冬季条件（12 月）下的能量交换速率。

2.7 μm 谱带

CO_2 通过吸收太阳光近 2.7 μm 的辐射激发到 $(1,0^0,1)$ 和 $(0,2^0,1)$ 能级，在中纬度冬季半球的平均太阳辐照条件下，这些波长的辐射能最低穿透到约 90 km。

将式（4.22）对 ν 积分，可以得到上述两个谱带对太阳辐射能量的局地吸收率，如图 9.20 中标有“I”的曲线所示。图中吸收率在中间层顶以上减小，反映了 CO_2 丰度的减小，与计算中使用的体积混合比趋势一致。曲线“RT”是辐射通量在这些谱带的散度（符号取反），通常称为“加热”速率，如式（3.60）中的 h_{12}。换句话说，它是所有这些谱带中辐射传输和碰撞过程吸收后的太阳能，表示可能用于加热的能量。曲线“I”和“RT”非常接近，表明系统由 2.7 μm 处发射造成的能量损失很小。$\left(1,0^0,1\right)$、$\left(0,2^2,1\right)$ 和 $\left(0,2^2,1\right)$ 态更有可能辐射其能量的 ν_3 部分，而不是再次以 2.7 μm 辐射，因为 4.3 μm 第二热谱带的自发辐射率比 2.7 μm 谱带的大 100 倍左右（见表 F.1）。吸收 4.3 μm 热谱带的能级 $\left(1,0^0,0\right)$、$\left(0,2^2,0\right)$ 和 $\left(0,2^2,0\right)$ 的布居数相对较小，且 4.3 μm 第一热谱带、基频带和同位素带的谱线在中层大气中没有明显重叠，导致 4.3 μm 热谱带发射的光子没有被重新吸收。因此，4.3 μm 热谱带的能量损失（重新发射到空间）很重要，如图 9.20 中的“SH”曲线所示。相当一部分被吸收的能量通过与 N_2 的碰撞进入 υ_3 储能态。也有一些通过近 4.3 μm 谱带重新发射回空间，主要是通过 CO_2 主同位素的基频带，标记作“FB”，其次通过第一热谱带和同位素带，即曲线“FHI”。

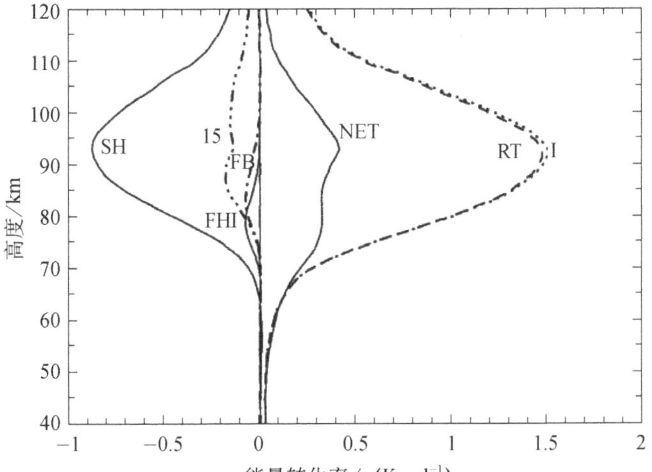

图 9.20　北纬 30°冬季，CO_2　2.7 μm 谱带吸收的太阳辐射在一天内的加热率（“NET”）和能量转化率剖面。详情见正文。能量转化率以 $K \cdot d^{-1}$ 表示，以便与加热率进行比较

当 $\left(1,0^0,1\right)$、$\left(0,2^2,1\right)$ 和 $\left(0,2^2,1\right)$ 能级失去它们的 υ_3 量子时，无论是通过直接辐射到空间，还是转移到 υ_3 储能态，剩下的 $l\upsilon_1$ 和 $m\upsilon_2$ 量子都会增加 $n\upsilon_2$ 储能态。该能量的很大一部分被辐射到空间，其中主要是通过 15 μm 谱带的第一热谱带（曲线“15”）辐射。总的来说，2.7 μm 附近的太阳辐照导致中间层和低热层的平均净加热率（曲线“NET”）约为 0.5 $K \cdot d^{-1}$，从而成为 CO_2 吸收太阳辐射加热的贡献最重要的谱带。

2.0 μm 谱带

CO_2 在 2.0 μm 附近吸收太阳能，激发了 $(0,2^2,1)$、$(1,2^0,1)$ 和 $(0,4^0,1)$ 的振动能级，增加了 $n\upsilon_2+\upsilon_3$ 储能态。这三个谱带对太阳能的吸收率虽小，但与其他谱带的贡献相比不可忽视。在高度约 70 km 以上，局地吸收的能量大部分通过 $(2,0^0,1)$、$(1,2^0,1)$ 和 $(0,4^0,1)$ 能级的 υ_3 量子发射而损失（大部分发射到太空中）。一些也被近 15 μm 热谱带重新发射。4.3 μm 和 15 μm 的热谱带发射在 80 km 高度以上是主要的损失。吸收的部分能量也被 4.3 μm 基频带、同位素带和第一热谱带，以及 $n\upsilon_2$ 储能态的 15 μm 带再次发射。结果，70 km 以上 2.0 μm 的大部分太阳能被重新辐射。然而在海拔较低、气压较高的地方，碰撞的频率足以使大部分振动能量转化为热能，在约 70 km 的地方产生约 0.05 $K\cdot d^{-1}$ 的加热率。

4.3 μm 谱带

4.3 μm 附近的太阳辐射被几个 CO_2 谱带吸收。首先考虑 4.3 μm 第二热谱带的吸收，即过程 $(1,0^0,1\leftarrow1,0^0,0)$、$(0,2^2,1\leftarrow0,2^2,0)$ 和 $(0,2^0,1\leftarrow0,2^0,0)$。这些谱带从太阳辐射中吸收的初始能量较小，在大约 60 km 处达最大值 0.05 $K\cdot d^{-1}$，这是因为位于 1350 cm^{-1} 附近的低能态的布居数较少。在 50～70 km 的低海拔地区，被吸收的太阳能大部分在碰撞中转化为热，很少被重新辐射，无论是通过 4.3 μm 吸收谱带还是其他谱带。对于 2.0 μm 谱带，单个谱带的贡献不是很重要，但当所有弱 CO_2 近红外谱带的贡献相加时，就变得非常重要。

$(0,1^1,1\leftarrow0,1^1,0)$ 第一热谱带也会引起 4.3 μm 附近的吸收。该谱带从太阳辐射中吸收能量的速率在上中间层和低热层较为重要，在 85 km 左右达到峰值。吸收的大部分能量通过同一跃迁发射损失。其余能量通过 V-V 碰撞在 υ_3 储能态中重新分布，导致能量在 4.3 μm 基频带和同位素带发生显著损耗。在 15 μm 谱带的再发射不显著，因为吸收的辐射不直接激发任何弯曲或对称伸缩模态。对于中纬度冬季，在从最初吸收的能量中减去所有损失后，该谱带的吸收对高度 70 km 左右的加热率最大贡献平均约为 0.15 $K\cdot d^{-1}$。

626 同位素在 4.3 μm 处的基频带为 CO_2 最强的红外谱带。在中纬度地区的冬季、大约 105 km 高度，该谱带平均每天从太阳辐射中吸收的能量对应最大加热率为 10 $K\cdot d^{-1}$。不过，如图 9.21 中标记为“RT”的曲线所示，这些能量的大部分由 80 km 以上高度的同一谱带的发射而损失，不仅包括该谱带初始吸收的太阳辐射（曲线“I”），还包括后续 V-V 和 V-T 碰撞过程，以及辐射再发射和再吸收过程的能量转移，因此曲线“RT”比曲线“I”要小得多。此外，在 70～100 km 区域，吸收的能量大部分通过较弱的 υ_3 第一热谱带和同位素谱带逸出，这是由 υ_3 储能态通过以 $N_2(1)$ 为中间物的 V-V 碰撞激发。注意这些冷却率很重要性，如图 9.21 中的曲线“FH”和“ISO”

所示，它们几乎重新发射了 85 km 左右吸收的所有能量。

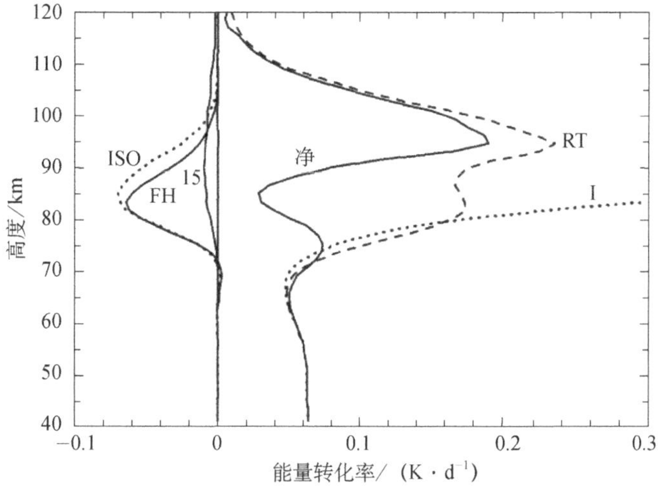

图 9.21　北半球 30°N 处冬季，CO_2 的 4.3 μm 基频带吸收太阳能的加热率（“净”）和能量转化率剖面。详情见正文。能量转化率以 $K \cdot d^{-1}$ 表示，以便与加热率比较

在大约 65～80 km，这一谱带的辐射通量散度（符号取反）曲线“RT”，稍稍超过最初从太阳辐射中吸收的能量，超出的部分是能量经由大气高层多次发射和吸收的传输过程造成的。在 60 km 以下，碰撞的频率足以使所有吸收的能量转化为热能。总的来说，4.3 μm 基频带对太阳辐射的吸收导致日平均为净加热，这在低热层中最重要，在北半球中纬度冬季接近 100 km 的地方，最大值达到了约 $0.2\ K \cdot d^{-1}$。

在 70 km 以上，CO_2 的 636、628 和 627 次同位素的 4.3 μm 基频带吸收的大部分能量，都在 4.3 μm 同位素带本身重新辐射。剩下中的大部分被 70～100 km 高度主同位素的基频带和 ν_3 的第一热谱带辐射。同位素带对 60～85 km 区域的净加热率有重要贡献，在北半球中纬度冬季 75 km 左右达到峰值，约为 $0.15\ K \cdot d^{-1}$。

4.3 μm 附近 CO_2 较弱的第一热谱带和同位素带对中间层和低热层的能量收支做出了重大贡献，因为它们在上中间层 CO_2 的太阳吸收加热中占相对重要的部分。在海拔稍高的地方，由于 υ_3 量子与 $N_2(1)$ 的交换，它们还重新发射了大部分被 4.3 μm 和 2.7 μm 基频带吸收的太阳能。净效果是降低了 75～100 km 区域的总平均加热率，但是提高了 75 km 以下的加热率。也就是说，在光学上很薄但碰撞仍然重要的高度，它们产生净能量损失，在光学上变厚的较低高度产生加热。

总之，尽管有相当多的能量被重新辐射，但所有近红外 CO_2 谱带的日平均太阳吸收，仍然为中间层和低热层的能量平衡贡献了大量的加热（见图 9.22），这与臭氧和分子氧紫外线加热等来源相比是重要的。加热率剖面具有双峰结构，上方的峰来自 4.3 μm 基频带和 2.7 μm 带，下方的峰来自 2.7 μm 带，以及较弱的 2.0 μm 带、

4.3 μm 热谱带和同位素带。

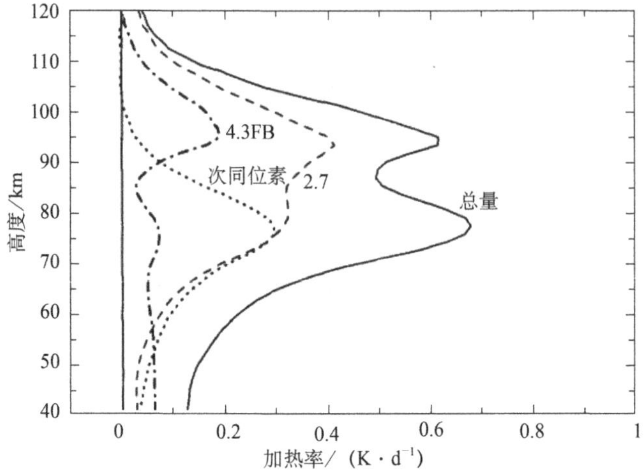

图 9.22　北半球 30°N 冬季日均加热率剖面，包括主同位素的 2.7 μm（2.7）、4.3 μm 基频带（4.3 FB），以及 2.0 μm 和 4.3 μm 同位素带和热谱带（次同位素）原始吸收能量

9.8.1　O(^1D)转化为热能

$O(^1D)$的电子内能是中间层和低热层中潜在的重要热能来源。问题是，这些能量是如何转化成热量的？如图 9.19 所示，一个可能的路径是 $O(^1D)+N_2 \rightleftharpoons O(^3P)+N_2(1)$，即表 6.2 中的过程 12。

$O(^1D)$能量以上述方式进入 υ_3 储能态的分布如图 9.23 曲线 I 所示。图中计算结果，对应表 6.2 过程 12 的速率系数，其中效率为 25%；$O(^1D)$数密度分布参考了 Harris 和 Adams（1993）。转化为热的那部分能量用曲线“净”表示。在 75 km 以下，V-T 过程非常高效，所有能量最终都转化为热。在 75 km 以上，注入能量损失的主要贡献源自 CO_2 主同位素 4.3 μm 基频带（曲线“FB”），其他弱带有少量贡献。$O(^1D)$的能量转移中，由该谱带辐射到空间的部分，在总能量转移中的占比的峰值出现在 85 km 左右。在 85 km，大气压强还足够高，使 V-T 碰撞有效地从 $O(^1D)$转移到 $N_2(1)$，然后转移到 $CO_2(0,0^0,1)$。同时，它也足够低，使$(0,0^0,1\text{-}0,0,0)$跃迁光学上很薄，允许 ν_3 光子逃逸到空间中。在 100 km 以上，气压较低，V-V 碰撞不够频繁，小部分能量从 $N_2(1)$转移到 $CO_2(\upsilon_3)$，大部分能量通过 $N_2(1)$与 $O(^3P)$之间的碰撞转化为热。图 9.23 的占比曲线表明，进入 $N_2(1)$-$CO_2(\upsilon_3)$系统的大部分 $O(^1D)$能量在约 70 km 以下和 110 km 以上的区域转化为热，但在中间区域，大量的 $O(^1D)$能量被发射到空间，这个比例与 $O(^1D)$ 浓度分布完全无关。

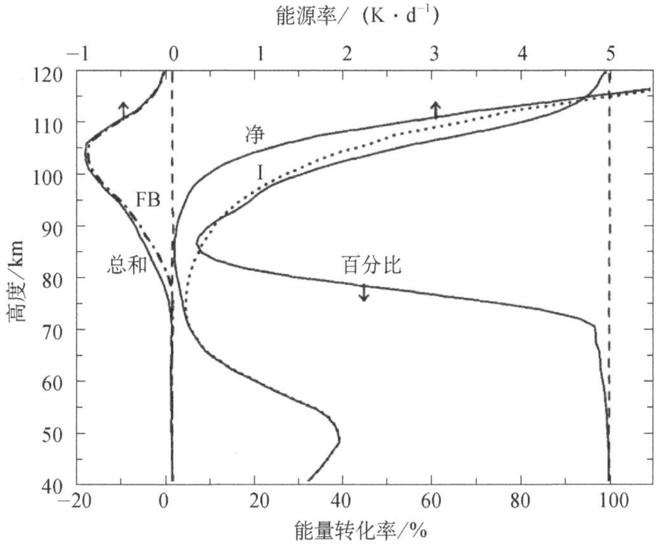

图 9.23　电子能量从 $O(^1D)$ 到 υ_3 储能态的转移率。曲线“总和”、“FB”、“净”和“I”使用上横坐标。曲线“百分比”（下横坐标）为 $O(^1D)$ 能量进入 υ_3 储能态转化为热的比例。详情见正文

9.8.2　加热率的不确定性

热力学温度通过对光谱参数和某些碰撞速率系数的影响来影响加热率。然而，当通过这些参数计算它对太阳加热率的影响时，除了在 60 km 以下有较小的影响外，基本可以忽略不计。

原子氧含量的影响更重要。在冬季北半球中纬度地区，日均加热率的计算见图 9.24，该结果涵盖了低热层中原子氧浓度变化幅度的合理范围，即将原子氧的常规值乘以 0.2 和 2.0。

事实上，$O(^3P)$ 对 $N_2(1)$ 的去激发为 80 km 以上 υ_3 储能态的振动能转化为热能的主要机制，因此，在该高度以上，当假设原子氧丰度较大时，加热率显著增大。$\left[O(^3P)\right]$ 随高度的变化与 15 μm 带冷却随高度的变化引起的加热率增加符号相反，因此倾向于中和低热层能量供应中的重要冷却过程。

CO_2 红外谱带吸收太阳辐射产生的大气加热与 CO_2 VMR 成正比，在低热层，CO_2 VMR 的不确定性约为 100%。图 9.25 针对图 8.32 中三个 CO_2 VMR 剖面，给出了冬季北纬 30°的日均净加热率，对比说明了 CO_2 VMR 对大气加热的作用。

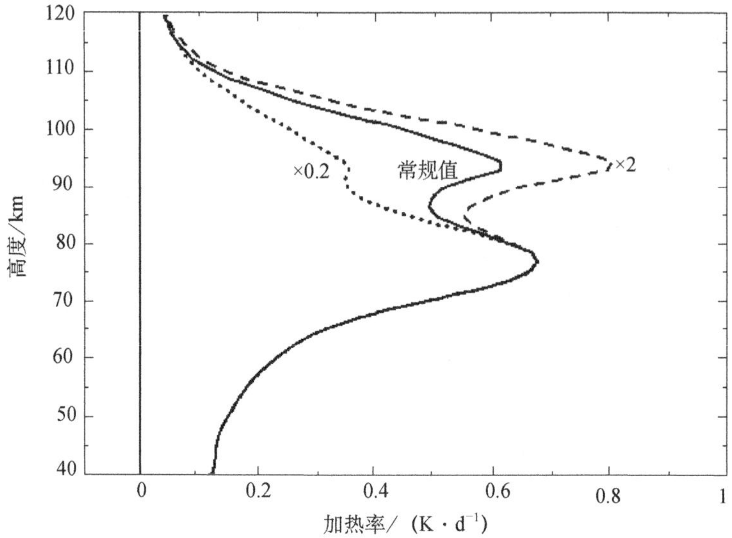

图 9.24　原子氧丰度对 CO_2 谱带太阳加热率的影响

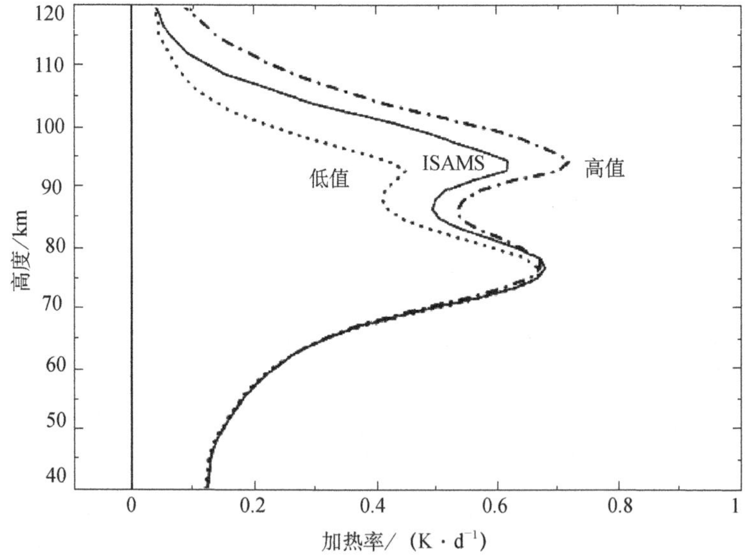

图 9.25　30°N 冬季，CO_2 VMR 对加热率的影响，加热率为近红外 CO_2 谱带一天的积分。这些标签对应于图 8.32 中的 CO_2 VMR 剖面

υ_3 量子在与 N_2 碰撞（表 6.2 中的过程 9）时的振动弛豫速率 $k_{\upsilon\upsilon}$ 对 CO_2 4.3 μm 临边辐射有重要影响（见第 8 章对 SAMS 和 ISAMS 数据的分析），因此可以预测其对净加热率也有类似的影响。图 9.26 给出了将表 6.2 中速率系数分别乘以 0.2 和 2.0 的因子，计算得的北纬 30°冬季日均净加热率，以反映其不确定性。

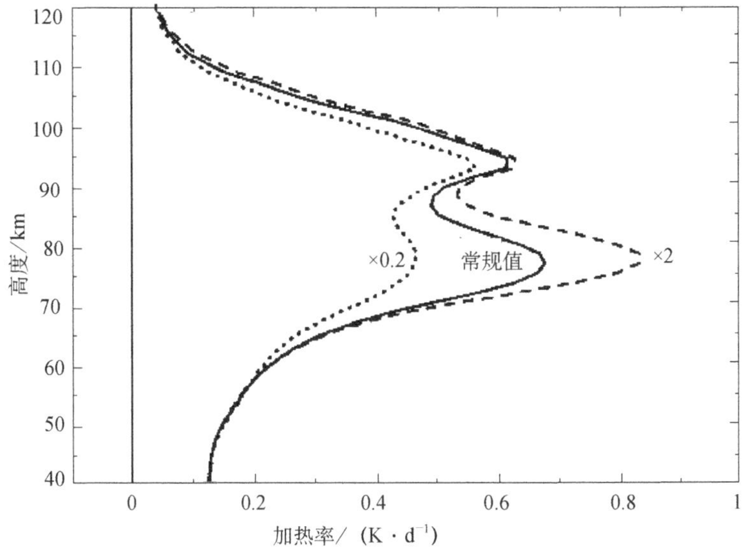

图 9.26　北纬 30°冬季，$CO_2(\upsilon_1,\upsilon_2,1)$ 和 N_2（1）振动能量交换速率对近红外 CO_2 谱带日均加热率积分值的影响

当使用更慢的能量传递速率时，所有高度的净加热率都更低。高度 60～80 km 之间的减小，主要是 2.7 μm 谱带的加热减弱导致的（见图 9.20）。当采用较慢的速率时，更少的 υ_3 量子从 $n\upsilon_2+\upsilon_3$ 储能态转化到 υ_3 储能态的流变小，吸收的太阳能更大一部分被 CO_2 4.3 μm 第二热谱带重新发射，转化为热的部分更少。90 km 以上的减小主要是由 CO_2 主同位素的 4.3 μm 带（见图 9.21）造成的，$CO_2\left(0,0^0,1\right)$ 和 $N_2\left(1\right)$ 之间的 υ_3 量子交换率越低，意味着通过过程 $N_2\left(1\right)+O\left({}^3P\right)\rightleftharpoons N_2+O\left({}^3P\right)$ 转化为热的 υ_3 量子越少。

在 90 km 附近存在加热率缓慢下降的区域。在该区域，主要是 CO_2 主同位素 4.3 μm 基频带加热，通过 4.3 μm 第一热谱带和同位素带（见图 9.21）再辐射，从而使总体保持较小的加热率。当 $k_{\upsilon\upsilon}$ 减小时，更少的 υ_3 量子从主同位素的 $\left(0,0^0,1\right)$ 转移到 636、628 和 627 的相同能级，或转移到 626 的 $\left(0,1^1,1\right)$ 能态，因此源于这些能级的弱带重新发射的能量更少。这种效应往往会抵消掉另外两个效应。

9.8.3　全球分布

前面计算了 CO_2 红外谱带太阳加热率的垂直剖面，并考虑了主要的不确定性，下面进一步观察季节和纬度变化的影响。图 9.27 和图 9.28 分别给出了冬/夏至和春/秋分条件下加热率的纬度和海拔分布。每个纬度的垂直廓线是按每小时为一个区间计算的当地 24 h 内的平均值。太阳天顶角作为当地时间、纬度和季节的函数由式（8.18）

给出。纬向平均热力学温度采用 CIRA 1986 大气模型温度分布（图 1.2 和图 1.3）。CO_2 混合比剖面，以及 $CO_2(l\upsilon_1, m\upsilon_2)$ 和 $N_2(1)$ 之间的 υ_3 量子的振动能量交换率，与上面和第 6 章描述的 CO_2 模型相同。

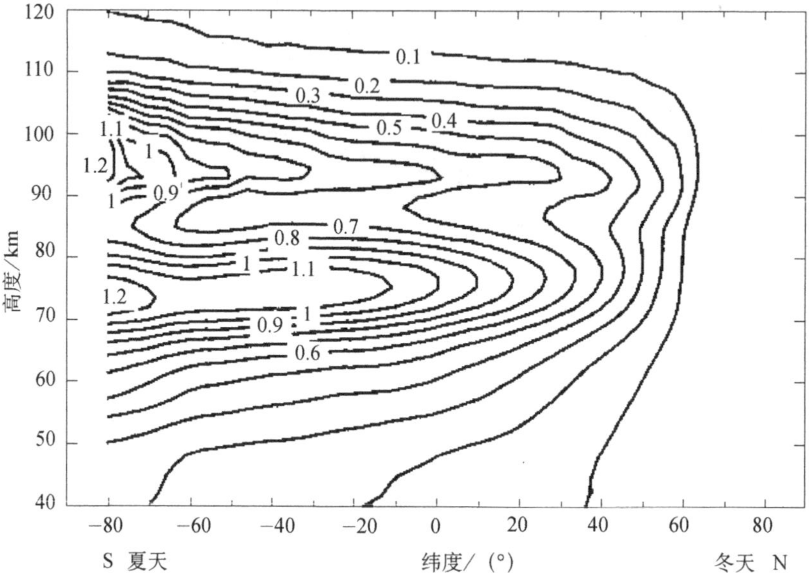

图 9.27　北半球冬至 CO_2 近红外谱带太阳日均净加热的纬度和海拔分布

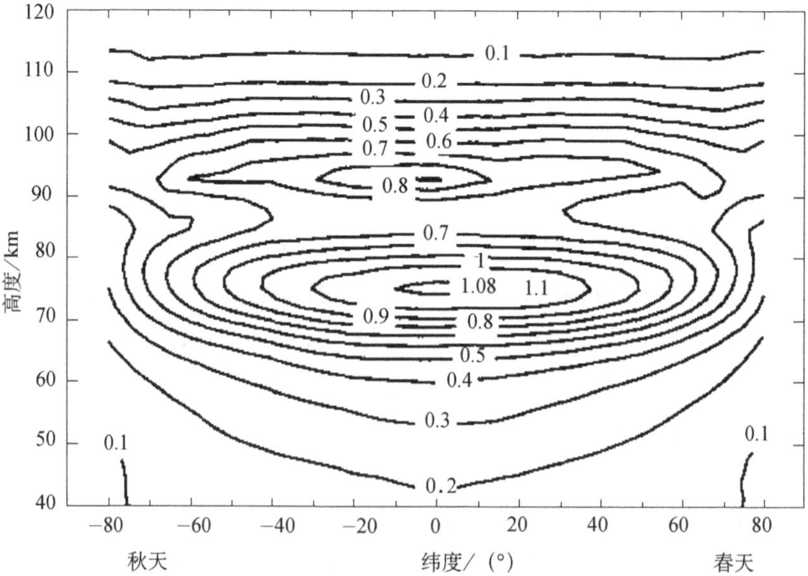

图 9.28　春分条件下 CO_2 近红外谱带太阳日均加热的纬度和高度分布

与 O_3 和 O_2 不同的是，CO_2 吸收的太阳能很少被储存为化学能或电子能，因此吸收的能量不会随对流输运明显变化。因此，太阳吸收速率和加热率之间的任何差异都是由辐射传输引起的，而 CO_2 红外谱带吸收太阳的加热率随纬度的变化则由太阳辐照所控制。这从春分时平均加热率的对称分布（图 9.28）明显可见，春分时日照也是对称的。另一方面，至日条件（图 9.27）的加热率在夏季回归线周围不是对称的，而是夏季极一方偏大，那里的平均日照要比回归线大。

加热率还表现出另一个特征，这也是由太阳天顶角变化引起的。如图 9.27 所示，在接近 75 km 高度时，加热率随纬度的梯度在冬季回归线附近大于夏季极附近。然而，在更高的高度（约 95 km），情况正好相反。这显示了太阳高度角的影响，当太阳在头顶时，阳光被较深的大气层吸收，而当太阳接近地平线时，阳光被较高的大气层吸收。

通过分子碰撞平动温度的季节变化引起的加热率的变化，主要为表 6.2 中过程 3、4、5、9 和 15，它们的影响不是很重要，尤其是在加热率最大的中间层顶附近。因此，这类作用在图 9.27 和图 9.28 中表现得不明显。正如预期的那样，全球分布确实显示出在单一剖面中看到的双峰结构（图 9.22），分别在 75 km 和 95 km 附近。在春分条件下，最大值位于热带，约为 $1\ K\cdot d^{-1}$；在夏至条件下，极大值位于极地，约为 $1.2\ K\cdot d^{-1}$。

9.9　参考文献和拓展阅读

$CO_2\left(0,1^1,0\right)$ 与原子氧碰撞的速率系数（$k_{CO_2\text{-}O}$）见 Sharma 和 Wintersteiner（1990）、Shved 等（1991）、López - Puertas 等（1992b）、Pollock 等（1993）以及 Mertens 等（2001）。

Van Hemelrijck（1981）和 Rodrigo 等（1989）综述了 80 km 以上的原子氧丰度。原子氧的全球丰度模型由 Rees 和 Fuller-Rowell（1988）建立，并与 Thomas（1990）报告的太阳中间层探测器原子氧密度观测数据相吻合。其他的模型有 MSISE-90 模型（Hedin，1991）、Fuller-Rowell 和 Rees（1996）以及 TIME-GCM 模型（Roble，2000）。可供参考的模型有 Rees 和 Fuller-Rowell（1993）、Llewellyn 等（1993）、Llewellyn 和 McDade（1996）。

Murgatroyd 和 Goody（1958）、Rodgers 和 Walshaw（1966）、Williams 和 Rodgers（1972）、Dickinson（1973）、Kutepov（1978）、Kutepov 和 Shved（1978）、Wehrbein 和 Leovy（1982）、Apruzese 等（1984）、Dickinson（1984）、Fomichev 等（1986）、Haus（1986）、Kiehl 和 Solomon（1986）、Zhu（1990）、Zhu 和 Strobel（1990）、López - Puertas

等（1992a）、Wintersteiner 等（1992）、Akmaev 和 Fomichev（1992）、Zhu 等（1992）以及 Fomichev 等（1993，1998）详细研究了 CO_2、O_3 和 H_2O 的辐射冷却；这些问题还在 Dickinson（1975）、Dickinson（1980）和 Dickinson 等（1987）中进行了综述。

Kockats（1980）、Zachor 等（1985）、Gordiets 和 Markov（1986）、Sharma 等（1996b），以及 Funke 和 López-Puertas（2000）等研究了 NO 5.3 μm 辐射冷却问题。

温室气体对上层大气冷却的增强效应可见于 Roble 和 Dickinson（1989）、Rishbeth 和 Roble（1992）以及 Rishbeth 和 Clilverd（1999）。

63 μm 原子氧发射是 200 km 以上大气冷却的重要机制，这一观点是 Bates（1951）提出的。Kockats 和 Peetermans（1970）预测，由于吸收了对流层和地表辐射，这种辐射在低热层产生加热。Gordiets 等（1982）推导了昼夜 $O(^3P)$ 63 μm 的冷却率，并将其与 CO_2 15 μm 和 NO 5.3 μm 的冷却率进行了比较。

近红外加热，特别是 CO_2 的加热，已经被 Houghton（1969）、Williams（1971）、Shved 等（1978）、Fomichev 和 Shved（1988）、López-Puertas 等（1990）以及 Mlynczak 和 Solomon（1993）研究过。关于臭氧冷却率的讨论，见 Kuhn 和 London（1969）、London（1980）、Kiehl 和 Solomon（1986）、Gille 和 Lyjak（1986）、Mlynczak 和 Drayson（1990a，b）、Mertens 等（1999）以及 Mlynczak 等（1999）。中间大气是否处于辐射平衡的问题，已经由 Fomichev 和 Shved（1994）讨论过。

第 10 章　行星大气中的非平衡

10.1　引言

分子的非平衡发射和辐射传输并不限于地球大气层。在类地行星和巨型行星中，不同组分、压强、温度结构和太阳辐照条件提供了不同的场景，在那里，非平衡辐射中起关键作用的物理过程及其相对重要性，可能与地球大气有所不同。与大气科学的其他领域一样，研究不同行星大气非平衡物理过程，有助于提高对相关物理学的理解，从而提高对包括地球在内的所有行星大气层中辐射过程的认识。例如，Dickinson 对金星大气非平衡辐射传输的早期工作发现，CO_2 的弱同位素带、热谱带在该行星中层大气的红外辐射收支平衡中起着关键作用。随后，他将该项工作拓展到地球大气层中，结果发现这些弱带是平流层和下中间层冷却的重要部分。

由于非平衡情况通常发生在大气层中较稀薄的高层区域，因此即使对于金星和火星等研究相对充分的行星大气层，非平衡辐射观测实验也很少。对火星和金星大气 CO_2 10 μm 和 CO 4.7 μm 辐射有一些地基测量，对土卫六 CH_4 3 μm 也有一些地基测量，还有一些星载仪器，如 Galileo 号上的近红外测绘光谱仪(NIMS)和红外空间天文台(ISO)上的短波红外光谱仪，测量发现了金星和火星的非平衡效应。2004 年发射的 Cassini/Huygens 号上，搭载的复合红外光谱仪(CIRS)，以及 2005 年发射的火星大气气候探测仪，分别对土卫六和火星的大气层进行临边测量。探测数据是获得的关于非地球行星大气中非平衡过程的最丰富信息之一，同时也需要复杂的模型来解释它们。

关于行星大气中的非平衡问题，已开展了许多理论研究，主要讨论诸如高层大气的能量收支平衡等具体问题。这些模型通常采用了许多简化，并且在获得温度和次要组分丰度时，缺乏确定相关振动能级的非平衡布居数而需要的细节。除地球大气外，非平衡研究最详细的是火星大气，其次是金星。迄今为止，针对外行星大气层所开展的实验或理论工作都非常少，在那些行星上，科学家更感兴趣的气体往往是甲烷和其他碳氢化合物，而非地球中常见的 CO_2 和 H_2O。

本章将首先讨论研究得最多的行星大气层，即火星和金星。这些不仅是研究得最多的案例，还与地球大气中的非平衡最有共通之处，可以利用到前面几章中已经讨论过的素材。火星和金星具有许多共同特征，都富含CO_2，不过它们在大气压强和温度结构上存在重大差异，并且在次要成分丰度上也存在一些小但重要的区别。比如，金星上压强较高，CO_2谱带在光学上比火星上厚得多，因此不同的辐射过程占主导地位；其次，金星上的$O(^3P)$体积混合比更高，导致高层大气的细致能量平衡不同。除火星和金星之外，本章还简要地讨论了以木星为代表的气态巨行星，并介绍了土卫六这个独特而有研究意义的例子，土卫六是土星的巨型卫星，具有厚厚的N_2-CH_4大气层。最后，对彗星大气中非平衡过程进行了评论和总结。

10.2 类地行星：火星和金星

火星和金星的大气层几乎是纯CO_2，而在地球上，CO_2丰度仅为0.036%，因此在火星和金星上，CO_2气体的辐射传输行为比地球更复杂，需要考虑的谱线强度范围更大，以更真实地模拟辐射能量平衡和非平衡布居数。因此，必须考虑更多的跃迁，特别是那些高能级的谱线和谱带，在地球大气中它们因为太弱而并不重要，但当气体丰度较高时，它们的贡献不可忽略。对于火星和金星，需要考虑的谱线，其强度范围通常在5个数量级以上。此外，进行频率积分时，必须特别注意纯CO_2条件下的谱线重叠。

与地球大气的另一个重要区别是，振动激发态和基态CO_2分子之间的近共振V-V能量交换，比CO_2与N_2或O_2之间的能量交换快得多。这导致在近红外（1～4 μm）吸收的太阳辐射能更快地重新分配到15 μm和4.3 μm附近的同位素带和弱带；同时，吸收的太阳能中，有重要的一部分在15 μm中重新发射。因此，一方面，由于CO_2密度大，其对太阳能的吸收更快，但另一方面，这种能量更快地弛豫到与光学薄关联的CO_2能级，导致吸收能量的更大一部分被重新发射，所以转化为热的效率较小。总体上，前者占主导地位，近红外CO_2谱带的太阳能加热在火星和金星上比在地球上更加重要。此外，由于吸收的太阳辐射经历快速的V-V碰撞弛豫，并且能量被束缚在强谱带和中等谱带，因此许多CO_2振动能级被激发，模型必须引入大量不同能态之间的诸多激发路径才能准确计算布居数。如果对相关过程考虑不全面，则在解释遥感测量值或计算太阳能加热率时，很容易得出错误的结论。

火星大气中含有大量的分子N_2、水蒸气和CO，所有这些组分无论是直接辐射还是通过与CO_2相互耦合，在地球大气辐射传输中都起着重要作用。在地球大气中，CO_2 υ_3量子与N_2的振动交换非常重要。然而，在近乎纯CO_2的火星大气中，由于CO_2

分子之间 υ_3 量子的交换速度更快，并且 $N_2(1)$ 的辐射寿命长，因此，与 N_2 的振动交换可以忽略不计。

相比金星，火星和地球大气的热层温度的昼夜变化，以及全球平均温度随太阳的周期变化都更大。金星上，高层大气的温度变化很小，因为 CO_2 15 μm 的强辐射冷却峰值与太阳 EUV 加热峰值发生在相同的高度，可以有效地将加热辐射到外部空间中。在火星上，太阳加热峰值比冷却峰值的高度更高，因此必然有很多热量在辐射到太空之前向下传导。结果导致热层温度无论是昼夜变化还是太阳周期变化，幅度都要更大。这种差异主要来源于行星基本参数，以及重力和日心距离引起的加速度等。由于金星离太阳更近，CO_2 的光解作用更强，因此会产生更大的 $O(^3P)$ 丰度和更有效的冷却。此外，金星上较大的重力意味着标称高度较小，导致 EUV 在比火星更集中的区域内被吸收。这两个因素共同使得较强的 15 μm 冷却和太阳能 EUV 加热峰值在高度上非常接近。地球热层温度变化很大的部分的原因完全不同，在地球上，较大磁场引起带电粒子沉降加热，这是金星和火星都缺乏的特征。

地球、金星和火星这三颗行星还有一个共同点，那就是目前对振动能量交换的许多关键速率系数还知之甚少。这将再次限制许多能级振动温度能确定到何种程度，直到设计出新的实验来填补我们对这些重要且基础的分子性质的认知空白。仅在金星和火星大气中需要，而与地球不太相关的速率系数，更加鲜为人知，尤其是涉及 CO_2 同位素的速率系数。

10.3　火星和金星大气层的非平衡模型

本节将介绍火星和金星的非平衡模型，该模型基于第 6 章中的地球大气层模型开发。这里不再详细描述每个具体过程，而将重点放在这些大气特有的方面。与之前一样，为模拟大气层间的光子交换和局地碰撞过程，必须求解大量振动能级和谱带的辐射传输，以及统计平衡方程。如上所述，在处理火星和金星非平衡问题时，必须包括比地球大气更多的能级和谱带，这些能级和谱带详见表 F.1。除了图 6.1 所示的地球大气所考虑的那些能级和谱带之外，次同位素 636、628 和 627 的弯曲和对称伸缩模态的第二和第三泛频带，以及含量更少的 637、638、728 和 828 次同位素的弯曲和不对称伸缩能级都必须包括在内。如 10.2 节中解释的原因，该模型还必须包含吸收近红外（1.2～2.7 μm）太阳辐射后激发的组合能级。CO 是继 CO_2 之后的第二种红外发射分子，其（1-0）基频带也包含在非平衡模型中，并且出于与 CO_2 相同的原因，还包含了近 2.35 μm 的第一泛频带（2-0）。振动能级和能级之间的跃迁数量很大，以至于整个耦合方程组必须转换成子系统或分组，并一次只能求解一个子系统或分组。

对于地球大气，建立辐射传输方程需要包括自发发射、太阳辐射的吸收，大气层之间以及大气层与地球表面之间的光子交换。然而，对于某些谱带，例如波长小于 2.7 μm 的 CO_2 谱带，直接吸收太阳辐射引起的激发远大于大气层间的光子交换引起的激发。由于给定大气层的属性仅取决于局部条件，因此可以简化辐射传输方程。对于中等波长的谱带，层与层之间的交换不可忽略，可以采用近似方法，假定等效辐射损失为 $A\mathcal{T}^*/2$，这里 A 为爱因斯坦自发发射系数，$\mathcal{T}^*$ 为由方程（5.7）决定的光子逃逸到空间的概率（参考 5.2.1 节第 2 部分和下文）。这相当于假设光子在所有方向上各向同性地发射，向上行进的一半以概率 $\mathcal{T}^*$ 从大气中逃逸，而向下发射的一半与吸收下层发射的光子完全平衡。这种方法的准确性取决于谱带、大气温度结构和组分。例如，对于地球白天 CO_2 4.3 μm 和 CO 4.7 μm 发射，这不是一个很好的近似方法。

在近红外中吸收太阳辐射所激发的组合能级，也可通过其他谱带弛豫，并且通常比激发它们的谱带弛豫更快。因此，有必要在其统计平衡方程中引入辐射弛豫谱带（通常是通过自发发射），主要是 $\Delta\upsilon_3=1$ 和 $\Delta\upsilon_2=1$ 的热谱带。

10.3.1 辐射过程

辐射传输在决定 CO_2 大气中的布居数和加热率方面起着重要作用，如第 5 章所述，这可以利用柯蒂斯矩阵法处理。在下边界，源函数等于底层大气温度下的普朗克函数。在上边界，可以假定源函数在高度上的梯度与下方相邻大气层的梯度相同。构成柯蒂斯矩阵的辐射透过率可以采用 6.3.3 节第 1 部分中的准逐线直方图算法，或采用 4.3.1 节中给出的逐线积分算法（采用 Curtis-Godson 近似和 Voigt 线形）来计算。与之前第 6 章和第 7 章的模型一样，计算时需要利用谱线数据库，这里使用的是 HITRAN 92（其他光谱数据库，参考 4.5 节）。同一谱带的谱线间的重叠，不包括谱带之间的重叠，通过使用随机谱带模型近似引入。这种近似高估了低空的冷却速率，但对能级的布居数没有影响，因为它们处于平衡态。

在柯蒂斯矩阵公式中，太阳辐射吸收作为一个单独的项出现在辐射传输方程中，它代表来自大气外部的辐射能量引起的通量散度。指定谱带吸收太阳辐射引起的通量散度由频率积分方程（4.22）给出。火星和金星大气中在计算太阳加热时所包含的谱带列在表 F.1 中。

10.3.2 碰撞过程

在以 CO_2 为主的其他行星大气中，碰撞相互作用对能级布居数的影响不仅比在地球上大得多，与振动-平动（热或 V-T）碰撞相比，CO_2 分子之间发生的振动-振动（V-V）交换也非常高效，尤其是对 υ_3 量子的转移。影响 CO_2 能态的主要过程包括 CO_2 振动激发态与基态 CO_2 和 $O\left({}^3P\right)$ 之间的碰撞，而与次要组分 N_2 和 CO 的碰撞可以忽略不计，因为碰撞过程的重要性直接取决于碰撞分子的数密度。因此，要求两个分子都处于振动激发态的过程也可以忽略不计，因为与基态相比，激发态的布居数相对较小。例如，CO_2 分子的 ν_2 激发态，特征能量为 667 cm^{-1}，在温度 150 K 的平衡态下，是基态的 0.003 倍。

同样，需要区分 V-T 和 V-V 过程，一个有用的简化是假设最有可能的 V-T 过程是那些只交换单个量子的过程。当传递的能量 ΔE 远大于 kT 时，这是很好的近似。这正是火星和金星大气中常见的情况，温度通常在 150 K 左右，即 $kT \approx 100 cm^{-1}$。

确定碰撞过程重要性的其他原则包括：

（1）对于多原子分子，V-V 相互作用比 V-T 快得多；

（2）V-V 过程对于近共振情况尤其高效，即非常小的 ΔE；

（3）量子数发生最小变化的 V-V 碰撞过程是最有可能的。

对于 CO_2 626 同位素最重要的振动能级，其碰撞过程最终分组如图 10.1 所示。V-T 和 V-V 交换分别为实线和虚线。对于其他重要的同位素 636、628 和 627，主要区别在于需要包括 1.2 μm、1.4 μm、1.6 μm 和 2.0 μm 的组合能级（见表 F.1）。下面几节将对重要的 V-T 和 V-V 碰撞过程进行总结。

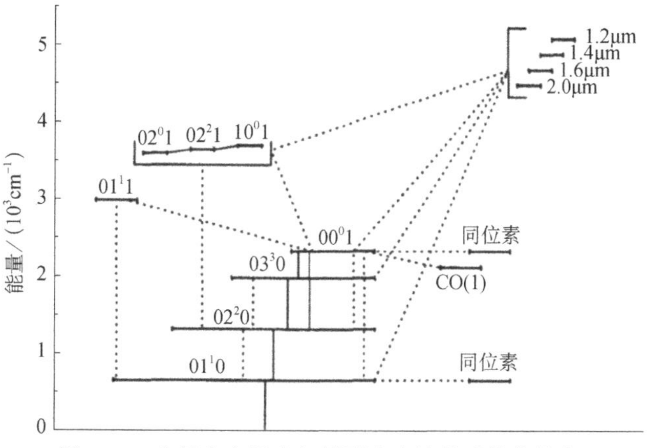

图 10.1　火星和金星大气模型中允许的碰撞能量交换路径。实线为 V-T 过程，虚线为 V-V 过程

1. 振动-平动过程

表 10.1 列出了影响火星和金星大气中 CO_2、CO 能级的四组振动-平动或热过程。VT1组包含将非对称振动模态 ν_3 的能量重新分配到 ν_1 和 ν_2 模态的过程，其中最重要的是 CO_2 本身对 $CO_2\left(0,0^0,1\right)$ 的热弛豫，而不是像地球那样由 N_2 碰撞主导。由于缺乏实际的测量数据，不得不对所有同位素使用相同的机制和速率系数，并且似乎也可以合理地假设它们在碰撞期间的行为相似。

表 10.1　火星和金星大气中的主要碰撞过程

	过程	M	速率系数[†]	参考文献
VT1:	$CO_2^i(0,0^0,1)+M \rightleftharpoons CO_2^i(0,\upsilon_2,0)+M$ $k_a:\upsilon_2=1;k_b:\upsilon_2=2;k_c:\upsilon_2=3$	CO_2	$k_{1a}=7.3\times10^{-14}\exp(-8.5A+8.65B)$	Bauer 等（1987）
			$k_{1b}=0.18k_{1a},k_{1c}=0.82k_{1a}$	Lepoutre 等（1977）
		N_2	$k_{2a}=2.2\times10^{-15}+1.14\times10^{-10}\exp\left(-76.7/\sqrt[3]{T}\right)$	Bauer 等（1987）
		CO	$k_{3a}=1.17\times10^{-14}\exp(-4.48A+5.36B)$	Starr 和 Hancock（1975）
		$O(^3P)$	$k_{4a}=2\times10^{-13}(T/300)^{1/2}$	Buchwald 和 Wolga（1975）
VT2:	$CO_2^i(0,\upsilon_2,0)+M \rightleftharpoons CO_2^i(0,\upsilon_2-1,0)+M$ $k_a:\upsilon_2=1;k_b:\upsilon_2=2;k_c:\upsilon_2=3$	CO_2	$k_{5a}=4.2\times10^{-12}\exp(-29.9A+30.4B)$	Lunt 等（1985）
			$k_{5a}=3.3\times10^{-15}$，$T<175$	LVLP94*
			$k_{5b}=2.5k_{5a};k_{5c}=1.5k_{5b}$	LVLP94*
		N_2,CO	$k_{6a}=2.1\times10^{-12}\exp(-26.6A+22.3B)$	Lunt 等（1985）
		$O(^3P)$	$k_{7a}=3\times10^{-12},k_{7b}=2k_{7a},k_{7c}=1.5k_{7b}$	López-Puertas 等（1992b）
VT3:	$CO_2^i(1,0^0,1)+M \rightleftharpoons CO_2^i(0,2^0,1)+M$	CO_2,N_2	$k_{8a}=1.6\times10^{-12}$	Orr 和 Smith（1987）
	$CO_2^i(1,0^0,1)+M \rightleftharpoons CO_2^i(0,2^2,1)+M$	CO_2,N_2	$k_{8b}=5.0\times10^{-12}$	Orr 和 Smith（1987）
	$CO_2^i(0,2^2,1)+M \rightleftharpoons CO_2^i(0,2^0,1)+M$	CO_2,N_2	$k_{8c}=5.0\times10^{-12}$	Orr 和 Smith（1987）
VT4:	$CO(1)+O(^3P) \rightleftharpoons CO+O$		$k_9=1.4\times10^{-5}\exp(-109.6A+148.6B)$	Lewittes 等（1978）
			$k_9=2.3\times10^{-14}$，$T<265$	LVLP94
VV1:	$CO_2^i(\upsilon_1,\upsilon_2,\upsilon_3)+CO_2^j \rightleftharpoons CO_2^i(\upsilon_1,\upsilon_2,\upsilon_3-1)+CO_2^j(0,0,1)$ $(i,j=1,2,3,4;i\neq j$ 若 $\upsilon_1=\upsilon_2=0,\upsilon_3=1)$		$k_{10}=\upsilon_3 3.6\times10^{-11}\sqrt{T}\exp(-\Delta E/26.3)$ 但	Shve 等（1978）
			$=\upsilon_3 6.8\times10^{-12}\sqrt{T}$，当 $\Delta E<42\text{cm}^{-1}$	Shve 等（1978）
VV2:	$a{:}CO_2^i(0,0^0,1)+CO_2 \rightleftharpoons CO_2^i(0,2,0)+CO_2(0,1^1,0)$		$k_{11}=3.6\times10^{-13}\exp(16.6A+17.7B)$	Lepoutre 等（1977）
			$k_{11}=8.8\times10^{-11}$，$T\leqslant175$	LVLP94

续表

过程		M	速率系数[†]	参考文献
	b: $CO_2^i(0,0^0,1)+CO_2^{j=2\sim4} \rightleftharpoons CO_2(0,2,0)+CO_2^i(0,1^1,0)$		$k_{12}=k_{11}$	LVLP94
VV3:	a: $CO_2^i(0,\upsilon_2,0)+CO_2 \rightleftharpoons CO_2^i(0,\upsilon_2-1,0)+CO_2(0,1^1,0)$		$k_{13a}=k_{13b}/2\ (\upsilon_2=1)$	LVLP94
	$(i=1\sim4; i=2\sim4$，若$\upsilon_2=1)$		$k_{13b}=2.5\times10^{-11}\quad(\upsilon_2=2)$	Orr 和 Smith（1987）
			$k_{13c}=(3/2)k_{13b}\quad(\upsilon_2=3)$	LVLP94
	b: $CO_2^i(0,\upsilon_2,1)+CO_2^i \rightleftharpoons CO_2(0,\upsilon_2-1,0)+CO_2^i(0,1^1,0)$		$k_{14b}=k_{13b}\quad(\upsilon_2=2)$	LVLP94
	$(i=2\sim4; \upsilon_2=2,3)$		$k_{14c}=(3/2)k_{14b}\quad(\upsilon_2=3)$	LVLP94
	c: $CO_2^i(\upsilon_1,\upsilon_2,0)+CO_2 \rightleftharpoons CO_2^i(\upsilon_1',\upsilon_2',0)+CO_2(0,1^1,0)$		$k_{15}=(m/m')(k_{13b}/2)$	LVLP94
	$(i=1\sim4; m=2\upsilon_1+\upsilon_2; m=m'+1>3)$			
VV4:	$CO_2(0,0^0,1)+CO \rightleftharpoons CO_2+CO(1)$		$k_{16}=1.6\times10^{-12}\exp(-11.7A+7.76B)$	Starr 和 Hancock（1975）

注：† 正向过程的速率系数，单位为 $cm^3\cdot s^{-1}$ 。$A=10^2/T$ ； $B=10^4/T^2$ 。T 为温度（K）。$i,j=1,2,3,4$ 分别对应同位素 626、636、628 和 627。

* López-Valverde 和 López-Puertas（1994a）。

表中的 VT2 过程对应于弯曲振动或 υ_2 能级的热碰撞激发与去激发，其中仅包括单个量子跃迁。正如下面将要讨论的，这里 $\upsilon_2=1$ 的情况是最重要的，较高能级 $(0,2,0)$ 和 $(0,3,0)$ 受 V-V 过程的影响大于受 V-T 过程的影响。幸运的是，许多实验已经测定了 $CO_2\left(0,1^1,0\right)$ 与 CO_2 本身的热弛豫速率（表 10.1 中的 k_{5a}），相关结果得到了深入分析和研究。$CO_2\left(0,1^1,0\right)$ 和 $O\left({}^3P\right)$ 之间的碰撞在火星和金星的高层大气中与在地球上的一样重要。三个 V-T 过程 (VT3) 影响 $\left(0,2^0,1\right)$、$\left(0,2^2,1\right)$ 和 $\left(1,0^0,1\right)$ 能级的白天布居数，第一个和最后一个能态吸收 2.7 μm 的太阳能直接被激发。原子氧对 $CO(1)$ 的热去激发 (VT4) 在热层中可能也很重要。

2. 振动-振动过程

表 10.1 还列出了火星和金星大气中四组重要的 V-V 碰撞过程。第一个即 VV1，表示相同或不同的 CO_2 同位素的 υ_3 量子交换。这个过程类似于地球中 N_2 扮演的角色，在火星和金星上由 CO_2 自身扮演。CO_2 吸收近红外后激发高能组合能级，这些过程也负责这些能级 υ_3 量子的 V-V 弛豫。因此，它们不仅决定了 CO_2 振动布居数，还决定着吸收的太阳能如何转化为热。

过程 VV2 表示把 CO_2 主要的四种同位素 ν_3 振动模态，重新分配至 ν_1 和 ν_2 模态。这里只需要将主同位素视为去激发分子，因为它的丰度更大。碰撞后产生的激发态是高度不确定的。然而通常认为，那些涉及较小量子数（较小能量）的过程是最有可能的。

过程 VV2b 是通过 626 主同位素数量较多的 $\left(0,0^0,1\right)$ 能态来激发 CO_2 次同位素 $\left(0,1^1,0\right)$ 能级。根据上面列出的规则，任何一个反应的逆方向都可以被忽略，因为反应需要两个碰撞对象处于基态以上的激发态。与其他碰撞过程相比，它作为激发主要同位素和去激发次同位素的机制，影响非常小。

过程 VV3 对应于不同 CO_2 同位素之间 υ_2 量子的高效振动交换。636、628 和 627 对主同位素 $(0,2,0)$ 与 $(0,3,0)$ 能级的去激发，即过程 VV3b，对激发这些次同位素的 $\left(0,1^1,0\right)$ 能级也很重要。同样，可以忽略逆向反应。

$2\upsilon_1+\upsilon_2>3$ 且 $\upsilon_3=0$ 能级的振动弛豫，即过程 VV3c，发生在近红外谱带吸收太阳辐射，并通过碰撞和辐射过程失去其 υ_3 量子后。

CO_2 和 CO 之间的碰撞对于 CO 能级的激发很重要，但对于 CO_2 的去激发并不重要。$CO_2\left(0,0^0,1\right)$ 与 CO 碰撞的振动弛豫是产生 $CO(1)$ 态（过程 VV4）最重要的过程。CO 与高激发态的 CO_2 的碰撞，以及与 CO_2 次同位素的非对称模态的碰撞不太重要，因为它们的丰度较低。

到目前为止，我们已经讨论了非平衡模型的主要特征。在接下来几节中，将介绍非平衡布居数最突出的特征，以及将此模型应用于火星和金星大气后得到的冷却率和加热率。

10.4　火星

在介绍火星大气的非平衡模型结果时，从较简单的夜间情况开始，然后再考虑白天。按照熟悉的地球大气处理流程，布居数同样用相对于基态分子数的振动温度 T_υ 来表示，T_υ 由方程（6.1）定义。根据该定义，当能级处于平衡态中时，$T_\upsilon = T_k$，而当激发能级的布居数与 T_k 下的玻尔兹曼统计量不同（更大或更小）时，$T_\upsilon \neq T_k$。

像地球中一样，非平衡辐射传输模型最重要的应用之一，是研究大气中红外辐射引起的辐射冷却和加热速率。强 CO_2 谱带对这些速率做出了非常大的贡献，并且主导了中层大气中的能量平衡。在 10.4.5 节和 10.4.7 节，计算了 15 μm 谱带的冷却率和通量散度，以及近红外（1.2～4.3 μm）谱带吸收太阳辐射产生的加热。结合这些计算结果，可获得中高层大气在辐射平衡下的全球平均温度曲线。

10.4.1　参考大气

图 10.2 给出了 COSPAR 火星参考大气中，夏季中纬度条件下的日平均温度剖面。相对于地球最明显的区别如下：温度更低，缺失平流层和平流层顶，以及热层温度要低得多。火星的大气层稀薄，表面平均大气压强随季节变化，大约在 5～10 mbar 范围内变化，主要组分 CO_2 在冬季半球极点地区上凝结，并在春季升华。火星大气的详细组分如表 10.2 和图 10.3 所示。

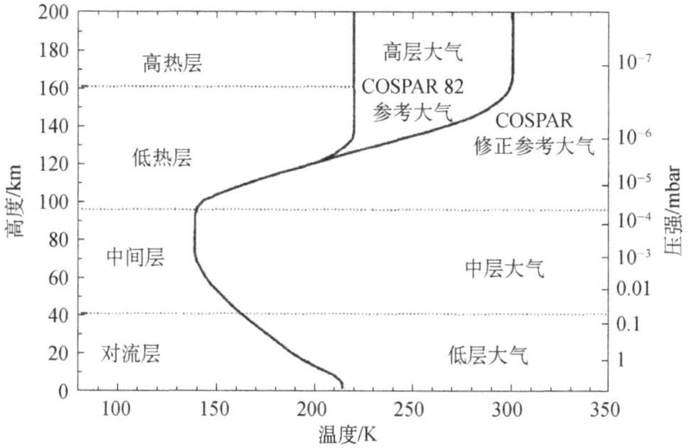

图 10.2　COSPAR82 和修正的 COSPAR（Kaplan，1988）模型给出的火星日均热力学温度随高度的变化曲线。压强范围从火星表面的 5.2 mbar 到高度 200 km 的 2.27×10^{-8} mbar

表 10.2 火星表面的大气成分

组分	混合比/%
二氧化碳(CO_2)	95.32
氮气(N_2)	2.7
氩气(Ar)	1.6
氧气(O_2)	0.13
一氧化碳(CO)	0.09
水(H_2O)	0.03
氖气(Ne)	0.00025
氪气(Kr)	0.00003
氙气(Xe)	0.000008
臭氧(O_3)	0.000003

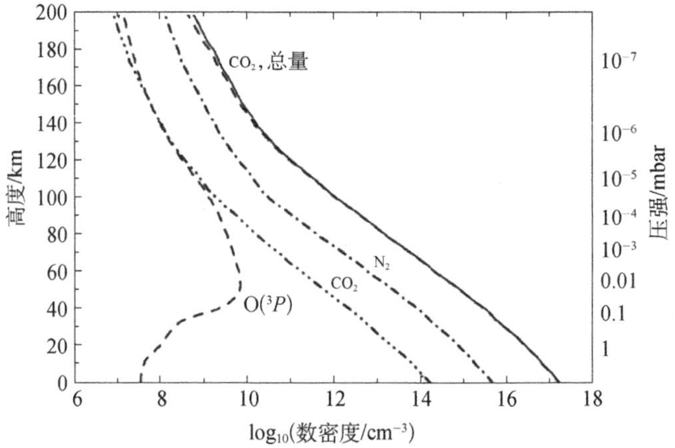

图 10.3 中纬度春分，中等太阳活动和高能见度大气（少量尘埃）条件下，Rodrigo 等（1990）开发的非定常一维火星大气模型的中性组分分布

10.4.2 CO_2 和 CO 的夜间布居数

图 10.4 给出了 CO_2-626 的前三个 υ_2 能级、第一个 υ_3 能级的夜间振动温度，以及 CO 第一个激发能级的 CO(1) 的振动温度。CO_2 626 同位素的 $(0,1^1,0)$、$(0,2,0)$ 和 $(0,3,0)$ 能态在 85 km 左右偏离平衡态。火星大气层的 15 μm 基频带在高达约 110 km 处仍光学厚，在此高度以下光子的平均自由程非常短。因此，火星大气层净辐射损失非常小，原则上，在该高度以下几次热碰撞就足以使 $(0,1^1,0)$ 维持平衡态。不过，如前所述，火星上的主导碰撞是 V-V 碰撞，尤其是，$(0,1^1,0)$ 与 $(0,2,0)$ 的快速相互作

用至 100 km 高度处仍占主导作用，而与次同位素$(0,1^1,0)$能级的快速相互作用至 115 km 高度起主导作用。由于源自这些能级的谱带比 626 的 15 μm 基频带弱得多，所以它们发射的光子更容易逃逸到太空。总之，快速 V-V 碰撞的综合效应，加上弱的 626 热谱带和次同位素基频带更容易逃逸到太空，使得$(0,1^1,0)$能态在较低的海拔（约 85 km）偏离平衡态。

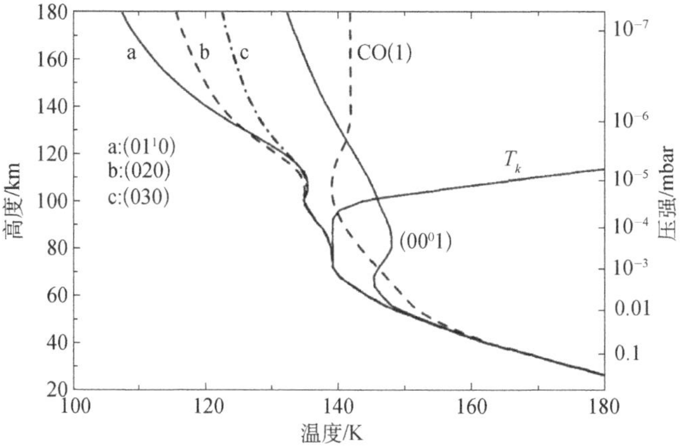

图 10.4　CO_2-626 三个 υ_2 能级和 υ_3 第一激发态，以及 CO(1) 的夜间振动温度

比较火星和地球$(0,1^1,0)$能级的平衡态偏离高度非常有意义。火星上偏离平衡态高度（85 km）的压强约为1.5×10^{-4} mbar，明显低于地球（90 km）的压强，约为1.5×10^{-3} mbar（具体见 6.3.6 节第 1 部分中的图 6.2）。光学较厚的火星大气层阻止了光子逃逸到太空，从而使平衡态达到较低的压强。注意，如果与泛频带能级和次同位素 υ_2 能级的交换较小，火星大气即使在更低压强下也能保持平衡态。在金星上，这个能级偏离平衡态的压强约与火星上的相同$(\sim1.5\times10^{-4}\,\text{mbar})$，但高度约为 120 km（见图 10.21）。

辐射传输对能级布居数的影响可以通过计算来说明，这些计算特意省略了大气层之间的光子交换。在没有大气层间光子交换，以及与$(0,1^1,0)$同位素能级和 υ_2 能级之间的 V-V 交换的情况下，计算得到 626、628 同位素$(0,1^1,0)$能级振动温度如图 10.5（a）、（b）所示。图中还显示了图 10.4 的常规计算结果作为对比。曲线 A 和 B 之间的巨大差异表明，大气层之间辐射传输对于这些能级的振动温度以及它们偏离平衡态的高度很重要。当忽略大气层间的交换时，例如使用 5.2.1 节第 2 部分“逃逸到太空”方法（曲线 B），振动温度在约 50 km 开始偏离平衡态。正如所推测的那样，这对应于辐射去激发和 V-T 碰撞去激发两者接近的高度。如果引入辐射传输，但不包括 V-V 碰撞（曲线 A），当$(0,1^1,0)$能级在 15 μm 基频带的净发射损失大于 V-T 碰撞净生成时，开始偏离平衡态，对应高度约 105 km。

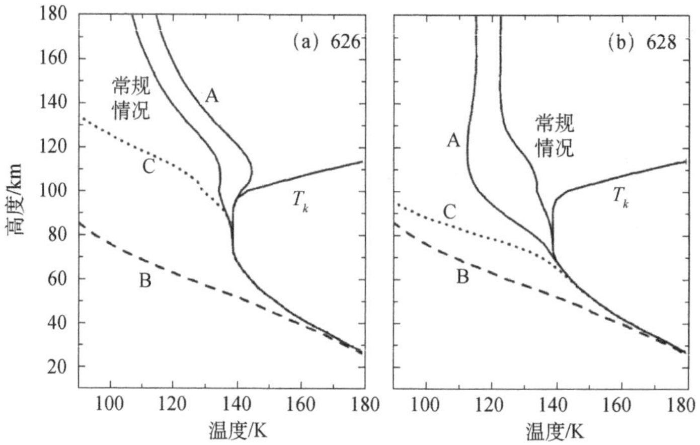

图 10.5　626（a）和 628（b）同位素$\left(0,1^1,0\right)$能级的振动温度计算结果，包含（A）和不包含（B）大气层间辐射交换。C 为采用“冷却到空间”方法的计算结果。算例 A、B 和 C 不包括 υ_2 量子的 V-V 交换

如图 10.5（b）所示，相对 626 同位素，较弱的 628 15 μm 基频带在较低高度处变得光学薄。相应地，$\left(0,1^1,0\right)$-628 能级从较低高度开始偏离平衡态。图 10.5（a）、（b）中曲线 A 和“常规情况”的比较表明，包含 V-V 耦合会导致 626 同位素的$\left(0,1^1,0\right)$能级在较低高度偏离平衡态，但对 628 同位素具有相反的效果。

如 5.2.1 节第 2 部分中所述，给定谱带偏离平衡态的高度，非常接近碰撞损耗率 l_t 大致等于净辐射损耗$\left(A/2\right)\mathcal{T}^*$的高度，其中 A 为爱因斯坦系数，$\mathcal{T}^*$ 为逃逸概率函数。利用这种方法，并忽略 V-V 碰撞得到的振动温度，如图 10.5（a）、（b）中的曲线 C 所示。可以看出，这些振动温度偏离平衡态的高度非常接近包括辐射传输时获得的高度。这证明了无需进行复杂的计算，使用该近似方法即可有效地估计平衡态失效高度。

υ_2 能级之间强耦合的另一个效应是，它们在高达约 120 km 都具有相似的夜间振动温度（见图 10.4）。在更高的高热层上，辐射过程开始起主导作用，吸收来自下层大气的辐射是最重要的激发机制，自发发射为主要的去激发机制。在那里，振动温度往往与高度无关，并且远低于热力学温度。所有谱带最终都会在一定高度以上遵循这种辐射平衡行为。

图 10.4 还给出了 626 υ_3 第一激发态的夜间布居数。该能态在高达约 60 km 仍保持平衡态，这主要是通过连接 υ_2 和 υ_3 能级的碰撞过程（VT1 和 VV2a）导致的。对生成和损失项的详细分析表明，60～90 km 区域的增大是由于吸收向上的辐射通量，主要为 10 μm 谱带，也吸收 4.3 μm 同位素带和热谱带，这些能量随后通过 V-V 碰撞传递到$\left(0,0^0,1\right)$。在 90 km 以上，4.3 μm 的同位素带变得光学薄，并通过向太空净发射使主和次同位素的$\left(0,0^0,1\right)$能级布居数减少。在 90～130 km 之间，υ_3 量子的 V-V 转移

整体上是从主同位素到次同位素，即与低层大气的方向相反。高热层中的 4.3 μm 谱带的自发发射主导 υ_3 能级的布居数，伴随吸收 4.3 μm 和 10 μm 的上涌辐射的少量激发。

主同位素和次同位素通过 V-V 碰撞耦合，具有几乎相同的 υ_2 能级布居数和平衡态失效高度（约 85 km）。在 100～140 km 之间，次同位素往往比 626 主同位素具有更低的 υ_2 和 υ_3 布居数，因为它们在光学上更薄，所以可以更有效地发射。在大约 140 km 以上，情况发生了逆转，因为从下层大气吸收开始占主导地位。这类似于主同位素的 $(0,2,0)$ 能级所表现出的行为（见图 10.4）。对于次同位素的 υ_2 泛频能级，上涌辐射的吸收变得相对更重要。因此在整个热层中，628 $(0,2,0)$ 和 $(0,3,0)$ 能级的振动温度大于 626 的振动温度。

CO 的第一激发态通过与原子氧的碰撞（过程 VT4）激发和去激发，并通过过程 VV4 与 $(0,0^0,1)$-626 能态碰撞耦合。在约 110 km 以上，辐射过程起主导作用，碰撞不重要。在 55 km 以下，对于 4.7 μm 谱带，VV4 过程比辐射传输更重要，使 CO(1) 能级在此高度以下接近平衡态（见图 10.4）。

在 55 km 以上，通过吸收大量来自较热的下层大气的辐射，使 CO(1) 布居数超过玻尔兹曼分布。在大约 65 km 处，4.7 μm 谱带开始光学变薄，逃逸到太空的光子增加，导致其布居数大幅减少（见图 10.4）。在 130 km 以上，热力学温度的升高增加了 Doppler 展宽，这使得对低层大气发射的光子的吸收更有效。

10.4.3　白天布居数

与地球上一样，火星上的白天条件比夜间更复杂，因为需要考虑太阳能泵浦对大量高能态分子的激发，以及随后通过“级串”传递至较低能级，直至能量最终被转化为热。

1. 太阳光通量的直接吸收

当有太阳辐射时，它是火星大气中 CO_2 和 CO 振动能级的主要激发机制。计算能级布居数和太阳能加热率的第一步，是评估每个高度上从太阳通量直接吸收的能量。大气中的散射和行星表面的反射并不那么重要，通常可以忽略不计。

从太阳通量中获得初始能量的速率取决于光子吸收系数，由方程（4.22）对频率积分给出，6.3.3 节第 2 部分给出了地球大气条件下的计算细节。正如以上章节所述，对于大的太阳天顶角 (χ)，必须考虑大气分布球形度（见 4.2.3 节），这些速率通常以每个主同位素基态分子来表示，并且在处理由热谱带和同位素带吸收太阳辐射引起的光激发速率时需要特别小心。对于 CO_2 的几个谱带，包括强带、弱带、基频带和次同位素带，这些速率的典型结果如图 10.6 所示。

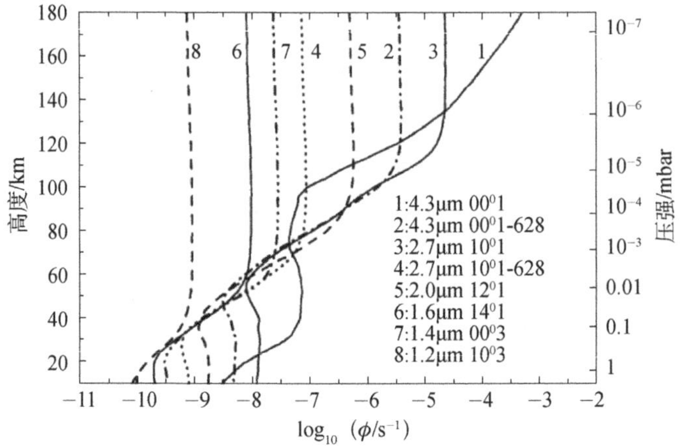

图 10.6　太阳头顶直射与平均日火距离条件下，主同位素和 628 同位素若干基频带的光子吸收系数，这里以每个基态 CO_2 分子每秒光子数来表示。还给出了跃迁的高能级

在大气层顶部，大多数分布剖面的值几乎不变，这取决于谱带中心频率处的太阳通量和跃迁的强度。唯一的例外是最强的 CO_2 -626 4.3 μm 基频带，即使在图中最高热层处，其光学厚度也不薄。非基频带还依赖较低振动能级的非平衡布居数（见下文）。正如所预测的那样，较强的谱带在高海拔地区占据了吸收中的大部分。当某个高度上方的大气柱光学薄假设不再成立时，光子吸收系数在此高度开始下降，太阳通量的最大衰减就发生在这些高度。这对于了解每个谱带对大气的加热效应至关重要，因为谱带越弱，该高度就越低。因此，在某些高度，非常弱的带直接吸收太阳能可能比较强跃迁中的吸收更重要。如图 10.6 所示，许多强度相差很大的 4.3 μm 谱带（见表 F.1），在 40～100 km 之间的区域中产生了非常相近的直接太阳吸收。

626 4.3 μm 基频带的光子吸收系数表现出一些有趣的特征。由于其较大的光学厚度，太阳通量在 100 km 开始显著衰减，并且在 80 km 以下，吸收主要发生在谱线的 Lorentz 线翼中，而不是在已经饱和的 Doppler 中心，在这些线翼里仍然存在一些通量。这在下中间层中导致该谱带的光吸收系数存在小但明显的增加。在较弱的谱带也发现了类似的转折，只不过在较低高度上。在对流层中，吸收主要发生在远翼中，并且光子吸收系数在行星表面附近降低。

2. CO_2 的布居数

图 10.7 给出了采用 COSPAR 热力学温度曲线以及太阳直射条件下，CO_2 -626 的 υ_2、υ_3 和 $\upsilon_2+\upsilon_3$ 能级的振动温度。在白天，$(0,1^1,0)$ 和 $(0,2,0)$ 能级偏离平衡态高度比夜间高出约 15 km。这个结果是偶然的，原因是该区域白天布居数的增加恰好弥补了夜间的衰减。因此，在 85 km 以上的白天，非平衡过程占主导地位。只要使用不同的中间层温度廓线，这点便不言自明。$(0,3,0)$ 能级开始偏离平衡态的高度比夜间

低约 5 km，并且布居数比平衡态更多。$\upsilon_2=1\sim3$ 能级的昼夜差异大于地球大气。例如，在 120 km 处，它们介于 15～35 K 之间，而地球上的最大昼夜变化发生在夏季中间层顶，对应$(0,2,0)$和$(0,3,0)$能级，在 12～20 K 之间，而$(0,1^1,0)$几乎不受影响。

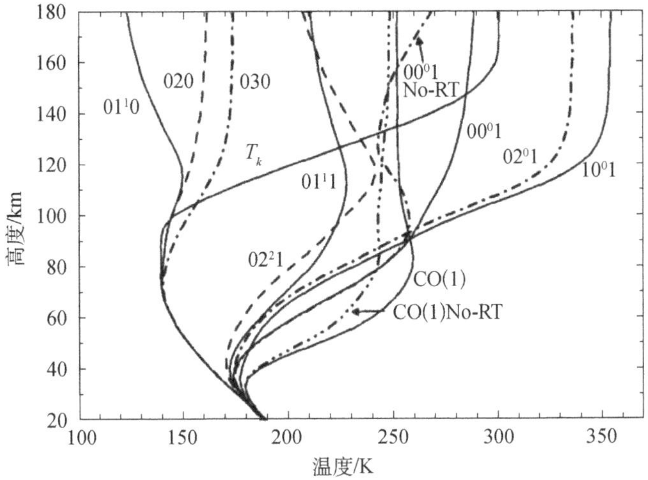

图 10.7　在太阳直射条件下，CO_2-626 的υ_2、υ_3和$\upsilon_2+\upsilon_3$组合能级及 CO(1) 能级的振动温度。还给出了在忽略辐射传输情况下（No-RT）计算的$CO_2(0,0^0,1)$和 CO(1) 的振动温度

这些日间增强的原因是较高的$\upsilon_2+\upsilon_3$组合能级由近红外吸收太阳辐射激发后的快速 V-V 弛豫。特别是，$(0,3,0)$能级的激发主要通过吸收 1.6 μm 和 2.0 μm 谱带，$(0,2,0)$通过吸收 2.7 μm 谱带，$(0,1^1,0)$通过与$(0,2,0)$的 V-V 耦合以及在 1.6 μm 和 2.0 μm 谱带泵送能级的泛频带去激发的小部分贡献。

$(0,0^0,1)$能级在白天偏离平衡态的高度比夜间低约 10 km。白天比夜间有大得多的非平衡布居数，CO_2从较高能量的组合能级以及泛频能级到低能级的级串发挥了重要作用。2.7 μm 谱带和 4.3 μm 同位素带（随后通过 V-V 碰撞转移到主同位素）的吸收，在上中间层和低热层（85～125 km）发挥了主导作用，120 km 以上基频带替代上述谱带发挥主导作用。50～85 km，较弱的近红外谱带（1.2～2.0 μm）的太阳能泵浦作用是$(0,0^0,1)$最强的激发机制，在这个高度区域内，太阳通量在较强的 4.3 μm 和 2.7 μm 谱带大大降低。

火星大气层在 4.3 μm 谱带，在高达约 180 km 处仍保持光学厚。因此，大气层之间的辐射传输在υ_3量子的重新分布中起着重要作用。图 10.7 说明了这种效应，如果忽略辐射传输，则该能级的布居数在约 90 km 以上要小得多（曲线“No-RT”）。CO_2激光带的发射是火星中间层和低热层中$(0,0^0,1)$的重要损失过程。

$2\upsilon_1+\upsilon_2\leqslant2$和$\upsilon_3=1$的$CO_2(\upsilon_1,\upsilon_2,\upsilon_3)$组合能级具有如下几个共同特征：它们与

$(0,0^0,1)$-626 能态发生较强作用，在碰撞过程中交换 υ_3 量子；它们的振动布居数在大约 30 km 偏离平衡态，并随高度增加而增加直到低热层（图 10.7）。$(0,1^1,1)$ 能态主要从太阳吸收 4.3 μm 第一热谱带而激发（见表 F.1），在 100 km 以下，它在 V-V 碰撞中将部分能量转移到 $(0,0^0,1)$；而在高度 100 km 之上，净 V-V 转移发生在相反的方向。在高层和中层大气中，$(0,2^0,1)$ 和 $(1,0^0,1)$ 能级因吸收 2.7 μm 基频带的太阳辐射而强烈激发，从而表现出非常高的振动温度。在下中间层和对流层中，其振动温度与 4.3 μm 的基频带相近，这是因为其与 $(0,0^0,1)$ 高效的 V-V 耦合。由于基态吸收 2.7 μm 太阳辐射至 $(0,2^2,1)$ 的跃迁是禁止的，该能级的振动激发远小于 $(0,2^0,1)$ 和 $(1,0^0,1)$。然而，在约 60 km 以下，这三个能级通过碰撞过程（表 10.1 中的 VT3）强烈地相互耦合。在更高高度上，$(0,2^2,1)$ 能态由 4.3 μm 第二热谱带的太阳能泵浦。

较高的泛频和组合 CO_2 能级 $\left(CO_2(\upsilon_1,\upsilon_2,\upsilon_3)与2\upsilon_1+\upsilon_2>2或\upsilon_3>1\right)$ 的振动温度，在高层大气中达到非常高的值，以实现自发发射和强太阳激发之间的平衡。这些能级的碰撞去激发是较低 CO_2 能级的重要激发源，并且这些能量很大一部分最终转化成热，对太阳加热大气做出了重大贡献。

次同位素的 $(0,1^1,0)$ 能级显示出与主同位素几乎相同的振动温度，直至约 100 km。约 30 km 以下，V-T 碰撞主导它们的生成，从约 30 km 到热层，与 626 $(0,1^1,0)$ 能态的 V-V 交换是主要的激发机制。CO_2 次同位素的 $(0,2,0)$ 和 $(0,3,0)$ 能级的振动温度也与主同位素相应能级相似。次同位素的 $(0,2,0)$ 能级最重要的激发机制是从太阳辐射中吸收 2.7 μm 次同位素带。$(0,3,0)$ 同位素能级主要从太阳辐射中吸收 2.0 μm 次同位素带而激发。在 70～90 km 之间，它们各自的 $(0,0^0,1)$ 同位素能级通过 V-T 传能，对它们也会产生重要的净激发。

所有次同位素 $(0,0^0,1)$ 能级的振动温度相等，直到约 80 km 高度，因为它们之间 υ_3 量子的近共振 V-V 交换非常快速。在整个大气中，特别是在 80～120 km 之间，它们的主要生成机制是吸收各自的 4.3 μm 基频带。这种激发是很强的，以至于直到大约 120 km，从次同位素 $(0,0^0,1)$ 能级到 626 相应能级都有净 V-V 转移。与 626 $(0,0^0,1)$ 能级的情况相反，次同位素近红外谱带不会明显增强其 $(0,0^0,1)$ 能级。

3. 布居数反转

在中间层和热层，CO_2 在白天存在较大激发的几个振动能级，表现出布居数反转（即允许跃迁的高能态比低能态的布居数更多）。特别是，$(0,0^0,1)$-626 的布居数，在约 80 km 和 50 km 以上，分别大于能量较低的 $(0,2,0)$ 和 $(0,3,0)$ 能级的布居数（见

图 10.23）。因为$(0,0^0,1)$和$(0,2^0,0)$能级之间允许跃迁（见图 6.1），这些反转中的第一个也是最为重要的一个，最大相对布居数$((0,0^0,1)/(1,0^0,0))$增强因子约可达到 2，由此在火星大气中产生 10 μm 激光发射，已经被地球上配备外差光谱仪的望远镜监测到。温度可从测量谱线的带宽推导，它们的辐亮度用于反演高能态$(0,0^0,1)$的布居数。由此可以发现激光发射的放大因子非常大，甚至有人提出自然放大效应可用于与外星系文明通信的计划中。

4. CO(1)的布居数

白天，直接从太阳辐射中吸收 4.7 μm 谱带是导致$CO(1)$振动温度较高的原因（图 10.7）。较大的激发使得辐射传输非常重要，并且使辐射传输在白天也比晚上大得多。例如，大气层顶部，主要在 80～100 km 之间，吸收的从下方发射的光子量，在数量级上与直接吸收太阳辐射相当。图 10.7 还给出了忽略层间交换计算得到的$CO(1)$振动温度，说明了如果不存在层间交换，白天的振动温度会被严重低估。

与夜间不同，白天从行星表面吸收的发射可以忽略不计。同样，对于$CO(1)$布居数，在 2.3 μm 处泛频带的太阳吸收可以忽略不计。在大约 90 km 以下，$CO(1\text{-}0)$谱带变得光学厚，太阳通量和热层向下发射的能量优先沉积在该高度下方附近。这就是上中间层中$CO(1)$振动温度达到最大值的原因。

振动-振动交换导致在约 80 km 以下，从$CO(1)$到$CO_2(0,0^0,1)$存在净碰撞转移，尽管 CO 的较低浓度意味着它对CO_2能级布居数几乎没有影响。与这种快速的 V-V 交换相比，V-T 碰撞对$CO(1)$的产生和损失也可以忽略不计。

10.4.4　CO_2布居数的变化和不确定性

10.4.3 节的结果，特别是偏离平衡态的高度，对基于红外临边探测的温度测量至关重要，到目前为止，仅讨论了一个平均热力学温度曲线。由于空间实验一般旨在开展全球范围探测，因此了解热力学温度曲线的预计变化对平衡态失效高度的影响很有用。重复数值实验显示，将 60 km 以下大气温度降低约 20 K，υ_2弯曲能级偏离平衡态的高度变化不大，主要是因为 15 μm 基频带高达约 100 km 以下都为光学厚，并且υ_2泛频带能级与$(0,1^1,0)$-626 在该高度以下的范围内强烈耦合。因此，对于通常用于温度探测的谱带，火星对流层温度变化对其偏离平衡态的高度影响不大。

不过，发射 4.3 μm 的$(0,0^0,1)$能级，其非平衡行为随热力学温度变化显示出很大差异。当对流层较冷时，其振动温度在约 80 km 处的局部最大值会大大降低，并且其偏离平衡态的高度明显小于约 100 km。

火星的表面温度存在巨大的昼夜和季节性差异，真正重要的是，这对CO_2能级偏离平衡态是否有任何影响？将下边界处的温度变化设为−75～+25 K，这覆盖了Viking着陆器测量的150～250 K范围，结果显示大多数υ_2能级的振动温度几乎不变，而$CO_2\left(0,0^0,1\right)$、$CO_2\upsilon_2$同位素能级和$CO(1)$的变化很小。

表10.1中，一些碰撞过程的速率系数被报道得较少，特别是CO_2激发能级之间的V-V交换速率。因此，需要再次研究布居数对这些不确定性的灵敏度，既要确定误差带边界，又要了解不同物理过程的相对重要性。新的速率系数通常是公开的，在现有文献中可以查到最新的灵敏度研究结果。在这里，我们仅给出一些代表性的结果。

最重要的V-T过程的速率系数（表10.1中的VT2）比V-V速率系数研究得更加充分，但不同文献给出的值仍相差4倍。在此范围内系数变化的主要影响是，所有CO_2同位素的$\left(0,1^1,0\right)$能级在100 km以上，夜间振动温度变化约为10 K。在低热层，$\upsilon_2=2$和$\upsilon_3=3$能级的T_υ也受到明显影响（约10K）。当V-T速率更快时，所有振动温度都会增加。平衡态失效高度变化很小。

V-V碰撞过程在确定弯曲模态布居数上起到了关键作用，遗憾的是，目前研究者们仅直接测量了$\left(0,1^1,0\right)$和$\left(0,2,0\right)$能级之间的υ_2交换速率（表10.1中的VV3）。涉及泛频带或同位素带过程的速率系数不确定性可能达1个数量级。当使用比这个值更大的速率时，$\upsilon_2=1$～3主同位素能级的夜间振动温度在高约30 km处可以被分开。在低热层中，V-V速率较小时，$\left(0,1^1,0\right)$-626的振动温度增加，$\left(0,2,0\right)$和$\left(0,3,0\right)$能态的振动温度基本保持不变，而$\left(0,1^1,0\right)$次同位素能级的振动温度则下降。

由于在白天，能量从高能太阳能泵浦能级流向较低能量的能级，因此对白天振动温度的影响不同于夜间。对于较小的V-V速率，$\left(0,3,0\right)$能级的T_υ在70～170 km范围内大大增加，最多可增加20 K，在100～170 km范围内$\left(0,2,0\right)$的T_υ最多增加10 K。另一方面，次同位素$\left(0,1^1,0\right)$能态的T_υ在该区域降低了类似大小，而$\left(0,1^1,0\right)$-626的布居数仅显现出微弱的变化。

表10.1中的VV1过程描述了CO_2 υ_3能级之间的V-V碰撞耦合，其速率系数在任一方向上的不确定因子均可达10倍。在夜间，所有同位素的υ_3基频带和组合能级的振动温度对该变化的敏感性很小。白天，$\left(\upsilon_1,\upsilon_2,1\right)$（满足$2\upsilon_1+\upsilon_2=2$）和$\left(0,0^0,1\right)$能级的碰撞速率系数$k_{\upsilon\upsilon}\left(\upsilon_3\right)$增加1个量级，可使前者的振动温度在中间层降低约达35 K，低热层中降低约达25 K。υ_3量子另一个重要的V-V转移发生在各同位素的$\left(0,0^0,1\right)$能级之间。当速率快10倍时，在约80～120 km之间，次同位素能级的布居数减少约5 K，并且在大约相同区域，主同位素的布居数增加10 K。

现在来看看通过V-T和V-V过程，振动能在CO_2的ν_3和ν_2模态之间的重新分配情况（表10.1中的VT1和VV2）。前面已经知道，V-V交换的速率系数变化在2倍以内，并且该变化对振动温度仅产生轻微影响。另一方面，对于这些振动模式之间的V-T 相互作用，速率系数不确定性可达 4 倍，尤其是与原子氧碰撞。V-T 速率系数的增加，将引起振动温度降低，最大降幅对应 80 km 处$(0,0^0,1)$能级，为 5 K。$(0,2,0)$和$(0,3,0)$能级受影响较小，并且在$(0,0^0,1)$能级布居数变化最大的高度接近保持平衡态。

10.4.5　冷却率

本节研究 CO_2 的辐射能量平衡，强 CO_2 带对冷却率和加热率做出了非常大的贡献，并主导了火星中层大气的能量平衡。下面首先讨论 15 μm 谱带的冷却率，然后讨论近红外（1～5 μm）吸收太阳辐射产生的加热率。

显然，计算总冷却率需要对大气中所有活跃谱带的辐射通量散度求和。然而必须注意，在给定能带中由激发能级发射的一些能量，通常来自其他激发态，如通过 V-V 交换或来自更高能级的辐射弛豫，因此所考虑波段的通量散度并不完全代表大气分子动能的净损失。话虽如此，为了讨论时更加通顺，这里将振动带的通量散度称为“冷却率”。

图 10.8 给出了忽略太阳辐照时，采用修订后的COSPAR 热力学温度剖面（见图 10.2），最重要的 CO_2 15 μm 谱带（见表 F.1）对冷却率的贡献及总和。COSPAR 温度剖面是介于白天和夜间之间的“日均”剖面。在上中间层尤其是低热层，冷却率非常大。在 115～145 km 之间，冷却率大于 300 $K \cdot d^{-1}$。这些冷却率非常依赖于原子氧丰度和热力学温度，对于更温暖或更富氧的大气层，冷却率更大（见 10.4.6 节）。

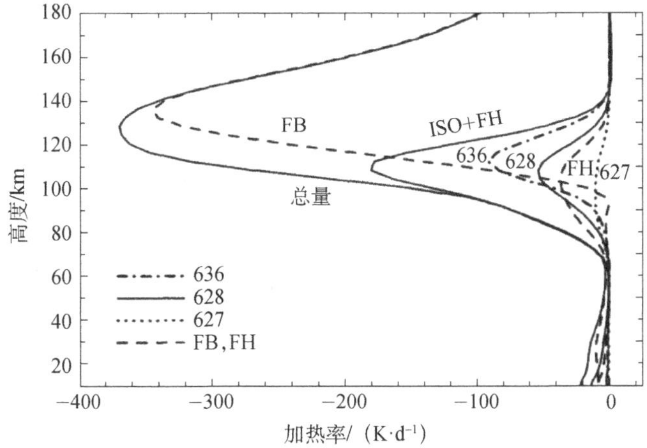

图 10.8　修正的COSPAR 温度曲线（图 10.2）给出的 CO_2 15 μm 谱带的冷却率（以 $K \cdot d^{-1}$ 为单位）。“FB”和“FH”分别表示 626 主同位素的基频带和第一热谱带。“ ISO+FH ”表示 636、628 和 627 的基频带与 626 第一个热谱带之和。曲线“总量”表示 15 μm 处的冷却率，包括较弱的 626 第二热谱带

CO_2主同位素15 μm基频带(FB)的冷却率在约100 km以下非常小，因为该区域的谱带在光学上很厚。对于这个特殊的温度剖面，在大约95 km处存在微弱的加热，这是由于吸收了低处较温暖的大气层发出的辐射。在该高度以上，谱带在光学上变得很薄，冷却迅速增加，直至很高的大气层，高层大气低压减少了$(0,1^1,0)$-626的碰撞激发，冷却率降低。

次同位素和第一热谱带比基频带光学薄，在较低的60～120 km高度占冷却率的大部分。在80～120 km之间，$(0,1^1,0)$-626与$(0,1^1,0)$-同位素，以及与$(0,2,0)$-626能级之间的V-V能量交换非常有效。并且在V-T碰撞中，在中间层和低热层中，$(0,1^1,0)$-626主要与CO_2碰撞，在那之上主要与$O(^3P)$碰撞，在这些V-T碰撞中，$(0,1^1,0)$-626获得的能量被转移到这些能级并随后发射。

所有次同位素带的冷却率显示出形状相似的剖面，但随着其各自谱带强度的降低，它们的冷却率依次变小，并在更低高度达到峰值。在高热层中，由于吸收了来自下层的辐射，主要是来自上中间层的辐射，所有这些同位素带和热谱带都显示出约$2K \cdot d^{-1}$的小幅加热。

其他15 μm谱带以及发生在其他光谱区域的CO_2跃迁，对火星中层和高层大气冷却率的贡献可以忽略不计。

10.4.6 冷却率的变化和不确定性

热力学温度结构通过决定局地的辐射发射以及决定非局地不同温度大气层的辐射吸收，来影响光学厚跃迁的净发射。可以分别考虑三个高度区域：常处于平衡态的低层大气；非平衡的中间区域，其中从下层吸收辐射很重要；以及光学薄的非平衡高层大气。

在约60 km以下的平衡态区域，影响冷却率的两个最重要因素是局部热力学温度及其垂直梯度。对于第一个因素，两个温度不同但梯度相同的曲线下的冷却率之比，可用15 μm处普朗克函数之比近似。通常，温度垂直梯度小于（大于）辐射平衡梯度时，辐射传输产生冷却（加热）。例如，在火星对流层（低于约20 km）中，温度梯度在$-(2.5\sim3)K \cdot km^{-1}$范围内可产生局部加热。在COSPAR剖面近等温的65～80 km区域，温度仅通过普朗克函数有重要影响。

在85 km以上，冷却率对温度的依赖性也是正的（即温度越大，冷却率越大），随着大气层在光学上变得更薄，光子逃逸到太空的可能性变大，因此热能被更有效地耗散，冷却率对温度的依赖性变得更强。在这个偏离平衡态不是很大的区域中，吸收较低区域发出的上升流辐射（主要是热谱带和次同位素带）是激发的重要来源。

在大约 120 km 以上，基本上所有的冷却都是由 626 同位素基频带的净发射引起的（见图 10.8）。在这个区域中，该谱带在光学上很薄，高能态主要通过辐射损耗，通过碰撞激发。在这些条件下，根据下面表达式可知，冷却率随热力学温度呈指数变化（参见 5.2.1 节第 2 部分和 9.2 节）：

$$q = \frac{[CO_2]}{Q_{vib}}\left\{k_{CO_2\text{-}O}\left[O\left({}^3P\right)\right] + k_{CO_2\text{-}CO_2}[CO_2]\right\} g_2 \exp\left(-\frac{h\nu_0}{kT}\right)\frac{\mathcal{T}^*}{2}h\nu_0 \qquad (10.1)$$

温度也可通过密度或标称高度产生重要影响。这种影响在热层中最重要，在那里冷却率与 $O\left({}^3P\right)$ 和 CO_2 数密度成正比（参见方程（10.1））。对于较冷的低热层，大气层密度更大，导致冷却率更小。这些变化在约 100 km 以上很明显，低热层温度变化约 40 K，冷却率典型变化达约 $50\ K\cdot d^{-1}$。

由以上分析可知，υ_2 量子的 V-V 转移速率在确定火星 $CO_2(\upsilon_2)$ 布居数中起着重要作用，因此可以预计它还会影响 15 μm 的冷却率。图 10.9 给出了将此速率变化 2 倍的效果。如 10.4.2 节所述，60～130 km 之间，净能量转移是从 626 基频带到较弱的同位素带和热谱带，在这个高度之上，转移方向相反。因此，交换速率的增加导致在高达约 130 km，较弱的 15 μm 谱带的发射增加；在约 130 km 以上，则导致发射减少，在这里，更快的 V-V 速率增加了对下面大气发射的吸收，冷却变成了加热。然而，这不是实际加热，因为大部分能量通过 15 μm 基频带发射。总而言之，对于更快的 V-V 速率，各个谱带的冷却率在 100 km 以上显示出重要的变化，但总冷却仅在上中间层和低热层中显示出小幅增加（约 $10K\cdot d^{-1}$）。

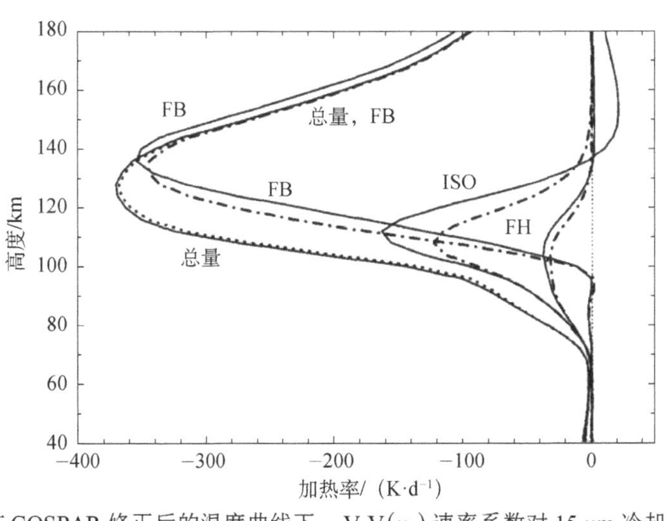

图 10.9　在 COSPAR 修正后的温度曲线下，$V\text{-}V(\upsilon_2)$ 速率系数对 15 μm 冷却率的影响。实线和非实线分别表示以 2 倍增加或减少冷却率

图 10.10 给出了 CO_2 对称弯曲 (υ_2) 能级与 CO_2 和 $O\left({}^3P\right)$（表 10.1 中的 VT2 过

程）的 V-T 碰撞速率系数增加一倍或减少一半，对冷却率的影响。这两种效应在大约 85 km 以上变得明显，在那里大多数 15 μm 谱带在光学上变得很薄；在 110 km 以上变得尤为重要，在这里 626 基频带也变得光学不厚。除了 85～100 km 外，$O\left({}^{3}P\right)$ 速率的影响大于 CO_2 速率的影响，因为原子氧在传递热能方面非常高效。$O\left({}^{3}P\right)$ 引起的不确定性的最大因素很可能不是反应速率，而是其体积混合比。由于太阳周期和热层温度的变化，它在 100～120 km 之间变化约 100%，在约 140 km 以上变化增加至 5 倍以上。

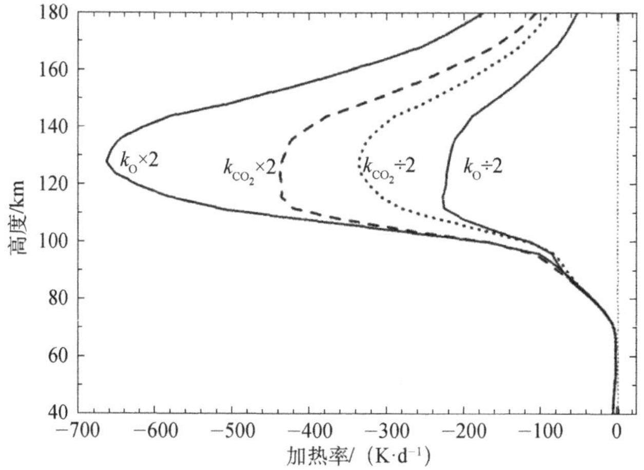

图 10.10　在 COSPAR 修正温度曲线下，$CO_2(\upsilon_1,\upsilon_2,0)$ 能级与 $CO_2\left(k_{CO_2}\right)$ 和 $O\left({}^{3}P\right)\left(k_O\right)$ 的 V-T 碰撞速率系数对 15 μm 带冷却率的影响。速率系数的增加和减少因子为 2

10.4.7　加热率

10.4.3 节第 1 部分讨论了光子吸收系数，用于计算从太阳通量吸收的能量。大量从太阳吸收的能量可能通过荧光重新发射，并且只有一部分转化为热能。一些 CO_2 谱带，尤其是 15 μm 的谱带，在夜间会发出大量的辐射，在白天的辐射更大。因此，在给定高度上，太阳加热率的计算不仅涉及局部吸收的入射太阳能，还涉及向空间的发射，以及所有波长光子的层间交换产生的净平衡。与前面所述一样，吸收的能量中重新发射的部分，可以通过有无太阳辐照时计算的通量散度之差获得。

对于地球大气，前面已经讨论了一些 CO_2 近红外谱带最初吸收能量的传递路径（见图 9.19）。对于火星，转化成热的过程在本质上是相同的，但定量上则不同，一些在地球上可以忽略的过程在这里变得十分重要。作为一个例子，下面将讨论较强的 4.3 μm 基频带吸收的太阳能的热化，并进一步描述对火星太阳能加热有贡献的其他重要谱带。

图 10.11 给出了 4.3 μm 处太阳辐射的吸收、不同路径的能量传递率，以及它产生的净加热率。在热层中，局地吸收太阳通量（曲线 I）中的速率非常大，在大气层顶部附近达到近 5000 $K \cdot d^{-1}$。然而，当考虑大气层之间的自发发射和辐射传输时，即曲线“RT”，120 km 以上通量散度（符号相反）远小于初始吸收。对于这个强谱带，在 85～110 km 之间有一个不寻常的区域，其中可用于转化为热的能量大于局部吸收的太阳能，这是由于额外吸收了从更高大气层发射的下涌光子。在 75 km 以下，“I”和“RT”曲线几乎重叠，因为大气层之间的净辐射交换可以忽略不计（见 10.4.3 节第 2 部分）。

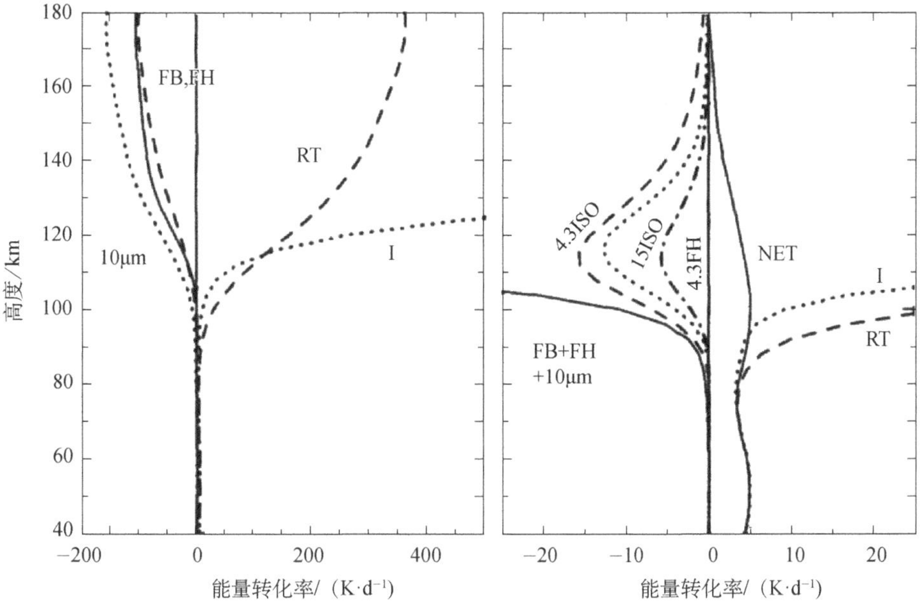

图 10.11　太阳直射和平均日火距离条件下，CO_2-626 的 4.3 μm 基频带加热率和太阳辐射吸收的贡献。“I”为太阳能的局部吸收率；“RT”为考虑该谱带内自发发射和辐射传输后的吸收率；“FB”和“FH”分别是 15 μm 处的 626 基频带和第一热谱带重新发射的能量转化率；“10 μm”为 10 μm 的重新发射；“4.3 ISO”、“15 ISO”和“4.3 FH”分别为 4.3 μm 的同位素带、15 μm 的同位素带和 626 4.3 μm 第一热谱带的重新发射；“NET”为太阳能加热率，单位为 $K \cdot d^{-1}$

在大气层最高处，吸收的能量在近 10 μm 的两个谱带发射。事实上，这些是 $(0,0^0,1)$ 最重要的弛豫机制，最终，局地吸收能量中的重要部分进入 $(0,2,0)$ 能级。这些能态部分通过 15 μm 第一热谱带发射弛豫，其余部分转移到 $(0,1^1,0)$。同时，$(0,1^1,0)$ 能态通过 15 μm 基频带（“15FB”）重新发射出该能量的一部分。剩余的能量部分转化为热能，部分通过 V-V 碰撞进入 $(0,1^1,0)$ 次同位素系统。在非常高的高度，15 μm FH、FB 谱带加上 10 μm 谱带的发射，能够重新发射 4.3 μm 基频带辐射后剩下的几乎所有可用的能量。在低热层中，这些谱带的再发射要小得多，因为可用的能量较少，以及υ_2和υ_3的V-V碰撞变得更加频繁。这些碰撞过程使4.3 μm同位素带、第一热谱带，以及15 μm同位素带的发射增加，导致100～125 km区域太阳辐射的吸收明显减少。在大约75 km以下，吸收的太阳能可以完全转化成热，主要是通过碰撞弛豫υ_2能级，但相对较少的太阳光子到达该区域以至加热率很小。从上文可以发现，在大多数高度，4.3 μm基频带的太阳能加热率约为5 K · d^{-1}或更低。

考虑4.3 μm第一热谱带和同位素带中太阳吸收的类似过程（见表F.1），可以发现第一热谱带引起的太阳加热与基频带的相近，而同位素带在上中层和低热层（70～100 km）中明显更大，约在90 km最大可达25 K · d^{-1}。这些弱谱带的太阳通量渗透到更深的大气层中，在那里碰撞更频繁，吸收的太阳能更有效地转化成热。4.3 μm第二热谱带（见表F.1）引起的加热速率可以忽略不计，因为吸收光子的$(0,2,0)$激发态数量非常小。

由所有4.3 μm谱带吸收引起的加热速率如图10.12所示。大部分加热发生在60～110 km之间，最大为40 K · d^{-1}，约位于85 km高度。

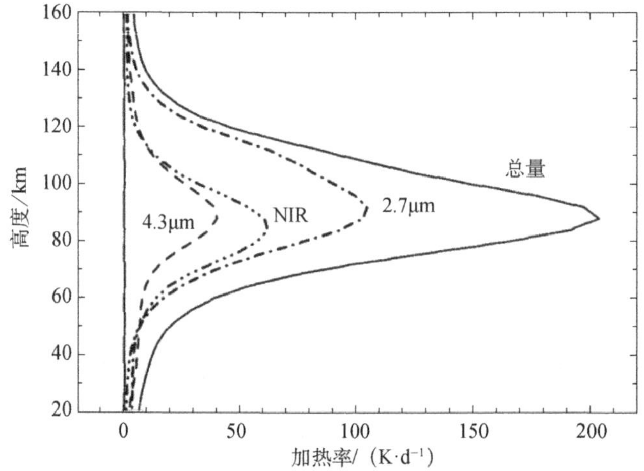

图10.12　太阳直射和平均日火距离条件下，火星大气层的太阳加热率

太阳辐射也可被2.7 μm附近的几个谱带吸收（见表F.1）。由基频带产生的加热率具有约50 K · d^{-1}的峰值，范围可从85 km延伸到115 km，而2.7 μm的次同位素带和热谱带显示较小的最大值，约为40 K · d^{-1}和5 K · d^{-1}，位于较低高度并主导了中间层的加热。所有2.7 μm谱带产生的加热在90 km处达到100 K · d^{-1}，是该高度4.3 μm谱带产生的加热率的两倍多（图10.12）。这是因为2.7 μm谱带高能态的两个υ_2量子比4.3 μm谱带的非对称υ_3量子能更有效地转化成热。

在1.2～2.0 μm光谱范围内的许多近红外谱带（曲线"NIR"）中也产生了大量的太阳能加热，覆盖的高度范围为约50～110 km，在85 km处达最大，约为60 K · d^{-1}。

10.4.8　加热率的变化和不确定性

温度对太阳能加热的影响很小，主要通过对大气标称高度进而对吸收分子的数量产生影响。通过这种方式，对流层温度变化会影响中间层和低热层的太阳加热率，该影响比热层温度变化的影响更大。例如，热层温度比标准剖面低 150 K 时，引起太阳加热峰值变化为 10 $K \cdot d^{-1}$（约 5%），同时峰值高度仅移动约 1 km。然而，对流层剖面比标称值低 30 K，会使太阳加热率的峰值高度降低约 8 km，并使其降低约 15 $K \cdot d^{-1}$（约 7.5%）。因此，火星表面压强的季节性变化显著影响了高层大气的净加热，尤其是加热率峰值的高度。

在各种速率系数的不确定因素中，对加热率影响最大的是高能级 υ_3 量子的 V-V 去激发速率，以及 υ_2 能级与原子氧的 V-T 碰撞速率。CO_2 υ_1 与 CO_2 的 V-T 碰撞，υ_3 与 υ_2 量子之间的重排，以及 υ_2 与 υ_3（不包括高能组合能级的 υ_3 弛豫）的 V-V 耦合的影响都小得多。原因基本上是，前者足够快，在热层中高激发能级的弛豫中，可以与辐射过程竞争。其他系数影响较低海拔的能级布居数，在那里大多数辐射跃迁在光学上很厚，并且对太阳加热几乎没有影响。

图 10.13 给出了 $CO_2\left(0,1^1,0\right)$-$O\left({}^3P\right)$ 的速率系数增加一倍和减少一半对太阳加热率的影响。在大约 90 km 以上影响重要，在那里原子氧丰度相当可观，速率增加会导致更大的加热率，在约 100 km 以上，变化高达 100%。同样，火星热层中，$O\left({}^3P\right)$ 丰度的变化性和不确定性影响可能更大。

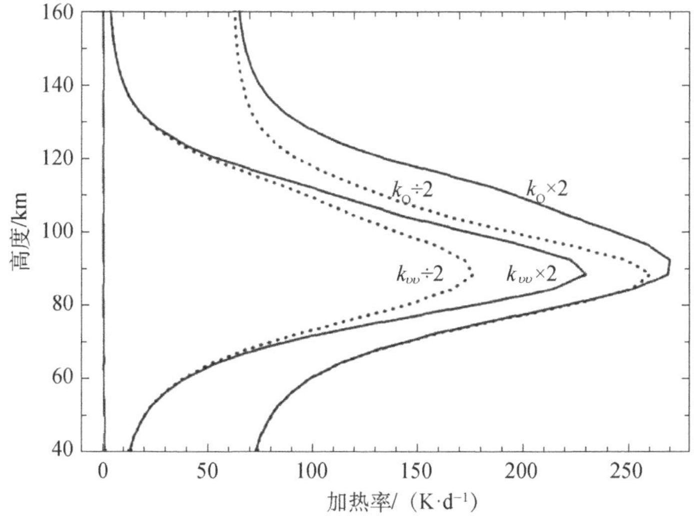

图 10.13　高能 CO_2 能级下 υ_3 量子 V-V 弛豫的速率系数 $\left(k_{\upsilon\upsilon}\right)$，以及 $CO_2\left(\upsilon_2\right)$ 与 $O\left({}^3P\right)$ 的热碰撞 $k_{CO_2\text{-}O}\left(k_O\right)$ 对太阳加热率的影响。图中测试 $k_{CO_2\text{-}O}$ 灵敏度的加热率偏移了 60 $K \cdot d^{-1}$

该图还显示了组合能级的 V-V(υ_3) 去激发速率增加一倍和减小一半而产生的变化，这大约涵盖了目前实验测量范围。对于速率的这些变化，加热率的变化符号一致，在 80～100 km 之间产生 30 $K \cdot d^{-1}$ 的变化。速率增加意味着较高的 CO_2 激发能级能更快地转移到较低能态，并最终转化成热量增加加热率。

不过，加热率的这些变化小于压强和太阳辐照条件引起的变化。这样一来，可以将非平衡加热率仅作为压强和太阳天顶角的函数，可以相当容易和准确地参数化，这对于将其包含在一般环流模型(GCMs)中非常有用。

10.4.9 辐射平衡温度

加热率和冷却率可用于计算火星大气的日均温度剖面。对于火星大气，假设辐射平衡适用于每个高度，通过迭代使 15 μm 冷却和近红外太阳能加热率达到平衡，得到对应的温度剖面。取太阳天顶角 60°的加热率的一半，作为日均值的估计。这样获得的温度只能用于全球平均值，并且仅在 40～125 km 之间的区域与实际相符，因为在该高度范围，可以预期热结构主要由红外辐射过程所控制。在 125 km 以上，EUV 加热和分子传导开始变得重要；40 km 以下，预计 CO_2 红外冷却和加热不如沙尘暴和动力学的影响强。

图 10.14（a）给出了各种典型条件下的太阳加热和热冷却率，图 10.14（b）给出了由此产生的辐射平衡温度剖面。约 72 km（中间层顶）处的温度剖面的局部最大值，（中间层顶峰值）是由这些高度上较大的太阳能加热所产生。可以看出，计算得到的曲线与 COSPAR 参考温度曲线均有很大不同，后者代表了平均测量条件。即使强制使剖面在 40 km 以下与 COSPAR 模型相同，由于 40 km 高度以下辐射平衡不再适用，剖面也会在此高度以上迅速发散。此外，尽管不同非平衡模型之间的冷却率和加热率存在明显差异（图 10.14（a）中的点划线和虚线），但这两个模型都表明辐射平衡温度远大于 COSPAR，这意味着火星大气在任何高度上都不处于辐射平衡状态。这并不奇怪，因为还存在大气波和其他动力学过程的作用。此外，由于其他因素如沙尘暴的影响，图 10.14（b）中的剖面还存在相当大的可变性，这使得整个火星平均模型和单个测量之间的比较变得异常复杂。在火星大气红外能量收支平衡的理解上，很多高度的模型都有相当大的改进空间，也迫切需要对红外辐射进行更详细的测量，包括火星大气温度的变化、水蒸气的影响，以及沙尘暴和动力学的过程。最后，通常需要在实验室模拟较低的火星大气温度条件，对 V-T 和 V-V 碰撞率系数进行测量，其中最重要的是 $CO_2(0,1^1,0)$ 由 $O(^3P)$ 和 CO_2 的热碰撞去激发速率，以及高能组合能级的 V-V(υ_3) 弛豫速率。

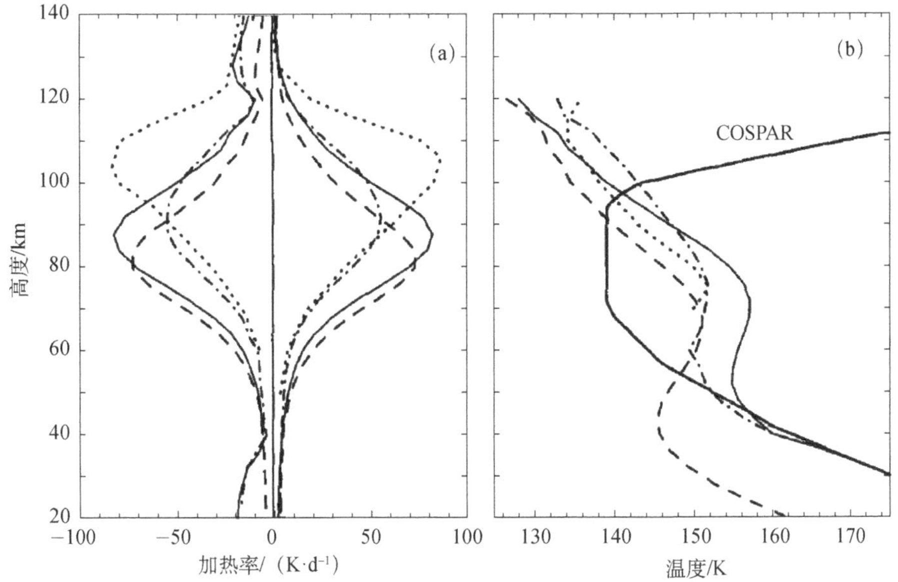

图 10.14　（a）中间层辐射平衡条件下的红外冷却和近红外太阳加热率。实线：COSPAR 剖面对流层；虚线：辐射平衡中的对流层；点划线：太阳最小条件下的 Bougher 和 Dickinson（1988）模型参数模拟；点线：Bougher 和 Dickinson（1988）在相同条件下的结果。（b）取辐射平衡温度。同时给出了 COSPAR 温度分布图，以供参考

10.5　金星

由于金星也有一个几乎纯 CO_2 的大气层，前面关于火星的大部分讨论也适用于金星，尽管金星的压强和温度要普遍高得多。关于金星的非平衡模型的研究工作较少，部分原因是这类研究通常由旨在进行相关测量的空间实验项目带动，而目前空间实验探测的重点是火星。从 20 世纪八九十年代开始，情况有所改观，2001 年前大量对金星非平衡条件的了解仍然依赖当时所做的开创性工作，特别是 Dickinson 的工作。他首先计算了辐射平衡下的金星全球平均温度曲线，包括被认为对全球热收支重要的所有过程。他指出了包括组合能带，特别是 CO_2 同位素带的重要性。跟火星类似，这些较弱的谱带比较强的主同位素基频带的能量传输路径更长，因此具有与谱线强度不成比例的影响。只有强度比最强谱带至少小 5 个数量级的谱带才可忽略。这种效应如图 10.15 所示，它显示了在 10 μbar 高度上单条谱线对冷却率的贡献。即使压强这么低，强线中心也是完全吸收的，除线翼外，冷却至空间的部分可忽略。另一方面，弱线的 Doppler 核心区会强烈地辐射到太空中。

图 10.16 给出了 Dickinson 推导的辐射平衡温度曲线，以及他类比地球为金星不同大气高度提出的名称。

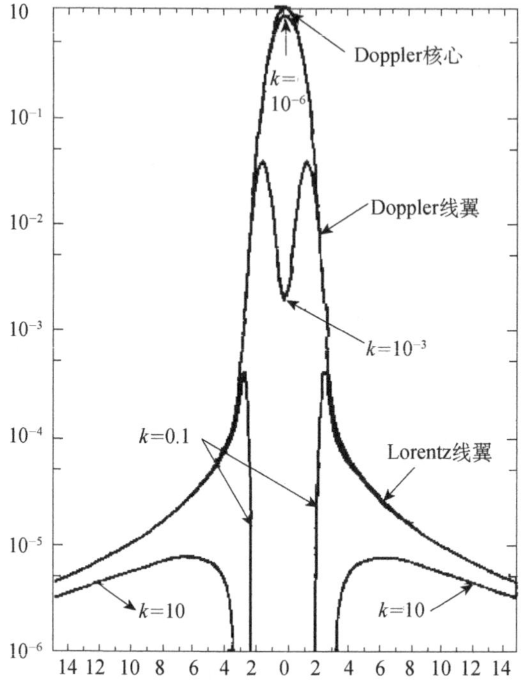

图 10.15 外侧为金星上 10 μbar 高度处的 15 μm 谱线的发射曲线。其他曲线是强度 k 的谱带的高能级对净冷却贡献的角度积分。横坐标以 Doppler 宽度为单位

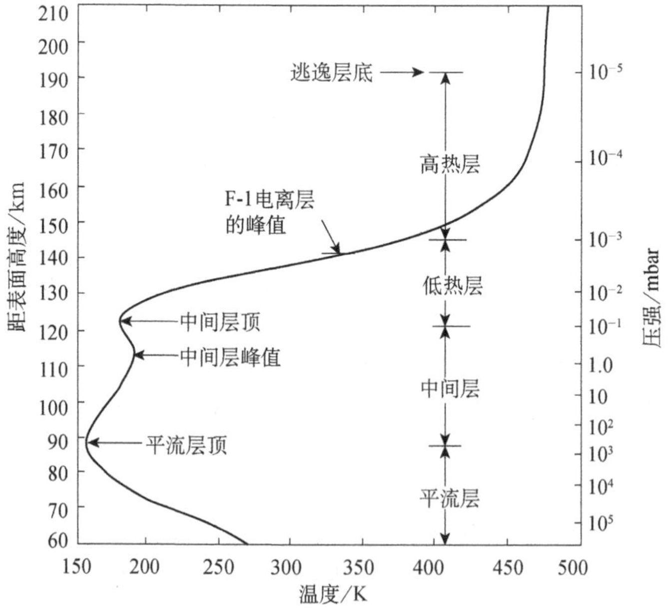

图 10.16 金星辐射平衡温度垂直曲线，计算中包括 CO_2 近红外和 15 μm 谱带的非平衡加热和冷却

图 10.17 给出了 $\upsilon_2=1$ 和 $\upsilon_3=1$ 能级与平衡态的偏差随高度的变化。图 10.18 分别为 EUV 和 NIR 辐射的净加热，以及 15 μm 的净冷却。当考虑分子传导时，这些项对于图 10.16 中的温度曲线是平衡的。可以看出，在低层大气中，只考虑红外加热和冷却，忽略紫外线加热和分子传导，即可处于辐射平衡；高层大气则相反。

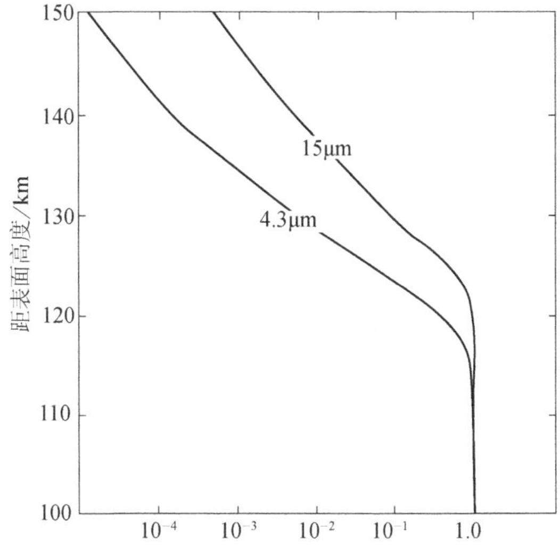

图 10.17　金星上 CO_2 主同位素 υ_2 和 υ_3 基频带的第一激发振动能级的布居数，表示为玻尔兹曼值的分数

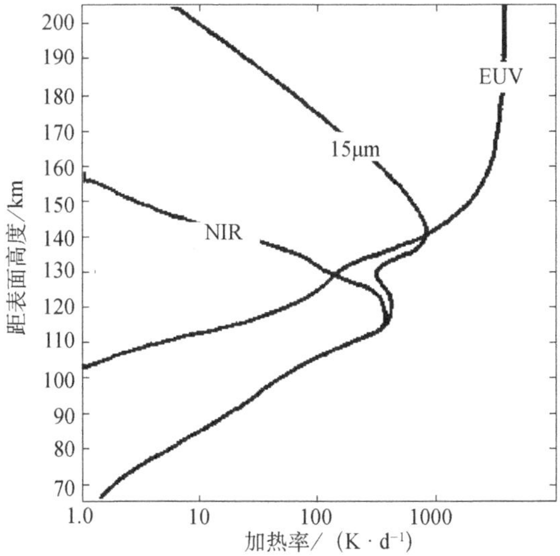

图 10.18　金星上全球平均净加热率和冷却率，分别给出了极紫外(EUV)和近红外（NIR）加热的贡献

Dickinson 在随后发展的模型中，添加了 V-V 交换项，引入了层间传输算法，与“冷却到空间”近似模型进行了对比，并研究了当时（1975 年）为金星太空任务计划的温度探测实验对非平衡的敏感性。结果表明，15 μm 基频带在压强低至 1 μbar 时可以认为处于平衡态中，但在较低高度，大多数逃逸到太空的光子来源于热谱带和同位素带。这基本上意味着，以基频带为中心的“宽带”测量，可以在不考虑非平衡的情况下探测金星中间层大气，但是使用压强调制器来探测低热层将需要更复杂的模型来解释。

Battaner 及其合作者随后有了新的优势，能够根据 1979～1980 年“金星先驱者号”探测器（PV）的测量结果修正金星大气模型，并将他们的计算结果与“金星先驱者号”探测器上的红外辐射计测量数据进行了比较，结果表明 Battaner 等给出的白天辐射平衡温度结果与低热层的观测结果非常吻合。

在以下几节中，将上述火星的非平衡辐射传输模型应用于金星大气层，并对 CO_2 红外辐射和辐射平衡温度曲线进行了类似的研究。

所有先前计算金星和火星大气冷却率和加热率的研究都强调了原子氧的重要作用：CO_2 和 $O(^3P)$ 之间的热碰撞是高层大气 CO_2 冷却的关键过程。这里使用的碰撞率系数与火星模型中的系数相同，这些系数同样构成了模型中最重要的不确定性来源。其他次要近似为：① 忽略诱导发射；② 与给定振动能级相关的转动能级处于平衡态；③ 引入 CO_2 与其他大气化合物 N_2、O_2、CO 和 $O(^3P)$ 的分子间碰撞，并假设只有单个量子跃迁是重要的；④ 能量非常接近的 $CO_2(0,2^0,0)$、$(0,2^2,0)$ 和 $(1,0^0,0)$ 能级处于相对平衡状态，并由等效能级 $(0,2,0)$ 来表示，同样，对于 $(0,3^3,0)$、$(0,3^1,0)$ 和 $(0,1^1,0)$ 能级，也假定为 $(0,3,0)$ 能态。计算中需要迭代来求解方程组的非线性问题，如热谱带中辐射传输和 V-V 交换产生的非线性。

10.5.1 参考大气

截至 2001 年，大部分关于金星大气层的探测信息均来自 20 世纪 70 年代后期“金星先驱者号”探测器（PV）任务。近红外测绘光谱仪（NIMS）在 1991 年 Galileo 飞越金星期间获得了高分辨率红外光谱数据，但仅得到了金星大气层 60～100 km 之间的温度。由于显著的昼夜变化，我们需要考虑单独的白天和夜间参考温度曲线，如图 10.19 所示，数据来源于 PV 测量。CO_2、CO 和 $O(^3P)$ 的丰度如图 10.20 所示，请注意，CO_2 仅在约 140 km 以下是金星大气的主要组分。

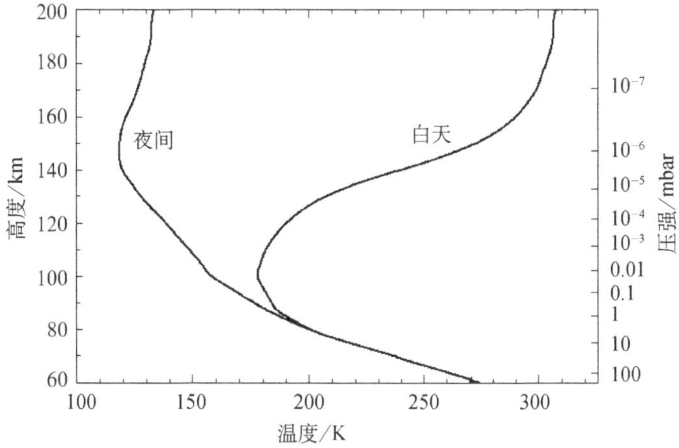

图 10.19　金星参考模型温度。引自 Hedin 等（1983）经验模型的夜间和白天剖面

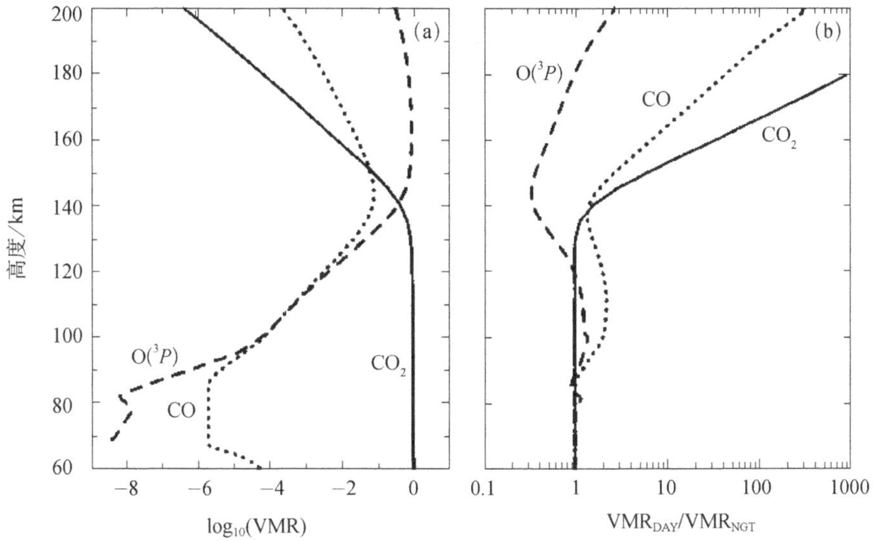

图 10.20　金星大气主要化合物的体积混合比（引自 Hedin 等，1983）。(a) 夜间条件；(b) 昼/夜比率

10.5.2　夜间 CO_2 布居数

这里所采用的 CO_2 振动能级组与火星大气中的相同，详见表 F.1 所列。振动温度的定义也是相同的，即参考基态分子数来表示能级的布居数（参见式（6.1））。图 10.21 给出了夜间条件下，CO_2 626 和 628 同位素的 $\left(0,1^1,0\right)$ 和 $\left(0,0^0,1\right)$ 能级，以及主同位素的 $\left(0,2,0\right)$ 和 $\left(0,3,0\right)$ 能级的振动温度。

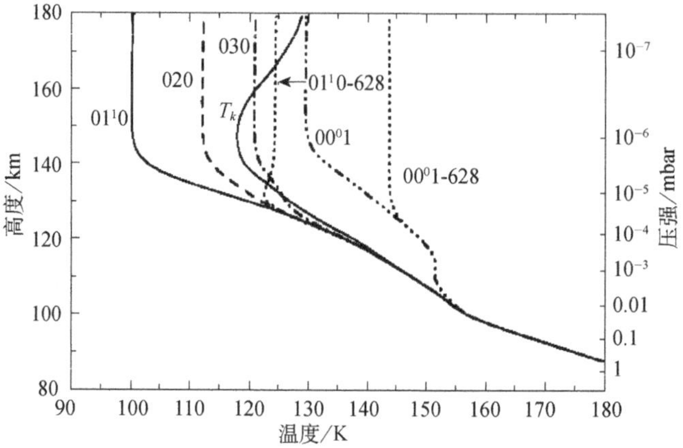

图 10.21　CO_2 主同位素的 $(0,1^1,0)$、$(0,2,0)$、$(0,3,0)$ 和 $(0,0^0,1)$，以及 628 同位素的 $(0,1^1,0)$ 和 $(0,0^0,1)$ 能级的夜间振动温度。T_k 为热力学温度

所有 υ_2 能级在大约 120 km 的高度偏离平衡态，与火星大气中的偏离平衡态大致相同（约为 0.15 μbar），但由于金星上的大气密度更高，因此高出约 35 km。紧挨着偏离平衡态高度的上方的大气层中，振动温度的行为也与火星相似，振动温度小于热力学温度。这种平衡态偏离是由 15 μm 谱带的“发射到空间”效应引起的，因为它们在光学上变得很薄，并且自发发射的辐射损耗较碰撞过程更占优势。

再次与火星一样，$(0,1^1,0)$ 能级的布居数由 V-V 能量转移主导，由于较强的碰撞耦合作用，所有同位素的 υ_2 能级偏离平衡态分布的高度（海拔）是相似的。在较高的热层，它们的振动温度向大气顶部递减至恒定值，符合由辐射过程主导的能级的典型特征。较弱谱带的高能态的振动温度较高，因为来自较热的低层的光子到达这些高度。与火星热层的一个不同之处在于，金星上由于扩散分离，140 km 以上的二氧化碳含量减少，导致在比平衡态偏离高度仅高出 4 个标称高度处便达到恒定的振动温度。

图 10.21 还给出了 626 和 628 同位素 $(0,0^0,1)$ 能级的振动温度。所有同位素的 υ_3 能级的行为与之相同，在约 110 km 处偏离平衡态，并且由于强烈的 V-V 碰撞过程，在高达 125 km 的范围内仍然保持相同的振动温度。在高度 125 km 之上，每个能级在吸收较低层光子（主要是在 4.3 μm 的基频带跃迁）和发射之间各自达到平衡。与火星不同，金星上的光学厚度较大，这意味着 10 μm 激光谱带没有明显参与维持非平衡区域 $(0,0^0,1)$ 的布居数。

10.5.3　白天 CO_2 布居数

图 10.22 给出了白天条件下 CO_2　626 和 628 同位素数个能级的振动温度。

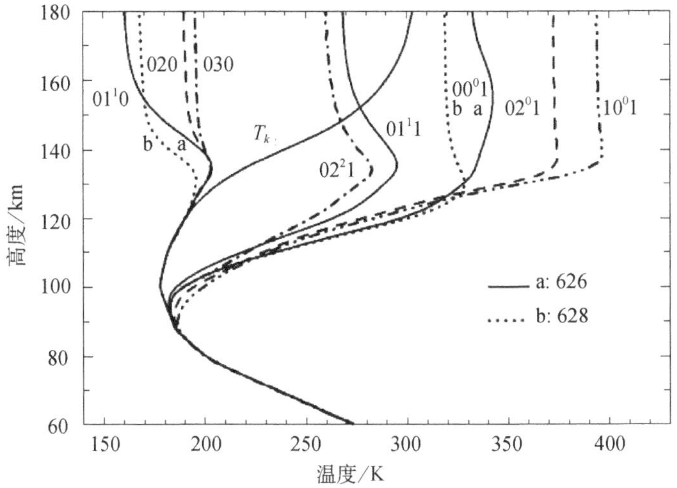

图 10.22　白天$(\chi=0°)$，CO_2-626 能级，以及 CO_2-628 的$(0,1^1,0)$和$(0,0^0,1)$能级（点线）的振动温度

υ_2能级偏离平衡态的高度约为 120 km，与夜间类似。不过，白天的布居数较高，一方面是因为低热层的白天热力学温度较高，另一方面则是因为太阳激发较高能级经能量级串弛豫。$(0,3,0)$激发态主要来源是 1.2 μm 和 2.0 μm 谱带的能级，通过碰撞和辐射弛豫失去υ_3量子数后产生；然而，$(0,2,0)$能级则是吸收 2.7 μm 谱带后的能级，通过 4.3 μm 第二热谱带辐射弛豫之后产生。$(0,1^1,0)$振动温度的峰值高度约在 135 km，这是由于与$(0,2,0)$和$(0,3,0)$能级的 V-V 耦合。此碰撞耦合并不够强，不足以使 626 同位素的所有υ_2能级在 135 km 以上碰撞保持耦合，次同位素的υ_2能级在 120 km 以上也不能通过碰撞完全耦合。

主同位素的$(0,0^0,1)$能级在大约 90 km 处偏离平衡态，比夜间低 10 km，并且在该高度上具有非常大的布居数，这两种效应都是由于在 4.3 μm 基频带具有强吸收。次同位素的相应能级具有相近的振动温度直到约 120 km，在该高度它们之间的强 V-V 耦合不再占主导地位，并且演化为与高度无关的不同值，这些值由它们的光子吸收系数决定。所有这些过程都与火星定性类似。

金星中层大气的白天温度高于火星，导致$CO_2$$(1,0^0,0)$能级的布居数更高，从而将反转布居数$\left((0,0^0,1)/(1,0^0,0)\right)$移至更高地区，高于约 140 km（见图 10.23（a））。和火星一样，金星上都能观察到 10 μm 的激光谱带发射，图 10.23（b）将测量数据与金星非平衡模型结果进行了比较，主峰符合很好。由于这种辐射来自$(0,0^0,1)$能态，这意味着我们至少掌握了主峰高度区域内该能级的布居数。然而，测量数据中还存在一个次要峰，模型没有重现该峰值，并且目前还没有办法进行解释。

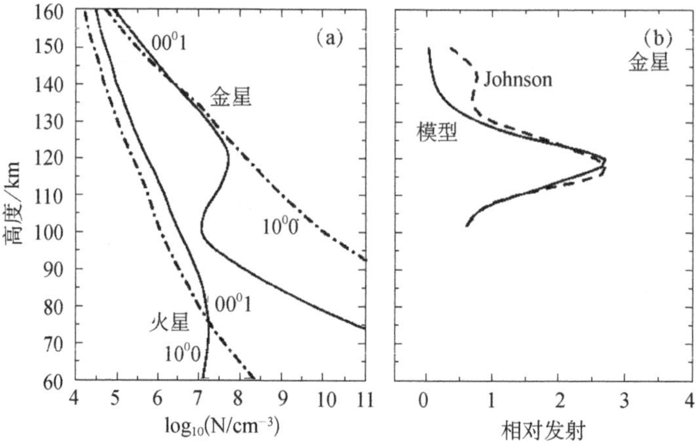

图 10.23 （a）火星和金星大气中 CO_2 的 $\left(0,0^0,1\right)$ 和 $\left(1,0^0,0\right)$ 能级之间的布居数反转；（b）由 Johnson 等（1976）测量的金星大气在 10 μm 处发射的光子数，以及此处模型的预测值

10.5.4 冷却率

根据图 10.19 中所示的热结构，图 10.24 给出了金星上夜间 CO_2 15 μm 辐射产生的冷却率。最大冷却率发生在 120～130 km 之间，约 130 $K \cdot d^{-1}$，并且显示出双峰特征，这是由主和次同位素的贡献在不同高度达到峰值引起的。与火星的情况一样，如果不是与 626 能级的强 V-V 耦合，次同位素 $\left(0,1^1,0\right)$ 能级的辐射要小得多。

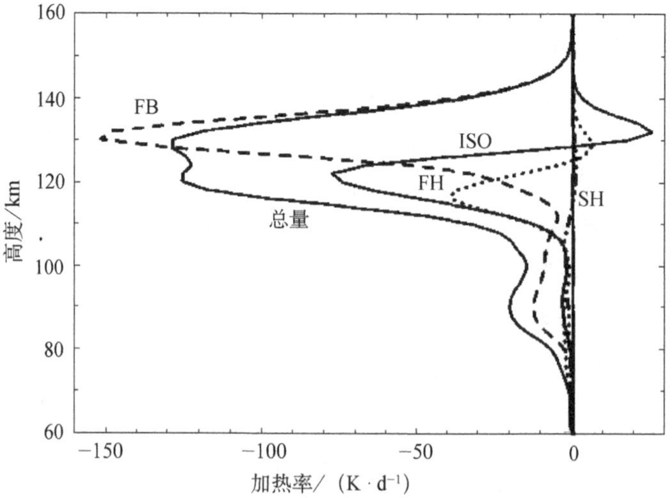

图 10.24 图 10.19 热力学温度曲线下，不同 CO_2 15 μm 谱带对夜间冷却率的贡献及总和（以 $K \cdot d^{-1}$ 为单位）

技术上还需注意，6.3.3 节第 1 部分和 10.3 节中用于计算大气透过率的准逐线直方图算法，不能用于约 90 km（气压约 0.3 mbar）以下的金星大气，因为它过于粗糙地处理了谱线之间的重叠，整体高估了吸收，并且导致非常大的冷却率，特别是对于弱的热谱带和同位素带。这对于火星大气不是问题，因为火星大气对流层上部谱线之间的重叠由于密度和温度较低影响较小。图 10.24 中的冷却率是采用恰当的逐线法计算的，以消除此误差源。

10.5.5　加热率

太阳对金星大气的加热率与火星相比，主要区别在于吸收系数在高层大气随高度下降更慢，这是因为金星大气热层中 CO_2 在 140 km 以上急剧减少。在较低高度，当谱带变得光学厚时，光子吸收系数也会下降。强度相差很大的谱带在 90～110 km 之间虽然峰值高度不同，但却具有相似的吸收率。较短波长包含了大多数弱谱带，在这些波长上太阳通量对大气的穿透力更大，这使得它们能够像在火星上一样对加热率做出重要贡献。

图 10.25 给出了太阳天顶角为 60°时的总太阳能加热率，同时还分别显示了不同近红外谱带的贡献。跟火星一样，辐射传输和 V-V 碰撞起着重要作用，最初从太阳辐射吸收的大部分能量被重新发射。

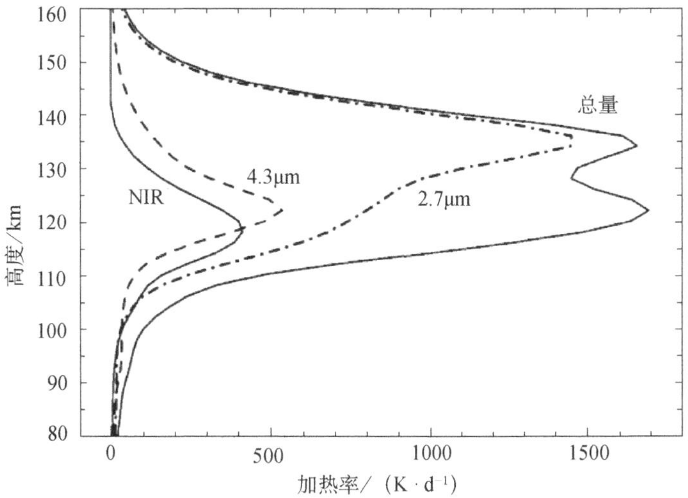

图 10.25　太阳天顶角为 60°时金星大气层的太阳能加热率

最初在 CO_2 较弱的 1.2～2.0 μm 谱带（曲线“NIR”）吸收的能量，部分通过 4.3 μm 和 15 μm 热谱带的再发射而弛豫。其余部分在 110～130 km 之间的区域内产生约 400 $K \cdot d^{-1}$ 的峰值加热，使其成为低热层加热率的最重要贡献者之一。4.3 μm 谱带的总加热率在高度 120 km 达到峰值，约为 500 K·d^{-1}。2.7 μm 的加热率峰值在 130 km 附近，约 1400 K·d^{-1}，受穿透性更弱的同位素和热谱带影响，115 km 以下存在一个宽尾翼。与基频带相比，弱带对总加热率的贡献比在火星更大，这是因为金星大气原子氧丰度更大。

在 120～135 km 之间，太阳能加热总量最高超过 1500 K·d^{-1}，由于不同波长谱带峰值的高度不同，因此具有双峰。金星上仅在约 100 km 以上和约 150 km 以下（分别对应 2×10^{-2} mbar 和 7×10^{-7} mbar）存在明显加热，对应火星上类似的压强范围，火星上相应的高度为 50 km 和 130 km（10^{-2} mbar 和 10^{-6} mbar）（图 10.12）。在这个高度区域之上，所有吸收的太阳能在被热碰撞淬灭之前都会被重新发射。低层大气中，太阳通量衰减太大，无法产生太大影响。

10.5.6 辐射平衡温度

为计算辐射平衡温度曲线，调整每个高度的温度，直到 CO_2 太阳能加热和辐射冷却之间达到能量平衡。如 10.4.9 节所述，由于冷却非常依赖于局部温度，而太阳能加热在很大程度上对温度不敏感，迭代过程一定会收敛。金星大气在约 130 km 以上的热层，能量平衡不受 CO_2 IR 平衡所控制，在 80 km 以下对流开始占主导地位，因此辐射平衡温度曲线可能最多只在中间区域符合物理实际。

图 10.26 中全球平均辐射平衡温度（“GM”）是采用日均太阳加热率计算的，该加热率由太阳天顶角为 60°的计算值除以 2 得到（见 10.4.9 节）。可以看出，由于在太阳近红外与弱的 4.3 μm 和 2.7 μm 谱带处的吸收，温度峰值约处于 110 km。大约 125 km 以上的斜率变化由 2.7 μm 谱带的太阳能加热引起。

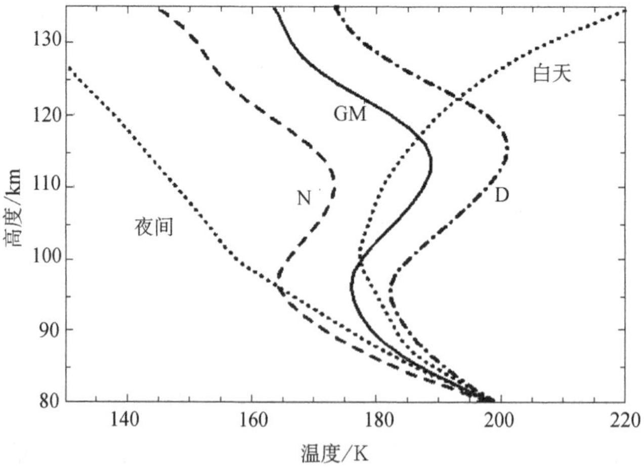

图 10.26 金星大气白昼侧（D）、全球平均（GM）和夜晚侧（N）的辐射平衡温度分布。白天和夜间温度通过太阳能加热率的 30%由动力学过程重新分布计算所得（见正文）。图 10.19 的参考温度曲线也绘制在图中（点线）

因为金星自转缓慢，其大气白天和夜间条件差异很大。采用纯辐射模型预测夜间的热层极冷温度（图中未显示），比“金星先驱者号”探测器测量的还要冷（曲线“夜间”）。测量值和纯辐射模型预测结果之间的这种差异，可能主要是由于大气动力学过程引起的绝热加热，而非辐射传输计算及其速率系数的误差，尽管这些参数误差也相当大（见下文）。可以模拟半球之间能量的动力学再分配，具体方法是在夜间加入小部分太阳能加热，并在白天减少相同的太阳能加热量。当假设 CO_2 太阳能加热率的 30%通过动力学过程从白天转移到夜间时，可以得到合理的结果（图 10.26 中曲线“N”和“D”）。昼夜温差在 100～130 km 之间几乎不变，大约为 20 K。

10.5.7 变化性和不确定性

同样，还需要考虑模型计算结果对各种速率系数不确定性的灵敏度。地球和火星上最重要的不确定性之一来源于O。因为O与 CO_2 的相互作用非常高效，特别是在（去）激活一些布居数最多的能级时。可以预料，金星上也是如此。如前所述，由于金星上太阳紫外线通量很大，O丰度特别高。图 10.27 和图 10.28 给出了将 CO_2 与O的 V-T 碰撞系数改变 4 倍因子的计算效果。

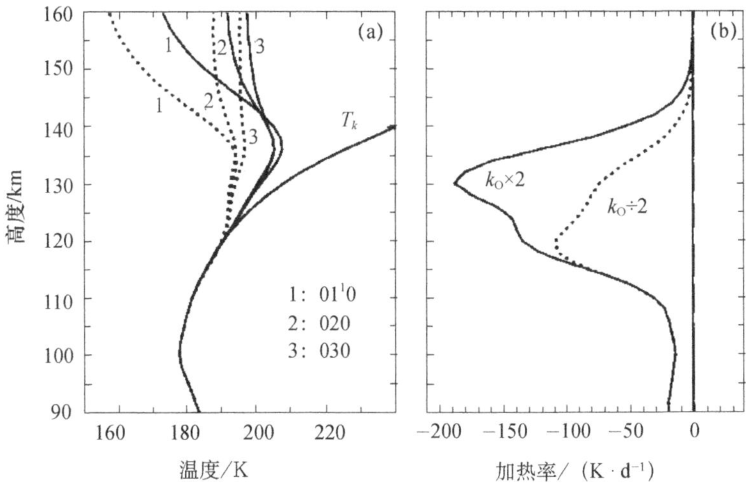

图 10.27 $k_{CO_2\text{-}O}$ 速率系数（或原子氧丰度）：（a）对白天 CO_2 626 υ_2 能级振动温度的影响；（b）对 CO_2 15 μm 冷却率的影响。实线：速率系数乘以 2；虚线：除以 2

在夜间，速率较大时，平衡态偏离高度升高了约 2 km，在该高度上方，振动温度更高。其他 V-T 碰撞的不确定性对 υ_2 能级布居数的影响没有可比性。和火星一样，V-V υ_2 交换系数变化 100 倍（可能高估）时，对 υ_2 泛频带和同位素能级之间的耦合有明显的影响（10.4.4 节）。

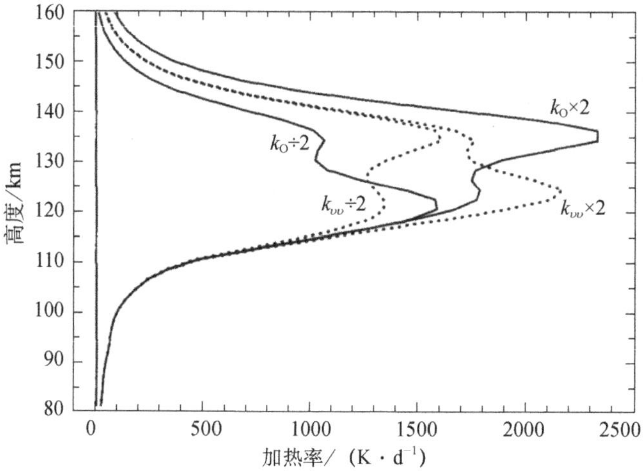

图 10.28　在白天温度剖面中原子氧丰度（或 $k_{CO_2\text{-}O}$ 速率系数）和 υ_3 量子的 $k_{\upsilon\upsilon}$ 交换速率对太阳加热率的影响

$k_{CO_2\text{-}O}$ 速率系数（或原子氧 VMR）的增加，引起的白天 υ_2 能级振动温度的增量大于夜间的增量，这是由于白天热力学温度较高（图 10.27（a））。如图 10.27（b）所示，冷却率也受 $k_{CO_2\text{-}O}$ 速率系数和 $O\left({}^3P\right)$ VMR 影响较大，在 120～140 km 之间的影响格外大，这里最强的 15 μm 谱带即 626 基频带变得光学薄。与火星的不同之处在于，金星大气在约 140 km 以上 CO_2 衰减更快，冷却率迅速下降。金星上，其他速率系数引起的白天布居数和冷却率的变化，例如 υ_2 和 υ_3 量子的 V-V 交换速率，与火星的趋势相同且幅度相近。

图 10.28 给出了将原子氧的 VMR（或 $k_{CO_2\text{-}O}$）改变 4 倍对加热率的影响。当速率增大时，加热率更大，并且变化大于火星，这是因为 $O\left({}^3P\right)$ 和较少的 CO_2 之间的热碰撞相对更重要。在 120 km（对应火星 80 km）以下，由于原子氧丰度下降，影响变得很小。

在金星中，将 υ_3 量子的 V-V 碰撞去激发速率系数改变 4 倍，产生的影响也很大，并且速率更快，加热率更大（图 10.28），最大影响位于太阳能加热区域的下部，约为 110～130 km 之间。在 135 km 以上，随着压强降低以及 V-V 碰撞变得不频繁，加热率开始下降。

太阳能加热显然取决于太阳天顶角。除太阳天顶角较大时，加热减少外，最显著的特征是 $\chi = 0°$ 时，主要由 2.7 μm 基频带引起的最高的峰值，在大太阳天顶角下消失。当太阳靠近地平线时，该谱带的太阳吸收向上移动约 20 km，达到 15 μm 谱带光学上很薄的高度，吸收的能量全部被重新发射出去。

10.6　外行星

外太阳系的巨型气体行星主要由氢和氦组成，因此是完全不同的辐射传输问题。不过，跟类地行星一样，科学家们对它们的能量收支平衡及组分和温度结构的遥感测量感兴趣。

问题一般都相似，主要组分辐射不活跃（高压下除外），因此感兴趣的非平衡过程与含量较高的次要组分的量子能级有关。就木星、土星、天王星、海王星和土卫六而言，最重要的次要组分为 CH_4，其作用与地球大气中的 CO_2 非常相似。NH_3 是木星大气中可观测的主要冷凝组分，在许多方面与地球上的 H_2O 类似，具有丰富的红外光谱、高的潜热以及倾向于形成云。H_2O 本身在木星上无疑很重要，但只存在于深层大气（而且大部分还是未观察到的）中，由于受大气垂直温度结构影响，在约几巴的大气压强附近，温度低于 H_2O 的冷凝温度。NH_3 的冷凝高度一般更高，约 0.25 bar。而 CH_4，至少在木星上，只在气相中发现。

CH_4 不仅是巨行星和土卫六高层大气热平衡中的关键辐射分子，由于其近 7.7 μm 的 ν_4 谱带，它还是垂直温度探测中最有用的气体组分。不过，很少有研究涉及非平衡方法在这些问题中的应用。以下讨论主要基于 Appleby 的工作（他研究了木星、土星、天王星和海王星高层大气中 CH_4 的辐射平衡温度）以及 Yelle 的工作（他对土卫六的大气进行了类似研究）。

表 10.3 给出了 Appleby 包含的甲烷谱带。图 10.29 为 Appleby 模型中的太阳激发，以及 V-V 和 V-T 弛豫路径。如图所示，假设每组能级中的子能级彼此处于平衡态，并且弛豫到最近的 υ_4 泛频带，随后发射一个或多个波长接近该振动基频（$1306\ cm^{-1}$）的光子。Appleby 模型引入了一个关键的假设：忽略 CH_4 υ_4 与高能振动能态之间的完全耦合。鉴于火星、金星大气中 CO_2 类似效应的重要性，这可能会影响 Appleby 模型获得的布居数定量结果，但未必影响关于偏离平衡态的主要定性结论。

表 10.3　CH_4、C_2H_2 和 C_2H_6 振动带被认为对于外行星大气的能量收支学很重要（引自 Appleby（1990）和 Yelle（1991））

谱带	谱带中心/cm^{-1}	简并度	A/s^{-1}	100K 下相对平衡态的布居数
CH_4 1.7 μm 组				
$2\nu_3$	6005	6	47.4	1
$\nu_2+\nu_3+\nu_4$	5861	18	25.9	24
$\nu_1+\nu_2+\nu_4$	5775	6	2.2	27
$\nu_3+2\nu_4$	5585	18	27.94	1264

续表

谱带	谱带中心/cm^{-1}	简并度	A/s^{-1}	100K 下相对平衡态的布居数
$4\nu_4$	5218	15	8.48	206878
CH_4 2.3 μm 组				
$\nu_2+\nu_3$	4546	6	23.78	1
$\nu_3+\nu_4$	4313	9	25.82	43
$\nu_1+\nu_4$	4224	3	2.12	52
$\nu_2+2\nu_4$	4123	12	4.32	880
$3\nu_4$	3914	10	6.36	14827
CH_4 ν_3 组				
$2\nu_2$	3072	3	0.16	1
ν_3	3019	3	23.7	2
$\nu_2+\nu_4$	2828	6	2.2	66
$2\nu_4$	2610	6	4.24	1530
$CH_4\nu_4$ 组				
ν_2	1533	2	0.08	1
ν_4	1306	3	2.12	40
C_2H_2 ν_5	729		4.75	
C_2H_6 ν_9	821		0.37	

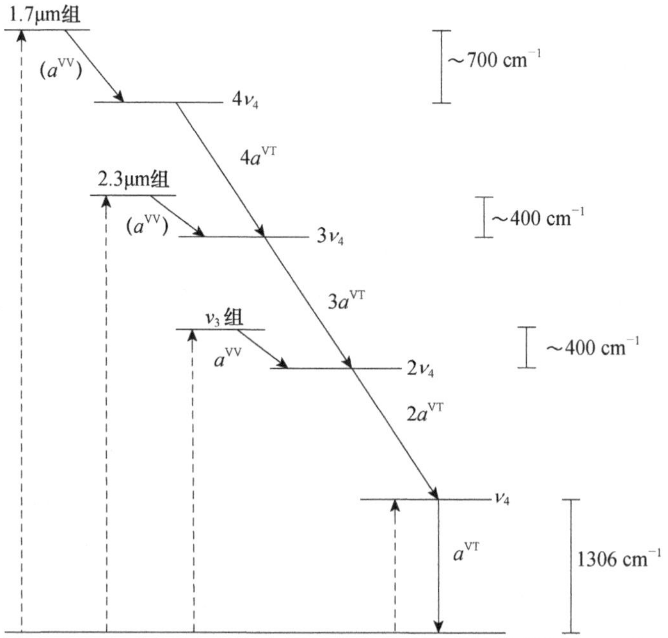

图 10.29 外行星大气 Appleby 模型中，CH_4 能级的太阳能泵浦、V-V 和 V-T 弛豫

图 10.30 给出了一组“标准”假定值的结果。像以往那样，缺乏各路径速率系数的有用信息，包括它们对温度的依赖关系，带来了相当大的不确定性，外行星大气层的低温条件加剧了这个问题。不过，一个普遍的结论出现了：非平衡只有在 10 μbar 左右及更低的大气压强条件下才变得重要。在非常高的大气区域，CH_4 发生光化学解离，并且产生大量其他碳氢化合物，从而使问题进一步复杂。通过在“标准”模型中引入碰撞速率的估计不确定性，可以得到非平衡模型的偏差极限。在 0.1 μbar 压强高度（接近模型的极限高度）下，CH_4 振动温度的最大差异约为 ±20K 。

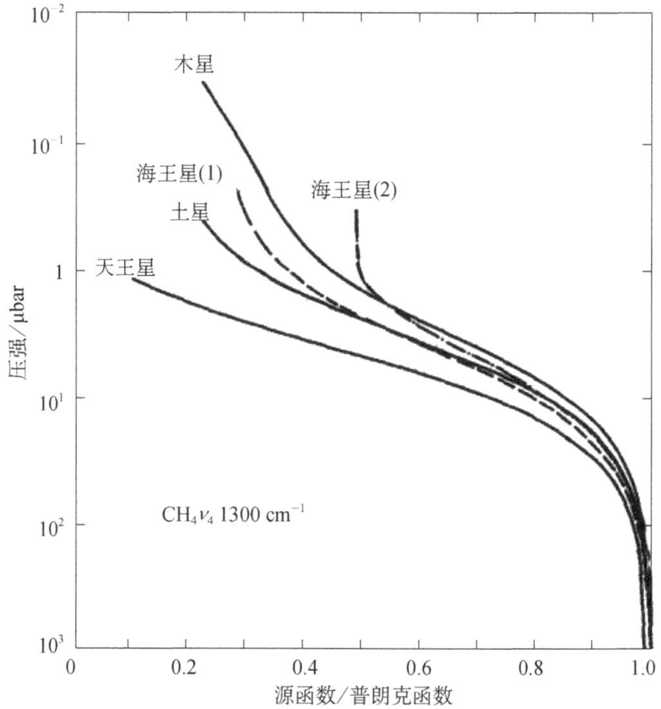

图 10.30　四颗巨行星大气在其标准模型下，CH_4 ν_4 谱带的源函数与普朗克函数的比率 (J/B)。海王星（1）和海王星（2）之间的主要区别在于后者包括气溶胶加热

另一个重要结论是，向非平衡的转变发生得很快：对于所有模型，在低于 1 μbar 的压强下，$J/B < 0.5$ 。此外，在给定的压强条件下，按照从木星到土星再到天王星的顺序偏离平衡态，这主要与平流层大气温度的降低有关；对于天王星，相对木星和土星，则是因为其平流层 CH_4 和混合比更小。海王星没有遵循这一趋势，因为其 CH_4 VMR 假定值较高（0.02，木星和土星为 7×10^{-4} ，天王星为 2×10^{-5} ）。类似的效应发生在地球低热层 $CO_2\left(0,1^1,0\right)$ 能级中，它对平衡态的偏离随平流层温度变化而变化（见 8.10.2 节）。

最近，利用红外空间望远镜观测木星和土星的 3.2～3.4 μm 光谱区域，首次探测到巨行星中 CH_4 的红外荧光。测量到的 3.3 μm 发射显然来自于 CH_4 的 ν_3 基频带，以及吸收太阳 2.3 μm 和 1.7 μm 辐射的组合带。通过与 Appleby 类似的非平衡模型，但允许 V-V 能级级串，Drossart 等推导出 CH_4 υ_3 能级的弛豫速率，该弛豫速率接近 υ_4 能级的弛豫速率，从而确认了 Appleby 预测的木星和土星中 ν_3 谱带偏离平衡态的高度。

10.7 土卫六

在对土卫六中层和上层大气热结构的研究中，Yelle 开发了 CH_4、C_2H_2 和 C_2H_6 主要的振动-转动带的非平衡模型。HCN 在 713 cm^{-1} 处的转动带被认为在土卫六的高层大气能量平衡中起着次要的作用，尽管其纯转动跃迁（该不对称分子具有永久偶极矩）在控制土卫六的外层大气温度方面可能很重要。不过，这些纯转动线被认为处于平衡态。

CH_4 的非平衡模型包括其近红外谱带对太阳辐射的吸收（见表 10.3），以及随后弛豫到较低的 υ_4 能级。非平衡效应在土卫六大气中扮演着重要的角色。若不是甲烷、乙炔和乙烷红外谱带的非平衡发射，中间层顶的压强会更低。土卫六虽然比地球要冷得多，但其温度结构（见图 10.31）的形状与地球相似，包括从约 130 mbar 的对流层顶延伸至 1 mbar 温度梯度为正的平流层，正的温度梯度主要由气溶胶吸收太阳辐射引起，在地球上臭氧发挥着类似的作用。C_2H_6 的 ν_9 谱带实际上通过吸收来自较热的平流层的向上辐射通量来加热中间层顶，这一过程类似于地球上 CO_2 15 μm 辐射的过程（9.2.1 节第 1 部分）。

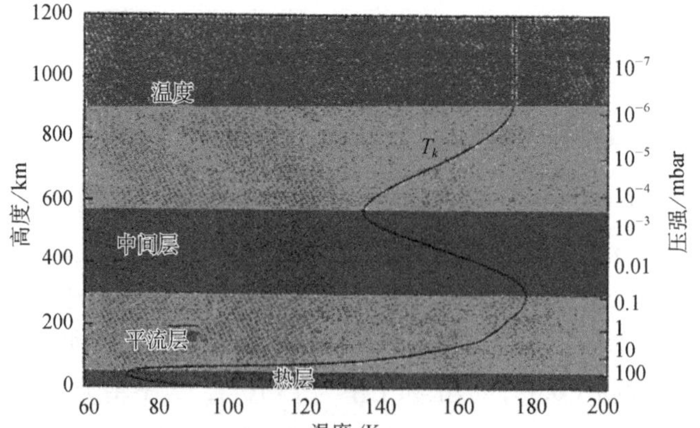

图 10.31 土卫六温度结构。0～200 km 温度源自“旅行者 1 号”探测器掩星测量数据（Lindal et al.，1983），200～1260 km 的温度来自 Yelle 等（1997）的工程模型结果。引自 Wilson 和 Atreya（2000）

土卫六大气中的CH_4 ν_4谱带有一定特殊性，光子可以在很宽的光谱范围（400 cm^{-1}）内从大气层中逸出，与普朗克函数的频率依赖性相比，谱带范围很大。这个特性可以用柯蒂斯矩阵法处理，具体地，将谱带划分为更小的光谱区域，计算每个区间的柯蒂斯矩阵。Yelle 处理该问题时使用了 Rybicki 方法（见 5.4.3 节和 5.8 节）。结果表明CH_4 ν_4谱带在约 10 μbar（10dyn · cm^{-2}）开始偏离平衡态（图 10.32）。该能级的平衡态偏离高度上，碰撞去激发仅约自发发射速率的 1/10。联想到火星和金星中CO_2 15 μm 基频带的平衡态偏离，辐射能的捕获很强，以致仅仅几次碰撞就足以使能级保持平衡态。如 5.2.1 节第 2 部分所述，“冷却到空间”近似可以很好地估计偏离平衡态的高度，即使对于光学较厚的谱带也是如此。

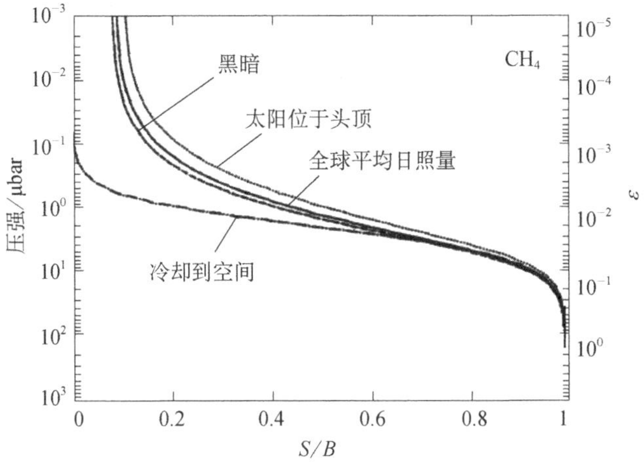

图 10.32　对于 175 K 的等温土卫六大气，CH_4摩尔分数为 2%，三种不同日照条件下，CH_4 ν_4谱带的源函数与普朗克函数的比率。$\varepsilon = l_t/A_{21}$为碰撞与辐射去激发率的比值，详见 3.6.4 节定义

图 10.33 给出了非平衡模型（不包括太阳能激发）和以下近似模型下CH_4 ν_4谱带的冷却率：① 平衡态；②“热层”近似；③“冷却到空间”近似。“热层”近似法是外行星研究文献中常用的名称，即 5.2.1 节第 2 部分中讨论的“逃逸到太空”（或“完全逃逸”）近似。如前面所述，在“逃逸到太空”方法中，有两个主要假设：① 谱带的光学厚度足以使光子自由逃逸到空间中；② 与碰撞激发相比，辐射激发可以忽略不计。该方法可以精确计算地球热层中CO_2 15 μm 谱带的冷却率，地球上低CO_2 VMR 使其光学上变薄，并且热层温度很高，以至于热激发比辐射激发大得多。然而，这种情况并不适用于土卫六低热层中的甲烷，土卫六甲烷的体积混合比约为百分之几，热层中的温升也很小。图 10.33 还表明（参考 5.2.1 节第 2 部分的地球以示比较）平衡态近似在低压下与实际严重不符合，而“热层”近似法（逃逸到太空）在高气压下则不适用。与火星（图 5.5）一样，土卫六上存在一个平衡态冷却比非平衡冷却

小的区域（10～100 μbar）。发生这种情况是因为平衡态冷却被区域上方（不真实的）巨大的平衡态加热所抵消。“冷却到空间”近似在高压和低压下与非平衡计算吻合非常好，但在 1 μbar 左右的过渡区域中，计算误差高达 50%。

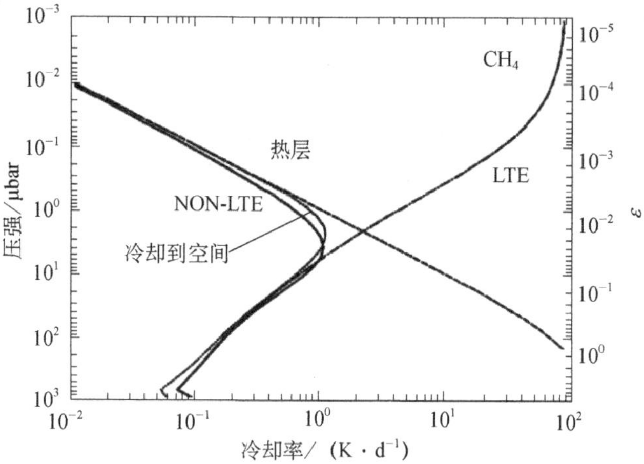

图 10.33　175 K 等温土卫六大气、CH_4 摩尔分数为 2%下的 CH_4 ν_4 谱带的冷却率，由 Yelle 的非平衡模型和两个常见的近似模型（“冷却到空间”和“完全逃逸”（热层近似法））计算得出。还给出了平衡态计算结果

对于 C_2H_2 ν_5 谱带，源函数也在约 10 μbar 时开始低于其平衡态值。C_2H_2 比 CH_4 浓度低，但其 ν_5 谱带与 CH_4 ν_4 谱带强度相近，其谱线集中在较窄的光谱区域。总体而言，光子逃逸到空间的概率相近，因此这些谱带在相似的压强下偏离平衡态。C_2H_6 ν_9 谱带在光学上更薄，因此在更高的压强（约 30 μbar）下偏离平衡态。

图 10.34 显示了 CH_4 ν_4、C_2H_2 ν_5 和 C_2H_6 ν_9 谱带对土卫六中间层和低热层能量收支的贡献。在 300 km 的下边界附近，C_2H_6 是主要的冷却组分，尽管与 C_2H_2 相比，它的谱带强度相对较弱，与 CH_4 相比丰度也较低，这就像类地行星大气中 CO_2 15 μm 处较弱的同位素带和热谱带一样。强冷却产生负温度梯度，小于温度绝热递减率，最终导致 CH_4 和 C_2H_2 谱带加热该区域。在较高的区域，C_2H_2 在光学上变得很薄，并且是大约 400～500 km 之间的主要冷却剂，而 CH_4 ν_4 仍然是热源。在更高的高度，CH_4 是主要的冷却组分，较弱的 C_2H_6 ν_5 谱带是热源。该谱带是中间层（约 600 km）的主要加热源，其贡献大于 CH_4 近红外谱带或太阳紫外线的太阳能加热。同样，与类地行星大气类似，如火星中，由于 $k_{\upsilon\upsilon}$ υ_2 速率的增加，CO_2 同位素带产生的加热也有与之相对应的物理机制（图 10.9）。

Kim 和合作者首次观测到土卫六大气中 CH_4 的 ν_3 基频带与热谱带的非平衡荧光发射，从而得出了 CH_4 υ_3 和 $\upsilon_3+\upsilon_4$ 振动能级的转动温度和激发速率。观测到的辐射主要来源于中间层顶，得到的温度与 Yelle 以及上文讨论的土卫六高层大气热结构一致。

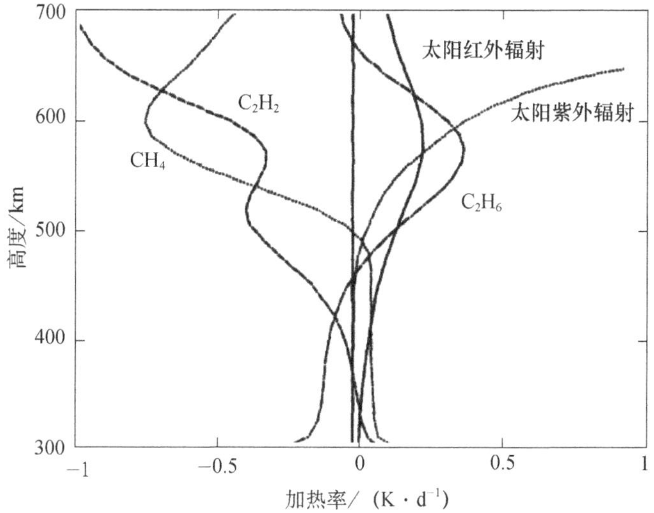

图 10.34　土卫六中间层中最重要的红外辐射冷却率和加热率。在中间层顶附近，大约 600 km（0.1 μbar）处，C_2H_6 是主要热源，CH_4 是主要冷却剂

对于冥王星、海卫一和木卫一的大气层，已有研究开展了类似的热结构计算，如相关谱带的非平衡太阳加热和热冷却（参见“参考文献和拓展阅读”部分）。在冥王星中，活跃的物质是 CH_4，包含上述讨论中相同的谱带，即非平衡太阳能加热在 2.3 μm 和 3.3 μm，非平衡冷却在 7.6 μm。在木卫一中，包含更多非典型波段，包括 SO_2 的近红外加热，以及 SO_2 ν_1、ν_2 和 ν_3 谱带的非平衡冷却。SO_2 纯转动谱带的冷却也很重要，但认为它处于平衡态。

10.8　彗星

解释彗星分子辐射测量结果，以及开发其结构和行为的物理化学模型，需要引入非平衡方法。虽然彗星红外辐射的低分辨率光度测量结果中主要是尘埃颗粒辐射占主导因素，但对高分辨率测量，彗星延伸大气层或彗发中分子的红外分子线发射可能占主导地位。

彗星彗发中含有 H_2O、CO、CO_2 和 CH_4 等气体，当彗星接近太阳时，这些气体从小的冰核中蒸发出来。彗发通常非常寒冷和稀薄，并且从彗核延伸数万公里。彗发中分子碰撞并不频繁，特别是在外部；但太阳辐射总是无处不在，其强度随彗星大椭圆或双曲线轨道而变化，到达太阳附近时辐射增加。彗发为研究转动和振动非平衡提供了很有价值的情景。到目前为止，在考虑地球、类地行星和巨行星及其卫星的大气层时，首先假设可以定义热力学温度（平动温度），因此平衡态的概念是有意义的（见 3.5 节）。在彗发的中部和外部（10^3～10^5 km），密度太低以至于分子间的碰撞十分罕见，气体的平动速度不能再以麦克斯韦分布来描述，因此局地热力学平衡的概念变得毫无意义。这还适用于彗发内核（前 10^3 km）的“子”组分，例如 H_2、H 和 OH，它们是在从彗核升华的“母体”分子光解离后产生的。即便非常接近彗核，这些物质的平动速度分布也与主要组分的平动速度分布差别很大。

在这种情况下，需要考虑平动和转动能量分布之间的耦合。在彗发内部，麦克斯韦分布（平动）和玻尔兹曼分布（转动）通常都适用，并且通过碰撞相互耦合，使得大多数基态和振动激发态的热力学温度和转动温度相等。现在，从彗核向外延伸，以浓度最高的分子 H_2O 为例，并考虑 H_2O - H_2O 碰撞中平动和转动分布之间的关联。由于 H_2O 是极性分子，因此会发生非常远距离的交换转动能的 H_2O - H_2O 碰撞（近弹性），碰撞概率比那些交换平动能的碰撞（非弹性）大 1 个数量级。因此，当水蒸气分子从彗核向外延伸时，在转动分布与热力学分布可以解耦之前，热力学分布趋于各向异性和非麦克斯韦分布。因此，可能存在这样的区域，平动速度为非麦克斯韦速度分布，但转动能级仍然可以由给定温度下的玻尔兹曼分布来表示。基本上，在彗发的所有部分，所有振动谱带都处于非平衡；甚至在彗发内部，由于太阳能泵浦作用，会产生很高的红外荧光发射。在彗发外部，以 CO 为例，即使是振动基态下的低 J 转动能级，也处于非平衡态。

与行星大气相比，彗星彗发中振动能级布居数的非平衡建模相当简单。所涉及的过程有对太阳红外或近红外辐射的吸收、自发发射和热碰撞损失。在这些稀薄的、光学薄的大气中，彗发中分子与分子之间的辐射传输通常可以忽略。不过，要精确计算彗发内部分子光学厚的纯转动和振-转带的冷却及其布居数，确实需要包含至少是近似的辐射传输过程。与行星大气一样，太阳激发是通过光吸收系数（如式（4.22）和 6.3.3 节第 2 部分）计算的，该系数通常被称为 g 因子。

行星大气中没有，但彗星大气固有的一个复杂性，是这些小型天体的大气遵循 r^{-2} 的密度定律，因为它们不断向外膨胀，大气条件随之急剧变化。彗核表面的温度约为 170 K，在 50～100 km 的距离处便下降到约 15 K，然后迅速升高，在彗发外部达到稳定状态。因此，非平衡布居数的精确建模必须包括分子从彗核膨胀的时间演变。

过去科学家对彗星进行了许多近红外和无线电波长下的高光谱和高空间分辨率观测，揭示了它们的物理和化学特性。例如，Mumma 等通过对 H_2O 的 1.7 μm (1,1,1-1,0,0) 带、CO 近 4.7 μm (1-0) 谱带、CH_4 的 3.3 μm ν_3 谱带以及 C_2H_6 ν_7 谱带的辐射测量进行非平衡建模，推断出了 Hayakutake 彗星中几种组分的丰度。地面观测站和红外空间观测都获得了 Hale-Bopp 和 Hayakutake 彗星的 H_2O（2.7 μm 和 6.3 μm）、CO（4.7 μm）和 CO_2（4.3 μm），以及几种碳氢化合物（CH_4、C_2H_2 和 C_2H_6）、HCN、

NH_3 和挥发性有机物（OCS）的发射光谱。Glinski 和 Anderson 对 Hale-Bopp 彗星 $NH_2(0,3,0)$ 带的观测显示，当彗星更接近太阳时，高 J 线的贡献更大，但与核心距几乎无关。Mumma 等使用地面高分辨率红外光谱仪在 2.9～3.7 μm 范围内观察了 Lee 彗星，揭示了 H_2O、CO、CH_3OH、CH_4、C_2H_6、C_2H_2、HCN 以及诸多 OH 多聚体的发射。

上面已经提到过，在彗发外部，振动基态和激发态的转动能级都处于非平衡中。因此，对于在无线电波长下观测到的一系列组分（包括 CO、CH_3OH、HCN、H_2O、H_2S、CS、H_2CO 和 CH_4CH 等）转动谱线辐射，在许多情况下，解释它们也需要非平衡建模。这与地球和行星大气层形成鲜明对比，在地球和行星大气中，用于无线电观测的振动基态低 J 能级通常处于转动平衡，因此不需要非平衡建模（见 8.9 节）。

通过同时观察同一分子的若干谱线来测量转动温度，表明在彗发内部碰撞激发占主导地位，并且转动温度反映了热力学温度。然而，在彗发外部，转动温度由辐射平衡（太阳能泵浦与自发发射）决定。其次，由于谱线的自发发射随 J^3（8.9 节）变化，预计与高 J 能级相比，较低的 J 能级将大大增加，因此振-转带的大部分发射集中在低 J 谱线中。为从彗星的无线电观测中获得温度和组分丰度，是否需要调用转动谱线的非平衡建模与具体谱线有关。

当讨论彗发内部的转动平衡时，通常指的是分子振动基态和较低激发态的转动能级。电子激发态的观测结果则显示，即使在彗发内部，其转动能级也远离平衡态。一个很好的例子是可见光谱中的 $C_2\left(d^3\prod_g - a^3\prod_u\right)$ Swan 系统，其中 $(0\text{-}0)$ 谱带的低 $(J<15)$ 转动态显示出与平衡态非常大的偏差，这是由放热反应生成的母体分子 C_2 引起的。

红外辐射冷却在彗星中也很重要，因为它对内部彗发的温度、流出速度和中外部彗发的密度有明显影响。大部分冷却发生在 H_2O 的红外谱带。就像地球和其他行星，可以分为两个区域并分别处理：彗发内部光学厚，处于平衡态；外部光学薄，处于非平衡，可以用逐线逃逸概率常规处理。

10.9　参考文献和拓展阅读

最早的金星和火星模型由 Goody 和 Belton（1967）与 Ramanathan 和 Cess（1974）进行了简化处理。Dickinson（1972，1976）构建了第一个金星详细模型，该模型由 Bougher 和 Dickinson（1988）改进用于火星，专门研究火星热层的热结构和热能收支。他们建立了一个相当完整的碰撞方案，但对太阳能激发能态的能量重分配仍采用了近似处理。由 Battaner 等（1982）提出了另一种简化算法，对辐射传输采用“扩散近似”。

Stepanova 和 Shved(1985)开发了专门研究白天条件下 CO_2 4.3 μm 发射的模型。该模型包括大气层之间的辐射传输，但仅适用于 CO_2 4.3 μm 和 CO 4.7 μm 基频带，并假设 CO_2 υ_2 能级处于平衡态中。他们还分析了由于 CO_2 和 CO 谱带吸收近红外太阳辐射而导致的大气加热，但同样，V-V 碰撞耦合仅针对两种极端情况进行了研究：无 V-V 相互作用；瞬时 V-V 交换。

为了计算 CO_2 红外加热/冷却对中间层能量平衡的贡献，Bittner 和 Fricke（1987）发展了一个简单的方案来去激发高能振动能级。他们还假设在 15 μm 和 4.3 μm 每个系统中，所有能级都具有相同的振动温度。

针对 CO_2 为主成分的大气，由 López-Valverde 和 López-Puertas（1994a，b）、López-Puertas 和 López-Valverde（1995）开发了 CO_2 和 CO 红外辐射的最全面的非平衡辐射传输模型，这是本章中所描述的详细火星模型的基础。关于 COSPAR 火星参考大气层，见 Seiff（1982）、Stewart 和 Hanson（1982）、Kaplan（1988）。Rodrigo 等（1990）采用非静止的一维模型计算了火星大气中性组分，具体条件为：春分、中纬度、中等太阳活动、透明大气（少量尘埃）等。

Johnson 等（1976）、Mumma 等（1981）、Deming 等（1983）、Küfl 等（1984）和 Billebod 等(1991)，在地球上测量了 CO_2 10 μm 辐射和 CO 4.7 μm 辐射。Mumma 等（1981）、Deming 和 Mumma（1983）将认为这些是激光发射，前者使用了“去除辐射”近似，而后者则使用了 Dickinson 开发的辐射传输算法。Gordiets 和 Panchenko（1983）对 CO_2 10 μm 进行了独立研究。Stepanova 和 Shved（1985b）研究表明，这种自然激光发射更有可能发生在火星而不是金星上，并且得到大气波传播的帮助。

McCleese 等（1986）描述了火星的 PMIRR 温度遥感探测实验（在撰写本书时，该实验已经进行了两次不成功的火星之旅，并将很快发射第三次），以及 Taylor 等（1980）早期对“金星先驱者号”探测进行了研究。关于外行星温度探测的一些基本考虑，见 Taylor（1972）。

Crisp 等（1986）、Crisp（1990）和 Hourdin（1992）开发了宽带和逐线模型，可用于计算火星低层大气平衡态区域 CO_2 15 μm 冷却。分别由“火星探路者号”ASI/MET（大气成分/气象学）仪器在夜间测量，以及“海盗一号”火星探测器在白天测量的原位温度曲线，已被 López-Valverde 等（2000）细致解读，他们在研究中以辐射驱动的火星中间层为基础，使用了非平衡辐射模型。

Lellouch 等（2000）报告了“红外空间天文台”（ISO）对火星大气层 2.4～45 μm 光谱范围内的测量。这些数据包括 CO_2、H_2O 和 CO 辐射中的红外谱带，还给出了 CO_2 4.3 μm 和 2.7 μm 中荧光和非平衡发射的证据。

木星、土星、天王星和海王星上甲烷的非平衡理论是由 Appleby（1990）建立的，而 Yelle（1991）对土卫六的大气层进行了类似的研究［另见 Coustenis 和 Taylor（1999）］。最近，Strobel 等（1996）计算了非平衡条件下冥王星和海卫一大气层的冷却率与加热率，Strobel 等（1994）、Austin 和 Goldstein（2000）计算了木卫一的冷却率和加热率。

Combi（1996）详细讨论了彗星彗发中平动和转动分布之间的相互耦合。Yamamoto（1982）和 Encrenaz 等（1982）最早开展了彗星红外发射建模的工作，考虑了整个红外分子带中的发射（未考虑转动分布）。Crovisier 和 Encrenaz（1983）、Weaver 和 Mumma（1984）在这一领域开展了后续工作，研究结果证明，分子（振动）谱带在彗发的任何地方都处于非平衡态中，并且转动能级在彗发的中间和外部处于非平衡态。

由 Crovisier 和 Le Bourlet（1983）、Chin 和 Weaver（1984）开发了用于CO的振动带内转动结构的详细非平衡模型，Crovisier（1984）完成了 H_2O 的非平衡模型。更完整的非平衡建模，包括辐射传输的贡献，详见 Bockeleé-Morvan（1987）、Crovisier（1987）、Bockeleé-Morvan 和 Crovisier（1987a）。诸多科学家报道了彗星高分辨率红外发射的观测结果，如 Mumma 等（1996）研究了 Hyakutake 彗星 1.7 μm 的 $H_2O(1,1,1-1,0,0)$ 谱带、4.7 μm 附近的 CO（1-0）谱带、CH_4 的 ν_3 谱带（3.7 μm）以及 C_2H_6 的 ν_7 谱带（近 3.3 μm）。Glinski 和 Anderson（2000）发表了对 Hale-Bopp 的 NH_2 的观测结果。Crovisier 等（1997）报道了“红外空间天文台”对 Hale-Bopp 的测量结果。Crovisier（1997）和 Mumma 等（2000）研究了彗星红外发射。Biver 等（1997）很好地总结了无线电波长下彗星中可以观测到的组分。有关电子激发态中转动非平衡的示例，请参阅 Lambert 等（1990）和 Krishna Swamy（1997）。关于彗星辐射冷却的研究，详见 Crovisier（1984）、Bockeleé-Morvan（1987b）以及 Combi（1996）的综述。

附录 A　符号、缩写和首字母缩写词列表

这里定义了全书中最常使用的符号、缩写和首字母缩写词。在短文中定义但使用的没有列出，参见附录 C 中的术语和单位。

A.1　符号列表

α_D	多普勒宽度
α_L	洛伦兹宽度
α_N	自然宽度
A, A_{21}	自发发射的爱因斯坦系数
β	扩散系数的因素
B	转动常数
B_{12}	爱因斯坦吸收系数
B_{21}	诱导发射的爱因斯坦系数
B_v	普朗克函数
χ	非谐振常数（第 2 章），太阳天顶角
c	光的速度
c_p	等压比热容
c_υ	等容比热容
$\mathcal{C}$	柯蒂斯矩阵
$\mathrm{Ch}(x,\chi)$	查普曼函数
$\mathcal{D}$	对角矩阵乘以加热速率向量 $\boldsymbol{h}$

d	日地平均距离
D_e	分子的离解能
e_ν	分子消光系数
E	能源
E_k	动能
E_p	势能
E_r	转动能量
E_υ	振动能量
E_n	n阶指数积分
$f(V)$	归一化谱线线形
$f(\upsilon)$	振动的分布
f_{iso}	同位素比率丰度
$F, F_\nu, F_{\Delta\nu}$	辐射能的通量
$F(V)$	仪器频率响应函数
g	地球重力加速度常数
g_υ	υ能级的统计简并性
h	普朗克常数
h_ν, h_{12}, h_{ij}	辐射通量的散度（符号相反），加热速率（另见q）
H	标称高度
$\mathcal{I}$	单位矩阵
I	惯性矩
j_ν	碳排放系数
J_ν	源函数
J	源函数，总角动量（第2章），转动量子数
k	玻尔兹曼常数，线性弹簧的力常数（第2章）
k_ν	吸收系数
$\overline{k}_\nu$	LTE的吸收系数
k_t	振动平动过程直接意义上的速率系数
k_t'	反意义振动平动过程的速率系数
$k_{\upsilon\upsilon}$	振动-振动过程的速率系数
$k_{e\upsilon}$	电子-振动过程的速率系数
K	沿着对称轴的角动量
λ	波长
$L, L_\nu, L_{\Delta\nu}$	辐亮度

$\overline{L}_\nu, \overline{L}_{\Delta\nu}$	辐射场的平均辐亮度
l_t	V-T 碰撞过程中的比损失率
l_{nt}	非热碰撞过程中的比损失率
m	吸收量（第 2、第 4 章），分子质量（第 2 章）
$\mathrm{M}, [\mathrm{M}]$	空气分子，分子 M 的数密度
M	大气的平均分子质量
μ	极坐标 θ 的余弦
n, n_υ, n_r, n_i	能级 υ, r, i 的数密度
$\overline{n}_2, \overline{n}_1$	局地热力学平衡下 2、1 能级的数密度
n_a	吸收分子的总数密度
ν	频率
ν_0	振动-转动带的中心频率
ν_i	振动模态
$\overline{\nu}$	波数
ω	角速度（第 2 章），实心角
ω_r	转动频率
ω_υ	振动频率
ϕ	极坐标
p	压强
p_t	V-T 碰撞过程中的比生成率
p_{nt}	非热碰撞过程中的比生成率
P_t	V-T 碰撞过程中的生成率
P_{nt}	非热碰撞过程中的生成率
P_c	化学反应中的生成率
q	冷却率（另见 h_ν, h_{12}, h_{ij}）
$q_{r,\upsilon}$	旋转态分布在振动能级 υ 的归一化因子
Q_i	简正坐标
Q_r	转动配分函数
Q_{vib}	振动配分函数
ρ	密度
R	通用气体常数
$R_\odot$	太阳半径
$R_\oplus$	地球半径
σ	斯特藩-玻尔兹曼常数，表面

s	距离
S	谱带强度
θ	极坐标
τ_ν	光学深度
$\overline{\tau}_\nu$	光学厚度
$\mathcal{T}_\nu(z',z,\mu)$	单色透过率
$\mathcal{T}(z',z,\mu)$	$\Delta\nu$ 平均透过率
$\mathcal{T}_{F,\nu}(z',z)$	单色传输通量
$\mathcal{T}_F(z',z)$	$\Delta\nu$ 上的平均传输通量
$\mathcal{T}^*$	逃逸概率函数
t	时间，积分哑变量
T	温度
T_k	热力学温度
T_e	等效温度
T_r	转动温度
T_υ	振动温度
$(\upsilon_1,\upsilon_2,\upsilon_3)$	在振动模态 1、2、3 的振动激发能级
W	等效宽度
z	高度（纵坐标）

A.2　缩写和首字母缩写词列表

ALI	加速 lambda 迭代
ATMOS	大气微量分子光谱学
CIRA	COSPAR 国际参考大气
CIRRIS	航天飞机用低温红外辐射仪
CIRS	复合红外光谱仪
CRISTA	大气低温红外光谱仪和望远镜
CVF	圆形可变滤波器
DYANA	大气动力学适应网络
EBC	能源收支项目
ENVISAT	环境卫星

FWI	Field-Widened 干涉仪
GEISA	大气光谱学信息的管理和研究
GENLN2	一般逐线大气透过率和辐亮度模型
GOMOS	利用恒星掩星监测全球臭氧
HALOE	卤素掩星实验
HIRDLS	高分辨率动态临边探测器
HIRIS	高分辨率干涉光谱仪
HITRAN	高分辨率传输分子吸收
HWHM	半高对应的半宽
ICECAP	红外化学实验-协同极光计划
ISAMS	改进平流层和中间层探测器
ISO	红外空间天文台
KOPRA	卡尔斯鲁厄优化精确辐射传输算法
LIMS	平流层的临边红外探测器
LTE	局地热力学平衡
MAP/WINE	中层大气项目/北欧冬季
MIPAS	被动大气探测用迈克耳孙干涉仪
MLS	微波临边探测仪
MSISE	质谱仪与非相干散射扩展
MSX	中段空间实验
NESR	噪声等效光谱辐亮度
NIMS	近红外测绘光谱仪
NLC	夜光云
NOAA	（美国）国家海洋和大气管理局
PMC	压强调节单元
PMIRR	压强调制器红外辐射计
PSC	极地平流层云
PV	“金星先驱者”探测器
RFM	前向参考模型
RTE	辐射传输方程
SABER	用宽频发射辐射测量法探测大气
SAMS	平流层和中间层探测器
SEE	统计平衡方程
SISSI	光谱红外结构特征研究
SME	太阳中间层探测器

SPIRE	光谱红外火箭实验
SPIRIT	光谱红外干涉望远镜
STP	标准温度（273.15 K）和压强（1atm）
TES	对流层发射光谱仪
TIMED	热层，电离层，中间层，能量学和动力学卫星
TIME-GCM	热层-电离层-中间层-电动力学环流模型
UARS	高层大气研究卫星
VMR	体积混合比
V-T	振动-平动
V-V	振动-振动
WINDII	广角多普勒成像干涉仪

A.3 化学种类表

C_2H_2	乙炔
C_2H_6	乙烷
CH_3OH	甲醇
CH_4	甲烷
CO	一氧化碳
CO_2	二氧化碳
$ClONO_2$	氯硝态氮
H	原子氢
H_2	氢
H_2O	水
H_2O_2	过氧化氢
HCl	氯化氢
HCN	氰化氢
HF	氟化氢
HNO_3	硝酸
N	氮原子
N_2	氮
N_2O	一氧化二氮

NH_2	氨基
NH_3	氨
NO	一氧化氮
NO_2	二氧化氮
NO_x	$NO+NO_2$
$O(^1D)$	电子激发的原子氧
$O(^3P)$	原子氧
O_2	氧气
O_3	臭氧
OCS	羰基硫化物
OH	羟基
SO_2	二氧化硫

附录 B 物理常量与有用的数值

B.1 一般和通用常量

一般常量	
阿伏伽德罗常数	$N_A = 6.02214199 \times 10^{23}\,\text{mol}^{-1}$
玻尔兹曼常数	$k = 1.3806503 \times 10^{-23}\,\text{J}\cdot\text{K}^{-1}$
电子静止质量	$m_e = 9.10938188 \times 10^{-31}\,\text{kg}$
基元电荷	$e = 1.602176462 \times 10^{-19}\,\text{C}$
单位波数的能量	$hc = 1.9864454404 \times 10^{-25}\,\text{J}\cdot\text{m}$
第一辐射常数	$c_1 = 2hc^2 = 1.191042722 \times 10^{-16}\,\text{W}\cdot\text{m}^2\cdot\text{sr}^{-1}$
重力常数	$G = 6.673 \times 10^{-11}\,\text{m}^3\cdot\text{s}^{-2}\cdot\text{kg}^{-1}$
气体通用常数	$R = N_A k = 8.314472\,\text{J}\cdot\text{K}^{-1}\cdot\text{mol}^{-1}$
普朗克常数	$h = 6.62606876 \times 10^{-34}\,\text{J}\cdot\text{s}$
第二辐射常数	$c_2 = hc/k = 1.4387752 \times 10^{-2}\,\text{m}\cdot\text{K}$
光速（真空中）	$c = 2.99792458 \times 10^{8}\,\text{m}\cdot\text{s}^{-1}$
斯特藩-玻尔兹曼常数	$\sigma = 5.670400 \times 10^{-8}\,\text{W}\cdot\text{m}^{-2}\cdot\text{K}^{-4}$
维恩位移常数	$b = \lambda_{\max} T = 2.8977686 \times 10^{-3}\,\text{m}\cdot\text{K}$

太阳	
平均半径	$R_{\odot} = 6.995508 \times 10^{8}\,\text{m}$
等效温度	$T_{\odot} = 5777\,\text{K}$
太阳表面通量	$F_{\odot} = 6.312 \times 10^{7}\,\text{W}\cdot\text{m}^{-2}$
辐照度	$L_{\odot} = 3.845 \times 10^{26}\,\text{W}$
质量	$M_{\odot} = 1.989 \times 10^{30}\,\text{kg}$
从地球观测到太阳的平均角直径	$\theta_{\odot} = 31.988\,\text{arcmin}$
从地球观测的平均空间角	$\omega_{\odot} = 6.8000 \times 10^{-5}\,\text{sr}$
表面积	$S_{\odot} = 6.087 \times 10^{18}\,\text{m}^2$

地球	
反照率	$A=0.29$
离太阳的距离（平均值）	$d=1.49598\times10^{11}\text{m}$
地球轨道周期	365.25463d
轨道偏心率	$\varepsilon=0.016709$
赤道逃逸速度	$\upsilon_{esc}=1.18\times10^{4}\text{m}\cdot\text{s}^{-1}$
旋转轴倾角	$i=23.44°$
质量	$M_{\oplus}=5.9737\times10^{24}\text{kg}$
大气质量	$M_{atm}=5.136\times10^{18}\text{kg}$
平均转动角速度	$\Omega_{\oplus}=7.292\times10^{-5}\text{rad}\cdot\text{s}^{-1}$
半径（平均）	$R_{\oplus}=\left(R_a^2R_c\right)^{1/3}=6.371\times10^{6}\text{m}$
半径（赤道）	$R_a=6.378136\times10^{6}\text{m}$
半径（两极）	$R_c=6.356753\times10^{6}\text{m}$
太阳常数	$S=\left(1367\pm2\right)\text{W}\cdot\text{m}^{-2}$
标准地面重力加速度	$g_0=9.80665\text{m}\cdot\text{s}^{-2}$
标准地面气压	$p_0=1.01325\times10^{5}\text{Pa}$
标准大气温度	$T_0=273.15\text{K}$
表面积	$S_{\oplus}=5.1007\times10^{14}\text{m}^2$

干燥空气	
平均分子质量	$M=28.964\text{g}\cdot\text{mol}^{-1}$
绝热直减率	$\Gamma=-9.75\text{K}\cdot\text{km}^{-1}$
质量密度，273.15K，1atm（STP）条件下	$\rho_0=1.2928\text{kg}\cdot\text{m}^{-3}$
数密度，273.15K，1atm（STP）条件下	$N_0^*=2.6867775\times10^{25}\text{m}^{-3}$
比气体常数	$R/M=287.06\text{J}\cdot\text{K}^{-1}\cdot\text{kg}^{-1}$
等压比热容	$c_p=1005\text{J}\cdot\text{K}^{-1}\cdot\text{kg}^{-1}$
等容比热容	$c_v=717.6\text{J}\cdot\text{K}^{-1}\cdot\text{kg}^{-1}$

注：* 洛施密特常数。

B.2 行星的特征

行星	质量/kg	赤道半径/km	表面重力加速度/（$\text{m}\cdot\text{s}^{-2}$）	平均表面温度/K	平均表面压强/bar	转动周期/d
水星	3.30×10^{23}	2439.7	3.70	440		58.65
金星	4.87×10^{24}	6051.8	8.87	730	90	−243.0

续表

行星	质量/kg	赤道半径/km	表面重力加速度/（$m \cdot s^{-2}$）	平均表面温度/K	平均表面压强/bar	转动周期/d
地球	5.97×10^{24}	6378.1	9.81	288～293 *	1	1
火星	6.42×10^{23}	3397	3.71	183～268 *	0.007～0.010	1.026
木星	1.90×10^{27}	71492	23.12	165 †	~0.3‡	0.413
土星	5.69×10^{26}	60268	8.96	134 †	~0.4‡	0.444
天王星	8.68×10^{25}	25559	8.69	76 †		−0.718
海王星	1.02×10^{26}	24764	11.00	73 †		0.671
冥王星**	1.29×10^{22}	1195	0.81		8×10^{-5}‡	−6.387

注：* 据观测结果会发生变化。

** 冥王星已被分类为矮行星。

† 在 1 bar 压强处。

‡ 可见云层表面的压强。

行星	轨道半长轴/A.U.	公转周期*（相对于恒星）	旋转轴倾角/（°）	轨道倾角/（°）	轨道偏心率
水星	0.387	87.97 天	0.00	7.00	0.206
金星	0.723	224.7 天	177.30	3.39	0.007
地球	1.000	365.25 天	23.44	0.00	0.0167
火星	1.524	686.94 天	25.19	1.85	0.093
木星	5.203	11.86 年	3.12	1.31	0.048
土星	9.537	29.42 年	26.73	2.48	0.054
天王星	19.19	83.75 年	97.86	0.77	0.047
海王星	30.07	163.7 年	29.58	1.77	0.009
冥王星	39.48	248.0 年	119.61	17.14	0.248

注：* 地球日和年。

行星	视觉几何反照率	大气组成
水星	0.11	微量的 H_2 和 He
金星	0.65	96% CO_2, 3% N_2, 0.002% H_2O
地球	0.37	78% N_2, 21% O_2, 1% Ar
火星	0.15	95% CO_2, 3% N_2, 1.6% Ar
木星	0.52	86% H_2, 16% He, 0.2% CH_4
土星	0.47	92.4% H_2, 7.4% He, 0.2% CH_4

续表

行星	视觉几何反照率	大气组成
天王星	0.51	83% H_2 , 15% He, ≤ 2% CH_4
海王星	0.41	85% H_2 , 13% He, ≤ 2% CH_4
冥王星	可变	可能是 CH_4 和 N_2

参考资料：美国国家标准与技术研究院（http://physics.-nist.gov），以及 Cox（2000）。

附录C　专业术语和单位

一个能级，或一个跃迁的能量，可以用许多不同的单位来表示。这些都是彼此等价的，而且不时地都出现在文献中，因为实验光谱学家、辐射传输专家和研究分子量子力学的理论家都有不同的传统。在这些领域，标准单位往往比较烦琐，以波长为例，在红外波段，经常以微米（μm）表示，在可见光或紫外波段经常以纳米（nm）表示。

图 2.1 将以电子伏特为单位的能级和向基态（零能量）跃迁时发射的光子的波长关联了起来。能量 E（通常用尔格或焦耳表示）与光子的频率 ν 有关，$E = h\nu$，其中 h 是普朗克常数，频率与波长 λ 的关系是 $c = \nu\lambda$，c 是光速。特别是在实验光谱学文献中，波长的倒数称为波数 $\tilde{\nu}$，单位 cm^{-1}，比波长更常用，因为 $\tilde{\nu}$ 与光子能量成正比。$\tilde{\nu}$ 有时也会取代 ν，表示谱线位置和宽度，因为不需要使用大指数，更容易记忆，使用起来也没那么麻烦。甚至还会用 cm^{-1} 来表示能级，在这种情况下，隐含了因子 hc，需要明确地包括在公式中。

在本书中，常常使用频率 ν 来描述光子，用谱带近似中心的波长 λ 描述谱带，用波数 $\tilde{\nu}$ 描述谱线的位置和宽度。以此引导读者使用最约定俗成的专业术语，从而使表达式更简单，或更易读懂。

在天体物理学中，光子传输的能量通常用辐射的比强度来描述，通常缩写为比强度或简称为强度。它的单位是能量（焦耳）每单位：时间（秒）、立体角（立体角）、面积（平方米）和频率间隔（赫兹），即 $W{\cdot}m^{-2}{\cdot}sr^{-1}{\cdot}Hz^{-1}$。因为关于辐射传输和非平恒的开创性工作都是在恒星大气中完成的，所以这个术语也出现在许多早期关于地球大气辐射的文献中。然而，现代的用法已经逐渐转变为使用术语辐亮度来表示这个量，我们在本书中遵循这个惯例。

辐亮度记为 L_ν（用强度代替的书通常用 I_ν 表示该物理量），其中 ν 是定义辐亮度的（单色）频率。亮度（或强度）有时表现为在特定光谱范围内的积分（$\Delta\nu$ 以 ν 为中心），当它的单位为 $W{\cdot}m^{-2}{\cdot}sr^{-1}$ 时，可以写成 $L_{\Delta\nu}$。在描述谱线或光谱带上单位物质的积分吸收时，使用“强度”或“线强”。本书使用“线强”，以避免与辐射强度混淆。

最后，在计算大气加热率时，需要定义通量，即通过单位表面积的能量，单位为 $W{\cdot}m^{-2}$，由辐亮度在波长和立体角的积分得到。如果定义了光谱范围 $\Delta\nu$，则使用符

号 $F_{\Delta\nu}$，不过，在上下文中比较烦琐或通量在 0 到 ∞ 的所有频率上积分时，下标 $\Delta\nu$ 可能会被省略。大气中的通量通常在上下半球分别定义，两者之差为净通量（如果考虑所有频率，则为总净通量）。

与振动模态、由模态产生的谱带以及振动能级有关的专业术语如下。振动的基频带模态被指定为 ν_1 到 ν_n，其中 ν-数字被统一用来指定某种特定类型的运动，例如，ν_1 始终是对称伸缩模态。同时把这些振型产生的谱带称为 ν，如 ν_2 谱带或 ν_3 谱带。使用符号 ν 来指定频率和基频带模态都相当普遍。振动能级用 υ 表示，例如，$(\upsilon_1,\upsilon_2,\upsilon_3)$ 表示在振动模式 ν_1、ν_2 和 ν_3 的激发能级。当只提到一种模态时，隐含了其他振动模态均无激发，例如，υ_3 能级相当于 $(0,0,\upsilon_3)$ 能级，而“这些 υ_2 能级”是指 $(0,n\upsilon_2,0)$ 能态，其中 $n=1,2,3$。热谱带用 $\Delta\upsilon$ 表示，例如 $\Delta\upsilon_3=1$（参见表 2.2）。

附录 D　普朗克函数

普朗克函数表示黑体的发射光谱。考虑到以下关系：

$$\lambda = 1/\bar{\nu} = c/\nu$$

$$B_{\lambda}\mathrm{d}\lambda = B_{\tilde{\nu}}\mathrm{d}\tilde{\nu} = B_{\nu}\mathrm{d}\nu$$

它可以写成波长 λ（单位 cm）的函数

$$B_{\lambda} = \frac{c_1}{\lambda^5\left[\exp\left(c_2/\lambda T\right)-1\right]} \tag{D.1}$$

式中 B_{λ} 是温度 T（单位 K）的黑体的辐亮度（单位 $\mathrm{W\cdot m^{-2}\cdot sr^{-1}\cdot cm^{-1}}$）；用波数 $\tilde{\nu}$（单位 $\mathrm{cm^{-1}}$）表示：

$$B_{\tilde{\nu}} = \frac{c_1\tilde{\nu}^3}{\exp\left(c_2\tilde{\nu}/T\right)-1} \tag{D.2}$$

其中辐亮度 $B_{\tilde{\nu}}$ 的单位为 $\mathrm{W\cdot m^{-2}\cdot sr^{-1}\cdot\left(cm^{-1}\right)^{-1}}$；用频率 ν（单位 $\mathrm{s^{-1}}$）表示，则为

$$B_{\nu} = \frac{2h\nu^3}{c^2\left[\exp\left(h\nu/T\right)-1\right]} \tag{D.3}$$

其中 B_{ν} 的单位为 $\mathrm{W\cdot m^{-2}\cdot sr^{-1}\cdot\left(s^{-1}\right)^{-1}}$。

第一辐射常数 c_1 和第二辐射常数 c_2 分别为①

$$c_1 = 1.191042722\times10^{-8}\,\mathrm{W\cdot m^{-2}\cdot sr^{-1}\cdot\left(cm^{-1}\right)^{-4}}$$

$$c_2 = 1.4387752\mathrm{K\cdot\left(cm^{-1}\right)^{-1}}$$

维恩位移定律是通过对普朗克函数对波长求导并设其为零得到的。它给出了亮度 B_{λ} 达到峰值的波长 $\lambda_{\max}$（单位 cm），即

$$\lambda_{\max}T = 0.28978\mathrm{cm\cdot K}$$

类似地，最大辐亮度 $B_{\tilde{\nu}}$ 的波数 $\tilde{\nu}$（单位 $\mathrm{cm^{-1}}$）由下式给出：

---

① 注意：它们的单位与 B.1 节不同。

$$T/\tilde{\nu}_{\max} = 0.50995\text{cm}\cdot\text{K}$$

最大辐亮度 B_ν 的频率 ν（单位 s^{-1}）由下式给出：

$$cT/\nu_{\max} = 0.50995\text{cm}\cdot\text{K}$$

参考：Goody 和 Yung（1989）。

附录 E　转换因子和公式

压强	Pa	$dyn\cdot cm^{-2}$	atm	torr	mbar
1 Pa	1	10	9.86923×10^{-6}	7.50062×10^{-3}	10^{-2}
$1dyn\cdot cm^{-2}$	10^{-1}	1	9.86923×10^{-7}	7.50062×10^{-4}	10^{-3}
1 atm	1.01325×10^{5}	1.01325×10^{6}	1	760	1.01325×10^{3}
1 torr	1.33322×10^{2}	1.33322×10^{3}	1.31579×10^{-3}	1	1.33322
1 mbar	10^{2}	10^{3}	9.86923×10^{-4}	7.50062×10^{-1}	1

能量	J	eV	erg	cm^{-1*}	K^{*}
1 J	1	6.24151×10^{18}	10^{7}	5.03412×10^{22}	7.24296×10^{22}
1 eV	1.60218×10^{-19}	1	1.60218×10^{-12}	8.06554×10^{3}	1.16045×10^{4}
1 erg	10^{-7}	6.24151×10^{11}	1	5.03412×10^{15}	7.24296×10^{15}
$1\ cm^{-1}$	1.98645×10^{-23}	1.23984×10^{-4}	1.98645×10^{-16}	1	1.43878
1 K	1.38065×10^{-23}	8.61734×10^{-5}	1.38065×10^{-16}	6.95036×10^{-1}	1

注：＊从 $E=hc\bar{\nu}=kT$ 推导得到。

加热率和冷却率(h,q)

$$\boldsymbol{h}\left[erg\cdot cm^{-3}\cdot s^{-1}\right]=\frac{N_A}{MN}\boldsymbol{h}\left[erg\cdot g^{-1}\cdot s^{-1}\right]=8.64\times10^{4}\frac{N_A}{c_pMN}\boldsymbol{h}\left[K\cdot d^{-1}\right]$$

其中 N_A 是单位为 mol^{-1} 的阿伏伽德罗常数，M 是单位为 $g\cdot mol^{-1}$ 的平均分子质量，N 是单位为 cm^{-3} 的总数密度，c_p 是单位为 $erg\cdot g^{-1}\cdot K^{-1}$ 的等压比热容。

反应速率(k_t)

$$\boldsymbol{k}_t\left[cm^{3}\cdot s^{-1}\right]=1.03558\times10^{-19}T\boldsymbol{k}_t\left[torr^{-1}\cdot s^{-1}\right]=1.36261\times10^{-22}T\boldsymbol{k}_t\left[atm^{-1}\cdot s^{-1}\right]$$

其中 T 为温度（单位 K）。

辐亮度（*L*）

$$L_\lambda\left[\frac{\mathrm{R}}{\mu\mathrm{m}}\right]=2.013647\pi\lambda[\mu\mathrm{m}]10^{13}\ L_\lambda\left[\frac{\mathrm{W}}{\mathrm{cm}^2\cdot\mathrm{sr}\cdot\mu\mathrm{m}}\right]$$

R 是瑞利，或者等价地，

$$1\frac{\mathrm{R}}{\mu\mathrm{m}}=\frac{1.580763055\times10^{-14}}{\lambda[\mu\mathrm{m}]}\frac{\mathrm{W}}{\mathrm{cm}^2\cdot\mathrm{sr}\cdot\mu\mathrm{m}}$$

考虑到

$$\Delta\lambda[\mu\mathrm{m}]=10^{-4}\lambda^2[\mu\mathrm{m}]\Delta\tilde{\nu}\left[\mathrm{cm}^{-1}\right]$$

可得

$$1\frac{\mathrm{R}}{\mu\mathrm{m}}=1.580763055\times10^{-18}\lambda[\mu\mathrm{m}]\frac{\mathrm{W}}{\mathrm{cm}^2\cdot\mathrm{sr}\cdot\mathrm{cm}^{-1}}$$
$$=\frac{1.580763055\times10^{-14}}{\tilde{\nu}\left[\mathrm{cm}^{-1}\right]}\frac{\mathrm{W}}{\mathrm{cm}^2\cdot\mathrm{sr}\cdot\mathrm{cm}^{-1}}$$

参考文献：Baker（1974），Baker 和 Pendleton（1976），Chamberlain（1995）。

附录 F CO_2 红外波段

表 F.1 主要的 CO_2 红外谱带

谱带组	同位素 †	高能级 *	低能级 *	高能级 †	低能级 †	$\bar{\nu}_0/cm^{-1}$	线强 **
15 FB	626	01^10	00^00	01101	00001	667.380	79451.727
15FH	626	02^20	01^10	10002	01101	618.029	1364.291
	626	02^20	01^10	02201	01101	667.752	6257.199
	626	10^00	01^10	10001	01101	720.805	1395.613
15 SH	626	03^10	02^00	11102	10002	647.062	212.882
	626	03^10	02^00	11102	02201	597.338	49.145
	626	03^10	10^00	11102	10001	544.286	2.534
	626	03^30	02^20	03301	02201	668.115	368.838
	626	11^10	02^00	11101	10002	791.447	8.663
	626	11^10	02^20	11101	02201	741.724	76.730
	626	11^10	10^00	11101	10001	688.671	144.014
15 TH	626	04^00	03^10	20003	11102	615.897	6.985
	626	04^00	11^10	20003	11101	471.511	0.010
	626	04^20	03^10	12202	11102	652.552	15.810
	626	04^20	03^30	12202	03301	581.776	1.968
	626	04^20	11^10	12202	11101	508.166	0.056
	626	12^00	03^10	20002	11102	738.673	2.445
	626	12^00	11^10	20002	11101	594.287	0.931
	626	04^40	03^30	04401	03301	668.468	18.270
	626	12^20	03^10	12201	11102	828.255	0.147
	626	12^20	03^30	12201	03301	757.479	2.337
	626	12^20	11^10	12201	11101	683.869	8.173

续表

谱带组	同位素†	高能级*	低能级*	高能级†	低能级†	$\overline{\nu}_0$/cm^{-1}	线强**
15 TH	626	20^00	03^10	20001	11102	864.666	0.041
	626	20^00	11^10	20001	11101	720.280	3.981
15 FB	636	01^10	00^00	01101	00001	648.478	824.749
15 FH	636	02^00	01^10	10002	01101	617.350	19.480
	636	02^00	01^10	02201	01101	648.786	70.505
	636	10^00	01^10	10001	01101	721.584	17.052
15 SH	636	03^10	02^00	11102	10002	630.710	2.483
	636	03^10	02^20	11102	02201	599.274	0.662
	636	03^10	10^00	11102	10001	526.475	0.032
	636	03^30	02^20	03301	02201	649.087	4.511
	636	11^10	02^00	11101	10002	771.266	0.135
	636	11^10	02^20	11101	02201	739.829	0.679
	636	11^10	10^00	11101	10001	667.031	1.521
15 TH	636	04^00	03^10	20003	11102	610.996	0.106
	636	04^20	03^30	12202	03301	585.328	0.033
	636	04^20	03^10	12202	11102	635.140	0.199
	636	12^00	11^10	20002	11101	607.975	0.019
	636	12^00	03^10	20002	11102	748.530	0.019
	636	04^40	03^30	04401	03301	649.409	0.246
	636	12^20	11^10	12201	11101	663.171	0.095
	636	12^20	03^10	12201	11102	803.726	0.0014
	636	20^00	11^10	20001	11101	713.503	0.035
15 FB	628	01^10	00^00	01101	00001	662.374	317.399
15 FH	628	02^00	01^10	10002	01101	597.052	4.900
	628	02^00	01^10	02201	01101	662.768	25.356
	628	10^00	01^10	10001	01101	703.470	7.930
15 SH	628	03^10	02^00	11102	10002	642.311	0.747
	628	03^10	02^20	11102	02201	576.596	0.157
	628	03^10	10^00	11102	10001	535.893	0.009

续表

谱带组	同位素 †	高能级 *	低能级 *	高能级 †	低能级 †	$\bar{\nu}_0/cm^{-1}$	线强 **
15 SH	628	$03^{3}0$	$02^{2}0$	03301	02201	663.187	1.446
	628	$11^{1}0$	$02^{0}0$	11101	10002	789.913	0.054
	628	$11^{1}0$	$02^{2}0$	11101	02201	724.198	0.304
	628	$11^{1}0$	$10^{0}0$	11101	10001	683.495	0.743
15 FB	627	$01^{1}0$	$00^{0}0$	01101	00001	664.729	59.857
15 FH	627	$02^{0}0$	$01^{1}0$	10002	01101	607.558	1.108
	627	$02^{2}0$	$01^{1}0$	02201	01101	665.114	4.701
	627	$10^{0}0$	$01^{1}0$	10001	01101	711.299	1.219
15 SH	627	$03^{1}0$	$02^{0}0$	11102	10002	644.408	0.143
	627	$03^{1}0$	$02^{0}0$	11102	02201	586.852	0.040
	627	$03^{3}0$	$02^{0}0$	03301	02201	665.509	0.274
	627	$11^{1}0$	$02^{0}0$	11101	10002	789.812	0.009
	627	$11^{1}0$	$02^{0}0$	11101	02201	732.256	0.044
	627	$11^{1}0$	$10^{0}0$	11101	10001	686.071	0.125
15 FB	638	$01^{1}0$	$00^{0}0$	01101	00001	643.329	3.393 ‡
15 FB	637	$01^{1}0$	$00^{0}0$	01101	00001	645.744	0.6147 ‡
10	626	$00^{0}1$	$02^{0}0$	00011	10002	1063.735	9.686 ‡
	626	$00^{0}1$	$10^{0}0$	00011	10001	960.959	6.801 ‡
10	636	$00^{0}1$	$02^{0}0$	00011	10002	1017.659	0.053 ‡
	636	$00^{0}1$	$10^{0}0$	00011	10001	913.425	0.076 ‡
10	628	$00^{0}1$	$02^{0}0$	00011	10002	1072.687	0.035 ‡
	628	$00^{0}1$	$10^{0}0$	00011	10001	966.269	0.017 ‡
10	627	$00^{0}1$	$02^{0}0$	00011	10002	1067.727	0.006 ‡
	627	$00^{0}1$	$10^{0}0$	00011	10001	963.986	0.004 ‡
4.3 FB	626	$00^{0}1$	$00^{0}0$	00011	00001	2349.143	955357.125
4.3 FH	626	$01^{1}1$	$01^{1}0$	01111	01101	2336.632	73666.258
4.3 SH	626	$02^{2}1$	$02^{2}0$	02211	02201	2324.141	2838.857
	626	$02^{0}1$	$02^{0}0$	10012	10002	2327.433	1789.326
	626	$10^{0}1$	$10^{0}0$	10011	10001	2326.598	1079.329

续表

谱带组	同位素 †	高能级 *	低能级 *	高能级 †	低能级 †	$\bar{\nu}_0/\mathrm{cm}^{-1}$	线强 **
4.3 TH	626	$03^{1}1$	$03^{1}0$	11112	11102	2315.235	14.610 ‡
	626	$03^{3}1$	$03^{3}0$	03311	03301	2311.667	10.260 ‡
	626	$11^{1}1$	$11^{1}0$	11111	11101	2313.773	72.010 ‡
4.3SH2	626	$00^{0}2$	$00^{0}1$	00021	00011	2324.183	20.293
4.3FRH	626	$04^{0}1$	$04^{0}0$	20013	20003	2305.256	3.630 ‡
	626	$04^{2}1$	$04^{2}0$	12212	12202	2302.963	6.073 ‡
	626	$12^{0}1$	$12^{0}0$	20012	20002	2306.692	1.961 ‡
	626	$04^{4}1$	$04^{4}0$	04411	04401	2299.214	3.908 ‡
	626	$12^{2}1$	$12^{2}0$	12211	12201	2301.053	2.550 ‡
	626	$20^{0}1$	$20^{0}0$	20011	20001	2302.525	1.069 ‡
2.7 FB	626	$10^{0}1$	$00^{0}0$	10011	00001	3714.783	15796.078
	626	$02^{0}1$	$00^{0}0$	10012	00001	3612.842	10397.265
2.7 FH	626	$11^{1}1$	$01^{1}0$	11111	01101	3723.249	1270.129
	626	$03^{1}1$	$01^{1}0$	11112	01101	3580.326	779.872
2.7 SH	626	$04^{2}1$	$02^{2}0$	12212	02201	3552.854	28.710
	626	$04^{0}1$	$02^{0}0$	20013	10002	3568.215	31.180
	626	$12^{0}1$	$10^{0}0$	20012	10001	3589.651	16.210
	626	$12^{0}1$	$02^{0}0$	20012	10002	3692.427	36.220
	626	$20^{0}1$	$10^{0}0$	20011	10001	3711.476	29.360
	626	$12^{2}1$	$02^{2}0$	12211	02201	3726.646	47.210
2.0	626	$12^{0}1$	$00^{0}0$	20012	00001	4977.835	351.925
	626	$20^{0}1$	$00^{0}0$	20011	00001	5099.661	108.997
	626	$04^{0}1$	$00^{0}0$	20013	00001	4853.623	77.801
4.3 FB	636	$00^{0}1$	$00^{0}0$	00011	00001	2283.488	9598.150
4.3 FH	636	$01^{1}1$	$01^{1}0$	01111	00001	2271.760	817.848
4.3 SH	636	$02^{2}1$	$02^{2}0$	02211	02201	2260.049	33.330
	636	$02^{0}1$	$02^{0}0$	10012	10002	2261.910	19.460
	636	$10^{0}1$	$10^{0}0$	10011	10001	2262.848	11.620
4.3 TH	636	$03^{1}1$	$03^{1}0$	11112	11102	2250.694	1.801 ‡

续表

谱带组	同位素 †	高能级 *	低能级 *	高能级 †	低能级 †	$\bar{\nu}_0/cm^{-1}$	线强 **
4.3 TH	636	$03^{3}1$	$03^{3}0$	03311	03301	2248.356	1.398 ‡
	636	$11^{1}1$	$11^{1}0$	11111	11101	2250.605	0.894 ‡
4.3 FRH	636	$04^{0}1$	$04^{0}0$	20013	20003	2240.536	0.046 ‡
	636	$04^{2}1$	$04^{2}0$	12212	12202	2239.297	0.080 ‡
	636	$12^{0}1$	$12^{0}0$	20012	20002	2242.323	0.023 ‡
	636	$04^{4}1$	$04^{4}0$	04411	04401	2236.678	0.057 ‡
	636	$12^{2}1$	$12^{2}0$	12211	12201	2283.570	0.033 ‡
	636	$20^{0}1$	$20^{0}0$	20011	20001	2240.757	0.013 ‡
2.7 FB	636	$02^{0}1$	$00^{0}0$	10012	00001	3527.737	94.171
	636	$10^{0}1$	$00^{0}0$	10011	00001	3632.911	159.960
2.7 FH	636	$03^{1}1$	$01^{1}0$	11112	01101	3498.754	7.271
	636	$11^{1}1$	$01^{1}0$	11111	01101	3639.220	15.460
2.0	636	$04^{0}1$	$00^{0}0$	20013	00001	4748.065	0.333
	636	$12^{0}1$	$00^{0}0$	20012	00001	4887.385	2.975
	636	$20^{0}1$	$00^{0}0$	20011	00001	4991.350	2.119
4.3 FB	628	$00^{0}1$	$00^{0}0$	00011	00001	2332.113	3518.852
	627	$00^{0}1$	$00^{0}0$	00011	00001	2340.014	647.575
	638	$00^{0}1$	$00^{0}0$	00011	00001	2265.972	38.781
	637	0001	$00^{0}0$	00011	00001	2274.088	7.147

注：* 赫茨伯格标记。

† HITRAN 标记。

** $T=296K$ 下的值，单位为 $\times10^{22}\ cm^{-1}/cm^{-2}$ 。

‡ 该跃迁中不包含辐射传能。

附录 G　O_3红外波段

表 G.1　主要的 O_3 红外谱带

谱带	高能级	低能级	$\bar{\nu}_0/cm^{-1}$	A/s^{-1}	谱带	高能级	低能级	$\bar{\nu}_0/cm^{-1}$	A/s^{-1}
1	053	213	563.810	1.160	23	025	250	629.252	0.466
2	223	142	568.843	0.466	24	014	004	632.776	0.233
3	241	024	568.844	0.699	25	222	212	633.783	0.466
4	115	105	578.912	0.233	26	510	151	634.286	0.233
5	016	006	583.946	0.233	27	071	231	634.286	0.233
6	223	213	594.014	0.233	28	044	241	634.286	0.932
7	250	005	598.041	0.233	29	124	080	634.286	0.466
8	251	170	599.048	1.160	30	124	114	634.286	0.233
9	260	114	599.048	1.400	31	043	033	634.286	0.233
10	044	034	599.048	0.233	32	033	023	634.286	0.699
11	015	005	603.075	0.233	33	302	221	634.287	0.699
12	034	024	604.082	0.233	34	053	043	639.320	0.233
13	007	133	609.116	0.233	35	250	240	639.320	0.233
14	303	222	614.150	0.699	36	411	123	639.320	0.932
15	232	222	619.184	0.233	37	500	141	639.321	1.160
16	213	203	619.184	0.233	38	113	103	640.327	0.233
17	401	113	621.701	0.466	39	123	113	641.837	0.233
18	114	104	624.218	0.233	40	023	013	642.240	0.466
19	260	250	624.218	0.233	41	133	123	644.354	0.233
20	080	104	624.218	0.233	42	142	203	644.355	0.233
21	025	015	624.218	0.233	43	212	202	646.871	0.233
22	024	014	624.722	0.466	44	105	061	649.388	1.630

续表

谱带	高能级	低能级	$\bar{\nu}_0/cm^{-1}$	A/s^{-1}	谱带	高能级	低能级	$\bar{\nu}_0/cm^{-1}$	A/s^{-1}
45	340	330	649.388	0.233	74	410	400	663.987	0.233
46	152	142	649.388	0.233	75	161	151	664.490	0.233
47	322	071	649.388	0.466	76	062	052	664.490	0.233
48	240	230	649.388	0.932	77	032	022	664.490	0.699
49	430	420	649.389	0.699	78	114	240	664.490	1.160
50	013	003	650.995	0.233	79	015	070	664.491	1.860
51	241	231	654.422	0.233	80	151	141	664.491	0.233
52	251	241	654.422	0.233	81	052	042	664.491	1.160
53	322	312	654.422	0.233	82	230	220	664.491	0.699
54	340	401	654.422	0.699	83	012	002	668.216	0.233
55	312	302	654.422	0.233	84	310	300	669.020	0.233
56	420	410	654.422	0.466	85	141	131	669.524	0.932
57	132	122	654.423	0.699	86	081	071	669.525	0.233
58	122	112	655.429	0.466	87	180	170	669.525	0.233
59	112	102	655.566	0.233	88	131	121	670.380	0.699
60	034	160	659.456	1.630	89	121	111	672.275	0.466
61	330	320	659.456	0.233	90	321	311	672.545	0.466
62	411	401	659.456	0.233	91	220	210	672.872	0.466
63	232	052	659.456	1.400	92	111	101	674.455	0.233
64	042	032	659.456	0.932	93	123	320	674.558	0.699
65	510	500	659.456	0.233	94	160	150	674.558	1.400
66	142	132	659.456	0.233	95	061	051	674.559	1.400
67	231	221	659.457	0.233	96	140	130	679.592	0.932
68	140	201	659.579	0.268	97	090	080	679.592	0.233
69	221	211	661.067	0.466	98	071	061	679.592	0.233
70	311	301	661.470	0.233	99	051	041	679.592	1.160
71	022	012	661.787	0.466	100	041	031	679.592	0.932
72	211	201	663.002	0.233	101	170	160	679.592	0.233
73	320	310	663.484	0.466	102	150	140	679.593	1.160

续表

谱带	高能级	低能级	$\bar{\nu}_0$/cm^{-1}	A / s^{-1}	谱带	高能级	低能级	$\bar{\nu}_0$/cm^{-1}	A / s^{-1}
103	130	120	679.821	0.699	132	115	114	815.511	11.600
104	021	011	681.413	0.466	133	115	080	815.511	55.400
105	031	021	682.952	0.699	134	016	015	825.579	11.600
106	211	130	683.015	1.290	135	016	250	830.613	66.500
107	011	001	684.438	0.233	136	115	015	835.647	0.482
108	070	060	684.625	1.630	137	115	250	840.681	0.482
109	331	321	684.626	0.699	138	006	005	844.708	66.500
110	080	070	684.627	0.233	139	007	142	845.714	44.300
111	210	200	685.024	0.233	140	006	104	845.715	66.500
112	050	040	689.660	1.160	141	501	151	850.749	11.100
113	161	500	689.660	1.400	142	241	033	850.749	44.300
114	180	034	689.661	1.860	143	044	043	850.749	11.600
115	060	050	689.661	1.400	144	240	103	854.273	28.400
116	120	110	690.314	0.466	145	105	005	859.810	0.482
117	110	100	693.125	0.233	146	223	222	860.816	33.300
118	040	030	694.695	0.932	147	105	104	860.817	11.600
119	030	020	694.878	0.699	148	232	231	865.851	11.600
120	020	010	698.342	0.466	149	053	052	870.884	33.300
121	090	015	699.728	2.100	150	124	123	870.885	11.600
122	081	105	699.729	1.860	151	501	500	875.919	11.600
123	010	000	700.931	0.233	152	080	113	878.436	44.300
124	213	033	709.796	0.932	153	114	113	878.436	11.600
125	170	302	734.966	0.932	154	133	203	880.953	44.300
126	152	043	750.069	1.160	155	250	014	881.457	55.400
127	062	330	755.103	0.233	156	312	005	884.980	0.482
128	044	213	775.239	44.300	157	340	132	885.986	33.300
129	204	231	790.340	33.300	158	312	104	885.987	55.400
130	007	006	795.374	77.600	159	322	321	885.987	22.200
131	043	141	810.477	22.200	160	401	122	885.987	33.300

续表

谱带	高能级	低能级	$\bar{\nu}_0/cm^{-1}$	A/s^{-1}	谱带	高能级	低能级	$\bar{\nu}_0/cm^{-1}$	A/s^{-1}
161	303	302	885.987	22.200	190	062	061	916.191	11.600
162	034	033	885.987	11.600	191	005	004	916.192	55.400
163	025	024	885.987	55.400	192	113	112	919.715	33.300
164	015	014	886.491	11.600	193	152	500	921.225	22.200
165	124	401	891.021	44.300	194	033	032	921.225	33.300
166	104	103	894.545	44.300	195	302	230	921.225	11.100
167	133	132	896.054	11.600	196	132	131	921.226	22.200
168	204	203	896.055	1.450	197	105	070	921.226	11.100
169	043	042	896.055	0.482	198	142	212	925.756	33.300
170	152	151	896.055	11.600	199	161	160	926.259	11.100
171	213	212	900.585	11.600	200	052	051	926.260	22.200
172	402	330	901.089	22.200	201	203	202	928.272	33.300
173	312	311	904.110	11.600	202	311	310	932.300	11.100
174	402	401	906.123	11.600	203	212	211	933.408	22.200
175	411	410	906.123	11.600	204	014	013	933.709	44.300
176	123	122	906.123	11.600	205	103	102	934.954	33.300
177	222	221	906.124	22.200	206	260	160	936.327	0.964
178	114	014	906.627	0.482	207	151	150	936.327	11.600
179	080	014	906.627	0.482	208	231	301	936.328	22.200
180	071	311	909.144	22.200	209	081	080	936.328	11.600
181	401	400	910.654	11.600	210	122	121	937.183	22.200
182	232	061	911.157	22.200	211	301	300	939.850	11.100
183	500	150	911.157	11.100	212	042	041	941.361	22.200
184	142	141	911.158	11.600	213	251	114	941.361	11.100
185	302	301	911.158	11.600	214	401	023	941.361	0.482
186	104	004	915.185	0.482	215	321	320	941.361	11.100
187	330	400	915.688	11.100	216	231	230	946.395	11.600
188	124	024	916.191	0.482	217	202	201	949.539	22.200
189	024	023	916.191	44.300	218	023	022	951.429	33.300

续表

谱带	高能级	低能级	$\overline{\nu}_0/\text{cm}^{-1}$	A/s^{-1}	谱带	高能级	低能级	$\overline{\nu}_0/\text{cm}^{-1}$	A/s^{-1}
219	221	220	951.429	11.100	248	303	132	981.633	0.964
220	241	240	951.429	11.600	249	041	040	981.633	11.100
221	141	140	951.429	11.100	250	201	200	985.256	11.100
222	331	123	951.429	11.100	251	250	150	986.667	0.482
223	071	070	951.430	11.600	252	232	132	986.667	0.482
224	004	003	951.928	44.300	253	500	051	986.668	0.482
225	112	111	954.029	22.200	254	003	002	988.197	33.300
226	061	060	956.463	11.100	255	111	110	988.977	11.100
227	081	015	956.464	11.100	256	051	121	992.557	13.900
228	140	210	959.811	7.900	257	223	401	996.735	0.964
229	131	130	961.497	11.100	258	142	042	996.736	0.482
230	340	033	961.497	0.482	259	132	032	996.736	0.482
231	123	023	961.497	0.482	260	031	030	996.736	11.100
232	032	031	961.497	22.200	261	012	011	999.585	22.200
233	113	013	961.900	0.482	262	161	061	1001.769	0.482
234	211	210	963.234	11.100	263	122	022	1006.803	0.482
235	331	330	966.531	11.600	264	170	240	1006.803	11.100
236	251	250	966.531	11.600	265	062	410	1006.804	11.100
237	303	203	966.532	0.482	266	034	070	1006.804	0.482
238	121	120	970.938	11.100	267	101	100	1007.647	11.100
239	013	012	970.976	33.300	268	021	020	1008.662	11.100
240	051	050	971.565	11.100	269	302	202	1008.817	0.482
241	213	042	971.565	33.300	270	114	150	1011.837	0.964
242	133	033	971.565	0.482	271	151	051	1011.838	0.482
243	103	003	972.568	0.482	272	180	080	1011.838	0.482
244	102	101	972.918	22.200	273	112	012	1013.161	0.482
245	223	123	976.599	0.482	274	002	001	1015.807	22.200
246	022	021	979.959	22.200	275	312	212	1016.368	0.482
247	152	052	981.633	0.482	276	402	231	1016.871	1.930

续表

谱带	高能级	低能级	$\bar{\nu}_0$/cm^{-1}	A / s^{-1}	谱带	高能级	低能级	$\bar{\nu}_0$/cm^{-1}	A / s^{-1}
277	251	151	1016.871	0.482	306	311	211	1045.666	1.450
278	007	080	1016.871	0.964	307	204	104	1047.075	0.482
279	302	131	1016.872	0.964	308	150	050	1047.076	0.482
280	071	212	1021.402	1.450	309	401	301	1047.076	0.482
281	222	122	1021.906	0.964	310	301	201	1047.198	1.450
282	213	113	1024.422	0.482	311	121	021	1049.579	0.482
283	011	010	1025.591	11.100	312	142	113	1049.593	0.964
284	102	002	1025.811	0.482	313	330	301	1052.110	1.930
285	141	041	1026.939	0.482	314	430	330	1052.110	0.482
286	241	141	1026.940	0.482	315	202	102	1052.247	0.964
287	240	140	1026.940	0.964	316	221	121	1052.965	0.964
288	170	070	1026.940	0.482	317	140	040	1057.143	0.482
289	501	330	1026.940	2.410	318	230	130	1057.144	0.964
290	160	060	1031.973	0.482	319	321	221	1057.144	1.450
291	133	104	1031.973	0.964	320	111	011	1058.717	0.482
292	501	401	1031.974	0.482	321	211	040	1060.566	0.087
293	180	015	1031.974	0.482	322	140	111	1060.750	0.174
294	231	202	1033.987	1.450	323	420	320	1062.177	1.930
295	131	031	1037.007	0.482	324	340	240	1062.177	0.482
296	322	222	1037.007	1.450	325	330	230	1062.177	0.482
297	600	151	1037.008	2.890	326	600	500	1062.178	0.482
298	430	123	1037.008	1.930	327	510	410	1062.178	2.410
299	402	302	1042.041	0.482	328	211	111	1064.173	0.964
300	251	500	1042.041	0.964	329	500	400	1066.709	0.482
301	231	131	1042.042	0.482	330	411	240	1067.211	1.450
302	001	000	1042.084	11.100	331	320	220	1067.212	1.450
303	212	112	1043.552	0.964	332	101	001	1068.700	0.482
304	411	311	1045.062	0.482	333	410	310	1071.239	1.930
305	203	103	1045.565	0.964	334	130	030	1072.246	0.482

续表

谱带	高能级	低能级	$\overline{\nu}_0/\mathrm{cm}^{-1}$	A/s^{-1}	谱带	高能级	低能级	$\overline{\nu}_0/\mathrm{cm}^{-1}$	A/s^{-1}
335	220	120	1072.474	0.964	364	133	113	1286.191	0.233
336	201	101	1075.626	0.964	365	250	230	1288.708	0.233
337	400	300	1076.272	1.930	366	023	003	1293.235	0.233
338	310	210	1076.600	1.450	367	430	410	1303.811	0.233
339	123	230	1077.279	1.450	368	021	100	1304.798	9.280
340	331	231	1082.313	0.482	369	152	132	1308.844	0.233
341	170	141	1082.314	0.964	370	340	320	1308.844	0.233
342	120	020	1087.303	0.482	371	251	231	1308.844	0.233
343	210	110	1089.916	0.964	372	322	302	1308.844	0.233
344	151	400	1091.879	2.410	373	132	112	1309.852	0.233
345	300	200	1092.604	1.450	374	122	102	1310.995	0.233
346	110	010	1095.331	0.482	375	142	122	1313.879	0.233
347	200	100	1098.017	0.964	376	241	221	1313.879	0.233
348	100	000	1103.137	0.482	377	240	220	1313.879	0.233
349	331	302	1107.483	1.450	378	420	400	1318.409	0.233
350	062	311	1145.743	1.930	379	231	211	1320.524	0.233
351	044	024	1203.130	0.233	380	330	310	1322.940	0.233
352	223	203	1213.198	0.233	381	042	022	1323.946	0.233
353	025	005	1227.293	0.233	382	052	032	1323.947	0.233
354	034	014	1228.804	0.233	383	221	201	1324.069	0.233
355	232	212	1252.967	0.233	384	032	012	1326.277	0.233
356	024	004	1257.498	0.233	385	062	042	1328.981	0.233
357	124	104	1258.504	0.233	386	161	141	1328.981	0.233
358	260	240	1263.538	0.233	387	022	002	1330.003	0.466
359	043	023	1268.572	0.233	388	320	300	1332.504	0.233
360	053	033	1273.606	0.233	389	321	301	1334.015	0.233
361	033	013	1276.526	0.233	390	151	131	1334.015	0.233
362	222	202	1280.654	0.233	391	230	210	1337.363	0.233
363	123	103	1282.164	0.233	392	141	121	1339.904	0.233

续表

谱带	高能级	低能级	$\bar{\nu}_0/\text{cm}^{-1}$	A/s^{-1}	谱带	高能级	低能级	$\bar{\nu}_0/\text{cm}^{-1}$	A/s^{-1}
393	131	111	1342.655	0.233	422	223	212	1494.599	2.700
394	121	101	1346.730	0.466	423	025	014	1510.709	2.700
395	081	061	1349.117	0.233	424	124	113	1512.722	2.700
396	180	160	1349.117	0.233	425	114	103	1518.763	2.700
397	170	150	1354.150	0.233	426	015	004	1519.267	2.700
398	071	051	1354.151	0.233	427	034	023	1520.273	2.700
399	061	041	1354.151	0.233	428	232	221	1525.308	2.700
400	160	140	1354.151	0.233	429	053	042	1535.375	2.700
401	331	311	1357.171	0.233	430	213	202	1547.456	2.700
402	220	200	1357.896	0.466	431	133	122	1550.477	2.700
403	051	031	1359.184	0.233	432	043	032	1555.511	2.700
404	150	130	1359.185	0.233	433	024	013	1558.431	2.700
405	140	120	1359.413	0.233	434	322	311	1558.532	2.700
406	041	021	1362.544	0.233	435	152	141	1560.546	2.700
407	090	070	1364.219	0.233	436	123	112	1561.552	2.700
408	031	011	1364.365	0.466	437	312	301	1565.580	2.700
409	021	001	1365.851	0.699	438	222	211	1567.191	2.700
410	080	060	1369.252	0.233	439	411	400	1570.110	2.700
411	130	110	1370.135	0.466	440	113	102	1575.281	2.700
412	070	050	1374.286	0.233	441	142	131	1580.682	2.700
413	060	040	1379.321	0.233	442	014	003	1584.704	2.700
414	120	100	1383.439	0.699	443	033	022	1585.715	2.700
415	050	030	1384.355	0.233	444	062	051	1590.750	2.700
416	040	020	1389.573	0.466	445	132	121	1591.606	2.700
417	030	010	1393.220	0.699	446	212	201	1596.410	2.700
418	020	000	1399.273	0.466	447	241	230	1600.817	2.700
419	016	005	1428.654	2.700	448	161	150	1600.817	2.700
420	115	104	1439.729	2.700	449	311	300	1601.320	2.700
421	044	033	1485.035	2.700	450	321	310	1604.845	2.700

续表

谱带	高能级	低能级	$\bar{\nu}_0/\mathrm{cm}^{-1}$	A/s^{-1}	谱带	高能级	低能级	$\bar{\nu}_0/\mathrm{cm}^{-1}$	A/s^{-1}
451	251	240	1605.851	2.700	480	115	113	1693.947	11.600
452	052	041	1605.852	2.700	481	232	023	1696.464	2.700
453	122	111	1609.458	2.700	482	021	010	1707.004	8.100
454	231	220	1610.886	2.700	483	016	014	1712.070	11.600
455	023	012	1613.216	2.700	484	222	013	1719.520	2.700
456	151	140	1615.920	2.700	485	011	000	1726.522	2.700
457	042	031	1620.953	2.700	486	121	011	1730.992	0.595
458	081	070	1620.955	2.700	487	212	003	1736.732	2.700
459	221	210	1624.301	2.700	488	250	041	1741.770	2.700
460	331	320	1625.987	2.700	489	044	042	1746.804	11.600
461	112	101	1628.484	5.400	490	105	103	1755.362	11.600
462	141	130	1631.021	2.700	491	006	004	1760.900	11.600
463	071	060	1636.055	2.700	492	251	042	1766.940	2.700
464	013	002	1639.192	5.400	493	223	221	1766.940	11.600
465	007	005	1640.082	11.600	494	241	032	1771.974	2.700
466	131	120	1641.318	2.700	495	124	122	1777.008	11.600
467	032	021	1644.449	2.700	496	312	103	1780.532	2.700
468	061	050	1646.124	2.700	497	240	031	1782.042	2.700
469	223	014	1646.627	2.700	498	231	022	1782.042	2.700
470	211	200	1648.258	5.400	499	221	012	1784.372	2.700
471	051	040	1661.225	2.700	500	211	002	1791.521	5.400
472	121	110	1661.252	5.400	501	322	113	1794.627	2.700
473	022	011	1661.372	5.400	502	053	051	1797.144	11.600
474	041	030	1676.328	2.700	503	303	301	1797.145	11.600
475	111	100	1682.102	8.100	504	114	112	1798.151	11.600
476	012	001	1684.023	8.100	505	025	023	1802.178	11.600
477	213	004	1685.389	2.700	506	411	202	1804.191	2.700
478	260	051	1686.396	2.700	507	034	032	1807.212	11.600
479	031	020	1691.614	5.400	508	340	131	1807.212	2.700

续表

谱带	高能级	低能级	$\overline{\nu}_0/cm^{-1}$	A/s^{-1}	谱带	高能级	低能级	$\overline{\nu}_0/cm^{-1}$	A/s^{-1}
509	311	102	1811.376	2.700	538	005	003	1868.120	11.600
510	232	230	1812.246	11.600	539	062	060	1872.654	11.600
511	230	021	1815.606	2.700	540	113	111	1873.744	11.600
512	402	400	1816.777	11.600	541	203	201	1877.811	11.600
513	133	131	1817.280	11.600	542	033	031	1882.722	11.600
514	015	013	1820.200	11.600	543	132	130	1882.723	11.600
515	204	202	1824.327	11.600	544	212	210	1896.642	11.600
516	322	320	1827.348	11.600	545	052	050	1897.825	11.600
517	430	221	1827.349	2.700	546	014	012	1904.685	11.600
518	330	121	1828.204	2.700	547	103	101	1907.872	23.300
519	321	112	1828.355	2.700	548	122	120	1908.121	11.600
520	104	102	1829.499	11.600	549	042	040	1922.994	11.600
521	152	150	1832.382	11.600	550	023	021	1931.388	11.600
522	220	011	1832.528	5.400	551	202	200	1934.795	23.300
523	213	211	1833.993	11.600	552	223	023	1938.096	0.482
524	312	310	1836.410	11.600	553	004	002	1940.125	23.300
525	043	041	1837.416	11.600	554	112	110	1943.006	23.300
526	420	211	1839.027	2.700	555	032	030	1958.233	11.600
527	320	111	1841.023	2.700	556	103	002	1960.765	9.150
528	123	121	1843.306	11.600	557	204	004	1962.260	0.482
529	210	001	1844.094	8.100	558	260	060	1968.300	0.482
530	410	201	1847.607	2.700	559	013	011	1970.561	23.300
531	302	300	1851.008	11.600	560	102	100	1980.565	34.900
532	310	101	1851.994	5.400	561	232	032	1983.403	0.482
533	331	122	1857.552	2.700	562	213	013	1986.322	0.482
534	222	220	1857.553	11.600	563	122	021	1986.762	6.480
535	142	140	1862.587	11.600	564	022	020	1988.621	23.300
536	510	301	1862.587	2.700	565	003	001	2004.004	0.350
537	024	022	1867.620	11.600	566	303	103	2012.097	0.482

续表

谱带	高能级	低能级	$\bar{\nu}_0/\mathrm{cm}^{-1}$	A/s^{-1}	谱带	高能级	低能级	$\bar{\nu}_0/\mathrm{cm}^{-1}$	A/s^{-1}
567	112	011	2012.746	0.124	592	401	201	2094.274	0.482
568	203	003	2018.133	0.482	593	221	021	2102.544	0.482
569	202	101	2025.165	13.500	594	311	111	2109.839	0.482
570	012	010	2025.176	34.900	595	321	121	2110.109	0.482
571	251	051	2028.709	0.482	596	101	000	2110.784	3.810
572	222	022	2028.709	0.482	597	430	230	2114.287	0.482
573	250	050	2033.743	0.482	598	330	130	2119.321	0.482
574	102	001	2041.618	3.800	599	301	101	2122.824	0.964
575	140	110	2049.727	7.040	600	211	011	2122.890	0.964
576	402	202	2050.858	0.482	601	331	131	2124.355	0.482
577	241	041	2053.879	0.482	602	600	400	2128.887	0.482
578	212	012	2056.713	0.482	603	420	220	2129.389	0.482
579	002	000	2057.891	0.412	604	230	030	2129.390	0.482
580	121	020	2058.241	3.600	605	510	310	2133.417	0.482
581	322	122	2058.913	0.482	606	320	120	2139.686	0.482
582	312	112	2059.920	0.482	607	500	300	2142.981	0.482
583	302	102	2061.064	0.482	608	201	001	2144.326	1.450
584	202	002	2078.058	0.964	609	410	210	2147.839	0.482
585	231	031	2079.049	0.482	610	220	020	2159.777	0.964
586	501	301	2079.050	0.482	611	310	110	2166.516	0.964
587	201	100	2083.273	3.800	612	400	200	2168.876	0.964
588	240	040	2084.083	0.482	613	210	010	2185.247	1.450
589	111	010	2084.308	0.010	614	300	100	2190.621	1.450
590	340	140	2089.117	0.482	615	200	000	2201.154	0.130
591	411	211	2090.728	0.482					

图片来源

-图 4.7 改编自 Rodgers（1976）。

-图 6.13 转载自 López-Puertas 等（1998a），版权归 AGU[①]所有。

-图 7.1～图 7.4 转载自 López-Puertas 等（1993），版权归 AGU 所有。

-图 7.12～图 7.16 转载自 López-Puertas 等（1995），版权归 AGU 所有。

-图 7.17 和图 7.27 转载自 Martín-Torres 等（1998），并得到 Elsevier Science 的许可。

-图 8.2 转载自 Stair 等（1985），版权归 AGU 所有。

-图 8.3 转载自 Wintersteiner 等（1992），版权归 AGU 所有。

-图 8.4 转载自 Vollmann 和 Grossmann（1997），得到 Elsevier Science 的许可。

-图 8.5～图 8.7 转载自 López-Puertas 等（1997），版权归 AGU 所有。

-图 8.8～图 8.10 和彩图 1 转载自 Edwards 等（1996），版权归 AGU 所有。

-图 8.11 转载自 Nebel 等（1994），版权归 AGU 所有。

-图 8.12 转载自 Vollmann 和 Grossmann（1997），得到 Elsevier Science 的许可。

-图 8.13、图 8.15～图 8.17 转载自 López-Puertas 和 Taylor（1989），版权归 AGU 所有。

-图 8.14 转载自 López-Puertas 等（1988），得到 Kluwer 学术出版社的许可。

-图 8.18～图 8.20 和彩图 2 转载自 López-Puertas 等（1998b），版权归 AGU 所有。

-图 8.21 转载自 Green 等（1986），版权归 AGU 所有。

-图 8.22 转载自 Edwards 等（1994），并获得 Elsevier Science 的许可。

-图 8.23～图 8.25 转载自 Zaragoza 等（1998），版权归 AGU 所有。

-图 8.26 转载自 Zaragoza 等（1999），版权归 AGU 所有。

-图 8.28 转载自 Zaragoza 等（1985），版权归 AGU 所有。

-图 8.29 转载自 Ballard 等（1993），版权归 AGU 所有。

-图 8.30 由 Tom Slanger 提供（参见 Cosby 等（1999））。

-图 8.31 转载自 López-Puertas 等（1992b），版权归 AGU 所有。

① 美国地球物理联盟。

-图 9.1 和图 9.2 转载自 López-Puertas 等（1992a），得到皇家气象学会的许可。

-图 9.19～图 9.21、图 9.23、图 9.27 和图 9.28 转载自 López-Puertas 等（1990），并获得美国气象学会的许可。

-图 10.1～图 10.5 转载自 López-Valverde 和 López-Puertas（1994a），版权归 AGU 所有。

-图 10.6、图 10.7 转载自 López-Valverde 和 López-Puertas（1994b），版权归 AGU 所有。

-图 10.8、图 10.9、图 10.11、图 10.12 和图 10.14 转载自 López-Puertas 和 López-Valverde（1995），经学术出版社许可。

-图 10.15～图 10.18 转载自 Dickinson（1972），并得到美国气象学会的许可。

-图 10.21、图 10.22、图 10.24～图 10.27 转载自 Roldán 等（2000），得到学术出版社许可。

-图 10.29 和图 10.30 转载自 Appleby（1990），经学术出版社许可。

-图 10.32～图 10.34 转载自 Yelle（1991），并获得美国天文学会的许可。

-彩图 3 是由 Katerina Koutoulaki 好心提供的（见 Koutoulaki（1998））。

-彩图 4 转载自 Allen 等（2000），版权归 AGU 所有。

参考文献

Abramowitz, M. and Stegun, I.A. (1972) *Handbook of Mathematical Functions*, Dover, New York.

Adler-Golden, S.M. and Steinfeld, J.I. (1980) "Vibrational energy transfer in ozone by infrared-ultraviolet double resonance", *Chem. Phys. Lett.* **76**, 479.

Adler-Golden, S.M., Schweitzer, E.L. and Steinfeld, J.I. (1982) "Ultraviolet continuum spectroscopy of vibrationally excited ozone", *J. Phys. Chem.* **76**, 2201.

Adler-Golden, S.M., Langhoff, S.R., Bauschlicher, C.W. and Carney, C.D. (1985) "Theoretical calculation of ozone vibrational infrared intensities", *J. Chem. Phys.* **83**, 255.

Adler-Golden, S.M. (1989) "The NO+O and NO+O_3 reactions. 1. Analysis of NO_2 vibrational chemiluminescence", *J. Phys. Chem.* **93**, 684.

Adler-Golden, S.M. and Smith, D.R. (1990) "Identification of 4 to 7 quantum bands in the atmospheric recombination spectrum of ozone", *Planet. Space Sci.* **38**, 1121.

Adler-Golden, S.M., Matthew, M.W., Smith, D.R. and Ratkowski, A.J. (1990) "The 9 to 12 μm atmospheric ozone emission observed in the SPIRIT-1 experiment", *J. Geophys. Res.* **95**, 15243.

Adler-Golden, S.M., Matthew, M.W. and Smith, D.R. (1991) "Upper atmospheric infrared radiance from CO_2 and NO observed during the SPIRIT 1 rocket experiment", *J. Geophys. Res.* **96**, 11319.

Ahmadjian, M.A., Nadile, R. M., Wise, J. O. and Bartschi B. (1990) "CIRRIS 1A space shuttle experiment", *J. Spacecr. Rockets* **27**, 669.

Akmaev, R.A. and Fomichev, V.I. (1992) "Adaptation of a matrix parameterization of the middle atmospheric radiative cooling for an arbitrary vertical coordinate grid", *J. Atmos. Terr. Phys.* **54**, 829.

Alexander, J.A.F., Houghton, J.T. and McKnight, W.B. (1968) "Collisional relaxation from the ν_3 vibration of CO_2", *J. Phys. B.,* Series *2,* **1**, 1225.

Allen, D.C., Scragg, T. and Simpson, C.J.S.M. (1980) "Low temperature fluorescence studies of the deactivation of the bend-stretch manifold of CO_2", *Chem. Phys.* **51**, 279.

Allen, D.C. and Simpson, C.J.S.M. (1980) "Vibrational energy exchange between CO and the isotopes of N_2 between 300 K and 80 K", *J. Chem. Phys.* **45**, 203.

Allen, M., Yung, Y.L. and Waters, J.W. (1981) "Vertical transport and photochemistry in the terrestrial mesosphere and lower thermosphere (50–120 km)", *J. Geophys. Res.* **86**, 3617.

Allen, D.R., Stanford, J.L., Nakamura, N. *et al.* (2000) "Antarctic polar descent and planetary wave activity observed in ISAMS CO from April to July 1992", *Geophys.*

Res. Lett. **27**, 665.

Amimoto, S.T., Force, A.P., Gulotty, R.G., Jr. and Wiesenfeld, J.R. (1979) "Collisional deactivation of $O(2^1D_2)$ by the atmospheric gases" *J. Chem. Phys.* **71**, 3640.

Anderson, G.P., Clough, S.A., Kneizys, F.X. *et al.* (1986) "AFGL Atmospheric Constituent Profiles (0-120 km)", *AFGL-TR-86-0110*, AFGL (OPI), Hanscom AFB, Ma.

Andrews, D.G., Holton, J.R. and Leovy, C.B. (1987) *Middle Atmosphere Dynamics*, Academic Press, London.

Andrews, D.G. (2000) *An Introduction to Atmospheric Physics*, Cambridge University Press, London.

Appleby, J.F. (1990) "CH_4 nonlocal thermodynamics equilibrium in the atmospheres of the giant planets", *Icarus* **85**, 355.

Apruzese, J.P. (1980) "The diffusivity factor re-examined", *J. Quant. Spectrosc. Radiat. Transfer* **89**, 4917.

Apruzese, J.P., Strobel, D.F. and Schoeberl, M.R. (1984) "Parameterization of IR cooling in a middle atmosphere dynamics model. 2. Non-LTE radiative transfer and the globally averaged temperature of the mesosphere and lower thermosphere", *J. Geophys. Res.* **89**, 4917.

Armstrong, B.H. (1968) "Theory of the diffusivity factor for atmospheric radiation", *J. Quant. Spectrosc. Radiat. Transfer* **8**, 1577.

Armstrong, P.S., Lipson, S.J., Dodd, J.A. *et al.* (1994) "Highly rotationally excited $NO(v, J)$ in the thermosphere from CIRRIS 1A limb radiance measurements", *Geophys. Res. Lett.* **21**, 2425.

Athay, R.G. (1972) *Radiation Transport in Spectral Lines*, D. Reidel, Dordrecht.

Atkins, P.W. and Friedman, R.S. (1996) *Molecular Quantum Mechanics*, Oxford University Press, Oxford.

Austin, J.V. and Goldstein, D.B. (2000) "Rarefied gas model of Io's sublimation-driven atmosphere", *Icarus* **148**, 370.

Avramides, E. and Hunter, T.F. (1983) "Vibrational-vibrational and vibrational-translational-rotational processes in methane, oxygen gas-phase mixtures: Optoacoustic measurements", *Molec. Phys.* **48**, 1331.

Baker, D.J. (1974) "Rayleigh, the unit for light radiance", *App. Opt.* **13**, 2160.

Baker, D.J. and Pendleton, W.R. (1976) "Optical radiation from the atmosphere", in *Methods for Atmospheric Radiometry, SPIE Proc.*, **91**, 50.

Ballard, J., Kerridge, B.J., Morris, P.E. and Taylor, F.W. (1993) "Observations of v=1–0 emission from thermospheric nitric oxide by ISAMS", *Geophys. Res. Lett.* **20**, 1311.

Banwell, C.N. and McCash, E. (1994) *Fundamentals of Molecular Spectroscopy*, McGraw-Hill Book Company, London.

Barnett, J.J. and Chandra, S. (1990) "COSPAR International Reference Atmosphere Grand Mean", *Adv. Space Res.* **10**, (12)7.

Barth, C.A. (1974) "The atmosphere of Mars", *Ann. Rev. Earth Planet. Sci.* **2**, 333.

Bass, H.E. (1973) "Vibrational relaxation in CO_2/O_2 mixtures", *J. Chem. Phys.* **58**, 4783.

Bass, H.E., Keaton, R.G. and Williams, D. (1976) "Vibrational and rotational relaxation in mixtures of water vapor and oxygen", *J. Acoust. Soc. Amer.* **60**, 74.

Bates, D.R. (1951) "The temperature of the upper atmosphere", *Proc. Phys. Soc.* **B64**, 805.

Battaner, E., Rodrigo, R. and López-Puertas, M. (1982) "A first order approximation model of CO_2 infrared bands in the Venusian lower thermosphere", *Astron. Astrophys.* **112**, 229.

Bauer, H.J., and Roesler, H. (1966) "Relaxation of vibrational degrees of freedom in binary mixtures of diatomic gases", in *Molecular Relaxation Processes*, Academic Press, New York, 245.

Bauer, S.H., Caballero, J.F., Curtis, R. and Wiesenfeld, J.R. (1987) "Vibrational relaxation rates of $CO_2(001)$ with various collision partners for <300 K", *J. Chem. Phys.* **91**, 1778.

Baulch, D.L., Cox, R.A., Hampson, R.F., Jr. *et al.* (1984) "Evaluated kinetic and photochemical data for atmospheric chemistry: Supplement. II. CODATA task group on gas phase chemical kinetics", *J. Phys. Chem. Ref. Data* **13**, 1259.

Bevan, P.L.T. and Johnson, G.R.A. (1973) "Kinetics of ozone formation in the pulse radiolysis of oxygen gas", *J. Chem. Soc. Faraday I* **69**, 216.

Billebaud, F., Crovisier, J., Lellouch, E. *et al.* (1991) "High-resolution infrared spectrum of CO on Mars: Evidence for emission lines", *Planet. Space Sci.* **39**, 213.

Bittner, H. and Fricke, K.H. (1987) "Dayside temperatures of the Martian upper atmosphere", *J. Geophys. Res.* **92**, 12045.

Biver, N., Bockelée-Morvan, D., Colom, P. *et al.* (1997) "Evolution of the outgassing of comet Hale-Bopp (C/1995 O1) from radio observations", *Science* **275**, 1915.

Bockelée-Morvan, D. (1987) "A model for the excitation of water in comets", *Astron. Astrophys.* **181**, 169.

Bockelée-Morvan, D. and Crovisier, J. (1987a) "The 2.7 μm water band of comet P/Halley: interpretation of observations by an excitation model", *Astron. Astrophys.* **187**, 425.

Bockelée-Morvan, D. and Crovisier, J. (1987b) "The role of water in the thermal balance of the coma", In *Proc. Symposium on the Diversity and Similarity of Comets*, ESA SP 277, 235.

Bougher, S.W., Dickinson, R.E., Ridley, E.C. *et al.* (1986) "Venus mesosphere and thermosphere. II. Global circulation, temperature and density variations", *Icarus* **68**, 284.

Bougher, S.W. and Dickinson, R.E. (1988) "Mars mesosphere and thermosphere, 1, Global mean heat budget and thermal structure", *J. Geophys. Res.* **93**, 7325.

Bougher, S.W. and Roble, R.G. (1991) "Comparative terrestrial planet thermospheres, 1, Solar cycle variation of global mean temperatures", *J. Geophys. Res.* **96**, 11045.

Bougher, S.W., Hunten, D.M. and Roble, R.G. (1994) "CO_2 cooling in the terrestrial planet thermospheres", *J. Geophys. Res.* **99**, 14609.

Bransden, B.H. and Joachain, C.J. (1982) *Physics of Atoms and Molecules*, Longman Pub. Group, London.

Brasseur, G.P. and Solomon, S. (1986) *Aeronomy of the Middle Atmosphere*, 2nd edition, D. Reidel, Dordrecht.

Brasseur, G.P., Orlando, J.J. and Geoffrey G.S. (1999) *Atmospheric Chemistry and Global Change*, Oxford University Press, Oxford.

Breen, J.E., Quy, R.B. and Glass, G.P. (1973) "Vibrational relaxation of O_2 in the presence of atomic oxygen", *J. Chem. Phys.* **59**, 556.

Brown, L.R., Gunson, M.R., Toth, R.A. *et al.* (1995) "1995 Atmospheric Trace Molecule Spectroscopy (ATMOS) linelist", *App. Opt.* **35**, 2828.

Brückelmann, H.G., Grossmann, K.U. and Offermann, D. (1987) "Rocket-borne measurements of atmospheric infrared emissions by spectrometric techniques", *Adv. Space Res.* **7**, (10)43.

Bucher, M.E. and Glinski, R.J. (1999) "Physical chemical control of molecular line profiles of CH^+, CH and CN in single homogeneous parcels on interstellar clouds", *Mon. Not. R. Astron. Soc.* **308**, 29.

Buchwald, M.I. and Wolga, G.J. (1975) "Vibrational relaxation of $CO_2(001)$ by atoms", *J. Chem. Phys.* **62**, 2828.

Bullitt, M.K., Bakshi, P.M., Picard, R.H. and Sharama, R.D. (1985) "Numerical and analytical study of high-resolution limb spectral radiance from nonequilibrium atmospheres", *J. Quant. Spectrosc. Radiat. Transfer* **34**, 33.

Bunker, P.R. and Jensen, P. (1998) *Molecular Symmetry and Spectroscopy*, 2nd edition, NRC Research Press, Ottawa.

Chapman, S. (1931) "The absorption and dissociative or ionozing effect of monochromatic radiation in an atmosphere on a rotating Earth. II, Grazing incidence", *Proc. Phys. Soc.* **43**, 483.

Caledonia, G.E., and Kennealy, J.P. (1982) "NO infrared radiation in the upper atmosphere", *Planet. Space Sci.* **30**, 1043.

Caledonia, G.E., Green, B.D. and Nadile, R.M. (1985) "The analysis of the SPIRE measurements of atmospheric limb $CO_2(\nu_2)$ fluorescence", *J. Geophys. Res.* **90**, 9783.

Cartwright, D.C., Brunger, M.J., Campbell, L. *et al.* (2000) "Nitric oxide excited under auroral conditions: Excited state densities and bands emissions", *J. Geophys. Res.* **105**, 20857.

Chalamala B.R. and Copeland, R.A. (1993) "Collisions dynamics of $OH(X^2\Pi, v = 9)$", *J. Chem. Phys.* **99**, 5807.

Chamberlain, J.W. and Hunten, D.M. (1987), *Theory of Planetary Atmospheres: An Introduction to their Physics and Chemistry*, 2nd edition, Academic Press, London.

Chamberlain, J.W. (1995), *Physics of the Aurora and Airglow*, 2nd edition, American Geophysical Union, Washington.

Chandrasekhar, S. (1960) *Radiative Transfer*, Dover Publications Inc., New York.

Chetwynd, J.G., Wang, J. and Anderson, G.P. (1994) "FASCODE: An update and applications in atmospheric remote sensing", *SPIE Proc.*, **2266**, *Optical Spectroscopic Techniques for Atmospheric Research.*

Chin, G. and Weaver, H.A. (1984) "Vibrational and rotational excitation of CO in comets: nonequilibrium calculations", *Astrophys. J.* **285**, 858.

Clarmann, v. T., Dudhia, A., Echle, G. *et al.* (1998) "Study on the simulation of atmospheric infrared spectra", *ESA Final Report*, ESA CR12054/96/NL/CN.

Clough, S.A., Kneizys, F.X., Shettle, E.P. and Anderson, G.P. (1986) "Atmospheric radiance and transmittance: FASCOD2", in Proceedings of the Sixth Conference on Atmospheric Radiation, Williamsburg, Va., 141.

Clough, S.A., Kneizys, F.X., Anderson, G.P. *et al.* (1989) "FASCOD3: Spectral simulation" in *IRS'88: Current Problems in Atmospheric Radiation*, J. Lenoble and J. F. Geleyin (Eds.), 372.

Combi, M.R. (1996) "Time-dependent gas kinetics in tenous planetary atmospheres: the cometary coma", *Icarus* **123**, 207.

Cosby, P.C., Slanger, T.G. and Osterbrock, D.E. (1999) "High rotational levels of OH observed in nightglow Meinel band emission", *EOS Trans. on AGU*, paper SA52B-06, Spring Meet. Suppl.

Cottrell, T.L., McCoubrey, J.C. (1961) *Molecular Energy Transfer in Gases*, Butterworths, London.

Coulson, K.L. (1975) *Solar and Terrestrial Radiation*, Academic Press, S. Diego, Calif.

Coustenis, A. and Taylor, F.W. (1999) *Titan: the Earth-like Moon*, World Scientific Publishing, Singapore.

Cox, A.N. (2000) *Allen's Astrophysical Quantities*, Springer.

Crisp, D., Fels, S.B. and Schwarzkopf (1986) "Approximate methods for finding CO_2 15 μm band transmission in planetary atmospheres", *J. Geophys. Res.* **91**, 11851.

Crisp, D. (1990) "Infrared radiative transfer in the dust-free martian atmosphere", *J. Geophys. Res.* **95**, 14577.

Crovisier, J. and Le Bourgot, J, (1983) "Infrared and microwave fluorescence of carbon monoxide in comets", *Astron. Astrophys.* **123**, 61.

Crovisier, J. and Encrenaz, Th. (1983) "Infrared fluorescence of molecules in comets: the general synthetic spectrum", *Astron. Astrophys.* **126**, 170.

Crovisier, J. (1984) "The water molecule in comets: fluorescence mechanisms and thermodynamics of the inner coma", *Astron. Astrophys.* **130**, 361.

Crovisier, J. (1987) "Rotational and vibrational synthetic spectra of the linear parent molecules in comets", *Astron. Astrophys. Suppl.* **68**, 223.

Crovisier, J., Leech, K., Bockelée-Morvan, D. *et al.* (1997) "The spectrum of comet Hale-Bopp (C/1995 O1) observed with the Infrared Space Observatory at 2.9 astronomical units from the Sun", *Science* **275**, 1904.

Crovisier, J., Leech, K., Bockelée-Morvan, D. *et al.* (1999) "The spectrum of comet Hale-Bopp as seen by ISO", in *The Universe as seen by ISO*, P. Cox and M.F. Kessler (Eds.), ESA SP-427, 137.

Crutzen, P.J. (1970) Comments on "Absorption and emission by carbon dioxide in the mesosphere", *Quart. J. Roy. Meteor. Soc.* **96**, 769.

Curtis, A.R. (1956) "The computation of radiative heating rates in the atmosphere", *Proc. R. Soc.* **A236**, 156.

Curtis, A.R. and Goody, R.M. (1956) "Thermal variation in the upper atmosphere", *Proc. Roy. Soc.* **A236**, 193.

Deming, D. and Mumma, M.J. (1983) "Modelling of the 10 μm natural laser emission from the mesospheres of Mars and Venus", *Icarus* **55**, 356.

Deming, D., Espenak, F., Jennings, D. *et al.* (1983) "Observations of the 10 μm natural laser emission from the mesospheres of Mars and Venus", *Icarus* **55**, 347.

DeMore, W.B., Margitan, J.J., Molina, M.J. *et al.* (1985) *Chemical Kinetics and Photochemical Data for use in Stratospheric Modelling*, Evaluation No. 7, JPL Pub. 85-37.

DeMore, W.B., Sander, S.P., Golden, D.M. *et al.* (1997) *Chemical Kinetics and Photochemical Data for use in Stratospheric Modelling*, Evaluation No. 12, JPL Pub. 97-4.

Dickinson, R.E. (1972) "Infrared radiative heating and cooling in the Venusian mesosphere, I, Global mean radiative equilibrium", *J. Atmos. Sci.* **29**, 1531.

Dickinson, R.E. (1973) "Method of parameterization for infrared cooling between altitudes of 30 and 70 kilometers", *J. Geophys. Res.* **78**, 4451.

Dickinson, R.E. (1975) "Meteorology of the upper atmosphere", *Rev. Geophys. Space Phys.* **13**, 771.

Dickinson, R.E. (1976) "Infrared radiative emission in the Venusian mesosphere", *J. Atmos. Sci.* **33**, 290.

Dickinson, R.E. (1984) "Infrared radiative cooling in the mesosphere and lower thermosphere", *J. Atmos. Terr. Phys.* **46**, 995.

Dickinson, R.E. and Bougher, S.W. (1986) "Venus mesosphere and thermosphere, 1, Heat budget and thermal structure", *J. Geophys. Res.* **91**, 70.

Dodd, J.A., Lipson, S.J. and Blumberg, W.A.M. (1991) "Formation and vibrational relaxation of $OH(X^2\Pi_i, v)$ by O_2 and CO_2", *J. Chem. Phys.* **95**, 5752.

Dodd, J.A., Winick, J.R., Blumberg, W.A.M. *et al.* (1993) "CIRRIS-1A observation of $C^{13}O^{16}$ and $C^{12}O^{18}$ fundamental band radiance in the upper atmosphere", *Geophys. Res. Lett.* **20**, 2683.

Dodd, J.A., Lockwood, R.B., Hwang, E.S. *et al.* (1999) "Vibrational relaxation of NO(v=1) by oxygen atoms", *J. Chem. Phys.* **111**, 3498.

Donnelly, V.M. and Kaufman, F. (1977) "Fluorescence lifetime studies of NO_2. I. Excitation of the perturbed $^2B_2$ state near 600 nm", *J. Chem. Phys.* **66**, 4100.

Donnelly, V.M., Keil, D.G. and Kaufman, F. (1979) "Fluorescence lifetime studies of NO_2.

III. Mechanism of fluorescence quenching", *J. Chem. Phys.* **71**, 659.

Doyennette, L., Mastrocinque, G., Chakroun, A. *et al.* (1977) "Temperature dependence of the vibrational relaxation of CO(v=1) by NO, O_2, and D_2, and of the self-relaxation of D_2", *J. Chem. Phys.* **67**, 3360.

Doyennette, L., Boursier, C., Menard, J., Menard-Bourcin, F. (1992) "v_1-v_2 Coriolis-assisted intermode transfers in O_3-M gas mixtures (M=O_2 and N_2) in the temperature range 200-300 K from IR double resonance measurements", *Chem. Phys. Lett.* **197**, 157.

Drossart, P., Rosenqvist, J., Encrenaz, Th. *et al.* (1993) "Earth global mosaic observations with NIMS-Galileo", *Planet. Space Sci.* **41**, 551.

Drossart, P., Fouchet, Th., Crovisier, J. *et al.* (1999) "Fluorescence in the 3 micron bands of methane on Jupiter and Saturn from ISO/SWS observations", in Proc. of *The Universe as seen by ISO*, ESA SP-427, 169.

Drummond, J.R., Houghton, J.T., Peskett, G.D. *et al.* (1980) "The Stratospheric and Mesospheric Sounder on Nimbus 7", *Phil. Trans. Roy. Soc. Lond.* **A296**, 219.

Drummond, J.R. and Mutlow, C.T. (1981) "Satellite measurements of H_2O fluorescence in the mesosphere", *Nature* **1294**, 431.

Dudhia, A. (2000) "Michelson Interferometer for Passive Atmospheric Sounding (MIPAS): Reference Forward Model (RFM) software user's manual, Oxford Univ., Oxford, (http://www.atm.ox.ac.uk/RFM/sum.html).

Duff, J.W., Bien, F. and Paulsen, D.E. (1994) "Classical dynamics of N(^4S)+O_2($X^3\Sigma_g^-$)", *Geophys. Res. Lett.* **21**, 2043.

Duff, J.W. and Sharma, R.D. (1997) "Quasiclassical trajectory study of NO vibrational relaxation by collisions with atomic oxygen", *J. Chem. Soc., Faraday Trans.* **93**, 2645.

Duff, J.W. and Smith, D.R. (2000) "The $O^+(^4S)$+$N_2(X^1\Sigma_g^+) \to NO^+(X^1\Sigma^+)$+N($^4S$) reaction as a source of highly rotationally excited NO^+ in the thermosphere", *J. Atmos. Solar-Terr. Phys.* **62**, 1199.

Dushin, V.K., Zabelinskii, I.E. and Shatalov, O.P. (1988) "Deactivation of the molecular oxygen vibrations", *Sov. J. Chem. Phys.* **7**, 1320.

Edwards, D.P. (1987) "GENLIN2: The New Oxford Line-by-Line Atmospheric Transmission/Radiance Model", Hooke Institute for Cooperative Research, Clarendon Laboratory, Oxford.

Edwards, D.P. (1992) "GENLN2: A general line-by-line atmospheric transmittance and radiance model. Version 3.0 Description and users guide", *NCAR/TN-367+STR*, NCAR, Boulder Colo.

Edwards, D.P., López-Puertas, M. and López-Valverde, M.A. (1993) "Non-LTE studies of the 15-μm bands of CO_2 for atmospheric remote sensing", *J. Geophys. Res.* **98**, 14955.

Edwards, D.P., López-Puertas, M. and Mlynczak, M.G. (1994) "Non-Local thermodynamic equilibrium limb radiance from O_3 and CO_2 in the 9-11 μm spectral region", *J. Quant. Spectrosc. Radiat. Transfer* **52**, 389.

Edwards, D.P., Kumer, J.B., López-Puertas, M. *et al.* (1996) "Non-local thermodynamic equilibrium limb radiance near 10 μm as measured by CLAES", *J. Geophys. Res.* **101**, 26577.

Edwards, D.P., López-Puertas, M. and Gamache, R.R. (1998) "The non-LTE correction to the vibrational component of the internal partition sum for atmospheric calculations", *J. Quant. Spectrosc. Radiat. Transfer* **59**, 423.

Edwards, D.P., Halvorson, C.M. and Gille, J.C., (1999) "Radiative transfer modeling for EOS Terra satellite Measurement of Pollution in the Troposphere (MOPPIT) instrument", *J. Geophys. Res.* **104**, 16755.

Edwards, D.P. and Francis, G.L. (2000) "Improvements to the correlated-k radiative transfer method: Application to satellite infrared sounding", *J. Geophys. Res.* **105**, 18135.

Edwards, D.P., Zaragoza, G., Riese, M. and López-Puertas, M. (2000) "Evidence of H_2O non-local thermodynamic equilibrium emission near 6.4 μm as measured by CRISTA-1", *J. Geophys. Res.* **105**, 29003.

Eisberg, R.M. and Resnick, R. (1985) *Quantum Physics of Atoms, Molecules, Solids, Nuclei, and Particles*, John Wiley and Sons, New York.

Eliasson, B., Hirth, M., Kogelschatz, U. (1987) "Ozone synthesis from oxygen in dielectric barrier discharges", *J. Phys. D: Appl. Phys.* **20**, 1421.

Elsasser, W.M. (1938) "Mean absorption and equivalent absorption coefficient of a band spectrum", *Phys. Rev.* **54**, 126.

Ellingson, R.G. and Gille, J.C. (1978) "An infrared radiative transfer model. Part 1: Model description and comparison of observations with calculations", *J. Atmos. Sci.* **35**, 523.

Encrenaz, T., Crovisier, J. and Combes, M. (1982) "A theoretical study of comet Halley's spectrum in the infrared range", *Icarus* **51**, 660.

Endemann, M., Lange, G. and Fladt, B. (1993) "Michelson interferometer for passive atmospheric sounding: A high resolution limb sounder for the european polar platform", *SPIE Proc.* **1934**, 13.

Espy, P.J., Harris, C.R., Steed, A.J. *et al.* (1988) "Rocket-borne interferometer measurement of infrared auroral spectra", *Planet. Space Sci.* **36**, 543.

Evans, W.F.J. and Shepherd, G.G. (1996) "A new airglow layer in the stratosphere", *Geophys. Res. Lett.* **23**, 3623.

Fairchild, C.E., Stone, E.J. and Lawrence, G.M. (1978) "Photofragment spectroscopy of ozone in the UV region 270-310 nm and at 600 nm", *J. Chem. Phys.* **69**, 3632.

Feautrier, P. (1964) "Sur la résolution numérique de l'équation de transfert", *Comptes Rendus Acad. Sci. Paris* **258**, 3189.

Fels, S.B. and Schwarzkopf, M.D. (1981) "An efficient, accurate algorithm for calculating CO_2 15 μm band cooling rates", *J. Geophys. Res.* **86**, 1205.

Fernando, R.P. and Smith, I.M.W. (1979) "Vibrational relaxation of NO by atomic oxygen", *Chem. Phys. Lett.* **66**, 218.

Fichet, P., Jevais, J.R., Camy-Peyret, C. and Flaud, J.M. (1992) "NLTE processes in ozone: Importance of O and O_3 densities near the mesopause", *Planet. Space Sci.* **40**, 989.

Finn, G.D. (1971) "Probabilistic radiative transfer", *J. Quant. Spectrosc. Radiat. Transfer* **11**, 203.

Finzi, J., Hovis, F.E., Panfilov, V.N. *et al.* (1977) "Vibrational relaxation of water vapor", *J. Chem. Phys.* **67**, 4053.

Flaud, J.-M., Camy-Peyret, C., Malathy-Devi, V. *et al.* (1987) "The ν_1 and ν_3 bands of $^{16}O_3$: line positions and intensities", *J. Mol. Spectrosc.* **124**, 209.

Flaud, J.-M., Camy-Peyret, C., Rinsland, C.P. *et al.* (1990) *Atlas of Ozone Line Parameters from Microwave to Medium Infrared*, Academic Press, New York.

Fleming, E.L., Chandra, S., Barnett, J.J. and Corney, M. (1990) "Zonal mean temperature, pressure, zonal winds and geopotential heights as function of latitude", *Adv. Space Res.* **10**, 1211.

Flynn, G.W., Parmenter, C.S. and Wodtke, A.M. (1996) "Vibrational energy transfer", *J. Phys. Chem.* **100**, 12817.

Fomichev, V.I., Shved, G.M. and Kutepov, A.A. (1986) "Radiative cooling of the 30-

110 km atmospheric layer", *J. Atmos. Terr. Phys.* **48**, 529.

Fomichev, V.I. and Shved, G.M. (1988) "Net radiative heating in the middle atmosphere", *J. Atmos. Terr. Phys.* **50**, 671.

Fomichev, V.I., Kutepov, A.A., Akmaev, R.A. and Shved, G.M. (1993) "Parameterization of the 15 μm CO_2 band cooling in the middle atmosphere (15-115 km)", *J. Atmos. Terr. Phys.* **55**, 7.

Fomichev, V.I. and Shved, G.M. (1994) "On the closeness of the middle atmosphere to the state of radiative equilibrium: an estimation of the net dynamical heating", *J. Atmos. Terr. Phys.* **56**, 479.

Fomichev, V.I., Blanchet, J.-P. and Turner, D.S. (1998) "Matrix parameterization of the 15 μm CO_2 band cooling in the middle and upper atmosphere for variable CO_2 concentration", *J. Geophys. Res.* **103**, 11505.

Frisch, U. and Frisch, H. (1975) "Non-LTE transfer. $\sqrt{\epsilon}$ revisited", *Mon. Not. R. Astron. Soc.* **173**, 167.

Fuller-Rowell, T.J. and Rees, D. (1996) "Numerical simulations of the distribution of atomic oxygen and nitric oxide in the thermosphere and upper mesosphere", *Adv. Space Res.* **18**, 255.

Funke, B. and López-Puertas, M. (2000) "Non-LTE vibrational, rotational, and spin state distribution for the NO(v=0,1,2) states under quiescent conditions", *J. Geophys. Res.* **105**, 4409.

Funke, B., López-Puertas, M., Stiller, G. *et al.* (2001) "A new non-LTE retrieval method for atmospheric parameters from MIPAS-Envisat emission spectra", *Adv. Space Res.*, in press.

Garcia, R.R. and Solomon, S. (1983) "A numerical model of the zonally averaged dynamical and chemical structure of the middle atmosphere", *J. Geophys. Res.* **88**, 1379.

Garcia, R.R., Stordal, F., Solomon, S. and Khiel, J.T. (1992) "A new numerical model for the middle atmosphere 1. Dynamics and transport of tropospheric source gases", *J. Geophys. Res.* **97**, 12967.

Garcia, R.R. and Solomon, S. (1994) "A new numerical model of the middle atmosphere 2. Ozone and related species", *J. Geophys. Res.* **99**, 12937.

Gérard, J.-C., Shematovich, V.I. and Bisikalo, D.V. (1991) "Non thermal nitrogen atoms in the Earth's thermosphere 2. A source of nitric oxide", *Geophys. Res. Lett.* **18**, 1695.

Gille, J.C. and Russell III, J.M. (1984) "The limb infrared monitor of the stratosphere (LIMS): Experiment description, performance and results", *J. Geophys. Res.* **89**, 5125.

Gille, J.C. and Lyjak, L.V. (1986) "Radiative heating and cooling rates in the middle atmosphere", *J. Atmos. Sci.* **43**, 2215.

Glinski, R.J. and Anderson, C.M. (2000) "Spectroscopy of NH_2 in comet Hale-Bopp: Nature of the non-LTE rotational distributions", in *Proc. 24th Meeting of IAU*, Aug. 2000, Manchester, England.

Golde, M.F. and Kaufman, F. (1974) "Vibrational emission of NO_2 from the reaction of NO with O_3", *Chem. Phys. Lett.* **29**, 480.

Goody, R.M. and Belton, M.J.S. (1967) "Radiative relaxation times for Mars", *Planet. Space Sci.* **15**, 247.

Goody, R.M. and Yung, Y.L. (1989) *Atmospheric Radiation: Theoretical Basis*, Oxford University Press, Oxford.

Goody, R.M. (1995) *Principles of Atmospheric Physics and Chemistry*, Oxford University Press, Oxford.

Gordiets, B.F., Markov, M.N. and Shelepin, L.A. (1978) "IR radiation of the upper atmo-

sphere", *Planet. Space Sci.* **26**, 933.
Gordiets, B.F., Kulikov, Yu. N., Markov, M.N. and Marov, M. Ya. (1982) "Numerical modelling of the thermospheric heat budget", *J. Geophys. Res.* **87**, 4504.
Gordiets, B.F. and Panchenko, V. Ya. (1983) "Nonequilibrium infrared radiation and the natural laser effect in the atmospheres of Venus and Mars", *Cosmic Res.* **21**, 725.
Gordiets, B.F. and Markov, N.A. (1986) "Energetics and infrared radiation of NO in the disturbed heated thermosphere", *Cosmic Res.* **24**, 699.
Gordley, L.L., Marshall, B.T. and Chu, D.A. (1994) "LINEPAK: Algorithms for modelling spectral transmittance and radiance", *J. Quant. Spectrosc. Radiat. Transfer* **52**, 563.
Goss-Custard, M., Remedios, J.J., Lambert, A. *et al.* (1996) "Measurements of water vapour distributions by the improved stratospheric and mesospheric sounder: retrieval and validation", *J. Geophys. Res.* **101**, 9907.
Green, B.D, Rawlins, W.T. and Nadile, R.M. (1986) "Diurnal variability of vibrationally excited mesospheric ozone as observed during the SPIRE mission", *J. Geophys. Res.* **91**, 311.
Grossmann, K.U. and Offermann, D. (1978) "Atomic oxygen emission at 63 μm as a cooling mechanism in the thermosphere and ionosphere", *Nature* **276**, 594.
Grossmann, K.U., Barthol, P., Frings, W. *et al.* (1983) "A new spectroscopic measurement of atmospheric 63 μm emission", *Adv. Space Res.* **2**, 111.
Grossmann, K.U., Homann, D. and Schulz, J. (1994) "Lower thermosphere infrared emissions of minor species during high latitude twilight. Part A: Experimental results", *J. Atmos. Terr. Phys.* **56**, 1885.
Grossmann, K.U. and Vollmann, K. (1997) "Thermal infrared measurements in the middle and upper atmosphere", *Adv. Space Res.* **19**, 631.
Grossmann, K.U., Kaufmann, M. and Vollmann, K. (1997a) "Thermospheric nitric oxide infrared emissions measured by CRISTA", *Adv. Space Res.* **19**, 591.
Grossmann, K.U., Kaufmann, M. and Vollmann, K. (1997b) "The fine structure emission of thermospheric atomic oxygen", *Adv. Space Res.* **19**, 595.
Gueguen H., Yzambart, F., Chakroun, A. *et al.* (1975) "Temperature dependence of the vibration-vibration transfer rates from CO_2 and N_2O excited in the (0,0,0,1) vibrational level to $^{14}N_2$ and $^{15}N_2$ molecules", *Chem. Phys. Lett.* **35**, 198.
Hanel, R.A., Conrath B.J., Jennings, D.E., and Samuelson, R.E. (1992) *Exploration of the Solar System by Infrared Remote Sounding*, Cambridge University Press, London.
Hanson, W.B., Sanatani, S. and Zuccaro, D.R. (1977) "The martian ionosphere as observed by the Viking retarding potential analyzers", *J. Geophys. Res.* **82**, 4351.
Harris, R.D. and Adams, G.W. (1983) "Where does the O(^1D) energy go?", *J. Geophys. Res.* **88**, 4918.
Haus, R. (1986) "Accurate cooling rates of the 15 μm CO_2 band: Comparison with recent parameterizations", *J. Atmos. Terr. Phys.* **48**, 559.
Hedin, A.E., Niemann, H.B., Kasprazak, W.T. and Seiff, A. (1983) "Global empirical model of the Venus thermosphere", *J. Geophys. Res.* **88**, 73.
Hedin, A.E. (1991) "Extension of the MSIS thermosphere model into the middle and lower atmosphere", *J. Geophys. Res.* **96**, 1159.
Herzberg, G. (1945) *Infrared and Raman Spectra*, D. Van Nostrand Company.
Herzberg, G. (1950) *Spectra of Diatomic Molecules*, D. Van Nostrand Company.
Herzfeld, K.T. and Litovitz, T.A. (1959) *Absorption and Dispersion of Ultrasonic Waves*, Academic Press, New York.
Hess, P., Kung, A.H. and Moore, C.B. (1980) "Vibration–vibration energy transfer in methane", *J. Chem. Phys.* **72**, 5525.

Hippler, H., Rahn, R. and Troe, J. (1990) "Temperature and pressure dependence of ozone formation rates in the range 1-1000 bar and 90-370 K", *J. Chem. Phys.* **93**, 6560.

Hitschfeld, W. and Houghton, J.T. (1961) "Radiative transfer in the lower stratosphere due to the 9.6 micron band of ozone", *Quart. J. Roy. Meteor. Soc.* **87**, 562.

Hochanadel, C.J., Ghormley, J.A. and Boyle, J.W. (1968) "Vibrationally excited ozone in the pulse radiolysis and flash photolysis of oxygen", *J. Chem. Phys.* **48**, 2416.

Holstein, T. (1947) "Imprisonment of resonance radiation in gases", *Phys. Rev.* **72**, 1212.

Höpfner, M., Stiller, G.P., Kuntz, M. *et al.* (1998) "The Karlsruhe optimized and precise radiative transfer algorithm. Part II: Interface to retrieval applications", *SPIE Proc.* **3501**, 186.

Houghton, J.T. (1969) "Absorption and emission by carbon dioxide in the mesosphere", *Quart. J. Roy. Met. Soc.* **95**, 1.

Houghton, J.T., Taylor, F.W. and Rodgers C.D. (1984) *Remote Sounding of Atmospheres*, Cambridge University Press, London.

Houghton, J.T. (1986) *The Physics of Atmospheres*, 2nd edition, Cambridge University Press, London.

Hourdin, F. (1992) "A new representation of the absorption by the CO_2 15 μm band for a martian general circulation model", *J. Geophys. Res.* **97**, 18319.

Huddleston, R.K. and Weitz, E. (1981) "A laser-induced fluorescence study of energy transfer between the symmetric stretching and bending modes of CO_2", *Chem. Phys. Lett.* **83**, 174.

Hui, K.K., Rosen, D.I. and Cool, T.A. (1975) "Intermode energy transfer in vibrationally excited O_3", *Chem. Phys. Lett.* **32**, 141.

Inoue, G. and Tsuchiya, S. (1975) "Vibration-vibration energy transfer of $CO_2(00^01)$ with N_2 and CO at low temperatures", *J. Phys. Soc. Jpn.* **39**, 479.

Ivanov, V.V. (1973) *Transfer of Radiation in Spectral Lines*, Nat. Bureau of Standards, Washington.

Iwagami, N. and Ogawa, T. (1982) "Thermospheric 63 μm emission of atomic oxygen in local thermodynamic equilibrium", *Nature* **298**, 454.

Jacquinet-Husson, N., Arié, E., Ballard, J. *et al.* (1999) "The 1997 spectroscopic GEISA databank", *J. Quant. Spectrosc. Radiat. Transfer* **62**, 205.

Joens, J.A., Burkholder, J.B. and Bair, E.J. (1982) "Vibrational relaxation in ozone recombination", *J. Chem. Phys.* **76**, 5902.

Joens, J.A. (1986) "Evidence for metastable ozone in the upper atmosphere?", *J. Geophys. Res.* **91**, 14553.

Johnson, M.A., Betz, A.L., McLaren, R.A. *et al.* (1976) "Non-thermal 10 microns CO_2 emission lines in the atmospheres of Mars and Venus", *Astrophys. J.* **208**, L145.

Jones, R.L. and Pyle, J.A. (1984) "Observations of CH_4 and N_2O by the NIMBUS 7 SAMS: A comparison with *in situ* data and two-dimensional numerical model calculations", *J. Geophys. Res.* **89**, 5263.

Kaplan, D.I. (1988) *Environment of Mars*, NASA Tech. Memo., 100470.

Käufl, H.U., Rothermel, H. and Drapatz, S. (1984) "Investigation of the Martian atmosphere by 10 micron heterodyne spectroscopy", *Astron. Astrophys.* **136**, 319.

Kaye, J.A. and Kumer, J.B. (1987) "Non-local thermodynamic equilibrium effects in the stratospheric NO and implications for infrared remote sensing", *Appl. Opt.* **26**, 4747.

Kaye, J.A. (1989) "Nonlocal thermodynamic equilibrium effects in the stratospheric HF by collisional energy transfer from electronically excited O_2 and implications for infrared remote sensing", *Appl. Opt.* **28**, 4161.

Keating, G.M. and Bougher, S.W. (1987) "Neutral upper atmospheres of Venus and Mars", *Adv. Space Res.* **7**, 57.

Keeling, C.D. and Whorf, T.P. (2000) "Atmospheric CO_2 records from sites in the SIO air sampling network", in *Trends: A Compendium of Data on Global Change*, Carbon Dioxide Information Analysis Center, Oak Ridge National Laboratory, U.S. Dept. of Energy, Oak Ridge, Tenn., U.S.A.
Kenner, R.D. and Ogryzlo, E. A. (1980) "Deactivation of $O_2(A^3\Delta_u^+)$ by O_2, O, and Ar", *Int. J. Chem. Kinet.* **12**, 501.
Kerridge, B.J. and Remsberg, E.E. (1989) "Evidence from the limb infrared monitor of the stratosphere for non-local thermodynamics equilibrium in the ν_2 mode of mesospheric water vapour and the ν_3 mode of stratospheric nitrogen dioxide", *J. Geophys. Res.* **94**, 16323.
Kiefer, J.H. and Lutz, R.W. (1967) "The effect of oxygen atoms on the vibrational relaxation of oxygen", *XIth Symposium on Combustion*, The Combustion Institute, Pittsburg, Penn., 67.
Kiehl, J.T. and Solomon, S. (1986) "On the radiative balance of the stratosphere", *J. Atmos. Sci.* **43**, 1525.
Kim, S.J., Geballe, T.R. and Noll, K.S. (2000) "Three-micrometer CH_4 line emission from Titan's high-altitude atmosphere", *Icarus* **147**, 588.
Kleindienst, T. and Bair, E.J. (1977) "Vibrational disequilibrium in bulk reaction systems", *Chem. Phys. Lett.* **49**, 338.
Kockarts, G. and Peetermans, W. (1970) "Atomic oxygen infrared emission in the Earth's upper atmosphere", *Planet. Space Sci.* **18**, 271.
Kockarts, G. (1980) "Nitric oxide cooling in the terrestrial thermosphere", *Geophys. Res. Lett.* **7**, 137.
Kondratiev, K. Ya. (1969) *Radiation in the Atmosphere*, Academic Press, New York.
Koutoulaki, K. (1998) *Study of Ozone Non-Thermal IR Emissions using ISAMS Observations*, D. Phil. Thesis, Univ. of Oxford, Oxford.
Krishna Swamy, K.S. (1997) "On the rotational population distribution of C_2 in comets", *Astrophys. J.* **481**, 1004.
Kudritzki, R.P. and Hummer D.G. (1990) "Quantitative spectroscopy of hot stars", *Ann. Rev. Astron. Astrophys.* **28**, 171.
Kuhn, W.R. and London, J. (1969) "Infrared radiative cooling in the middle atmosphere", *J. Atmos. Sci.* **26**, 189.
Kumer, J.B. and James, T.C. (1974) "$CO_2(001)$ and N_2 vibrational temperatures in the $50 < z < 130$ km altitude range", *J. Geophys. Res.* **79**, 638.
Kumer, J.B. (1975) "Summary analysis of 4.3 μm data", In *Atmospheres of the Earth and the Planets*, McCormac, B.M. (Ed.), 347, D. Reidel, Dordrecht.
Kumer, J.B. (1977a) "Atmospheric CO_2 and N_2 vibrational temperatures at 40- to 140-km altitude", *J. Geophys. Res.* **82**, 2195.
Kumer, J.B. (1977b) "Theory of the CO_2 4.3-μm aurora and related phenomena", *J. Geophys. Res.* **82**, 2203.
Kumer, J.B., Stair, A.T., Jr., Wheeler, N. *et al.* (1978) "Evidence for an $OH^* \xrightarrow{vv} N_2^* \xrightarrow{vv} CO_2(v_3) \xrightarrow{vv} CO_2 + h\nu(4.3\,\mu m)$ mechanism for 4.3-μm airglow", *J. Geophys. Res.* **83**, 4743.
Kumer, J.B. and James, T.C. (1982) "Non-LTE calculation of HCl earthlimb emission and implication for detection of HCl in the atmosphere", *Geophys. Res. Lett.* **9**, 860.
Kumer, J.B., Mergenthaler, J. L., Roche, A.E. *et al.* (1989) "Prospects for retrieval of HF from high precision measurements of non-LTE solar enhanced stratospheric HF earthlimb emission near 2.5 μm" in *IRS'88: Current Problems in Atmospheric Radiation*, J. Lenoble and J. F. Geleyin (Eds.), 464.
Kung, R.T.V. (1975) "Vibrational relaxation of the N_2O v_1 mode by Ar, N_2, H_2O and NO", *J. Chem. Phys.* **63**, 5313.

Kurucz, R.L. (1993) "ATLAS9 stellar atmosphere programs and 2 km s^{-1} grid", *Harvard-Smithsonian Center for Astrophysics*, CD-ROM No. 13.

Kutepov, A.A. (1978) "Parameterization of the radiant energy influx in the CO_2 15 μm band for Earth's atmosphere in the spoilage layer of local thermodynamic equilibrium", *Atmos. Ocean. Phys.* **14**, 154.

Kutepov, A.A. and Shved, G.M. (1978) "Radiative transfer in the 15 μm CO_2 band with the breakdown of local thermodynamic equilibrium in the Earth's atmosphere", *Atmos. Ocean. Phys.* **14**, 18.

Kutepov, A.A., Hummer, D.G. and Moore, C.B. (1985) "Rotational relaxation of the 00^01 level of CO_2 including radiative transfer in the 4.3 μm band of planetary atmospheres", *J. Quant. Spectrosc. Radiat. Transfer* **34**, 101.

Kutepov, A.A., Kunze, D., Hummer, D.G., Rybicki, G.B. (1991) "The solution of radiative transfer problems in molecular bands without the LTE assumption by accelerated lambda iteration method", *J. Quant. Spectrosc. Radiat. Transfer* **46**, 347.

Kutepov, A.A. and Fomichev, V.I. (1993) "Application of the second-order escape probability approximation to the solution of the NLTE vibration-rotational band radiative transfer problem", *J. Atmos. Terr. Phys.* **55**, 1.

Kutepov, A.A., Oelhaf, H. and Fischer, H. (1997) "Non-LTE radiative transfer in the 4.7 and 2.3 μm bands of CO: vibration-rotational non-LTE and its effects on limb radiance", *J. Quant. Spectrosc. Radiat. Transfer* **57**, 317.

Kutepov, A.A., Gusev, O.A. and Ogivalov, V.P. (1998) "Solution of the non-LTE problem for molecular gas in planetary atmospheres: superiority of accelerated lambda iteration", *J. Quant. Spectrosc. Radiat. Transfer* **60**, 199.

Lambert, J.D. (1977) *Vibrational and Rotational Relaxation in Gases*, Clarendon Press, Oxford.

Lambert, D.L., Sheffer, Y., Danks, A.C. *et al.* (1990) "High-resolution spectroscopy of the C_2 Swan 0-0 band from comet P/Halley", *Astrophys. J.* **353**, 640.

Lee, E.T.P., Picard, R.H., Winick, J.R. *et al.* (1991) "Non-LTE 4.3 μm limb emission measured from STS-39", *EOS Trans.* **72** (44), Fall Meet. Suppl., 358.

Lellouch, E., Encrenaz, T., de Graauw, T. *et al.* (2000) "The 2.4-45 μm spectrum of Mars observed with the Infrared Space Observatory", *Planet. Space Sci.* **48**, 1393.

Lenoble, J. (1993) *Atmospheric Radiative Transfer*, A. Deepak Publishing, Hampton, Virginia.

Leovy, C.B. (1977) "The atmosphere of Mars", *Sci. Am.* **237**, 34.

Lepoutre, F., Louis, G. and Manceau, H. (1977) "Collisional relaxation in CO_2 between 180 K and 400 K measured by the spectrophone method", *Chem. Phys. Lett.* **48**, 509.

Lewittes, M.E., Davis, C.C. and McFarlane, R.A. (1978) "Vibrational deactivation of CO(v=1) by oxygen atoms", *J. Chem. Phys.* **69**, 1952.

Lindal, G.F., Wood, G.E., Hotz, H.B. *et al.* (1983) "The atmosphere of Titan: An analysis of the Voyager 1 radio occultation measurements", *Icarus* **53**, 348.

Liou, K.-N. (1980) *An Introduction to Atmospheric Radiation*, Academic Press, London.

Liou, K.-N. (1992) *Radiation and Clouds Processes in the Atmosphere*, Oxford University Press, Oxford.

Lipson, S.L., Armstrong, P.S., Dodd, J.A. *et al.* (1994) "Subthermal nitric oxide spin-orbit distributions in the thermosphere", *Geophys. Res. Lett.* **21**, 2421.

Llewellyn, E.J., McDade, I.C., Moorhouse, P. and Lockerbie, M.D. (1993) "Possible reference models for atomic oxygen in the terrestrial atmosphere", *Adv. Space Res.* **13**, (1)135.

Llewellyn, E.J. and McDade, I.C. (1996) "A reference model for atomic oxygen in the terrestrial atmosphere", *Adv. Space Res.* **18**, (9/10)209.

Locker, J.R. Joens, J.A. and Bairer, E.J. (1987) "Metastable intermediate in the formation of ozone by recombination", *J. Photochem.* **36**, 235.
López-González M.J. (1990) *Las Emisiones del Oxígeno Molecular y Atómico y del OH en la Atmósfera Media Terrestre*, Tesis Doctoral, Univ. de Granada, Granada, Spain.
López-González, M.J., López-Moreno, J.J. and Rodrigo, R. (1992a) "Altitude profiles of the atmospheric system of O_2 and of the green line emission", *Planet. Space Sci.* **40**, 783.
López-González, M.J., López-Moreno, J.J. and Rodrigo, R. (1992b) "The altitude profile of the infrared atmospheric system of O_2 in twilight and early night: Derivation of ozone abundances", *Planet. Space Sci.* **40**, 1391.
López-Moreno, J.J., Rodrigo, R., Moreno, F. *et al.* (1987) "Altitude distribution of vibrationally excited states of atmospheric hydroxyl at levels v=2 to v=7", *Planet. Space Sci.* **35**, 1029.
López-Puertas, M., Rodrigo, R., Molina, A. and Taylor, F.W. (1986a) "A non-LTE radiative transfer model for infrared bands in the middle atmosphere. I. Theoretical basis and application to CO_2 15 μm bands", *J. Atmos. Terr. Phys.* **48**, 729.
López-Puertas, M., Rodrigo, R., López-Moreno, J.J. and Taylor, F.W. (1986b) "A non-LTE radiative transfer model for infrared bands in the middle atmosphere. II. CO_2 (2.7 μm and 4.3 μm) and water vapour (6.3 μm) bands and $N_2(1)$ and $O_2(1)$ vibrational levels", *J. Atmos. Terr. Phys.* **48**, 749.
López-Puertas, M., Taylor, F.W. and López-Valverde, M.A. (1988) "Evidence for non-local thermodynamic equilibrium in the ν_3 mode of mesospheric CO_2 from Stratospheric and Mesospheric Sounder measurements", in *Progress in Atmospheric Physics*, R., López-Moreno, J.J., López-Puertas, M. and Molina, A. (Eds.), Kluwer Academic Pub., Dordrecht (Holland), 131.
López-Puertas, M. and Taylor, F.W. (1989) "Carbon dioxide 4.3-μm emission in the Earth's atmosphere. A comparison between NIMBUS 7 SAMS measurements and non-LTE radiative transfer calculations", *J. Geophys. Res.* **94**, 13045.
López-Puertas, M., López-Valverde, M.A. and Taylor, F.W. (1990) "Studies of solar heating by CO_2 in the upper atmosphere using a non-LTE model and satellite data", *J. Atmos. Sci.* **47**, 809.
López-Puertas, M., López-Valverde, M.A. and Taylor, F.W. (1992a) "Vibrational temperatures and radiative cooling of the CO_2 15 μm bands in the middle atmosphere", *Quart. J. Roy. Meteor. Soc.* **118**, 499.
López-Puertas, M., López-Valverde, M.A., Rinsland, C.P. and Gunson, M.R. (1992b) "Analysis of the upper atmosphere $CO_2(\nu_2)$ vibrational temperatures retrieved from ATMOS/Spacelab 3 observations", *J. Geophys. Res.* **97**, 20469.
López-Puertas, M., López-Valverde, M.A., Edwards, D.P. and Taylor F.W. (1993) "Non-LTE populations of the CO(1) vibrational state in the middle atmosphere", *J. Geophys. Res.*, **98**, 8933.
López-Puertas, M., Wintersteiner, P.P., Picard, R.H. *et al.* (1994) "Comparison of line-by-line and Curtis matrix calculations for the vibrational temperatures and radiative cooling of the CO_2 15 μm bands in the middle and upper atmosphere", *J. Quant. Spectrosc. Radiat. Transfer* **52**, 409.
López-Puertas, M. and López-Valverde, M.A. (1995) "Radiative energy balance of CO_2 non-LTE infrared emissions in the Martian atmosphere", *Icarus* **114**, 113.
López-Puertas, M., Zaragoza, G., Kerridge, B.J. and Taylor, F.W. (1995) "Non-local thermodynamic equilibrium model for H_2O 6.3 and 2.7 μm bands in the middle atmosphere", *J. Geophys. Res.* **100**, 9131.
López-Puertas, M., Dudhia, A., Shepherd, M.G. and Edwards, D.P. (1997) "Evidence of

non-LTE in the CO_2 15 μm weak bands from ISAMS and WINDII observations", *Geophys. Res. Lett.* **24**, 361.

López-Puertas, M. (1997) "Assessment of NO_2 non-LTE effects on MIPAS", *ESA Final Report*, ESA CR12054/96/NL/CN.

López-Puertas, M., Zaragoza, G., López-Valverde, M.A. and Taylor, F.W. (1998a) "Non-LTE atmospheric limb radiances at 4.6 μm as measured by UARS/ISAMS I. Analysis of the daytime radiances", *J. Geophys. Res.* **103**, 8499.

López-Puertas, M., Zaragoza, G., López-Valverde, M.A. and Taylor, F.W. (1998b) "Non-LTE atmospheric limb radiances at 4.6 μm as measured by UARS/ISAMS. II. Analysis of the daytime radiances", *J. Geophys. Res.* **103**, 8515.

López-Puertas, M., Zaragoza, G., López-Valverde, M.Á. *et al.* (1998c) "Non-local thermodynamic equilibrium limb radiances for the MIPAS instrument on Envisat-1", *J. Quant. Spectrosc. Radiat. Transfer* **59**, 377.

López-Puertas, M., López-Valverde, M.A., Garcia, R.R. and Roble, R.G. (2000) "A review of CO_2 and CO abundances in the middle atmosphere", in *Atmospheric Science Across the Stratopause*, Siskind, D.E., Eckermann, S.D. and Summers, M.E. (Eds.), Amer. Geophys. Union, Geophys. Monograph **123**, 83.

López-Valverde, M.A., López-Puertas, M., Marks, C.J. and Taylor, F.W. (1991) "Non-LTE modelling for the retrieval of CO abundances from ISAMS measurements", in *Optical Remote Sensing of the Atmosphere* **18**, 31, Washington.

López-Valverde, M.A., López-Puertas, M., Marks, C.J., and Taylor, F.W. (1993) "Global and seasonal variations in the middle atmosphere carbon monoxide from UARS/ISAMS", *Geophys. Res. Lett.* **20**, 124.

López-Valverde, M.A. and López-Puertas, M. (1994a) "A non-local thermodynamic equilibrium radiative transfer model for infrared emissions in the atmosphere of Mars, 1, Theoretical basis and nighttime populations of vibrational levels", *J. Geophys. Res.* **99**, 13093.

López-Valverde, M.A. and López-Puertas, M. (1994b) "A non-local thermodynamic equilibrium radiative transfer model for infrared emissions in the atmosphere of Mars, 2, Daytime populations of vibrational levels", *J. Geophys. Res.* **99**, 13117.

López-Valverde, M.A., López-Puertas, M., Remedios, J.J. *et al.* (1996) "Validation of measurements of carbon monoxide from the improved stratospheric and mesospheric sounder", *J. Geophys. Res.* **101**, 9929.

López-Valverde, M.Á., Edwards, D.P., López-Puertas, M. and Roldán, C. (1998) "Non-local thermodynamic equilibrium in general circulation models of the Martian atmosphere 1. Effects of the local thermodynamic equilibrium approximation on the thermal cooling and solar heating", *J. Geophys. Res.* **103**, 16799.

López-Valverde, M.A., Haberle, R.M. and López-Puertas, M. (2000) "Non-LTE radiative mesospheric study for Mars Pathfinder Entry", *Icarus* **146**, 360.

Lunt, S.L., Wickham-Jones, C.T. and Simpson, C.J.S.M. (1985) "Rate constants for the deactivation of the 15 μm band of carbon dioxide by the collisions partners CH_3F, CO_2, N_2, Ar and Kr over the temperature range 300 to 150 K", *Chem. Phys. Lett.* **115**, 60.

Makhlouf, U., Picard, R.H. and Winick, J.R. (1995) "Photochemical-dynamical modeling of the measured response of airglow to gravity waves 1. Basic model for OH airglow", *J. Geophys. Res.* **100**, 11289.

Manuilova, R.O. and Shved, G.M. (1985) "The 2.7 and 6.3 H_2O band emissions in the middle atmosphere", *J. Atmos. Terr. Phys.* **47**, 423.

Manuilova, R.O. and Shved, G.M. (1992) "The 4.8 and 9.6 μm band emissions in the middle atmosphere", *J. Atmos. Terr. Phys.* **54**, 1149.

Manuilova, R.O., Gusev, O.A., Kutepov, A.A. *et al.* (1998) "Modelling of non-LTE limb radiance spectra of IR ozone bands for the MIPAS space experiment", *J. Quant. Spectrosc. Radiat. Transfer* **59**, 405.

Maricq, M.M., Gregory, E.A. and Simpson, C.J.S.M. (1985) "Non-resonant V-V energy transfer between diatomic molecules at low temperatures", *Chem. Phys.* **95**, 43.

Martín-Torres, F.J., López-Valverde, M.A. and López-Puertas, M. (1998) "Non-LTE populations of methane and nitric acid for MIPAS/Envisat-1", *J. Atmos. Solar-Terr. Phys.* **60**, 1631.

Martín-Torres, F.J. and López-Puertas, M. (2002) "A non-LTE model for the O_3 vibrational levels in the middle atmosphere", *J. Geophys. Res.*, submitted.

McCleese, D.J., Haskins, R.D., Schofield, J.T. *et al.* (1992) "Atmosphere and climate studies of Mars using the Mars Observer Pressure Modulator Infrared Radiometer", *J. Geophys. Res.* **97**, 7735.

McDade, I.C. and Llewellyn, E.J. (1986) "The photodissociation of vibrationally excited ozone in the upper atmosphere", *J. Photochem.* **32**, 133.

McDade, I.C. (1998) "The photochemistry of the MLT oxygen airglow emissions and the expected influences of tidal perturbations", *Adv. Space Res.* **21**, 787.

McElroy, M.B., Kong, T.Y. and Yung, Y.L. (1997) "Photochemistry and evolution of Mars' atmosphere: A Viking perspective", *J. Geophys. Res.* **82**, 4379.

McNeal, R.J., Whitson, M.E., Jr. and Cook, G.R. (1974) "Temperature dependence of the quenching of vibrationally excited N_2 by atomic oxygen", *J. Geophys. Res.* **10**, 1527.

Menard J., Doyennette L., Menard-Bourcin, F. (1992) "Vibrational relaxation of ozone in O_3-O_2 and O_3-N_2 gas mixtures from infrared double-resonance measurements in the 200-300 K temperature range", *J. Chem. Phys.* **96**, 5773.

Menard-Bourcin, F., Menard, J. and Doyennette, L. (1990) "Vibrational energy transfers in ozone from infrared double-resonance measurements", *J. Chem. Phys.* **92**, 4212.

Menard-Bourcin F., Doyennette L., Menard, J. (1994) "Vibrational energy transfer in ozone excited into the (101) state from double-resonance measurements", *J. Chem. Phys.* **101**, 8636.

Mertens, C.J., Mlynczak, M.G., Garcia, R. and Portmann, R.W. (1999) "A detailed evaluation of the stratospheric heat budget 1. Radiation transfer", *J. Geophys. Res.* **104**, 6021.

Mertens, C.J., Mlynczak, M.G., López-Puertas, M. *et al.* (2001) "Retrieval of mesospheric and lower thermospheric kinetic temperatures from measurements of CO_2 15 μm Earth limb emission under non-LTE conditions", *Geophys. Res. Lett.* **28**, 1391.

Mihalas, D. (1978) *Stellar Atmospheres*, 2nd edition, Freeman and Co., San Francisco.

Milne, E.A. (1930) "Thermodynamics of stars", *Handbuch der Astrophysik*, **3**, Part I, Chap. 2, 65.

Mitzel, A.A. and Firsov, K.M. (1995) "A fast line-by-line method", *J. Quant. Spectrosc. Radiat. Transfer* **54**, 549.

Mlynczak, M.G. and Drayson, S.R. (1990a) "Calculation of infrared limb emission by ozone in the terrestrial middle atmosphere, 1. Source functions", *J. Geophys. Res.* **95**, 16497.

Mlynczak, M.G. and Drayson, S.R. (1990b) "Calculation of Infrared limb emission by ozone in the terrestrial middle atmosphere, 2. Emission calculations", *J. Geophys. Res.* **95**, 16513.

Mlynczak, M.G. and Solomon, S. (1993) "A detailed evaluation of the heating efficiency in the middle atmosphere", *J. Geophys. Res.* **98**, 10517.

Mlynczak, M.G., Zhou, D.K., López-Puertas, M. and Zaragoza, G. (1999) "Kinetic requirements for the measurement of mesospheric water vapour at 6.8 μm under non-LTE conditions", *Geophys. Res. Lett.* **26**, 63.

Mlynczak, M.G., Mertens, C.J., Garcia, R. and Portmann, R.W. (1999) "A detailed evaluation of the stratospheric heat budget 2. Global radiation balance and diabatic circulations", *J. Geophys. Res.* **104**, 6039.

Moore, C.B. (1973) "Vibration→vibration energy transfer", in *Advances in Chemical Physics*, Prigogine, I. and Rice, S.A. (Eds.) **23**, 41, John Wiley, New York.

Mumma, M.J., Buhl, D., Chin, G. *et al.* (1981) "Discovery of natural gain amplification in the 10 μm CO_2 laser bands on Mars: A natural laser", *Science* **212**, 45.

Mumma, M.J., DiSanti, M.A. Dello Russo, N. *et al.* (1996) "Detection of abundant ethane and methane, along with carbon monoxide and water, in comet C/1996 B2 Hyakutake: Evidence for interstellar origin", *Science* **272**, 1310.

Mumma, M.J., McLean, I.S., DiSanti, M.A. *et al.* (2000) "A survey of organic volatile species in comet C/1999 H1 (Lee) using NIRSPEC at the Keck observatory", *Astrophys. J.* **546**, 1183.

Murgatroyd, R.J. and Goody, R.M. (1958) "Sources and sinks of radiative energy from 30 to 90 km", *Quart. J. Roy. Meteor. Soc.* **84**, 225.

Murphy, A.K. (1985) *Satellite Measurements of Atmospheric Trace Gases*, D. Phil. Thesis, Univ. of Oxford, Oxford.

National Institution of Standards and Technology, NIST, (http://physics.nist.gov).

Nebel, H., Wintersteiner, P.P., Picard, R.H. *et al.* (1994) "CO_2 non-local thermodynamic equilibrium radiative excitation and infrared dayglow at 4.3 μm: Application to spectral infrared rocket experiment data", *J. Geophys. Res.* **99**, 10409.

Oelhaf, H., and Fischer, H. (1989) "Relevance of upper atmosphere non-LTE effects to limb emission of stratospheric constituents" in *IRS'88: Current Problems in Atmospheric Radiation*, J. Lenoble and J.-F. Geleyin (Eds.), 460.

Offermann, D. (1985) "The Energy Budget Campaign 1980: Introductory review, *J. Atmos. Terr. Phys.* **47**, 1.

Ogawa, T. (1976) "Excitation processes of infrared atmospheric emissions", *Planet. Space Sci.* **24**, 749.

Ogibalov, V.P. and Kutepov, A.A. (1989) "An approximate solution for radiative transfer in the 4.3 μm CO_2 band: Thick atmosphere with breakdown of rotational LTE", *Sov. Astron.* **33**, 260.

Ogibalov, V.P., Kutepov, A.A. and Shved, G.M. (1998) "Non-local thermodynamic equilibrium in CO_2 in the middle atmosphere. II. Populations in the ν_1-ν_2 mode manifold states", *J. Atmos. Solar-Terr. Phys.* **60**, 315.

Ogibalov, V.P. and Shved, G.M. (2001) "Non-local thermodynamic equilibrium in CO_2 in the middle atmosphere. III. Simplified models for the set of vibrational states", *J. Atmos. Solar-Terr. Phys.* **63**, in press.

Orr, B.J. and Smith, I.W.M. (1987) "Collision-induced vibrational energy transfer in small polyatomic molecules", *J. Phys. Chem.* **91**, 6106.

Parker, J.G. and Ritke, D.W. (1973) "Effect of ozone on the vibrational relaxation time of oxygen", *J. Chem. Phys.* **59**, 5725.

Patten, K.O., Jr., Burley, J.D. and Johnstone, H.S. (1990) "Radiative lifetimes of nitrogen dioxide for excitation wavelengths from 400 to 750 nm", *J. Phys. Chem.* **94**, 7960.

Pemberton, D.N.C. (1993) *Radiative Emission from O_3 and HNO_3 in the Middle Atmosphere*, D. Phil. Thesis, Univ. of Oxford, Oxford.

Pendleton, W.R., Jr., Espy, P.J. and Hammond, M.R. (1993) "Evidence for non-local thermodynamic equilibrium rotation in the OH nightglow, *J. Geophys. Res.* **98**, 11567.

Penner, S.S. (1959) *Quantitative Molecular Spectroscopy and Gas Emissivities*, Addison-

Wesley, Reading, Ma., USA.

Philbrick, C.R., Schmidlin, F.J., Grossmann, K.U. *et al.* (1985) "Density and temperature structure over northern Europe", *J. Atmos. Terr. Phys.* **47**, 159.

Picard, R.H., Winick, J.R., Sharma, R.D. *et al.* (1987) "Interpretation of infrared measurements of the high-latitude thermosphere from a rocket-borne interferometer", *Adv. Space Res.* **7**, (10)23.

Picard, R.H., Lee, E.T.P., Winick, J.R. *et al.* (1992) "STS-39 measurements of 4.3 μm Earthlimb emission from CO_2 and NO^+", *EOS Trans. on AGU* **73**, 222.

Picard, R.H., Inan, U.S., Pasko, V.P. and Winick, J.R. (1997) "Infrared glow above thunderstorms?", *Geophys. Res. Lett.* **24**, 2635.

Picard, R.H., O'Neil, R.R., Gardiner, H.A. *et al.* (1998) "Remote sensing of discrete stratospheric gravity-wave structure at 4.3-μm from the MSX satellite", *Geophys. Res. Lett.* **25**, 2809.

Planck, M. (1913) *Waermestrahlung*, 2nd edition, English translation by Morton Masius (1914): *The Theory of Heat Radiation*, Reprinted by Dover Publications, Inc., New York in 1959.

Pollock, D.S., Scott, G.B.I. and Phillips, L.F. (1993) "Rate constant for quenching of $CO_2(0,1^1,0)$ by atomic oxygen", *Geophys. Res. Lett.* **20**, 727.

Ramanathan, V. and Cess, R.D. (1974) "Radiative transfer within the mesospheres of Venus and Mars", *Astrophys. J.* **188**, 407.

Ratkowski, A.J., Picard, R.H., Winick, J.R. *et al.* (1994) "Lower-thermospheric infrared emissions from minor species during high-latitude twilight-B. Analysis of 15 μm emission and comparison with non-LTE models", *J. Atmos. Terr. Phys.* **56**, 1899.

Rawlins, W.T., Caledonia, G.E. and Kennealy, J.P. (1981) "Observation of spectrally resolved infrared chemiluminescence from vibrationally excited $O_3(v_3)$", *J. Geophys. Res.* **86**, 5247.

Rawlins, W.T. (1985) "Chemistry of vibrationally excited ozone in the upper atmosphere", *J. Geophys. Res.* **90**, 12283.

Rawlins, W.T., Caledonia, G.E. and Armstrong, R.A. (1987) "Dynamics of vibrationally excited ozone formed by three-body recombination reaction. II. Kinetics and mechanism", *J. Chem. Phys.* **87**, 5209.

Rawlins, W.T., Fraser, M.E. and Miller, S.M. (1989) "Rovibrational excitation of nitric oxide in the reaction of O_2 with metastable atomic nitrogen", *J. Phys. Chem.* **93**, 1097.

Rawlins, W.T., Woodward, A.M. and Smith, D.R. (1993) "Aeronomy of infrared ozone fluorescence measured during an aurora by the SPIRIT 1 rocket-borne interferometer", *J. Geophys. Res.* **98**, 3677.

Rees, D. and Fuller-Rowell, T.J. (1988) "Understanding the transport of atomic oxygen within the thermosphere using a numerical global thermospheric model", *Planet. Space Sci.* **36**, 935.

Rees, D. and Fuller-Rowell, T.J. (1993) "Comparison of empirical and theoretical models of species in the lower thermosphere", *Adv. Space Res.* **13**, 107.

Rees, M.H. (1989) *Physics and Chemistry of the Upper Atmosphere*, Cambridge University Press, London.

Remsberg, E. E., Bhatt, P.B., Eckman, R.S. *et al.* (1994) "Effect of the HITRAN 92 spectral data on the retrieval of NO_2 mixing ratios from Nimbus 7 LIMS", *J. Geophys. Res.* **99**, 22965.

Rinsland C.P., Gunson, M.R., Zander, R. and López-Puertas, M. (1992) "Middle and upper atmosphere pressure-temperature profiles and the abundances of CO_2 and CO in the upper atmosphere from ATMOS/Spacelab 3 observations", *J. Geophys.*

Res. **97**, 20479.

Rishbeth, H. and Roble, R.G. (1992) "Cooling of the upper atmosphere by enhanced greenhouse gases -modelling of thermospheric and ionospheric effects", *Planet. Space Sci.* **40**, 1011.

Rishbeth, H. and Clilverd, M.A. (1999) "Long-term change in the upper atmosphere", *Astron. Geophys.* **40**, 3.26.

Robertshaw J.S. and Smith I.W.M. (1980) "Vibrational energy transfer from CO(v=1), N_2(v=1), CO_2(001), N_2O(001) to O_3", *J. Chem. Soc. Faraday Trans.* **76**, 1354.

Roble, R.G. and Dickinson, R.E. (1989) "How will changes in carbon dioxide and methane modify the mean structure of the mesosphere and thermosphere?", *Geophys. Res. Lett.* **16**, 1441.

Roble, R.G. (2000) "On the feasibility of developing a global atmospheric model extending from the ground to the exosphere", in *Atmospheric Science Across the Stratopause*, Siskind, D.E., Eckermann, S.D. and Summers, M.E. (Eds.), Amer. Geophys. Union, Geophys. Monograph **123**, 53.

Rodgers, C.D. and Walshaw, C.D. (1966) "The computation of infrared cooling rates in planetary atmospheres", *Quart. J. Roy. Meteor. Soc.* **92**, 67.

Rodgers, C.D. and Williams, A.D. (1974) "Integrated absorption of a spectral line with the Voigt profile", *J. Quant. Spectrosc. Radiat. Transfer* **14**, 319.

Rodgers, C.D. (1976) "Approximate methods of calculating transmission by bands of spectral lines", NCAR Technical Note, NCAR/TN-116+IA, Boulder, Colorado.

Rodgers, C.D., Taylor, F.W., Muggeridge, A.H. *et al.* (1992) "Local thermodynamic equilibrium of carbon dioxide in the upper atmosphere", *Geophys. Res. Lett.* **19**, 589.

Rodgers, C.D. (2000) *Inverse Methods for Atmospheric Sounding: Theory and Practice*, World Scientific Publishing Co., Singapore.

Rodrigo, R., López-Puertas, M., Battaner, E. and López-Moreno, J.J. (1982) "CO_2 infrared bands in the Martian atmosphere" in *The Planet Mars*, Battrick, B. and Rolfe, E. (Eds.), ESA SP-185, 53, Noordwijk.

Rodrigo, R., López-Moreno, J. J., López-Puertas, M. *et al.* (1986) "Neutral atmospheric composition between 60 and 220 km: A theoretical model for middle latitudes", *Planet. Space Sci.* **34**, 723.

Rodrigo, R., López-Moreno, J.J., López-González, M.J. and García-Álvarez, E. (1989) "Atomic oxygen concentrations from OH and O_2 nightglow measurements", *Planet. Space Sci.* **37**, 49.

Rodrigo, R., García-Alvarez, E., López-González, M.J. *et al.* (1990) "A non-steady one-dimensional theoretical model of Mars neutral atmospheric composition between 30 and 200 km", *J. Geophys. Res.* **95**, 14795.

Rodrigo, R., López-González, M.J. and López-Moreno, J.J. (1991) "Variability of the neutral mesospheric and lower thermospheric composition in the diurnal cycle", *Planet. Space Sci.* **39**, 803.

Roldán, C., López-Valverde, M.A., López-Puertas, M. and Edwards, D.P. (2000) "Non-LTE infrared emissions of CO_2 in the atmosphere of Venus", *Icarus* **147**, 11.

Rosen, D.I. and Cool, T.A. (1973) "Vibrational deactivation of O_3(101) in gas mixtures", *J. Phys. Chem.* **59**, 6097.

Rosen, D.I., and Cool, T.A. (1975) "Vibrational deactivation of O_3 in gas mixtures", *J. Phys. Chem.* **62**, 466.

Rosenberg, v. C.W., Jr. and Trainor, D.W. (1973) "Observations of vibrationally excited O_3 formed by recombination", *J. Chem. Phys.* **59**, 2142.

Rosenberg, v. C.W., Jr. and Trainor, D.W. (1974) "Vibrational excitation of ozone formed by recombination", *J. Chem. Phys.* **61**, 2442.

Rosenberg, v. C.W., Jr. and Trainor, D.W. (1975) "Excitation of ozone formed by recombination. II", *J. Chem. Phys.* **63**, 5348.

Rothman, L.S., Gamache R.R., Goldman A. *et al.* (1987) "The HITRAN database: 1986 edition", *Appl. Opt.* **26**, 4058.

Rothman, L.S., Gamache, R.R., Tipping, R.H. *et al.* (1992) "HITRAN Molecular database, Editions of 1991 and 1992", *J. Quant. Spectrosc. Radiat. Transfer* **48**, 469.

Rybicki, G.B. (1971) "A modified Feautrier method", *J. Quant. Spectrosc. Radiat. Transfer* **11**, 589.

Rybicki, G.B. and Lightmann, A.P. (1979) *Radiative Processes in Astrophysics*, John Wiley and Sons Inc., New York.

Rybicki, G.B. and Hummer, D.G. (1991) "An accelerated lambda iteration method for multilevel radiative transfer. I. Non-overlapping lines with background continuum", *Astron. Astrophys.* **262**, 171.

Salby M.L. (1996) *Fundamentals of Atmospheric Physics*, Academic Press, San Diego.

Schor, H.H.R. and Teixeira, E.L. (1994) "Fundamental rotational-vibrational band of CO and NO: teaching the theory of diatomic molecules", *J. Chem. Educ.* **71**, 771.

Schwartz, R.N., Slawsky, Z.I. and Herzfeld, K.F. (1952) "Calculation of vibrational relaxation times in gases", *J. Chem. Phys.* **20**, 1591.

Seiff, A. (1982) "Post-Viking models for the structure of the summer atmosphere of Mars", *Adv. Space Res.* **2**, 1.

Sharma, R.D. and Wintersteiner, P.P. (1985) "CO_2 component of daytime earth limb emission at 2.7 micrometers", *J. Geophys. Res.* **90**, 9789.

Sharma, R.D. and Wintersteiner, P.P. (1990) "Role of carbon dioxide in cooling planetary atmospheres", *Geophys. Res. Lett.* **17**, 2201.

Sharma, R.D., Zachor, A.S. and Yap, B.K. (1990) "Retrieval of atomic oxygen and temperature in the thermosphere. II-Feasibility of an experiment based on limb emission in the OI lines", *Planet. Space Sci.* **38**, 221.

Sharma, R.D., Sun, Y. and Dalgarno, A. (1993) "Highly rotationally excited nitric oxide in the terrestrial thermosphere", *Geophys. Res. Lett.* **19**, 2043.

Sharma, R.D., Zygelman, B., von Esse, F. and Dalgarno, A. (1994) "On the relationship between the population of the fine structure levels of the ground electronic state of atomic oxygen and the translational temperature", *Geophys. Res. Lett.* **21**, 1731.

Sharma, R.D., Kharchenko, V.A., Sun, Y. and Dalgarno, A. (1996a) "Energy distribution of fast nitrogen atoms in the nighttime terrestrial atmosphere", *J. Geophys. Res.* **101**, 275.

Sharma, R.D., Doethe, H. and von Esse, F. (1996b) "On the rotational distribution of the 5.3 μm thermal emission from nitric oxide in the nighttime terrestrial atmosphere", *J. Geophys. Res.* **101**, 17129.

Sharma, R.D., Doethe, H., von Esse, F. *et al.* (1996c) "Production of vibrationally and rotationally excited NO in the nighttime terrestrial atmosphere, *J. Geophys. Res.* **101**, 19707.

Sharma, R.D. and Duff, J.W. (1997) "Determination of the translational temperature of the high altitude terrestrial thermosphere from the rotational distribution of the 5.3 μm emission from NO(v=1)", *Geophys. Res. Lett.* **24**, 2407.

Sharma, R.D., Doethe, H. and Duff, J.W. (1998) "Model of the 5.3 μm radiance from NO during the sunlit terrestrial thermosphere", *J. Geophys. Res.* **103**, 14753.

Shi, J. and Barker, J.R. (1990) "Emission from ozone excited electronic states", *J. Chem. Phys.* **94**, 8390.

Shved, G.M. (1975) "Non-LTE radiative transfer in the vibration-rotation bands of linear molecules", *Sov. Astron.* **18**, 499.

Shved, G.M. and Bezrukova, L.L. (1976) "The diffusivity coefficient in problems of thermal radiation transfer", *Atmos. Ocean. Phys.* **12**, 545.

Shved, G.M., Stepanova, G.I. and Kutepov, A.A. (1978) "Transfer of 4.3 μm CO_2 radiation on departure from local thermodynamic equilibrium in the atmosphere of the Earth", *Atmos. Oceanic Phys.* **14**, 589.

Shved, G.M., Khvorostovskaya, L.E., Potekhin, I. Yu. *et al.* (1991) "Measurement of the quenching rate for collisions $CO_2(01^10)$-O: The importance of the rate constant magnitude for the thermal regime and radiation of the lower thermosphere", *Atmos. and Oceanic Phys.* **27**, 431.

Shved, G.M. and Gusev, O.A. (1997) "Non-local thermodynamic equilibrium in N_2O, CH_4, and HNO_3 in the middle atmosphere", *J. Atmos. Solar-Terr. Phys.* **59**, 2167.

Shved, G.M., Kutepov, A.A. and Ogibalov, V.P. (1998) "Non-local thermodynamic equilibrium in CO_2 in the middle atmosphere I. Input data and populations of the ν_3 mode manifold states", *J. Atmos. Solar-Terr. Phys.* **62**, 993.

Shved, G.M. and Ogibalov, V.P. (2000) "Natural population inversion for the CO_2 vibrational states in Earth's atmosphere", *J. Atmos. Solar-Terr. Phys.* **60**, 289.

Shved, G.M. and Semenov, A.O. (2001) "The standard problem of non-LTE radiative transfer in the rovibrational band of the planetary atmosphere", *Sol. Syst. Res.* **35**, 212.

Siddles, R.M., Wilson, G.J. and Simpson, C.J.S.M. (1994a) "The vibrational deactivation of the bending modes of CD_4 and CH_4 measured down to 90 K", *Chem. Phys.* **188**, 99.

Siddles, R.M., Wilson, G.J. and Simpson, C.J.S.M. (1994b) "The vibrational deactivation of the (0001) mode of N_2O measured down to 150 K", *Chem. Phys. Lett.* **225**, 146.

Simonneau, E. and Crivellari, L. (1993) "An implicit integral method to solve selected radiative transfer problems. I. Non-LTE line formation", *Astrophys. J.* **409**, 830.

Simons, J.W., Paur, R.J., Webster III, H.A. and Bair, E.J. (1973) "Ozone ultraviolet photolysis, VI, The ultraviolet spectrum", *J. Chem. Phys.* **59**, 1203.

Sivjee, G.G. (1992) "Airglow hydroxyl emissions", *Planet. Space Sci.* **40**, 235.

Slanger, T.G. and Black, G. (1979) "Interactions of $O_2(b^1\Sigma_g^+)$ with $O(^3P)$ and O_3", *J. Chem. Phys.* **70**, 3434.

Smith, D.R., Blumberg, W.A.M., Nadile, R.M. *et al.* (1992) "Observation of high-N hydroxyl pure rotation lines in atmospheric emission spectra by the CIRRIS-1A Space Shuttle experiment", *Geophys. Res. Lett.* **19**, 593.

Smith, D.R., and Ahmadjian, M. (1993) "Observation of nitric oxide rovibrational band head emissions in the quiescent airglow during the CIRRIS-1A space shuttle", *Geophys. Res. Lett.* **20**, 2679.

Smith, D.R., Huppi, E.R. and Wise, J.O. (2000) "Observation of highly rotationally excited NO^+ emissions in the thermosphere", *J. Atmos. Solar-Terr. Phys.* **62**, 1189.

Sobolev, V.V. (1975) *Light Scattering in Planetary Atmospheres*, Pergamon Press, Oxford.

Solomon, S., Kiehl, J.T., Kerridge, B.J. *et al.* (1986) "Evidence for non-local thermodynamic equilibrium in the ν_3 mode of mesospheric ozone", *J. Geophys. Res.* **91**, 9865.

Solomon, S., Schmeltekopf, A.L. and Sanders, R.W. (1987) "On the interpretation of zenith sky absorption measurements", *J. Geophys. Res.* **92**, 8311.

Solomon, S.C. (1991) "Optical aeronomy", in *U.S. National Report 1987-1990, Rev. of Geophys. Supp. AGU*, 1089.

Sparks, R.K., Carlson, L.R., Shobatake, J. *et al.* (1980) "Ozone photolysis: A determination of the electronic and vibrational state distributions of primary products", *J. Chem. Phys.* **72**, 1401.

Spitzer, L., Jr. (1949) "The terrestrial atmosphere above 300 km", in *The Atmospheres of the Earth and Planets*, G.P. Kuiper (Ed.), 213, Univ. Chicago Press, Chicago.

Stair, A.T., Jr., Ulwick, J.C., Baker, K.D. and Baker, D.J. (1975) "Rocketborne observations of atmospheric infrared emission in the auroral region". In *Atmospheres of the Earth and the Planets*, McCormac, B.M. (Ed.), 335, D. Reidel, Dordrecht.

Stair, A.T., Jr., Pritchard, J., Coleman, I. *et al.* (1983) "Rocketborne cryogenic (10 K) high-resolution interferometer spectrometer flight HIRIS: Auroral and atmospheric IR emission spectra", *App. Opt.* **22**, 1056.

Stair, A.T., Jr., Sharma, R.D., Nadile, R.M. *et al.* (1985) "Observations of limb radiance with cryogenic spectral infrared rocket experiment", *J. Geophys. Res.* **90**, 9763.

Starr, D.F. and Hancock, J.K. (1975) "Vibrational energy transfer in CO_2-CO mixtures from 163 to 406 K", *J. Chem. Phys.* **63**, 4730.

Steinfeld, J.I. (1985) *An Introduction to Modern Molecular Spectroscopy*, MIT Press, Ma.

Steinfeld, J.I., Adler-Golden, S.M. and Gallagher, J.W. (1987) "Critical survey of data on the spectroscopy and kinetics of ozone in the mesosphere and thermosphere", *J. Phys. Chem. Ref. Data* **16**, 911.

Stepanova, G.I. and Shved, G.M. (1985a) "Radiation transfer in the 4.3 μm CO_2 band and the 4.7 μm CO band in the atmospheres of Venus and Mars with violation of LTE: Populations of vibrational states", *Sov. Astron.* **29**, 422.

Stepanova, G.I. and Shved, G.M. (1985b) "The natural 10-μm CO_2 laser in the atmospheres of Mars and Venus", *Sov. Astron. Lett.* **11**, 162.

Stewart, A.L. and Hanson, W.B. (1982) "Mars upper atmosphere: Mean and variations", *Adv. Space Res.* **2**, 87.

Stiller, G.P., Höpfner, M., Kuntz, M. *et al.* (1998) "The Karlsruhe optimized and precise radiative transfer algorithm. Part I: requirements, justification, and model error estimation", *SPIE Proc.* **3501**, 257.

Streit, G.E. and Johnston, H.S. (1976) "Reactions and quenching of vibrationally excited hydroxyl radicals", *J. Chem. Phys.* **64**, 95.

Strickland, D.J. and Donahue, T.M. (1970) "Excitation and radiative transport of OI 1304 Å resonance radiation-I.", *Planet. Space Sci.* **18**, 661.

Strickland, D.J. and Anderson, D.E., Jr. (1977) "The OI 1304-Å nadir intensity/column production rate ratio and its implications to airglow studies", *J. Geophys. Res.* **82**, 1013.

Strobel, D.F., Zhu, X., and Summers, M.E. (1994) "On the vertical thermal structure of Io's atmosphere", *Icarus* **111**, 18.

Strobel, D.F., Zhu, X., Summers, M.E. and Stevens, M.H. (1996) "On the vertical thermal structure of Pluto's atmosphere", *Icarus* **120**, 266.

Swaminathan, P.K., Strobel, D.F., Kupperman, D.G. *et al.* (1998) "Nitric oxide abundances in the mesosphere/lower thermosphere region: Roles of solar soft X rays, suprathermal $N(^4S)$ atoms, and vertical transport", *J. Geophys. Res.* **103**, 11579.

Taine, J., Lepoutre, F. and Louis, G. (1978) "A photoacoustic study of the collisional deactivation of CO_2 by N_2, CO and O_2 between 160 and 375 K", *Chem. Phys. Lett.* **48**, 611.

Taine, J. and Lepoutre, F. (1979) "A photoacoustic study of the collisional deactivation of the first vibrational levels of CO_2 by N_2 and CO", *Chem. Phys. Lett.* **65**, 554.

Taine, J. and Lepoutre, F. (1980) "Determination of energy transferred to rotation-translation in deactivation of $CO_2(00^01)$ by N_2 and O_2 and of CO(1) by CO_2", *Chem. Phys. Lett.* **75**, 448.

Taylor, F.W. (1972) "Temperature sounding experiments for the Jovian planets", *J. Atmos. Sci.* **29**, 950.

Taylor, F.W., Beer, R., Chahine, M.T. *et al.* (1980) "Structure and meteorology of the middle atmosphere of Venus: Infrared remote sounding from the Pioneer Orbiter", *J. Geophys. Res* **85**, 7963.

Taylor, F.W. (1987) "Remote sounding of the middle atmosphere from satellites: The Stratospheric and Mesospheric Sounder experiment on Nimbus 7", *Surv. Geophys.* **9**, 123.

Taylor, F.W. and Dudhia, A. (1987) "Satellite measurements of middle atmosphere composition", *Phil. Trans. Roy. Soc. Lond.* **A323**, 567.

Taylor, F.W., Rodgers, C.D., Whitney, J.G. *et al.* (1993) "Remote sensing of atmospheric structure and composition by pressure modulator radiometry from space: The ISAMS experiment on UARS", *J. Geophys. Res.* **98**, 10799.

Taylor, R.L. (1974) "Energy transfer processes in the stratosphere", *Can. J. Chem.* **52**, 1436.

Thekaekara, M.P. (1976) "Solar radiation measurement, techniques and instrumentation", *Solar Energy* **18**, 309.

Thomas, G.E. (1963) "Lymann α scattering in the Earth's hydrogen geocorona, 1.", *J. Geophys. Res.* **68**, 2639.

Thomas, R.N. (1965) *Some Aspects of Non-Equilibrium Thermodynamics in the Presence of a Radiation Field*, Univ. of Colorado Press, Boulder.

Thomas, R.J. (1990) "Atomic hydrogen and atomic oxygen density in the mesopause region: Global and seasonal variations deduced from Solar Mesosphere Explorer near-infrared emissions", *J. Geophys. Res.* **95**, 16457.

Thorne, A.P. (1988) *Spectrophysics*, Chapman and Hall, London.

Timofeyev, Yu.M., Kostsov, V.S. and Grassl, H. (1995) "Numerical investigations of the accuracy of the remote sensing of non-LTE atmosphere by space-borne spectral measurements of limb IR radiation: 15 μm CO_2 bands, 9.6 μm O_3 bands and 10 μm CO_2 laser bands", *J. Quant. Spectrosc. Radiat. Transfer* **53**, 613.

Titheridge, J.E. (1988) "An approximate form for the Chapman grazing incidence function", *J. Atmos. Terr. Phys.* **50**, 699.

Tobiska, W.K., Woods, T., Eparvier, F. *et al.* (2000) "The SOLAR 2000 empirical solar irradiance model and forecast tool", *J. Atmos. Solar-Terr. Phys.* **62**, 1233.

Toumi, R., Kerridge, B.J. and Pyle, J.A. (1991) "Highly vibrationally excited oxygen as a potential source of ozone in the upper stratosphere and mesosphere", *Nature* **351**, 217.

Tyuterev, V.G., Tashkun, S., Jensen, P. *et al.* (1999) "Determination of the effective ground state potential energy function of ozone from high-resolution infrared spectra", *J. Molec. Spectros.* **198**, 57.

Ulwick, J.C., Baker, K.D., Stair, A.T., Jr. *et al.* (1985) "Rocket–borne measurements of atmospheric infrared fluxes", *J. Atmos. Terr. Phys.* **47**, 123.

Upschulte, B.L., Green, B.D., Blumberg, W.A.M. and Lipson, S.J. (1994) "Vibrational relaxation and radiative rates of ozone", *J. Chem. Phys.* **98**, 2328.

Van Hemelrijck, E. (1981) "Atomic oxygen determination from a nitric oxide point release in the equatorial lower thermosphere", *J. Atmos. Terr. Phys.* **43**, 345.

Vlaskov, V.A. and Henriksen, Y.K. (1985) "Vibrational temperature and excess vibrational energy of molecular nitrogen", *Planet. Space Sci.* **33**, 141.

Vollmann, K. and Grossmann, K.U. (1997) "Excitation of 4.3 μm CO_2 emissions by $O(^1D)$ during twilight", *Adv. Space Res.* **20**, 1185.

Wang, P.-H., Deepak, A. and Hong, S.-S. (1981) "General formulation of optical paths for large zenith angles in the Earth's curved atmosphere", *J. Atmos. Sci.* **38**, 650.

Wayne, R.P. (1985) *Chemistry of Atmospheres: An Introduction to the Chemistry of the Atmospheres of Earth, the Planets, and their Satellites*, Oxford University Press,

Oxford.
Weaver, H.A. and Mumma, M.J. (1984) "Infrared molecular emissions from comets", *Astrophys. J.* **276**, 782.
Wehrbein, W.M. and Leovy, C.B. (1982) "An accurate radiative heating and cooling algorithm for use in a dynamical model of the middle atmosphere", *J. Atmos. Sci.* **39**, 1532.
West, G.A., Weston, R.E., Jr. and Flynn, G.W. (1976) "Deactivation of vibrationally excited ozone by $O(^3P)$ atoms", *Chem. Phys. Lett.* **42**, 488.
West, G.A., Weston, R.E., Jr. and Flynn, G.W. (1978) "The influence of reactant vibrational excitation on the $O(^3P)+O_3{}^*$ bimolecular reaction rate", *Chem. Phys. Lett.* **56**, 429.
Whitson, M.E. and McNeal, R.J. (1977) "Temperature dependence of the quenching of the vibrationally excited N_2 by NO and H_2O", *J. Chem. Phys.* **66**, 2696.
Wilkes, M.V. (1954) "A table of Chapman's grazing incidence integral $\mathrm{Ch}(x,\chi)$", *Proc. Phys. Soc.* **B67**, 304.
Williams, A.P. (1971a) *Radiative Transfer in the Mesosphere*, D. Phil. Thesis, Oxford University, Oxford.
Williams, A.P., (1971b) "Relaxation of the 2.7 μm and 4.3 μm bands of carbon dioxide", in *Mesospheric Models and Related Experiments*, Fiocco, G. (Ed.), 177, Reidel Publ. Com., Dordrecht, Holland.
Williams, A.P. and Rodgers, C.D. (1972) "Radiative transfer by the 15 μm CO_2 band in the mesosphere", in *Proc. of Int. Radiation Symposium*, Sendai, Japan, 253.
Wilson, E.H. and Atreya, S.K. (2000) "Sensitivity studies of methane photolysis and its impact on hydrocarbon chemistry in the atmosphere of Titan", *J. Geophys. Res.* **105**, 20263.
Winick, J.R., Picard, R.H., Sharma, R.D. and Nadile, R.M. (1985) "Oxygen singlet delta 1.58-micrometer (0–1) limb radiance in the upper stratosphere and lower thermosphere", *J. Geophys. Res.* **90**, 9804.
Winick, J.R., Picard, R.H., Sharma, R.D. *et al.* (1987) "4.3 μm radiation in the aurorally dosed lower thermosphere: Modeling and analysis", in *Progress in Atmospheric Physics*, Rodrigo, R., López-Moreno, J.J., López-Puertas, M. and Molina, A. (Eds.), Kluwer Academic Pub., Dordrecht (Holland), 229.
Winick, J.R., Picard, R.H., Sharma, R.D. *et al.* (1988) "Radiative transfer effects on aurora enhanced 4.3 microns emission", *Adv. Space Res.* **7**, (10)17.
Winick, J.R., Picard, R.H., Wheeler, N.B. *et al.* (1991) "STS-39 measurement of 4.7 μm limb emission from CO", *Eos Trans.* **72**, 375.
Winick, J.R., Picard, R.H., Makhlouf, U. *et al.* (1992) "Analysis of the 4.3 μm limb emission observed from STS-39", *EOS Trans.* **73**, 418.
Wintersteiner, P.P., Picard, R.H., Sharma, R.D. *et al.* (1992) "Line-by-line radiative excitation model for the non-equilibrium atmosphere: Application to CO_2 15 μm emission", *J. Geophys. Res.* **97**, 18083.
Wintersteiner, P.P., Mertens, C.T., López-Puertas, M. *et al.* (2001) "Comparison of CO_2 15, 4.3, and 2.7 μm models", *J. Geophys. Res.*, in preparation.
Wise, J.O., Carovillano, R.L., Carlson, H.C. *et al.* (1995) "CIRRIS 1A global observation of 15-μm CO_2 and 5.3-μm NO limb radiance in the lower thermosphere during moderate to active geomagnetic activity", *J. Geophys. Res.* **100**, 21357.
Wysong, I.J. (1994) "Vibrational relaxation of $NO(X^2\Pi, v=3)$ by NO, O_2 and CH_4", *Chem. Phys. Lett.* **227**, 69.
Yamamoto, H. (1977) "Radiative transfer of atomic and molecular resonant emissions in the upper atmosphere II. The 9.6 micrometer emission of atmospheric ozone", *J.*

Geomag. Geoelectr. **29**, 153.

Yamamoto, T. (1982) "Evaluation of infrared line emission from constituents molecules of cometary nuclei", *Astron. Astrophys.* **109**, 326.

Yardley, J.T. (1980) *Introduction to Molecular Energy Transfer*, Academic Press, New York.

Yelle, R.V. (1991) "Non-LTE models of Titan's upper atmosphere", *Astrophys. J.* **383**, 380.

Yelle, R.V., Strobel, D.F., Lellouch, E. and Gautier, D. (1997) "Engineering models for Titan's atmosphere", *Eur. Space Agency Spec. Publ., ESA SP-1177*, 243.

Zachor, A.S. and Sharma, R.D. (1985) "Retrieval of non-LTE vertical structure from a spectrally resolved infrared limb radiance profile", *J. Geophys. Res.* **90**, 467.

Zachor, A.S., Sharma, R.D., Nadile, R.M. and Stair, A.T., Jr. (1985) "Inversion of a spectrally resolved limb radiance profile for the NO fundamental band", *J. Geophys. Res.* **90**, 9776.

Zachor, A.S. and Sharma, R.D. (1989) "Retrieval of atomic oxygen and temperature in the thermosphere. I-Feasibility of an experiment based on the spectrally resolved 147 μm limb emission", *Planet. Space Sci.* **37**, 1333.

Zaragoza, G., López-Puertas, M., Lambert, A. *et al.* (1998) "Non-local thermodynamic equilibrium in H_2O 6.9 μm emission as measured by the Improved Stratospheric and Mesospheric Sounder", *J. Geophys. Res.* **103**, 31293.

Zhou, D.K., Mlynczak, M.G., Bingham, G.E. *et al.* (1998) "CIRRIS-1A limb spectral measurements of mesospheric 9.6-μm airglow and ozone", *Geophys. Res. Lett.* **25**, 643.

Zhou, D.K., Mlynczak, M.G., López-Puertas, M. and Zaragoza, G. (1999) "Evidence of non-LTE effects in mesospheric water vapour from spectrally-resolved emissions observed by CIRRIS-1A", *Geophys. Res. Lett.* **26**, 67.

Zhu, X. (1990) "Carbon dioxide 15 μm band cooling rates in the upper middle atmosphere calculated by Curtis matrix interpolation", *J. Atmos. Sci.* **47**, 755.

Zhu, X. and Strobel, D.F. (1990) "On the role of vibration-vibration transitions in radiative cooling of the CO_2 15 μm band around the mesopause", *J. Geophys. Res.* **95**, 3571.

Zhu, X., Summers, M.E. and Strobel, D.F. (1992) "Calculation of the CO_2 15-μm band atmospheric cooling rates by Curtis matrix interpolation of correlated-*k* coefficients", *J. Geophys. Res.* **97**, 12787.

Zittel, P.F. and Masturzo, D.E. (1989) "Vibrational relaxation of H_2O from 295 to 1020 K", *J. Chem. Phys.* **90**, 977.

Zuev, A.P. (1985) "Analysis of experimental data on vibrational relaxation of N_2O", *Sov. J. Chem. Phys.* **2**, 1516.

Zuev, A.P. (1989) "Shock-tube laser-schlieren measurements of V-T and V-V relaxation in mixtures of N_2O with N_2 and O_2", *Sov. J. Chem. Phys.* **4**, 2439.